# Coaching und Supervision

**Herausgegeben von**
Astrid Schreyögg, Berlin, Deutschland

In der Reihe „Coaching und Supervision" erscheinen Publikationen, die Innovationen dieser beiden Formate befördern. So soll zum einen die Beratungspraxis angeregt werden, bisherige Handlungsmuster zu verfeinern und zu erweitern. Zum anderen soll die Konzeptentwicklung beider Beratungsformen unterstützt und damit ihre weitergehende sozialwissenschaftliche Fundierung und Beforschung stimuliert werden. Dabei sind psychologische Ansätze im Sinne von „Psychological Counseling" mit Konzepten aus Soziologie und Betriebswirtschaftslehre zu verbinden. Schließlich werden unterschiedliche Arbeitsfelder aufgegriffen, um Prozesse aus Unternehmen, Behörden und sozialen Dienstleistungsunternehmen zu beleuchten.

Weitere Bände in dieser Reihe
http://www.springer.com/series/12468

Astrid Schreyögg
Christoph Schmidt-Lellek
(Hrsg.)

# Die Professionalisierung von Coaching

## Ein Lesebuch für den Coach

Springer

*Herausgeber*
Astrid Schreyögg
Berlin, Deutschland

Christoph Schmidt-Lellek
Oberursel, Deutschland

Coaching und Supervision
ISBN 978-3-658-08171-3
ISBN 978-3-658-08172-0 (eBook)
DOI 10.1007/978-3-658-08172-0

Die Deutsche Nationalbibliothek verzeichnet diese Publikation in der Deutschen Nationalbibliografie; detaillierte bibliografische Daten sind im Internet über http://dnb.d-nb.de abrufbar.



*Lektorat:* Dr. Lisa Bender, Yvonne Homann

Springer Fachmedien Wiesbaden ist Teil der Fachverlagsgruppe Springer Science+Business Media (www.springer.com)

# Inhaltsverzeichnis

# Mitarbeiterverzeichnis

**Dr. Thomas Bachmann, Dipl.-Psych.,** Berlin, Deutschland

**Gabriele Bollhöfer, Dipl.-Psych.,** München, Deutschland

**Prof. Dr. Ferdinand Buer,** Münster, Deutschland

**Thomas Dallüge, Dipl.-Phys., Dipl.-Psych.,** Berlin, Deutschland

**Klaus Eidenschink, Dipl.-theol.,** Krailling, Deutschland

**Dr. phil. Beate Fietze, Dipl.-Soz., Dipl.-Psych.,** Berlin, Deutschland

**Prof. Dr. Harald Geißler,** Hamburg, Deutschland

**Prof. Dr. Siegfried Greif, Dipl.-Psych.,** Osnabrück, Deutschland

**Stella Kanatouri,** Hamburg, Deutschland

**Silja Kotte, Dipl.-Psych.,** Kassel, Deutschland

**Heidi Möller, Dipl.-Psych.,** Kassel, Deutschland

**Katrin Oellerich, Dipl.-Psych.,** Kassel, Deutschland

**Dr. phil. Christoph Schmidt-Lellek,** Oberursel, Deutschland

**Dr. phil. Astrid Schreyögg, Dipl.-Psych.,** Berlin, Deutschland

**Denise Schubert, M.Sc.,** Kassel, Deutschland

**Prof. Dr. rer. nat. Ulrich Schüler, Dipl.-Psych., Dipl.-Inform.,** Hoisdorf b. Hamburg, Deutschland

**Dr. Cornelia Seewald,** Düsseldorf, Deutschland

**Ingo Steinke, Dipl.-Psych.,** Hamburg, Deutschland

**Dr. phil. Thomas Stölzel,** Berlin, Deutschland

**Dr. phil. Beate West-Leuer,** Neuss, Deutschland

# Einführung

## Die Professionalisierung von Coaching als fortdauernder Prozess

Astrid Schreyögg, Christoph Schmidt-Lellek

Die Entwicklungen im Bereich des Coachings schreiten voran. Die Menge und die Vielfalt von Angeboten, Anwendungsbereichen, Konzepten und Themen sind kaum mehr zu überblicken, ebenso wie die Versuche, das Feld zu strukturieren, z. B. durch die Gründung von Berufs- und Fachverbänden. Auch die Bemühungen um eine wissenschaftliche Begleitung, z. B. in Form von Wirksamkeitsstudien, sind in vielfältiger Weise gewachsen. Umso wichtiger bleibt die Reflexion um die konzeptionellen Grundlagen des Coachings: Wovon ist überhaupt die Rede, wenn wir von Coaching sprechen? Wie lässt es sich von anderen Formaten der professionellen Beratung abgrenzen? Welche grundlegenden Konzepte und welche Kompetenzen sind bei professionellen Coaches vorauszusetzen bzw. zu verlangen? Wie lässt sich ein professionelles Coaching beschreiben und von „Scharlatanerie" (d. h. von einer scheinbaren Qualität ohne wirkliche professionelle Substanz) unterscheiden (vgl. Kühl 2006, S. 88)? Da es keine allgemein verbindlichen, gesetzlich festgelegten Definitionen und Qualitätsstandards wie in anderen Professionen wie etwa in der Medizin und in der Psychotherapie gibt, sind wir als Coaches mit unseren Fachverbänden herausgefordert, diese selbst zu erarbeiten und damit für Praktiker und für Wissenschaftler ebenso wie für potenzielle Nutzer von Coaching Orientierungsmöglichkeiten zu schaffen.

Diesem Anliegen hat sich der Deutsche Bundesverband Coaching e. V. (DBVC) seit seiner Gründung im Jahr 2004 verschrieben. Den hohen Anspruch an die Professionalität von Coaches, wie er vom DBVC vertreten wird, möchten wir mit dem vorliegenden Buch weitergehend einlösen. Dieser Anspruch findet sich bereits im „Kompendium des DBVC" ausformuliert („Coaching als Profession", in der 1. Aufl. 2007, nun in der 4. erweiterten Auflage 2012, im Internet auch in englischer Übersetzung abrufbar: www.dbvc.de/publikationen/coaching-kompendium.html). Die Erarbeitung des Kompendiums geschah im Auftrag des DBVC-Vorstands in einem „Fachausschuss Profession" (FAP): Die einzelnen Textvorlagen, die die FAP-Mitglieder verfasst haben, wurden an alle Mitglieder des DBVC versandt mit der Bitte um Feedback. Die Rückmeldungen hat der Fachausschuss sodann diskutiert und bei der Endredaktion umfassend berücksichtigt. Das daraus resultierende Werk wurde wiederum in den verschiedenen jeweils erweiterten Auflagen von der Mitgliederversammlung des DBVC verabschiedet. Auf diese Weise konnte das Kompendium mit seinen definitorischen und qualitativen Standards eine vergleichsweise hohe Autorität erlangen, da es nun von allen DBVC-Mitgliedern als verbindlich angesehen werden kann. Darüber hinaus genießt es auch in der gesamten Coachingszene eine gewisse Anerkennung, denn es wird in vielen wissenschaftlichen Publikationen zitiert. Ungeachtet dieses Erfolgs ist das Kompendium aber nicht als ein abschließender Standard zu verstehen. Denn die Entwicklungen von Coaching schreiten weiter voran; es entstehen laufend neue Fragestellungen und neue Problemkonstellationen, die letztlich neue Antworten und neue Konzepte verlangen. So soll das vorliegende Buch ein weiterer Meilenstein in einem offenen Prozess sein.

Die hier veröffentlichten Arbeiten verstehen sich also als eine Fortführung der Diskussionen, die bereits durch das Kompendium angeregt worden sind. Auch dieses Buch entstand im Fachausschuss Profession, in dem heute folgende Personen mitarbeiten: Dr. Thomas Bachmann, Gabriele Bollhöfer, Thomas Dallüge, Dr. Beate Fietze, Helmut Schäfer, Dr. Christoph Schmidt-Lellek, Dr. Astrid Schreyögg, Ingo Steinke, Dr. Thomas Stölzel. Bei dem vorliegenden Band handelt sich allerdings um ein anderes Format: Während das Kompendium eine in sich stringente Systematik enthält, bietet das vorliegende Buch eine Zusammenstellung von unabhängigen Einzelarbeiten, auch wenn es zwischen den einzelnen Kapiteln vielfältige Bezüge gibt. Einen Großteil der 24 Kapitel haben Mitglieder des FAP verfasst, acht Kapitel wurden von anderen Kolleg/innen beigesteuert, von denen die meisten auch DBVC-Mitglieder sind. Die Besonderheit bei der Produktion war aber, dass alle Kapitel von allen FAP-Mitgliedern vorab gelesen und dann bei den Treffen in Berlin ausführlich diskutiert worden sind. Insofern handelt es sich um ein gemeinschaftliches Werk des FAP. Die im Kompendium entwickelten Themen wurden jetzt vertieft, neu diskutiert und weitergedacht. Eine Feedback-Runde mit allen DBVC-Mitgliedern, wie wir es beim Kompendium gehandhabt haben, konnte hier allerdings schon aus pragmatischen Gründen nicht stattfinden. Der Verband ist nämlich mittlerweile auf etwa 300 Mitglieder angewachsen, und der Umfang dieses Buches übersteigt den des Kompendiums um ein Mehrfaches, sodass wir diesen Aufwand nicht leisten konnten.

Unser übergreifendes Thema „Coaching als Profession“ soll hier mit einigen einleitenden Hinweisen umrissen werden. Mit dem Begriff „Profession“ bewegen wir uns in einer machtvollen Tradition, wie die Soziologin Beate Fietze darlegt

(Kap. 1). Coaching ist aber keine Profession im strengen Sinne, weil es keine gesetzlich geregelten Zugänge zu dieser Tätigkeit gibt, d. h. es fehlen staatliche Lizenz und Mandat sowie ein dadurch definiertes Marktmonopol. Trotzdem gibt es eine deutlich voranschreitende Professionalisierung des Formats Coaching. Dies lässt sich schon „am Zuwachs der gegenstandsspezifischen Wissensgenerierung und Akademisierung der Aus/Weiterbildung sowie an der Ausweitung und Intensivierung des Organisationsgrades aller beteiligten Akteure ablesen" (Fietze, Kap. 1, S. 11). Alle Kapitel dieses Buches sollen dazu beitragen, eben diese Entwicklungen zu beschreiben, zu unterstützen und substanziell anzureichern.

Aus dem Faktum, dass Coaching keine Profession im vollen Sinne darstellt (vgl. Kühl 2008), resultiert aber auch ein wertvoller Vorteil. Es begünstigt nämlich eine größere Offenheit für Neues, ohne dass dadurch die „Standards zu Ethik, Qualifikation, dialogischer Grundhaltung, Konzept- und Methodenanwendung, Qualitätssicherung" (DBVC 2012, S. 11) verloren gehen dürfen. Auch damit wird deutlich, dass die Professionalisierung keinen abschließbaren Prozess darstellt. Hierin mag sogar ein besonderes Merkmal des Coachings gesehen werden, das als berufsbezogene Beratung in besonderem Maße als Seismograph für Entwicklungen – Innovationen wie Verwerfungen – in Wirtschaft und Gesellschaft fungieren kann; denn in dem Freiraum von Coachinggesprächen können diese Entwicklungen – neben den individuellen, persönlichen Fragestellungen – zu Tage treten und erörtert werden. Aber neue Problemkomplexe verlangen zuweilen auch neue oder weiterentwickelte Konzepte, um ein jeweils angemessenes Wahrnehmen, Verstehen und Handeln in den Coachingprozessen unterstützen zu können. Damit soll natürlich nicht gesagt sein, dass es in anderen Professionen keine Fortentwicklungen gäbe; denn die Orientierung an Wissenschaft und Forschung sowie die daraus resultierende Fortschreibung des jeweiligen Fachwissens ist eines der Definitionsmerkmale von Professionen. Für das Coaching – verstanden als offener Gesprächsraum „auf Augenhöhe" – gilt jedoch in besonderem Maße die Herausforderung einer professionell informierten Selbstreflexion bezüglich der Konzepte, Methoden und insbesondere der Wertorientierungen, die (zumal in postmodernen Kulturbedingungen) immer wieder aufs Neue zu befragen sind. Zu dieser professionellen Selbstreflexion sollen die Beiträge dieses Buches anregen. Das Ziel liegt dabei nicht nur in der professionellen Weiterentwicklung der Coaches, sondern ebenso in der Kultivierung des Reflexionsraums Coaching selbst, denn wie Greif (2008) dargelegt hat, lässt sich Coaching vor allem als Anleitung zu einer „ergebnisorientierten Selbstreflexion" begreifen.

Das Buch ist in vier übergeordnete Teile gegliedert. In den Beiträgen des ersten Teils werden Themen erörtert, die für Professionen konstitutiv sind, insbesondere der – durchaus spannungsreiche – Bezug zur Wissenschaft und die „Übersetzungsarbeit" des allgemeinen Fachwissens für die Anwendung im konkreten Fall. Diese erfolgt im Kontext der je einmaligen Beziehung zwischen den Beteiligten (vgl. DBVC 2012, S. 13). Im zweiten Teil werden die Spezifika von Coaching beleuchtet, indem Abgrenzungen und Überschneidungen gegenüber anderen Beratungsformaten diskutiert werden (vgl. DBVC 2012, S. 26 ff.). Im dritten Teil sind Beiträge zusammengefasst, die um „Wissen und Kompetenzen im Coaching" kreisen (vgl. DBVC 2012, S. 33 ff.). Dabei handelt es sich großenteils um meta-theoretische Positionen, wie sie fürs Coaching noch selten thematisiert wurden, die aber ein vielfältiges Material für die professionelle Reflexion von Coachingprozessen bieten. Im abschließenden Teil werden „konzeptionelle Variationen von Coaching" vorgestellt, d. h. neuere Ansätze und Arbeitsformen des Coachings, die noch wenig reflektiert und untersucht worden sind.

Eine Anmerkung zur gendergerechten Schreibweise: In diesem Buch haben wir auf eine einheitliche Schreibweise verzichtet und den Autor/innen ihren persönlichen Stil überlassen. Abgesehen davon, dass das grammatische Genus mit dem menschlichen Geschlecht ohnehin vielfach nicht deckungsgleich ist (der Mensch, die Person, das Individuum, der Vorstand, die Führungskraft, das Teammitglied usw.), versteht es sich von selbst, dass mit „Beratern", „Trainern", „Coaches", „Klienten", „Coachees" usw. keine Aussagen über Männer und Frauen gemacht werden; wenn dies der Fall sein soll, wird es auf andere Weise zum Ausdruck gebracht. Leserinnen und Leser mögen sich bitte in keinem Fall ausgeschlossen fühlen.

Den Kolleginnen und Kollegen, die im Fachausschuss Profession mitgearbeitet haben, und allen anderen, die für dieses Buch ihre Beiträge geleistet haben, sei an dieser Stelle ein herzlicher Dank gesagt. Wir hoffen, dass durch dieses Buch weiterführende Debatten angeregt werden, und freuen uns auf Resonanzen, Kritik und Ergänzungen, damit der Prozess der Professionalisierung des Coachings fortschreiten kann.

## Literatur

DBVC – Deutscher Bundesverband Coaching e. V. (Hrsg.) (2012). *Leitlinien und Empfehlungen für die Entwicklung von Coaching als Profession. Kompendium mit den Professionsstandards des DBVC* (4. erw. Aufl.). Osnabrück: DBVC Geschäftsstelle.

Greif, S. (2008). *Coaching und ergebnisorientierte Selbstreflexion.* Göttingen: Hogrefe.

Kühl, S. (2006). Coaching zwischen Qualitätsproblemen und Professionalisierungsbemühungen. Thesen zur Entwicklung des Coaching. *Organisationsberatung, Supervision, Coaching* 13 (1), 86–96.

Kühl, S. (2008). *Coaching und Supervision. Zur personenorientierten Beratung in Organisationen*. Wiesbaden: VS Verlag.

# Teil I
# Coaching als Profession

# Coaching auf dem Weg zur Profession? Eine professionssoziologische Einordnung

# 1

Beate Fietze

Coaching ist seit den 1990er Jahren ins allgemeine Bewusstsein gerückt und hat sich inzwischen als eine personenbezogene Beratungsform etabliert, die sich vor allem mit arbeitsbezogenen Themenstellungen befasst. Die Coaches verstehen ihr Beratungsangebot nicht nur als eine kommerzielle Dienstleistung, sondern treten immer selbstbewusster mit einem professionellen Anspruch auf und dies durchaus in der Tradition der klassischen Professionen (Buchinger und Klinkhammer 2007, S. 9; vgl. Kap. 4 in diesem Buch). Ursprünglich ist Coaching im Sport und im Tutorensystem der amerikanischen Universitäten entstanden und von Beginn an mit der Idee der individuellen Leistungssteigerung und Erfolgsorientierung verbunden (Abbott 1988, S. 203; Böning 2005). In den 1990er Jahren wurde es in die Managementberatung übertragen und im Top-Management im Sinne eines diskreten Reflexionsraums „unter vier Augen" (Looss 1997) praktiziert. Seither genießt Coaching eine wachsende Akzeptanz; es wird heute in unterschiedlichen Bereichen und auf vielfältige Weise eingesetzt, und die ernsthaften Bemühungen um eine Qualitätsentwicklung sind unübersehbar.

Coaching hat sich sichtbar professionalisiert – aber ist es deshalb auch eine Profession? Was verbindet sich mit diesem Anspruch? Wodurch zeichnen sich die Professionen gegenüber anderen Formen der Beruflichkeit aus? Angesichts der

Überarbeiteter Nachdruck aus: Organisationsberatung, Supervision, Coaching 21 (3), S. 279–294

B. Fietze (✉)
Düsseldorfer Str. 4, 10719 Berlin, Deutschland
E-Mail: beate.fietze@sowi.hu-berlin.de



A. Schreyögg, C. Schmidt-Lellek (Hrsg.), *Die Professionalisierung von Coaching*, Coaching und Supervision, DOI 10.1007/978-3-658-08172-0_1

starken Veränderungen der gesellschaftlichen Rahmenbedingungen professioneller Arbeit während der letzten drei Jahrzehnte stellt sich zudem die Frage, wie heute die zeitgemäßen Organisationsformen der Professionen aussehen, die auch für den Professionsanspruch von Coaching maßstabbildend sind. Diese Frage soll im Folgenden vor dem Hintergrund der professionssoziologischen Diskussion reflektiert werden.

## 1.1 Die historische Konstitution der Professionen

Professionen blicken auf eine „ehrwürdige Geschichte" (Oevermann 1996) zurück (Pfadenhauer und Sander 2010, S. 364). Sie sind als eine besondere Form der Institutionalisierung von Expertise im Übergang zur modernen Gesellschaft entstanden und haben ihren Ursprung in den Universitäten der Neuzeit (Stichweh 1994, 1996). Sie repräsentieren fachspezifische Expertengruppen, die wissenschaftsbasierte Sonderwissensbestände entwickeln und verwalten sowie zur Lösung gesellschaftlich als wichtig anerkannter „lebenspraktischer Probleme" (Oevermann 1996) beitragen. Die Professionen stellen innerhalb des Systems gesellschaftlicher Arbeitsteilung eine eigenständige Organisationsform der Arbeit dar, die sich durch einen Exklusivitäts- und Autonomiestatus von anderen Formen der Erwerbsarbeit unterscheidet (Stichweh 1994). In der Blütephase der Professionen im 19. Jahrhundert verstehen sich die Professionellen nicht mehr ausschließlich als „Gebildete", sondern definieren sich primär über ihre *praktische Berufstätigkeit* (Wehler 1995, S. 736). Die klassischen Vertreter hierfür sind die Pfarrer, Ärzte und Juristen. Bis ins späte 19. Jahrhundert war der Kontakt zu akademisch ausgewiesenen Fachexperten für die allgemeine Bevölkerung jedoch selten. Im Krankheitsfall z. B. wandten sich die meisten an vertraute Heilkundige, und erst die Einrichtung der staatlichen Krankenversicherung in den 1880er Jahre in Deutschland ermöglichte der Bevölkerung die relativ regelmäßige Konsultierung eines approbierten Mediziners (Wehler 1995, S. 738).

Der historische Prozess der Professionalisierung ist aufgrund je besonderer Ausgangsbedingungen in Europa und im angloamerikanischen Raum unterschiedlichen Entwicklungspfaden gefolgt. Besonders in Deutschland und in Frankreich spielte der Staat durch die Regulierung der Ausbildungsgänge und der Berufsordnung eine wesentliche Rolle bei der Herausbildung der Professionen. Im Verlauf des 19. Jahrhunderts verschob sich die Kontrolle über die professionelle Arbeit zunehmend von staatlichen Kontrollorganen auf die kollegiale Selbstkontrolle berufsständischer Verbände. Fortan kontrollierten und sanktionierten die Professionen die eigenen Mitglieder selbst; im Gegenzug sicherte der Staat den Professionellen das Marktmonopol für ihr Leistungsangebot (Kämmerer 2010). Im Unterschied zu diesem kontinentaleuropäischen Professionalisierungsmuster „von oben“ hat es in der Konstitutionsphase der Professionen in England und den USA keine vergleichbare staatliche Einflussnahme gegeben. Dort haben die Professionen sozusagen „von unten“, aus sich selbst heraus, ihre besondere gesellschaftliche Stellung durchgesetzt (Mieg 2005, S. 342).

Trotz dieser unterschiedlichen nationalgesellschaftlichen Akzentuierung ist die Stellung zwischen Staat und Markt für die Professionen bis heute kennzeichnend. Die Professionen gehorchen gewissermaßen einer „dritten Logik“ (Freidson 1988). Dabei unterscheidet sich die professionelle Logik sowohl von der Logik des Marktes als auch von der Logik der hierarchischen Verwaltung; weder folgen die Professionen dem reinen Profitstreben der Marktrationalität, noch einer rein bürokratischen Rationalität hierarchischer Organisationen (Parsons 1964). Die Professionellen organisieren ihre Arbeit nach eigenen Maßstäben: Sie definieren ihren Zuständigkeitsbereich, sie bestimmen die Inhalte und Formen der Berufsausbildung, sie bewerten die ihre Profession charakterisierende Leistung durch innerprofessionelle Prüfverfahren und kontrollieren den Marktzugang. Das Kollegialitätsprinzip unterstellt dabei die prinzipielle Gleichstellung der Professionellen untereinander hinsichtlich ihrer fachlichen Kompetenz. Ihr Bewertungsmaßstab sind allein die professionsethischen Standards und die Qualität der fachlichen Arbeit. Die Leistungsbewertung ist klar getrennt von der Leistungsvergütung und dem sozialen Status der Person (Mieg 2005).

Die Zugehörigkeit zu einer Profession bindet die Mitglieder an die fachlichen Standards und ethischen Normen der kollektiven Selbstverpflichtung. Komplementär dazu bildet der Schutz der professionellen Gemeinschaft für den einzelnen Vertreter einer Profession die Grundlage seiner Autonomie gegenüber dem Klienten und gegenüber den hierarchischen Strukturen innerhalb der Organisationen. Die Selbstbindung an die fachlichen und ethischen Standards begrenzt die Marktkonkurrenz nicht nur gegenüber professionsfremden Anbietern, sondern vor allem gegenüber den konkurrierenden Kollegen, die bei Androhung des Ausschlusses aus der professionellen *community* an die gleichen Standards gebunden sind. So kann der Professionelle z. B. unter professionsethischen Gesichtspunkten fragwürdige Arbeitsaufträge ablehnen, ohne ökonomische Nachteile fürchten zu müssen, weil die konkurrierenden professionellen Kollegen an die gleichen ethischen Standards gebunden sind (*Klientenautonomie*). Auch innerhalb einer Organisation bilden die Verpflichtungsansprüche der professionellen Gemeinschaft die Grundlage für die Entscheidungs- und Handlungsautonomie gegenüber der Weisungsbefugnis innerhalb der organisationsinternen Hierarchie (*Organisationsautonomie*), denn eine professionell angemessene Bewertung eines „Falls“ kann nicht angewiesen werden, sondern allein im Rahmen der fachlichen Rationalität entwickelt werden. Diese relative Autonomie bildet das Spezifikum der Professionen.

## 1.2 Professionssoziologische Zugänge

Vor dem Hintergrund der historischen Entwicklung der Professionen hat sich die Soziologie seit den 1960er Jahren verstärkt mit den sozialen Funktionen und Mechanismen der Entstehung bzw. der Konstitution der Professionen in kontroversen Debatten befasst. Im Rahmen des strukturfunktionalistischen Ansatzes wurde dem „professionellen Komplex" für die Entstehung und die Stabilität der modernen Gesellschaften eine systemnotwendige Bedeutung zugesprochen (vgl. Parsons 1964). Nach Talcott Parsons repräsentieren sie die Rationalität der modernen Gesellschaft, bearbeiten zentrale gesellschaftliche Aufgaben und verwalten „treuhänderisch" zentrale gesellschaftliche Werte. Diese Sicht auf die Professionen wird in den 1970/1980er Jahren aus einer marxistisch inspirierten machttheoretischen Perspektive als idealistische und ideologische Fehldeutung scharf kritisiert (Larson 1977; Collins 1987). Professionen garantierten keineswegs den rationalen und gemeinnützigen Umgang mit existenziellen Problemen der Individuen. Vielmehr sichern sich die Professionellen durch die Kontrolle der Berufsausbildung und Monopolisierung der Berufsausübung ihre Privilegien, bauen ihre Expertenmacht aus und nutzen diese für die soziale Schließung ihrer Berufsposition gegenüber den unteren sozialen Schichten. „Professionalisierungsprojekte" (Larson 1977) seien vor allem als erfolgversprechende Aufstiegs- und Machtstrategien der Mitglieder der Mittelschicht zu begreifen.

In den 1980/1990er Jahren wurde die machtkritische Perspektive durch hermeneutische, interaktionistische und wissenssoziologische Ansätze zur Analyse der Professionen erweitert (Schützeichel 2007; Pfadenhauer und Sander 2010). Im Anschluss an das klassische Professionsmodell von Parsons lässt sich in einer revidierten Fassung des strukturfunktionalistischen Ansatzes der Autonomieanspruch der Professionen aus der „inneren Sachgesetzlichkeit" der zu bewältigenden *Handlungsproblematik* ableiten (Oevermann 1996). Die Professionellen können keineswegs ihr professionelles Handeln aus ihrem wissenschaftlichen Wissen ableiten, sondern müssen die „Theorie" mit der Komplexität der individuellen *Lebenspraxis* vermitteln. Die professionelle Praxis wendet daher niemals standardisiertes Rezeptwissen an, sondern ist auf die individuelle Abwägung, die diskretionäre Entscheidung und auf die Kunstfertigkeit des einzelnen Praktikers angewiesen. Professionelles Handeln kommt immer dann zum Einsatz, wenn die Kongruenz zwischen der individuellen Lebenspraxis und den gesellschaftlichen Strukturanforderungen entgleist und die Individuen in eine Krise geraten. Die Aufgabe der Professionellen besteht in einer „stellvertretenden Krisenbewältigung" (Oevermann 1996), mit deren Hilfe die Individuen wieder zu einer autonomen Lebenspraxis befähigt werden.

Der im Anschluss an den amerikanischen Pragmatismus formulierte interaktionistische Ansatz nimmt besonders die Beziehung zwischen Professionellem und Klienten in den Blick und zeigt, wie sich „der Fall" erst im Verlauf des Dialogs in einem Aushandlungsprozess zwischen Professionellem und Klient herauskristallisiert (Schütze 1984, 1992; vgl. Kap. 4 in diesem Buch). Der wissenssoziologische Ansatz interpretiert die fachlichen Problemdefinitionen als „soziale Konstruktionen von Wirklichkeit" nicht nur im individuellen „Fall", sondern ebenso für die Definition der professionellen Problemlagen auf makrosozialer Ebene (Berger und Luckmann 1998). Die Ausformulierung von professionell zu bearbeitenden Problemlagen ist stets zugleich eine Auseinandersetzung um die Deutungshoheit über gesellschaftliche Problemwahrnehmungen und deren Relevanz sowie um die gruppenspezifischen Eigeninteressen der Professionellen, die für ihre Problemlösungskompetenz gegenüber anderen Leistungsanbietern eine exklusive Zuständigkeit beanspruchen. Auf individueller wie auf gesellschaftlicher Ebene entwickeln sich die Professionen durch komplexe Aushandlungsprozesse (Schützeichel 2007, S. 553).

Dieser Zusammenhang zwischen gesellschaftlich ausgehandelten Problemlagen und gruppenspezifischen Eigeninteressen der Professionellen lässt sich besonders deutlich mit dem Konzept des „Systems der Professionen" von Andrew Abbott (1988) fassen. Abbott betrachtet die einzelnen Professionen nicht als isolierte kollektive Vergemeinschaftungsformen, sondern als aufeinander bezogene Gruppen, die um fachliche Zuständigkeitsbereiche und um exklusive Marktzugänge konkurrieren. Die Einflussnahme der Professionellen auf den Erhalt, die Veränderung oder auch ihr Einsatz für die Durchsetzung neuer Problemdefinitionen und Zuständigkeitsbereiche – so wie es heute für das Coaching in Frage steht – ist immer zugleich eine Auseinandersetzung um angemessene Sichtweisen auf die gesellschaftlichen Problemlagen und um eigene Marktchancen (Fietze 2011a). Dieser Blick auf die Konfliktdynamik zwischen den Zuständigkeitsansprüchen der konkurrierenden Professionen hebt den Prozesscharakter des „Professionalisierungsprojekts" und dessen offenen Ausgang hervor: Einige Professionalisierungsprojekte bleiben, ohne die für die Professionen typische Autonomie zu erreichen, sozusagen auf halber Strecke stehen (Etzioni 1969; Rueschmeyer 1983; Schütze 1992; Kühl 2001).

## 1.3 Der gegenwärtige Professionalisierungsgrad von Coaching

Um einschätzen zu können, welchen Professionalisierungsgrad Coaching inzwischen erreicht hat, soll die bisherige Entwicklung von Coaching unter der Folie des *klassischen Professionsmodells* im Sinne einer Forschungs*heuristik* betrachten werden, wohlwissend, dass dieses Modell einen Idealtypus darstellt, dessen Kategorien bei keiner konkreten – auch keiner klassischen – Profession vollständig anzutreffen ist oder historisch je anzutreffen war (vgl. Wehler 1987, S. 222). Folgende Professionsmerkmale werden in der professionssoziologischen Diskussion allgemein herausgestellt: 1) die Entwicklung von professioneller Expertise mit Rückgriff auf wissenschaftliche Erkenntnisse, 2) die eindeutige Definition des Tätigkeitsfeldes, 3) die Durchsetzung einer exklusiven Zuständigkeit für das definierte Tätigkeitsfeld in Form eines Monopols, meist formalrechtlich abgesichert durch einen geschützten Titel, 4) die Herausbildung von Berufsverbänden und einer korporatistischen Selbstverwaltung ihrer Wissensbestände, ihrer ethisch-normativen Orientierung und ihrer berufsspezifischen Praktiken (vgl. Pfadenhauer und Sander 2010, S. 362). Wie sehen nun die effektiven Schritte zur Professionsbildung im Coaching aus?

### 1.3.1 Professionelle Expertise im Coaching

Die anfänglich im Zuge der Popularisierung von Coaching stark durch die Medien bestimmte Aufmerksamkeit für Coaching ist längst einem Interesse an einer seriösen Fachdiskussion gewichen, an der sich viele Akteure aus unterschiedlichen beruflichen Zusammenhängen beteiligen. Zum Thema Coaching ist inzwischen eine umfängliche Wissensgenerierung für immer ausdifferenziertere Praxisfelder entstanden (Birgmeier 2009; Busse und Ehmer 2010). Die anfängliche Methodenfixiertheit und Bindung an einzelne Ansätze tritt in den Hintergrund, die Bezugnahme auf die Wissenschaften ist etabliert, und die Ausrichtung auf übergreifende Fragestellungen und die multidisziplinäre und methodenplurale Orientierung zeigen einen entwickelten Reifegrad des Expertendiskurses im Coaching (Körner 2013; Schreyögg und Schmidt-Lellek 2007; Schreyögg 2009, 2012). Coaching entwickelt sich zu einem eigenständigen Forschungsfeld (Möller und Kotte 2011, 2012; vgl. Kap. 2 in diesem Buch). Die Anzahl der wissenschaftlichen Monographien, Sammelbände, Fachzeitschriften wächst beständig, und internationale wissenschaftliche Coachingkongresse haben sich etabliert (Fietze 2011b). Unterstrichen wird der Einfluss der Wissenschaften durch eine zunehmende Akademisierung auch der Weiterbildungsangebote (vgl. Kap. 17 in diesem Buch).

### 1.3.2 Konstruktion einer neuen Zuständigkeit

Trotz der zunehmenden praktischen und wissenschaftlichen Expertise im Coaching, der wachsenden Zahl von Praktikern, die sich auf der Grundlage qualifizierter Weiterbildungen berufsbiographisch auf Coaching einlassen, und trotz des zunehmenden Engagements in der Forschung bleibt die Definition eines exklusiven Zuständigkeitsanspruchs von Coaching unklar. Immer noch fungiert der Begriff „Coaching“ als Containerbegriff, der nach Belieben inhaltlich gefüllt werden kann. Zwar gibt es inzwischen Definitionsvorschläge des Coachingverständnisses von Seiten der Verbände, diese weisen aber nur einen schwachen Durchdringungs- und Verbindlichkeitsgrad auf (vgl. das Kompendium des DBVC 2012). Die einzelnen Anbieter sehen sich weiterhin veranlasst, auf ihrer persönlichen Website gegenüber ihren Klienten ihr eignes Coachingverständnis zu erläutern. Diese mangelnde Klarheit über das Zuständigkeitsprofil von Coaching betrifft eine Kernanforderung des klassischen Professionsmusters.

Die mangelnde Definitionskraft des Coachingbegriffs manifestiert sich vor allem in den Abgrenzungsschwierigkeiten gegenüber den benachbarten Beratungsformen im „System der Professionen“ (Abbott 1988), in dem die Konkurrenz um die gesellschaftlich legitimen Alleinvertretungsansprüche von Coaching ausgetragen wird. Abbott lokalisiert den Konstitutionsprozess der Professionen auf der *abstrakten Ebene der semantischen Zuständigkeitsansprüche* für die Bearbeitung bestimmter *Problemlagen*. Das heißt nun nicht, dass solche Zuständigkeitsansprüche auf dem Reißbrett entworfen werden könnten. Ohne relevante Resonanz in der Gesellschaft werden sich noch so klug ausgedachte Ansprüche nicht realisieren lassen. Aber der Zuständigkeitsanspruch bildet den Bezugspunkt für die Qualitätsentwicklung der professionellen Praxis, die weiteren gezielten Entwicklungen, Verfeinerungen und Vertiefungen der Methoden, des Settings sowie der Beraterrolle. In der *konkreten Ausführung der professionellen Praxis* wird die Grenzziehung gegenüber den Praktiken der konkurrierenden Professionen niemals vollständig abzudichten sein. In der professionellen Arbeit – am Arbeitsplatz – werden immer Grenzüberschreitungen vollzogen – teilweise unvermeidlich und von den Beteiligten unbemerkt, teilweise gezielt und absichtsvoll. Im Alltagsgeschäft finden die handfesten Verteilungskämpfe statt. Die professionelle Identität muss deshalb auf dieser Ebene immer wieder neu behauptet werden. Gerade dazu braucht es ein klares Konzept der eigenen professionellen Zuständigkeit, an der sich die professionelle Identität wie die professionelle Praxis orientierten kann (Fietze 2013).

Gegenüber *Psychotherapie*, *Expertenberatung* und *Training* lässt sich der Zuständigkeitsanspruch von Coaching relativ deutlich abgrenzen. Am klarsten ist der Unterschied zwischen Coaching und *Psychotherapie* markiert: Zum einen aufgrund des Psychotherapeutengesetzes, das seit 1999 in Deutschland den Zuständigkeitsanspruch der Psychotherapie als Heilberuf rechtlich regelt. Zum anderen aus dem Abgrenzungsbedürfnis der Coaches heraus, die sich gerade nicht als Vertreter eines Heilberufs, sondern als Berater für „Gesunde“ in berufsbezogenen Kontexten verstehen (vgl. Kap. 7 in diesem Buch). Auch gegenüber der *Fach- und Expertenberatung* ist die Abgrenzung klar: Expertenberatung gilt vielen als *der*

Abgrenzungsbegriff zum Coaching. Idealiter verzichtet der Coach weitestgehend auf Informationsweitergabe an den Klienten. Im Selbstverständnis der Coaches ist der Klient vielmehr selbst der Experte des eigenen „Falls", während die Aufgabe des Coachs darin besteht, in einem mäeutischen Prozess das bereits im Coachee schlummernde Potenzial zu entbinden. Ebenso lässt sich *Training* deutlich von Coaching differenzieren. Im direkten Gegensatz zum Vorgehen im Coaching, das die eigenständige Entwicklung neuer Perspektiven und Orientierung durch den Klienten fördert, werden im Training vorgegebene Verhaltenserwartungen und -muster durch wiederholende Übung in das routinisierte Verhaltensrepertoire des Klienten integriert (vgl. DBVC 2012, S. 26–29).

Sehr viel weniger deutlich lassen sich jedoch die Abgrenzungslinien zwischen den Zuständigkeitsansprüchen der Beratungsformen *Coaching*, *Mentoring*, *Supervision*, *Mediation*, *Moderation*, *Organisationsentwicklung* und *Facilitation* ziehen. Die jeweiligen Definitionen greifen ineinander oder überschneiden sich vielfach, und teilweise werden die Unterschiede überhaupt bestritten. So dehnt sich Coaching z. B. auf erweiterte Formen des Teamcoachings und des Organisationscoachings aus (vgl. Kap. 5 in diesem Buch) und vollzieht damit die Ausdehnungsbewegung der Supervision nach, die diese bereits durchschritten hat (Fietze 2011a; Buchinger und Klinkhammer 2007; vgl. Kap. 6 in diesem Buch). Ist Coaching ein Spezialfall von Supervision oder umgekehrt (vgl. Schreyögg 2003)? Ist Teamsupervision eine Methode der Organisationsentwicklung? Für Coaching, aber auch für die Beratungsformen in der direkten Nachbarschaft ist die Professionsbildung noch nicht so weit entwickelt, als dass Schulen und „Ansätze", Methoden, Settings und Ablaufverfahren von jeweils übergeordneten, abstrakten Zuständigkeitsbereichen unterschieden und diesen subordiniert werden könnten (vgl. Birgmeier 2006). Zwar finden sich bei einigen Coaching-Vertretern konsistente Systematisierungsvorschläge der verschiedenen Beratungsformate (Bachmann 2012), diesen Konzepten fehlt jedoch die soziale Verankerung in einem kollegialen Konsens, der für die praktische Arbeit aller Coaches verbindlich wäre. Auf der Ebene der professionellen Praxis werden die definitorischen Abgrenzungen der Zuständigkeitsansprüche häufig ignoriert und je nach Marktopportunitäten willkürlich definiert (Fietze 2013). Die Abgrenzungs- und Definitionsstreitigkeiten dienen nicht nur der „fachlich-sachlich" begründeten Profilschärfung der eigenen Beratungsform, sondern immer zugleich der (Selbst-) Positionierung in der Markt- und Statuskonkurrenz.

### 1.3.3 Marktmonopol eines definierten Zuständigkeitsbereichs

Solange die Zuständigkeit von Coaching nicht definiert ist, bleibt gemäß dem klassischen Professionsmodell auch die Frage nach einem gesellschaftlich sanktionierten Marktmonopol und eines formalrechtlich geschützten Titels müßig. Noch haben die Coaches nicht festgelegt, für welche *gesellschaftlich relevante Problemstellung* sie exklusiv die zuständigen Experten sein wollen, die die fachspezifische Expertise und Problemlösungskompetenz bereitstellen können.

Trotz der Profilschwäche von Coaching lassen sich gleichwohl deutliche Anzeichen für Strategien der sozialen Schließung und Regulierung des Marktzugangs erkennen: Die Entwicklung von Standards, die Tendenz zur Akademisierung der Weiterbildung zum Coach, die Vergabe von Zertifikaten und deren Anerkennungsverfahren durch Fach- und Berufsverbände sowie das Auftreten von (selbsternannten) Akkreditierungseinrichtungen und die Beobachtung der Qualitätsentwicklung von Coaching durch Verbraucherschutzorganisationen und die mediale Öffentlichkeit nehmen stetig zu.

### 1.3.4 Korporatistische Selbstverwaltung

Um die Jahrtausendwende haben die Coaches im deutschsprachigen Raum begonnen, sich berufsverbandlich zu organisieren. Damit ist die Phase der Pioniere und der Charismatiker zu Ende. Inzwischen ist ein wachsender Organisationsgrad unter den Coaches festzustellen – sowohl bezogen auf die Anzahl der Mitglieder wie auch auf die zunehmend differenzierteren Verbandsstrukturen, in denen die Festlegung auf berufsethische Grundsätze, auf Verfahrensregeln sowie die Einrichtung von Fachausschüssen, Schiedsstellen, ehrenamtlichen Zuständigkeiten und hauptamtlichen Geschäftsstellen vorangetrieben werden. Durch die wachsende Einbindung und Vernetzung der verschiedenen Akteursgruppen wie den Anbietern, den Coaches selbst, den Nachfragern von Coaching, den Unternehmen und Organisationen, den Anbietern von Weiterbildung und den Wissenschaftlern, nehmen die Coaches die Kontrolle ihrer Arbeit in die eigenen Hände. Eine überverbandlich organisierte Kommunikationsplattform bildet der *Roundtable der deutschsprachigen Coachingverbände* (RTC), der seit 2005 regelmäßig zusammentritt, allerdings bislang noch einen geringen Verbindlichkeitsgrad aufweist.

Im Spiegel der Merkmalskriterien des klassischen Professionsmodells zeigt die Professionsentwicklung von Coaching im Ergebnis einen gleichermaßen irritierenden wie interessanten Widerspruch: *Auf der einen Seite* lässt sich eine zügig voranschreitende Professionalisierung am Zuwachs der gegenstandsspezifischen Wissensgenerierung und Akademisierung der Aus/Weiterbildung sowie an der Ausweitung und Intensivierung des Organisationsgrades aller beteiligten Akteure ablesen. *Auf der anderen Seite* fehlen weiterhin eine klare Definition des Tätigkeitsfeldes und ein rechtlich geregeltes Marktmonopol. Obwohl also die Professionalisierung von Coaching bemerkenswerte Fortschritte gemacht hat, genügt Coaching dem idealtypischen Kriterienkatalog des klassischen Professionsmodells nicht, weil ein klar zugeschnittener Problemtypus und ein klar abgegrenzter Zuständigkeitsanspruch fehlen.

## 1.4 Die Professionalisierung reflexiver Prozessberatungsformen

Die unbefriedigende Definition von Coaching betrifft vor allem die Abgrenzungsschwierigkeit von Coaching gegenüber den Beratungsformen wie Supervision und Organisationsentwicklung, Mediation und Mentoring, die ihrerseits – ebenso wie Coaching – relativ neue Beratungsformen darstellen und die sich zudem alle als spezielle Formen der reflexiven Prozessberatung interpretieren lassen (Nestmann et al. 2007a, b; Seel 2013). Im Unterschied zum klassischen Beratungsverständnis der transitiven Expertenberatung besteht ihre Beratungsleistung nicht in der Informationsweitergabe oder Anwendung extern beigebrachten Wissens, sondern in der Entwicklung von Expertise im Beratungsgeschehen selbst, in dem der reflexive Selbstbezug des Klienten – auf seine Intentionen, Wahrnehmungen oder Handlungen – systematisch angeregt und berücksichtigt wird (Moldaschl 2001, 2010; Greif 2008). Ihre in den Beratungsprozess eingebrachte Fach-Expertise ist die Prozessexpertise (Schein 2000). Gemeinsam ist den genannten Beratungsangeboten weiterhin, dass sie alle in der einen oder anderen Weise die personenbezogenen, interaktionellen Kommunikationsprozesse in der Arbeitswelt adressieren (vgl. Kühl 2008).

### 1.4.1 Die Professionalisierung extrafunktionaler Kompetenzen

Die wachsende Nachfrage nach den verschiedenen Formen der *reflexiven Prozessberatung* hat ihren Grund in den beschleunigten gesellschaftlichen Wandlungsprozessen des „neuen Kapitalismus" (Sennett 1998; Lessenich 2008). In der globalisierten Netzwerkgesellschaft gewinnen kommunikative Prozesse einen herausragenden Stellenwert (Castells 2001). Dieser Bedeutungszuwachs betrifft nicht nur die Kommunikation mittels elektronischer Medien und das Internet, sondern erstreckt sich längst auch auf den Bereich der personenbezogenen Kommunikation in den Organisationen. Die zuvor wenig professionalisierten Felder der organisationsinternen Kommunikationsabläufe und der Personalwirtschaft unterliegen seit nunmehr dreißig Jahren einem starken Ökonomisierungs- und Rationalisierungsdruck und werden mit einem steigenden Professionalisierungsanspruch konfrontiert (Kühl 2008). Parallel zu dieser Entwicklung beobachten wir in vielen Arbeitsbereichen einen schleichenden Prozess der *Entberuflichung*, in dem die Kernkompetenzen der Beschäftigten gegenüber neuen Kommunikations- und Koordinationsaufgaben zunehmend zurückgedrängt werden (Dostal 2002). *Extrafunktionale Kompetenzen* werden für die Mitarbeiter/innen immer wichtiger (Mikl-Horke 2008). Um die Koordinationsleistungen in zunehmend komplexeren und sich dauernd verändernden Organisations- und Vernetzungsstrukturen durch kommunikative Abstimmungsprozesse aufrechterhalten zu können, steigt die Relevanz von Selbst- und Prozessbeobachtung, reflexiver Selbststeuerung und der Bereitschaft, zu lernen und sich zu entwickeln. Offenbar besteht ein Zusammenhang zwischen der Entberuflichung und einer komplementären Ausdifferenzierung von extrafunktionalen Kompetenzen als eigenständiges Tätigkeitsfeld, das seinerseits einen Professionalisierungsschub durchläuft (Kurtz 2000). Teil dieser Entwicklung sind die neuen Formen der *reflexiven Prozessberatung*, die hier auf einen Nachfragebedarf treffen. Coaching ist nur das gegenwärtig prominenteste Beispiel.

### 1.4.2 „Mixed Methods"

Die Bedeutung von reflexiver Prozessberatung ist inzwischen so anerkannt, dass sie auch auf die klassischen Formen der Expertenberatung übergreift, wobei ein neuer Methodenmix entsteht[1]. Diese Entwicklung ist zum einen eine Reaktion auf die gestiegene Konkurrenz für die klassische Expertenberatung und zum anderen ein Widerhall einer neuen Erwartungshaltung an Beratung, die sich inzwischen entwickelt hat. Darüber hinaus lässt sich eine vorsichtige Integration von Elementen transitiver Expertise in die Prozessberatung beobachten (Königswieser et al. 2006). Auch im Coaching wächst die Toleranz gegenüber der Einflechtung von Informationsweitergabe oder der Kombination mit Trainingsanteilen, wenn der damit einhergehende Rollenwechsel für den Klienten kenntlich gemacht wird (Schreyögg 2010; vgl. Kap. 15 in diesem Buch).

[1] Rolf Wimmer bezeichnet neu entstehende Verbindungen von Prozess- und Expertenberatung als „Modus 3" (osb international – Beratung im 3. Modus: http://www.youtube.com/watch?v=8Jk_0MCG4Sk).

## 1.5 Professionalisierung heute

Die Professionalisierung von Coaching vollzieht sich insgesamt unter gesellschaftlichen Rahmenbedingungen, die durch die Digitalisierung und Deregulierung im Kontext des „neuen Kapitalismus“ gekennzeichnet sind. Für Coaching – wie auch für andere Professionen – stellt sich die Frage, ob der mit dem klassischen Modell verknüpfte Anspruch der professionellen Autonomie, d. h. der Eigenständigkeit der fachlichen Arbeit und der professionellen Selbstorganisation, unter den aktuellen Bedingungen einlöst werden kann.

### 1.5.1 Zwischen Manageralisierung und Kommerzialisierung

Die in der Soziologie als „De-Professionalisierung“ diskutierte Bürokratisierung (Manageralisierung) und Kommerzialisierung (Deregulierung) der professionellen Praxis untergraben die professionelle Selbstkontrolle. Der Trend zu einer zunehmenden Standardisierung und organisatorischen Einbindung der Arbeitsvollzüge und zu deren externen, teilweise gesetzlich geregelten Qualitätskontrollen greift direkt in den Kernbereich des professionellen Handelns ein.

Standardisierte Diagnoseverfahren grenzen die für die Diagnose in Betracht zu ziehenden Einflussfaktoren ein. Die so getroffene Diagnosestellung lässt wiederum nur einen geringen Entscheidungsspielraum hinsichtlich der zu ergreifenden Behandlungsmaßnahmen zu. Der Ermessensspielraum, die diskretionäre Schlussfolgerung angesichts der Komplexität des besonderen Falls, die den Kern des professionellen Handelns ausmacht, ist auf ein Minimum reduziert. Den Abschluss bildet ein detailliert vorgeschriebenes Dokumentationsverfahren, das den gesamten Behandlungsprozess für Dritte einsehbar und kontrollierbar macht. Durch die Forcierung der Deregulierung werden außerdem die privilegierten Marktzugänge der Professionen aufgeweicht und Möglichkeiten für Anbieter geöffnet, die nicht den Standards der Professionen unterliegen (Münch und Guenther 2005). Die Dienstleistung der Professionen nähert sich so zunehmend dem des allgemeinen Gewerbes an (vgl. Kämmerer 2010).

### 1.5.2 Positionsveränderungen in der Professionellen-Klienten-Beziehung

Die zunehmende Marktorientierung der Professionen berührt zudem unmittelbar die Beziehung zwischen Professionellem und Klienten: Der Klient wandelt sich zum Kunden. Die Diagnose des Arbeitsauftrags und die zur Lösung des Problems angemessene Maßnahme wird nun nicht durch den Professionellen festgelegt, sondern der Kunde bestimmt, was er als Dienstleistung wünscht und in welcher Qualität er diese akzeptiert. Damit wird die Klientenautonomie des klassischen Professionsmodells unterlaufen und die Asymmetrie im Verhältnis zwischen Professionellem und Klienten aufgrund des Wissens- und zugleich Machtgefälles tendenziell eingeebnet. Diesem neuen Beziehungsmuster zwischen Professionellem und Klienten „auf Augenhöhe“ kommen die neuen Formen der reflexiven Prozessberatung am weitesten entgegen. Diese gilt vor allem im Coaching. Im Selbstverständnis vieler Coaches hat der Coach dem Coachee gegenüber kein Wissen voraus, sondern unterstützt den Klienten dabei, die eigene „Expertise“ als Ressource zu nutzen. Professionelles Handeln nach dem Modell der „stellvertretenden Krisenbewältigung“ (Oevermann 1996) mag in klassischen Professionen wie beispielsweise beim Mediziner und beim Rechtsanwalt auch heute weiterhin angebracht sein, im Falle der reflexiven Prozessberatung und insbesondere im Coaching ist es das nicht.

### 1.5.3 „Professionalität“ statt „Profession“

Die veränderten Rahmenbedingungen der Professionen haben den im angloamerikanischen Diskurs etablierten, gegenüber dem kontinentaleuropäischen Professionsbegriff schwächeren Begriff der *Professionalität* auch in Europa in den Vordergrund gerückt (Evetts 2003). „Professionalität“ bezeichnet keine festumrissenen Statusgruppen, sondern nimmt die konkrete Ausführung, die Performanz der professionellen Praxis in den Blick (Muzo et al. 2010; vgl. DBVC 2012, S. 15 f.). Die Bewertung der *professionellen Performanz* unterläuft die dauerhafte Statuszuschreibung des Professionellen auf der Basis seiner einmalig erworbenen und zertifizierten Qualifikation. Stattdessen muss er seine Kompetenzen durch eine überzeugende professionelle Praxis immer wieder unter Beweis stellen (Pfadenhauer 2003). Der Begriff der Professionalität und die Orientierung an der professionellen Performanz zeigt eine große Nähe zum Kompetenzbegriff (vgl. Kap. 16 in diesem Buch) und erscheint anschlussfähig an die aktuelle Diskussion im Zeichen des Bologna-Prozesses um die Zukunft von Bildung und Beruflichkeit, wie sie unter den Termini „Wissensgesellschaft“, „lebenslanges Lernen“ oder „Kompetenzerwerb“ geführt werden (vgl. Pfadenhauer und Sander 2010, S. 369; Lenbet 2007). Die allgemeine Kompetenzorientierung verlagert die Kompetenzbewertung direkt auf das qualitätsgeprüfte „Outcome“, das schließlich den Kunden und „Endverbraucher“ zufriedenstellen soll (vgl. Kap. 3 in diesem Buch).

### 1.5.4 Neue Mechanismen der Selbstregulierung

Durch die wechselseitige Annäherung von Gewerbe und Professionen wird die auch in früheren Zeiten immer notwendige Legitimation der Sonderstellung der Professionen schwieriger; der Nationalstaat schwingt sich heute nicht mehr als Regulierungsinstanz auf (vgl. Kämmerer 2010). Stattdessen lassen sich jedoch auf europäischer Ebene politische Prozesse identifizieren, die ein (Selbst-) Monitoring der beruflichen Arbeit anstreben und als Plattform für Mechanismen der professionellen Selbstregulierung anschlussfähig sind. Als eine solche Plattform fungiert die europäische Dienstleistungsrichtlinie, die die Freizügigkeit des Waren- und Dienstleistungsverkehrs im europäischen Binnenmarkt herstellen bzw. gewährleisten soll.[2] Da die Niederlassungsfreizügigkeit von qualifizierten Fachkräften auf dem europäischen Markt Transparenz und Vergleichbarkeit voraussetzt, strebt die Europäische Kommission in den letzten Jahren die Institutionalisierung des „Europäischen Berufsausweises" (European Professional Card, EPC) an.[3] In diesem Rahmen sind die verschiedenen Interessengruppen aufgerufen, auf die Definition ihrer Berufsbilder, ihrer Kompetenzprofile und die Standardsetzungen ihrer Qualifizierungsanforderungen Einfluss zu nehmen. Gerade für die professionellen Ansprüche sich *neu konstituierender* Berufsbilder kann der Europäisierungsprozess einen Rahmen bieten, die eigenen Vorstellungen des Berufsbildes zu profilieren und die eigenen Qualitätsansprüche durchzusetzen. Die Einbindung in die *European Professional Card* könnte als funktionales Äquivalent für die (national-) staatliche Sicherung der Unabhängigkeit der Professionellen dienen. Einige der am „Professionalisierungsprojekt" Coaching beteiligten Akteure haben bereits diesen Weg beschritten. Die internationalen Coachingverbände, das *European Mentoring & Coaching Council* (EMCC) und die *International Coach Federation* (ICF) sowie der internationale Dachverband *Supervision Association of National Organisations for Supervision in Europe* (ANSE) sind bereits auf europäischer Ebene aktiv. Die Definition des Zuständigkeitsprofils „Coaching" wird jedoch durch

[2] Vgl. http://ec.europa.eu/internal_market/top_layer/services/index_de.htm: „Ziel der Dienstleistungsrichtlinie ist es, die rechtlichen und administrativen Hindernisse für den Handel im Dienstleistungssektor zu beseitigen, damit das ungenutzte Wachstumspotenzial der Dienstleistungsmärkte in Europa freigesetzt wird."

[3] Vgl. http://ec.europa.eu/internal_market/qualifications/policy_developments/european_professional_ card/index_de.htm. „Der europäische Berufsausweis ist ein Projekt, welches darauf zielt, die Freizügigkeit von Berufstätigen in der EU im Rahmen der modernisierten Richtlinie über Berufsqualifikationen zu erleichtern. Der Berufsausweis soll das behördeninterne Anerkennungsverfahren vereinfachen, es für Bürger transparenter gestalten und das Vertrauen unter den zuständigen Behörden der Mitgliedstaaten der EU stärken."

die jeweils unterschiedlichen nationalen Begriffstraditionen wie auch die unterschiedlichen Traditionen des Professionsverständnisses nicht einfacher (Hees und Geißler-Piltz 2010).

## 1.6 Professionelle Zuständigkeit und Autonomie als Herausforderung

Trotz des sichtbaren Professionalisierungsfortschritts entspricht Coaching nicht dem klassischen Professionsmodell. Coaching ist keine Profession im klassischen Sinne. Angesichts veränderter gesellschaftlicher Rahmenbedingungen für die Professionen insgesamt bleibt es fraglich, ob Coaching den Status der klassischen Profession erreichen wird oder sich als rechtlich „ungeregelter Beruf" im Rahmen verbandlicher Selbstorganisation weiter festigt, und zwar sowohl gegenüber staatlichen Vorgaben wie auch gegenüber dem Einfluss des Marktes. Auch hier gibt es noch viel „Entwicklungspotenzial", die vielfältigen Bemühungen um ein klares Berufsbild in einer verbindlicheren Verbandsstruktur zu konzertieren (vgl. DBVC 2012, S. 14 f.). Inwiefern die Europäische Union hier möglicherweise die Rolle eines Katalysators spielen wird, bleibt abzuwarten.

Aber auch wenn eine staatlich lizenzierte Monopolstellung nicht die Perspektive sein wird, bleiben die mit dem klassischen Konzept der Profession verbunden Ansprüche für die weitere professionelle Entwicklung von Coaching eine wichtige Orientierung. Sowohl die Formulierung eines klaren Zuständigkeitsanspruchs (Berufsbild) wie die Entwicklung und Festigung einer professionellen Autonomie bleiben die entscheidenden Herausforderungen der weiteren Professionalisierung von Coaching.

Die problematischen Folgen mangelnder Unabhängigkeit der Coaches gegenüber dem Markt lassen sich z. B. an der hochambivalenten Rolle großer Unternehmen für die professionelle Entwicklung von Coaching erläutern: Auf der einen Seite fördern sie die Ausübung und Akzeptanz von Coaching allein schon durch ihre Nachfrage und bieten eine wichtige ökonomischer Basis, auf der Coaching weiter entwickelt und verbessert werden kann. Auf der anderen Seite unterlaufen sie die Autonomie von Coaching, wenn das Personalmanagement ein firmenspezifisches Anforderungsprofil an die Coachingpraxis definiert oder gar für die Weiterbildung zum Coach firmeninterne Programme entwickelt, die nicht an unabhängige Verbandsstrukturen der Profession zurückgebunden sind. Dadurch nehmen die marktbestimmenden Kunden in der formativen Phase von Coaching aktiv Einfluss auf das Profil und die Ausgestaltung der Beratungsform Coaching (vgl. Kap. 20 in diesem Buch).

Die Frage nach dem Zuständigkeitsanspruch von Coaching ist die Kernfrage des Professionalisierungsprojekts Coaching. Sie ist untrennbar verbunden mit der Frage nach der Ausdifferenzierung und sozialen Konstruktion einer gesellschaftlichen Problemlage. Wie kaum ein anderes Beratungsangebot trifft Coaching den Zeitgeist. Offenbar kristallisiert sich das Beratungsangebot „Coaching" im Zusammenspiel der beschleunigten Prozesse der Individualisierung, der sozialen Komplexitätssteigerung und einem übergreifenden Bedeutungszuwachs der extrafunktionalen, personenbezogenen Kompetenzen in der Arbeitswelt heraus. Durch die gesellschaftlichen Rahmenbedingungen sind die Ansprüche an die Selbstorganisation und die Selbstführung der Individuen so sehr gestiegen, dass sich angesichts des darin angelegten Krisenpotenzials für die Arbeitsfähigkeit und autonome Lebensführung der Individuen inzwischen eine gesellschaftlich *generalisierte Krisenerwartung* herauszubilden scheint. Zur Bearbeitung dieses Krisenpotenzials hat sich während der letzten drei Jahrzehnte ebenso eine *verallgemeinerbare Bewältigungsstrategie* in Form neuer professioneller, personenbezogener und prozessorientierter Beratungsangebote entwickelt. Es hat den Anschein, als würde Coaching für diese Problemlage zwar nicht de jure, aber praktisch eine zunehmend gesellschaftlich anerkannte professionelle Zuständigkeit zugeschrieben.

## Literatur


Abbott, A. (1988). *The system of professions. An essay on the division of expert labor*. Chicago: The University of Chicago Press.

Bachmann, T. (2012). Coaching? Training? Organisationsentwicklung? Chaos der Begriffe. *Wirtschaft + Weiterbildung, 3,* 38–40.

Berger, P. L., & Luckmann, T. (1998). *Die gesellschaftliche Konstruktion der Wirklichkeit. Eine Theorie der Wissenssoziologie*. Frankfurt a. M.: Fischer Taschenbuch Verlag.

Birgmeier, B. (2006). Coaching als Methode und/oder Profession? *OSC, 13*(1), 19–30.

Birgmeier, B. (Hrsg.). (2009). *Coachingwissen. Denn sie wissen nicht, was sie tun?* Wiesbaden: VS Verlag für Sozialwissenschaften.

Böning, U. (2005). Der Siegeszug eines Personalentwicklungsinstruments. Eine 10-Jahres-Bilanz. In C. Rauen (Hrsg.), *Handbuch Coaching* (3. Aufl.). Göttingen: Hogrefe.

Buchinger, K., & Klinkhammer, M. (2007). *Beratungskompetenz. Supervision, Coaching, Organisationsberatung*. Stuttgart: Kohlhammer.

Busse, S., & Ehmer, S. (Hrsg.). (2010). *Wissen wir, was wir tun? Beraterisches Handeln in Supervision und Coaching*. Göttingen: Vandenhoeck & Ruprecht.

Castells, M. (2001). *Das Informationszeitalter: Wirtschaft, Gesellschaft, Kultur. Bd. 1: Der Aufstieg der Netzwerkgesellschaft*. Opladen: Leske + Budrich.

Collins, R. (1987). Schließungsprozesse und die Konflikttheorie der Professionen. *Österreichische Zeitschrift für Soziologie, 12,* 46–60.

DBVC – Deutscher Bundesverband Coaching e. V. (Hrsg.). (2012). *Leitlinien und Empfehlungen für die Entwicklung von Coaching als Profession. Kompendium mit den Professionsstandards des DBVC* (4., erw. Aufl.). Osnabrück: DBVC Geschäftsstelle.

Dostal, W. (2002). Der Berufsbegriff in der Berufsforschung des IAB. In G. Kleinhenz (Hrsg.), *IAB-Kompendium Arbeitsmarkt- und Berufsforschung. Beiträge zur Arbeitsmarkt- und Berufsforschung, BeitrAB 250* (S. 463–474). Berlin: Institut für Arbeitsmarkt- und Berufsforschung der Bundesanstalt für Arbeit.

Etzioni, A. (Hrsg.). (1969). *The semi-professions and their organization.* New York: Free Press.

Evetts, J. (2003). The sociological analysis of professionalism: Occupational change in the modern world. *International Sociology, 18*(2), 395–415.

Fietze, B. (2011a). Profilbildung und Statuskonkurrenz. Zur Bedeutung der Distinktionsstrategien im Professionalisierungsprozess von Supervision und Coaching. In E.-M. Graf, S. Rettinger, I. Pick, & Y. Aksu (Hrsg.), *Beratung, Coaching, Supervision. Multidisziplinäre Perspektiven vernetzt* (S. 23–36). Wiesbaden: VS Verlag für Sozialwissenschaften.

Fietze, B. (2011b). Chancen und Risiken der Coachingforschung – eine professionssoziologische Perspektive. In R. Wegener, A. Fritze, & M. Loebbert (Hrsg.), *Coaching entwickeln – Forschung und Praxis im Dialog* (S. 24–33). Wiesbaden: VS Verlag für Sozialwissenschaften.

Fietze, B. (2013). *Friedliche Handelsbeziehungen im kleinen Grenzverkehr oder Grenzstreitigkeiten? Ein Einhegungsversuch unterschiedlicher Beratungsformen.* Unveröff. Manuskript.

Freidson, E. (1988). *Professional powers. A study of the institutionalisation of formal knowledge.* Chicago: The University of Chicago Press.

Greif, S. (2008). *Coaching und ergebnisorientierte Selbstreflexion.* Göttingen: Hogrefe.

Hees, G. van, & Geissler-Piltz, B. (2010). *Supervision meets education: Supervision in the bachelor social work in Europe.* Maastricht: CESRT/Zuyd University.

Kämmerer, J. (2010). *Die Zukunft der Freien Berufe zwischen De-Professionalisierung und Neuordnung.* München: Beck.

Königswieser, R., Sonuc, E., & Gebhardt, J. (2006). *Komplementärberatung. Das Zusammenspiel von Fach- und Prozess-Know-how.* Stuttgart: Klett-Cotta.

Körner, J. (2013). Plädoyer für eine Direktausbildung zum Psychotherapeuten. Entwurf eines Studienganges „von der Profession her". *Forum Psychoanal, 29,* 235–257.

Kühl, S. (2001). Professionalität ohne Profession. Das Ende des Traums von der Organisationsentwicklung als eigenständiger Profession und die Konsequenzen für die soziologische Beratungsdiskussion. In N. Degele et al. (Hrsg.), *Soziologische Beratungsforschung. Perspektiven für Theorie und Praxis der Organisationsberatung* (S. 209–238). Opladen: Leske und Budrich.

Kühl, S. (2008). *Coaching und Supervision. Zur personenorientierten Beratung in Organisationen.* Wiesbaden: VS Verlag für Sozialwissenschaften.

Kurtz, T. (2000). Moderne Professionen und Gesellschaftliche Kommunikation. *Soziale Systeme, 6,* 169–194.

Larson, S. M. (1977). *The rise of professionalism. A sociological analysis.* Berkeley Los Angeles: University of California Press.

Lenbet, A. (2007). Zur Aktualität des Kompetenzbegriffs und zur Bedeutung der Kompetenzentwicklung für das Coaching. In A. Schreyögg, & C. Schmidt-Lellek (Hrsg.), *Konzepte des Coaching* (S. 46–58). Wiesbaden: VS Verlag für Sozialwissenschaften.

Lessenich, S. (2008). *Die Neuerfindung des Sozialen. Der Sozialstaat im flexiblen Kapitalismus.* Bielefeld: Transcript.

Looss, W. (1997). *Unter vier Augen. Coaching für Manager.* Landsberg: Moderne Industrie.

Mieg, H. A. (2005). Professionalisierung. In F. Rauner (Hrsg.), *Handbuch der Bildungsforschung* (S. 324–349). Bielefeld: Bertelsmann.

Mikl-Horke, G. (2008). Beruf. In S. Farzi & S. Jordan (Hrsg.), *Lexikon Soziologie und Sozialtheorie. Hundert Grundbegriffe* (S. 35–37). Stuttgart: Philipp Reclam jun.

Moldaschl, M. (2001). Reflexive Beratung. Eine Alternative zu strategischen und systemischen Ansätze. In N. Degele, T. Münch, H. Pongratz, & N. Saam (Hrsg.), *Soziologische Beratungsforschung* (S. 133–157). Opladen: Leske + Budrich.

Moldaschl, M. (2010). *Was ist Reflexivität?* Papers and preprints of the department of innovation research and sustainable resource management (BWL IX), Chemnitz University of Technology; http://www.tu-chemnitz.de/wirtschaft/bwl9/publikationen/lehrstuhlpapiere/WP_2010_11_Reflexivitaet.pdf#. Zugegriffen: 24. Feb. 2011.

Möller, H., & Kotte, S. (2011). Die Zukunft der Coachingforschung. *OSC, 18*(4), 445–456.

Möller, H., & Kotte, S. (2012). Aktueller Forschungsstand und Implikationen für die Zukunft der Coachingforschung. In Deutscher Bundesverband Coaching e. V. (Hrsg.), *Leitlinien und Empfehlungen für die Entwicklung von Coaching als Profession: Kompendium mit den Professionsstandards des DBVC* (4., erw. Aufl., S. 129–138). Osnabrück: DBVC Geschäftsstelle.

Münch, R., & Guenther, T. (2005). Der Markt in der Organisation. Von der Hegemonie der Fachspezialisten zur Hegemonie des Finanzmanagements. In P. Windolf (Hrsg.), *Finanzmarkt-Kapitalismus. Analysen zum Wandel von Produktionsregimen* (*Kölner Zeitschrift für Soziologie und Sozialpsychologie*, 45 (S. 394–417). Wiesbaden: VS Verlagfür Sozialwissenschaften.

Muzo, D., Kirkpatrick, I., & Kipping, M. (2010). *Professionalism without professions: The case of management consultancy in the UK*. Working Paper.

Nestmann, F., Engel, F., & Sickendiek, U. (Hrsg.) (2007a). *Das Handbuch der Beratung. Disziplinen und Zugänge* (2. Aufl.). Tübingen: DGVT.

Nestmann, F., Engel, F., & Sickendiek, U. (Hrsg.) (2007b). *Das Handbuch der Beratung. Ansätze, Methoden und Felder* (2. Aufl.). Tübingen: DGVT.

Oevermann, U. (1996). Theoretische Skizze einer revidierten Theorie professionalisierten Handelns. In A. Combe, & W. Helsper (Hrsg.), *Pädagogische Professionalität. Untersuchungen zum Typus pädagogischen Handelns* (S. 70–182). Frankfurt a. M.: Suhrkamp.

Parsons, T. (1964). Die akademischen Berufe und die Sozialstruktur. In T. Parsons (Hrsg.), *Beiträge zur soziologischen Theorie* (S. 160–179). Neuwied: Luchterhand.

Pfadenhauer, M. (2003). *Professionalität. Eine wissenssoziologische Rekonstruktion institutionalisierter Kompetenzdarstellungskompetenz*. Opladen: Leske + Budrich.

Pfadenhauer, M., & Sander T. (2010). Professionssoziologie. In G. Kneer & M. Schroer (Hrsg.), *Handbuch spezielle Soziologie* (S. 361–378). Wiesbanden: VS Verlag für Sozialwissenschaften.

Rüschemeyer, D. (1983). Professional autonmy and the social control of expertise. In R. Dingwall (Hrsg.), *The sociology of the professions. Lawyers, doctors and others* (S. 38–58). London: Macmillan (Oxford socio-legal studies).

Schein, E. (2000). *Prozessberatung für die Organisation der Zukunft*. Köln: Edition Humanistische Psychologie.

Schreyögg, A. (2003). Die Differenz zwischen Supervision und Coaching. *OSC, 10*(3), 217–227.

Schreyögg, A. (2009). Die Wissensstrukturen im Coaching. In B. Birgmeier (Hrsg.), *Coachingwissen. Denn sie wissen nicht, was sie tun?* (S. 47–60). Wiesbaden: VS Verlag für Sozialwissenschaften.

Schreyögg, A. (2010). Ist Coaching reine Prozessberatung oder sind hier auch andere Beratungsmodell relevant? *OSC, 17*(2), S. 119–132.

Schreyögg, A. (2012). *Coaching. Eine Einführung für Praxis und Ausbildung* (7. Aufl.). Frankfurt a. M.: Campus.

Schreyögg, A., & Schmidt-Lellek, C. (Hrsg.). (2007). *Konzepte des Coaching* (OSC Sonderheft 1). Wiesbaden: VS Verlag für Sozialwissenschaften.

Schütze, F. (1984). Professionelles Handeln, wissenschaftliche Forschung und Supervision. In N. Lippmeier (Hrsg.), *Beiträge zur Supervision*, (Bd. 3) (S. 262–389). Kassel: Kassel Univ. Press.

Schütze, F. (1992). Sozialarbeit als bescheidene Profession. In B. Dewe, W. Ferchhoff, & F.O. Radtke (Hrsg.), *Erziehen als Profession* (S. 131–171). Opladen: Leske + Budrich.

Schützeichel, R. (2007). Laien, Experten, Professionen. In R. Schützeichel (Hrsg.), *Handbuch Wissenssoziologie und Wissensforschung* (S. 546–578). Konstanz: UVK.

Seel, H.-J. (2013). Aufgaben und Probleme der Professionalisierung von Beratung. In F. Nestmann, F. Engel, & U. Sickendiek (Hrsg.), *Das Handbuch der Beratung, Bd. 3: Neue Beratungswelten* (S. 1645–1661). Tübingen: DGVT.

Sennett, R. (1998). *Der flexible Mensch. Die Kultur des neuen Kapitalismus*. Berlin: Berlin Verlag.

Stichweh, R (1994). *Wissenschaft, Universität, Professionen. Soziologische Analysen*. Frankfurt a. M.: Suhrkamp.

Stichweh, R. (1996). Professionen in einer funktional differenzierten Gesellschaft. In A. Combe, & W. Helsper (Hrsg.), *Pädagogische Professionalität* (S. 49–69). Frankfurt a. M.: Suhrkamp.

Wehler, H.-U. (1987). *Deutsche Gesellschaftsgeschichte, Bd. 2: Von der Reformära bis zur industriellen und politischen „Deutschen Doppelrevolution" 1815–1845/49*. München: Beck.

Wehler, H.-U. (1995). *Deutsche Gesellschaftsgeschichte, Bd. 3: Von der „Deutschen Doppelrevolution" bis zum Beginn des Ersten Weltkriegs 1849–1914*. München: Beck.

**Dr. phil. Beate Fietze Dipl.-Soz., Dipl.-Psych.,** unterrichtete als wissenschaftliche Mitarbeiterin an verschiedenen Universitäten und forscht am Humboldt Center for Social and Political Research des Instituts für Sozialwissenschaften der Humboldt-Universität zu Berlin zur Professionalisierung neuer Beratungsformen. Koordinatorin des Arbeitskreises Profession und Beratung der Sektion Professionssoziologie der DGS, seit 2013 Beauftragte für Forschung und Weiterbildung der DGSv.

# Das ambivalente Verhältnis von Coachingforschung und -praxis: Dezentes Ignorieren, kritisches Beäugen oder kooperatives Miteinander?

**2**

Silja Kotte, Katrin Oellerich, Denise Schubert und Heidi Möller

## 2.1 Einleitung

Sowohl Coachingforscher[1] als auch Coachingpraktiker versichern sich häufig ihrer wechselseitigen Bedeutsamkeit und Relevanz. Während die Praktikerliteratur zu Coaching schon ab Mitte der 90er Jahre stark angewachsen ist, hat die Forschungsliteratur insbesondere seit Anfang bzw. Mitte der 2000er Jahre „nachgezogen". Zwar ist das theoretische und methodische Fundament vieler empirischer Untersuchungen noch immer wackelig (Ely et al. 2010; Grant 2013a; Möller und Kotte 2011), dennoch ziehen Reviews und Metaanalysen ein positives Fazit im Hinblick auf die generelle Zunahme empirischer Untersuchungen und die Wirksamkeit von Coaching (u. a. De Meuse et al. 2009; Ely et al. 2010; Künzli 2009; Theeboom et al. 2014).

[1] Der Einfachheit halber verwenden wir die männliche Schreibweise. Selbstverständlich sind damit immer Frauen und Männer gemeint.

S. Kotte (✉) · K. Oellerich · D. Schubert · H. Möller
Institut für Psychologie, Universität Kassel, Holländische Straße 36-38,
34127 Kassel, Deutschland
E-Mail: silja.kotte@uni-kassel.de

H. Möller
E-Mail: heidi.moeller@uni-kassel.de



A. Schreyögg, C. Schmidt-Lellek (Hrsg.), *Die Professionalisierung von Coaching*,
Coaching und Supervision, DOI 10.1007/978-3-658-08172-0_2

Nehmen die Praktiker diesen wachsenden *„body of knowledge*" aber überhaupt zur Kenntnis? Oder ist es aus der Perspektive von Praktikern nicht vielmehr so, dass Forschung und die daraus resultierenden Publikationen weder inspirieren noch informieren noch instruieren (Möller et al. 2013; Padberg 2012)? Und wie ist es andererseits um die Forscher bestellt? Schütteln sie nicht den Kopf darüber, was in der Praxis alles verkauft, gekauft und durchgeführt wird, ohne dass es empirische Wirksamkeitsnachweise gibt (Kieser 2005), und sind Wissenschaftler nicht primär an Praktikern interessiert, um sie als Stichprobe für ihre Fragestellungen und Untersuchungen zu gewinnen, statt sie als wirkliche Dialogpartner zu verstehen?

Der folgende Beitrag argumentiert, dass es notwendig ist, die Eigenlogik der beiden Systeme „Wissenschaft" und „Praxis" im Bereich Coaching ernst zu nehmen, um zu einer realistischen Einschätzung des ambivalenten Verhältnisses zwischen den beiden „Welten" zu kommen und konkrete Möglichkeiten zu identifizieren, auf ein tragfähigeres Arbeitsbündnis zwischen Coachingpraxis und -forschung hinzuarbeiten. Dazu arbeitet der Buchbeitrag zunächst Charakteristika der beiden Systeme „Coachingwissenschaft und -praxis" heraus. Im Anschluss daran wird ein Überblick über die wissenschaftliche Publikationslandschaft und den Stand der Coachingforschung gegeben, um daraus Kernherausforderungen für das Forschungs-Praxis-Verhältnis abzuleiten. Der Buchbeitrag schließt mit einer Einschätzung des Handlungsbedarfs auf Seiten der Praktiker wie der Forscher.

## 2.2 Coaching: Die Eigenlogiken der beiden Systeme Wissenschaft und Praxis

Coachingpraxis und -wissenschaft unterstreichen auf Kongressen, in Zeitschriften und in ihren jeweiligen Vorträgen ihr Komplementärverhältnis: Es sei natürlich wichtig, das beraterische Vorgehen wissenschaftlich abzusichern, zu professionalisieren und einen aktiven Beitrag zur Qualitätssicherung des Formats zu leisten, so die Praktiker. Die Wissenschaftler wiederum betonen, dass der Dialog mit Praxisexperten wertvoll und unverzichtbar sei. Dennoch trifft man auch auf die oben bereits angerissenen wechselseitigen Vorwürfe: Die Wissenschaft unterstütze die Coachingpraxis nicht, so der Vorwurf von Praktikerseite (Möller et al. 2013). Die Coachingpraktiker verträten trotz fehlender empirischer Absicherung „vor Eindeutigkeit strotzende Beratungskonzepte" (Scherf 2010, S. 11), verschlössen sich vor der Forschung, insbesondere allem, was über post-hoc-Befragungen hinausginge, und seien nicht wirklich interessiert und lernbereit gegenüber Forschungsergebnissen, sondern vor allem daran, das eigene Tun legitimiert zu wissen (Haubl 2009). Diese Vorwürfe haben vermutlich auch mit den unterschiedlichen primären Aufgaben der beiden Felder zu tun. Die sich daraus ergebenden Unterschiede im

Umgang mit Komplexität, mit der Intimität des Beratungsprozesses und den spezifischen Mechanismen der Wissensgenerierung und der relevanten Wissensarten werden im Folgenden verdeutlicht (vgl. Möller und Hausinger 2009).

### 2.2.1 Reduzierung vs. Erhöhung von Komplexität

Während Coaching darauf abzielt, den Coachee handlungsfähig zu machen, ist der „organisierte Skeptizismus" (Kieser 2005) Wesensmerkmal einer wissenschaftlichen Haltung. Im Coaching muss Unsicherheit absorbiert werden, zuweilen auch durch Rückgriff auf recht einfache Modelle. Komplexitätserweiterung, ein Öffnen des Blicks auf unterschiedliche Perspektiven ist in der Regel nur ein vorübergehendes Stadium, um vor dem Hintergrund eines umfassenderen Blicks auf eine Coachingsituation oder -frage reflektierter, bewusster Handlungsoptionen auswählen und in Handlung umsetzen zu können. Eine Funktion von Coaches ist die des „Unsicherheitsabsorbierers" – das kann auch implizieren: „Berater müssen ihren Rat mit Bestimmtheit vertreten" (Kieser 2005, S. 12). Die Aufgabe von Wissenschaftlern ist es dagegen, in einer Haltung des Nichtwissens, des Kritisierens, Hinterfragens und Anzweifelns scheinbar fester Tatsachen zu verbleiben, immer neue, spezifischere Fragen aufzuwerfen und damit Differenzierung und Komplexität zu erhöhen. Und auf diese je spezifischen Weisen des Umgangs mit Komplexität verdienen die beiden Bereiche ihr Geld – halten und gewinnen Klienten bzw. werben Forschungsgelder ein.

### 2.2.2 Closed shop vs. Beobachtung und Messung

Coaching, insbesondere im Einzelsetting, ist mehr noch als andere Beratungsformate ein „closed shop". Vertrauensarbeit ist zentral, der Aufbau einer tragfähigen Arbeitsbeziehung von wesentlicher Bedeutung für den Coachingerfolg (vgl. Abschn. 3). Klienten schätzen an dem Format Coaching in Abgrenzung zu anderen Beratungs- und Entwicklungsangeboten wie Trainings oder Teamentwicklungen gerade den intimen, geschützten Raum, in dem sie „unter vier Augen" (Looss 2006) über ihre Fragen und Probleme sprechen können, ohne dass Dritte mithören. Coachingforschung braucht dagegen möglichst direkten Zugang zu Coachingprozessen. Video- oder Audioaufnahmen sind neben Fragebögen das Mittel der Wahl, um einen möglichst unverstellten Zugang zu dem, was in der „black-box" Coaching (Ianiro und Kauffeld 2011) passiert, zu bekommen – insbesondere angesichts der Tatsache, dass self-reports von Klienten und Coaches zu den Wirkungen von Coaching positiver ausfallen als die Beurteilung von Dritten, z. B. Personalern (Böning und Fritschle 2005; De Meuse et al. 2009; Haubl 2009; Kotte und Möller 2013). Damit dringt Forschung aber notwendigerweise den intimen Raum zwischen Coach und Coachee ein und stört diesen möglicherweise – eine Befürchtung, die von vielen Coaches als Hinderungsgrund für die Teilnahme an Coachingforschung benannt wird (Kotte et al. in Vorber.).

### 2.2.3 Spezifische Mechanismen der Wissensgenerierung und Wissensarten

In der „*community of practice*" im Coaching wird Wissen aus der Realität des Coaching-Alltags und der Ausbildungsinstitutionen heraus generiert, in der „*scientific community*" dagegen aus dem universitären Forschungsbetrieb. Vor diesem Hintergrund werden auch unterschiedliche Arten von Wissen als gültig und relevant anerkannt.

#### 2.2.3.1 Wissensgenerierung in der „scientific community"

Wissen gilt dann als wissenschaftlich fundiert, wenn es „aus Aussagen besteht, die einem methodischen Zweifel an ihrem Anspruch auf Gültigkeit unterzogen worden sind und ihm bislang standgehalten haben" (Haubl 2009, S. 180). Der Prozess der wissenschaftlichen Wissenserzeugung lässt sich dabei in vier Schritten beschreiben, die in einem fortlaufenden Kreislauf idealtypisch nacheinander durchlaufen werden (Haubl 2009): Einzelne Forscher oder Forschungsgruppen handeln wissenschaftlich – formulieren Annahmen und Hypothesen, entwickeln Designs und Methoden, wie diese überprüft werden können, und analysieren und interpretieren die Ergebnisse. Dieses Forschungshandeln präsentieren sie im Rahmen von Kongressen und durch das Einreichen von Publikationen in Fachzeitschriften und setzen es so der kollegialen wissenschaftlichen Kritik aus. Über die Zeit werden die wissenschaftlichen Erkenntnisse, die sich durchgesetzt haben, zu einem „stock" oder „body of knowledge" integriert, häufig im Rahmen von Reviews und Meta-Analysen (beschreibende bzw. quantifizierende Überblicksarbeiten über den Stand der Forschung, vgl. Abschn. 3). Wissenschaftstheoretische Auseinandersetzungen hinterfragen die etablierten Herangehensweisen wissenschaftlichen Handelns und wirken so wieder auf das wissenschaftliche Handeln einzelner Forscher bzw. Forschergruppen zurück.

Als „Zwerge auf den Schultern von Riesen" (Hall 1991) bauen junge Forschergenerationen auf dem auf, was vorhergehende Forschergenerationen über die Zeit als „body" oder „stock of knowledge" entwickelt haben, hinterfragen diesen und differenzieren ihn weiter aus. Am „frontier of research" verläuft die Grenze zwischen wissenschaftlichem Wissen und unerforschtem Neuland: „A research frontier: a place where innovative research pushes the boundaries of science or knowledge. It may also be an outpost, a remote or isolated place" (Kelly-Irving 2014). Wissensgenerierung heißt in diesem Bild, diese Grenze systematisch so zu verschieben, dass der Bereich des Unbekannten Schritt für Schritt verkleinert und dieses neu erworbene Wissen der *scientific community* zur Verfügung gestellt wird.

#### 2.2.3.2 Wissensgenerierung in der „community of practice"

Die Wissenserzeugung in der „*community of practice*" erfolgt durch die Wissensweitergabe in einer „Matrix von Meister-Lehrlings-Verhältnissen" (Haubl 2009, S. 203), die idealerweise, um die unkritische Weitergabe falschen Erfahrungswissens einzuschränken, durch Fach- und Berufsverbände und durch Ausbildungsinstitute, die deren Standards umsetzen, gerahmt wird. Haubl (2009) beschreibt für Supervision, was auch auf das Coachingfeld übertragbar ist: Die hauptsächlichen Settings der Wissenserzeugung sind die Selbsterfahrung als Coachee, die eigene Coachingpraxis und Supervision durch erfahrene (Lehr-)Coaches und/oder kollegiale Intervision.

Dabei geht es vor allem um eine Explizierung impliziten Wissens in mehreren Schritten: Dies beginnt mit dem eigenen, fallspezifischen beraterischen Handeln, das schon *während* des Coachings fortlaufend reflektiert wird, allerdings unter Handlungsdruck. *Im Anschluss* an einzelne Coachingsitzungen wird deren Verlauf durch den Coach retrospektiv reflektiert und ggf. im Rahmen von Stundenprotokollen verschriftlicht. Durch die Vorstellung (Narration) des eigenen Handelns als Coach im Rahmen von Kontrollsupervision, Intervision oder Balintgruppen wird dieses in eine Erzählgemeinschaft eingebracht, die zum Resonanzraum wird, das Fallverständnis tieft und Anregungen für weitere Interventionen liefert. Ein über das reine Erzählen hinausgehender, allerdings in der Praxis selten anzutreffender Schritt wären kasuistisch-technische Seminare, in denen Coachingfälle nicht nur in Erzählform eingebracht, sondern diskutiert, Interventionen und ihre Wirkungen argumentiert und Ergebnisse dokumentiert werden – letztlich mit dem Ziel, eine Sammlung analysierter und miteinander verglichener Coachings zu erarbeiten (im Sinne „komparativer Kasuistiken" nach Jüttemann 1990), in der Erfahrungswissen kondensiert wird.

Der Lernprozess und die Wissensweitergabe in Meister-Lehrling-Verhältnissen laufen jedoch nicht notwendigerweise über den Weg der Explizierung – auch vom Meister nicht Explizierbares kann durch Beobachten gelernt werden. Folgen wir Dreyfus und Dreyfus (1987) und ihren phänomenologischen Untersuchungen des Kompetenzerwerbs vom Neuling zum Experten bei Schachmeistern, Flugzeugpiloten, Wirtschaftsmanagern, Chirurgen, Krankenschwestern und Lehrern, so kann festgestellt werden, dass nur für Anfänger ein mehr oder weniger internalisiertes Regelwissen handlungsleitend ist. Experten handeln dagegen kontextabhängig, „ganzheitlich intuitiv“ und getragen von „besonnener Rationalität“, wobei sie die jeweilige Situation nicht in kontextfreie Elemente zerlegen, sondern den Gesamtzusammenhang zu erfassen suchen. Sie können oft nicht sagen, wie sie vorgegangen sind (vgl. Möller 2012). Und auch „Lehrlinge“ können durch Beobachtung lernen, ohne das so Gelernte ihrerseits explizieren zu können (Eagleman 2011).

#### 2.2.3.3 Verschiedene Wissensarten

Aus diesen spezifischen Mechanismen der Wissensgenerierung ergeben sich auch unterschiedliche Wissensarten: Wissenschaftliches Wissen ist explizit und generell, Praxiswissen von Coaches ist in großen Teilen implizit und fallspezifisch (Haubl 2009). Wissenschaftliches Wissen ist kausallogisches, sprachliches Wissen, das entsprechend wissenschaftlichen Standards in Fachzeitschriften publiziert, reproduziert und in Manuale und *best practices* übersetzt werden kann. Das implizite praktische Wissen hat dagegen viel mit „Gespür“, Intuition und Gestalterschließungsprozessen zu tun, die Subjektivität ist gerade ein zentraler Wirkfaktor, das Wissen ist personengebunden. Aufgrund der Spezifität des Einzelfalls kann für diesen eine konkrete Problemlösung nicht einfach aus generellem Wissen abgeleitet werden. Daraus ergeben sich laut Haubl (2009) zwei Fehlermöglichkeiten: Beim Fehler erster Art bauen Coaches weiterhin auf falsches implizites Wissen, statt dieses (u. a. durch explizites Wissen) korrigieren zu lassen; beim Fehler zweiter Art dagegen beeinträchtigt die Explikation des impliziten Wissens u. U. die Handlungsfähigkeit.

Entlang dieser unterschiedlichen Mechanismen der Wissensgenerierung und Festlegungen dessen, welche Wissensarten als gültig akzeptiert werden, lassen sich auch die Feldgrenzen (Bourdieu 1988) zwischen Coachingwissenschaft und -praxis festmachen. Beide Felder der Wissensgenerierung sind geschlossen und für Außenstehende nur schwer zugänglich: die Wissenschaft mit ihren hoch institutionalisierten, ritualisierten und differenzierten Mechanismen der Wissensgenerierung und -weitergabe über Kongresse und Journals ebenso wie die Coachingpraxis mit der stark persongebundenen Wissensweitergabe in Lehrling-Meister-Verhältnissen.

## 2.3 Stand der Coachingforschung

Im Folgenden versuchen wir einen Einblick in das Feld „Coachingwissenschaft“ zu geben, zunächst anhand eines kurzen Überblicks über die Entwicklung der wissenschaftlichen Publikationslandschaft und anschließend mit einer zusammenfassenden Darstellung zum „*stock of knowledge*" der Coachingforschung. Abschließend werden einige Implikationen für das Verhältnis von Wissenschaft und Praxis aufgezeigt.

### 2.3.1 Entwicklung der Coachingforschung: Die wissenschaftliche Publikationslandschaft im Coaching

Das junge Forschungsfeld befindet sich auf dem Vormarsch. Sowohl national als auch international bilden sich immer mehr universitäre „Inseln" heraus, die das Format Coaching untersuchen. Die Zahl der wissenschaftlichen Artikel, die zum Thema Coaching erschienen sind, ist in den letzten Jahren rasant angestiegen (vgl. Tab. 2.1).

Eine Datenbankrecherche mit dem Stichwort „Coaching" über das Kasseler Recherche-, Literatur- und Auskunftsportal der Universität Kassel ergab 7838 Treffer in peer-reviewed Journals (die Artikel werden von Wissenschaftlern des gleichen Fachgebiets begutachtet und bewertet). Diese Zahlen sind jedoch mit Vorsicht zu betrachten, da der Begriff „Coaching" ein „Containerbegriff" ist, der nicht geschützt ist und in unterschiedlichen Feldern, wie z. B. im Sport und im Beratungskontext verwendet wird. Betrachtet man die Veröffentlichungen im Beratungskontext, so stellt man fest, dass er auch hier sehr breit genutzt wird (Übergewichts-Coaching, Fahrtraining vs. Coaching im Arbeitskontext). Eine Eingrenzung auf „Executive Coaching", also Führungskräftecoaching, reduziert die Anzahl der Treffer in der Bibliotheksdatenbank auf 384. Eine weitere Recherche über zwei etablierte Datenbanken im Bereich Psychologie und Wirtschaft ergab zusätzlich folgendes Bild: Wir fanden über 600 Publikationen zu „Executive Coaching" über die Datenbank

**Tab. 2.1** Datenbankrecherche über das Kasseler Recherche-, Literatur- und Auskunftsportal der Universität Kassel

| Zeitraum | Anzahl der Treffer „Titel: Coaching" | Anzahl der Treffer „Titel: Executive Coaching" |
|---|---|---|
| <1980 | 76 | / |
| 1981–1990 | 243 | 2 |
| 1991–1995 | 271 | 5 |
| 1996–2000 | 525 | 19 |
| 2001–2005 | 1150 | 101 |
| 2006–2010 | 2634 | 148 |
| 2010–2014 | 2939 | 109 |
| Summe | 7838 | 384 |

**Tab. 2.2** Wo wird publiziert? Recherche über PsychInfo (1887 bis heute)

| Journal | Treffer „Executive Coaching“ |
|---|---|
| Consulting psychology journal: Practice and research | 38 |
| Industrial and commercial training | 21 |
| International coaching psychology review | 17 |
| International journal of evidence based coaching and mentoring | 13 |
| Journal of management development | 12 |
| The coaching psychologist | 12 |

Business Source Premier (1984 bis heute) und 327 in PsychInfo (1887 bis heute). Allerdings ließen sich nur drei Artikel identifizieren, welche in „top-ranked“ Journals[2] (Psychologie und Management) veröffentlicht wurden (Bono et al. 2009; Feldman und Lankau 2005; Smither et al. 2003). Daran schließt sich die Frage an, in welchen internationalen Journals publiziert wird. Tab. 2.2 zeigt die Ergebnisse einer Recherche über PsychInfo. Auffällig ist, dass die meisten Artikel in coachingspezifischen Journals und weniger in allgemeinen (Psychologie-)Journals publiziert werden.

Joo's (2005) Review über die Coaching Literatur zeigte, dass 71 % der publizierten Artikel über Führungskräftecoaching in Praktiker-Journals erschienen sind, 15 % in akademischen Journals und 14 % in sonstigen Zeitschriften. Die Autoren resümierten daher, dass Coaching mehr Aufmerksamkeit in der Praktiker-Welt bekommt als in der Wissenschaft. Diesem Bild können wir zum gegenwärtigen Zeitpunkt nicht widersprechen. Allerdings erweist sich eine umfassende und vollständige Literaturrecherche über die gängigen Datenbanken als sehr schwierig, da diese nicht alle wichtigen Journals (vor allem nicht die coachingspezifischen Journals) umfassen. Ein Zugang für Praktiker zu Forschungsliteratur in wissenschaftlichen Journals erscheint vor diesem Hintergrund fast unmöglich. Und selbst wenn es einen Zugang gäbe, bleibt die Frage, inwieweit die oft kleinteiligen Forschungsergebnisse verständlich und für die alltägliche Praxis nutzbar sind. Hilfreich für den Transfer zwischen Wissenschaft und Praxis sind „Brückenjournals“, die inhaltlich zwischen Forschung und Praxis angesiedelt sind. Die größte Bandbreite weist in Deutschland wohl die Zeitschrift „Organisationsberatung, Supervision, Coaching“ (OSC) auf. Hier sind sowohl Forschungs- als auch Praxisbeiträge mit dem Schwerpunkt Coaching zu finden.

[2] Wissenschaftliche Zeitschriften von Relevanz für Arbeits- und Organisationspsychologie, gestaffelt nach durchschnittlicher Zitationshäufigkeit in den letzten 5 Jahren (LMU 2014).

In den großen internationalen wissenschaftlichen Journals (a-Level) mit hohem *Impact Factor* (dt. Einflussfaktor, d. h. dass Beiträge aus diesem Journal oft zitiert werden) im Bereich der Psychologie sind Beiträge zu Coaching also eher selten zu finden. Die Mehrheit der Coachingstudien wurden in b- bzw. c-Level Journals veröffentlicht (Grant 2013a). Dies könnte zum einen damit zusammenhängen, dass die Coachingforschung ein sehr junges Feld ist, das sich erst weiter etablieren muss, bis es in die ganz großen Journals „aufsteigt". Ein weiterer Aspekt könnte der häufig verlangte bzw. gesetzte „Goldstandard" für hochrangige Veröffentlichungen sein. Als „Goldstandard"-Studien werden randomisierte Kontrollgruppenstudien (randomized controlled trials, RCTs) bezeichnet. Die Studienteilnehmer werden zufällig einer Treatmentgruppe und einer Kontrollgruppe zugeordnet und deren Ergebnisse verglichen. Ziel dieses Studiendesigns ist es, sicherzustellen, dass die beobachteten Effekte nur auf die Intervention zurückzuführen sind, also die Studien eine hohe interne Validität aufweisen (Leichsenring 2004).

In der Coachingforschung ist es außerordentlich schwierig, Untersuchungen unter kontrollierten Bedingungen durchzuführen. Business Coaching findet qua Definition im Arbeitskontext statt. Dies stellt Forschungsvorhaben vor weitere besondere Herausforderungen. Konkurrierende politische Ansichten, Organisationsstrukturen und Prioritäten unterschiedlicher Akteure innerhalb der Organisation können das Coaching beeinflussen und sich im Laufe des Coachingprozesses verändern (Grant 2013a). Es existieren also viele Faktoren, die auf einen Coachingprozess und dessen Wirkung Einfluss nehmen. Diese zu kontrollieren ist sehr komplex, wenn nicht gar unmöglich.

Neben Einzelstudien werden auch Überblicksarbeiten veröffentlicht. Zum einen sind dies Reviews, die eher in beschreibender Form die Forschungsergebnisse zusammentragen und die Studienlage skizzieren und bewerten (Carey et al. 2011; De Haan und Duckworth 2012; Ely et al. 2010; Grant 2010; Greif 2012). Des Weiteren existieren nach unserem Kenntnisstand bis heute zwei Metanalysen zur Wirksamkeit von Coaching (De Meuse et al. 2009; Theeboom et al. 2014). In Metaanalysen werden mehrere Studien quantifizierend zu Metadaten zusammengefasst. Als Auswahlkriterium diente in den vorliegenden Metaanalysen das Vorhandensein von längschnittlichen Forschungsdesigns. Weitere Studien mussten aufgrund der unzureichenden Qualität der Daten ausgeschlossen werden. So blieben in der ersten Metaanalyse von De Meuse et al. (2009) von ursprünglich 22 lediglich 6 und in der zweiten von Theeboom et al. (2014) von 107 Studien 18 übrig. Das Bild, das die Auswahl der Studien, die in die Metanalysen einfließen, zeichnet, spiegelt das Forschungsfeld und dessen Entwicklung über die letzten Jahre wider – die Zahl der Studien steigt, und ihre Qualität ist nach wie vor heterogen.

### 2.3.2 Der „stock of knowledge" im Coaching: Stand der Coachingforschung

Zur Darstellung der Forschungsergebnisse wird eine Unterteilung in Ergebnisse zur Wirksamkeit bzw. Ergebnisqualität (summative Evaluation) und zu Wirkfaktoren (formative Evaluation) in Anlehnung an Systematisierungen von Ely et al. (2010) und Greif (2008, 2012) vorgenommen (vgl. auch Möller und Kotte 2011). Hierbei werden sowohl quantitative als auch qualitative Untersuchungen dargestellt.

#### 2.3.2.1 Forschungsergebnisse zur Wirksamkeit von Coaching (Ergebnisqualität)

Greif (2012) unterscheidet hier zwischen allgemeinen und spezifischen Wirkungen. Diese werden im Folgenden bezogen auf den Klienten und die Organisation dargestellt. Zu den allgemeinen Wirkungen von Coaching auf die Klienten, wie die allgemeine Erfolgseinschätzung und die Zufriedenheit mit dem Coaching sowie die Zielerreichung, berichtet ein Großteil der Studien hohe Werte (Grafe und Kronig 2011; Linley et al. 2010). Möller und Kotte (2011) fassen zusammen, dass eine Vielzahl der Studien allerdings auf Selbsteinschätzungen der Klienten basieren (siehe auch De Meuse et al. 2009). Analog zu Teilnehmerbefragungen im Anschluss an Weiterbildungsmaßnahmen enthalten auch diese zumeist positive Rückmeldungen – ein „freundliches Dankeschön" (Greif 2008, S. 219; Kauffeld 2010). Metaanalysen im Seminarkontext zeigen, dass hohe Zufriedenheits- und Erfolgseinschätzungen nicht unbedingt stark mit den Lernergebnissen korrelieren (Arthur et al. 2003; Ely und Zaccaro 2011). Auch die Ergebnisse einer qualitativen Studie (Geißler et al. 2013) zeigen, dass die Zielerreichungsgrade im Vergleich zu den Zufriedenheitsbewertungen der Coaching-Ergebnisse und der Einschätzung der Gesamtzufriedenheit durch die Klienten relativ niedrig sind.

Weitere Studien zu den allgemeinen Ergebnissen von Coaching berichten die Reduktion negativer Affekte, wie etwa der Stressbelastung bzw. die Steigerung des allgemeinen Wohlbefindens durch Coaching (Grant et al. 2010; Theeboom et al. 2014) signifikant positive Veränderungen der Resilienz und des Selbstbewusstseins (Sherlock-Storey et al. 2013) und der Karriere-Zufriedenheit (Bozer und Sarros 2012). So zeigt z. B. eine Studie von Leonard-Cross (2010), dass Coaching-Teilnehmer im Vergleich zu einer Kontrollgruppe im Anschluss an ein zweijähriges Coaching höhere Werte in Bezug auf ihre Selbstwirksamkeitsüberzeugungen zeigten.

Positive Effekte bezüglich spezifischer, konkret beobachtbarer Verhaltens- oder Leistungsveränderungen bei den Klienten im Hinblick auf die Anlässe und Ziele der Coachings, wie etwa effektivere Führung, Verbesserung der interpersonalen Beziehungen, der Zusammenarbeit und Kommunikationsfähigkeit, anderer Umgang mit Konflikten, Selbstreflexion, Selbstakzeptanz und Persönlichkeitsentwicklung lassen sich in verschiedenen Studien ausmachen (Curtis und Kelly 2013; De Haan et al. 2013; De Meuse 2009; Ellam-Dyson und Palmer 2011; Kines et al. 2010; Kochanowski et al. 2010; Theeboom et al. 2014). Die Ergebnisse von qualitativen Studien zeigen, dass Coaching neben einer Verbesserung in der Personalführung im Hinblick auf die individuelle Selbstreflexion und vor allem die Konfliktbewältigung als wirksam erlebt wird (Cerni et al. 2010; Kühl 2014) und dass Coaching das Bewusstsein der Klienten über ihr eigenes kontraproduktives Arbeitsverhalten steigert und dies die individuelle Motivation und Arbeitsleistung positiv beeinflusst (Cox und Patrick 2012).

Erste Studien fragen nun auch nach negativen Effekten von Coaching und ihren Ursachen aus der Perspektive von Klienten und Coaches (De Meuse 2009; Schermuly et al. 2014; Seiger und Künzli 2011). Die Studienergebnisse zeigen, dass Coaching durchaus auch negative Wirkungen sowohl für den Klienten als auch für den Coach haben kann.

Eine Vielzahl von Evaluationen zur Wirksamkeit von Führungsentwicklungsprogrammen mit integrierten Coaching-Bausteinen zeigen, dass Training und Coaching gemeinsam wirksamer sind als reines Training (Ladyshewsky 2007; Kochanowski et al. 2010; Kotte und Möller 2013; Wallis 2010). Einige qualitative Studien verdeutlichen darüber hinaus den spezifischen Zusatznutzen von Coaching, z. B. eine realistischere Selbsteinschätzung und erhöhte Selbstwirksamkeit (u. a. Spencer 2011).

Eine Möglichkeit des Einbezugs des organisationalen Kontexts in die Untersuchung der Wirksamkeit von Coaching stellt der Einsatz von 360°-Feedbacks als Messinstrument zur Erfassung von Wirksamkeit dar. Hier zeigen verschiedene Studien, dass Coachingprozesse und die damit einhergehenden Veränderungen der Klienten von Vorgesetzten und Mitarbeitern als positiv und erfolgreich eingeschätzt werden (Kaufel et al. 2006; Scherm und Scherer 2011). Allerdings bleibt in den meisten der genannten Studien die Frage offen, inwieweit die Effekte tatsächlich durch das Coaching erzielt wurden.

Zu den langfristigen Wirkungen von Coachingprozessen bei Coaching-Klienten liegen bisher nur sehr wenige quantitative Studien vor, die jedoch positive Weiterentwicklungen dieser zeigen konnten (Cavanagh 2010; Finn 2006). In einer qualitativen Einzellfallstudie berichten Libri und Kemp (2006), dass Coaching nachhaltig wirksam sein kann – auch nach 18 Monaten waren die Verkaufsleistung, die eigene Leistungseinschätzung und die zentrale Selbstbewertung des Klienten höher als zu Beginn. Zu den dystalen – also langfristigen – Effekten von Coachings auf die Organisation, wie etwa Veränderungen im Organisationsklima, Produktivität und Effektivität, liegen bisher kaum Studien vor (Ely et al. 2010; Greif 2012; Möller und Kotte 2011). Zu den ökonomischen Wirkungen hingegen – return on investment (ROI) – gibt es verschiedene Untersuchungen, die einen finanziellen Gewinn von Coachingprozessen für das Unternehmen zeigen wollen (Anderson 2011; Mc Govern et al. 2001), deren Evaluationsmethoden allerdings als zweifelhaft eingeschätzt werden müssen. Der Fokus auf einen rein monetären (und noch dazu subjektiv eingeschätzten) ROI erscheint in der Literatur als limitierter Blick auf den potenziellen Nutzen des Beratungsformats. Das Augenmerk sollte daher eher auf indirekte und langfristige Wirkungen wie die Erhöhung des Engagements, Verbesserungen im Führungsstil oder die Verringerung von Konfliktkosten beim Change Management gelegt werden (Ely et al. 2010; Grant 2012).

#### 2.3.2.2 Forschungsergebnisse zu Wirkfaktoren bzw. Input- und Prozessvariablen (Prozessqualität)

Die Studienlage zu den Wirkfaktoren im Coaching ist sehr viel begrenzter als zur Wirksamkeit (Möller und Kotte 2011). Unter Inputvariablen werden hier die Voraussetzungen des Coachs (z. B. fachliche Kompetenz), des Klienten (z. B. Veränderungsmotivation, Beharrlichkeit) und der Organisation (z. B. zeitlicher Rahmen des Coachings, Auswahl der Coaches) gefasst (Greif 2012; Möller und Kotte 2011). Die Prozessvariablen im Coaching werden in der Regel in die Komponenten Coach- und Klient-Verhalten, Coach-Klient-Beziehung und Strukturvariablen unterteilt (Ely et al. 2010; Greif 2012).

Zu den Inputvariablen auf Seiten des Klienten konnten positive Effekte für den Zusammenhang zwischen Gewissenhaftigkeit, Offenheit, emotionaler Stabilität sowie Selbstwirksamkeitsüberzeugungen der Klienten und der wahrgenommenen Ergebnisqualität des Coachings gezeigt werden (De Haan et al. 2013; Stewart et al. 2008). Ely et al. (2010) identifizierten zudem als wichtigen Faktor die Bereitschaft, sich auf das Coaching einzulassen. Ellam-Dyson und Palmer (2011) verglichen in einer Studie eine Coaching- und eine nicht-Coaching-Gruppe. Die Teilnehmer konnten selbst entscheiden, ob sie ein Coaching in Anspruch nehmen wollten. Die nicht-Coaching-Gruppe wies signifikant niedrigere Werte in Bezug auf bedingungslose Selbstakzeptanz auf. Die Autoren gehen davon aus, dass diejenigen, die Coaching eher bräuchten, es vermieden, um ihre Selbstachtung zu bewahren. Als weitere relevante Input- und Prozessvariablen auf Klientenseite können Veränderungsmotivation, Reflexivität und Beharrlichkeit gesehen werden. Diese sind bisher aber nur theoretisch postuliert (Greif 2012; Möller und Kotte 2011).

Als wichtige Voraussetzungen für die Wirksamkeit des Coachings auf der Seite der Coaches treten Aspekte wie methodische Kompetenz und fundierte Ausbildung und die Fähigkeit zur professionellen Zielklärung mit Klient und Organisation (Greif 2012) hervor, denn Unternehmen und Kunden erwarten laut einer qualitativen Studie von Freitag (2011) „einen verschwiegenen, situativ und flexibel agierenden ziel- und ergebnisorientierten Coach mit breitem Lebensspektrum, Erfahrungen und empathischer Arbeit" (S. 229). Die Ergebnisse von Bono et al. (2009) zeichnen ein ähnliches Bild. In ihrer Studie wurden 428 Coaches gefragt, welche Kompetenzen sie als essentiell für ein effektives Coaching ansehen. Die Ergebnisse lassen sich in vier Kategorien einteilen: diagnostische und planerische Fähigkeiten, Interventions- und Problemlöse-Fähigkeiten (z. B. Beziehungsgestaltung, Feedback), Wissen (z. B. Persönlichkeitspsychologie, Branchenkenntnisse) sowie sonstige persönliche Charakteristika (z. B. Authentizität, Humor). De Haan et al. (2011) befragten in ihrer Untersuchung zudem die Klienten, welche Kompetenzen ihres Coachs sie als besonders hilfreich erachteten. Die top drei Antworten waren: Einblick in und Bewusstsein über die Probleme des Klienten, Wissen und Erfahrung des Coachs sowie Unterstützung des Klienten während des Prozesses. Zu den Prozessvariablen auf Seiten der Coaches fanden De Haan et al. (2013), dass die Breite der von den Coaches angewandten Techniken einen positiven Einfluss auf die wahrgenommene Ergebnisqualität der Klienten hat. Die Selbstwirksamkeitsüberzeugungen der Coaches hatten hingegen keinen Einfluss.

Die größte Zahl der Studien im Bereich der Wirkfaktoren fokussiert die Beziehung zwischen Klient und Coach. Die Qualität der Beziehung bzw. des Arbeitsbündnisses zeigt sich als signifikanter Prädiktor für die wahrgenommene Güte des Ergebnisses von Coachingprozessen (Baron und Morin 2009, 2012; Boyce et al. 2010; De Haan et al. 2013). Grant (2013b) stellt heraus, dass eine zielorientierte Beziehung signifikant den Coaching-Erfolg vorhersagen kann, die Zufriedenheit mit dem Arbeitsbündnis hingegen kein zuverlässiger Prädiktor sei. Eine große Ähnlichkeit zwischen Coach und Klient in Bezug auf die Ausprägung von verbaler sowie non-verbaler Affiliation (Freundlichkeit) und Dominanz prognostiziert eine positive Beurteilung der Beziehungsqualität und der Zielerreichung durch den Klienten (Ianiro et al. 2012). Auch Van Oorsouw et al. (2013) kommen in ihrer Mixed-Methods-Studie zu dem Schluss, dass eine ähnliche Ausprägung von Dominanz bei Coach und Klient mit einer hohen Zufriedenheit seitens der Klienten einhergeht.

Eine Vielzahl an qualitativen Studien beschreiben ebenfalls die Beziehungsgestaltung als Schlüsselfaktor für einen gelungenen Coachingprozess (Alvey und Barclay 2007; Blattner 2005; Jowett et al. 2012; Neukom et al. 2011). So verdeutlichen Jowett et al. (2012) die Bedeutung von Nähe (gegenseitiges Vertrauen und

Respekt), Commitment (Entwicklung einer dauerhaften Beziehung, in der beide gewillt und motiviert sind, miteinander zu arbeiten) sowie Komplementarität (gute Zusammenarbeit unter Berücksichtigung der unterschiedlichen Rollen). In ihren Ergebnissen aus 30 halbstrukturierten Interviews mit Coaching-Verantwortlichen zeigen Neukom et al. (2011), dass die Hälfte der befragten Experten der Ansicht ist, dass eine gute Arbeitsbeziehung der zentrale (Wirk-)Faktor von Coaching ist. Ein Drittel erachtet eine funktionierende Arbeitsbeziehung als eine wichtige Voraussetzung für das Gelingen eines Coaching-Prozesses. Die am häufigsten genannten Eigenschaften und Kompetenzen, die ein Coach zur Mitgestaltung der Arbeitsbeziehung haben sollte, sind nach Ansicht der Coaching-Verantwortlichen: gut zuhören können, Empathie, Wertschätzung, Vertrauenswürdigkeit, Interesse sowie Offenheit. Alvey und Barclay (2007) untersuchen wiederum die Entwicklung von Vertrauen im Coaching und beschreiben Faktoren, die als Voraussetzung für die Vertrauensbildung angesehen werden können, beispielweise eine klare Erwartungshaltung von beiden Seiten oder eine positive Einstellung gegenüber dem Coaching seitens der Organisation.

Als weitere wichtige Prozessvariablen treten die Zieldefinition am Anfang, die Herstellung von Bindung an die Ziele und die kontinuierliche Zielannäherung hervor, um positive Effekte im Coaching zu erreichen (Behrendt 2004; De Meuse et al. 2009; Möller und Kotte 2011). Einige der einbezogenen Studien aus der Metaanalyse von De Meuse et al. (2009) zeigten, dass Coaching zu den besten Ergebnissen kommt, wenn es direkt an Coaching-Ziele gebunden ist. Auch die Studie von Schermuly et al. (2014) kann so interpretiert werden, dass eine mangelnde Zielfokussierung den Coachingerfolg beeinträchtigen kann. Sie fanden einen positiven Zusammenhang zwischen der Anzahl behandelter Themen und der Anzahl an negativen Effekten von Coachings.

Darüber hinaus wird inzwischen der Blick auf Wendepunkte („*critical incidents*") im Prozess gelenkt. De Haan und Nieß (2012) zeigen, dass Coach und Klienten einen oder mehrere kritische Momente in jeder Coaching-Sitzung berichteten. In fast der Hälfte der Fälle beschreiben Coach und Klient dieselben Momente als bedeutsam. Allerdings fokussiert der Coach dabei meistens Momente des Selbstzweifels, der Klient hingegen Momente, in denen Neues gelernt wird und eine positive Veränderung in der Coachingbeziehung stattfindet. Milner et al. (2013) untersuchen kritische Momente in Cross-Cultural-Coachings. In Interviews wurden Coaches gebeten, kritische Momente zu beschreiben. Die Ergebnisse zeigen, dass diese in vier Bereichen auftraten: Kommunikation (unkommunikative Coachees, fehlende Kritikfähigkeit), Coach-Coachee-Beziehung (Probleme in der Vertrauensbildung, Idealisierung des Coachs), Coaching Setting (Ort des Coachings) und Rollenverständnis (unterschiedliche Rollenerwartungen).

Die Voraussetzungen von Seiten der Organisation, wie das zur Verfügung stehende Budget, die geplante Zahl der Coachingsitzungen, Ankündigung und Akzeptanz der Maßnahme oder Auswahl der Coaches und ihre Wirkung auf das Ergebnis sind bisher ebenso erst theoretisch postuliert wie potenzielle Wirkfaktoren, etwa Organisationskultur und Transferklima (Greif 2012; Möller und Kotte 2011). In einer Einzelfallstudie werden immerhin als Erfolgsfaktoren für eine nachhaltige Etablierung des Coaching-Angebots ein gutes internes Marketing, Transparenz über den Coaching-Prozess sowie die Betonung der Freiwilligkeit beschrieben (Kurz 2013). In einer Interview-Studie mit 31 Coaches aus Asien und Europa kristallisierte sich zudem unter anderem ein Kultur-Bewusstsein seitens der Coaches für ihre Klienten als Best Practice für ein erfolgreiches Coaching heraus. Coaches müssen sich hiernach über den Hintergrund und die Kultur des Klienten bewusst sein und diesen anerkennen, damit ein erfolgreiches Coaching möglich ist (Gentry et al. 2013).

### 2.3.3 Resümee zum Stand der Forschung

Abschließend werden mit einem Blick auf die bisherige Entwicklung und Stand der Coachingforschung die wichtigsten Punkte und ihre Implikationen für das Verhältnis von Coaching-Wissenschaft und Praxis zusammengefasst:

- Die Recherche von Coachingstudien gestaltet sich schon für Forscher an Universitäten schwierig und zeitaufwändig, obwohl sie umfassende Zugänge zu unterschiedlichsten Datenbanken haben. Da die Forschungsergebnisse in unterschiedlichen Journals veröffentlicht werden, die nicht in einer einheitlichen Datenbank enthalten sind, können selbst Wissenschaftler nicht sicher sein, ob sie alle relevanten Studien erfasst haben und damit einen vollständigen Überblick über die Forschungslandschaft gewinnen konnten. Dass Praktiker sich auf dem aktuellen Stand der Forschung halten können, scheint vor diesem Hintergrund geradezu unmöglich und auch nicht zielführend.
- In den internationalen Journals zur Coachingforschung sind sowohl quantitative als auch qualitative Studien vertreten. Bei der Begutachtung der rein qualitativen Studien fiel auf, dass diese Studien selten systematisch an andere Studien oder Vorarbeiten anknüpfen, sondern eher einzelne, oft spezifische Themen behandelt werden. Nicht selten fungiert der Coach selber als Fallgeber und somit als Forscher. Der Großteil der quantitativ operationalisierten Studien untersucht die Wirksamkeit von Coaching. Neuere Forschungen fokussieren häufig den Einfluss der Beziehung zwischen Coach und Klient als Prädiktor für Coaching-Wirkungen. Die Komplexität der Studiendesigns unterscheidet sich stark – von

einfachen Einpunkt-Messungen bis zu Studien mit beispielsweise mehreren Messzeitpunkten unter Einsatz von verschiedenen psychometrischen Messverfahren. Die Kombination von qualitativen und quantitativen Ansätzen – also Mixed-Methods – ist im Feld der Coachingforschung relativ gängig. So nutzten z. B. De Haan et al. (2013) in ihrer Studie sowohl quantitative Items, zum Teil aus standardisierten psychometrischen Messinstrumenten, als auch Freitextantwortfelder. Andere Studien kombinieren quantitative Fragebögen mit qualitativen Interviews (Curtis und Kelly 2013).

## 2.4 Fazit und Ausblick

Die in Abschnitt 2.2 verdeutlichten Unterschiede zwischen den beiden Systemen sind ernst zu nehmen, wenn man sich um die Entwicklung einer kooperativen Arbeitsbeziehung zwischen Wissenschaft und Praxis bemühen möchte. Abschnitt 2.3 hat darüber hinaus aufgezeigt, wie schwer zugänglich das Feld Coachingforschung sogar für Feldmitglieder, also Wissenschaftler, ist, aber auch, dass inzwischen der „stock of knowledge" wächst und lohnenswerte Erkenntnisse auch für Praktiker zu bieten hat. Daher braucht es sowohl Bereitschaft als auch pragmatische Lösungen, um über punktuelle Öffnungen zwischen den Systemen hinaus auf ein für beide Seiten gewinnbringendes Arbeitsbündnis hinzuarbeiten.

Beide Communities sind gefragt, sich aus der Komfortzone ihres eigenen vertrauten Feldes herauszubewegen und enttäuschungs- und kränkungsbereit zu sein. Aufrechterhaltene gegenseitige Erwartungen müssen enttäuscht werden können. Für Praktiker kann dies z. B. den Abschied von liebgewonnenen Referenztheorien bedeuten – also die Anerkennung dessen, dass sie Fehler erster Art begehen (Haubl 2009) –, und für Forscher ein Infragestellung der Annahme, dass auf ihre Erkenntnisse, die nun allmählich verfügbar sind, sehnsüchtig gewartet wurde. Es braucht auf beiden Seiten Brückenbauer und Übersetzer – forschende Coaches und coachende Wissenschaftler – und tragfähige Kooperationen in konkreten Forschungs-Praxis-Projekten: „Je mehr Supervisoren [bzw. Coaches] über Supervisionsforschung [bzw. Coachingforschung] wissen, desto kompetentere Partner können sie in einer praxisnahen Forschung sein, die der Optimierung supervisorischen [beraterischen] Handelns dient. (…) Die Hierarchie zwischen Wissenschaft und Profession ist freilich erst dann abgebaut, wenn es zu einer echten Co-Produktion (…) kommt, in der Praktiker nicht nur als Datenlieferanten, sondern als vollwertige Mitglieder in Forschergruppen eingebunden sind" (Haubl 2009, S. 202; vgl. Kap. 11 in diesem Buch). Darüber hinaus braucht es ein Bemühen um Integrationsorte für dialogische Begegnung und Auseinandersetzung und zum Bündeln von

Literatur: von publizierter Literatur (zwischen A-Level Journals und Praktikerzeitschriften) und von der noch in viel größerem Umfang verfügbaren „grauen Literatur“ in der Coachingforschung, also den inzwischen unzähligen unveröffentlichten Abschluss- und Qualifizierungsarbeiten. Konkret lassen sich daraus Anforderungen an Coachingforscher und -praktiker ableiten:

### 2.4.1 Appell an Forscher

Forscher müssen sich um einen doppelten Balanceakt bemühen:

- Einerseits müssen sie die Anerkennung des Forschungsfeldes Coaching in der *scientific community* vorantreiben, das sich dort noch etablieren muss. Dies heißt unter anderem, nach praktikablen Lösungen zu suchen, wie wissenschaftlich valide Forschungsdesigns und -methoden mit für Praktiker attraktiven Herangehensweisen verknüpft werden können (vgl. Kap. 3 in diesem Buch). Viel stärker als bisher geht es auch darum, systematische Forschungsprogramme, die aufeinander aufbauen, zu entwickeln und langfristig umzusetzen, statt weiterhin nur eine Vielzahl vereinzelter Qualifizierungsarbeiten produzieren zu lassen. Dies geht allerdings nicht ohne eine intensivere Auseinandersetzung mit dem Thema auch durch etablierte Forscher, zumal gerade erfahrene Praktiker eine Interaktion mit Wissenschaftlern auf Augenhöhe erwarten (Kotte, Schubert & Möller, in Vorber.), die Bachelor- und Masterstudenten nicht leisten können.
- Mit Blick auf die „andere Seite“ ist ein Umdenken in der Selbstdefinition erforderlich: Forscher sind auch Dienstleister für die Praktiker, d. h. sie müssen sich bemühen, deren Bedarfe zu identifizieren und darauf zu reagieren. Dazu müssen zum einen Praktiker systematisch befragt werden, was für sie eigentlich relevant (informierend, instruierend, inspirierend; Padberg 2012) ist und welche Hemmnisse und Anreize zur Beteiligung an Forschungsprojekten sie sehen. Zum anderen gehört es in einem dienstleistungsorientierteren Selbstverständnis auch zur Aufgabe von Coachingforschern, Praktikern den Zugang zur wissenschaftlichen Literatur zu erleichtern, indem sie frei zugänglichen Journals gut lesbare Zusammenfassungen zum Stand der Forschung schreiben.

### 2.4.2 Appell an Praktiker

- Praktiker ihrerseits sind aufgefordert, ihre eigene Komfortzone und mögliche Abwehrmanöver zu verlassen und ihre Coachingprozesse für Forscher zugänglich zu machen. Dies impliziert auch, sich die kritische Frage gefallen zu lassen, inwiefern das Argument, den Beratungsraum für den Klienten zu schützen, wirklich im Vordergrund steht. Oder ist es nicht vielmehr ein willkommener Vorwand, sich einer Beobachtung und möglichen Bewertung durch externe Dritte (Forscher) und den damit verbundenen eigenen Ängsten als Coach nicht stellen zu müssen? Aufgabe für die Praktiker ist es, konstruktiv mit den Forschenden in einen Dialog zu treten und dabei eigene Perspektiven, Ideen und Erwartungen zur Verfügung zu stellen. Vielleicht hilft dabei der zunehmende Druck von außen, dass auf absehbare Zeit die Anforderungen an die systematische Evaluation und Qualitätssicherung von Coaching auf Seiten der Kunden und Auftraggeber und durch zertifizierende Berufsverbände ohnehin steigen werden.

- In Entsprechung zur Publikationsdienstleistung von Forschern für Praktiker müssten sich Praktiker ihrerseits für Systematisierungsvorschläge und Qualitätskriterien, wie sie von Wissenschaftlern zur Verfügung gestellt werden, öffnen. Dies gilt insbesondere im Hinblick auf die Vielzahl von Einzelfallbeschreibungen, die aufgrund ihrer Unterschiedlichkeit und mangelnden Ankopplung an den „stock of knowledge" kaum systematisch rezipiert werden können. Hier gibt es erste Hinweise von Wissenschaftlern, wie z. B. Einzelfallanalysen (McDowall und Short 2012) so gestaltet werden könnten, dass sie leichter rezipiert und in den „stock of knowledge" zu Coaching integriert werden können.

## Literatur


Alvey, S., & Barclay, K. (2007). The characteristics of dyadic trust in executive coaching. *Journal of Leadership Studies, 1*(1), 18–27.

Anderson, M. C. (2011). Evaluating the ROI of coaching: Telling a story, not just producing a number. In G. Hernez-Broome & L. M. Bohon (Hrsg.) *Advancing executive coaching – setting the course for successful leadership coaching* (S. 352–369). San Francisco: Jossey-Bass.

Arthur, W. Jr., Bennett, W. Jr., Edens, P. S., & Bell, S. T. (2003). Effectiveness of training in organizations: A meta-analysis of design and evaluation features. *Journal of Applied Psychology, 88*(2), 234–245.

Baron, L., & Morin, L. (2009). The coach-coachee relationship in executive coaching: A field study. *Human Resource Development Quarterly, 20*(1), 85–106.

Baron, L., & Morin, L. (2012). The working alliance in executive coaching: Its impact on outcomes and how coaches can influence it. In E. de Haan & C. Sills (Eds.), *Coaching relationships* (S. 213–226). Farringdon: Libri.

Behrendt, P. (2004). *Wirkfaktoren im Psychodrama und Transfercoaching.* Diplomarbeit am Institut für Psychologie der Albert-Ludwigs-Universität Freiburg (Gewinner des Deutschen Coachingpreises).

Blattner, J. (2005). Coaching: The successful adventure of a downwardly mobile executive. *Consulting Psychology Journal: Practice and Research, 57*(1), 3–13.

Böning, U., & Fritschle, B. (2005). *Coaching furs Business*. Bonn: ManagerSeminare.

Bono, J., Purvanova, R., Towler, A., & Peterson, D. (2009). A survey of executive coaching practices. *Personnel Psychology, 62*(2), 361–404.

Bourdieu, P. (1988). *Homo Academicus*. Frankfurt a. M.: Suhrkamp.

Boyce, L. A., Jackson, R. J., & Neal, L. J. (2010). Building successful leadership coaching relationships: Examining impact of matching criteria in a leadership coaching program. *Journal of Management Development, 29,* 914–931.

Bozer, G., & Sarros, J.C. (2012). Examining the Effectiveness of executive coaching on coachees' performance in the israeli context. *International Journal of Evidence Based Coaching and Mentoring, 10*(1), 14–32.

Carey, W., Philippon, D., & Cummings, C. (2011). Coaching models for leadership development: An integrative review. *Journal of Leadership Studie, 5*(1), 51–69.

Cavanagh, M. J. (2010). The four factor model of leadership: Empirical Foundations and practical application. Paper presented at the International Conference of Applied Psychology (ICAP 2010), July 13, 2010, Melbourne, Australia.

Cerni, T., Curtis, G., & Colmer, S. (2010). Executive coaching can enhance transformational leadership. *International Coaching Psychology Review, 5*(1), 81–85.

Cox, E., & Patrick, C. (2012). Managing emotions at work: How coaching affects retail support workers' performance and motivation. *International Journal of Evidence Based Coaching and Mentoring, 10*(2), 34–51.

Curtis, D. F., & Kelly, L. L. (2013). Effect of a quality of life coaching intervention on psychological courage and self-determination. *International Journal of Evidence Based Coaching and Mentoring, 11*(1), 20–38.

De Haan, E., & Nieß, C. (2012). Critical moments in a coaching case study: Illustration of a process research model. *Consulting Psychology Journal: Practice and Research, 64*(3), 198–224.

De Haan, E., Culpin, V., & Curd, J. (2011). Executive coaching in practice: What determines helpfulness for clients of coaching? *Personnel Review, 10*(1), 24–44.

De Haan, E., & Duckworth, A. (2012). Signalling a new trend in executive coaching outcome research. *International Coaching Psychology Review, 8*(1), 6–19.

De Haan, E., Duckworth, A., Birch, D., & Jones, C. (2013). Executive coaching outcome research: The contribution of common factors such as relationship, personality match, and self-efficacy. *Consulting Psychology Journal: Practice and Research, 65*(1), 40–57.

De Meuse, K. P., Dai, G., & Lee, R.J. (2009). Evaluating the effectiveness of executive coaching: beyond ROI? *Coaching: An International Journal of Theory, Research and Practice, 2*(2), 117–134.

Dreyfus, H. L., & Dreyfus, S. E. (1987). *Künstliche Intelligenz. Von den Grenzen der Denkmaschine und dem Wert der Intuition*. Reinbek: Rowohlt.

Eagleman, D. (2011). *Incognito. The Secret Lives of the Brain*. Edinburgh: Canongate Books.

Ellam-Dyson, V., & Palmer, S. (2011). Leadership coaching? No thanks, I'm not worthy. *The Coaching Psychologist, 7*(2), 108–117.

Ely, K., Boyce, L. A., Nelson, J. K., Zaccaro, S. J., Hernez-Broome, G., & Whyman, W. (2010). Evaluating leadership coaching: a review and intergrated framework. *The Leadership Quarterly, 21,* 585–599.

Ely, K., & Zaccaro, S. J. (2011) Evaluating the effectiveness of coaching – a focus on stakeholders, criteria, and data collection methods. In G. Hernez-Broome & L. A. Boyce (Hrsg.) *Advancing executive coaching – setting the course for successful leadership coaching*. San Francisco: Jossey-Bass.

Feldman, D., & Lankau, M. (2005) Executive coaching: A review and agenda for future research. *Journal of Management, 31*(6), 829–848.

Finn, F., Mason, C., & Griffin, M. (2006). *Investigating change over time – The effects of executive coaching on leaders' psychological states and behaviour*. Vortrag auf dem 26th International Congress of Applied Psychology, 16.-21. Juli, Athens, Greece.

Freitag, T. (2011). Coaching in der Schweiz. Ein Praxisforschungsbeitrag zur Marktsituation. In R. Wegener, A. Fritze, & M. Loebbert (Hrsg.), *Coaching entwickeln. Forschung und Praxis im Dialog* (S. 200–230). Wiesbaden: VS Verlag für Sozialwissenschaften.

Geißler, H., Hasenbein, M., & Wegener, R. (2013). E-Coaching: Prozess- und Ergebnisevaluation des „Virtuellen Zielerreichungscoachings". *Organisationsberatung Supervision Coaching, 20*(2), 125–142.

Gentry, W., Manning, L., Wolf, A., Hermez-Broome, G., & Allen, L. (2013). What coaches believe are best practices for coaching: A qualitative study of interviews from coaches residing in Asia and Europe. *Journal of Leadership Studies, 7*(2), 18–31.

Grafe, K., & Kronig, R. (2011) Internes Coaching bei SAP. *Coaching Magazin, 12*(1), 8–24.

Grant, A. M. (2012). ROI is a poor measure of coaching success: Towards a more holistic approach using a well-being and engagement framework. *Coaching: An International Journal of Theory, Research and Practice, 5*(2), 74–85.

Grant, A. M. (2013a). The efficacy of coaching. In J. Passmore, D.B. Peterson, & T. Freire (Hrsg.), *The wiley-blackwell handbook of the psychology of coaching and mentoring* (S. 15–39). Hoboken: Wiley-Blackwell.

Grant, A. M. (2013b). Autonomy support, relationship satisfaction and goal focus in the coach-coachee relationship: Which best predicts coaching success? *Coaching: An International Journal of Theory, Research and Practice, 7*(1), 1–21 (published online October 2013).

Grant, A. M., Green, L. S., & Rynsaardt, J. (2010). Developmental coaching for high school teachers: Executive coaching goes to school. *Consulting Psychology Journal: Practice & Research September, 62*(3), 151–168.

Greif, S. (2008). *Coaching und ergebnisorientierte Selbstreflexion*. Göttingen: Hogrefe.

Greif, S. (2012). Conducting organizazional-based evaluations and mentoring programs. In J. Passmore, D. B. Peterson, & T. Freire (Hrsg.), *The Wiley-Blackwell Handbook of the Psychology of Coaching and Mentoring*, (S. 445–470). Hoboken: Wiley-Blackwell.

Hall, J. B. (Hrsg.) (1991). *Ioannis Saresberiensis metalogicon*. Turnhout: Brepols.

Haubl, R. (2009). Unter welchen Bedingungen nützt die Supervisionsforschung der Professionalisierung supervisorischen Handelns? In R. Haubl & B. Hausinger (Hrsg.), *Supervisionsforschung. Einblicke und Ausblicke* (S. 179–207). Göttingen: Vandenhoeck & Ruprecht.

Ianiro, P., & Kauffeld, S. (2011). Black-Box Coaching-Prozess: Beziehungsaufbau und –gestaltung auf Grundlage interpersonaler Basisdimensionen. Vortrag beim 2. LOCCS-Symposium, 27. – 29. Mai 2011, München.

Ianiro, P. M., Schermuly, C. C., & Kauffeld, S. (2012). Why interpersonal dominance and affiliation matter: An interaction analysis of the coach-client relationship. *Coaching: An International Journal of Theory, Research & Practice, 6*(1), 1–22.

Joo, B. (2005). Executive coaching: A conceptual framework from an integrative review of practice and research. *Human Resource Development Review, 4*(4), 462–488.

Jowett, S., Kanakoglou, K., & Passmore, J. (2012). The application of the 3 + 1Cs relationship model in executive coaching. *Consulting Psychology Journal: Practice and Research, 64*(3), 183–197.

Kaufel, S., Scherer, S., Scherm, M., & Sauer, M. (2006). Führungsbegleitung in der Bundeswehr – Coaching für militärische Führungskräfte. In W. Backhausen & J.-P. Thommen (Hrsg.), *Coaching, durch systemisches Denken zur innovativen Personalentwicklung,* (S. 419–438). Wiesbaden: Gabler.

Kauffeld, S. (2010). *Nachhaltige Weiterbildung. Betriebliche Seminare und Trainings entwickeln, Erfolge messen, Transfer sichern.* Berlin: Springer.

Kelly-Irving, M. (2014). A research frontier. http://researchfrontier.wordpress.com. Zugegriffen: 27. Feb. 2014.

Kieser, A. (2005). *Wissenschaft und Beratung.* Heidelberg: Universitätsverlag Winter.

Kines, P., Anderson, L. P., Spangenberg, S., Mikkelsen, K. L., Dyreborg, J., & Zohar, D. (2010). Improving construction site safety through leader-based verbal safety communication. *Journal of Safety Research, 41*(5), 399–406.

Kochanowski, S., Seifert, C. F., & Yukl, G. (2010). Using coaching to enhance the effects of behavioral feedback to managers. *Journal of Leadership and Organizational Studies, 17*(4), 363–369.

Kotte, S., & Möller, H. (2013). Coaching im Kontext von Führungsentwicklungsprogrammen. In R. Wegener, A. Fritze, & M. Loebbert (Hrsg.), *Coaching-Praxisfelder. Forschung und Praxis im Dialog* (Online-Teil, S. 31–49). Wiesbaden: VS Verlag für Sozialwissenschaften.

Kotte, S., Schubert, D., & Möller, H. (in Vorber.). *Why do coaches (not) participate in coaching research?*

Kühl, W. (2014). Wirkungen von Führungskräfte-Coaching in der Sozialen Arbeit. *Organisationsberatung Supervision Coaching, 21*(1), 39–53.

Künzli, H. (2009). Wirksamkeitsforschung im Führungskräfte-Coaching. *Organisationsberatung Supervision Coaching, 16*(1), 1–15.

Kurz, S. (2013). Implementierung von Einzel-Coachings im Rahmen eines Führungskräfteentwicklungs-Programms in der öffentlichen Verwaltung. *Organisationsberatung Supervision Coaching, 20*(2), 205–216.

Ladyshewsky, R. K. (2007). A strategic approach for integrating theory to practice in leadership development. *Leadership & Organization Development Journal, 28*(5), 426–443.

Leichsenring, F. (2004). Randomized controlled versus naturalistic studies: A new research agenda. *Bulletin of the Menninger Clinic, 68*(2), 137–151.

Leonard-Cross, E. (2010). Developmental coaching: Business benefit – fact or fad? An evaluative study to explore the impact of coaching in the workplace. *International Coaching Psychology Review, 5*(1), 36–47.

Libri, V., & Kemp, T. (2006). Assessing the efficacy of a cognitive behavioural executive coaching programme. *International Coaching Psychology Review, 1*(2), 9–18.

Linley, P., Nielsen, K. M., Gillett, R., & Biswas-Diener, R. (2010). Using signature strengths in pursuit of goals: Effects on goal progress, need satisfaction, and well-being, and implications for coaching psychologists. *International Coaching Psychology Review, 5*(1), 6–15.

Looss, W. (2006). *Unter vier Augen: Coaching für Manager* (korr. Neuausgabe). Bergisch Gladbach: EHP.

McDowall, A., & Short, E. (2012). New case study guidelines – a call to arms for practitioners. *Coaching: An International Journal of Theory, Research and Practice, 5*(2), 154–159.

McGovern, J., Lindemann, M., Vergara, M., Murphy, S., Barker, L. & Warrenfeltz, R. (2001). Maximizing the impact of executive coaching: Behavioral change, organizational outcomes, and Return on Investment. *Manchester Review, 6,* 1–9.

Milner, J., Ostmeier, E., & Franke, R. (2013). Critical incidents in cross-cultural coaching: The view from german coaches. *International Journal of Evidence Based Coaching and Mentoring, 11*(2), 19–32.

Möller, H. (2012). *Was ist gute Supervision?* Kassel: kassel university press.

Möller, H., & Hausinger, B. (Hrsg.). (2009). *Quo vadis Beratungswissenschaft?* Wiesbaden: VS Verlag für Sozialwissenschaften.

Möller, H., & Kotte, S. (2011). Die Zukunft der Coachingforschung. *Organisationsberatung Supervision Coaching, 18*(4), 445–456.

Möller, H., Kotte, S., & Oellerich, K. (2013). Coaching-Praxis und Wissenschaft – ein unüberwindlicher Gap? *CoachingMagazin, 1,* 35–39.

Neukom, M., Schnell, K., & Boothe, B. (2011). Die Arbeitsbeziehung im Coaching – ein Stiefkind der Forschung. *Organisationsberatung Supervision Coaching, 18*(3), 317–332.

Padberg, T. (2012). Warum lesen Psychotherapeuten keine Forschungsliteratur? *Psychotherapeutenjournal, 1,* 10–17.

Scherf, M. (2010). *Strukturen der Organisationssberatungsinteraktion. Interdisziplinäre Beratungsforschung.* Göttingen: Vandenhoeck & Ruprecht.

Scherm, M., & Scherer, S. (2011). Feedbacksysteme im Coachingprozess: Forschungsergebnisse und Praxis. In R. Wegener, A. Fritze, & M. Loebbert (Hrsg.), *Coaching entwickeln. Forschung und Praxis im Dialog* (S. 135–147). Wiesbaden: VS Verlag für Sozialwissenschaften.

Schermuly, C. C., Schermuly-Haupt, M.-L., Schölmerich, F., & Rauterberg, H. (2014). Zu Risiken und Nebenwirkungen lesen Sie … Negative Effekte von Coaching. *Zeitschrift für Arbeits- und Organisationspsychologie, 58*(1), 17–33.

Seiger, C., & Künzli, H. (2011). Der Schweizerische Coachingmarkt 2010 aus der Sicht von Coachs. Züricher Hochschule für angewandte Wissenschaften. http://pd.zhaw.ch/hop/544183222.pdf. Zugegriffen: 21. Feb. 2014.

Sherlock-Storey, M., Moss, M., & Timson, S. (2013). Brief coaching for resilience during organisational change – an exploratory study. *The Coaching Psychologist, 9*(1), 19–26.

Smither, J. W., London, M., Flautt, R., Vargas, Y. & Kucine, I. (2003). Can working with an executive coach improve multisource feedback ratings over time? A quasi-experimental field study. *Personnel Psychology, 56,* 23–44.

Spencer, L. (2011). Coaching and training transfer: A phenomenological inquiry into combined training-coaching programmes. *International. Journal of Evidence Based Coaching and Mentoring, Special Issue, 5,* 1–18.

Stewart, L. J., O'Riordan, S., & Palmer, S. (2008). Before we know how we've done, we need to know what we're doing: Operationalising coaching to provide a foundation for coaching evaluation. *The Coaching Psychologist, 4*(3), 127–133.

Theeboom, T., Beersma, B., & van Vianen, A. E. M. (2014). Does coaching work? A meta-analysis on the effects of coaching on individual level outcomes in an organizational context. *The Journal of Positive Psychology, 9*(1), 1–18.

Van Oorsouw, W., Embregts, P., & Bosman, A. (2013). Quantitative and qualitative processes of change during staff-coaching sessions: An exploratory study. *Research in Developmental Disabilities, 34,* 1456–1467.

Wallis, G. (2010). Does a „blended“ programme of development and coaching produce sustainable change? *International Journal of Evidence Based Coaching and Mentoring, Special Issue, 4,* 105–113.

**Silja Kotte Dipl.-Psych.,** Supervisorin DGSv, gruppendynamische Weiterbildung DAGG, Beraterin und Trainerin in der internationalen Entwicklungszusammenarbeit, Personalentwicklerin in der Industrie, freiberufliche Tätigkeit in Supervision, Coaching, Personaldiagnostik und Training. Seit 1.10.2010 wissenschaftliche Mitarbeiterin am Fachgebiet für Theorie und Methodik der Beratung der Universität Kassel, Forschung und Lehre zu Beratung, Gruppen und Führung.

**Katrin Oellerich Dipl.-Psych.,** Coach (dpa), freiberufliche Tätigkeit als Coach und Trainerin mit den Schwerpunkten Karriereentwicklung, Führung und Geschlechtergerechtigkeit. Seit 01.07.2012 wissenschaftliche Mitarbeiterin im Fachgebiet Theorie und Methodik der Beratung, Universität Kassel, Institut für Psychologie. Promotionsvorhaben zu negativen Effekte von Coaching und ihren Ursachen aus der Perspektive der Organisation. Forschung und Lehre zu lebens-/arbeitsweltlicher Beratung und Konfliktmanagement.

**Denise Schubert M.Sc.,** Coach in Ausbildung (dpa), freiberufliche Tätigkeit als Trainerin und Moderatorin. Wissenschaftliche Mitarbeiterin am Fachgebiet Theorie und Methodik der Beratung, Universität Kassel, Institut für Psychologie. Forschung und Lehre zu lebens- und arbeitsweltlichen Beratungskonzepten, Personal- und Organisationsentwicklung.

**Heidi Möller Dipl.-Psych.,** Promotion zur Psychotherapie in totalen Institutionen, Habilitation zu Gütekriterien der Supervision, TU Berlin, Lehrtherapeutin für Tiefenpsychologie und Gestalttherapie, Lehrsupervisorin, Organisationsberaterin und Coach. 2002 Lehrstuhl für Kommunikationspsychologie und Psychotherapie, 2004 Gründungsdekanin der Fakultät für Bildungswissenschaften der Universität Innsbruck, seit 1007 Professorin für Theorie und Methodik der Beratung an der Universität Kassel, Institut für Psychologie.

# Evaluation von Coaching: Eine schwer zu bewertende Dienstleistung

3

Siegfried Greif

## 3.1 Kontroversen über Coaching als Dienstleistung und Evaluationsmethoden

„Coaching ist keine Dienstleistung“, sondern eine „andere nützliche Form der Interaktion“, so hat der Coachingpionier Wolfgang Loos (2014) kürzlich in seiner Keynote zu einem Coachingkongress sehr pointiert erklärt. Er begründet seine These damit, dass Coaching schwer mit Leistungskategorien zu bewerten ist. In seinen Folgerungen für die Möglichkeit, Coaching zu evaluieren, sprach er sich zwar nicht grundsätzlich gegen Evaluationen von Coaching aus, nach seiner Auffassung sind solche Evaluationen jedoch oft „verzweifelte und rührende Versuche, das Leben berechenbar zu machen“. Vermutlich steht er mit seiner Kritik nicht allein. Gegen Evaluationsmethoden haben offensichtlich nicht wenige professionelle Coaches starke Einwände. So meinte Martina Schmidt-Tanger (2014) auf derselben Tagung, dass Coaching nach ihrem Professionsverständnis grundsätzlich nicht standardisiert durchgeführt werden darf. Es würde die nicht-standardisierbare Coachingbeziehung ungünstig beeinflussen, wenn die Personalentwicklung eines Unternehmens die Klient/innen auffordert, Coaching mit vorgegebenen Standardfragen zu bewerten. Damit wird einer Standardisierung Vorschub geleistet.

Wie berechtigt sind diese oder ähnliche, durchaus nicht selten zu hörenden sehr grundsätzlichen Einwände und Bedenken gegen eine Evaluation von Coaching?

S. Greif (✉)
Universität Osnabrück, Am Pappelgraben 78 B, 49080 Osnabrück, Deutschland
E-Mail: sgreif@uos.de



A. Schreyögg, C. Schmidt-Lellek (Hrsg.), *Die Professionalisierung von Coaching,* Coaching und Supervision, DOI 10.1007/978-3-658-08172-0_3

Muss für Coaching in Ergänzung der klassischen Unterscheidung von Sach- und Dienstleistungen eine besondere, dritte Form bezahlter Tätigkeiten aufgemacht werden, die generell keine fassbaren Leistungen erbringen? Sollen Coachingverbände darauf dringen, Coaching grundsätzlich nicht oder zumindest nicht mit Standardmethoden zu evaluieren, oder sollen sie den Wissenschaftler/innen folgen, die eine wissenschaftliche Evaluation von Coaching für notwendig erachten, um die „best practices" für die Klient/innen nutzbar zu machen, wie dies Stober und Grant (2006), die internationalen Protagonisten einer wissenschaftlich fundierten Coaching-Profession fordern? Die Fragen zur Professionalisierung von Coaching, die im vorliegenden Beitrag behandelt werden, beziehen sich auf die Klärung komplexer Widersprüche und Konflikte innerhalb der Profession und die Frage, ob ein professionelles Selbstverständnis von Coaching ohne praktische und wissenschaftliche Evaluation vorstellbar ist. Abschnitt 2 bietet eine Übersicht über Ergebnisse der wissenschaftlichen Evaluationsforschung zur Wirksamkeit von Coaching. Nach einer kurzen Einführung zum Begriff und zur allgemeinen Bedeutung von Evaluationen wird sodann der Dienstleistungsbegriff behandelt und die Frage, worin die Besonderheiten von Coaching im Vergleich zu anderen Dienstleistungen bestehen. Abschließend wird zum Diskurs zwischen Wissenschaft und Praxis zur Weiterentwicklung des professionellen Selbstverständnisses von Coaching eingeladen und dazu, an der Diskussion über Evaluationsmethoden und der Forschung als wichtige Grundlage der Professionalisierung aktiv mitzuwirken.

## 3.2 Begriff und Bedeutung der Evaluation

### 3.2.1 Verschiedene Methoden der Evaluation

Unter „Evaluation" wird allgemein eine „sach- und fachgerechte Bewertung" verstanden (Duden 2013). Unternehmen versuchen vorab zu bewerten, wie nützlich Coaching für sie ist, bevor sie Coaching-Aufträge erteilen und Coaches suchen. Oft folgen Unternehmen bei ihren Entscheidungen lediglich Empfehlungen glaubwürdiger Experten (Stephan und Gross 2011, S. 178). Sie könnten aber auch wissenschaftliche Evaluationsstudien über Qualitätsmerkmale und zur Wirksamkeit von Coaching durchführen und auswerten sowie Verfahren zur Auswahl von Coaches, bevor sie ihre Entscheidungen treffen. Um zu prüfen, ob nach der Einführung von Coaching die erwarteten Ergebnisse erzielt werden, können sie versuchen, die Organisation und Durchführung der Coachings und ihre Ergebnisse zu evaluieren. Wenn sie die Ressourcen dafür erhalten, können sie eine umfassende Evaluation auf der Grundlage eines Evaluationsmodells und wissenschaftlich fundierter

Methoden durchführen oder pragmatisch nur einen bewährten Standardfragebogen zur Kundenzufriedenheit einsetzen, statt sich lediglich durch ein paar informelle Gespräche mit daran teilnehmenden Mitarbeiter/innen und deren Vorgesetzten ein Bild zu machen. Diese Entscheidung bleibt nicht ohne Konsequenzen für die Bewertung von Coaching und die Professionsentwicklung, wie im Folgenden dargestellt wird.

### 3.2.2 Warum bewerten Menschen?

Warum bewerten Menschen Produkte, Dienstleistungen und die Personen und Organisationen, die sie produzieren? In seiner klassischen, bis heute grundlegenden *Theorie sozialer Vergleichsprozesse* nimmt der Sozialpsychologe Leon Festinger (1954) evolutionstheoretisch an, dass es für Menschen überlebenswichtig ist, die eigenen Meinungen und Fähigkeiten mit den Meinungen anderer relevanter Personen zu vergleichen (siehe den Überblick zur Theorie und Forschung von Frey et al. 1993). Dieser Vergleich der Bewertungen ist erforderlich, um in einer komplexen, sich ständig verändernden Welt Fehleinschätzungen zu vermeiden und Entscheidungen treffen zu können, die auf subjektiv sicheren Bewertungen beruhen. Daraus resultiert ein grundlegendes Bedürfnis nach vergleichender Evaluation der eigenen Meinungen, aber auch der eigenen Fähigkeiten. Je größer die Unsicherheit ist, desto stärker ist das Evaluationsbedürfnis. Festinger unterscheidet dabei zwei Arten von Kriterien, die verwendet werden, um die Korrektheit der eigenen Bewertungen zu evaluieren:

1. „Objektive" Kriterien (intersubjektiv überprüfbare Daten, physikalische Messwerte, Umsatz usw.) und
2. soziale Kriterien (Vergleich mit subjektiven Bewertungen anderer Personen, z. B. Meinungsäußerungen von Personen über ihre Erfahrungen mit Coaches).

Nach Festinger werden im Allgemeinen „objektive" Kriterien bevorzugt. Wenn sie nicht verfügbar sind oder zur Bewertung nicht ausreichend erscheinen, werden die eigenen Bewertungen mit den Bewertungen anderer relevanter Bezugspersonen verglichen, fachlich ausgedrückt „sozial validiert". Festinger hat angenommen, dass beim sozialen Vergleich Personen bevorzugt werden, die der Person ähnlich sind. Nach späteren Untersuchungen werden je nach Bewertungsgegenstand auch andere verlässlich erscheinende Personen herangezogen (Frey et al. 1993).

Mit Festinger können wir zur Evaluation von Coaching folgern, dass Evaluationen von Coaching unvermeidlich sind. Sie basieren auf dem Grundbedürfnis nach Absicherung der eigenen Meinung. Auch die Tendenz, bei der Bewertung „objektive" Daten zu bevorzugen, ist nach Festinger keine nur von Wissenschaftler/innen empfohlene Entscheidungsgrundlage. Sie entspricht einer natürlichen Bevorzugung von Daten, deren Qualität unstrittig erscheint.

### 3.2.3 Bewertungen als soziale Konstruktionen

Festinger skizziert in seiner Theorie, wie Menschen ihre Bewertungen in sozialen Vergleichsprozessen konstruieren. Er hat damit sehr früh darauf verwiesen, dass Bewertungen nicht allein auf „objektiven" Daten beruhen, vor allem, wenn sie sich auf komplexe Bewertungsgegenstände beziehen. *Komplexe Bewertungen werden durch Kommunikation mit anderen Personen gemeinsam konstruiert.* Diese konstruktivistisch reformulierte allgemeine Folgerung bezieht nicht nur die individuelle Meinungsbildung, sondern auch die Kommunikation mit anderen Personen mit ein.

Greif et al. (2004) beschreiben, wie in Unternehmen Bewertungen geplanter Changeprozesse durch *informelle Bewertungskommunikationen* über die internen Kommunikationsnetzwerke verbreitet werden. Sie nehmen an, dass diese Bewertungen etwa von Veränderungen viel einflussreicher sind als offizielle bewertende Statements des Unternehmens. So beeinflussen die informell kommunizierten Bewertungen die Bereitschaft, die geplanten Veränderungen zu unterstützen und ob Mitarbeiter/innen mit offenem oder heimlichem individuellem bis kollektivem Widerstand reagieren.

Nach praktischen Beobachtungen des Autors als externer und interner Berater und Coach in Unternehmen bietet sich Coaching für die Verbreitung informeller Stories geradezu an. Coaching und die Führungskräfte, die „sich coachen lassen", werden ja im informellen „Flurfunk" teilweise sogar lächerlich gemacht: „Dass der Coaching braucht, zeigt, dass er unfähig ist …". Externe und interne Coaches, die keinen Anschluss an die informellen Kommunikationsnetze haben, ahnen oft nicht, wie diskriminierend über sie und ihre Klient/innen geredet wird (insbesondere in den bodenständigen Produktionsbereichen).

Wenn aber das Bedürfnis nach Evaluation universell ist und wenn Bewertungen von Coaching als informelle negative oder positive soziale Konstruktionen unvermeidbar sind, macht es wenig Sinn, sich grundsätzlich gegen informelle Bewertungen und methodische Evaluationen zu stellen. Das folgende Fallbeispiel beschreibt das Zusammenspiel von informellen und formellen Bewertungen.

Im Unternehmen Felix Schoeller (Weltmarktführer für Foto- und Spezialpapiere) wurde 1994 unter fachlicher Leitung des Autors dieses Beitrags eine neue

Position und Ausbildung für Schichtleiter in der Produktion eingeführt. Die Ausbildungsmodule basierten auf Methoden des selbstorganisierten Lernens (Greif und Scheidewig 1998). Im ersten Seminarmodul sollten sich die angehenden Schichtleiter mit den im Unternehmen angelaufenen Veränderungen auseinandersetzen, um anschließend ihre Mitarbeiter über die anstehenden Veränderungen zu informieren und mit ihnen zu diskutieren, woran sie sich beteiligen können und wollen. Das war eine heikle Aufgabe. Die Veränderungen waren von einer bekannten Unternehmensberatung gestartet worden und beruhten auf dem damals noch populären Konzept zur Personalkosteneinsparung durch Lean Management. Die Unternehmensberatung hatte durch ein aus unserer Sicht zu einfaches und im Grunde in dieser Industrie wenig praktikables Konzept sowie durch Kommunikationsfehler nahezu die gesamte Belegschaft bis hin zu den Obermeistern, teilweise sogar Produktionslinienleitern gegen sich und die geplanten Veränderungen aufgebracht. Dabei bestand sogar nach der Einschätzung des Betriebsrats im Interesse des Erhalts der Arbeitsplätze eine dringende Notwendigkeit, erhebliche Kosteneinsparungen zu realisieren.

Im Seminar haben wir uns in Absprache mit der internen Projektleitung und der Personalentwicklung die Freiheit genommen, ein Projekt als Vorbild zu nehmen, bei dem nicht das auf Personaleinsparungen verengte Lean Management-Konzept Grundlage war, sondern ein Umsetzungsprojekt zur internen Logistik, in dem kein Personalabbau, aber Materialkosteneinsparungen in Millionenhöhe erzielt wurden. Es bestand darin, die Plastikverpackungen der riesigen Papierrollen durch Kartonrollen zu ersetzen, eine auch ökologisch bessere Lösung. Aus dem Lean Management wurde lediglich die Idee einer stärkeren Selbstorganisation und Verantwortungsverlagerung auf die unteren Arbeitsebenen aufgegriffen. Zur Evaluation der Präsentation und Diskussion des Umsetzungsprojekts im Seminar durch den Projektleiter erhielten die angehenden Schichtleiter einen kurzen Fragebogen mit Standardskalen und offenen Fragen zum Feedback, wie wir sie damals generell zur Bewertung von Seminaren auch an der Universität verwendet haben.

Um die angehenden Schichtleiter bei der Vorbereitung der heiklen Kommunikationsaufgabe zu unterstützen, haben wir mit allen ein Transfer-Coaching (drei bis fünf Sitzungen) durchgeführt. Sie wussten, dass ihre Mitarbeiter ihre Informationsvermittlung und Diskussion anonym evaluieren würden (mit dem gleichen Fragebogen, den sie im Seminar selbst zum Feedback verwendet hatten). Eine derartige Bewertung von Führungsverhalten hatte es im Unternehmen vorher noch nicht gegeben.

Am Ende hatten wir eine zuvor in Seminaren noch nie erlebte Umsetzungsrate von 100 % der Teilnehmer. Alle erhielten gute bis sehr gute Bewertungen von ihren Mitarbeitern für ihre Informationsveranstaltungen. Ohne Zweifel haben diese Erfolgserlebnisse die Motivation und das Selbstbewusstsein der künftigen Schichtleiter sehr beflügelt. Daraus folgten sehr positive formelle Berichte auf den höheren Führungsebenen. Auch in den informellen Gesprächen in den Mannschaften war der mutige Auftritt der angehenden Schichtleiter ein Thema. Vorher hatte es auf nahezu allen Ebenen (auch in Führungsebenen) Zweifel und viele informelle Lästereien darüber gegeben, was das denn solle, Schichtmeister zu „Schichtleitern" auszubilden, die dann auch noch „Coaching brauchen". Diese diskriminierenden informellen Bewertungskommunikationen hörten von Tag an auf.

Das Fallbeispiel steht exemplarisch dafür, wie eine einfache Evaluationsmethode vor dem Hintergrund der Theorie von Festinger einen erklärbaren, sehr konstruktiven psychologischen Beitrag zur Erhöhung der Bewertungssicherheit der Beteiligten liefern kann und wie dadurch diskriminierende informelle Bewertungskommunikationen über Coaching und die Klient/innen gestoppt oder zumindest reduziert werden. Nach Festinger ist es psychologisch wichtig, wenn möglich objektivierbare Zahlen (hier 100 % Umsetzung, „80 % der Mitarbeiter haben die Präsentation mit gut bis sehr gut bewertet" usw.) zu verwenden, aber auch nichtstandardisierte Meinungsäußerungen zu offenen Fragen als Feedback einzubeziehen und aufzuarbeiten.

Am Fallbeispiel lässt sich aufzeigen, warum Evaluationen soziale Konstruktionen sind. Bereits im Vorfeld der Evaluation war uns die zumindest teilweise berechtigte informelle Kritik am Veränderungskonzept bekannt. Dies führte zu intern abgestimmten Neubewertungen und einer partiellen Neukonstruktion des Zielkonzepts. Was in der Ausbildung erreicht und evaluiert werden sollte, wurde ebenfalls gemeinsam mit der Projektleitung und der Leitung der Personalentwicklung sowie weiteren Beteiligten ausgehandelt. Der für die Anwendung in den Mannschaften bewusst sehr kurz gehaltene Fragebogen musste im wörtlichen Sinn konstruiert werden, und die Durchführung mit den betrieblich Zuständigen und Beteiligten (Führung, Personalentwicklung, Betriebsrat und Befragte) musste sorgfältig abgestimmt werden. Auch in den umfangreichsten wissenschaftlichen Untersuchungen sind pragmatische Auswahlentscheidungen unvermeidlich. Evaluationen bleiben deshalb immer lückenhaft und können niemals so vollständig erfolgen, wie man sich dies vielleicht wünschen würde.

Ein Ergebnis, das von der Unternehmensleitung und den übrigen daran Beteiligten oder davon Betroffenen als „Erfolg" bewertet wird, beruht im Grunde lediglich auf einer Art Collage aus unvollständigen Daten und Informationen, die in den Einschätzungen und Bewertungskommunikationen der Meinungsführer und Beteiligten für verlässlich gehalten werden. Das bedeutet nicht, dass solche Informationscollagen und die durch die Evaluation konstruierten Gesamtbewertungen vollkommen willkürlich sind. Wenn in unserem Fallbeispiel die von uns ausgewertete Evaluation aus der Sicht der Beteiligten willkürlich oder inkorrekt (in der Durchführung oder im Ergebnis) gewesen wäre, hätten wir dies über die informellen Kommunikationsnetze sehr schnell erfahren. Wenn wir die evolutionstheoretischen Annahmen in Festingers Theorie sozialer Vergleichsprozesse weiter denken, können wir getrost postulieren, dass methodisch erfahrene Wissenschaftler/innen und reflektierte Praktiker/innen in der Lage sind, eine „sach- und fachgerechte" Kombination von Daten und Meinungen zu finden, durch die Risiken von Fehlentscheidungen verringert werden können. Wer Evaluationen in Unternehmen durchführt, sollte gelernt haben, sie so zu konstruieren, dass sie die Sicherheit für Entscheidungen verbessern und gleichzeitig Anschluss an die informellen Bewertungsnetzwerke halten.

Nach wissenschaftlichen Standards müssen Evaluationsstudien ergebnisoffen durchgeführt werden. Daraus folgt, dass Ergebnisse (zumindest unternehmensintern) dann auch transparent und offen kommuniziert werden, unabhängig davon, ob sie positiv oder negativ ausfallen. Negative Ergebnisse bieten der Projektleitung und den Beteiligten (im Fallbeispiel Trainer und Coaches) die Chance, eine offene und transparente Diskussion über Schwachpunkte und über Verbesserungsbedarf selbst anzustoßen und zu steuern, indem sie selbst zuerst Verbesserungen vorschlägt, bevor die Maßnahmen durch nicht mehr beeinflussbare informelle Ablehnung gänzlich zum Scheitern verurteilt sind. Coaches, die gängige praktische oder wissenschaftliche Evaluationsmethoden zur Bewertung von Coaching grundsätzlich ablehnen, überlassen die Evaluation schwer zu beeinflussenden informellen Bewertungen und Entscheidungen.

Im folgenden Abschnitt werden die Besonderheiten von Coaching herausgearbeitet, die es so schwer machen, die Interaktionen beim Coaching und ihre Wirkungen zu evaluieren. Dabei wird zuerst auf die Frage eingegangen, ob sich Coaching als „Dienstleistung" einordnen lässt.

## 3.3 Coaching als besondere Dienstleistung

### 3.3.1 Zum Dienstleistungsbegriff

In der klassischen volkswirtschaftlichen Unterscheidung der Wirtschaftsbereiche wurde zwischen einem ursprünglichen oder primärem Sektor (Land- und Forstwirtschaft, Viehzucht und Fischerei) und sekundärem Sektor (produzierendes und verarbeitendes Gewerbe, auch Bergbau, Handwerk, Energie und Wasserversorgung) unterschieden. Der „tertiärer Sektor" wurde als „Restkategorie" ergänzt, in die alle übrigen bezahlten Tätigkeiten fallen, die nicht dem ersten oder zweiten

Sektor zugeordnet werden können (Nerdinger 2011, S. 12). Erst in jüngerer Zeit wurde dieser außerordentlich heterogene, aber wirtschaftlich stark anwachsende „Restsektor“ unter dem gemeinsamen Oberbegriff als „Dienstleistungen“ geführt, und man hat begonnen, nach Gemeinsamkeiten der Leistungen in diesem Sektor zu suchen.

#### 3.3.1.1 Bedeutungen des Dienstleistungsbegriffs

Es ist aufschlussreich, die Herkunft der Wortstämme von „Dienst“ und „Leistung“ und ihren Bedeutungswandel zu betrachten (Duden 1997). „Diener“ stammt aus dem altgermanischen und bedeutete ursprünglich „Läufer“. Dieser „Diener“ war demnach eine sehr tüchtige Person. Die Bedeutung wandelte sich aber später in der Grundbedeutung zum Knecht oder Lehnsmann, ähnlich wie im englischen „Service“ (von lateinisch servire) im Sinne von „zu Diensten sein“. Seit dem 18. Jahrhundert hat sich die Bedeutung in Richtung auf „gebraucht werden“, aber auch „Anspruch auf Anerkennung erwerben“ („sich verdient machen“) verändert, wobei dies gleichzeitig bedeutungsmäßig weiter mit einer hierarchischen Unterordnung verbunden bleibt. Aus diesen Wortbedeutungen ließe sich demnach eine Rollenkonstellation ableiten, die dem Dienstleistungsempfänger die bestimmende Rolle zuweist, durchaus auch eine Anerkennung für den Dienstleister für das von ihm Geleistete impliziert.

Im Englischen wird der Oberbegriff „Service“ ohne Zusatz verwendet. In der deutschen Wortkombination „Dienstleistung“ verstärkt das Wort „Leistung“ die Bedeutung im Sinne einer Tätigkeit, die „Können und Wissen“ erfordert. Dies lässt sich bereits in den etymologischen Wurzeln des Wortes „leisten“ finden (Duden 1997). Es stammt vom germanischen „laisti“, „Fußspur“ bzw. einer Spur folgen ab (siehe bis heute in „Geleise“), das auch Wurzel von „lehren“ (im Sinne von „wissend machen“) ist oder „ich weiß“ („got lais“). Im Alt- und Mittelhochdeutschen wurde das Wort verallgemeinert zu „befolgen, nachkommen, erfüllen, ausführen, tun“. Hildebrand (2000, S. 17) fasst zusammen, dass sich der Leistungsbegriff von einer ursprünglichen konkreten Bedeutung („einer Spur folgen“) heute zu einer abstrakten Hauptbedeutung im Sinne einer Handlung mit ihrem Ergebnis weiterentwickelt hat.

Es ist interessant, dass das Wort „Leistung“ trotz dieser Wurzeln für manche eine negative Bedeutung im Sinne von „Leistungsdruck“ oder „Zwang“ gewonnen hat. In der 1968er Studentenbewegung gab es sogar Strömungen, die sich nicht nur gegen die „Leistungsgesellschaft“, sondern radikal gegen alle Leistungserwartungen und -prinzipien gewandt haben. Übermäßiger Leistungsdruck ist ein bis heute aktuelles Thema (sicher auch im Coaching), radikale Grundsatzpositionen, die sich gegen jede Form der Leistung wenden, haben sich aber meines Wissens nicht halten können.

#### 3.3.1.2 Wissenschaftliche Definitionen des Dienstleistungsbegriffs

Man kann skeptisch sein, ob sich für den heterogenen „Restsektor" der „Dienstleistungen" allgemeine Gemeinsamkeiten finden lassen, durch welche sie sich als von „Sachleistungen" eindeutig unterscheiden lassen. Die Betriebswirte Meffert und Bruhn (2012, Pos. 214 ff.) beschreiben und diskutieren verschiedene Definitionen und die darin aufgeführten, für Dienstleistungen „konstitutiven" Merkmale. Sie ziehen eine Definition vor, die 1) das erforderliche Potenzial des Dienstleistungserbringers einbezieht, 2) den Prozess, wie die Leistung erbracht wird, und schließlich 3) das erzielte Ergebnis. Danach definieren sie Dienstleistungen sehr komplex als „selbstständige, marktfähige Leistungen, die mit der Bereitstellung (z. B. Versicherungsleistungen) und/oder dem Einsatz von Leistungsfähigkeiten (z. B. Friseurleistungen) verbunden sind (*Potenzialorientierung*). Interne (z. B. Geschäftsräume, Personal, Ausstattung) und externe Faktoren (also solche, die nicht im Einflussbereich des Dienstleisters liegen) werden im Rahmen des Erstellungsprozesses kombiniert (*Prozessorientierung*). Die Faktorenkombination des Dienstleistungsanbieters wird mit dem Ziel eingesetzt, an Menschen (z. B. Kunden) und deren Objekten (z. B. Auto des Kunden) nutzenstiftende Wirkungen (z. B. Inspektion beim Auto) zu erzielen (*Ergebnisorientierung*)" (Meffert und Bruhn 2012, Pos. 238 ff., Hervorhebungen im Original). Die Autoren heben ausdrücklich hervor, dass ihre definitorische Abgrenzung nicht darauf abzielt, „eine Homogenität des Dienstleistungsbereiches vorzutäuschen", sondern betonen die große Unterschiedlichkeit und Heterogenität, was genauere Unterscheidungen verschiedener Arten von Dienstleistungen erfordert.

Die Definition wirkt kompliziert. Vereinfacht werden drei Hauptkomponenten angesprochen: 1) erforderliche Leistungsfähigkeiten (oder Potenziale) der Dienstleister, 2) interne und externe Faktoren im Prozess der Erstellung der Leistungen und 3) als Ergebnis „nutzenstiftende Wirkungen" (an Menschen oder deren Objekten). Coaching ließe sich sehr eindeutig und unproblematisch unter diese Definition subsumieren.

Die Frage bleibt allerdings offen, ob sich mit der Definition alle Sachleistungen oder in Unternehmen hergestellten Produkte ausgrenzen lassen. Das hängt auch damit zusammen, dass die Hersteller heute den Verkauf ihrer Produkte immer häufiger gleichzeitig mit Dienstleistungen verbinden (z. B. Fachberatung zu den Produkten, Aufstellung und Wartung der Werkzeugmaschinen beim Kunden). Es gibt auch Produkte, die als solche unter die Definition von Meffert und Bruhn fallen würden. So könnte man meinen, dass eine Hautcreme zu ihrer Herstellung „Fähigkeiten" erfordert, auch die in der Definition allgemein aufgeführten Faktoren im Prozess der Herstellung und insbesondere im wörtlichen Sinne auf „eine nutzenstiftende Wirkung am Menschen“ abzielt. Eine Hautcreme wäre jedoch eindeutig keine Dienstleistung.

Maleri und Frietsche (2008) verweisen hier auf drei Merkmale, die zusammen genommen eher zur Abgrenzung taugen: 1) Immaterialität der Leistung, 2) Einsatz sogenannter externer Faktoren bei der Produktion (d. h., dass die Kunden als „Externe“ Anteil an der Produktion der Leistung haben) und 3) „keine Verwendung von Rohstoffen“.

Nach Auffassung der zitierten Betriebswirte ist die Evaluation der Ergebnisqualität von Dienstleistungen schwierig, weil die Leistungen „immateriell“ oder nicht fassbar sind. Daraus folgt, dass objektive Messwerte kaum geeignet sind, sondern vorwiegend subjektive Wahrnehmungen und Bewertungen der Kund/innen herangezogen werden müssen. Beispiele sind Befragungen zur Kundenzufriedenheit, besonders aber zur Kundenbindung und Weiterempfehlungsbereitschaft. Diese subjektiven Bewertungen von Kund/innen werden auch von Ökonomen sehr ernst genommen, weil von ihnen der Umsatz des Dienstleisters empirisch nachweisbar positiv beeinflusst wird (vgl. zusammenfassend Nerdinger 2011, S. 105 ff.).

## 3.3.2 Merkmale und verschiedene Arten von Dienstleistungen

### 3.3.2.1 Hauptmerkmale und Arten von Dienstleistungen

Die definierenden Hauptmerkmale von Dienstleistungen werden von Schneider und White (2004) sehr prägnant und anschaulich zusammengefasst. Je nach Dienstleistung können die Merkmale unterschiedlich stark ausgeprägt sein. Im Folgenden werden diese allgemeinen Merkmale mit Zitaten von Schneider und White (2004, S. 6 ff., freie Übersetzungen) beschrieben. Danach werden die einzelnen Merkmale jeweils vom Autor dieses Kapitels auf Coaching bezogen und Fragen zur Evaluation von Coaching aufgeworfen.

1. *Relative Intangibilität*
   „Das heißt, dass reine Dienstleistungen nicht betrachtet, berührt, festgehalten oder gelagert werden können – sie haben keine physische Erscheinung.“ Der aus dem Lateinischen stammende sehr anschauliche englische Begriff „intangible“ („nicht anfassbar“) kann näherungsweise mit „nicht greifbar“ übersetzt werden. „Immateriell“ ist streng genommen nicht korrekt, weil beispielsweise gesprochene Sätze keineswegs ohne physikalisch nachweisbare Schallwellen auskommen.
   Viele Dienstleistungen werden allerdings mit anfassbaren Produkten verbunden, z. B. die Reparatur eines Autos, bei der ein neuer Auspuff eingebaut wurde.

Wenn wir das nach Schneider und White (2004) beschriebene Hauptmerkmal von Dienstleistungen auf Coaching übertragen, gehört diese Tätigkeit zweifellos zu denjenigen Dienstleistungen, die fast durchweg intangibel sind. Im Einzelfall mag es allerdings partielle Ausnahmen geben, wenn z. B. ein Klient einen von ihm ausgefüllten Fragebogen mitnimmt oder sich einen Termin im Kalender notiert. Die Evaluation der Qualität intangibler Leistungen ist schwierig. Wie bereits oben angesprochen, muss dazu auf subjektive Wahrnehmungen und Bewertungen zurückgegriffen werden oder auf beobachtbare Folgen angenommener intangibler Veränderungen. Wie dies möglich ist, wird unten ausgeführt.

2. *Relative Untrennbarkeit*

   Ein Konzert oder ein Theaterstück sind Beispiele für „reine" Dienstleistungen, bei denen Produktion und Konsumption der Leistung durch die Kund/innen zeitlich nicht trennbar sind. Sie werden „nicht in einem Zeitraum produziert und danach zu einer anderen Zeit oder an einem anderen Ort für eine spätere Verwendung gelagert (…), sondern werden insgesamt gleichzeitig in einer Übergabe-Erfahrung" von den Kund/innen genutzt. Diese Simultaneität wird auch als Uno-Actu-Prinzip bezeichnet. Wenn die Erzeugung und Konsumtion simultan erfolgen, schränkt dies die Möglichkeiten ein, die Qualität vor der Auslieferung zu prüfen und zu verbessern.

   Coaching gehört zweifellos zu diesen nach Schneider und White (2004) untrennbaren Dienstleistungen. Die Leistung entsteht in einem Interaktionsprozess zwischen Coach und Klient/in. Allerdings können die Klient/innen streng genommen durchaus auch etwas aus dem Coaching „mitnehmen", wenn sie eine neu gewonnene Erkenntnis im Gedächtnis behalten oder einen Plan notieren, wie sie eine seit langem angestrebte Verhaltensänderung endlich im Alltag umsetzen können.

   Da die Klient/innen einen wesentlichen Anteil an den Interaktionen und am Ergebnis haben, kann beim Coaching von einer „Ko-Produktion" der Dienstleistung gesprochen werden. Konstruktivisten ziehen hier den Begriff der „Ko-Konstruktion" vor. Allerdings ist diese Bezeichnung im Englischen weniger gebräuchlich, da „Construction" oft im Sinne baulicher Tätigkeiten verwendet wird („Street under construction" usw.). Wenn man betonen möchte, dass in der gemeinsam erzeugten Dienstleistung etwas zumindest für die Klient/innen Neues entstanden ist, kann man diesen Prozess als „Ko-Kreation" bezeichnen. Eine Folgerung für die Evaluation der Qualität von Coaching ist, dass nicht nur Kompetenzen und Verhalten der Coaches im Prozess, sondern auch der Klient/innen zusammen mit den Interaktionen analysiert werden müssen.

3. *Relative Heterogenität*
   Coaching ist außerordentlich heterogen und vielgestaltig, im Grunde so verschieden wie die Klient/innen, ihre Themen, Ziele und Kontexte. Schneider und White (2004, S. 8 f.) betonen, dass Dienstleistungen durch ihre Abhängigkeit von der Interaktion mit den Kund/innen heterogener und weniger standardisierbar sind als produzierte Güter. Sie müssen jeweils an die individuellen Erwartungen, Fähigkeiten und das Vorwissen der Kund/innen angepasst werden.
   Im Coaching ist die von Schneider und White (2004) beschriebene Unterschiedlichkeit der Kund/innen bzw. Klient/innen wohl allen Coaches sehr bewusst, und sie versuchen, das zu berücksichtigen, indem sie ihre Methoden oder Tools jeweils flexibel anpassen. Manche meinen, dass es im Coaching grundsätzlich keinen Sinn macht, Tools oder Standardmethoden der Evaluation zu verwenden. Man muss diese Methoden aber nicht als Anweisungen, sondern kann sie als orientierende Heurismen verstehen, die immer einer Anpassung bedürfen. (Dies gilt ausdrücklich für die Leittexte des Autors.)
   Anhand der Ausprägung der beschriebenen Merkmale können Profile verschiedener Arten von Dienstleistungen unterschieden werden, wie die folgende Abb. 3.1 zeigt:

In Abb. 3.1 werden idealtypisch die Profile von drei verschiedenen Dienstleistungen gegenübergestellt: Coaching, Textilienverkauf in einem Bekleidungsgeschäft für anspruchsvolle Kund/innen und einem Burger-Schnellrestaurant einer der gro-

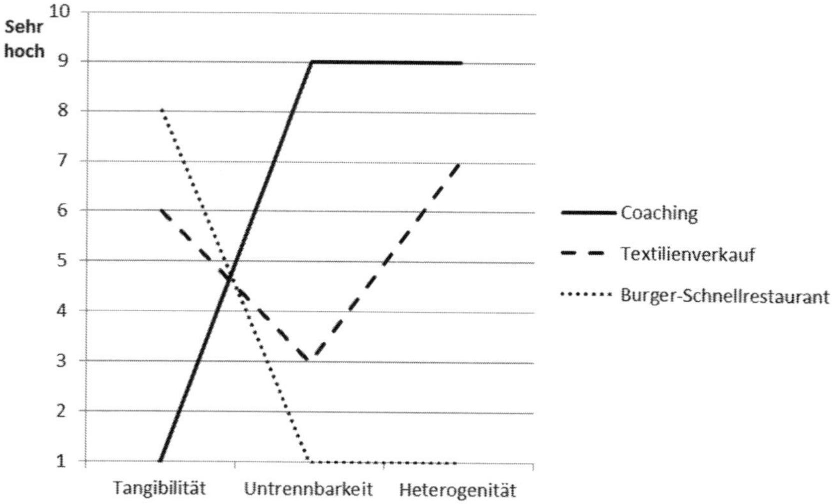


**Abb. 3.1** Verschiedene Arten von Dienstleistungen

ßen Ketten. Das Profil von Coaching fällt deutlich heraus, mit extrem niedriger Tangibilität und sehr hohen Werten bei der Untrennbarkeit und Heterogenität. Wenn wir allerdings das Profil für psychotherapeutische Arbeit aufzeichnen würden, fiele es vergleichbar aus. Eine Berufsberatung, die nach einem vorgegebenen Standardverfahren erfolgt, würde zwar bei der Tangibilität und Untrennbarkeit ein ähnliches Profil aufweisen (allerdings mit deutlich weniger ausgeprägten Werten), aber eine sehr viel geringere Heterogenität. Beim Burger-Restaurant werden tangible, standardisierte Esswaren verkauft. Lediglich das Standarddesign des Restaurants, die äußere Erscheinung des Burgers und sein Geschmack würden zusammen den Wert für Tangibilität leicht unter dem Maximalwert einordnen lassen. Da die Herstellung der Burger und ihr Konsum aber eindeutig trennbar sind und weil durch Standardisierung des Verkaufs so gut wie keine Rücksicht auf unterschiedliche Kund/innen genommen wird, ähnelt diese Dienstleistung insgesamt der Produktion und Auslieferung von Waren im produzierenden Gewerbe. Interessant ist, dass in anspruchsvollen Bekleidungsgeschäften die Notwendigkeit einer psychologisch ansprechenden Präsentation der aktuellen Kleidungsstücke die Tangibilität verringert. Die individuell unterschiedlichen Wünsche der Kund/innen müssen sehr berücksichtigt werden, weshalb die Heterogenität relativ hoch ist.

Die Erforschung der Besonderheiten von Dienstleistung und die Entwicklung von Methoden zur Evaluation der Qualität von Dienstleistungen ist generell noch relativ jung und wenig gesichert, wie Meffert und Bruhn (2012) feststellen. Schneider und White (2004) stützen sich auf Forschungen aus der Dienstleistungspsychologie (Nerdinger 2011; Schneider und Bowen 1995).

#### 3.3.2.2 Qualifizierung der Kund/innen

Schneider und Bowen (1995, S. 93) stellen fest, dass viele Kund/innen ihre Rolle in der Ko-Produktion der Dienstleistung nicht verstehen. Erforderlich wäre deshalb zumindest eine Aufklärung der Kund/innen über die Verhaltenserwartungen an sie als Ko-Produzenten. Schneider und Bowen empfehlen, geeignete Wege zu finden, den Kund/innen zu vermitteln, was genau von ihnen als Koproduzenten erwartet wird und wie sie zu konstruktiven Prozessen und optimalen Ergebnissen beitragen können. Bei manchen komplexen Dienstleistungen ist dies durchaus gebräuchlich, z. B. erhalten die Kund/innen vor der Einführung neuer betrieblicher Softwaresysteme eine fachliche Einführung und Qualifizierung.

Beim Coaching erscheint es fraglich, ob die übliche kurze Einführung in der ersten Coachingsitzung mit Hinweisen auf allgemeine Prinzipien des Coachings ausreichen und von den Klient/innen sofort im Coachingprozess umgesetzt werden können. Angemessener erschiene es, Mitarbeiter/innen, bevor sie Coaching nutzen, mit einem speziellen Weiterbildungs-Modul in Coaching einzuführen, z. B.

künftige Führungskräfte im Rahmen ihrer Führungsseminare. In einem Studienprojekt im Fachgebiet Arbeits- und Organisationspsychologie der Universität Osnabrück haben wir ein derartiges Modul für künftige Führungskräfte mit drei bis fünf „Probecoachings“ entwickelt. Akzeptanz und Zufriedenheit der Teilnehmer/innen und das Interesse an Coaching waren durchweg sehr hoch.

#### 3.3.2.3 Weitere für Coaching typische Merkmale

Neben den oben angesprochenen allgemeinen Merkmalen von Dienstleistungen sind speziell für Coaching die folgenden Merkmale kennzeichnend:

- *Strikte Verschwiegenheit*: Coaches verpflichten sich gegenüber ihren Klient/innen zur strikten Verschwiegenheit. Sie unterliegen allerdings nicht wie Ärzte oder Psychotherapeut/innen der gesetzlichen Schweigepflicht nach § 203 StGB. Evaluationen erfordern eine strikte Anonymisierung der beteiligten Personen. Dies kann mit gängigen Anonymisierungsverfahren und vertrauenswürdigen Evaluatoren (z. B. durch unabhängige Wissenschaftler/innen) gewährleistet werden.
- *Relative Unabhängigkeit vom Auftraggeber/Kostenträger und Dienstleistungsnehmer*: Anders als bei der von Krankenkassen bezahlten Psychotherapie wird Coaching mit Ausnahme von Selbstzahlern ähnlich wie betriebliche Fortbildungsmaßnahmen vom Unternehmen beauftragt und finanziert. Aber die Themen und Ziele werden beim Coaching nicht wie bei Fortbildung vorwiegend von Auftraggebern, sondern von Klient/innen entschieden. Ziele des Unternehmens werden als Erwartungen an die Klient/innen und Coaches herangetragen, inwieweit sie im Prozess berücksichtigt werden, kann wegen der Vertraulichkeit vom Auftraggeber im Prozess nur indirekt gesteuert werden (z. B. durch Vor- und Nachgespräche). Es wäre interessant genauer zu untersuchen, wie oft sich aus dieser sehr speziellen Konstellation Konflikte ergeben und ob sie Auswirkungen auf die Akzeptanz von Coaching durch die Auftraggeber haben.

### 3.3.3 Coaching als schwer zu bewertende Dienstleistung

Meffert und Bruhn (2012) setzen sich eingehend mit der Komplexität von Dienstleistungen und ihrer Bedeutung für die Einschätzung der Dienstleistungsqualität durch die Kund/innen auseinander. In Anlehnung an Denkenstein und Güthoff (1996) unterscheiden sie fünf Komplexitätsdimensionen: 1) Anzahl der Teilleistungen, 2) Multipersonalität (Zahl der Beteiligten), 3) Heterogenität der Teilleistungen, 4) Länge der Erstellungsperiode und 5) Individualität der Kund/innen (zit.

nach Meffert und Bruhn 2012, Pos. 330 f.). Sie verwenden sie zur Unterscheidung verschiedener Arten von Dienstleistungen. Als Beispiel für eine Dienstleistung mit hoher Komplexität auf allen Dimensionen nennen sie eine Herztransplantation, während die Geldausgabe an einem Geldautomat in allen Dimensionen durchgehend nur eine sehr geringe Ausprägung aufweist. Coaching wäre als Dienstleistung einzuordnen, deren Komplexität in vier dieser Dimensionen sehr hoch ist. Ausgenommen ist lediglich die Multipersonalität, weil Coaching nur von einer Person durchgeführt wird.

Komplexe Dienstleistungen können die Kund/innen nach Meffert und Bruhn (2012) nur schwer oder nur unvollständig bewerten. Dadurch ist ihr subjektives Kaufrisiko hoch (Meffert und Bruhn 2012, Pos. 2611). Um die Bewertungsunsicherheit durch unvollständige Information über Qualitätsmerkmale zu verringern, stützen sich die Kund/innen ersatzweise auf vertrauensbildende „Surrogate", wie z. B. die Beziehungsqualität (wahrgenommene Güte der Beziehung zwischen Dienstleister und Kunden, insbesondere subjektives Vertrauen der Kunden und Vertrautheit zwischen Kunden und Dienstleistern, Meffert und Bruhn 2012, Pos. 991) oder einfach auf die Bekanntheit des Anbieters oder die Qualität der von ihm vertretenen Marke (a. a. O., Pos. 1420).

Coaching kann als Dienstleistung davon profitieren, dass im Coaching eine sehr vertrauensvolle Arbeitsbeziehung entstehen kann (Palmer und McDowall 2010) und von den Kund/innen als Surrogat zur Bewertung der Güte der Dienstleistung verwendet wird. Die Vertraulichkeit erschwert es allerdings gleichzeitig der Mehrzahl der Menschen, die keine Coachingerfahrungen haben, die komplexe Coachingleistung anhand nachprüfbarer Informationen zu bewerten. Was quasi „im Geheimen" praktiziert wird, bietet sich als Projektionsfläche für Unterstellungen und Diskriminierungen in informellen Bewertungen geradezu an. Anders als „Psychotherapeut" ist zudem „Coach" keine geschützte Professionsbezeichnung und die Qualität der Zertifikate der Coachingverbände für Coachingausbildungen oder Coaches ist als Qualitätssiegel für die Kund/innen kaum überprüfbar.

## 3.4 Coaching als Profession am Scheideweg

### 3.4.1 Coaching als besondere Dienstleistung verstehen

Aus professionssoziologischer Sicht kommt der wissenschaftlichen Forschung für die Professionalisierung von Coaching nach Fietze (2011, S. 31; siehe auch Kap. 1 in diesem Buch) eine „unverzichtbare Rolle zu". Die Forschung dient zur Legitimation von Coaching als eigenständiger Profession, indem sie zur Klärung des Coaching-Konzepts durch wissenschaftlichen Diskurs beiträgt und durch wissenschaftliche Evaluationsstudien (vgl. Kap. 2 in diesem Buch) die Wirksamkeit von Coaching belegt. In der Debatte zur Professionalisierung größere Beachtung verdient aber auch, dass Wissenschaft, wie Fietze herausstellt, nicht nur eine Legitimations-, sondern auch eine Orientierungsfunktion für die Profession hat. Dazu dienen Diskurse zwischen Praxis und Wissenschaft über das Professionsverständnis von Coaching und eine Klärung der konstituierenden Merkmale. Vergleiche und Abgrenzungen zu anderen Professionen haben dabei eine große Bedeutung.

Wie dargestellt, kann Coaching als Dienstleistung verstanden werden und damit Anschluss an die interdisziplinären fachlichen Klärungen und Forschungen über die Merkmale und Unterscheidung verschiedener Arten von Dienstleistungen finden. Kennzeichnend für die Besonderheiten von Coaching sind zusammengefasst fünf Merkmale:

1. sehr hohe Intangibilität,
2. Untrennbarkeit (Uno-actu-Prinzip) und Ko-Kreation der Leistung,
3. hohe Heterogenität (Berücksichtigung der Individualität der Klienten),
4. strikte Vertraulichkeit und
5. relative Unabhängigkeit von Auftraggeber/Kostenträger und Dienstleistungsnehmer.

Wenn wir diese Merkmale heranziehen, unterscheidet sich das Merkmalsprofil von Coaching sehr eindeutig von den meisten anderen Dienstleistungen. Die Diskussion über Gemeinsamkeiten und Unterschiede von Coaching zu anderen Dienstleistungen kann zur Weiterentwicklung eines differenzierten professionellen Selbstverständnisses innerhalb der Profession beitragen und helfen, „die Konturen der professionellen Identität“ (Fietze 2011, S. 27) zu klären. Es gibt Dienstleistungen, die mit Coaching nicht in allen, aber in mehreren Merkmalen vergleichbar sind. Hier können wir untersuchen, ob diese Professionen mit vergleichbaren Problemen der Bewertung der Dienstleistung zu kämpfen haben. So könnte die Psychotherapie als in vieler Hinsicht interessantes Vergleichsbeispiel diskutiert werden, obwohl ihre Lösungen kaum als übertragbares Modell gelten können.

In der Außendarstellung der Profession macht es wenig Sinn, wenn Coaching trotz offensichtlicher Einordnung als Dienstleistung sich selbst als unvergleichbare Interaktion oder Tätigkeit aus den aktuellen dienstleistungswissenschaftlichen Klärungen ausgrenzt. Wenn zudem dienstleistungswissenschaftliche und dabei insbesondere betriebswirtschaftliche Analysen sehr pauschalisierend abgelehnt werden, führt dieser Weg in eine Zukunft der Profession meines Erachtens in eine Sackgasse, weil er blind für aktuelle wissenschaftliche Diskurse ist. Am Scheideweg für die Weiterentwicklung des Selbstverständnisses von Coaching wäre der Anschluss an aktuelle, auch betriebswirtschaftliche Analysen weiterführender. Dass Betriebswirte alles nur mit ökonomischen Zahlen bewerten, ist ein Popanz. Die zitierten bekannten Betriebswirte betrachten Dienstleistungen in ihren Standardwerken ja keineswegs nur durch eine „wirtschaftliche Brille", sondern analysieren differenziert die Schwierigkeiten und Möglichkeiten, wie komplexe, ko-produzierte, „immaterielle Leistungen" bewertet, kommuniziert und in ihrer Qualität verbessert werden können. Ein stärkerer Bezug auf die Sprache der Betriebswirte kann der Coaching-Profession sogar helfen, Kommunikationsbarrieren zu den betrieblichen Auftraggebern und Führungskräften zu überwinden und ihnen verständlich zu machen, dass und wie Coachingleistungen ko-kreiert, bewertet und durch gemeinsame Anstrengungen in der Qualität verbessert werden können.

### 3.4.2 Herausforderungen der Evaluation annehmen

Die Schwierigkeit der Kund/innen, die Qualität von Coaching oder Coaches eindeutig zu evaluieren, ist die Kehrseite der Besonderheiten von Coaching als Dienstleistung. Coaches, die meinen, dass Coaching unmöglich zu evaluieren sei und dass es besser sei, ganz auf praktische und wissenschaftliche Evaluationen zu verzichten, schaffen dadurch das Interesse von Menschen, Coaching zu bewerten, nicht aus der Welt. Sie überlassen die Bewertungen von Coaching informellen Bewertungen, die bei Coaching schnell in Diskriminierungen der Klient/in umschlagen können. Solche Bewertungskommunikationen sind nur noch sehr schwer durch „fach- und sachgerechte" Informationen beeinflussbar. Der Vorzug wissenschaftlicher Evaluationen ist, dass sie nach den Standards der Wissenschaft in den verwendeten Methoden und Kriterien transparent und dadurch sehr genau kritisierbar sind.

Unternehmen stützen sich bei der Suche nach geeigneten Coaches meist auf persönliche Empfehlungen, also informelle Bewertungskommunikationen (Stephan und Gross 2011, S. 168). Sie versuchen, die Qualität im Coaching durch „genaue Auftragsklärung und Zieldefinition zu Beginn" (35 % der Unternehmen), einen nachträglich eingeschätzten Zielerreichungsgrad (46 %) und Feedbackgespräche (35 %) zu sichern (Stephan und Gross 2011, S. 178, zitiert werden nur die höchsten Prozentwerte der Befragung von 51 Coaching-Verantwortlichen). Angesichts solcher sehr rudimentären und leicht kritisierbaren Bewertungskriterien ist der Weg zu einer „fach- und sachgerechten" Bewertung von Coaches und Coaching noch lang. Es ist eine Herausforderung für die Wissenschaft und die Profession, die Entwicklung und Anwendung geeigneterer systematischer Untersuchungsmethoden und Kriterien zur Evaluation und Verbesserung der Qualität von Coaching zu fördern. Als Beispiel, wie diese Herausforderungen trotz eher noch größerer Bewertungsschwierigkeiten bewältigt werden können, kann die Evaluationsforschung zu psychotherapeutischen Methoden dienen (Hautzinger und Pauli 2009).

Auf dem heutigen Stand der Wissenschaft ist als Grundlage für die Planung einer systematischen Evaluation zu empfehlen, ein „Evaluationsmodell" zu entwickeln (Wottawa und Thierau 1998). Für ein Evaluationsvorhaben zum Coaching sollen in einem derartigen Modell die relevant erscheinenden systemischen und personalen Voraussetzungen, Maßnahmen und Prozessmerkmale sowie die erwarteten Ergebnisse aufgeführt und spezifiziert werden. Bei Dienstleistungen entsprechen diese Unterscheidungen den Kriterien der Struktur-, Prozess und Ergebnisqualität. Anhand des Modells können dann geeignete Methoden ausgewählt werden, mit denen die Qualitätsmerkmale erfasst werden sollen. Im allgemeinen Evaluationsmodell zum Coaching unterscheidet Greif (2013):

1. Voraussetzungen für Coaching (was Coaches, Klienten und Organisation vor Beginn einbringen),
2. Coaching-Prozess (Coaching-Beziehung, Verhalten des Coachs sowie Merkmale und Verhalten der Klienten),
3. Kurzfristige Ergebnisse (allgemeine und für Coaching spezifische Kriterien, jeweils für Klienten, Coach und Organisation),
4. langfristige Ergebnisse (Kriterien jeweils für Klienten, Coach und Organisation),
5. förderliche Merkmale des organisationalen Kontextes über alle Merkmale und Phasen (siehe auch Kap. 2 in diesem Band).

Wie jedes Modell kann es weiter ausgebaut oder differenziert werden, wenn sich neue Erkenntnisse ergeben.

Es gibt Versuche von Unternehmensberatern, den wirtschaftlichen Return on Investment durch Coaching zu schätzen (Anderson und Anderson 2005). Die abenteuerlich hohen Schätzungen (z. B. eine Steigerung des ROI um 689 %) basieren auf Schätzungsartefakten (Greif 2012). Wirtschaftlichkeitsindikatoren können vermutlich durch Coaching meist bestenfalls indirekt erzielt werden (wenn sich z. B., vermittelt durch einen im Coaching geförderten transformationellen Führungsstil, mehr Mitarbeiter an organisationalen Veränderungen beteiligen).

Zu den einzelnen Merkmalskonstrukten des Evaluationsmodels können nach dem heutigen Forschungsstand bereits exemplarisch empfehlenswerte Methoden aufgeführt werden, die sich wissenschaftlich und praktisch in Untersuchungen bewährt haben (Greif 2012). Als Beispiele werden im Folgenden Kriterien aufgezählt, die zur Evaluation der kurzfristigen Ergebnisse für die Klient/innen geeignet erscheinen.

Die erste Untergruppe von Kriterien bilden *allgemeine Skalen*, die auch zum Vergleich von Coaching mit anderen Dienstleistungen verwendet werden können, beispielsweise (nähere Angaben siehe Greif 2012):

1. Fragebögen zur Einschätzung der Kundenzufriedenheit und Kundenbindung. (Hier kann auf bewährte nationale und internationale Skalen zurückgegriffen werden, wie sie Meffert und Bruhn 2012, für vergleichende Bewertungen von Dienstleistungen empfehlen.)
2. Schätzung des Zielerreichungsgrads oder Rating der Zufriedenheit mit der Zielerreichung. (Neben Ratings zur Kundenzufriedenheit ist dies anscheinend das gebräuchlichste Kriterium zur Evaluation von Coaching.)
3. Skalen zum positiven und negativen Affekt. (Mit diesen sehr kurzen Fragebögen können Personen einschätzen, wie sie sich gerade fühlen. Diese Befindlichkeitsskalen sind sehr zuverlässig und „robust" und werden international in den verschiedensten Anwendungsfeldern verwendet, z. B. auch zur Evaluation in der Psychotherapie und im Gesundheitsfeld. Coaching verringert anscheinend den negativen Affekt und das Gefühl der Hilflosigkeit.)
4. Selbstwertgefühl. (Das Merkmal gilt als wichtige protektive psychische Grundlage der Persönlichkeit. Coaching kann hier eine Stärkung ermöglichen.)
5. Allgemeines Wohlbefinden. (Diese Skalen werden in vielen Feldern der psychosozialen Gesundheitsforschung, im Coaching vor allem im Life- oder Gesundheitscoaching verwendet.)

Es gibt auch Untersuchungsinstrumente und Skalen, mit denen Effekte erfasst werden können, die für Coaching spezifischer sind, wie z. B. (nähere Angaben siehe Greif 2012):

1. Einschätzung der Zielklarheit (z. B. vor und nach dem Coaching).
2. Skalen zu Selbstwirksamkeitsüberzeugungen. (Hier wird gefragt, inwieweit die Person überzeugt ist, dass sie anstehende Aufgaben wirksam und erfolgreich bewältigen kann. Die Skalen erheben eine in vielen Feldern sehr gut nachgewiesene förderliche motivationale Voraussetzung für die Umsetzung von Handlungen. Sie kann durch Coaching erhöht werden.)
3. Emotionale Klarheit. (Die Skala ist eine der Dimensionen der Emotionalen Intelligenz. Es ist beachtenswert, dass Coaching die selbst wahrgenommene Klarheit über eigene Gefühle fördern kann.)

4. Zunahme ergebnisorientierter Reflexionen. (Bei diesen Skalen wird immer gefragt, ob die Problem- oder Selbstreflexionen zu Ergebnissen geführt haben. Mit ihnen konnten starke Effekte durch Coaching nachgewiesen werden. Andere Skalen sind problematisch, weil die erfasste Häufigkeit von Selbstreflexionen mit der Tendenz zu ziellosem Grübeln und Depressivität korreliert.)

Diese zusammengestellte Auswahl umfasst nur Skalen (Greif 2012), deren statistische Zuverlässigkeit und Konstruktvalidität (die interne dimensionale Struktur entspricht den Erwartungen) überprüft wurde. Außerdem wurden ihre Korrelationen mit weiteren externen Kriterien untersucht. Auch wenn sie lediglich auf subjektiven Wahrnehmungen und Einschätzungen der Klient/innen beruhen, erlauben sie Rückschlüsse auf wichtige Veränderungen. Wo immer dies möglich ist, sollten allerdings die Konstrukte multimethodal (durch verschiedene Datenarten und Quellen) abgesichert werden, also zusätzlich durch Verhaltensdaten oder zumindest Bewertungen mehrerer Personen, z. B. 360-Grad-Ratings oder beim Stressmanagement-Coaching Blutdruck, Herzratenvariabilität oder andere leicht zu messende Werte. Im Coaching gibt es allerdings bisher nur wenige Studien mit solchen Methoden.

Im „Methodenmix" empfiehlt es sich, neben quantitativen Methoden und Daten immer auch qualitative Methoden zu verwenden (Greif 2012). Beispiele sind Interviews, in denen die Befragten ihre Coachingerfahrungen und die Ergebnisse frei schildern oder offene Fragen zu vorgegeben Themen beantworten. Mit diesen Methoden können anonymisierte Fallstudien erstellt werden, in denen exemplarisch beschrieben und veranschaulicht wird, wie Coaching durchgeführt wurde. Zur Veranschaulichung für intangible und schwer zu bewertende Dienstleistungen und als Grundlage für die Qualifizierung der Kund/innen sind verständlich beschriebene Fallbeispiele sehr wichtig.

Eine Methode zur gemeinsamen Reflexion von Coach und Klient/in über das vorangehende Coaching und die wahrgenommen Prozesse und Ergebnisse ist der Coaching-Explorer[1]. Mit dieser Methode können Coach und Klient/in die von ihnen wahrgenommenen Ergebnisse und subjektiven Ursachen des konkreten Coachings jede/r für sich stichwortartig auf Karten notieren und damit visualisieren (verschiedenfarbige Karten für positive und nicht erreichte bzw. negative Ergebnisse und subjektive Ursachen). Mit dieser Strukturlegetechnik werden subjektive Theorien von Coach und Klient/in rekonstruiert. Die Coaches entwickeln in der Vorbereitung der Abschlusssitzung zuerst ihr Strukturbild und leiten dann in der

[1] Leittext auf den Internetseiten des Autors: http://www.home.uni-osnabrueck.de/sgreif/downloads.html [letzter Zugriff 3.3.2014].

Sitzung die Klient/innen an, ebenfalls ihr Bild des Coachings zu rekonstruieren. Danach werden beide Bilder miteinander verglichen und reflektiert.

Bei der Verwendung der Methode kann man ein starkes spontanes Interesse der Klient/innen am Vergleich ihrer Bewertungen und Erklärungen mit denen des Coachs beobachten. Die Klient/innen investieren gern die dafür in der Abschlusssitzung erforderliche zusätzliche Zeit. Diese Beobachtung passt zu der oben nach Festinger (1954) formulierten Annahme, das Menschen zur Reduktion ihrer Bewertungsunsicherheit ein starkes Bedürfnis haben, ihre Bewertungen mit denen anderer relevanter Personen zu vergleichen. Durch die gemeinsame Reflexion lernen die Klient/innen im Nachvollzug des eigenen Coachings und durch den Vergleich der Strukturbilder und fachlichen Erläuterungen des Coachs exemplarisch, wie Coaching funktioniert und welche Ergebnisse dabei erzielt werden können. Durch die Visualisierung mit Kartentechniken können Coach und Klient/in sehr schnell festlegen, welche der auf den Karten notierten Ergebnisse an die Vorgesetzten oder Kolleg/innen problemlos kommuniziert werden können und wie die Klient/innen bei neugierigen Nachfragen den Coachingprozess fachlich erklären können, ohne Vertrauliches zu verraten. Die Klient/innen werden zu Coaching-Experten in eigener Sache und Multiplikatoren.

### 3.4.3 Jede/r Coaching-Profi ist gefragt

Professionsentwicklung ist keine Aufgabe, die sich durch gut formulierte Sätze in den Statuten der Coachingverbände erledigt. Erst wenn sie von den Einstellungen und vom Verhalten der Profis getragen wird, ist sie wirksam. Jede/r Coaching-Profi steht vor der Frage, ob und mit welchen praktischen und wissenschaftlichen Methoden aus ihrer/seiner Sicht Coaching zumindest partiell evaluiert werden kann, und muss die Frage beantworten, wie die eigene Tätigkeit in ihren Besonderheiten beschrieben und von anderen Dienstleistungen abgegrenzt werden kann.

Viele Coaches scheinen sich mit dem Status quo der Professionalisierung zu begnügen, solange sie persönlich genügend Kund/innen finden, die mit ihrem Coaching zufrieden sind. Sie beteiligen sich nicht am Diskurs mit der Wissenschaft und nicht an der Evaluationsforschung. Die offene Frage ist nicht nur, welche Folgen solche Privatisierungstendenzen für die Profession haben, sondern grundlegender, ob ein Einfrieren des Status quo in der Professionsentwicklung durch Selbst-Ausgrenzung aus dem wissenschaftlichen Diskurs überhaupt möglich ist. Da sich Gesellschaft und Wissenschaft weiterentwickeln, bedeutet dies voraussichtlich Rückschritt und allmähliche „Entprofessionalisierung". Auf internationalen, wissenschaftlich orientierten Coachingtagungen ist dagegen ein neuer „Spirit des Diskurses“ zwischen Wissenschaft und Praxis spürbar. Er lädt zur ständigen Auseinandersetzung über das Selbstverständnis von Coaching und die Methoden und Ergebnisse der Evaluationsforschung ein. Alle sind gefragt, mitzudiskutieren und mitzutun.

## Literatur


Anderson, D. L., & Anderson, M. C. (2005). *Coaching that counts – Harnessing the power of leadership coaching to deliver strategic value*. Amsterdam: Elsevier Butterworth-Heinemann.

Duden. (1997). *Duden – Das Herkunftswörterbuch*. Mannheim: Dudenverlag.

Duden. (2013). Duden Online. http://www.duden.de/woerterbuch. Zugegriffen: 15. Feb. 2013.

Festinger, L. (1954). A theory of social comparison processes. *Human Relations, 7*(2), 117–140.

Fietze, B. (2011). Chancen und Risiken der Coachingforschung – eine professionssoziologische Perspektive. In R. Wegener, A. Fritze, & M. Loebbert (Hrsg.), *Coaching entwickeln. Forschung und Praxis im Dialog* (S. 24–33). Wiesbaden: VS Verlag für Sozialwissenschaften.

Frey, D., Daeuenheimer, D., Parge, O., & Haisch, J. (1993). Die Theorie sozialer Vergleichsprozesse. In D. Frey & M. Irle (Hrsg.), *Theorien der Sozialpsychologie – Bd. I Kognitive Theorien* (2. Aufl., S. 81–122). Bern: Huber.

Greif, S. (2012). Conducting organizational based evaluations of coaching and mentoring programs. In J. Passmore, D. B. Peterson, & T. Freire (Hrsg.), *The Wiley-Blackwell handbook of the psychology of coaching and mentoring* (S. 445–470). Oxford: Wiley Blackwell.

Greif, S. (2013). Wie wirksam ist coaching? Ein umfassendes Evaluationsmodell für Praxis und Forschung In R. H. Wegener, A. Fritze, & M. Loebbert (Hrsg.), *Coaching-Praxisfelder. Praxis und Forschung im Dialog* (S. 159–178). Wiesbaden: VS Verlag für Sozialwissenschaften.

Greif, S., & Scheidewig, V. (1998). Selbstorganisiertes Lernen von Schichtleitern. In S. Greif & H.-J. Kurtz (Hrsg.), *Handbuch Selbstorganisiertes Lernen* (2. Aufl., S. 347–362). Göttingen: Verlag für Angewandte Psychologie.

Greif, S., Runde, B., & Seeberg, I. (2004). *Erfolge und Misserfolge beim Change Management*. Göttingen: Hogrefe.

Hautzinger, M., & Pauli, P. (Hrsg.). (2009). *Psychotherapeutische Methoden, Enzyklopädie der Psychologie, Psychologische Interventionsmethoden* (Bd. 2). Göttingen: Hogrefe.

Hildebrand, S. (2000). *Leistungsmotivation und Kultur – Ein empirischer Vergleich deutscher und französischer Bankmitarbeiter*. Dissertation am Fachbereich Psychologie der Universität Osnabrück.

Loos, W. (2014). *Die Irrwege der Coaching-Könige: Warum Coaches keine Dienstleister sind, Kongress Coaching heute: Zwischen Königsweg und Irrweg*. Erding (20.–21.Februar 2014): Hochschule für angewandtes Management.

Maleri, R., & Frietsche, U. (2008). *Grundlagen de Dienstleistungsproduktion* (5. Aufl.). Heidelberg: Springer.

Meffert, H., & Bruhn, M. (2012). *Dienstleistungsmarketing: Grundlagen – Konzepte – Methoden. Mit Fallstudien* (7. Aufl.). Stuttgart: Gabler (Kindle Edition).

Nerdinger, F. W. (2011). *Psychologie der Dienstleistung*. Göttingen: Hogrefe.

Palmer, S., & McDowall, A. (Hrsg.). (2010). *The coaching relationship*. London: Routledge.

Schmidt-Tanger, M. (2014). *Coachen statt Klönen – Emotionale Relevanz und Status im Coaching, Kongress Coaching heute: Zwischen Königsweg und Irrweg*. Erding (20.–21. Februar 2014): Hochschule für angewandtes Management.

Schneider, B., & Bowen, D. E. (1995). *Winning the service game*. Boston: Harvard Business School Press.

Schneider, B., & White, S. S. (2004). *Service quality – research perspectives*. Thousand Oaks: Sage.

Stephan, M., & Gross, P.-P. (Hrsg.) (2011). *Organisation und Marketing von Coaching: Beiträge des Marburger Coaching Symposiums 2010*. Wiesbaden: VS Verlag für Sozialwissenschaften.

Stober, D. R., & Grant, A. M. (Hrsg.). (2006). *Evidence based coaching handbook: Putting best practices to work for your clients*. New York: Wiley.

Wottawa, H., & Thierau, H. (1998). *Lehrbuch Evaluation*. Bern: Huber.

**Prof. Dr. Siegfried Greif Dipl.-Psych.** Universität Osnabrück (pensioniertes Mitglied) und Institut für wirtschaftspsychologische Forschung und Beratung (IwFB) GmbH, Osnabrück (Geschäftsführer für Coaching und Change Management). Arbeitsschwerpunkte: Coachingforschung und -praxis, Ausbildung von Coaches, Innovative Coachingmethoden. Zahlreiche Bücher, Buchkapitel und Zeitschriftenartikel. Herausgeber Buchreihe Innovatives Management beim Hogrefe Verlag; Mitglied DGPs, DBVC, ISCP, IAAP.

# Die professionelle Beziehung im Coaching – Polaritäten und Paradoxien

4

Christoph Schmidt-Lellek

## 4.1 Einführung

Wenn wir Coaching als Profession begreifen wollen, stellen wir uns in die Tradition der klassischen Professionen mit ihren spezifischen Merkmalen. Professionen zeichnen sich dadurch aus, dass sie auf zentrale existenzielle Bezüge des Menschen ausgerichtet sind – im Unterschied zu produktorientierten technischen Berufen (vgl. Kap. 1 in diesem Buch). In allen Professionen wird die Leistung in der Interaktion zwischen den beteiligten Personen erbracht, d. h. der Klient ist kein passiver Leistungsempfänger, sondern der Erfolg des Geschehens ist immer auf seine Mitwirkung angewiesen (vgl. DBVC 2012, S. 13). Deswegen verlangt die Beziehung zwischen Professionellem und Klient eine spezielle Aufmerksamkeit; dies gilt für das Coaching ebenso wie für die anderen professionellen Formate.

Beziehungsfähigkeit und ein angemessenes Beziehungsverhalten zählen zu den entscheidenden Kompetenzen von Coaches. Wie von Steinke (Kap. 16 in diesem Buch) dargelegt, hat ihre Beziehungskompetenz – neben zahlreichen anderen konzeptionellen und fachlichen Kompetenzen – einen zentralen Stellenwert. Und auch in der Wirksamkeitsforschung wird eine gelingende professionelle Beziehung als maßgebender Faktor angesehen (vgl. Kap. 3 in diesem Buch; für die Psychotherapie vgl. Grawe et al. 1994). Das Handeln in den Professionen lässt sich als eine „Übersetzungsarbeit" begreifen, indem zwischen dem einschlägigen wissenschaft-

C. Schmidt-Lellek (✉)
Taunusstr. 126, 61440 Oberursel, Deutschland
E-Mail: Kontakt@Schmidt-Lellek.de



A. Schreyögg, C. Schmidt-Lellek (Hrsg.), *Die Professionalisierung von Coaching*,
Coaching und Supervision, DOI 10.1007/978-3-658-08172-0_4

lichen Wissen einerseits und den je individuellen Bedingungen und Befindlichkeiten, spezifischen Situationen, Kontexten und Fragestellungen andererseits zu vermitteln ist.

Beziehungen sind ein lebendiges Geschehen zwischen Menschen und deswegen nicht vollends planbar. Wir sind auf unsere Spontaneität und unsere Intuition angewiesen, um jeweils angemessen auf die uns begegnenden Menschen in den je verschiedenen Situationen und unter verschiedenen Kontextbedingungen reagieren zu können. Intuition und Spontaneität sind jedoch nicht lehrbar, sie lassen sich nicht in Ausbildungsgängen erwerben bzw. „trainieren". Sie fallen aber auch nicht vom Himmel oder aus dem Nichts, sondern entstammen dem Selbst mit seiner Geschichte aus Beziehungserfahrungen und auswertenden Reflexionen über diese Erfahrungen; und dies stellt damit einen Fundus an Wahrnehmungs-, Bewertungs- und Handlungsmöglichkeiten dar. Das Spezifische der professionellen Beziehung kann man nun darin sehen, dass eben diese Nicht-Planbarkeit mit den jeweiligen fachlichen Kompetenzen reflexiv in Verbindung gebracht wird – dies lässt sich als ein Aspekt einer *„dialogischen Haltung"* beschreiben (vgl. Schmidt-Lellek 2006; Isaacs 2002). So entsteht also eine Polarität zwischen den persönlichen, lebensgeschichtlich erworbenen Erfahrungen und den durch Ausbildung und Fortbildung erworbenen fachlichen Kompetenzen.

In diesem Kapitel will ich zeigen, dass für eine gelingende professionelle Beziehung eine ganze Reihe von Polaritäten und Paradoxien zu berücksichtigen ist. Dazu will ich zunächst den Begriff Polarität kurz erläutern. Sodann soll mit dem „Paradox der Anerkennung", wie es von Jessica Benjamin formuliert worden ist, ein grundlegender Aspekt für meistens verborgenen Dynamiken in den Beziehungen zwischen Menschen beleuchtet werden. In einem weiteren Abschnitt werden dann einzelne polare Begriffspaare im Hinblick auf das Beziehungsgeschehen in professionellen Settings untersucht.

## 4.2 Der Begriff „Polarität"

Mit dem Begriff „Polarität" werden in der Philosophie Gegensätze beschrieben, die komplementär aufeinander bezogen sind. Beide Pole repräsentieren einen Wert, die sich nicht gegenseitig ausschließen, sondern aufeinander bezogen bleiben, sodass sie sich gegenseitig in ihrer Wertigkeit bedingen können. Mit einer Polarität wird sowohl ein Gegensatz als auch eine Einheit beschrieben; anders gesagt, der eine Pol enthält auch sein Gegenteil als Möglichkeit und als Korrektiv in sich. Ein Denken in Polaritäten ist der Versuch, weder einem Absolutheitsanspruch einer einzelnen Werthaltung, Konzeption, Methode oder Zielvorstellung zu verfallen noch einer Beliebigkeit, in der alles „gleich-gültig" wäre. Es bedeutet also, von einer Sicherheit bietenden Eindeutigkeit Abschied zu nehmen und den jeweiligen Gegenpol in sein Denken, Fühlen und Handeln mit einzubeziehen.

Mit den Polaritäten werden *Spannungsverhältnisse* beschrieben, in denen sich die jeweilige zwischenmenschliche Interaktion bewegt. Das heißt, je nach dem, was der Kontext, die einzelne Problemsituation, die Eigenheit der interagierenden Personen usw. verlangen oder nahelegen, kann der eine oder der andere Pol ein stärkeres Gewicht haben. Eine Deformation wäre demnach nicht darin zu sehen, dass ein Pol situationsbezogen im Vordergrund ist, sondern entsteht dann, wenn der jeweils andere Pol vollends ausgeklammert, negiert oder entwertet wird.

Wenn man in Anlehnung an Aristoteles (1983, II, 6)[1] nach dem „mittleren Maß" zwischen polaren Extremen sucht, dann gilt es, den jeweiligen Anforderungen der Situation zu entsprechen und darauf bezogen zu entscheiden, wo auf der Skala zwischen den Polaritäten das „gute Maß" liegen kann. Vielleicht ist die „*Balance*" eine geeignete Metapher, um das Gemeinte zu verdeutlichen: Ein Radfahrer wird seine Balance anders finden, wenn er von einem Rückenwind angetrieben wird oder wenn er mit einem Seitenwind zu kämpfen hat, wenn er sich auf einer abschüssigen Straße in die Kurve legt oder wenn er eine steile Straße bergauf fährt. Die jeweilige Situation wird er intuitiv bzw. reflexartig bewältigen – sofern er das Rad fahren gut genug gelernt hat.

Der heutige Begriff „Polarität" ist von Schelling (1798/2000) in seiner Naturphilosophie geprägt worden. Er sah in dem Gesetz der Polarität ein allgemeines Weltgesetz. Der Publizist Salomo Friedländer (1926, S. 355) betont: „Polares Denken und Sprechen korrigiert alle Irrtümer der Einseitigkeit durch lebendigste Gegenseitigkeit". Ebenso finden sich vielfältige Hinweise darauf bei Martin Buber (s. u.). Besonders erwähnenswert ist auch die alte chinesische Tradition, wonach Yin und Yang (chin. „dunkel" und „hell") als polare kosmologische Prinzipien verstanden werden. Das „I Ging. Das Buch der Wandlungen" bringt diese Geisteshaltung eines Denkens in Polaritäten prägnant zum Ausdruck (vgl. Wilhelm 1956). Auch der Konfuzianismus und der Daoismus stehen in dieser Tradition.

Im Bereich der Psychologie ist insbesondere der Frankfurter Psychoanalytiker Stavros Mentzos (2009, S. 251) zu erwähnen, der ein „Modell der Bipolarität"

---

[1] Aristoteles beschreibt Tugend als die Mitte zwischen *negativen* Extremen: Tapferkeit ist die Mitte zwischen Angst und Verwegenheit; im Hinblick auf das Geben und Nehmen von Geld ist Großzügigkeit die Mitte zwischen Geiz und Verschwendungssucht; im Hinblick auf Lust und Unlust ist Besonnenheit die Mitte zwischen Zügellosigkeit und Stumpfsinnigkeit usw. (Nik. Ethik II, 7). Demgegenüber beschreiben Polaritäten das flexible gute Maß zwischen polaren Positionen, die jeweils *positive* Werte darstellen und aufeinander bezogen sind.

unserer Strebungen formuliert hat. Dies besagt, dass sich unsere psychische Entwicklung und unser ganzes Dasein zwischen den beiden Grundstrebungen nach *Selbstbezogenheit* und nach *Objektbezogenheit* abspielen, also einerseits nach Selbstidentität und Selbstkohäsion (Getrenntheit vom Objekt) und andererseits nach Bindung und Zugehörigkeit (Verbundenheit mit dem Objekt). Gelingendes Leben heißt demnach, zeitlebens zwischen diesen entgegengesetzten Polaritäten, also zwischen Verbundenheit und Getrenntheit, eine immer wieder neue, alters- und situationsangemessene Balance zu finden. Mentzos zufolge lassen sich alle psychischen Störungen damit erklären, dass eben diese Balance nicht gelingt oder verloren geht, zur einen oder zur anderen Seite hin, wie er es in seinem „Lehrbuch der Psychodynamik" (2009) im Einzelnen dargestellt hat.

Im Hinblick auf die Beziehungsdynamik zwischen Professionellen und Klienten im Coaching präsentiere ich im Folgenden eine – beliebig zu erweiternde – Auflistung von polaren Begriffspaaren (vgl. Schreyögg 2012, S. 208 ff.). Sich zwischen solchen Polaritäten bewegen zu können und in einer Beratungssituation sich als Anwalt des vom Klienten vernachlässigten oder abgewehrten Gegenpols zu begreifen, ist als ein wesentliches Merkmal von Professionalität anzusehen (vgl. Oevermann 1996, S. 118):

- Autonomie und Bezogenheit
- Asymmetrische und symmetrische Beziehung
- professionelle Funktion und existenzielle Begegnung
- Distanz und Nähe
- Objektivität und Subjektivität
- Abstinenz und Beteiligung
- Bestätigung und Konfrontation
- Direktivität und Non-Direktivität
- Übertragungsbeziehung und Realbeziehung
- Wissen und Nichtwissen
- Planbarkeit und Nicht-Planbarkeit
- Aktivität und Passivität, Tun und Nichts-Tun
- Emotionales Erleben als Selbstbezug und als Resonanz auf den Anderen
- Selbstschutz und Berührbarkeit
- Rollenidentifikation und Rollendistanz

Für den Bereich des Coachings sind weitere spezifische Polaritäten zu benennen:

- Fachkompetenz (bzw. Feldkompetenz) vs. Prozesskompetenz
- Kulturnähe vs. Kulturfremdheit

Eine *dialogische Haltung* in professionellen Beziehungen bedeutet, die Spannung dieser Polaritäten wahrzunehmen und auszuhalten und jeweils eine situationsangemessene Balance zwischen ihnen zu finden. Dialogik bedeutet eine grundsätzliche Offenheit für den Anderen und für das Fremde im Anderen. Sie bedeutet die Bereitschaft, sich in der Gewissheit seines Denkens, Wahrnehmens und Urteilens aufscheuchen zu lassen, ohne dabei jedoch sich selbst zu verleugnen oder zu entwerten oder entwerten zu lassen. Dialogik bedeutet eine je neue Herausforderung durch das Fremde und Unbekannte, das einem begegnet, um aus der Sicherheit des Bekannten oder Gewohnten herauszutreten. Darüber hinaus schafft Dialogik auch eine je neue Gemeinschaft der Beteiligten, indem diese sich füreinander und für die zu behandelnde Frage öffnen. So gesehen ist Dialogik ein Grundthema menschlicher Existenz bzw. menschlichen Miteinanders. Eine bewusste „dialogische Haltung" hat allerdings für das Coaching eine besondere Relevanz, da hier das Beziehungsgeschehen zwischen den Beteiligten in besonderem Maße reflektiert werden muss.

Neben den genannten Polaritäten sind nun für das Beziehungsgeschehen in professionellen Kontexten noch weitere spannungsreiche Aspekte zu berücksichtigen, die man als Paradoxien bezeichnen kann. Während *Polaritäten* Spannungsverhältnisse zwischen polaren Gegensätzen sind, beschreiben *Paradoxien* nicht auflösbare Widersprüche, wie z. B. die Gleichheit als Mensch und die Ungleichheit aufgrund der Rollendifferenz; das lehr- und lernbare Wissen (z. B. von Theorien und Konzepten zu Konfliktverläufen, Organisationsdynamiken, Interventionstechniken usw.) und andererseits das Nicht-Wissen im Hinblick auf das jeweilige Gegenüber (eine Person, ein Team, eine Organisation) und auf das jeweils zu lösende Problem; sowie das für alle zwischenmenschliche Beziehungen grundlegende „Paradox der Anerkennung", wie es Jessica Benjamin herausgearbeitet hat.

## 4.3 Das „Paradox der Anerkennung"

Die Autorin untersucht in erster Linie das Verhältnis der Geschlechter zueinander. Über diese Fragestellung hinaus, die allerdings auch für die professionellen Arbeitsfelder außerordentlich bedeutsam ist, hat sie Beziehungsdynamiken analysiert, deren Scheitern in Herrschaftsverhältnisse münden. Einige Aspekte davon will ich hier nachzeichnen, weil mit Benjamins „Theorie der Intersubjektivität" die subtile Balance im Beziehungsgeschehen zwischen Menschen deutlich gemacht werden kann.

Benjamin (1990) hat insbesondere die *Bedeutung der Anerkennung* als ein lebenslang zentrales Thema der Menschen herausgearbeitet. Sie geht – ebenso wie

Axel Honneth (1992) – vom Hegelschen „Kampf um Anerkennung“ aus, der die Beziehungen zwischen Menschen lebenslang prägt. Die Hauptthemen des menschlichen Lebens, so eine Quintessenz ihrer Theorie, sind einerseits das *Ringen um die individuelle Selbstbehauptung* als ein abgegrenztes Subjekt und andererseits das *Ringen um Anerkennung durch Andere*. Dies entspricht dem Modell der „Bipolarität“ von Mentzos, das ich bereits erwähnt habe. Zwischen diesen beiden Polen besteht eine „notwendige Spannung“ (Benjamin 1990, S. 27), indem wir in unserem Streben nach Selbstsein, Unabhängigkeit und Individualität abhängig von der Anerkennung durch andere sind.

Aber was bedeutet eigentlich „Anerkennung“, und was heißt es, jemanden „anzuerkennen“? Der Begriff „anerkennen“ legt nahe, dass es vor allem darum geht, einander zu „erkennen“. Das grundlegende Bedürfnis, das wir miteinander teilen, ist wohl dieses, dass Menschen es lebensnotwendig brauchen, gesehen und (an) erkannt zu werden. Schon diese sehr schlichte Beschreibung, die sich aus der Ableitung des Wortes „anerkennen“ anbietet, versichert uns: Anerkennung ist etwas menschlich sehr Entscheidendes, doch durchaus Subtiles. Sie ereignet sich in der Begegnung zwischen Menschen und hat große Bedeutung für unsere Selbsteinschätzung, Selbstachtung und Identität. Aus der Sicht der intersubjektiven Theorie Benjamins handelt es sich immer um ein *dialogisches Geschehen*: Menschen erkennen sich gegenseitig an. Weitere Charakterisierungen dessen, was Benjamin unter „Anerkennung” versteht, sind:

> Anerkennung ist so wichtig im menschlichen Leben, dass sie uns meist gar nicht auffällt. (…) Sie erscheint in so vielen Verkleidungen, dass wir selten das übergreifende Konzept verstehen. Es gibt eine Anzahl von Beinahe-Synonymen für das Wort ‚anerkennen‘: bestätigen, für wahr halten, eingestehen, wissen, akzeptieren, verstehen, mitfühlen, aufnehmen, tolerieren, wertschätzen, sehen, erkennen, sich identifizieren, sich vertraut fühlen… lieben. (Benjamin 1990, S. 19)

Der interaktive Prozess der Anerkennung ist ein *reflexives, zirkuläres Geschehen.* Dieser Prozess umfasst die bestätigende Antwort des/der Anderen und auch die Art, wie wir diese Reaktion aufnehmen und wiederum dieses der/dem Anderen mitteilen. Dieses vollzieht sich nicht durch Worte allein, sondern ganz wesentlich auch nonverbal, durch Blicke, Gesten, die Stimmqualität usw. Das *„Anerkennungs-Paradoxon“*, wie Benjamin es sieht, „besteht in unserem Bedürfnis nach Anerkennung und gleichzeitig nach Unabhängigkeit: Es besteht in der Tatsache, dass das andere Subjekt unserer Kontrolle entzogen ist und dass wir es dennoch brauchen“ (Benjamin 1990, S. 215). Es zieht sich als zentraler Konflikt über den gesamten Lebenslauf eines Individuums hindurch. Das Paradoxe besteht darin, dass dieses menschliche Bedürfnis nach Anerkennung nur als eine gegenseitige Anerkennung unabhängiger Subjekte denkbar ist, die sich gleichzeitig in ihrer Unabhängigkeit bestätigen, was wiederum die eigene Selbstbehauptung als autonomes Subjekt sichert. Die eigene Selbstbehauptung und Unabhängigkeit ist also lebenslang abhängig von der Anerkennung durch unabhängige Andere. Das bedeutet dann, dass sich beide Subjekte auch als verschieden wahrnehmen und (an)erkennen. Darin ist eingeschlossen, das Fremde, mitunter auch das Befremdende bei sich selbst und beim Anderen zu akzeptieren, es nicht unter Kontrolle bringen zu wollen, sei es durch Herrschaftsansprüche oder durch symbiotische Harmoniebestrebungen.

In unserer Kultur wird das „Anerkennungs-Paradoxon" nach Benjamin kaum jemals so aufgelöst, dass die mit diesem Konflikt einhergehenden Spannungen in der Balance zwischen gegenseitiger Anerkennung und gleichzeitiger Selbstbehauptung als unabhängiges Subjekt ausgehalten werden. Einer solchen geglückten Auflösung stehen durch die historisch gewachsene gesellschaftliche (Geschlechter-)Ordnung zahlreiche Barrieren entgegen, die im Individuum und in den gesellschaftlichen Strukturen liegen. Das Ringen um Anerkennung findet nicht unter Gleichen und nicht in einem machtfreien Raum statt, auch nicht im akademischen Kontext. Die gegenseitige Anerkennung als gut gelöster Konflikt der spannungsreichen intersubjektiven Dynamik scheint in der Mann-Frau-Beziehung kaum je zu gelingen, und dieses gilt nicht nur für die persönlichen Beziehungen, die Benjamin vorrangig im Blick hat, sondern auch für die beruflichen. Zwei Varianten von Spaltung als missglückter Auflösung des Anerkennungs-Paradoxons beschreibt Benjamin (1990, S. 215), wobei Spaltung ein Abwehrmechanismus ist, über den wir biographisch schon sehr früh verfügen und mit dem Konflikte, aber auch Gefühlsambivalenzen aufgelöst werden, indem ein Teil der Gefühle abgespalten, also abgewehrt und damit aus dem Bewusstsein ausgeschlossen wird. Die Abspaltung kann nach zwei Richtungen hin erfolgen:

- Die Selbstbehauptung wird auf die Spitze getrieben und der entgegengesetzte Pol, die Anerkennung abgewehrt, „gelöscht". Daraus ergibt sich dann eine pervertierte Form von Selbstbehauptung, nämlich Herrschaft und Kontrolle über die/den Anderen ausüben zu wollen. Damit einhergehend wird die eigene Abhängigkeit von der/dem Anderen geleugnet und damit aber auch der Empathie der Boden entzogen.
- Der andere Weg, das „Anerkennungs-Paradoxon" zu lösen, ist genau der entgegengesetzte: Die Anerkennung wird durch Unterwerfung pervertiert und das grundlegende Bedürfnis nach Selbstbehauptung und Autonomie verleugnet.

Das Ergebnis beider „Spaltungslösungen" ist also entweder eine auf die Spitze getriebene Selbstbehauptung in Form von Herrschaft, bei der eine Anerkennung des/

der Anderen nicht gelingen kann, oder eine Unterwerfung als pervertierte Form der Anerkennung, bei der die eigene Autonomie und Selbstbehauptung aufgegeben wird.

Aus diesem Konzept lässt sich für die professionelle Beziehung im Coaching Folgendes ableiten: Grundlage für erfolgreiche Veränderungsprozesse ist auch hier die wechselseitige Anerkennung der beteiligten Personen – in ihren unterschiedlichen Rollen. Sie kann von beiden Seiten, vom Coach und vom Klient her, scheitern.

Der Klient verlangt vom Coach zunächst die grundlegende Anerkennung und Wertschätzung seiner selbst als eigenständige Person. Sodann wünscht er, in seiner Lebensproblematik und in seinen Potenzialen der Veränderung und Entwicklung erkannt und verstanden zu werden. Dies wird aber nur dann für ihn erfahrbar sein, wenn er sein Gegenüber als unabhängig, autonom und andersartig wahrnehmen und erleben kann: Wenn die andere Person mit ihren Äußerungen dem Klienten nur freundlich zu Willen ist, wird er deren Anerkennung nicht wirklich ernst nehmen können. Wenn andererseits der Klient die Äußerungen und Interventionen nur danach beurteilt und anzunehmen bereit ist, ob sie den eigenen Vorstellungen entsprechen, wird er zu keiner verändernden Einstellung gelangen können. Aber auch wenn er sich dem Coach in seiner Autorität nur unterwirft, um eine Veränderung zu erreichen, wird diese Veränderung möglicherweise nicht zu einem integralen Bestandteil der eigenen autonomen Persönlichkeit werden können.

Auf der anderen Seite benötigt auch der Coach vom Klienten die Anerkennung als eigenständiger Mensch und in seiner professionellen Rolle, denn ohne eine hinreichende Erfahrung von Anerkennung wird er sich mit seinen Potenzialen nicht wirklich aktivieren können oder sich als instrumentalisiert bzw. missbraucht erleben. Die Gründe dafür können einerseits darin liegen, dass dem Coach tatsächlich keine Anerkennung entgegengebracht wird, andererseits darin, dass er diese nicht wahrnehmen oder nicht annehmen kann (dass also die Anerkennung der Anerkennung fehlt). Auch hier kann ein Scheitern des Anerkennungsparadox sich nach zwei Richtungen hin auswirken: durch machtvolle, autoritäre Interventionen, um eine Veränderung beim Klienten durchzusetzen (Verlust der Empathie), oder durch Willfährigkeit, um von ihm doch die Anerkennung als „guter Coach" zu erlangen (Verlust der Autonomie). In beiden Fällen wächst die Gefahr eines Burnout. Wie ich in anderen Zusammenhängen gezeigt habe (Schmidt-Lellek 2006, S. 108, 168), ist das Selbstinteresse der Helferperson ein integraler Bestandteil der professionellen Beziehung. Wird dieses aus biographischen oder ideologischen oder kontextbedingten Gründen nicht wahrgenommen oder verleugnet, kann das produktive Spannungsverhältnis in der professionellen Interaktion, das Benjamin als „Anerkennungsparadox" beschreibt, sich nicht entwickeln.

## 4.4 Polaritäten in der professionellen Beziehung

Im folgenden Abschnitt sollen nun einige Aspekte detaillierter dargestellt werden, durch die die Beziehungsdynamik in professionellen Kontexten geprägt ist. Es gilt, jeweils eine situationsangemessene Balance zwischen den jeweiligen Polaritäten zu finden. Wenn eine Balance nicht gelingt oder verloren geht, kann die dialogische Situation Schaden nehmen. Folgende Aspekte seien beispielhaft genannt (ausführlicher in Schmidt-Lellek 2006, S. 278 ff.):

1. *Professionelle Funktion und existenzielle Begegnung*
   Am bekanntesten ist hierzu die Unterscheidung Martin Bubers (1984, S. 7) zwischen den beiden Beziehungsmodalitäten „Ich-Es" und „Ich-Du": Erstere bezeichnet den analysierenden, distanzierenden Zugang, mit dem ein Therapeut dem Patienten in seiner professionellen Rolle begegnet (asymmetrische Beziehung). Letztere bezeichnet die zwischenmenschliche Ebene, die Begegnung zwischen gleichberechtigten Menschen, die jenseits der unterschiedlichen Rollen und Funktionen geschieht (symmetrische Beziehung). Diese Ich-Du-Beziehung kann einerseits als begleitende Wirklichkeit in dem professionellen Setting verstanden und immer mitgedacht werden; andererseits stellt sie ein übergreifendes Ziel des Prozesses dar, nämlich dass eine zwischenmenschliche Beziehung nicht mehr durch die unterschiedlichen, asymmetrischen Rollen definiert wird. Wird die asymmetrische Rollendefinition nicht verlassen, so kann darin ein Bemächtigungsstreben eines Professionellen zu erkennen sein. „Dialogische Beziehung" soll also nicht heißen, eine durch die Situation definierte Rollendifferenz zu negieren oder zu vertuschen, wohl aber das Bewusstsein einer *prinzipiell* möglichen Austauschbarkeit der Rollen.
2. *Wissenschaftliche Objektivität und erlebnismäßige Subjektivität*
   Wenn man die modernen Ideale von Wissenschaftlichkeit im Auge hat, erscheint es als besonders schwierig, die Polarität „Objektivität und Subjektivität" aufrechtzuerhalten. Denn zumindest umgangssprachlich wird „Objektivität" gemeinhin als „korrekt, sachlich, vernünftig" assoziiert, während „nur subjektive" Wahrnehmungen und Äußerungen als Abweichung davon gelten. Subjektive Intuitionen, Wahrnehmungen und Bewertungen beinhalten in der Regel jedoch wertvolle Hinweise auf die zu bearbeitende Konfliktsituation; sie verlangen aber eine Überprüfung im Hinblick auf ihre Angemessenheit und auch eine Deutung oder Übersetzung (vgl. Kap. 12 zur Hermeneutik in diesem Buch), damit sie intersubjektiv nachvollziehbar und handlungsrelevant werden können.

3. *Übertragungsbeziehung und Realbeziehung*
Auch im Coaching können Übertragungsphänomene die Interaktion zwischen den beteiligten Personen mehr oder weniger stark beeinflussen oder beeinträchtigen. Es handelt sich um „unbewusste Reaktionsbereitschaften“, die aus „bisherigen Beziehungserfahrungen, die zum Teil weit zurückliegen“, resultieren (Schreyögg 2012, S. 257). Die Fähigkeit, solche Phänomene wahrzunehmen und mit ihnen umzugehen, dient dazu, das Gegenüber zu verstehen, sei es in der aktuellen Beziehung zum Coach, sei es auch in seinen beruflichen Beziehungen, etwa zu Vorgesetzten oder Kolleg/innen. Ebenso gilt es, dass ein Coach seine eigenen Reaktionsbereitschaften und entsprechende Deutungs- und Handlungsmuster kennt und zu reflektieren weiß, mit dem Ziel, sich z. B. kompetent abgrenzen zu können und sich nicht in irreführende oder destruktive Auseinandersetzungen hineinziehen zu lassen. Wenn er jedoch seine Aufmerksamkeit ausschließlich auf die Übertragungsdynamik bei seinem Klienten konzentriert, spricht er ihm „implizit die Möglichkeit ab, auch in authentischer Weise zu ihm in Beziehung zu treten“ (Schreyögg 2004, S. 152). So sollte in einem Beratungsprozess ggf. auch die reale Beziehungsdynamik thematisiert werden können. Wenn dies vom Coach nicht zugelassen wird, können Übertragungsdeutungen zu einer Immunisierungsstrategie des Coachs werden, mit der er sich unangreifbar macht.
4. *Abstinenz und Beteiligung*
Bei dieser Polarität geht es um das Ausmaß, in dem sich Coaches „gegenüber Klienten offen äußern oder ihre Meinungen und Gefühle zurückhalten“ (Schreyögg 2012, S. 215). Die Abstinenzhaltung, wie sie ursprünglich im Kontext der Psychoanalyse formuliert worden ist, meint die Zurückhaltung des Analytikers bezüglich subjektiver Äußerungen in Gestik, Mimik und Sprache; sie soll dazu dienen, dass der Analytiker sich als neutraler Projektionsschirm für die Übertragungen des Patienten zur Verfügung stellt, damit diese, möglichst ungestört von der Persönlichkeit des Analytikers, an die Oberfläche treten können. Mit einer solchen Haltung entsteht jedoch eine übermäßige Asymmetrie zwischen den Gesprächspartnern, durch die „unangemessene Regressionen bei Klienten“ provoziert werden (a. a. O., S. 216). Beratungsprozesse verlangen ein empathisches Verstehen für die Klienten; dieses ist jedoch niemals losgelöst von der Persönlichkeit des Professionellen, der also gar nicht vollkommen „neutral“ sein kann, sondern an dem intersubjektiven Verstehensprozess beteiligt ist (vgl. Kap. 12 in diesem Buch). Intersubjektivität bedeutet also auch für den Coach eine authentische Offenheit gegenüber dem Klienten, indem er seine Berührtheit, eigene Assoziationen, Werthaltungen usw. zum Ausdruck bringt. Diese Offenheit kann aber nicht beliebig sein, denn sie könnte sonst den Arbeitsfluss

und den Erkenntnisprozess stören. Notwendig ist also eine reflektierte *selektive Offenheit*, die sich an der jeweiligen Situation und dem Gegenüber orientieren muss. Dafür steht der Gegenpol der Zurückhaltung eigener Äußerungen. „Abstinenz" bedeutet weiterhin die Enthaltsamkeit von emotionaler *Bedürfnisbefriedigung* auf Kosten des Klienten, wie z. B. aufgrund einer narzisstisch motivierten Instrumentalisierung des Klienten.

5. *Bestätigung und Konfrontation*
Bestätigung und Wertschätzung sind die Grundvoraussetzung für jegliche professionelle Praxis, ohne die gar keine dialogische Verständigung möglich ist. Bestätigung bedeutet aber nicht nur die Akzeptanz des Anderen als gleichberechtigt sowie in seinem jeweiligen so-sein, sondern, um mit Martin Buber zu reden, auch „in seiner ganzen Potenzialität": „Also akzeptiere ich den Anderen nicht nur, wie er ist, sondern ich bestätige ihn in mir selbst und dann in ihm in Beziehung zu seiner Potenzialität, was mit ihm gemeint ist; und es kann jetzt entwickelt werden" (Friedman 1992, S. 258). Diese Polarität zwischen Aktualität und Potenzialität zu erfassen, ist ein bedeutsames Merkmal professioneller Beratung. „In meiner Beziehung zu ihm (dem Klienten) kann ich nicht handeln ohne diese Polarität. (…) Und es gibt Fälle, dass ich ihm gegen sich selbst helfen muss" (Friedman 1992). Bestätigung ist also die Grundlegung einer vertrauensvollen professionellen Beziehung, aber der professionelle Coach muss darüber hinausgehen, er muss den Mut zu Konfrontationen aufbringen, um sein Gegenüber in seinen Gewohnheiten des Fühlens, Denkens und Handelns zu „verstören" und damit eine Öffnung für Neues zu initiieren.

6. *Wissen und Nichtwissen*
Die Aussage vom „Wissen des Nichtwissens", die Sokrates zufolge als die höchste Stufe des Wissens anzusehen ist, meint das Bewusstsein, dass alle unsere Theorien und Handlungskonzepte einen anderen Menschen niemals vollständig zu erfassen vermögen. Zu meinen, man hätte in seinen Konzepten, in seiner Wahrnehmung und Bewertung eine unumstößliche Sicherheit, ist eine Selbst- und Fremdtäuschung und kann die Offenheit der dialogischen Situation behindern. Eine „sokratische" Haltung im Coaching kann demgegenüber bedeuten, dass es um ein gemeinsames „Untersuchen" des jeweiligen Problems geht und dass Deutungen als Deutungsvorschläge bzw. Deutungsmöglichkeiten zu begreifen sind, die es dann zu überprüfen gilt. Allerdings kann das „Nichtwissen" natürlich nicht Ahnungslosigkeit bedeuten – die verschiedenen Wissensquellen, die durch Studium, Ausbildung und lebenslange Fortentwicklung des Wissens herangezogen werden müssen (vgl. Kap. 11 in diesem Buch), bleiben unabdingbare Voraussetzung für professionelles Handeln.

7. *Tun und Nichts-Tun*
Die vielfältigen Erwartungen von Coaching-Klienten und von beauftragenden Organisationen, die an das Coaching herangetragen werden, sowie meistens auch das eigene professionelle „Über-Ich" verlangen von uns als Coaches, durch unser professionell geplantes Handeln bei den Klienten vorhersagbare Wirkungen zu erzielen. Nun ist das Geschehen aber niemals vollständig planbar, und zuweilen erweist sich, dass unser gezieltes Tun nicht einmal den entscheidenden Veränderungsfaktor darstellt, sondern die mitdenkende und mitfühlende Präsenz eines Gesprächspartners. Aber damit wird mancher Professionelle in seinem Streben, etwas „effektiv" zu bewirken, sich vielleicht ohnmächtig fühlen und dann dazu neigen, eben dieses Gefühl durch machtvolle Eingriffe zu kompensieren. Im chinesischen Daoismus wird von dem „Handeln durch Nicht-Handeln" gesprochen, und diese Paradoxie wird im Tao te King des Laotse – einem Meisterwerk des paradoxen Denkens – mit folgender Metapher verdeutlicht: „Man formt Ton und macht daraus Gefäße: Auf dem Nichts daran beruht die Brauchbarkeit des Gefäßes" (Wilhelm 1921, S. 13). Kurz, das planbare Handeln bildet vielleicht nur das „Gefäß" für nicht-planbare Prozesse – aber ohne den kunstvoll verarbeiteten „Ton" gäbe es auch kein brauchbares „Gefäß".

Um sich in allen diesen spannungsreichen Polaritäten bewegen zu können und eine situationsangemessene Balance zu finden und aufrechtzuerhalten, ist ein hinreichendes Maß an systematischer Selbstreflexivität erforderlich. Dies kann insbesondere durch eine kontinuierliche Supervision der eigenen professionellen Arbeit Unterstützung finden. Dabei kann auch in den unterschiedlichen supervisorischen Settings (Lehrsupervision, Gruppensupervision, kollegiale Supervision) das jeweilige persönliche Beziehungserleben zwischen den beteiligten Personen unmittelbar ins Auge gefasst werden, um die erörterten Polaritäten und Paradoxien erfahrbar zu machen.

## Literatur

Aristoteles. (1983). *Nikomachische Ethik*. Stuttgart: Philipp Reclam jun.
Benjamin, J. (1990). *Die Fesseln der Liebe. Psychoanalyse, Feminismus und das Problem der Macht*. Basel, Frankfurt a. M.: Stroemfeld/Roter Stern (Orig. New York: Pantheon, 1988).
Buber, M. (1984). *Das dialogische Prinzip*. Heidelberg: Lambert Schneider. (Darin: Ich und Du, 1923; Zwiesprache, 1929; Die Frage an den Einzelnen, 1936; Elemente des Zwischenmenschlichen, 1953).

DBVC – Deutscher Bundesverband Coaching e. V. (Hrsg). (2012). *Leitlinien und Empfehlungen für die Entwicklung von Coaching als Profession. Kompendium mit den Professionsstandards des DBVC* (4., erw. Aufl.). Osnabrück: DBVC Geschäftsstelle.
Friedländer, S. (1926). *Die schöpferische Indifferenz* (2. Aufl.). München: Reinhardt.
Friedman, M. (1992). Dialog zwischen Martin Buber und Carl Rogers (1957) (deutsch von C. Schmidt-Lellek). *Integrative Therapie,* 18(3), 245–260.
Grawe, K., Donati, R., & Bernauer, P. (1994). *Psychotherapie im Wandel. Von der Konfession zur Profession*. Göttingen: Hogrefe.
Honneth, A. (1992). *Kampf um Anerkennung. Zur moralischen Grammatik sozialer Konflikte*. Frankfurt a. M.: Suhrkamp.
Isaacs, W. (2002). *Dialog als Kunst gemeinsam zu denken. Die neue Kommunikationskultur in Organisationen*. Bergisch Gladbach: Edition Humanistische Psychologie.
Mentzos, S. (2009). *Lehrbuch der Psychodynamik. Die Funktion der Dysfunktionalität psychischer Störungen*. Göttingen: Vandenhoeck & Ruprecht.
Oevermann, U. (1996). Theoretische Skizze einer revidierten Theorie professionalisierten Handelns. In A. Combe & W. Helsper (Hrsg.), *Pädagogische Professionalität. Untersuchungen zum Typus pädagogischen Handelns* (S. 70–182). Frankfurt a. M.: Suhrkamp.
Schelling, F. W. J. (1798/2000). *Von der Weltseele – eine Hypothese der höheren Physik zur Erklärung des allgemeinen Organismus*. Werke 6, Stuttgart: Frommann-Holzboog.
Schmidt-Lellek, C. J. (2006). *Ressourcen der helfenden Beziehung. Modelle dialogischer Praxis und ihre Deformationen*. Bergisch Gladbach: Edition Humanistische Psychologie.
Schreyögg, A. (2004). *Supervision. Ein integratives Modell* (4., überarb. und erw. Aufl.). Wiesbaden: VS Verlag.
Schreyögg, A. (2012). *Coaching. Eine Einführung für Praxis und Ausbildung* (7., überarb. und erw. Aufl.). Frankfurt a. M.: Campus.
Wilhelm, R. (Übers.). (1921). *Laotse. Tao te king*. Jena: Eugen Diederichs.
Wilhelm, R. (Übers.). (1956). *I Ging. Das Buch der Wandlungen*. Düsseldorf: Eugen Diederichs.

**Dr. phil. Christoph Schmidt-Lellek** Studium der ev. Theologie, Philosophie und Erziehungswissenschaften, Promotion zu den Ressourcen der Beziehung in helfenden Berufen, freiberufliche Praxis für Coaching (DBVC), Psychotherapie (HPG) und Supervision (DGSv) in Frankfurt/M., Veröffentlichungen im Bereich Psychotherapie und Coaching, Mitherausgeber und Redakteur der Zeitschrift „Organisationsberatung, Supervision, Coaching“ (OSC).

# Teil II
# Coaching im Ensemble anderer Formate

# Coaching im Kontext sozialer Systeme 5

Thomas Dallüge

Dem Begriff Coaching ergeht es wie vielen anderen Begriffen: Durch die häufige Verwendung in verschiedensten Zusammenhängen verliert er seine kommunikativ inhaltliche Bedeutung. Dieses Schicksal teilt er mit anderen schönen Begriffen wie Organisation, Liebe, Macht usw. Verblüffenderweise führt dieses Phänomen nicht dazu, dass der Begriff nicht mehr verwendet wird, eher im Gegenteil.

Wir können den Begriff Coaching getrost weiter verwenden, ohne eine scharfe inhaltliche Festlegung zu treffen. Er bekommt damit eher eine Containerfunktion, die neben der groben begrifflichen Rahmung auch erhebliche Potenzialität in sich birgt. Vielleicht ist gerade dieses Phänomen ein Wesensmerkmal des Begriffs Coaching und trägt zu seiner andauernden Popularität bei. Er ermöglicht und öffnet die Kommunikation. Erst in der Fortsetzung der Kommunikation schält sich ein gemeinsam getragenes Verständnis heraus, das auf den Auslöser für die Kommunikation passt und die fortlaufende Kommunikation mit Sinn auflädt. Gleichzeitig zeigt die Verwendung, dass der Begriff Coaching auch den Charakter eines „Heilsversprechens" in sich trägt: „Danach geht es einem besser, was immer auch Coaching meint und was darin passiert, es zielt auf eine Verbesserung der jeweiligen Lebensumstände".

Für ein professionelles Agieren und einen Diskurs zur Professionalität ist diese Entwicklung zwar gut verständlich, jedoch höchst unbefriedigend. Unbefriedigend, weil unter dem Deckmantel des vermeintlichen Ergebnisversprechens viele Akteure den Coachingcontainer dafür nutzen, ihrer Leistungserbringung einen Rahmen zu geben. Dies ist oft hilfreich und oft unschädlich, trägt jedoch leider auch oft genug zur Manifestierung von Problemstellungen bei oder verschärft diese sogar.

---

T. Dallüge (✉)
osb Berlin GmbH, Oranienburger Str. 90, 10178 Berlin, Deutschland
E-Mail: thomas.dalluege@osb-i.com

 
A. Schreyögg, C. Schmidt-Lellek (Hrsg.), *Die Professionalisierung von Coaching*,
Coaching und Supervision, DOI 10.1007/978-3-658-08172-0_5

Aus diesem Grunde macht es Sinn, den Begriff Coaching weiter zu differenzieren und mit definierten Bedeutungshintergründen aufzuladen. Für diese Aufgabe möchte ich Anleihen aus einer systemtheoretischen Perspektive als Hintergrundfolie nutzen und mit ihr aus meiner Sicht hilfreiche Unterscheidungen einführen. Diese Unterscheidungen ermöglichen es, orientierende und handlungsleitende Aussagen zur Professionalität zu treffen, damit den Deckmantel etwas zu lüften und den Coachingcontainer einer fokussierten Betrachtung zuzuführen.

In diesem Beitrag möchte ich fünf verschiedene Aspekte beleuchten:

1. Eine begriffliche Sortierung von Coachingkonstellationen, die sich an den Sozialstrukturen orientiert, in denen es stattfindet, bzw. in Bezug auf die Sozialstruktur, die im Vordergrund des Coachings steht.
2. Eine kurze Reflexion zum Thema Professionalität.
3. Eine Vertiefung zu der Frage, wie Coachingdyaden aus einer systemischen Perspektive verstanden werden können und welche Implikationen für das Coaching sich selbst daraus ergeben.
4. Ein Beleuchten von Mehr-Personen-Coachings mit systembezogenen Selektionskriterien.
5. Eine kritische Reflexion zu den Übergriffigkeiten des Coachingbegriffs in andere Beratungsdisziplinen – Systemcoachings sind etwas anderes als die Summe von Coachingsystemen.

## 5.1 Eine begriffliche Sortierung von Coachingkonstellationen

In meiner Zuschreibung liegt der Kern des Coachings in einer 1:1-Beratung. In dieser *Coachingdyade* werden Fragen des professionellen Agierens des Coachingklienten bearbeitet. Das bedeutet, dass zwei Personen miteinander in direkte Kommunikation treten. In der Erstzuschreibung agiert die eine Person als Coach und die zweite Person als Coachee, Kunde bzw. Klient. (Die mit den Begriffen Coachee, Kunde oder Klient einhergehende Unterscheidung möchte ich hier gern negieren und werde die Begriffe synonym verwenden.) (Abb. 5.1).

Gehen wir von dieser Coachingdyade aus, dann können wir auch bei diesem Thema das vertraute Phänomen wiedererkennen, dass eine Markierung auch immer das Nichtmarkierte mitmarkiert. Und so dauerte es nicht lange, bis sich die Frage stellte (bzw. es in der Praxis Einzug hielt), Coachings auch mit mehreren Personen durchzuführen. Das bedeutet, es gibt nicht nur einen Coachee, sondern mehrere, die dann gemeinsam in einem Raum in direkter Kommunikation miteinander

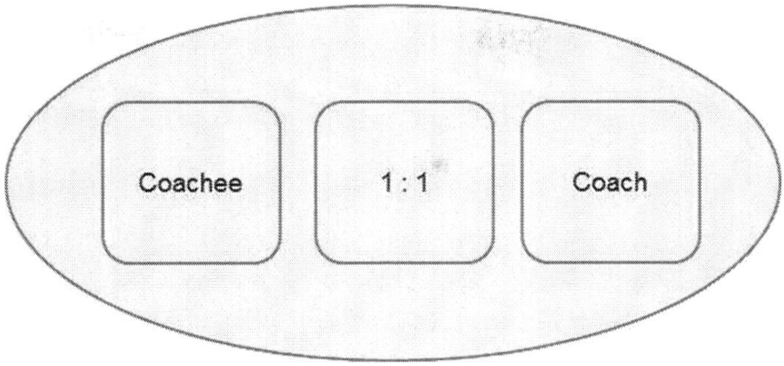


**Abb. 5.1** Coachingdyade

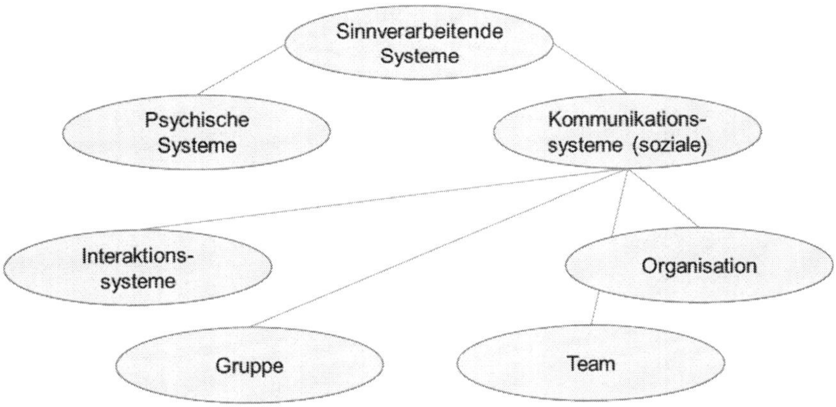


**Abb. 5.2** Ausschnitt sozialer Systeme, die für das Coaching relevant sind

ander den „Container Coaching" erhalten. Wenn wir dieser Unterscheidung folgen, stellt sich die Frage: Wer sind die „mehreren Personen" bzw. wie können wir diese „mehreren Personen" verstehen? Hier erlauben wir uns einen kleinen Rückgriff auf die Systemtheorie, die eine Typologie sozialer Systeme anbietet (vgl. v. Ameln 2004). Sich fortsetzende Kommunikation mit mehreren Personen kann beschrieben werden vor dem Hintergrund eines Interaktionssystems, eines Gruppen- oder Teamsystems oder einer Organisation (die Perspektive Gesellschaft nehmen wir an dieser Stelle nicht in den Blick). Diese Gliederung lehnt sich an Luhmann (1988, 2006) an, ergänzt um die Themen Gruppe und Team. In Anlehnung an Wimmer et al. (2014) vertrete ich hier die Auffassung, dass diese beiden Typen eine eigene emergente Struktur herausbilden, wobei das Team hierbei eine hybride Struktur aus Gruppe und Organisation darstellt (Abb. 5.2).

Ein kleiner Einschub sei hier erlaubt, da unsere akademische Sozialisation gelegentlich mit uns durchgeht. Die Beschreibung der verschiedenen Typen von Systemen und der damit verbundene theoretische Unterbau sind eine intellektuelle Leistung, die uns mit Beobachtungsperspektiven auf soziale Phänomene ausstattet. Die Theorie kann hilfreiche, nützliche, passende und valide Beschreibungen sozialer Phänomene ermöglichen. Doch auch sie kann nicht sagen, dass es so ist. Im Verständnis eines sozialen Systems ist es recht unsinnig, zu sagen: „Das ist eine Organisation". Es ist hilfreich, zu sagen: „Wenn ich dies aus einer organisationalen Perspektive betrachte, bedeutet dies…". Ich markiere das an dieser Stelle prominent, da ich in Lehrcoachings und Supervisionen Coaches auf der Suche danach erlebe, was es denn wirklich ist, und weniger auf der Suche nach einem hilfreichen Bild für den Klienten (egal wie vermeintlich richtig oder falsch es ist – passend ist eher das Kriterium). Hier ist die Unterscheidung zwischen Landschaft und Landkarte eine gelegentlich nützliche Analogie. Im Coaching stellt sich die Aufgabe, Landkarten zu generieren und weniger die wirklichen Landschaften zu beschreiben (an dieser Stelle würde der Konstruktivist in uns auch nur zart schmunzeln).

Wollen wir die oben beschriebene Systematik sozialer Systeme nutzen, sollten wir noch kurz die Typen sozialer Systeme umreißen, damit wir ein ausreichendes gemeinsames Verstehen davon haben. Wissend, dass zu jedem Systemtyp schon ausgiebig Bücher geschrieben wurden, möchte ich dies hier auf maximal fünf SMS-Längen pro Systemtyp begrenzen.

Soziale Systeme sind Kommunikationssysteme, in denen sich Kommunikation ereignishaft fortsetzt (Stichwort Autopoiese) und sich in dieser Fortsetzung eine System-Umwelt-Grenze herausbildet (Stichwort operationale Schließung). Diese sozialen Systeme prozessieren Sinn, da sie in ihrer Kommunikation vor dem Hintergrund aller möglichen Kommunikationen eine Auswahl treffen. Diese Selektion findet in drei Sinndimensionen (Sache, Sozial, Zeit) ihren Widerhall.

*Interaktionssysteme* beschreiben Kommunikation unter Anwesenden und legen damit ihre Aufmerksamkeit auf die Entstehung und Fortsetzung von Kommunikation in der dreifachen Selektion von Information, Mitteilung und Verstehen. Interaktionssysteme werden durch die physische Anwesenheit der Beteiligten definiert. Es gibt für die Beteiligten keine Möglichkeit, sich der „Wahrnehmungswahrnehmung" zu entziehen, und somit ist den Beteiligten klar, dass jegliches Verhalten oder Nichtverhalten als Kommunikationsereignis dekodiert werden kann.

*Gruppen* beschreiben Kommunikationssysteme, die sich durch eine potenziell wiederkehrende Kommunikation unter den „gleichen" Anwesenden auszeichnen. Gruppen versorgen sich mit einer Aufgabe bzw. einem Kommunikationsgrund. Bei gleichzeitiger Freiwilligkeit der Teilhabe/Mitgliedschaft an Gruppen erfolgt die Komplexitätsreduktion in Gruppen durch individuell validierte Zuschreibung von

Eigenschaften und Beziehungen. Dies führt auch zu der Größenbegrenzung von Gruppen. Innere Differenzierungsbestrebungen werden durch Resymmetrisierungen ausgeglichen, was gelegentlich auch zu erheblichen Dynamiken führen kann.

*Teams* beschreiben Gruppen in Organisationen und die damit verbundenen Kommunikationsstrukturen. Sie können als Selbstorganisationsphänomene von Organisationen verstanden werden. Durch die Bildung von Teams werden heterarchische Strukturen eingeführt, die für Organisationen in komplexen Umwelten von erheblichem Vorteil sind. Gleichzeitig werden durch Teams die Kopplungsmöglichkeiten für Personen an die Organisation erhöht. Neben den vielen Bezügen zur Gruppe gibt es einen markanten und konsequenzenreichen Unterschied: Die Mitgliedschaft in einem Team ist nicht frei gewählt, sondern durch die Organisationsmitgliedschaft markiert. Dies lässt die Teammitglieder nicht „frei" agieren, was auf gruppendynamische Aushandlungsprozesse einen erheblichen Einfluss hat. In Abgrenzung zur Organisation ist von Bedeutung, dass Führung nicht Teil eines Teams ist. Mit der Führungsperspektive öffnen wir den Organisationsblick.

*Organisationen* sind Kommunikationssysteme, die sich aus fortlaufenden Entscheidungsprozessen konstituieren. Diese fortlaufenden Entscheidungsereignisse können zurückgreifen auf bisherige Entscheidungsprämissen (Programme, Kommunikationswege, Personen). Im Gegensatz zu Gruppen sind die Personen zur gekoppelten Umwelt für die Organisation geworden und über eine Mitgliedschaft mit der Organisation verbunden. Somit haben Organisationen die Möglichkeit der funktionalen Binnendifferenzierung. Eine besondere Funktion stellt hierbei die Führung dar. Dabei ist Führung eine „Grenzfunktion der Organisation", die für die Einführung der relevanten Umwelten und für die Versorgung mit Entscheidungen und Entscheidungsfähigkeit verantwortlich ist.

Vor dem Hintergrund dieser verschiedenen Systemtypen kann „mehrere Personen" mit inhaltlichem Verstehen aufgeladen werden. Das bedeutet, dass „mehrere Personen" über geteilte Teilhabe an Kommunikation oder Mitgliedschaften miteinander verbunden sind und sich nun vor diesem Hintergrund in einem Coaching-Kommunikationssystem wiederfinden. Es besteht ein gemeinsamer und markierter Erfahrungshintergrund (Abb. 5.3).

Die so entstehenden *Coachingsysteme* entsprechen der Summation von Coachingdyaden unter physisch symbolisierter Anwesenheit von Hintergrundsyste-

**Abb. 5.3** Coaching von Mehrpersonenkonstellationen

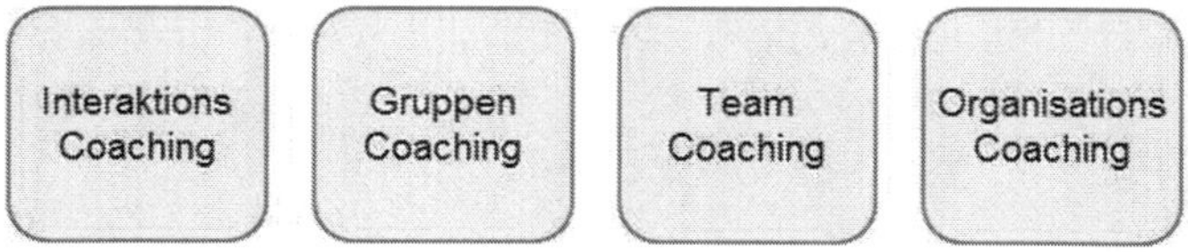


**Abb. 5.4** Systemcoachings

men. Gleichzeitig entstehen rund um die Mehr-Personen-Konstellationen und rund um das Coachingthema wieder eigenständige Interaktions- bzw. Gruppensysteme mit den jeweiligen Dynamiken (die Vertiefung der Mehr-Personen-Konstellationen erfolgt im 4. Abschnitt).

Diese Unterscheidung markiert natürlich eine weitere mögliche Entwicklungs- bzw. Differenzierungslinie. Können nicht die Hintergrundsysteme auch in den Vordergrund genommen werden und können diese dann nicht gecoacht werden? Daraus entstehen Ansätze zum *Systemcoaching*, wobei sich diese hier auf die jeweiligen sozialen Systeme beziehen und nicht auf die teilnehmenden psychischen Systeme. Systemcoachings machen die Systemstruktur zum „Coachingklienten" vor dem Hintergrund anwesender Mitglieder des sozialen Systems. Dies ist ein markanter Unterschied (Abb. 5.4).

Im Folgenden möchte ich die Diskussion des Coachings von Mehr-Personen-Konstellationen bzw. von sozialen Systemen selbst vornehmen. Doch bevor ich mit der Vertiefung der Coachingdyade beginne, werde ich noch einige Gedanken zum Thema Professionalisierung vorausschicken.

## 5.2 Eine kurze Reflexion zum Thema Professionalität

Hierzu greife ich auf eine Anregung von Kantor (2012) zurück. Für ein professionelles Coaching braucht es aus meiner Sicht das Einbinden des eigenen professionellen Handelns in eine theoretische Landkarte, in ein Modell, das die Grundlage des eigenen Agierens darstellt. Für eine erste Annäherung an das eigene professionelle Selbstverständnis sind drei Fragen hilfreich:

- Was ist der Gegenstand meines professionellen Agierens?
- Wie funktioniert dieser Gegenstand aus sich selbst heraus? Das entspricht der Frage: Was würde passieren, wenn ich nichts tue, und das nicht in einem speziellen Fall, sondern im Allgemeinen?
- Wie kann ich im Rahmen meiner professionellen Tätigkeit agieren und einwirken?

Und auch auf die Gefahr hin, mich hier zu wiederholen und normativ zu wirken: Aus meiner Sicht ist die Antwortfähigkeit zu den obenstehenden Fragen professionelle Pflicht!

Gönnen wir uns hierzu eine verdeutlichende Analogie: Handwerker haben es an dieser Stelle sicher etwas einfacher. Nehmen wir einen Tischler, so ist ganz klar Gegenstand seines Agierens das Holz mit all seinen Eigenschaften (sägbar, biegsam, schwimmend etc.). Für den Fall, dass nicht auf das Holz eingewirkt wird, gibt es im Kern zwei verschiedene Varianten: Entweder es hält sich mit Wurzeln im Boden fest, transportiert Wasser und Nährstoffe durch die eigenen Zellen oder es verrottet wahlweise in der Erde, im Wasser oder an der Luft. Meine Möglichkeiten der Einwirkung sind mannigfach. Ich kann es von A nach B tragen, ich kann es sägen, zerteilen, mit Schrauben oder Nägeln verbinden – alles tolle Dinge. Die spannende Frage ist jetzt, wie sieht das im Coaching aus? Was ist hier der Gegenstand, auf den ich einwirken kann? Wie tickt der Gegenstand meines Coachings und wie sehen meine Möglichkeiten der Irritation/Intervention aus?

## 5.3 Wie Coachingdyaden aus einer systemischen Perspektive verstanden werden können

Wenn ich die obigen Fragen beantworten möchte (und das sollte jeder Coach für sich können), stellen sich für mich die Fragen: Wie kann ich Coaching verstehen, und was passiert im Coaching?

Im Coaching bildet sich zwischen Coach und Coachingklient ein Kommunikationssystem. Eine beginnende Kommunikation setzt sich fort, und diese Fortsetzung der Kommunikation erzeugt Sinn. Dieser Sinn konstituiert sich durch die permanente Auswahl von Kommunikation vor dem Hintergrund all der möglichen Fortsetzungen von Kommunikation. Dass wir genau in dieser Art und Weise unsere Kommunikation fortsetzen und nicht in einer anderen Art, markiert den Sinn. Beobachten kann man diesen Sinn vor dem Hintergrund seiner drei Sinndimensionen. Jede sich fortsetzende Kommunikation enthält eine sachliche, eine zeitliche und eine soziale Dimension.

Die *Sachdimension* beschreibt den Inhalt der Kommunikation. Hierbei geht es um die Auswahl des Themas vor dem Hintergrund aller anderen möglichen Themen, die mit der getroffenen Auswahl dann alle nicht ausgewählt wurden (dies/anderes). Im klassischen „Business-Coaching“ geht es thematisch um die eigene professionelle Rolle des Klienten, die auf der Seite der Organisation oder auf der Seite der Person Schmerzen verursacht und zu einem Veränderungswunsch führt.

In der *Sozialdimension* spannt sich der Auswahlhorizont zwischen Alter und Ego auf. In der Kommunikation schwingt immer das Bild mit: Was denke ich über denjenigen, mit dem ich gerade in Kommunikation stehe, und was denke bzw. erwarte ich, was mein Kommunikationspartner von mir erwartet? Diese Erwartungserwartungen laufen also in der Kommunikation parallel. Auch bei dem Kommunikationspartner (Coachee) findet diese Zuschreibung in der Kommunikation statt. Kurz gesagt, in der Kommunikation entsteht ein Bild von meinem Gegenüber, und ich verhalte mich so, wie ich denke, mich gegenüber den Erwartungen meines Gegenübers verhalten zu wollen. Dies ist ein Aushandlungs- und Aktualisierungsprozess, der sich in der Kommunikation stetig fortsetzt. Als Coachingklient geht mir durch den Kopf, was das Gegenüber für ein Coach ist und was der Coach jetzt gern von mir als Klient möchte und wie ich mich jetzt zu diesen Verhaltenserwartungen positionieren möchte. Damit macht der Klient auch für seinen Coach ein Angebot, wie er sich und seinen Klienten lesen kann. Damit beschreibt die Sozialdimension die fortlaufende Aktualisierung der Coaching-Rollen-Interaktionen.

Die *Zeitdimension* beschreibt die Zeitlichkeit in einem Kommunikationssystem. Es wird eine zeitliche Dimension zwischen Vergangenheit und Zukunft aufgespannt, und damit können Zeitlichkeiten zugeordnet werden. In der Kommunikation läuft auf der Zeitachse zum Beispiel die Unterscheidung mit: Ab wann werden Dinge eher der vergangenen Vergangenheit zugerechnet und bis wann gehören Sie noch zur gegenwärtigen Vergangenheit? Durch die Bezüglichkeiten auf der Zeitachse werden auch die Zeitlichkeiten des Coachingsystems mit bearbeitet. Erst durch die Einführung einer gewissen Dauerhaftigkeit ergibt sich im Coaching die Möglichkeit, eine eigene Historie zu entwickeln und eine Zeitachse (Beobachtung von Entwicklung) zu generieren.

Wichtig bei der Beobachtung eines Coachingsystems und bei der Beschreibung der Sinndimensionen ist, dass es sich hierbei um Eigenarten und Bezüglichkeiten des Kommunikationssystems handelt und nicht um die intendierten Eigenschaften der Personen, die an der Kommunikation teilnehmen. Im Kern geht es um die Selektionen, welche durch die fortgesetzte Kommunikation aktualisiert und manifestiert werden.

Wenn wir dieses Bild ernst nehmen, können wir im Coaching nicht direkt auf die Gedanken- und Gefühlswelten des Coachees einwirken. Wir können uns mit dem Klienten an der Kreation kommunikativer Ereignisse beteiligen, die es dann dem Klienten ermöglichen, seine Welt in einer für ihn angestrebten Art und Weise zu (re-) konstruieren.

Folgen wir nun der Ausgangsfrage, was der Gegenstand eines Coachings ist, bleibt uns nichts anderes übrig als zu sagen: „*Coaching ist die Sinnkonstruktion in der Coachingdyade*". Dies ist auf der einen Seite erschreckend, weil ich ja eigentlich gerne auf das Denken meines Coachees einwirken wollte und dies nun der markante Hinweis ist, dass ich das gar nicht kann. Auf der anderen Seite ist es für den Coach die Einladung, seine gesamte Coachingleidenschaft in der Co-Kreation von Kommunikation auszuleben und dabei hilfreiche Varianzen im Coachingsinn zu stiften.

Zusammenfassend können wir sagen, dass Coaching als ein Kommunikationssystem verstanden werden kann, das sich über verschiedene Mechanismen einen sinnstiftenden Rahmen gibt, der wiederum einen erheblichen Einfluss auf die Wirksamkeit von Coaching hat. Das führt uns zu der spannenden Frage, welche Möglichkeiten der Irritation bzw. der Intervention ein Coach hat? Ziel eines Coachings ist Varianz in den Beschreibungen (was auch immer er beschreibt) bzw. den Beobachtungen eines Klienten. Dabei geht es im Kern um die Sachdimension, also um den Coachinganlass.

Der Klient definiert sein Problem bzw. seine veränderungsbedürftige Situation. Durch die gemeinsame Re-, (De-) Konstruktion von Situationen in der Vergangenheit und gemeinsamer Gestaltung von Zukunftsszenarien entsteht eine Varianz im Denken und Beobachten beim Klienten. Hier kann es in der Sachdimension zwei grundlegende Strategien geben:

1. die Kontextualisierung des Coachingthemas mit unterschiedlichen anderen Perspektiven,
2. die Maßstabsarbeit bezogen auf das Coachingthema, Flughöhe bzw. Tiefenbohrung.

Die Kontextualisierung der Situation beschreibt den Sachverhalt vor verschiedenen Hintergrundfolien. Systemische Coaches würden Situationen vor dem gedachten Gebäude der Systemtheorie hinterfragen (z. B. mit Perspektivübernahmen oder Skalierungen). Tiefenpsychologen würden ihre Beobachtungsfiguren (z. B. narzisstische Störungen) in das Gespräch einfließen lassen. So würden Betriebswirte oder Extremsportler jeweils ihre eigenen professionellen oder Erfahrungshintergründe ins Spiel bringen. Ziel ist jeweils die hilfreiche Verfremdung.

Leider hängen Coaches noch zu oft an dem Gedanken, dass sie mit ihren Erklärungsmustern wirklich Recht haben (wie schon so oft natürlich). An dieser Stelle können wir nur hoffnungsvoll auf die Autonomie der Klienten bauen, damit sie sich nicht auch noch an der vermeintlichen Realität der Coaches abarbeiten müssen.

Ein weiterer Ansatz der Varianzarbeit in der Sachdimension besteht in der Tiefung, in der Detaillierung oder in der Verallgemeinerung und Abstraktion, also in der Maßstabsarbeit. Hier geht es nicht darum, das Phänomen aus verschiedenen Perspektiven zu betrachten, sondern mit einem Zoom zu arbeiten. Mit diesem Vorgehen gilt es sehr sorgsam umzugehen. Auch eine Detaillierung braucht eine Landkarte zur Beobachtung und Beschreibung, und meistens führt die Arbeit in der Tiefe zu einer Manifestation der Problembeschreibung und weniger zu einer hilfreichen Varianzproduktion. (Tiefung macht dagegen Sinn in der Beschreibung und Ausgestaltung von Lösungswelten.)

An dieser Stelle möchte ich noch mal markieren, dass es für professionelle Coaches unerlässlich ist, reflektierte und transparente Bilder, Modelle, Analogien, Verstehensweisen für Menschen, Interaktionen, Verhalten, Organisationen, Wirtschaftswelten, gesellschaftliche Entwicklungen usw. zu haben. Diese Landkarten sind die Sponsoren für die Aufmerksamkeiten und Fragen und der Ausgangspunkt für die gemeinsame Kreation von zukünftiger Klientenwelt. Ausgangspunkt, weil es nicht um die Einordnung der Klienten in irgendwelche „Raster“ geht, sondern um die hilfreiche Kreation eines Unterschiedes.

Soweit zu den Varianzmöglichkeiten in der Sachdimension. Schauen wir auf das Kommunikationssystem und nehmen die Sozialdimension in den Blick. In der Sozialdimension geht es um die gegenseitigen Erwartungserwartungen und der entsprechenden Passung für den gemeinsamen Kommunikationsanlass. Im Coaching kann ich mindestens drei Strategien folgen, die sich auf die Erwartungserwartungen beziehen:

- Impulse zur Veränderungen der Erwartungserwartungen bei meinem Klienten,
- Veränderungen meiner eigenen Erwartungserwartungen,
- Veränderungen des Kontextes der Coachingsitzungen.

Der Klient ist mit bestimmten Erwartungen an den Coach im Coaching unterwegs und bildet sich damit auch ein Bild dazu, was der Coach von einem Coachingklienten erwartet. Dieses Bild zu variieren, bedeutet, den Coach anders zu erleben und durch die damit vermuteten neuen Erwartungen neue Perspektiven auf sich selbst zu ermöglichen. Klassisch kann dies sowohl durch die Gestaltung der Beziehung zum Klienten (Nähe – Distanz etc.) als auch durch die Wahl der Methoden/Intervention (sprachlich – analog etc.) geschehen.

Die Veränderung der Erwartungen des Coachs bedeutet einen Blickwechsel auf den Coachee. Getreu dem Motto „Es kann immer auch ganz anders sein“ sollte der Coach miteinbeziehen, dass die eigenen Bilder mehr über den Coach sagen als über den Coachee. Die hohe Schule im Coaching ist nicht die Entdeckung des richtigen bisherigen Bildes des Coachs, sondern die Verflüssigung der bisherigen Bilder zur Neukonstitution eines neuen Bildes von sich.

Die Ausgestaltung des Kontextes kann viele Facetten haben. Dies reicht von der Ausgestaltung des Ortes (Yoga-Matte oder Flipchart) über die Einbindung von speziellen Umgebungen (Büro, Hotel, Golfplatz, Berge/Natur) bis hin zur Bildung von Mehr-Personen-Settings.

Die Zeitdimension beschreibt die Zeitlichkeit des Kommunikationssystems. Das bedeutet, es bestehen hier die Möglichkeiten, Varianz zu produzieren mit dem Zeit-Blick auf Vergangenheit und Zukunft und mit dem Zeit-Blick auf Dauer und Ereignis. Da es sich bei Coachings um temporäre Kommunikationssysteme handelt (recht selten sollen daraus auf Dauer gesetzte Lebensbeziehungen entstanden sein), kann zwischen verschiedenen grundlegenden Formaten gewählt werden:

- Coaching als ein Ereignis. Es gibt kein Versprechen auf Anschlusskommunikation. Jedes Coaching muss den Erwartungen eines Coachings gerecht werden.
- Coaching als ein gemeinsamer Weg, dessen Endpunkt offen ist. Sobald genug erreicht wurde, endet der Weg.
- Coaching als ein definierter Prozess mit festgelegten Terminen und einem festgelegten Umfang.

Gleichzeitig werden mit Festlegungen zum Abstand zwischen den einzelnen Coachingsequenzen auch Hypothesen zu Dauerhaftigkeiten und Wirkzeiten in die Beobachtung gebracht.

Abschließend lässt sich sagen, dass die Betrachtung der Coachingdyaden als Kommunikationssysteme und Coaching als Co-Kreation dieser Kommunikation zu einem breiten Fundus an Verhaltensmöglichkeiten für den Coach führt und parallel seine Wirksamkeitszuschreibungen deutlich dämpft.

## 5.4 Ein Beleuchten von Coachingsystemen – Mehr-Personen-Coachings mit systembezogenen Selektionskriterien

Mit den bisherigen Gedanken haben wir uns auf die Coachingdyade konzentriert. Mit der Erweiterung des Coachings auf „mehrere Personen" geraten zusätzliche soziale Systemlogiken in den Blick:

Coaching von Mehr-Personen-Konstellationen stellt unterschiedliche Systemkontexte als Hintergrundfolien mit zur Verfügung. Für ein Coaching von Mehr-Personen-Konstellationen ist eine gewisse Dauerhaftigkeit notwendig, da sonst eine Coachingkonstellation wenig Sinn macht. Aus diesem Grund können wir Coaching von Teilnehmern an einem Interaktionssystem auslassen.

*Coaching von Gruppenmitgliedern* beschreibt ein Setting, in dem Personen, die auch Mitglieder einer Gruppe sind, sich zu einem Coaching zusammenfinden. Dies können Gruppen sein, die sich um ein gemeinsames Thema (Freunde der XXX), über gemeinsame Erfahrungswelten (Selbsthilfegruppen), über gemeinsame Zielbilder (Aktionsbündnisse) oder über gemeinsame professionelle Bezüge (Supervisionsgruppen) konstituieren. Mitglieder dieser Gruppen finden sich zusammen und bearbeiten in einer Mehr-Personen-Konstellation Fragen und Themen zu ihrer individuellen professionellen bzw. beruflichen Entwicklung. Diese Settings bieten die Möglichkeit:

- vor dem Hintergrund gemeinsamen Gruppenerfahrungen unterschiedliche Erlebenswelten risikofrei einbringen zu können,
- öffnender und offener Räum für das Erproben eigener Ideen und Vorstellungen (die eigenen Formulierungen sind vergleichsweise konsequenzenarm),
- vergleichsweise absichtsfreie Rückmeldungen erwarten zu können,
- es können unterstützende Beziehungen zu den anderen Teilnehmern direkt entwickelt werden, da die Hintergrundlogik nicht so stark ist.

Parallel dazu besteht das Risiko, dass

- die Gruppe und das aktuelle Gruppengeschehen in den Vordergrund rutscht,
- gruppendynamische Prozesse in das Coaching hineinwirken,
- eventuelle Fluktuationen und variierende Teilnahmen eine angemessene Bearbeitung der Fragestellung erschweren,
- die Einführung in die Kontexte der Teilnehmenden vergleichsweise viel Zeit benötigt.

Damit grenzt sich das Coaching von Gruppenmitgliedern deutlich von Gruppendynamik-Interventionen ab. Es geht nicht um die Bearbeitung von Beziehungsstrukturen, sondern um die Nutzung eines gemeinsamen Erfahrungs- und Beziehungshintergrunds für die individuelle Entwicklung.

*Coaching von Teammitgliedern* markiert eine relevante Umwelt mit speziellen Systemlogiken und hebt diese im Coaching in den Vordergrund. Das Team wird damit zum relevanten Kontext für das Beobachten und Rekonstruieren sozialer

Phänomene durch den Coachee. Aus dieser Perspektive ergeben sich besondere Ressourcen und auch spezifische Begrenzungen in der inhaltlichen Arbeit in einem Teamcoaching. Folgende Ressourcen, die sich aus der Teilhabe der Teammitglieder ergeben, können einen besonderen Mehrwert darstellen:

- Produktion von relevanter Varianz im Erleben, Beschreiben und Bewerten von sozialen Situationen,
- Produktion von attraktiven und geteilten Zukunftsbildern,
- Produktion von Sicherheit und Vertrauen für das Betreten von persönlichem Neuland,
- Produktion von Stützung und Verankerung für eine erwünschte Veränderung.

Neben diesen Ressourcen kann die Aktivierung des Teamaspekts auch zu Begrenzungen bzw. Beschränkungen führen. Diese können sich ausdrücken in:

- eingeschränkten, auf Teamaspekte fokussierten Denkwelten,
- der Pfadabhängigkeit des Teamagierens,
- der unmittelbar wertenden Response auf Neuartigkeiten, die auch die anderen Teammitglieder betreffen könnten (bzw. in der Vorwegnahme dieser Reaktionen),
- der Unmöglichkeit, die Mitgliedschaft in dem Team bzw. das Team selbst in Frage zu stellen.

Für die Abgrenzung zur Teamentwicklung (TE) steht im Vordergrund, dass die klassischen TE-Themen (z. B. Teamziele, Rollenaushandlung, Vereinbarungen zur Zusammenarbeit) nicht in die gemeinsame Bearbeitung zwischen den Coachees gebracht werden. Sie stellen jeweils nur den aktuellen Kontext für das individuelle Handeln dar. TE wird durch die verantwortliche Führungskraft beauftragt und stellt besondere Anforderungen an die Vorbereitung und die Einbindung der Teammitglieder. Teamcoaching richtet seinen Fokus auf die Person und nutzt das Team als Ressource für die individuelle Entwicklung. Dem Coachee ist es selbst freigestellt, an dem Coaching teilzunehmen. Er sorgt selbst für die Bearbeitung seiner Themen.

*Coaching von Organisationsmitgliedern* markiert das gemeinsame Unternehmen bzw. die gemeinsame Organisation als vordergründig relevante Umwelt. Die spezifische Coachingfrage bezieht sich dann auf das Thema, wie man in dieser Organisation seine Wirksamkeit entfalten kann (seine Rolle bzw. Funktion) bzw. wie man sich selbst einstellen kann, um mit den Anforderungen und Übergriffigkeiten der Organisation umzugehen. Durch die Teilnahme weiterer Organisationsmitglieder können folgende Ressourcen in das Coaching einfließen:

- Kennenlernen von weiteren Organisationsbildern und verschiedenen Rollenentwürfen,
- Absicherung der eigenen Hypothesen zur Zukunftsfähigkeit und zur zukünftigen Ausrichtung der Organisation,
- Rückmeldungen zu den eigenen Entwürfen von Führung und Organisation,
- internes Externes – Wahrnehmungen, Beschreibungen zu den eigenen Bereichen und zu dem eigenen Agieren.

Neben diesen Potenzialitäten können auch die Schattenseiten der Organisation auf das Coaching einwirken:

- Fortsetzen der organisationalen Spannungen und Konfliktlinien,
- Sorge vor einem Gesichtsverlust bzw. einer Geringschätzung durch die eigenen Aussagen (Nestbeschmutzer),
- Sorge vor Stigmatisierung (Schwächling) und der damit zukünftig reduzierten Wirksamkeit im Führungswirken nach Außen.

In Abgrenzung zur Beratung bedeutet dies auch für das Coaching für Organisationsmitglieder, dass hier keine organisationalen Aufgaben bearbeitet werden. Sollten sich Veränderungsimpulse im Rahmen des Coachings ergeben, obliegt es dem Coachee, diese Themen dann aus seiner Rolle heraus in der Organisation zu bearbeiten. Themen wie Führung, Strategie, Struktur, Produktentwicklung, Umgang mit Ressourcen etc. können als relevanter Kontext in das Coaching einbezogen werden, finden hier jedoch nicht die organisationale Bearbeitung. Auch hier grenzt sich Coaching von Beratung deutlich durch die Art der Beauftragung und die Gestaltung der Bearbeitungsarchitektur ab.

Der Mehrwert von Team- und Organisationscoaching besteht in der Erweiterung des 1:1-Settings und der intensiven Aktivierung eines potenziell hilfreichen Kontextes für die Ausgestaltung der professionellen Rolle im Team bzw. in der Organisation. Für den Erfolg des Coachings spielt eine große Rolle, die möglichen Begrenzungen der Systemperspektiven in die Beobachtung und in die Bearbeitung zu bringen.

Diese Settings stellen den Coach vor umfangreiche und spezifische Anforderungen. So gilt es, den Verlockungen der Systemüberschreitungen zu widerstehen und den Fokus auf dem Coachee zu halten. Im Coaching von Mehrpersonensystemen geht es nicht um eine direkte Einflussnahme auf das jeweilige soziale System, sondern um die Stärkung und Unterstützung der Person vor dem Hintergrund der verschiedenen Systemkonstruktionen. Coaches benötigen für die Arbeit mit Team- bzw. Organisationsmitgliedern in besonderem Maße Expertise und Verstehen zu den Systemtypen Team und Organisation, zu deren Eigenlogiken und deren Dynamiken sowie zu den Möglichkeiten, sich als Person in diesen Konstrukten zu bewegen. Ebenso stellt dies auch in einem besonderen Maße methodische Herausforderungen. Coachings mit mehreren Team- oder Organisationsmitgliedern beinhalten eine gut balancierte Mischung aus Gruppen- und 1:1-Settings. Die Gruppe produziert ihren Mehrwert in der Erweiterung der Perspektiven und in dem Angebot von Orientierungspunkten. Durch den Coach ist sicherzustellen, dass Fokussierung und Interpretation dem Coachee jeweils selbst zusteht. Gleichzeitig hat der Coach jeweils eine Gruppe vor sich, in der sich auch eine eigenständige Dynamik ergibt, mit der es ebenfalls umzugehen gilt.

## 5.5 Eine kritische Reflexion zu den Übergriffigkeiten des Coachingbegriffs in andere Beratungsdisziplinen – Systemcoaching

Blicken wir nun auf den 3. Aspekt der eingeführten Unterscheidung, auf die Systemcoachings. Der zentrale Unterschied besteht zu den Coachingsystemen darin, dass hier die Verantwortung für eine soziale Struktur übernommen wird. Die soziale Struktur kommt in den Vordergrund. Es geht um das Team oder die Organisation oder das Unternehmen, und es wird an Team- oder Organisationsattributen gearbeitet. Daraus folgt, dass sich die Zielrichtung und Beauftragung jeweils auf die soziale Struktur bezieht. Gleichzeitig hat jede soziale Struktur eine völlig eigene Qualität und völlig eigenständige Wirkmechanismen. Das kann man sehr schön daran erkennen, dass sich an dieser Stelle der Beratungsmarkt auch deutlich differenziert hat (Abb. 5.5).

Phänomene in Teams oder Organisationen lassen sich meistens nicht durch Motivationen oder Kompetenzen der einzelnen Mitglieder erklären. Auch wenn dies

| Systemtyp | Interaktion | Gruppe | Team | Organisation |
|---|---|---|---|---|
| Professionelle Rolle | Moderator | Gruppendynamiker | Teamentwickler | Organisationsberater |
| Fokus in der professionellen Rolle | Verstehensarbeit | Aufgabe und Balance der Beziehungen | Ziel und Zusammenarbeit | Entscheidungsprämissen und Zukunft |

**Abb. 5.5** Übersicht über professionelle Rollen

zu einem schmerzvollen Gesicht bei vielen Psychologen führt, die gern alle Geschehnisse personalisieren.

Hier zeigen sich deutlich die Grenzen von Coaching. Ich möchte ein deutliches Plädoyer wider die Omnipotenzanmaßungen von Coaching halten. „Schuster bleib bei deinen Leisten" kann hier nur bedeuten: Coach, bleibe bei der Gestaltung von Kommunikationssituationen, in denen die einzelne Person mit ihren Wünschen und Bedarfen und Erlebenswelten im Vordergrund steht. Finger weg von der Arbeit an Sozialstrukturen. Wir würden auch nur sehr ungern einen HNO-Arzt einen chirurgischen Eingriff am Rückenmark oder am Gehirn machen lassen. Sicher mag dies gelegentlich gut gelingen, doch in den meisten Fällen ist es nicht wirklich hilfreich bzw. sorgt nur für noch mehr Coachingklienten. Die Verlockung für Coaches in der Organisationsberatung besteht in der persönlichen Bearbeitung der Führungskraft. Führungsstil und Persönlichkeit, Biographie und vergangene traumatische Ereignisse werden bemüht, um die Organisationsprobleme zu erklären. Gleichzeitig werden die organisationalen Entwicklungsschritte an das Auftreten der Führungskraft gebunden. Dies führt in den meisten Fällen zur Überforderung der Personen (die bisher schon meistens außerordentliches leisten) und zur fortgesetzten Wirkungslosigkeit in der Organisation.

Für Coaches ist es unerlässlich, sich mit den Wirkungsweisen und den Dynamiken der verschiedenen Systemtypen auszukennen. Zum einen sind sie Ursachenangebote für verschiedenste soziale Phänomene; und zum anderen sind sie Sponsoren für Bilder, Metaphern und Beschreibungen, die den Klienten wieder in seine Handlungsfähigkeit führen können. Etwas anderes ist es, in soziale Systeme einwirken zu wollen, zu intervenieren bzw. zu irritieren. Dies ist jeweils ein eigenes Handwerk, eine eigene Meisterschaft. Dies kann sicher auch gut gelingen, sofern es auf einer soliden Qualifikation in den einzelnen professionellen Rollen basiert, und beschreibt die Anforderungen an Organisationsberatung. In der Beratung von Organisationen bin ich mit den Dynamiken aller Systemtypen konfrontiert und herausgefordert, parallel in ihnen zu agieren.

Abschließend möchte ich diesen Text in vier zentralen Gedanken zusammenfassen:

1. Soziale Systeme sind die zentrale Hintergrundfolie für die Beschreibung der Klientenphänome und bieten damit das Potenzial für Lösungsbilder.
2. Die Coachingdyade selbst kann als Kommunikationssystem verstanden werden. Diese Perspektive ermöglicht es im Coaching, hilfreiche und sinnvolle Varianz zu stiften. Dem Coach stehen Impulse in den verschiedenen Sinndimensionen zur Verfügung.

3. Coachings von Mehrpersonensystemen steigern in paradoxer Weise Potenzialität und Begrenzung. Sie erfordern von den Coaches Moderations- und Gruppendynamikerfahrungen.
4. Coaching von sozialen Systemen ist eine riskante Komplexitätsreduktion. Die verschiedenen sozialen Systemtypen bzw. -logiken erfordern ihre eigene professionelle beraterische Zunft. In der Organisationsberatung laufen die professionellen Rollen zusammen.

## Literatur

von Ameln, F. (2004). *Konstruktivismus: Die Grundlagen systemischer Therapie, Beratung und Bildungsarbeit*. Tübingen: Francke.

Kantor, D. (2012). *Reading the room: Group dynamics for coaches and leaders*. New York: Wiley.

Luhmann, N. (1988). *Soziale Systeme: Grundriss einer allgemeinen Theorie* (2. Aufl.). Frankfurt a. M.: Suhrkamp.

Luhmann, N. (2006). *Organisation und Entscheidung* (2. Aufl., Orig. 1978). Wiesbaden: VS Verlag für Sozialwissenschaften.

Wimmer, R., Glatzel, K., & Lieckweg, T. (Hrsg.). (2014). *Beratung im Dritten Modus: Die Kunst, Komplexität zu nützen*. Heidelberg: Carl-Auer.

**Thomas Dallüge, Dipl.-Phys., Dipl.-Psych.,** Geschäftsführer der osb international systemic consulting Berlin GmbH, Berater mit den Schwerpunkten Führung, Strategie, Organisationsdesign, Change, Coach (DBVC).

# Coaching und/oder Supervision. Zum Verhältnis der beiden Formate

6

Astrid Schreyögg

## 6.1 Die Entstehungsgeschichte von Supervision und von Coaching

Beide Formate entstammen ursprünglich US-amerikanischen Milieus, die Supervision der amerikanischen Sozialarbeit und das Coaching der US-amerikanischen Personalwirtschaft bzw. der Wirtschaftspsychologie.

### 6.1.1 Die Entwicklungsgeschichte von Supervision

Die Entwicklungsgeschichte von Supervision ist ursprünglich durch zwei unterschiedliche Stränge charakterisiert: durch einen sozialarbeiterischen und einen psychotherapeutischen. Der ältere ist fraglos der sozialarbeiterische, der heute vielfach auch als „generelle Supervision" firmiert (Schreyögg 2010). Aus dieser Tradition speisen sich nämlich viele Entwicklungen, die in unterschiedliche Settings, aber auch in Anwendungen für unterschiedliche Arbeitsfelder mündeten. Wegen dieses Ursprungs konstatierte Stephan Kühl (2008), dass die Sozialarbeit als „Wirtstier" der Supervision zu bezeichnen ist. Der psychotherapeutische Entwicklungsstrang entstand dagegen erst zwei Jahrzehnte später.

A. Schreyögg (✉)
Breisgauer Str. 29, 14129 Berlin, Deutschland
E-Mail: info@schreyoegg.de





A. Schreyögg, C. Schmidt-Lellek (Hrsg.), *Die Professionalisierung von Coaching*,
Coaching und Supervision, DOI 10.1007/978-3-658-08172-0_6

Die Entwicklung der sozialarbeiterischen Supervision wurde zunächst von Weigand (1989) unter Bezug auf Wieringa (1979) und im Weiteren von Belardi (1992) beschrieben. Wie allerdings im Folgenden deutlich werden soll, verschmolzen die beiden Stränge über große Strecken, d. h. der sozialarbeiterische und der psychotherapeutische wurden fast deckungsgleich. Aktuell finden wir Bestrebungen, Supervision über die Ursprungsfelder von Sozialarbeit und Psychotherapie hinaus immer weiter auszudehnen. Und wir finden Bestrebungen, Supervision als „Meta-Consulting" (Petzold 1998), d. h. als übergeordnete Beratungsform, für Auseinandersetzungen mit jedweder Art beraterischer Interaktionen zu nutzen.

#### 6.1.1.1 Die administrative Phase

Als administrative Funktion resultierte Supervision zunächst aus ehrenamtlichen Milieus der Armenhilfe in amerikanischen Großstädten. Dort hatte zu Beginn des 20. Jahrhunderts in den sogenannten *Charity Organization Societies* ein fest angestellter Administrator (=„Supervisor") eine Vielzahl von ehrenamtlichen Helfern – zumeist Helferinnen – für ihre Aufgaben zu koordinieren. Neben seinen administrativen Funktionen hatte er diese Ehrenamtlichen auch bei ihrer Aufgabenerfüllung fachlich zu unterstützen. Dabei ging es um Handlungsmuster der Helferinnen, mit welchen Methoden die zu fördernden Menschen z. B. für eine sinnvolle Tagesgestaltung zu gewinnen sind. Aus den ehrenamtlichen Aktivitäten der Charity Organization Societies entwickelte sich in den 1920er Jahren die amerikanische Sozialarbeit, die dann auch die Funktionen des Supervisors beibehielt. Das heißt, die angehenden Sozialarbeiter/innen in den USA müssen sich bis heute von ihren Ausbildern oder ihren vorgesetzten Sozialarbeitern für ihre Aufgabenerfüllung qua Supervision unterstützen und beurteilen lassen. Diese administrative Funktion entspricht übrigens der Bedeutung des lateinischen „*supervidere*".

#### 6.1.1.2 Die therapeutische Phase

Diese administrative Phase wurde im Verlauf der 1950er Jahre durch eine „Therapeutisierung von Supervision" abgelöst. Supervision avancierte nun zur „Clinical Supervision". Die wirtschaftliche Situation der meisten Amerikaner hatte sich nämlich nach Ende des zweiten Weltkriegs erheblich verbessert. So waren die Sozialarbeiter seltener mit wirtschaftlichen, als vielmehr mit psychischen Komplikationen von Menschen konfrontiert. Daraus entwickelte sich das „social casework" und das „social groupwork", für die man sich im Prinzip psychotherapeutischer Ansätze bediente.

Diese Arbeitsformen mussten aber nun auch anders als bisher supervidiert werden. Jetzt ging es nämlich zunehmend um die Person des Professionellen als Interaktionspartner von Klienten. Denn es setzte sich die Überzeugung durch, dass der

Erfolg von Sozialarbeit primär durch ein gutes persönliches Reifeniveau und/oder durch einen möglichst niedrigen Grad an personalen Defiziten auf Seiten des Professionellen garantiert werden kann. Aus diesem Grund bediente man sich in der Supervision von Sozialarbeitern umfassend therapie-ähnlicher Verfahren. Ein Teil von Supervisoren folgte psychoanalytischen Ansätzen, die eher die Defizite von Professionellen akzentuierten, ein anderer Teil orientierte sich an humanistisch-psychologischen Konzepten, die Ressourcen-orientiert eher die Potenziale von Professionellen mobilisieren wollten.

Im Prinzip wird die amerikanische Supervision in der Sozialarbeit bis heute durch individualisierende Therapiekonzepte (Stoltenberg und Delworth 1987; Belardi 1994) bestimmt. Das Modell für diese Vorgehensweise entstand bereits um 1925 in genuin psychotherapeutischen Zusammenhängen. Im Rahmen der Entwicklung seiner Psychoanalyse hatte Freud die Forderung erhoben, dass sich Professionelle in der „Lehranalyse" umfassend mit ihrer eigenen Biographie auseinandersetzen sollen. Und im weiteren Verlauf entstand die Forderung, die ersten eigenen analytischen Arbeiten der Ausbildungskandidaten in der „Kontrollanalyse" (Schlesinger 1981) „kontrollieren" zu lassen, d. h. im hier unterlegten Verständnis supervidieren zu lassen. Dabei folgt die Kontrollanalyse diagnostisch und methodisch dem psychoanalytischen Grundverfahren. Im Vordergrund stehen interaktive Phänomene wie Übertragungen/Gegenübertragungen sowie Widerstandsphänomene. Entsprechend den basalen Paradigmen der Psychoanalyse geht es auch hier um Fragestellungen, inwieweit durch einen Klienten pathologisches Material aus der Biographie des Professionellen aktiviert wird, das die Interaktion zu eben diesem Klienten auf Seiten des Professionellen beeinträchtigt (Wallerstein 1981).

Im weiteren Verlauf entwickelten sämtliche psychotherapeutische Schulen Supervisionsansätze zur Ausbildung von Psychotherapeuten, d. h. spezifische Formen von Ausbildungssupervision. Die Konzepte psychotherapeutischer Supervision waren jeweils an dem zu lehrenden Therapieansatz ausgerichtet. Diese therapeutische Supervisionstradition floss nun auch in Ansätze der sozialarbeiterischen Supervision ein, wodurch die sozialarbeiterische und die psychotherapeutische Supervisionstradition nahezu deckungsgleich wurden. Alle diese Ansätze zielen prinzipiell auf eine persönliche Entwicklung der Supervisanden, also auf die „Personen-Entwicklung" (Neuberger 1994a). Ihre Funktionsfähigkeit im Sinne gezielter Personalentwicklung wurde dagegen viel seltener zum Thema. Im Gegenteil, viele Supervisoren versuchen bis heute ganz bewusst, ihre Supervisanden anhand ihrer beruflichen Themen als Persönlichkeiten zu fördern, während sie eine Förderung von deren Funktionsfähigkeit explizit ablehnen (z. B. Gaertner 1999). Dementsprechend lehnen sie es auch ab, Supervision als Maßnahme der Personalentwicklung zu definieren und entsprechend zu nutzen, weil sie dadurch eine Überbetonung der Verwertbarkeit von Supervision zu Gunsten der Organisationsziele befürchten. So merkte etwa Wittenberger (1987) an, dass Supervision dadurch in Gefahr gerate, zu einem Anpassungsinstrument für Arbeitgeber zu werden und seine Bedeutung als Emanzipationsinstrument zu verlieren.

Solche Forderung schien bis zu einem gewissen Grad berechtigt bzw. funktional, weil die Funktionen traditioneller Sozialarbeiter und traditioneller Psychotherapeuten zunächst in der Förderung bzw. Heilung von Klienten/Patienten bestehen. Und diese sollen eben durch die Interaktion mit einem persönlich möglichst gut entwickelten Professionellen gesunden bzw. sich ebenfalls gesund entwickeln.

#### 6.1.1.3 Die kontext-orientierte Phase

Im weiteren Verlauf wurden aber mit diesen therapie-orientierten Supervisionskonzepten vielerorts sogar Teams größerer Einrichtungen supervidiert. Das erzeugte im deutschsprachigen Raum im Verlauf der 1980er Jahre zunehmend Widerstand gegen diese Art der Supervision. Sie wurde jetzt als „individualisierend-therapeutische Engführung“ der amerikanischen Supervisionstradition gegeißelt (Belardi 1994). In Anbetracht aber der Tatsache, dass Sozialarbeit – zunehmend auch Psychotherapie – in organisatorischen Kontexten stattfindet, entwickelte sich die Einsicht, dass dieser Kontext auch in die Rekonstruktion beruflicher Arbeit und dementsprechend auch in die Konzepte von Supervision einzubeziehen sei.

Seit dieser Zeit verlegte sich unter dem Label „systemisch“ eine Vielzahl von Supervisoren auf die Entwicklung alternativer Konzepte. Da Supervision aber durch ihre Traditionen aus dem sozialen Dienstleistungsbereich fast durchgängig als beziehungsorientierte Arbeitsform begriffen wurde und wird, präferieren viele Supervisoren immer noch Ansätze, die das Zwischenmenschliche bzw. das Informelle überbetonen. Analysen formaler Konstituenten von Organisationen und damit der Einbezug organisationstheoretischer bzw. organisationssoziologischer Positionen bildeten über große Strecken die Ausnahme (z. B. Buer 2001).

Im Vordergrund standen in sozialarbeiterisch orientierten Supervisionsmilieus gruppen-, familien- oder kommunikationstherapeutische Modelle als Basis für die Kontextbetrachtung in der Supervision. Unter den gruppentherapeutischen Ansätzen wurden solche favorisiert, die eine Gruppe als System begreifen, wie Bion (1974) oder Foulkes (1978) es taten. Unter den familientherapeutischen Ansätzen wurden besonders oft Selvini Palazzoli et al. (1988) bemüht und bei den kommunikationstherapeutischen am häufigsten Watzlawick et al. (1969). Alle diese Konzepte verharren allerdings eher an emotionalen Faktoren von Systemen. Jetzt sollen zwar nicht mehr einzelne Individuen, sondern ganze Kollektive gefördert werden. Supervision bleibt dadurch bei vielen Professionellen bis heute an der personellen und emotionalen Entwicklung von Professionellen ausgerichtet. Analysen von formalen Konstituenten der Organisationen in ihrem gesellschaftlichen Umfeld bilden nach wie vor die Ausnahme. Ebenso selten finden wir in Fallbeschreibungen oder Konzeptdarstellungen Auseinandersetzungen mit der Funktionsfähigkeit von Supervisanden in ihrem beruflichen Kontext (vgl. Schreyögg 2010).

#### 6.1.1.4 Supervision in anderen Feldern

Angesichts kontextbezogener Konzepte lag es für etliche Supervisoren nahe, Supervision auch in *andere Felder des sozialen Dienstleistungsbereichs* zu übertragen. Da bot sich zunächst der klinische Bereich an, denn auch hier geht es ja um Interaktionen zwischen Professionellen und Klienten/Patienten (Eck 1998). Ein anderer Bereich, in dem man Supervision etablierte, sind schulische Milieus (Schreyögg 2000). Zwar befürchten viele Lehrer, durch Supervisoren klientifiziert zu werden (Schäferling 2000), in etlichen Bundesländern konnte sich aber die Supervision für Lehrer gut durchsetzen. Dabei werden zumeist von Schulpsychologen nicht nur die Interaktionen zwischen Lehrern und Schülern thematisiert, sondern auch die Beziehungen der Lehrkräfte untereinander sowie die zu den jeweiligen Führungskräften.

Supervision wurde aber nun zunehmend auch außerhalb sozialer Dienstleistungsmilieus etabliert, so etwa in Verwaltungsmilieus wie der Bundesagentur für Arbeit. Hier ging es dann auch seltener um die Beratung von Klienten-/Patienten-Interaktionen, sondern häufiger um Auseinandersetzungen zwischen Kollegen oder als „Leitungssupervision" auch zwischen Vorgesetzten und unterstellten Mitarbeitern. So wurde also Supervision auch für die Bearbeitung von Beziehungen innerhalb der Organisation eingesetzt, während es bis dato ein Spezifikum von Supervision war, Interaktionen von organisationsinternen Personen mit solchen außerhalb der Organisation zu bearbeiten (Kühl 2008).

Deutsche Supervisoren versuchten und versuchen vielfach auch ihre Profession in der Wirtschaft anzubieten. Hier scheitert ihr Angebot aber oft schon am Begriff. Denn die Bedeutung des lateinischen „*supervidere*" besteht ja in einem „Überschauen, Überprüfen". So begreift man als „Supervisor" in Wirtschaftsmilieus einen administrativen Funktionsträger, meistens einen Mittelmanager, der unterstellte Mitarbeiter zu führen, zu kontrollieren und zu beurteilen hat. Wenn man dann aber Supervision als „Clinical Supervision" anbietet, besteht natürlich bei den „Kunden" die Befürchtung, in einen Patientenstatus „gedrückt" zu werden.

#### 6.1.1.5 Supervision als Meta-Consulting

Eine wieder andere Bedeutung erhielt Supervision im Sinne einer *übergeordneten Beratungsform*, was von Petzold (1998) als „Meta-Consulting" beschrieben wird. Und tatsächlich begegnet uns diese Art der Nutzung von Supervision heute gar nicht selten in der Fehler- oder Qualitätsdebatte, wenn nämlich von Unternehmensberatern, Coaches oder Führungskräften verlangt wird, die Qualität ihrer beruflichen Interaktionen mit anderen zu diskutieren und im Dialog mit Fachleuten zu evaluieren.

So ist festzustellen, dass Supervision über eine mehr als hundertjährige Tradition verfügt und dementsprechend auch über ein relativ hohes Professionalisierungsniveau (Kühl 2008). Gleichzeitig ist aber anzumerken, dass sich Supervision nicht gesetzlich schützen lässt wie etwa die Psychotherapie, die ja durch das staatliche Gesundheitswesen reguliert wurde. Heute kann sich jedermann „Supervisor" nennen. Um diesen Zustand zu mildern, entstanden Verbände, die Zertifikate verleihen, um auf diese Weise zumindest eine Marktschließung gegen fachlich Unausgebildete zu erwirken. So ist es heute üblich, beim Engagement eines Supervisors nach seinem verbandlichen Hintergrund zu fragen. Dabei lässt sich eine gewisse Polarisierung beobachten in Supervisoren, die der Deutschen Gesellschaft für Supervision (DGSv) verbunden sind, und in solche, die sich eher am Berufsverband Deutscher Psychologen (BDP) orientieren. Dabei ging die DGSv aus Instituten hervor, die ursprünglich eher an der Sozialarbeit orientiert waren, während der BDP, wie schon der Name sagt, an Psychologen ausgerichtet ist.

### 6.1.2 Die Entwicklungsgeschichte von Coaching

Die Entwicklung von Coaching umfasst im Gegensatz zur Supervision nur einige Jahrzehnte. Der Ursprung lag zwar auch in den USA, im Kontrast zur Supervision entstand es aber in der US-Amerikanischen Personalwirtschaft bzw. in der Wirtschaftspsychologie. Dementsprechend kann man die Wirtschaftspsychologie als das „Wirtstier von Coaching" begreifen. So entstand hier im Gegensatz zur Supervision eine eher wirtschaftsnahe Szenerie, in der man sich nicht schämte, Geld zu verdienen und mithilfe entsprechender Marketingstrategien auch gut verdienen zu wollen. Bis Mitte 2000 entwickelte sich Coaching zu einem Zwei-Milliarden-Dollar Markt in fast allen Industrienationen (Fillery-Travis und Lane 2006). Ab 2005 avancierte es immer deutlicher zu einem selbstverständlichen gesellschaftlichen Phänomen.

#### 6.1.2.1 Die Entwicklung von Coaching bis 2000

Den Verlauf bis 2000, der in diesem vergleichsweise kurzen Zeitraum schon erheblich turbulent war, beschrieb Uwe Böning (2005): Der Begriff wurde zu Beginn der 1980er Jahre in den USA aus dem Sport fürs Management übernommen. Da stand er zunächst für eine mitarbeiterorientierte Führungshaltung. In den nächsten Jahren erhielt Coaching zunehmend die Bedeutung organisationsinterner Karriereförderung. Hochpositionierte Manager förderten Erfolg versprechende Nachwuchstalente. Diese Variante wurde später als „Mentoring" bezeichnet. Danach erschien Coaching auf der deutschen Bühne. „Was in den USA auf der mittleren Hierarchieebene begann, wandelte sich durch den Import nach Deutschland in zweifacher Hinsicht" (Böning 2005, S. 27): Coaching richtete sich hier primär aufs Topmanagement, und es mutierte zu Beginn der 90er Jahre zu einer Beratungsform, die hier primär durch externe Berater praktiziert wurde. Zentrale Themen waren nun die Wahrnehmungs-, Verhaltens- und Kommunikationsmuster von Führungskräften. Die Pionierphase in Deutschland hatte allerdings wieder Rückwirkungen auf die USA. Dort wurde Coaching ab dieser Zeit gleichfalls zunehmend als Beratungsformat praktiziert (Berglas 2003; Feldman und Lankau 2005). Seminarangebote zur „Führungskraft als Coach" finden sich heute meistens nur noch dort, wo Trainer altbackene Führungstrainings in neuer Verpackung vermarkten wollen. Allerdings nutzen heute viele Führungskräfte die Expertise von Coaching für ihre berufliche Tätigkeit (DBVC 2012, S. 21).

Im Verlauf der 1990er Jahre avancierte Coaching zu einem festen Bestandteil systematischer Personalentwicklung für Führungskräfte. Dabei differenzierte es sich zunehmend in interne und externe Varianten. Als organisationsinterne Maßnahme, die von Mitarbeitern aus firmeneigenen Abteilungen durchgeführt wird, richtet es sich in der Regel an Führungskräfte mittlerer und unterer Hierarchieebenen. Führungskräfte aus dem Top-Management werden dagegen meistens von externen Beratern betreut. In vielen Fällen, etwa anlässlich von Problemen, die durch 360-Grad-Feedbacks markant werden, finden wir Kombinationen von externem und internem Coaching. Interne Coaches bereiten dann oft die Führungskräfte für ein Coaching durch externe vor.

Gegen Ende der 1990er Jahre differenzierte sich Coaching auch im Hinblick auf seine Settings. Neben Formen der Einzelberatung wurden solche für Gruppen und für Teams etabliert. Außerdem diente Coaching zunehmend zur Unterstützung bei Reorganisationen. Der Begriff Coaching avancierte insgesamt zum Begriff einer „vertieften, psychologisch ausgerichteten Beratungsmethodik" (Böning 2005, S. 28), die heute in Firmen unterschiedlicher Branchen, in Verwaltungssystemen, im sozialen Dienstleistungsbereich und sogar in kulturellen Milieus als moderne Form der Personalentwicklung praktiziert wird.

Im Zuge seiner zunehmenden Verbreitung fand Coaching in unterschiedlichsten Kontexten Anwendung, was sich auch begrifflich manifestierte in „Time-Coaching", „EDV-Coaching", „TV-Coaching" usw. Hier finden wir neben platter Trittbrettfahrerei auch etliche ernst zu nehmende Maßnahmen, bei denen Fach- und Führungskräfte für diese oder jene inner- oder außerbetriebliche Aufgabe vorbereitet werden. Kernziel blieb jeweils die Förderung der Klientel zum optimalen Funktionsträger.

### 6.1.2.2 Die Entwicklung von Coaching ab Mitte 2000

Seit Mitte 2000 lassen sich in der Praxis zunehmend Anwendungen beobachten, die das Feld des bis dato üblichen Executive Coachings durch neue Erscheinungsformen anreichern. Unter dem Label „Life-Coaching" regten einige Autoren an (z. B. Buer und Schmidt-Lellek 2008; Schmidt-Lellek und Buer 2011), Coaching nicht nur für unmittelbare Arbeitsthemen von Fach- und Führungskräften zu nutzen, sondern auch ihre sonstige Lebenswelt einzubeziehen. Denn, wie die Autoren meinten, gehe es ja im Grundsatz um „Sinn, Glück und Verantwortung in der Arbeit".

Außerdem war in den letzten Jahren zu beobachten, dass Coaching zunehmend mit anderen Formaten kombiniert wurde wie etwa mit Trainings oder mit der Organisationsberatung. So zeigte sich z. B., dass Führungstrainings einen wesentlich besseren Transfer aufweisen, wenn sie mit nachträglichem Coaching kombiniert werden. Oder in klinischen Milieus werden Leitungspersonen gecoacht, während die Pflegekräfte supervidiert werden.

Seit 2000 weist Coaching aber auch eine turbulente Entwicklung als Profession auf. Jetzt drängten immer mehr und immer unterschiedlichere Berufsgruppen in die Coachingszene. Anfangs dominierten Psychologen, dann traten vermehrt Betriebswirte auf, während bis heute eine bunte Mixtur aus Pädagogen, Philosophen, Soziologen, Juristen, Volkswirten, Medizinern usw. zu finden ist. Die dominierenden Berufsgruppen bleiben aber bis heute Psychologen, d. h. eher Wirtschafts- als klinische Psychologen, aber auch Betriebswirte.

Aufgrund des breiten Stroms von Interessenten ergab sich auch im Coaching die Notwendigkeit einer umfassenden Professionalisierung. Als Coach kann sich – wie als Supervisor – im Prinzip jeder bezeichnen. Zur Erhöhung des Professionalisierungsniveaus, aber auch zur Marktschließung, entstanden dann auch im Coaching einschlägige Verbände mit ihren jeweiligen Zertifikaten. Das Coachingmilieu erwies sich aber von Anbeginn als weitaus dynamischer als die Supervisionsszene. Hier betraten relativ früh viele geschäftstüchtige und stark konkurrierende Akteure die Szene mit einem sehr effektiven Marketing. Die Folge war allerdings eine kaum überschaubare Anzahl an Ausbildungsinstituten und Verbänden, von denen je unterschiedliche Zertifikate vergeben werden. Seit dieser Zeit wuchs auch die Coachingliteratur enorm an (www.rauen.de), wobei Publikationen zum Selbstcoaching und zur Stress- und Burnout-Prophylaxe besonders zahlreich vertreten sind.

Interessanterweise hatte Coaching aber auch für den akademischen Bereich eine hohe Anziehungskraft. So konstatierte Grant (zit. nach Seghers et al. 2011) für den englischsprachigen Raum, dass Publikationen über Coaching im akademischen Bereich zwischen 2001 bis 2005 gegenüber dem Zeitraum von 1999 bis 2000 um 266 % angestiegen waren.

## 6.2 Supervision und Coaching heute

Derzeit lässt sich beobachten, dass eine wenig prägnante Gleichsetzung, Annäherung oder Überschneidung der beiden Formate diskutiert wird (DGSv 2013). Im Sinne einer guten Professionsentwicklung wäre es aber wünschenswert, dass diese Unklarheit anhand der jeweiligen Geschichte und der jeweiligen Schwerpunkte von Anwendungen in eine explizite Konzeptualisierung umgewandelt wird.

### 6.2.1 Die aktuelle Diffusität der beiden Formate

Letztlich dominiert in den Arbeitsfeldern von Sozialarbeit und Psychotherapie immer noch – zumindest begrifflich – die „Supervision". Im Gegensatz dazu wird in sonstigen Kontexten zunehmend „Coaching" angefragt. Das hat auch zur Folge, dass traditionelle Supervisionsausbildungen seltener als früher gebucht werden. Deshalb bieten viele dieser Institute heute Weiterbildungen für „Supervision *und* Coaching" an. So gibt es sogar bei der Deutschen Gesellschaft für Supervision viele Mitglieder, die vorschlagen, Coaching auch in den Namen der Gesellschaft zu integrieren (DGSv 2013). Dabei bleibt allerdings fraglich, worin sich die Konzepte der beiden Formate und vor allem die Lehre von Supervision *und* die Lehre von Coaching überhaupt unterscheiden.

Bei Sichtung der einschlägigen Literatur der beiden Formate fällt schon auf den ersten Blick auf, dass die Schriften über Coaching in der Mehrzahl sind. Und es lässt sich behaupten, dass viele Autoren, die sich ursprünglich mit Supervision beschäftigt haben, heute in das Lager der Coaches „übergelaufen" sind. Dabei ist zu sagen, dass die Supervision für viele dieser Autoren auch tatsächlich eine wichtige Ausgangsbasis für das Coaching war. Begrifflich sprach man früher von „Leitungssupervision", wenn es um die Beratung von Fach- und Führungskräften ging.

Für die meisten dieser Autoren erweist sich aber der Begriff Coaching anscheinend als attraktiver und vielleicht auch als zeitgemäßer. Und wie der Literatur zu entnehmen ist, wird Coaching tatsächlich auch pragmatischer angewandt, d. h. die einschlägigen Ausbildungen sind kürzer, seine Anwendungsmöglichkeiten sind feldbezogen breiter, dabei weniger auf den sozialen Bereich festgelegt. Außerdem verheißt seine Anwendung, zumal in der Wirtschaft, einen höheren Ertrag. Für die meisten Coaches erfüllt sich diese Verheißung allerdings nur begrenzt (vgl. Kuntz 2010). Zwar werden die einzelnen Coachingsitzungen in der Regel besser bezahlt, es umfasst aber in vielen Fällen nur fünf bis acht Termine. Und die Mehrzahl aller erfolgreichen Coaches bezieht ihr Einkommen aus einer ganzen Reihe anderer Aktivitäten, eben nicht allein aus dem Coaching.

Für den enormen Erfolg von Coaching gegenüber Supervision ist aber sicher noch ein anderer Faktor maßgeblich: Wie Neuberger (1994b) schon Mitte der 1990er Jahre konstatierte, lässt sich bis heute eine auffallende „Ästhetisierung des Managements“ beobachten. Wo man früher in Kreisen von Sozialarbeit und Psychotherapie noch die Nase rümpfte über wirtschaftlich erfolgreiche Menschen, gilt es heute keineswegs mehr als anstößig, seine Dienstleistung gut zu vermarkten. Im Gegenteil, wirtschaftlich erfolgreiche Psychologen oder Soziologen werden heute eher bewundert. So drängen derzeit auch viele traditionelle Supervisoren in wirtschaftsnahe Arbeitsfelder.

Diese faktische oder vermutete Wirtschaftsnähe von Coaching ändert aber nichts an der Tatsache, dass die Curricula der meisten Coachingausbildungen kaum Organisations- oder gar Managementwissen integrieren. Sie sind meistens daran orientiert, den angehenden Coach in seiner Persönlichkeit oder in seiner Interaktionskompetenz zu fördern, so wie es auch für Supervisionskonzepte üblich war. Wirtschaftsnahes Wissen scheint weniger relevant, obwohl es doch genau die Wissensbestände wären, die ein Coach im Vergleich zu einem Supervisor benötigen würde. So verharren die Konzepte an den altbewährten Mustern der Supervisionsausbildungen, in denen Interaktionskonzepte dominierten. Wenn überhaupt Systemisches thematisiert wird, wie früher in der Supervisionspraxis, dann rekurriert man zumeist nur auf Folien aus der systemischen Familientherapie.

Die meisten Praktiker, die ehedem als „Supervisoren“ firmiert haben, geben an, dass sie heute, je nach dem Arbeitsfeld der Nachfrager und je nach ihrer bevorzugten Terminologie, einmal von „Supervision“ und ein anderes Mal von „Coaching“ sprechen (DGSv 2013). Unter pragmatischen Gesichtspunkten ist das verständlich, unter professionspolitischen aber problematisch.

### 6.2.2 Explizite fachliche Differenzen zwischen Supervision und Coaching

Für die weitere Professionsentwicklung der beiden Formate möchte ich nämlich vorschlagen, die Differenz zwischen den beiden nicht zu verwischen, sondern in fachlicher Hinsicht eher zu vertiefen. Ausgehend von ihrer Geschichte lassen sie sich nämlich vorrangig durch die Zielgruppen, die beraten werden sollen, unterscheiden. Und das muss dann auch zu unterschiedlichen konzeptionellen Schwerpunkten führen:

- Supervision steht begrifflich traditionell für die Beratung von Psychotherapeuten und Sozialarbeitern, die ihre Klientenarbeit verbessern oder vielleicht zum Zwecke der Qualitätssicherung nur reflektieren wollen.
- Coaching steht dagegen seit seinem Ursprung für die Beratung von Fach- und Führungskräften in unterschiedlichen Organisationstypen, die ihre organisatorischen Steuerungsfunktionen verbessern oder reflektieren wollen.

So geht es in der Supervision vorrangig um die Förderung von Interaktionen zwischen Professionellen und Klienten in einem mehr oder weniger formalisierten Kontext. Das Ziel der Beratung war hier stets, den Professionellen instand zu setzen, dass er seine Klienten durch die Begegnung mit ihm in ihren menschlichen Potenzialen möglichst optimal fördert.

Coaching hat dagegen einen anderen Fokus: Hier steht im Zentrum der Beratung, wie gut ein Professioneller eine organisatorische Einheit in menschlicher wie auch in wirtschaftlicher Hinsicht steuern kann.

Wenn wir die sich daraus ergebenden Anforderungen versuchsweise in psychologische Teildisziplinen übersetzen, benötigt der Supervisor im Kern klinisch-psychologische Kompetenzen, während der Coach solche aus der Arbeits- und Organisationspsychologie, angereichert mit grundlegendem Managementwissen, benötigt. Aus solchen Bestimmungen lassen sich dann auch Anforderungen für die Konzeptentwicklung ableiten, die für die Praxis und für die Ausbildung der jeweiligen Profession maßgeblich sein sollten.

Nun lässt sich natürlich einwenden, dass ein kompetenter Supervisor auch über Organisationswissen und ein guter Coach über umfassende Interaktionskompetenzen verfügen müssten. Bei der Entwicklung von Lehrbüchern und einschlägigen Curricula wird aber die Beschulung einer jeweiligen Kernkompetenz im Vordergrund stehen, während der alternative Wissensbestand ergänzend gelehrt werden muss (siehe Schreyögg 2010 für die Supervision und Schreyögg 2012 für das Coaching).

## Literatur

Belardi, N. (1992). *Von der Praxisberatung zur Organisationsentwicklung*. Paderborn: Junfermann.

Belardi, N. (1994). Supervision in den USA – Heute. *OSC, 1*(2), 107–123.

Berglas, S. (2003). *Reclaiming the fire: How successful people overcome burnout*. New York: Random House.

Bion, W. R. (1974). *Erfahrungen in Gruppen und andere Schriften*. Stuttgart: Klett (Orig. 1961).

Böning, U. (2005). Der Siegeszug eines Personalentwicklungsinstruments. Eine 10-Jahres-Bilanz. In C. Rauen (Hrsg.), *Handbuch Coaching* (3. Aufl.). Göttingen: Hogrefe.

Buer, F. (2001). Typische Handlungsmuster in Arbeitsorganisationen. Eine soziologisch-soziodramatische Interpretationsfolie für die Supervision. In F. Buer (Hrsg.), *Praxis der Psychodramatischen Supervision*. Opladen: Leske + Budrich.

Buer, F., & Schmidt-Lellek, C. (2008). *Life-Coaching. Über Sinn, Glück und Verantwortung in der Arbeit*. Göttingen: Vandenhoeck & Ruprecht.

DBVC. (Hrsg.). (2012). *Leitlinien und Empfehlungen für die Entwicklung von Coaching als Profession* (4., erw. Aufl.). Osnabrück: DBVC-Geschäftsstelle.

DGSv. (Hrsg.). (2013). *Journal supervision* (Bd. 4). Köln: Eigenverlag.

Eck, D. (1998). *Supervision in der Psychiatrie*. Bonn: Psychiatrie-Verlag.

Feldman, D. C., & Lankau, M. J. (2005). Executive coaching: A review and agenda for future research. *Journal of Management, 31*(6), 829–848.

Fillery-Travis, A. F., & Lane, D. (2006). Does coaching work or are we asking the wrong question? *International Coaching Psychology Review, 1*, 23–36.

Foulkes, S. H. (1978). *Praxis der gruppenanalytischen Psychotherapie*. München: Dietmar Klotz.

Gaertner, A. (1999). *Gruppensupervision*. Tübingen: Edition Discord.

Kühl, S. (2008). *Coaching und Supervision*. Wiesbaden: VS Verlag für Sozialwissenschaften.

Kuntz, B. (2010). Als Coach wird man kein Millionär. *OSC, 17*(2), 217–222.

Neuberger, O. (1994a). *Personalentwicklung* (2. Aufl.). Stuttgart: Enke.

Neuberger, O. (1994b). Zur Ästhetisierung des Managements. In G. Schreyögg & P. Conrad (Hrsg.), *Managementforschung 4. Dramaturgie des Managements. Laterale Steuerung* (S. 1–71). Berlin: De Gruyter.

Petzold, H. G. (1998). *Integrative Supervision, Meta-Consulting & Organisationsentwicklung*. Paderborn: Junfermann.

Schäferling, P. (2000). Lohnt sich Supervision? Eine empirische Untersuchung. In A. Schreyögg (Hrsg.), *Supervision und Coaching für die Schulentwicklung*. Bonn: Deutscher Psychologen Verlag.

Schlesinger, H. J. (1981). The data: Process notes of fourteen supervision hours. In R. S. Wallerstein (Hrsg.), *Becoming a psychoanalyst*. New York: International Universities Press.

Schmidt-Lellek, C., & Buer, F. (Hrsg.). (2011). *Life-Coaching in der Praxis. Wie Coaches umfassend beraten*. Göttingen: Vandenhoeck & Ruprecht.

Schreyögg, A. (Hrsg.). (2000). *Supervision und Coaching für die Schulentwicklung*. Bonn: Deutscher Psychologen-Verlag.

Schreyögg, A. (2010). *Supervision – ein Integratives Modell. Lehrbuch zu Theorie und Praxis* (5., überarb. u. erw. Aufl.). Wiesbaden: VS Verlag für Sozialwissenschaften.

Schreyögg, A. (2012). *Coaching. Eine Einführung für Praxis und Ausbildung* (7., überarb. u. erw. Aufl.). Frankfurt a. M.: Campus.

Seghers, J., Vloeberghs, D., & Hendrickx, E. (2011). Structuring and understanding the coaching-industry: The coaching-cube. *Academy of Management Learning & Education, 10*(2), 204–222.

Selvini Palazzoli, M., et al. (1988). *Hinter den Kulissen der Organisation* (3. Aufl.). Stuttgart: Klett-Cotta.

Stoltenberg, C. D., & Delworth, U. (1987). *Supervising counselors and therapists*. San Francisco: Jossey-Bass.

Wallerstein, R. S. (Hrsg.). (1981). *Becoming a psychoanalyst*. New York: International Universities Press.

Watzlawick, P., Beavin, J. H., & Jackson, D. D. (1969). *Menschliche Kommunikation*. Bern: Hans Huber (Orig. 1967).

Weigand, W. (1989). Sozialarbeit – Das Ursprungsland der Supervision. *Integrative Therapie, 15*(3–4), 248–259.

Wieringa, C. F. (1979). Supervision in ihren unterschiedlichen Entwicklungsphasen. In Akademie für Jugendfragen (Hrsg.), *Supervision im Spannungsfeld zwischen Person und Institution*. Freiburg: Juventa.

Wittenberger, G. (1987). Professionalisierung und Organisierung. Ein Zusammenhang, der eine Krise beleuchtet. *Supervision, 12*, 61–64.

**Dr. phil. Astrid Schreyögg** Dipl.-Psych., Psychotherapeutin, Supervisorin, Coach; Wiss. Leitung an der Deutschen Psychologen Akademie des BDP für Supervision und Coaching; Beratungsaufträge im In- und Ausland; Ausbilderin für Supervision und Coaching; Fachbuchautorin; Herausgeberin der Zeitschrift „Organisationsberatung, Supervision, Coaching" (OSC).

# Coaching in Relation zur Psychotherapie

# 7

Christoph Schmidt-Lellek

Coaching steht heute neben vielfältigen anderen Beratungsformaten, teils in Konkurrenz, teils in wechselseitiger Ergänzung. Im allgemeinen Sprachgebrauch wird der Begriff „Coaching" jedoch sehr unterschiedlich verwendet, sodass kaum klare Grenzen gegenüber anderen Formaten zu bestehen scheinen. Wenn Coaching sich aber als Profession verstehen will, sind klare Definitionen und damit Abgrenzungen von anderen professionellen Interventionsformaten erforderlich. Eine Abgrenzung gegenüber der Psychotherapie ist zunächst eindeutig: Psychotherapie ist ein Heilverfahren, in dem persönliche Probleme mit Krankheitswert behandelt werden; Coaching ist ein Beratungsverfahren, in dem Fragestellungen der Arbeitswelt thematisiert werden. Aber es gibt auch Schnittflächen zwischen beiden Formaten. Sie betreffen nicht nur manche Methoden, sondern auch in thematischer Hinsicht kann es Überschneidungen geben. Denn die verschiedenen Problembereiche, für deren Bearbeitung die jeweiligen Professionen herangezogen werden, können sich gegenseitig durchdringen und sind nicht ganz trennscharf voneinander abzugrenzen. Diese „Schnittflächen" will ich in diesem Kapitel untersuchen. Ausgangspunkt sollen einige allgemeinere Perspektiven im Hinblick auf die Abgrenzung zwischen den Professionen sein.

C. Schmidt-Lellek (✉)
Taunusstr. 126, 61440 Oberursel, Deutschland
E-Mail: Kontakt@Schmidt-Lellek.de





A. Schreyögg, C. Schmidt-Lellek (Hrsg.), *Die Professionalisierung von Coaching*, Coaching und Supervision, DOI 10.1007/978-3-658-08172-0_7

## 7.1 Anlässe und Motive für eine Beratung

In pädagogischen, therapeutischen, beraterischen Berufen (also in allen „Professionen"; vgl. DBVC 2012, S. 11–17; vgl. Kap. 1 in diesem Buch) geht es immer darum, dass Menschen bei Professionellen eine Unterstützung zur Bewältigung ihres Daseins suchen. Sie tun es in der Regel dann, wenn die eigenen Ressourcen der Problemlösung nicht ausreichen oder nicht ausreichend zu sein scheinen. Zu diesen Ressourcen zählen nicht nur die persönlichen Kompetenzen, sondern auch die Möglichkeiten, mit anderen Menschen, die einem nahe stehen, also mit Familienangehörigen, Freunden, Kollegen usw. über seine alltäglichen Probleme und Konflikte zu reden und sich durch solche Gespräche zu entlasten, sich mit anderen Meinungen, Ideen, Handlungsoptionen auseinanderzusetzen und sie sich ggf. zu Eigen zu machen. Dies ist seit je eine der wichtigsten Quellen der Existenzbewältigung. So gesehen, stellen Professionelle mit ihren Angeboten, zur jeweiligen Problembewältigung beizutragen, eine Ersatzfunktion für nicht ausreichende oder überforderte persönliche Beziehungen eines Ratsuchenden dar.

Für die wachsende Bedeutung von professioneller Beratung in ihren verschiedenen Formen mag es verschiedene Gründe geben: Zum einen wird eine zunehmende Vereinzelung der Menschen, also eine Verarmung ihrer kommunikativen Ressourcen eine Rolle dabei spielen, dass es immer mehr Angebote von Beratung und Hilfe gibt; zum anderen werden die zu lösenden Probleme wohl auch immer komplexer und komplizierter, sodass ein Gespräch mit einem verständnisvollen Freund nicht ausreicht und ein „Fachmann" herangezogen werden muss.

Generell kreisen wohl alle unsere Lebensprobleme um nur wenige Grundthemen: Gesundheit, Liebe, Arbeit, Sinn und Vergänglichkeit. Für alle Fragen gibt es Spezialisten, die man für die jeweils auftauchenden Probleme zu Rate ziehen kann: Für Konflikte, die mit Liebe, Ehe, Sexualität, Familienbeziehungen, Freundschaft, Liebe zu sich selbst bzw. mit dem Selbstwertgefühl zu tun haben (einschließlich der „somatisierten" Ausdrucksformen solcher Konflikte), ist die Psychotherapie zuständig; bei Problemen um die Arbeit, Leistungsfähigkeit, Beruf, Karriere usw. wäre das Coaching das Mittel der Wahl; und bei Sinnfragen und dem Umgang mit Zeit und Vergänglichkeit wäre der Seelsorger als Repräsentant der jeweiligen Religion aufzusuchen. Nun scheitert eine solche Aufteilung allein an der Erfahrung, dass diese verschiedenen Problembereiche sich gegenseitig durchdringen und keineswegs trennscharf voneinander abzugrenzen sind. In der Psychotherapie werden schon lange auch die Fragen aufgegriffen, die herkömmlich als Domäne der Religion galten und die sich in die gewöhnlichen Krankheitsdefinitionen nicht unmittelbar einordnen lassen – wenngleich z. B. ein Erleben von Sinnlosigkeit durchaus zu Krankheiten führen bzw. darin zum Ausdruck kommen kann.

Dies wäre also eine Unterscheidung im Hinblick auf die inhaltlichen Perspektiven. Eine andere Unterscheidung lässt sich nach den Zielen der Beratung treffen, nämlich zwischen *„Persönlichkeitsentwicklung“* und *„Personalentwicklung“* (in Anlehnung an Schreyögg, Kap. 6.1.1.2 in diesem Buch). Persönlichkeitsentwicklung betrifft die Person in ihrem ganzen Lebens mit allen intimen, offenen und verdeckten, bewussten und unbewussten Erlebnisanteilen mit dem Ziel einer größtmöglichen Gesundung und Reifung der Persönlichkeit (Psychotherapie). Personalentwicklung betrifft die Person in ihren Arbeitsbezügen, also in ihren Rollen und Funktionen innerhalb einer Arbeitsorganisation mit dem Ziel einer größtmöglichen Arbeitseffektivität (Coaching). Aber auch diese Unterscheidung lässt sich nicht trennscharf durchführen, denn der gemeinsame Nenner ist die Person – die ja die Rollen und Funktionen ausfüllen muss und *innere* Konflikte nicht vollends von *äußeren* getrennt halten kann (eben dazu haben wir das Konzept des „Life-Coaching“ präsentiert; vgl. Buer und Schmidt-Lellek 2008; Schmidt-Lellek und Buer 2011).

Die wechselseitige Durchdringung von inneren und äußeren Erlebensbereichen ist insbesondere für Personen mit Führungsaufgaben (also den eigentlichen Adressaten von Coaching) bedeutsam; denn Führungsqualitäten sind nicht mit rein fachlichen Kompetenzen hinreichend zu erfassen, vielmehr ist hier auch die „Persönlichkeit“ mit ihren Neigungen, Talenten, Interessen und mit ihrer Ausstrahlung bzw. ihrem „Charisma“ ein wichtiger Erfolgsfaktor (vgl. Looss 2006, S. 39 ff.; Heller 2010). Dabei geht es eben nicht nur um kommunikative Kompetenzen und um Managementtechniken, sondern auch um die Bereitschaft und Fähigkeit, andere Menschen für eine Sache zu begeistern, sich in andere einzufühlen, sich von ihnen berühren zu lassen, klare Grenzen zu ziehen, andere zu konfrontieren und zu kritisieren, ohne sie als Menschen zu entwerten und zu verletzen; es geht um Standfestigkeit in Konfliktsituationen, also bei Angriffen weder „im Boden zu versinken“ noch brutal zurückzuschlagen, um die eigene Position zu verteidigen usw. All dies verlangt ein hohes Maß an Selbstreflexivität, und eben dies soll im Coaching eine Anleitung und Unterstützung finden.

Dennoch dürfen einige Grenzen zwischen beiden Formaten nicht verwischt werden. So ist Coaching nicht geeignet, wenn ein Klient vorrangig persönliche Schwierigkeiten bearbeiten will. Weiterhin verlangen beide Formate eine je unterschiedliche Beziehungsgestaltung: Das psychotherapeutische Setting impliziert eine asymmetrische Beziehungsdefinition, wenn in längeren therapeutischen Prozessen regressive Tendenzen und eine partielle Abhängigkeit des Klienten vom Therapeuten durchlebt und durchgearbeitet werden sollen (vgl. Schmidt-Lellek 2006, S. 297). Demgegenüber ist im Coaching in stärkerem Maße von einer symmetrischen Beziehungsdefinition auszugehen, in der die Gesprächspartner sich „auf Augenhöhe“ begegnen und der Klient eine stabile Selbststeuerungsfähigkeit aufweist. Allerdings spielen auch hier asymmetrische Elemente eine Rolle, indem der Coach den Coachingprozess strukturieren muss, und zwar „besonders bei der Korrektur von Deutungs- und Handlungsmustern, die prärationale Bereiche von Klienten berühren“ (Schreyögg 2012, S. 212); am Ende einer solchen Sitzung ist jedoch wieder weitgehend Symmetrie gegeben.

## 7.2 Professionelles Coaching erfordert vielfältige Verstehensmuster

Die spezifische Herausforderung an ein professionelles Coaching besteht darin, die Wechselwirkungen zwischen Organisation und Person ins Auge zu fassen. Weder ein alleiniger Blick auf die Organisation mit ihren Funktionsweisen noch ein alleiniger Blick auf die individuelle Person mit ihren Mustern des Denkens, Fühlens und Handelns kann dem komplexen Interaktionsgeschehen zwischen Person und Organisation gerecht werden.

So geht es z. B. bei einem Konflikt-Coaching in der Regel zunächst darum, die möglicherweise vielfältigen Ursachen eines Konflikts zu eruieren: Sie können in der Organisation bzw. in der Organisationskultur zu orten sein, gleichzeitig aus den Anforderungen aus der Organisationsumwelt herrühren, ferner aus den Interaktionen zwischen den Organisationsmitgliedern, aus Interessengegensätzen, aus offenen oder verdeckten Entwertungsdynamiken, aus unbefriedigten Wünschen der beteiligten Personen; und zuweilen auch aus nicht teamfähigen oder nicht kommunikationsfähigen Organisationsmitgliedern, die möglicherweise innere Konflikte oder psychische Störungen in ein Team hineinprojizieren. Und alle diese möglichen Ursachen können sich wechselseitig bedingen. Eine entsprechende Erweiterung des Verstehenshorizonts kann für einen Klienten einen Perspektivenwechsel gegenüber einer gewohnten Sichtweise ermöglichen und dann zu neuen Handlungsoptionen führen.

Um der Komplexität solcher Dynamiken gerecht werden zu können, benötigt ein Coach ein breites Spektrum an Wissensressourcen mit den jeweiligen Verstehensmustern aus den verschiedenen wirtschafts- und sozialwissenschaftlichen Disziplinen und nicht zuletzt auch aus der Psychologie (vgl. Schreyögg 2012, S. 157). Er braucht Verstehensmuster für die Analyse von Organisationsdynamiken, von Gruppendynamiken ebenso wie psychodiagnostische Kompetenzen. Insbesondere wenn es um Themen der Personalführung geht, reicht der Blick auf Sachaufgaben und Funktionen nicht aus, denn sie werden von Menschen mit ihren jeweiligen Besonderheiten, Stärken und Schwächen, Bedürfnissen und Ängsten usw. ausgeführt bzw. ausgefüllt.

In welchem Maße eine psychodiagnostische Kompetenz für Coaches erforderlich ist, lässt sich allerdings zunächst vom Coachingkonzept her bestimmen: Je enger ein Business-Coaching ausschließlich an einer Erweiterung von Fachkompetenzen des Klienten orientiert ist und dafür hauptsächlich entsprechende „Tools" zur Anwendung bringt, desto weniger scheint dies erforderlich zu sein – damit würde Coaching jedoch weithin einer „*Expertenkultur*" entsprechen. Wenn Coaching darüber hinaus einen Freiraum für alle Fragestellungen darstellen soll, die in beruflichen Kontexten entstehen, wird die Person in ihrer Ganzheit zu berücksichtigen sein, sodass einem Coach auch psychologische und psychopathologische Verstehensmuster verfügbar sein sollten – hiermit würde Coaching sich eher an einer „*Professionskultur*" orientieren.

Wenn man Coaching als Profession begreifen will, kommt ein weiterer Aspekt hinzu: Das Beratungsformat Coaching steht neben anderen Professionen, die bei Problemen von Hilfe suchenden Menschen in Anspruch genommen werden können (wie z. B. Rechtsanwälte, Unternehmensberater, Ärzte, Psychotherapeuten usw. mit ihrem jeweiligen spezifischen Fachwissen). Zur professionellen Verantwortung gehört auch ein *Wahrnehmungsvermögen* für Phänomene, die die eigene Kompetenz überschreiten. So kann z. B. ein Arzt in einer chronischen Krankheit eine psychosomatische Dynamik erkennen und deswegen über eine medikamentöse Behandlung hinaus den Patienten an einen Psychotherapeuten überweisen; wenn er aber für solche Dynamiken blind ist und sich mit seiner Medizin für allein zuständig hält, wird er dem Patienten vielleicht nicht wirklich gerecht werden können und eher zur Verlängerung als zur Lösung des Problems beitragen. Analog kann ein Coach z. B. hinter dem angespannten Erfolgsstreben einer Führungskraft vielleicht eine narzisstische Dynamik erkennen und wird nun genauer zu unterscheiden haben, wie weit es sich dabei um eine noch normale, vielleicht sogar besonders kreative oder doch um eine pathologische Form des Narzissmus handelt, mit welcher ein Mensch sich selbst und andere beschädigen kann. Wenn Letzteres naheliegt, wird er die Grenzen des Formats Coaching erkennen können und dem Klienten eine Psychotherapie empfehlen.

Generell verlangen viele typische Themen, die im Coaching bearbeitet werden, einen psychologischen Verstehenshorizont (wie z. B. psychologische Typologien oder Konzepte zur Entwicklungspsychologie), um den Klienten in ihrer individuellen Besonderheit sowie in ihrer jeweiligen Lebensphase gerecht werden zu können. Oder bei persönlichen Problemen von Coachingklienten muss ein Coach zumindest hinreichende Unterscheidungen treffen können: Nicht jede Erschöpfung ist als Burnout zu klassifizieren; eine Niedergeschlagenheit ist etwas anderes als eine Depression; ein auffälliger Alkoholkonsum ist nicht zwangsläufig als Suchterkrankung zu verstehen, oder ein destruktives Sozialverhalten muss nicht immer auf eine Persönlichkeitsstörung hinweisen. Die Grenzen zwischen „noch gesund“ und „schon krank“ sind fließend, und die Ressourcen einer Bewältigung von Belastungen, Verunsicherungen und inneren oder äußeren Konflikten sind individuell sehr unterschiedlich. Als generelle Orientierung kann man festhalten, dass Coaching dann an seine Grenzen kommt, wenn der Klient keine hinreichende Fähigkeit einer stabilen Selbststeuerung mehr aufweist. In diesem Fall sollte ein Psychotherapeut oder ein Arzt zu Rate gezogen werden. Man muss als Coach für einen verantwortlichen Umgang mit solchen Phänomenen nicht unbedingt Psychologe oder Psychotherapeut sein, aber eine hinreichende fachlich informierte Wahrnehmungs- und Deutungsfähigkeit von psychopathologischen Verhaltensweisen ist für ein professionelles Coaching unverzichtbar.

Allerdings ist auch die Begrenztheit von psychologischen Verstehensmustern zu beachten, denn zuweilen werden Konflikte in Organisationen von psychotherapeutisch ausgebildeten Coaches einseitig personalisiert und dann nur als individuelles Problem zu lösen gesucht. Dies kann zur Folge haben, dass einer Konfliktdynamik ihr Veränderungspotenzial für die Organisation genommen wird. Es kann sogar auch dazu dienen, als verdeckter Auftrag eines Unternehmens einen Organisationskonflikt zu immunisieren, indem er auf eine einzelne Person abgeschoben wird (vgl. Kühl 2008, S. 45 f.).

## 7.3 Falldarstellungen

Mit einigen Fallbeispielen möchte ich nun die obigen Überlegungen konkretisieren und veranschaulichen.

Der ärztliche Leiter eines Sozialpsychiatrischen Dienstes in einem Gesundheitsamt, seit zwei Jahren in dieser Position, hat vor einem Jahr eine junge Ärztin eingestellt, mit dem Ziel, ein neues Konzept mit ihr gemeinsam einzuführen. Nach anfänglich harmonischer, einvernehmlicher Zusammenarbeit wurde er zunehmend unzufrieden mit den Leistungen und der Haltung der Ärztin, da sie sich nicht genügend für das neue Konzept engagiere. Diese Unzufriedenheit hatte zur Folge, dass er ihr bei jeder Gelegenheit Fehler nachzuweisen suchte und sie öffentlich beschimpfte. Die Ärztin ihrerseits konnte das Verhalten ihres Chefs überhaupt nicht nachvollziehen, reagierte völlig verunsichert und versuchte sich hilflos zu wehren. Wegen des heftig eskalierenden Konflikts griff der Amtsleiter ein und verordnete dem Chef des Sozialpsychiatrischen Dienstes ein Coaching, um seine Führungskompetenzen zu verbessern. Im Vorgespräch meinte der Amtsleiter, er sei ernsthaft mit der Frage befasst, ob er nicht einer der beiden Personen kündigen müsse, obwohl er mit den Leistungen beider durchaus zufrieden sei. Ich solle nun prüfen, ob es eine realistische Chance für eine längerfristig gelingende Zusammenarbeit gebe. Dazu vereinbarte ich zunächst eine gemeinsame Sitzung mit beiden Kontrahenten und dann jeweils drei getrennte Sitzungen.

Meine durch dieses Vorgespräch geprägten Vorerwartungen, auf einen aggressiven, autoritären Chef zu treffen, auf einen „harten Knochen“, der „über Leichen geht“, um seine Ziele zu erreichen, sah ich beim ersten Gespräch einigermaßen auf den Kopf gestellt: Ich traf auf einen zaghaften, unsicheren, leicht kränkbaren Mann, der eher zu leise als zu laut redete. Im Einzelgespräch sagte er mir, dass er durchweg Schwierigkeiten habe, seine Wünsche und Forderungen zum Ausdruck zu bringen und durchzusetzen, und zwar sowohl im beruflichen wie im privaten Leben. Mir wurde schnell deutlich, dass es sich hier nicht in erster Linie um ein Problem der „Führungskompetenz“ handelte, sondern eher um eine biographisch bedingte Selbstunsicherheit. Im Zuge einer kurzen biographischen Anamnese wurde eine narzisstische Problematik deutlich, insofern er, aufgewachsen in ländlichen, kleinbürgerlichen Verhältnissen, von klein auf mehr Missachtung und Entwertung als Anerkennung und Unterstützung erfahren hat – ein Einzelkämpfer, der sich mit viel Energie hochgearbeitet hat. Das Stichwort „narzisstische Problematik“ weckte sein Interesse, und nach einigen theoretischen Erläuterungen dazu sowie Beschreibungen der unterschiedlichen Erscheinungsformen dieser Problematik (vgl. Kohut und Wolf 1980) konnte er einiges von seinem inneren Erleben dabei wiedererkennen. Auf diese Weise konnte er den Konflikt nun mit der Ärztin mit anderen Augen sehen und sich davon innerlich distanzieren. Im weiteren Verlauf ließen sich auch konkrete Verhaltensweisen erarbeiten, die eine erfolgreiche Kooperation mit der Kollegin ermöglichten.

Fazit: Der Blick weg von dem konkreten Konflikt, ermöglicht durch einen psychotherapeutischen „Exkurs“ in die Biographie, eröffnete eine andere Selbstwahrnehmung, einen erweiterten Verstehenshorizont des eigenen Verhaltens und im Gefolge eine größere Bereitschaft, die Kollegin in ihrem Anderssein besser wahrzunehmen und anzuerkennen.

Ein Ingenieur, Mitte 50, Franzose, war 25 Jahre lang im mittleren Management einer international agierenden Firma mit einer deutschen Zweigniederlassung tätig und wurde nun durch eine Umstrukturierung der Firma entlassen. In dem von der Firma organisierten Outsourcing-Programm (10 Sitzungen über ein halbes Jahr) sollte er von einem Coach bei der Suche nach einer neuen Stelle unterstützt werden. Dabei zeigte sich der Ingenieur jedoch so sehr blockiert, dass er nicht in der Lage war, konkrete Schritte zu unternehmen und sich gezielt zu bewerben. Der Coach empfahl ihm nach dem Abschluss des Programms ein weitergehendes Coaching bei einem anderen Coach mit psychotherapeutischem Hintergrund, um diese Blockierung zu überwinden.

So kam er zu mir, und durch Fragen nach seiner Lebensgeschichte wurde schnell deutlich, dass er von klein auf eine ganze Kette von „erzwungenen Abschieden" zu verkraften hatte: Als er 5 Jahre alt war, starb seine Mutter durch einen Unfall; mit 9 wurde er von seinem Vater in ein Internat geschickt; nach seinem Examen wurde er nach 3 Jahren Tätigkeit von seiner Firma nach Deutschland geschickt, ohne Deutschkenntnisse zu besitzen; vor 15 Jahren kam sein 2-jähriger Sohn durch einen Unfall ums Lebens, und nun hat er seinen sicher geglaubten Arbeitsplatz verloren, obwohl er sich die ganze Zeit außerordentlich für die Firma engagiert hatte. Dieser neuerliche erzwungene Abschied, 10 Jahre vor der Berentung, verursachte einerseits eine tiefgreifende Sinnkrise und Hoffnungslosigkeit („Wer stellt schon einen Mann mit 55 Jahren ein?"), andererseits trat dadurch eine letztlich nicht bewältigte Trauer nach den früheren Verlusterfahrungen wieder an die Oberfläche. In den folgenden Coachingsitzungen ging es in einer doppelten Perspektive um ein behutsames Sich-Annähern an die alte Trauer, andererseits um konkrete Schritte zur Lösung der gegenwärtigen beruflichen Situation. Hier ergaben sich plötzlich – nach einem halben Jahr Stillstand und Aussichtslosigkeit – gleich mehrere Stellenangebote, die Blockierung scheint überwunden zu sein.

Der PR-Manager einer Fluggesellschaft, Mitte 30, suchte Unterstützung durch Coaching, da er Einbrüche seiner Leistungsfähigkeit befürchtete, was ihn gelegentlich bis zu Panikattacken geführt hat. Sein Selbstbewusstsein war für ihn beeinträchtigt, denn er wollte immer100-prozentige Leistung bringen, was aber neuerdings „nicht mehr klappt". Da es bezüglich seiner Leistungen keinerlei Vorhaltungen seitens seiner Firma gab, stellte sich die Frage nach den Hintergründen seiner Angst, und in einer nur kurzen Anamnese wurde Folgendes deutlich: Der Vater, ein Universitätsprofessor, hat immer Höchstforderungen an seine beiden Söhne gestellt. Sein 5 Jahre älterer Bruder hat neben seinem erfolgreichen akademischen Beruf sich in Extremsportarten profiliert („er wollte immer an die Grenzen des Möglichen gehen") und ist vor 5 Jahren dabei tödlich verunglückt. Befürchtete er jetzt irgendwelche katastrophalen Einbrüche in seinem Leben, weil er nun das Alter seines Bruders erreicht hat? Seine Katastrophenangst in den Zusammenhang mit dem Tod seines Bruders zu bringen, war für ihn ganz überraschend, auch wenn er fast schwärmerisch von seinem Bruder berichtete; aber dies eröffnete ihm veränderte Verstehensmöglichkeiten seines Problems. Im weiteren Verlauf untersuchten wir die Funktion seines Perfektionismus als maßgeblicher Quelle seines Selbstwertgefühls – das offenbar seit je bedroht war.

Während in den obigen Fallbeispielen die psychotherapeutische „Brille" für einen Perspektivenwechsel hilfreich war, um einen gegenwärtigen Konflikt besser zu begreifen und zu lösen, so kann auch das Gegenteil der Fall sein: Eine Psychologisierung oder sogar Psychopathologisierung kann nämlich dem Verstehen eines Konflikts im Wege stehen, wenn Konflikte eher durch organisatorische Defizite oder Widersprüche konditioniert werden. Es gibt strukturelle Kränkungen, die mit persönlichen Eigenschaften wenig oder gar nichts zu tun haben. Als Coach gilt es, genau zu überprüfen, welcher Fokus am ehesten geeignet ist, eine Konfliktkonstellation angemessen zu erfassen und ggf. festgefahrene Wahrnehmungs- und Beurteilungsschemata zu verändern. Dies möchte ich mit dem folgenden Beispiel illustrieren:

In einer psychosozialen Kontakt- und Beratungsstelle, die sich vorwiegend um chronisch psychisch Kranke kümmert, gab es einen bereits seit Jahren schwelenden und neuerdings eskalierenden heftigen Konflikt zwischen einer Sozialarbeiterin und der Leiterin der Einrichtung, einer Diplom-Psychologin. Der Konflikt war geprägt durch wechselseitiges Misstrauen, Entwertungen, Vorwürfe der Inkompetenz, und da die Mitarbeiterinnen dieser Einrichtung ja gut geschult sind im Umgang mit psychologischen und psychopathologischen Begriffen, lag es nahe, sich gegenseitig solcherlei „Diagnosen“ um der Ohren zu hauen. In der zweiten Beratungssitzung erfuhr ich eher zufällig, dass die Leiterin erst vor zwei Jahren in diese Einrichtung gekommen ist, dass die Leitungsstelle davor ein halbes Jahr nicht besetzt war und dass in dieser Zeit ein Teil der Aufgaben, die die Leiterin zu erfüllen hat, von der Sozialarbeiterin, seit 12 Jahren in dieser Einrichtung tätig, übernommen worden war. Mit dieser Information ließ sich nun ein ganz anderes Licht auf die Konfliktsituation werfen: Für die neue Leiterin, eine erfahrene Psychologin, war es nicht leicht, in einem Team von größtenteils langjährigen Mitarbeiterinnen sich überhaupt eine Position zu erarbeiten – es war ja lange Zeit anscheinend auch ohne eine Leitungsrolle gut gegangen; diese Unsicherheit sowie ein teilweise ungeschicktes Kommunikationsverhalten haben zur Konflikteskalation beigetragen. Die Sozialarbeiterin ihrerseits erlebte es offenbar als Kränkung, dass sie bestimmte Aufgaben nun nicht mehr erledigen sollte und dass die neue Vorgesetzte ihr also etwas „weggenommen“ hat; ihre Reaktion war eher ein stummer Protest, indem sie teilweise die ihr zugewiesenen Aufgaben nicht erledigte – und damit natürlich ebenfalls zur Konflikteskalation beitrug. Kurz: Hier war eine „Entpersonalisierung“ des Konflikts und der Blick auf die Geschichte der Organisation hilfreich, die Sackgasse von festgefahrenen Vorwürfen zu verlassen und zu einem besseren wechselseitigen Verstehen und Respektieren der jeweils anderen Person zu gelangen.

Das folgende Beispiel kann deutlich machen, wie beide Perspektiven – der Blick auf die Person und auf die Organisation – interagieren können:

Der Vertriebsleiter eines großen, international agierenden Familienunternehmens im Maschinenbau kam auf Empfehlung des Personalmanagements in das Coaching, um einige offensichtlich psychosomatische Störungen zu bearbeiten, die immer wieder in spezifischen Verhandlungssituationen mit Geschäftspartnern auftraten und ihn mächtig blockierten. Als Hintergrund konnten wir relativ schnell herausarbeiten, dass die massiven Entwertungen seines Vaters, er sei doch zu nichts Besonderem fähig, ihm bei solchen Gelegenheiten als Panikgefühl in die Quere kamen: Die Geschäftsführer anderer Firmen erlebte er dann auch als Autoritäten, die seine „Unfähigkeit" feststellen würden (wofür es faktisch aber gar keine Anhaltspunkte gab). Die Erkenntnis dieses Zusammenhangs und übende Vorgehensweisen führten bald zu einem Nachlassen der psychosomatischen Störungen. Aber die inneren Anspannungen ließen nicht nach. Und so konnten nun die Konflikte in den Arbeitsabläufen im Unternehmen in den Blick kommen: Der Betriebsleiter, wie er selbst ein erfahrener Ingenieur, nahm aber seine Leitungsrolle gar nicht wahr, sodass viel Zeit und Energie durch mangelhafte Betriebsstrukturen verloren gingen. Offensichtlich wurde von ihm nicht gesehen, dass durch das schnelle Wachstum des Unternehmens ein umfassender Strukturwandel – von einem überschaubaren Handwerksbetrieb zu einem komplexen Industrieunternehmen – erforderlich geworden war. Die notwendigen Führungs- und Strukturierungsaufgaben wurden stillschweigend meinem Klienten, dem Vertriebsleiter, zugeschoben; da er dafür aber gar keine formale Autorität besaß, war er in der Tat in der Gefahr, sich als überfordert und „unfähig" zu erleben. Angeregt durch diese Analyse im Coaching konnte er nach etlichen mühsamen Vorstößen bei der Unternehmensleitung, die in einer fernen Stadt residierte und sich nur für die steigenden Umsatzzahlen interessierte, schließlich durchsetzen, dass mit Hilfe einer externen Beratungsfirma eine neue Betriebsstruktur mit klaren Rollenaufteilungen und Arbeitsabläufen implementiert wurde.

## 7.4 Häufige Problemkonstellationen, für die psychodiagnostische Perspektiven relevant sind

Für die Problem- oder Konfliktbereiche, mit denen Menschen ein Coaching in Anspruch nehmen, lassen sich generell vier verschiedene Ebenen in Betracht ziehen, durch die Konflikte determiniert sein können:

1. die individuelle, persönliche Ebene,
2. die interaktionelle Ebene,
3. die institutionelle Ebene,
4. die gesellschaftliche Ebene.

Diese können sich wechselseitig durchdringen; aber obgleich im Prinzip „alles mit allem zusammenhängt", lässt sich doch nicht alles in einem erfassen und lösen. Die notwendige Komplexitätsreduktion verlangt einen spezifischen Fokus – und eine Entscheidung, welcher Fokus vorrangig ist und am ehesten eine Veränderung zu initiieren verspricht. Jedenfalls sind psychodiagnostische Verstehensmuster für Konflikte relevant, die vorrangig den ersten beiden Ebenen zugeordnet werden können. Solange es sich nicht um manifeste Krankheiten oder psychische Störungen handelt, die die Handlungs- und Kooperationsfähigkeit eines Klienten beeinträchtigen, kann es eine sinnvolle Option sein, psychotherapeutische Perspektiven im Coaching einzubeziehen und eine beschränkte Anzahl von Stunden z. B. für eine biographische Anamnese zum besseren Verständnis der eigenen emotionalen und kognitiven Erlebens- und Verarbeitungsformen zu verwenden. Denn häufig sind Konflikte in der Arbeitswelt von psychischen Konflikten eingefärbt, die in der Regel dem – allerdings breiten – Spektrum „normalen" menschlichen Funktionierens zuzurechnen sind.

Im Coaching können beispielsweise folgende Probleme thematisiert werden, die potenziell im Grenzbereich zur Psychotherapie liegen und unter diesem Aspekt eine besondere Aufmerksamkeit verlangen:

- *Kommunikationsprobleme* sind die grundlegendsten Fragestellungen, die sich mit den meisten sonstigen Themen verbinden. Ein Wissen, wie Kommunikation in ihrer ganzen Komplexität funktioniert, wie Störungen im kommunikativen Umgang zwischen Menschen zu erfassen sind und wie sie zu überwinden sind, gehört zur Grundausstattung eines Coachs. Das Kommunikationsmodell von F. Schulz von Thun (1981) kann hierzu gut herangezogen werden. Eine Psychotherapie ist dann zu empfehlen, wenn sich bei einem Klienten sehr rigide Kommunikationsmuster, häufig wiederkehrende Kommunikationsstörungen oder fehlendes Einfühlungsvermögen in die Position eines Anderen zeigen.
- *Entwicklungskrisen* können rein beruflicher Natur sein (z. B. Wünsche oder Ängste bzgl. einer beruflichen Veränderung), sie können aber auch mit persönlichen Entwicklungen verbunden sein: Beispiele sind eine Midlife-Krise, wenn bisherige Werte oder Lebensinhalte ihre Bedeutung verloren haben, oder der Übergang in den Ruhestand, bei dem der Verlust von bisherigen Rollen und Funktionen verarbeitet werden muss. Um die Klienten bei der Bewältigung der alterstypischen Lebensaufgaben unterstützen zu können, ist für einen Coach ein hinreichendes entwicklungspsychologisches Wissen hilfreich (vgl. z. B. Erikson 1977; Faltermaier et al. 1992). Die Grenze des Coachings ist dann erreicht, wenn ein Klient in solchen „Übergangskrisen" stecken bleibt bzw. wenn darin neurotische Verarbeitungsmuster auftauchen. Manchmal kann auch bei dem

Verlust einer beruflichen Position im Rahmen eines Outplacement-Coachings ein neurotisches Muster erkennbar werden, das eine psychotherapeutische Verarbeitung verlangt.

- *Erschöpfung, Burnout, Depression:* Da „Burnout" derzeit ein etwas inflationär verwendeter Modebegriff ist und manche Klienten mit dieser (Selbst-) Diagnose in ein Coaching kommen oder geschickt werden, gilt hier eine besondere Sorgfalt, um diese drei Begriffe in der diagnostischen Beurteilung voneinander abgrenzen zu können. Eine gewöhnliche Erschöpfung kann durch eine Auszeit, eine veränderte Zeitstrukturierung o. ä. überwunden werden, was mit Hilfe eines Coachings gut gelingen kann. Ein Burnout verlangt darüber hinaus eine tiefergreifende Reflexion und Veränderungen in der Balance zwischen Geben und Nehmen, Verantwortung für andere und Verantwortung für sich selbst und die Fähigkeit, seine Leistungsgrenzen anzuerkennen und auch zu schützen. Ein Burnout, rechtzeitig erkannt, lässt sich im Coaching gut bearbeiten, z. B. durch eine Veränderung der Rahmenbedingungen oder der Arbeitsmuster. Werden die Symptome eines Burnout übersehen oder nicht ernst genommen, können sie in eine Depression führen, die dann psychotherapeutisch, vielleicht auch mit medikamentöser Unterstützung behandelt werden muss (zur Unterscheidung von Burnout und Depression vgl. Behrends-Krahnen 2011).
- *Suchtprobleme:* Hierzu zählen zunächst stoffgebundene Süchte (Alkohol, Drogen, Medikamente), die dann eine medizinische oder psychotherapeutische Behandlung verlangen, wenn der Klient sie nicht mehr kontrollieren kann und seine Arbeitsfähigkeit beeinträchtigt ist. Man kann aber auch eine Überbewertung von Arbeit als Suchtproblem („Workaholismus") diagnostizieren; in diesem Fall käme Coaching an seine Grenzen, wenn dies mit einer Persönlichkeitsstörung verbunden wäre. Alkoholprobleme sind häufig Begleiterscheinungen von nicht bewältigten anderen Konflikten. Wenn in einer solchen Situation eine Firma ihrem Mitarbeiter ein Coaching empfiehlt, dann könnte dieses als Entscheidungshilfe sinnvoll sein, ob vielleicht zunächst das Alkoholproblem mit Hilfe einer entsprechenden Therapie bearbeitet werden sollte, um danach die dahinter liegenden berufsbezogenen Konflikte im Coaching anzugehen.
- *Angst* kann zu produktiver Aktivität anregen, sie kann aber auch lähmend werden. Wenn es keine hinreichenden Ressourcen der Angstbewältigung gibt oder wenn Angst auf destruktive Weise kompensiert wird, muss man von einer neurotischen Angst ausgehen, für die die Psychotherapie zuständig wäre.
- *Zwanghaftigkeit* ist die Schattenseite von Ordnungsliebe. Zuverlässigkeit, Genauigkeit, klare Strukturierung von Arbeits- und Gesprächsprozessen gehören zu den Managementkompetenzen. Wenn sie zu einem Zwang werden, können sie für einen selbst und für andere außerordentlich lähmend wirken, sodass

Kreativität und Flexibilität und die Fähigkeit, komplexe Situationen zu erfassen und mit ihnen umzugehen, verloren gehen können. In diesem Fall ist eine Psychotherapie empfehlenswert, zumal zwangsneurotische Verarbeitungsmuster sehr veränderungsresistent sind.

- *Manie*: Da Menschen in einer manischen Phase zuweilen eine starke Faszinationskraft für andere Menschen haben, ist hier ein feines Gespür für die Unterscheidung von einer gesunden Begeisterungsfähigkeit wichtig. Manische Episoden haben oft einen hohen Krankheitswert, der aber von den betroffenen Personen selbst in dieser Phase gar nicht wahrgenommen wird – sie fühlen sich glücklich, euphorisch, energiegeladen und zu schnellen Entscheidungen bereit. Häufig folgen auf solche Phasen dann schwere depressive Einbrüche („Bipolare Depression").
- *Narzissmus:* Narzisstische Dynamiken können in sehr unterschiedlichen Formen in Erscheinung treten. Da manche berufliche Rollen, aber auch manche Organisationstypen (insbesondere in Milieus mit einem hohen Grad an Expressivität) narzisstisch motivierte Persönlichkeiten anziehen, lohnt es sich für Coaches, sich ein entsprechendes Wissen anzueignen. Insbesondere ist es für Coaches hilfreich, bei „charismatisch" begabten Führungskräften die narzisstischen Hintergründe und deren Ambivalenzen erkennen und in ihren verschiedenen Ausprägungen unterscheiden zu können. Notwendig ist zunächst ein Grundverständnis für die kompensatorische Funktion von narzisstischer „Grandiosität", hinter der sich häufig ein schwaches oder unsicheres Selbst verbirgt. Sodann kann die „Typologie narzisstischer Persönlichkeiten" von Kohut und Wolff (1980; vgl. Schmidt-Lellek 2008) die verschiedenen Erscheinungsformen verstehbar machen. Ein Coach sollte einschätzen können, ob ein Klient mit narzisstischen Anteilen im Coaching überhaupt erreichbar ist oder das Coaching nur zu seiner Bestätigung instrumentalisiert und zu einer wahrhaftigen kritischen Auseinandersetzung mit dem eigenen Denken und Handeln gar nicht bereit ist. Darüber hinaus sollte Narzissmus auch als Interaktionsphänomen in den Blick kommen können, denn wie Steyrer (1995) in seiner Monographie über „Charisma in Organisationen" dargelegt hat, werden „charismatische" Führungskräfte häufig durch entsprechende Erwartungen und Zuschreibungen seitens ihrer unterstellten Mitarbeiter/innen oder in der Öffentlichkeit in ihren Größenphantasien bestärkt.

## 7.5 Empfehlungen für die Praxis

- Coaches ohne Psychotherapiekenntnisse sollten eine kollegiale Zusammenarbeit mit Psychotherapeuten anstreben, an die bei Bedarf verwiesen werden kann. Sie sollten sich einen groben Überblick über die wichtigsten psychischen Störungen und deren psychodynamischen Zusammenhänge erarbeiten (z. B. Mentzos 2009). Zu empfehlen ist eine Fortbildung in den gängigen Diagnosesystemen, wie z. B. „Internationale Klassifikation psychischer Störungen" (ICD 10, Weltgesundheitsorganisation 2011.). Einen breiten Überblick über die für das Coaching relevanten diagnostischen Vorgehensweisen bieten Möller und Kotte (2014).
- Coaches mit psychotherapeutischem Hintergrund müssen sich Kenntnisse von Organisationsdynamiken und von wirtschaftlichen Prozessen aneignen (z. B. Schreyögg 2012; Mohr 2006).
- Wenn ein Klient für längere Zeit wöchentliche Termine wünscht oder wenn er gesundheitliche Symptome erwähnt (z. B. Herzprobleme, Tinnitus, Schlafstörungen), ist davon auszugehen, dass es sich um psychotherapeutisch relevante Themen handelt.
- Über psychodiagnostische Fachkenntnisse hinaus können machtvolle emotionale Reaktionen des Coachs, wie z. B. ein starkes eigenes Entwertungsgefühl im Kontakt mit dem Klienten (was als eine „projektive Identifikation" verstanden werden kann), als ein Hinweis genommen werden, dass die Grenzen des Coachings überschritten sind und ein psychotherapeutischer Zugang zu empfehlen ist.
- Regelmäßige Supervision oder Intervision (kollegiale Supervision) sollte für Coaches als professioneller Standard angesehen werden; dazu empfiehlt sich eine Zusammenarbeit mit Kolleg/innen mit unterschiedlichen Grundberufen und Feldkompetenzen.

## 7.6 Schlussbemerkung

Coaching ist eine Chance zu produktiver Konfliktbewältigung mit einer doppelten Orientierung an arbeitsbezogenen und an persönlichkeitsbezogenen Fragestellungen. Letztere sollten von der Konzeption des Coachings her nicht den primären Fokus darstellen, aber in vielen Fällen kann es hilfreich sein, die Perspektiven im Hinblick auf eine Konfliktbewältigung im Arbeitszusammenhang oder auf eine berufliche Weiterentwicklung mit biographischen Exkursen auszuweiten. Zweifellos kann Coaching keine psychotherapeutische Behandlung ersetzen, wenn gravierende psychische oder psychosomatische Störungen die Arbeitsfähigkeit beeinträchtigen. Wohl aber kann Coaching einen Freiraum darstellen für alle Fragen, die in der beruflichen Arbeit oder durch sie ausgelöst entstehen, mit dem übergreifenden Ziel, durch ein kontinuierliches Reflektieren seines Tuns die eigene Persönlichkeit in die berufliche Rolle zu integrieren und damit zu einer erhöhten Effektivität und zugleich zu einer erhöhten Arbeitszufriedenheit zu gelangen.

## Literatur

Behrends-Krahnen, E. (2011). Burnout – eine Herausforderung im Coaching. *Organisationsberatung, Supervision, Coaching, 18*(3), 333–341.

Buer, F., & Schmidt-Lellek, C. (2008). *Life-Coaching. Über Sinn, Glück und Verantwortung in der Arbeit.* Göttingen: Vandenhoeck & Ruprecht.

Deutscher Bundesverband Coaching e. V. (Hrsg.). (2012). *Leitlinien und Empfehlungen für die Entwicklung von Coaching als Profession. Kompendium mit den Professionsstandards des DBVC* (4., erw. Aufl.). Osnabrück: DBVC Geschäftsstelle.

Erikson, E. H. (1977). *Identität und Lebenszyklus*. Frankfurt a. M.: Suhrkamp.

Faltermaier, T., Mayring, P., Saup, W., & Strehmel, P. (1992). *Entwicklungspsychologie des Erwachsenenalters*. Stuttgart: Kohlhammer.

Kohut, H., & Wolf, E. S. (1980). Die Störungen des Selbst und ihre Behandlung. In U. H. Peters (Hrsg.), *Die Psychologie des 20. Jahrhunderts* (Bd. 10, S. 667–682). Zürich: Kindler.

Kühl, S. (2008). *Coaching und Supervision. Zur personenorientierten Beratung in Organisationen*. Wiesbaden: VS Verlag.

Looss, W. (2006). *Unter vier Augen: Coaching für Manager (korr. Neuausgabe)*. Bergisch Gladbach: EHP.

Mentzos, S. (2009). *Lehrbuch der Psychodynamik. Die Funktion der Dysfunktionalität psychischer Störungen*. Göttingen: Vandenhoeck & Ruprecht.

Mohr, G. (2006). *Systemische Organisationsanalyse. Dynamiken und Grundlagen der Organisationsentwicklung*. Gergisch Gladbach: EHP.

Möller, H., & Kotte, S. (Hrsg.). (2014). *Diagnostik im Coaching: Grundlagen, Analyseebenen, Praxisbeispiele*. Berlin: Springer.

Schmidt-Lellek, C. (2006). *Ressourcen der helfenden Beziehung. Modelle dialogischer Praxis und ihre Deformationen*. Bergisch Gladbach: EHP.

Schmidt-Lellek, C. (2008). Charisma, Macht und Narzissmus. Zur Diagnostik einer ambivalenten Führungseigenschaft. In C. Schmidt-Lellek & A. Schreyögg (Hrsg.), *Praxeologie des Coaching* (S. 61–75). Wiesbaden: VS Verlag (auch abrufbar unter: www.Schmidt-Lellek.de).

Schmidt-Lellek, C., & Buer, F. (Hrsg.). (2011). *Life-Coaching in der Praxis. Wie Coaches umfassend beraten*. Göttingen: Vandenhoeck & Ruprecht.

Schreyögg, A. (2004). *Supervision. Ein integratives Modell* (4., überarb. u. erw. Aufl.). Wiesbaden: VS Verlag.

Schreyögg, A. (2012). *Coaching. Eine Einführung für Praxis und Ausbildung* (7., komplett überarb. und erw. Aufl.). Frankfurt a. M.: Campus.

Schreyögg, G. (2012). *Grundlagen der Organisation. Basiswissen für Studium und Praxis*. Wiesbaden: Gabler.
Schulz von Thun, F. (1981). *Miteinander reden. Störungen und Klärungen. Allgemeine Psychologie der Kommunikation*. Reinbek: Rowohlt.
Steyrer, J. (1995). *Charisma in Organisationen. Sozial-kognitive und psychodynamisch-interaktive Aspekte von Führung*. Frankfurt a. M.: Campus.
Weltgesundheitsorganisation. (2011). *Internationale Klassifikation psychischer Störungen: ICD-10 Kapitel V (F), Klinisch-diagnostische Leitlinien* (8., überarb. Aufl.). Bern u. a.: Hans Huber.

**Dr. phil. Christoph Schmidt-Lellek** Studium der ev. Theologie, Philosophie und Erziehungswissenschaften, Promotion zu den Ressourcen der Beziehung in helfenden Berufen, freiberufliche Praxis für Coaching (DBVC), Psychotherapie (HPG) und Supervision (DGSv) in Frankfurt/M., Veröffentlichungen im Bereich Psychotherapie und Coaching, Mitherausgeber und Redakteur der Zeitschrift „Organisationsberatung, Supervision, Coaching" (OSC).

# 8 Coaching in der Beratung von Unternehmen

Thomas Dallüge

## 8.1 Einführung

Der Artikel macht sich zur Aufgabe, Coaching mit Beratungsprozessen und deren Eigenarten in Bezug zu setzen. Ziel ist es, das Perspektivenfeld der Beratung für Coaches zu öffnen und somit Coaches dabei zu unterstützen, Klientenfragen nützlich einordnen zu können.

In meiner Wahrnehmung finden zunehmend Coachings im Zusammenhang mit Beratungsprozessen in Unternehmen statt. Dies ist auch wenig verwunderlich, denn Veränderungsprozesse mit Unterstützung von externen Beratungen in Unternehmen produzieren sowohl erhebliche Veränderungen als auch erhebliche Verunsicherung, mit denen sich die verantwortlichen sowie die betroffenen Personen auseinandersetzen müssen. Gleichfalls ist zu beobachten, dass es zwei verschiedene Ausrichtungen von Coaching in Bezug auf Beratungsprozesse gibt: Zum einen finden Coachings zwar gleichzeitig, doch eher unabhängig vom Beratungsprozess statt. Ebenso ist zu beobachten, dass es Coachings gibt, die in Beratungsprozesse integriert sind, und aus meiner Sicht gibt es gerade für diese integrierten Coachings eine steigende Nachfrage. Integriertes Coaching steht für die folgenden zwei Aspekte:

T. Dallüge (✉)
osb Berlin GmbH, Oranienburger Str. 90, 10178 Berlin, Deutschland
E-Mail: thomas.dalluege@osb-i.com



A. Schreyögg, C. Schmidt-Lellek (Hrsg.), *Die Professionalisierung von Coaching*,
Coaching und Supervision, DOI 10.1007/978-3-658-08172-0_8

- Es geht um das Coaching einer Führungskraft, die für die Umsetzung eines Veränderungsprozesses mit einer Beratung verantwortlich ist, und es geht im Coaching um dieses Thema (wir sehen schon, es kann etwas tricky werden, wenn der Coach gleichzeitig der Berater ist).
- Es geht um Coaching als ein Element eines Veränderungsprozesses bzw. als ein Instrument der Personalentwicklung.

Beim integrierten Coaching verlässt das Coaching die Geborgenheit außerhalb des Unternehmens und wird zum verdeckten oder offenen Mitspieler im Organisationsgeschehen. Damit wird das Coaching mit einer erheblichen Komplexität konfrontiert, mit der es professionell umzugehen gilt.

Für das Agieren als Coach mit Führungskräften, die mit solchen Situationen konfrontiert sind, ist es hilfreich, ein eigenes Verständnis von Beratung und den damit verbundenen Anforderungswelten und Rahmenbedingungen zu haben. Aus diesem Grunde macht es Sinn, sich mit den relevanten Begriffen und den zugehörigen Verständnissen zu beschäftigen – entweder über eigene reflektierte Erfahrungen aus der Beratung oder über entsprechende Qualifizierungsformate. Coaching in Veränderungsprozessen lässt sich sehr gut mit der Unterstützung bei einer Geburt vergleichen: Wahrscheinlich würde jemand bei einer Geburt nur begrenzt hilfreich sein können, wenn er (besser sie) noch nie ein Kind bekommen bzw. das Hebammenhandwerk nicht erlernt hat. Da wir uns im Coaching die professionelle Begleitung von „Geburtsvorgängen" vorgenommen haben, kann uns die Beschäftigung mit Beratung von Unternehmen sicher nicht schaden.

Den Coaching-Begriff selbst möchte ich an dieser Stelle nicht diskutieren. Er wurde schon vielfach beschrieben. Ich verweise hier auf die Definition des DBVC (2012, S. 20 f.) sowie auf das 5. Kap. in diesem Buch. Für das Verstehen von Unternehmensberatungen bedarf es einer Auseinandersetzung mit den Begriffen von Unternehmen, Organisation, Führung und Beratung. Die Begriffe und Verständnisse von Organisation und Führung sind hierfür von erheblicher Bedeutung. Unternehmen sind eine spezielle Art von Organisationen, und um Unternehmen zu verstehen, benötigen wir eine Idee davon, was Organisationen sind und wie sie funktionieren. Organisation und Führung sind untrennbar miteinander verbunden, sie sind die „zwei Seiten einer Medaille". Somit werden wir uns im ersten Abschnitt mit folgenden Fragen beschäftigen: 1) Wie kann ich Unternehmen verstehen? 2) Wie kann ich Führung verstehen? 3) Wie kann ich Beratung verstehen?

Nach dem Einführen eines Grundverständnisses dieser Begriffe wird im zweiten Abschnitt Beratung noch weiter differenziert. Diese Vertiefung ist sinnvoll, um die Implikationen für das Coaching besser greifen zu können. Zuerst beobachten wir Beratung entsprechend den Kerndimensionen von Beratung. Diese Kerndimensionen der Beratung basieren auf den Sinndimensionen von Kommunikation (wissend, dass Beratungsprozesse von Organisationen als Kommunikationsprozesse verstanden werden können). Die Kerndimensionen von Beratung umfassen eine sachliche, eine soziale und eine zeitliche Dimension (siehe Beratung im 3. Modus; vgl. Wimmer et al. 2014). Wie in jeder Kommunikation werden diese Dimensionen auch in der Beratungskommunikation gleichzeitig und miteinander verschränkt prozessiert. Neben den Kerndimensionen der Beratung ist es ebenso hilfreich, die Beratungsprozesse entsprechend der Art der Veränderung zu unterscheiden. Dabei nehmen wir die zeitliche Dynamik der Veränderungsprozesse sowie deren Radikalität in den Blick. Besonderes Augenmerk werden wir dann auf die Spielart der radikalen Transformation legen. Die eingeführten Unterscheidungen werden an zwei Beispielen diskutiert. Im dritten Abschnitt werden wir die Perspektiven zusammenführen und die Konsequenzen für Coaching beschreiben.

## 8.2 Begriffsbestimmungen

### 8.2.1 Unternehmen

Wie können wir Unternehmen verstehen? Unternehmen sind spezielle Organisationen, die als Adressen für Wirtschaftsfragen in einer funktional differenzierten Gesellschaft fungieren. Sie können somit als soziale Systeme verstanden werden. Unternehmen ziehen ihre Existenzberechtigung aus der Reproduktion von Gütern, die auf einen Bedarf treffen und deren Besitz ein gewisser Wert zugeschrieben wird. Sie agieren in der Codierung Haben vs. Nichthaben.

In der Denktradition „sozialer Systeme" sind Organisationen operational geschlossene, autopoietische Kommunikationssysteme. Dies ist ein erheblicher Schwenk in der Beobachtung. Geübter sind wir in der Annahme, dass Organisationen aus einer Ansammlung von Personen bestehen, die sich eine gewisse Rahmung und Organisiertheit geben. Dabei verfügen die Personen über definierte Eigenschaften und stehen in Beziehungen zueinander. Eine andere Art der Beobachtung legt den Fokus auf die fortlaufende Kommunikation von Entscheidungen und den sich daraus ergebenden Strukturen. Durch die Einführung der System-Umwelt-Grenze in die innere Kommunikation besteht die Möglichkeit, basierend auf Selbstbildern und konstruierten Fremdbildern die eigenen Kommunikationsprozesse auszurichten.

Für die Beratung von Unternehmen, sprich für die Beratung von Wirtschaftsorganisationen, sind folgende Aspekte von besonderer Bedeutung:

- Organisationen sind Antworten auf gesellschaftliche Problemstellungen. Ihre aktuelle Verfasstheit ist eine passende Antwort auf alle bisherigen Anforderungen (sonst würde es die Organisation nicht geben).
- Organisationen können als fortlaufende Entscheidungskommunikationen verstanden werden. Diese Entscheidungen setzen sich in Bezug zu den Entscheidungsprämissen der Organisation. Die Entscheidungspfade der Vergangenheit stehen der Organisation als optionale Entscheidungsprämissen (Konditionalprogramme, Zweckprogramme, Kommunikationswege, Personal, Kultur) zur Verfügung (vgl. Luhmann 2006).
- Organisationen bilden intern eine Komplexität ab (Binnendifferenzierung), die dem Umfeld der Organisation und der eigenen Aufgabe entspricht.
- Organisationen sind historische Gebilde. Alles, was bisher geschah, ist Rechtfertigung dafür, dass es jetzt so ist und wahrscheinlich am besten so bleibt.
- Personen koppeln sich über Funktionen an die Organisationskommunikationen. Diese Kopplung wird organisational über die Mitgliedschaft geregelt.
- Personen sind strukturell gekoppelte Umwelten der Organisationen. Sie stellen ein Wahrnehmungsreservoir für die Organisationen dar, da sie mit relevanten Umwelten verbunden sind.
- Was Einzug in die Organisationskommunikation nimmt und in welcher Art und Weise, obliegt der Organisationskommunikation selbst.
- Durch die bisherige Kommunikation, durch die bisherigen Entscheidungen und die verbundenen Entscheidungshorizonte generiert die Organisation Sinn, der zukünftige Kommunikation organisational rahmt.
- Veränderungsbedarfe für Organisation entstehen in den relevanten Umwelten.

### 8.2.2 Führung

Entsprechend dem beschriebenen Organisationsverständnis ist Führung eine Funktion in einer Organisation. Führung kann als ein Selbstorganisationsphänomen in Organisationen verstanden werden, das für die „Einführung des relevanten Außen" als auch für die „angemessene Entscheidungskommunikation" verantwortlich ist. Grundziel ist dabei, koordiniertes Verhalten für die eigene Existenzsicherung zu realisieren.

Aus dieser Sicht ist Führung in Organisationen weniger Ergebnis einer individuellen Leidenschaft, sondern ein Phänomen, das sich aus der organisationalen Entwicklung ergibt. Und natürlich braucht es Personen, die sich angemessen an diese Führungsrollen ankoppeln, diese ausfüllen und der Organisation Angebote für Weiterentwicklung machen. Dieses Verständnis von Führung orientiert sich eher an dem Verständnis von „postheroischem Management" (Baecker 1994). Es

**Tab. 8.1** Führungsaufgaben und Paradoxien

| Aufgabenfelder | Paradoxie |
|---|---|
| Strategieentwicklung | Zukunftssicherung bei Unkalkulierbarkeit der Zukunft |
| Marketing | Einschätzung von Markt und relevante Umwelten bei Undurchschaubarkeit der Märkte |
| Ressourcenmanagement | Nachhaltige Ertragssicherung bei kurzfristiger Optimierung |
| Organisationsentwicklung | Leistungsfähige Strukturen und Prozesse bei Flexibilität und Veränderungsfähigkeit |
| Personalmanagement | Förderung der Eigeninitiative bei gleichzeitiger Passung zur Stelle |
| Controlling | Selbstbeobachtung zur Steuerung bei Undurchschaubarkeit der relevanten Faktoren |

lässt die personen- und eigenschaftsbasierenden Führungsstilbetrachtungen in den Hintergrund rücken und betrachtet eher die Gestaltung von Kommunikation und Entscheidungen vor dem Hintergrund einer hierfür relevanter Kontextgestaltung. Etwas plakativ gesagt, geht es nicht mehr um die Frage „Wie kann ich mein Heldentum pflegen?“ sondern um die Frage „Wie versorge ich die Organisation angemessen mit Führung?“

Diese Versorgungsleistung stellt das Entscheiden unter Unsicherheit in den Mittelpunkt. Führung hat gerade die Aufgabe, (rational) Unentscheidbares zu entscheiden. Dabei ranken sich die zentralen Aufgaben von Führung um die zu managenden Paradoxien in Organisationen – und damit wird man nie fertig! (vgl. Krusche 2008; s. Tab. 8.1).

Diese Aufgabenliste ist in vielen Coachingfällen ein hilfreiches Tool. Es führt von der Frage, „wie führe ich?“ hin zu der Frage, „wie versorge ich meine Führungsherausforderungen?“ und bietet einen wunderbaren Anker für einen Blick in die Organisation bzw. für einen Blick in die persönliche Führungsperformance. Mit diesem Organisations- und Führungsverständnis wird auch klar, dass Beratungsprozesse nur durch die verantwortliche Führung beauftragt werden können. Die Steuerung von Veränderungsprozessen ist eine nicht delegierbare Führungsaufgabe, da sie Führung betrifft!

### 8.2.3 Beratung

In der Diskussion des Beratungsbegriffs beziehe ich mich auf die Beratung von Unternehmen bzw. Wirtschaftsorganisationen. Aus meiner Sicht lässt sich Beratung in einem ersten Wurf mit zwei äußerst knappen, aber auch prägnanten Anstrichen umreißen:

1. Beratung ist gekoppelte Varianz. Das steht dafür, dass die Aufgabe von Beratung die Bereitstellung bzw. Ermöglichen eines Unterschieds in den Entscheidungsprämissen ist. Gleichzeitig muss dieser Unterschied in einer Weise in Kommunikation gebracht werden, dass er für die Organisation weiter verarbeitbar ist.
2. Beratung ist Beobachtung von Beobachtungen. Das steht dafür, dass in der Beratung in den Blick genommen wird, wie die Organisation auf sich, auf die Umwelten, auf Zukunft und auf Vergangenheit schaut. Darauf aufbauend werden alternative Kreationen bzw. Kreationsroutinen in die Kommunikation gebracht.

Unternehmensberatungen werden durch die Führung mit an Bord (mit in die Kommunikation) eines Unternehmens geholt, und es bildet sich ein neues Kommunikationssystem „das Beratungssystem" heraus. Ausgangspunkt von Beratungsprozessen sind Ist-Soll-Differenzen, die aus Sicht der Organisation mit Unterstützung einer externen Organisation zu bearbeiten sind. Das Beratungssystem bekommt zu seiner Konstitution in Form der Ist-Soll-Differenz ein Sachthema. Zusätzlich gibt es Vorgaben dazu, wer in welcher Weise in diesem Beratungssystem mitspielt und mit welcher Zeitlichkeit das Beratungssystem gedacht ist. Das Beratungssystem bietet nun für die Organisation ein Innovations- und Experimentierfeld – einen vergleichsweise geschützten ergebnisorientierten Beobachtungsraum. Hier können neue Entscheidungslogiken entwickelt, erprobt, erstellt, beobachtet, bewertet und *optional* mit der Unternehmenskommunikation verbunden werden. Kann sein, muss nicht – es obliegt der Folgekommunikation im Unternehmen, wie auf die Beratungsergebnisse zurückgegriffen wird. Gleichzeitig entstehen anlässlich der Beratung neue (externe oder interne) Selbstbeobachtungssettings, die auf jeden Fall die Entscheidungshorizonte erweitern, sofern sie zu keinen realen Veränderungen führen.

Ausgehend von der Startkonstitution prozessiert das Beratungssystem seinen Sinn. Durch den Pfad der jeweils aktuellen Entscheidungen vor dem Hintergrund aller möglichen Entscheidungen entwickelt sich der Sinn dieser Beratung. Der Sinn der Beratung lässt sich auf den drei Kerndimensionen (Sach-, Sozial- und Zeitdimension) rekonstruieren. So handelt es sich in der Sachdimension um die Erweiterung von Expertise und Know-how für die Organisation. In der Sozialdimension geht es um Veränderungen in den gegenseitigen Erwartungen von persönlicher Beteiligung und in der Zeitdimension um die zeitlichen Bezugspunkte und Haltbarkeiten von Entscheidungen.

Beobachtet man Beratung aus dieser (Meta-) Perspektive, enden auch die redundanten Diskussionen um den Anspruch der „besseren" Beratung zwischen

Fach-/Expertenberatung und Prozessberatung (vgl. z. B. Königswieser et al. 2006). Fachberatungen zielen eher auf die Sach- und Zeitdimension und Prozessberatungen eher auf die Sozial- und Zeitdimension. Aufgrund der Anforderungen, die sich an Unternehmen stellen, bedarf es in der Beratung einer ganzhaften Perspektive auf Organisationen und demzufolge auf Beratung. Der Fokus auf Expertenberatung oder Prozessberatung sind schon Lösungsvorgriffe, die gelingen können oder auch nicht. Eine ganzhafte Beratung beobachtet Organisationen in allen drei Kern-Dimensionen und in deren Balance (siehe Beratung im dritten Modus).

Zusammenfassend können wir sagen:

- Unternehmen sind eigenartige Kommunikationssysteme, die im Wirtschaftssystem Sinn machen.
- Führung ist eine Funktion, die für eine angemessene Versorgung mit Entscheidungen im Unternehmen sorgt.
- Beratung ermöglicht, sich mit zukünftigen Fragen in veränderter Weise zu beschäftigen.

Für das Coaching bedeutet dies, dass die Führungskräfte in Beratungsprozessen vor erheblichen Herausforderungen stehen. Es geht um die Existenz des Unternehmens. Es geht um konsequenzenreiche Entscheidungen unter Unsicherheit. Es geht um Anpassungen an eine Zukunft, ohne diese Zukunft zu kennen. Da kann man als Führungskraft schon mal weiche Knie bekommen. Für das Coaching stellt sich die Aufgabe, der Führungskraft einen Raum zu ermöglichen, in dem sie sich für diese Anforderungen stärken und mit Beschreibungsmöglichkeiten sowie Handlungsoptionen aufladen kann. Eine wahrlich anspruchsvolle Aufgabe!

## 8.3 Zur weiteren Differenzierung von Beratung

### 8.3.1 Kern-Dimensionen der Beratung und Coaching

Nehmen wir den Gedanken der drei Kern-Dimensionen der Beratung auf, so können in einem Unternehmen Defizite in der Entscheidungskommunikation beschrieben werden, die im Rahmen eines Beratungsprojekts bearbeitet werden. Neben dem, dass in einem Beratungssystem immer alle Kern-Dimensionen prozessiert werden, werden je nach Auftrag und Verlauf des Veränderungsprozesses einzelne Dimensionen in den Vordergrund treten. Dementsprechend können Führungskräfte mit folgenden organisationalen Problembeschreibungen aufgeladen sein:

- Es fehlt unserer Organisation an Knowhow, Expertise (Sach-Dimension).
- Für Unternehmensentscheidungen nutzen wir nicht das Potenzial der beteiligten Personen (Sozial-Dimension).
- Die Dynamik, die wir an den Tag legen, passt nicht (Zeit-Dimension).

Als Coach muss ich mich im Coaching mit folgenden beispielhaften Fragen meiner Führungskraft auseinandersetzen, die ihre Quelle in dem organisationalen Veränderungsprozess haben:

*Bezogen auf die Sachdimension*

- Worin besteht das Problem?
- Wo bekomme ich relevantes Wissen her?
- Wie kann ich wichtig von unwichtig trennen? Was hat Priorität?
- Wie kann ich relevantes Wissen markieren?
- Wie kann ich die Expertise aus der Organisation nutzen?
- Wie genau, wie detailliert muss das Wissen sein?
- Wann wissen wir genug?

*Bezogen auf die Sozialdimension*

- Wen binde ich mit ein, wen noch und wen eher nicht und warum?
- Wie viel gebe ich von mir preis, und werde ich noch ernst genommen?
- Was werden die anderen von mir denken?
- Wie kann ich die anderen bewegen, ehrlich zu sein?
- Was denken die anderen, wozu das hier gut ist?
- Welche Einladung braucht es für welche Art von Beteiligung?
- Welche unausgesprochenen Loyalitäten sind mit im Raum?

*Bezogen auf die Zeitdimension*

- Wie lange wird es dauern?
- Bis wann kann es fertig sein, und ist es dann noch relevant?
- Werden wir es pünktlich schaffen?
- Wie müssen wir den Prozess gestalten?
- Wie weit sollten wir zurückschauen?
- Wie weit reichen unsere Vorhersagen?
- Wie gehen wir mit eventuellen Brüchen um?

Für das Coaching ist wichtig, dass diese Fragen ihren Ursprung in den Beratungs- und Veränderungsprozessen in der Organisation haben. Sie sind weniger zu lesen bzw. zu hören als Fragen aufgrund eines geringen Selbstwerts oder aufgrund individueller Inkompetenz des Coachee. Sie haben im ersten Wurf ihre Quellen in organisationalen Dynamiken. Sie sind das Ergebnis organisationaler Phänomene. Und als „gesellschaftliche Problembearbeiter" in dynamischen Umwelten sind Organisationen per se angefüllt damit. Zumal die gefundenen Lösungen von heute oft die Probleme von morgen sind.

Als Coach in der Begleitung von Führungskräften in Veränderungsprozessen stehe ich nun vor der Aufgabe, auch bei diesen Fragen für den Coachee ein angemessener Sparringpartner zu sein. Dies vor dem Hintergrund, dass diese Fragen meist verbunden sind mit komplexen Unternehmensthemen (Strategie, Markt, Lean etc.) und mit komplexen Strukturen (Organisation mit mehreren Hierarchieebenen, Organisationen mit verschiedenen Gliederungslogiken – funktional, regional etc.) und mit einer spezifischen Kultur. Das bedeutet für mich als Coach, mit Beschreibungsmustern für Organisationen in Beratungsprozessen ausgestattet zu sein und die begleitenden sozialen Phänomene vor dem Hintergrund der verschiedenen Systemtypen rekonstruieren zu können.

Ich möchte diesen Aspekt an einem *Beispiel* verdeutlichen, das ich häufig in Coaching-Qualifizierungen einbringe: In einer mittelgroßen Organisation (ca. 5.000 MA, 450 Mio. € Umsatz) kam ich mit der Unternehmensleitung (UL) in einem Gespräch auf das Thema „mein Office". Sein Office bestand aus zwei erfahrenen Büromitarbeiterinnen und zwei engagierten persönlichen Assistentinnen. Das Office machte zunehmend Fehler (Reiseplanungen, Umgang mit Prioritäten), und das Klima im Office wurde eisig (Kündigung im Schreibtisch). Seine Frage an mich war: „Was kann ich tun?"

Gebe ich die konkrete Situationsbeschreibung und die Frage an die Teilnehmer der Qualifikation weiter, gehen fast alle Intentionen der Coaches in die Richtung: „Es braucht näherer Führung, deutlich mehr Bekümmerung, ein Führungsdefizit in der UL" – in Summe ein starker Fokus auf die Person UL. Der Organisationsaspekt wurde jeweils fast gar nicht beleuchtet. In dem realen Fall zeigte sich als markante Störung für die Arbeit im Office das Aufeinandertreffen unterschiedlicher Unternehmenskulturen. Mit der aktuellen Unternehmensleitung zog eine eher manageriale Entscheidungslogik ein, wo früher über mehrere Jahrzehnte eine eher präsidiale Entscheidungslogik vorherrschte. Bisherige Logiken und Loyalitäten zerrten an den Büromitarbeitern genauso wie die gegensätzlichen neuen Erwartungen. Für die Zukunft und für die veränderten Rahmenbedingungen der Organisation macht der Logikwechsel Sinn (dafür wurde gerade die neue UL geholt), doch braucht das Unternehmen deutlich mehr Zeit, um sich auf den Prämissenwechsel und Entscheidungsroutinen einzurichten. Im Ergebnis richtete sich das Office neu aus und benannte sich in „KernTeam UL“, verbunden mit der Aufgabe, als eine zentrale Schnittstelle diesen Kulturwechsel zu befördern.

In dem Coachingprozess mit der UL wurden Fragen bearbeitet, die sich den Kern-Dimensionen der Beratung zuordnen lassen:

- Wo bekommt mein Office die notwendige Expertise her?
- Wen soll ich in diesen Prozess noch mit einbeziehen?
- Wie lange wird es dauern und wie viel Zeit muss ich als UL investieren?
- Wie synchronisiere ich diese Fragen, um zu einem performanten Büro zu kommen?

Hier war ich als Coach auch als Experte für Veränderungsprozesse in Organisationen gefragt. Zum einen hatte ich die Aufgabe, diese Themen in eine angemessene Besprechbarkeit zu bringen und zum anderen das Coachingsystem so aufzuladen, dass es die UL entsprechend der Ausgangsfrage in eine sinnvolle Handlungsfähigkeit bringt.

### 8.3.2 Arten der Veränderungsprozesse und Coaching

Neben den Kern-Dimensionen von Beratung macht es gleichfalls Sinn, die Beratungsprozesse nach deren Dynamik und nach deren Veränderungstiefe zu differenzieren. Die Dynamik kann nach geringem und hohem zeitlichem Druck unterschieden werden. In der Veränderungstiefe kann zwischen Wandel 1. Ordnung und Wandel 2. Ordnung unterschieden werden. Daraus ergeben sich vier Spielarten der intendierten Veränderung, die sehr unterschiedliche Anforderungen an Führungskräfte stellen (Abb. 8.1):

Ein Wandel 2. Ordnung stellt die Führungskraft vor die paradox anmutende Herausforderung, in ihr bisheriges Führungsagieren eine neue Art des Führungsagierens zu implementieren. Dabei handelt es sich nicht nur um einen kleinen Bereich, für den dies gilt, sondern es betrifft die gesamte Organisation. Damit gibt es keinen alternativen Ort der Sicherheit in der Organisation. Die Sicherheitsstiftung wird in radikalen Transformationen hauptsächlich durch die jeweils verantwortliche Führungskraft realisiert und basiert eher auf persönlichem Vertrauen als auf organisationaler Zuschreibung.

Ähnliches gilt für die Veränderungen unter hohem Zeitdruck. Hier trifft die Führungskraft auf die paradox anmutende Herausforderung, in kürzester Zeit die passende Lösung zu finden bzw. die notwendigen Entscheidungen zu treffen. Dabei handelt es sich doch eigentlich um Lösungen bzw. Entscheidungen, die gut

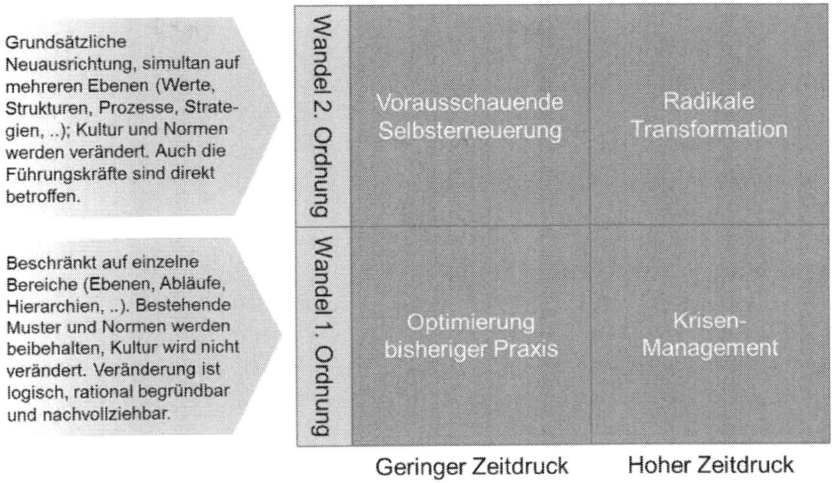


**Abb. 8.1** Vier Spielarten der Veränderung

abgewogen und in der Organisation angemessen bearbeitet sein sollten. Besonders herausfordernd wird es dann, wenn beide Dynamiken zusammenfallen und das Unternehmen vor einer radikalen Transformation steht.

Die Führungskräfte stehen unter einem erheblichen Druck und gehen zum Teil in persönliche Verantwortung gegenüber den Mitarbeitern. Der Ausgang der Transformation ist offen, und die Führungskräfte wissen nicht, ob sie nach der Transformation wieder eine Rolle in der Organisation haben werden bzw. ob sie in der dann „neuen“ Organisation überhaupt eine Rolle haben wollen. Nicht selten kommt es neben der „Integration des Bisherigen“ und der „Eröffnung des Neuen“ im Rahmen des Veränderungsprozesses auch zu einer „Suche des Anderen“, der Suche nach einer anderen Tätigkeit, wahlweise in einem anderen Unternehmen.

Die Relevanz für Coachingprozesse ist augenscheinlich. Neben den typischen Anforderungen an einen Coachingprozess (förderliches Verstehen der Situation und Erweitern der Handlungsoptionen) kommt hier der Bedarf nach erwartungsfreier Kommunikation hinzu. Die Führungskräfte haben im Coaching die Chance, alle Gedanken zur Sprache zu bringen, ohne dass dies zu irgendwelchen Konsequenzen führen muss.

An einem zweiten *Beispiel* möchte ich die Relevanz dieser Unterscheidung darlegen: In einem Medienunternehmen fanden über fünf Jahre erhebliche Veränderungen statt. Es gab Unternehmenszukäufe, umfassende Umstrukturierungen (Shared Service Center, Migrationsprozesse, Einführung eines neuen prozessorientierten Organisationsdesigns) und personellen Abbau. Verschiedene Unternehmensberatungen waren in diesem Unternehmen aktiv in die Veränderungsprozesse eingebunden. Insgesamt handelte es sich in diesem Fall um eine radikale Transformation. Es ging um einen Musterwechsel, der das gesamte Unternehmen betraf. Die dynamische Komponente ergab sich aus der finanziellen Situation des Unternehmens. Nach einer langen Geschichte der guten Gewinne wurden jetzt rote Zahlen geschrieben. Es bestand die dringliche Aufgabe, das Unternehmen wieder in die Gewinnzone zu führen und gleichzeitig mit passenden Zukunftsoptionen auszustatten.

Mein Klient war Mitglied einer mehrköpfigen Geschäftsführung und trug die Verantwortung für verschiedene Produktbereiche und Kernfunktionen. Aufgrund einer hohen Personalverantwortung spielt er eine zentrale Rolle in der Umsetzung des Veränderungsprozesses. Im Coaching wurde klar, dass diese organisationalen Umbauten den Klienten vor außerordentliche Anforderungen stellen. Im Unternehmen bestand Widerstand und große Verunsicherung. Die bisherige Struktur musste aufgelöst und eine neue Struktur eingeführt werden. Schwierig dabei war, dass die neue Struktur noch viele Fragen offen ließ und die Mitarbeiter keine Erfahrungen in der neuen Struktur hatten. Übertragen bedeutet das, sich mit einer Materialsammlung auf offene und stürmische See zu begeben, das Boot während der Fahrt zu bauen und pünktlich am Zielort anzukommen. Da ist es für den Kapitän kein einfaches Unterfangen, eine Crew für die Überfahrt zu finden bzw. an Bord zu halten. Vor diesem Hintergrund war der Auftrag des Coachings Auszeit, Kräfte sammeln und Rüttelstrecke.

Schauen wir jetzt auf die eingeführte Unterscheidung in der Dynamik von Veränderungen, erkennen wir Besonderheiten, die für das Coaching bedeutsam sind. Bei radikalen Transformationen geht es eher um den Umgang mit den Konsequenzen des eigenen Handelns. Die Taktung von notwendigen Entscheidungen ist so hoch (permanentes Markieren des Neuen), dass es kaum die Chance für Reflexion gibt. In Prozessen ohne diesen zeitlichen Druck gibt es Möglichkeiten zur Erprobung und zur Integration von Reflexion und Feedback. Radikale Transformationen lassen dafür kaum Luft. Aus diesem Grunde bietet die Coachingsitzung die konkrete Möglichkeit zum Luftholen (und zum Ausatmen!), die Chance, seine eigenen Gedanken zu bündeln, und die Gelegenheit, wichtige Situationen bzw. Entscheidungen aus verschiedenen Perspektiven zu betrachten. Dem etablierten Coachingimpuls einer Entschleunigung der Klientenwelt zu folgen, macht an dieser Stelle meist wenig Sinn. Mit Betreten des Unternehmens würden diese Vorhaben durch die Transformationslawine sehr wahrscheinlich hinweggefegt.

Die zweite Unterscheidung bestand in der Radikalität der Veränderung. Eine Spezifik von radikalen Transformationen besteht darin, dass sich auch das Führungssystem radikal verändert. Es verändern sich die Aufgabenbereiche, und es entstehen neue Mechanismen, wie Entscheidungen prozessiert werden. Dies kann zu der Situation führen, dass Führungskräfte für einen Umbau verantwortlich sind und gleichzeitig klar ist, dass es nach dem Umbau für sie keine adäquate Aufgabe geben wird. Diese Unsicherheit bzgl. der eigenen zukünftigen Rolle ist ein gesetzter Begleiter in radikalen Transformationen. Aus diesem Grunde begegnen uns im Coaching dann die Fragen: „Kann ich den neuen Anforderungen gerecht werden?“, „Bin ich der Richtige für diese Aufgabe?“ und „Was, wenn nicht?“ Das ist dann meist der Ausgangspunkt für den Blick nach draußen, für die parallele Suche nach einer optional neuen Tätigkeit oder einer anderen Organisation. Sponsor für diese Fragen sind die Veränderungen in der Organisation. Wenn man dies im Blick hat, ist es im Coaching wichtig, den Klienten bei seinem Umgang mit der Übergriffigkeit der Organisation zu stützen.

Radikale Transformationen bringen es mit sich, dass Führungskräfte permanent auf der Bühne stehen. Jedes Verhalten wird beobachtet und interpretiert. Aus diesem Grunde besteht bei Führungskräften ein Bedarf nach erwartungsfreien und qualifizierten Gesprächen, die nicht gleich zu weiteren Punkten auf der To-do-Liste führen. Coachingsitzungen können auch hierfür ein guter Ort sein.

## 8.4 Coaching und Beratung

Was bedeuten diese eingeführten Begrifflichkeiten und Unterscheidungen für das Coaching von Führungskräften, die in Beratungsprozesse involviert sind? Vier Fragen stehen dabei im Vordergrund:

1. Welche Erwartungen hat die Führungskraft an das Coaching? Geht es um einen personenorientierten Blick und/oder um einen organisations- bzw. beratungsorientierten Blick auf die Führungsrolle? Dies hat einen Effekt auf das Rollenverständnis des Coachs.
2. Welcher Rahmen wird durch die Beratungsprozesse gesetzt?
   - Welche Fragestellungen und welche Kerndimensionen stehen im Fokus? Dies hat einen Effekt auf die Ausgestaltung des Coachingsystems. Bearbeiten von Themen der Sozialdimension bedürfen anderer Vorgehensweisen als das Arbeiten an Sachfragen.
   - Mit welcher Dynamik und Radikalität wirken diese Prozesse auf die Organisation und damit auf die Führungskräfte ein? Dies hat einen Effekt auf die Ausrichtung des Coachings. Coaching sollte einen Unterschied machen und sich gleichzeitig genug an die erlebten Organisationsrealitäten ankoppeln.
3. Wo liegen die Loyalitäten für mich als Coach? Im Coaching liegt meine Loyalität und Aufmerksamkeit ganz klar beim Klienten, auch wenn es im Coaching um das Verlassen der Organisation geht. Im Gegensatz dazu liegt meine Loyalität und Aufmerksamkeit in der Beratung ganz klar bei der Organisation und

ihrer Zukunftsfähigkeit, wissend, dass Organisationen auch dazu neigen, ihre Mitarbeiter und Führungskräfte erheblich zu verschleißen.

4. Integriertes Coaching oder eher unabhängig vom Beratungsprozess? Basierend auf den vorigen Punkten gilt es zu klären, ob eher ein unabhängiges Coaching oder eher ein in den Beratungsprozess integriertes Coaching für die Führungskraft Sinn macht. Beide Optionen haben Vor- und Nachteile. Ein eindeutiger Hinweis darauf, dass ein integriertes Coaching sich nicht anbietet, zeigt sich in Loyalitätskonflikten beim Coach. An dieser Stelle sei auf den Mehrwert von Supervision verwiesen. Ebenfalls sollte von integrierten Coachings Abstand genommen werden, wenn Zuschreibungen aus der Organisation entstehen, die weder für das Coaching noch für die Beratung hilfreich sind und dem Coach oder Berater eigene Interessen unterstellen.

Zusammenfassend kann man sagen, dass die Verbindung von Coaching und Beratung eine deutliche Zunahme von komplexen Perspektiven darstellt. Für die professionelle Umsetzung ist es hilfreich, Beratung und Coaching als zwei unterschiedliche Arbeitsfelder zu verstehen. Sie haben unterschiedliche Dinge im Fokus (Person bzw. Organisation) und verfügen über unterschiedliche Interventionsmethoden. Gleichzeitig bedarf es beim Coaching und in der Beratung unterschiedlicher Kompetenzen und damit unterschiedlicher Professionalitätswege.

## Literatur

Baecker, D. (1994). *Postheroisches Management: Ein Vademecum*. Berlin: Merve.

DBVC – Deutscher Bundesverband Coaching e. V. (Hrsg.). (2012). *Leitlinien und Empfehlungen für die Entwicklung von Coaching als Profession. Kompendium mit den Professionsstandards des DBVC* (4., erw. Aufl.). Osnabrück: DBVC Geschäftsstelle.

Königswieser, R., Sonuç, E., & Gebhardt, J. (2006). *Komplementärberatung: Das Zusammenspiel von Fach- und Prozess-Know-how*. Stuttgart: Klett-Cotta.

Krusche, B. (2008). *Paradoxien der Führung: Aufgaben und Funktionen für ein zukunftsfähiges Management*. Heidelberg: Carl-Auer.

Luhmann, N. (2006). *Organisation und Entscheidung* (2. Aufl., Orig. 1978). Wiesbaden: VS Verlag für Sozialwissenschaften.

Wimmer, R., Glatzel, K., & Lieckweg, T. (Hrsg.). (2014). *Beratung im Dritten Modus: Die Kunst, Komplexität zu nützen*. Heidelberg: Carl-Auer.

**Thomas Dallüge** Dipl.-Phys., Dipl.-Psych. Geschäftsführer der osb international systemic consulting Berlin GmbH, Berater mit den Schwerpunkten Führung, Strategie, Organisationsdesign, Change, Coach (DBVC).

# 9 Coaching in Projekten

Ulrich Schüler

## 9.1 Einleitung – Projekte in allen Lebenslagen

Das Arbeiten in Projekten wird immer mehr zu einer der zentralen Organisationsformen in unserer heutigen Arbeitswelt. Es gibt kaum einen professionellen Bereich, der nicht für sich in Anspruch nimmt, gerade an irgendeinem Projekt zu arbeiten. Es ist zwar nicht so, dass Projektarbeit inzwischen zur einzig denkbaren Arbeitsform geworden wäre. Es gibt noch sehr viele Bereiche, die nicht projektweise arbeiten, vor allem in der industriellen Produktion oder in vielen Bereichen täglicher Dienstleistungen (zur Diskussion von Projekt- vs. Nicht-Projektorganisationen vgl. Schreyögg 2008; Kerzner 2009; Dillerup und Stoi 2013). Aber auch hier wird man feststellen, dass viele Menschen parallel zu ihrem Tageswerk bereits an ihren persönlichen, kleinen oder größeren Projekten arbeiten.

Was macht Projektarbeit so attraktiv? Zunächst einmal ist es wohl die Tatsache, dass man mit einem Projekt stets eine Vision über das Erreichen eines erwünschten Zielzustandes verbindet. Man möchte mit der Projektarbeit etwas erreichen, das besser ist als die Gegenwart; das einen selbst oder andere in eine bessere Lage bringt; das das Arbeiten erleichtern wird; das mehr aus der eigenen Zeit machen wird oder einfach auch nur mehr Profit bringen wird.

Und man betritt Neuland. Das macht es so interessant. Denn ein Projekt ist ja gerade dadurch gekennzeichnet, dass man etwas Neues, so noch nicht Dagewesenes schafft. Alles andere wäre Produktion oder bestenfalls Re-Produktion. Es ist

U. Schüler (✉)
Hochschule für Oekonomie und Management, Hamburg,
Am Schwarzen Berg 9, 22955 Hoisdorf b. Hamburg, Deutschland
E-Mail: ulrich.schueler@pm-sp.com



A. Schreyögg, C. Schmidt-Lellek (Hrsg.), *Die Professionalisierung von Coaching*,
Coaching und Supervision, DOI 10.1007/978-3-658-08172-0_9

ja zum Anfang eines Projekts alles andere als klar, wie man denn das Projektziel erreichen wird. Es werden also neue Wege gesucht werden müssen. Schritte, die man im Projekt gehen wird, müssen erst noch erdacht und geplant werden. Die benötigten Hilfsmittel müssen bestimmt werden und dann später auch beschafft werden. Das macht Projektarbeit so kreativ. Und Kreativität ist, wie schon Maslow (1981) postulierte, eines der Grundbedürfnisse in einer ansonsten recht gesicherten Lebenswelt. Schließlich bedeutet Projektarbeit stets auch das Zusammenfinden mit anderen. Denn Projekte finden immer in der tätigen Auseinandersetzung mit anderen Menschen statt. Das befriedigt ein weiteres Grundbedürfnis, nämlich das nach sozialen Kontakten und sozialer Eingebundenheit.

Es würde aber zu kurz greifen, den Vorteil von Arbeit in Projekten auf die Befriedigung psychologischer Bedürfnisse zu reduzieren. Sicher ist Projektarbeit in seiner professionellen – und das heißt, klar strukturierten – Herangehensweise auch eine der wirksamsten Formen, in einer sich ständig ändernden Welt handlungsfähig zu bleiben. Die Arbeitsform der Projektarbeit perfektioniert das rückkopplungs-orientierte individuelle Basis-Handlungs- und Erlebnismuster in seiner speziell strukturierten Weise für hochkomplexe soziale und technische bis hin zu transkulturellen Herausforderungen, wie es im Grundansatz auch bereits von verschiedenen Handlungstheoretiker (z. B. TOTE-Einheit nach Miller et al. 1960; Volpert 1975 mit seinem hierarchisch-sequentiellen Handlungsregulationsansatz) und auch von den Gestalttheoretikern modelliert wurde.

## 9.2 Psychologische Aspekte der Projektabwicklung

Deswegen bleiben wir noch ein wenig bei der psychologischen Betrachtung. Danach werden wir im zweiten Schritt sehen, dass Projektabwicklung, begriffen als eine (mechanistische) Technologie, also eine Ablaufvorschrift mit möglichst festgelegten Schrittfolgen, zwar nötig ist, jedoch nicht zum Projekterfolg führen kann, wenn wesentliche Merkmale und Verfahren, die zum Projekterfolg nötig sind, nicht hinreichend oder gar lediglich als Zufallsprodukte in das systematische Vorgehen einfließen. Diese Merkmale sind klar psychologischer Natur (vgl. Wastian et al. 2009). Die Verfahren beziehen sich auf Lern- und Rückkopplungsprozesse zwischen den Handelnden im Projekt. Meine These nun ist, dass diese Prozesse durch Coaching am besten unterstützt werden können.

Auf Basis von Navis (1987) hat Westermayer (2009) in seinem erweiterten Gestaltkreis beschrieben, auf welche Weise der Zyklus von Erleben und Handeln die verschiedenen „Denkbewegungen“ von Entdecken, Bewerten und Einordnen in ein Regelsystem integriert, wie sie ja täglich auch gerade in Projektarbeit vorkommen (vgl. Abb. 9.1).

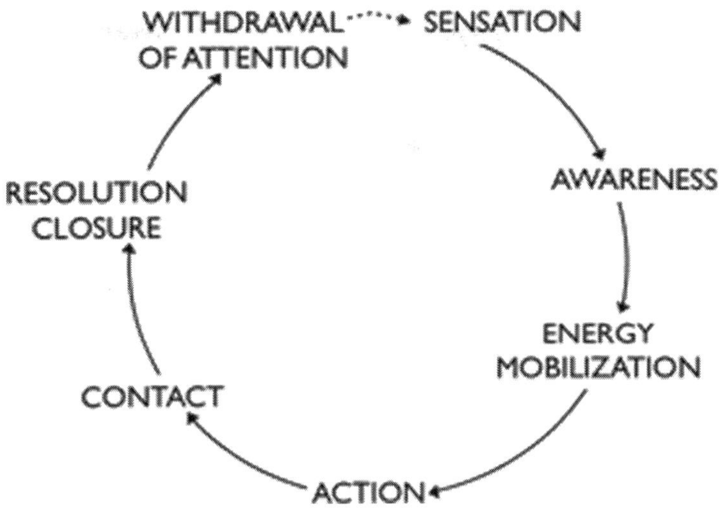


**Abb. 9.1** Gestaltkreis. (aus: Navis 1987, S. 2)

Richtet sich das Gewahrwerden auf einen Gegenstandsbereich, ein Objekt oder ein Phänomen, so werden sich in der Folge Einstellungen bei den gewahr werdenden Personen ergeben, die von einer oder mehreren der o.g. Denkbewegungen charakterisiert sind: Es wird Neues entdeckt, es wird etwas bewertet, oder etwas wird eingeordnet. Ob nun tatsächlich eine charakteristische Abfolge von Abduktion, Induktion und Deduktion in den darauf folgenden Handlungs- und Bewertungssequenzen erfolgt, so wie Westermayer beschreibt, sei einmal dahingestellt. Eine solche Abfolge zwingend zu fordern, ist für unsere Diskussion gar nicht notwendig. In diesem Erklärungsansatz sind die wesentlichen Merkmale zu finden, die auch bei jedem Projekt richtungsgebend sind: angefangen bei der (emotional begründeten) Awareness über die Entwicklung einer Handlungsabsicht mit der darauf folgenden rationalen Handlung/Einwirkung und der Evaluation des Handlungsergebnisses, das nicht selten eine Veränderung in der Sicht auf den ursprünglichen Gegenstand oder eine klare Einsortierung des zuvor wahrgenommenen Phänomens nach sich zieht.

Ein Beispiel aus meiner Projektpraxis: In Software-Entwicklungsprojekten kommt es immer wieder vor, dass bei neu ausgelieferten Softwarekomponenten vom Kunden Fehler gemeldet werden, die natürlich sofort vom Lieferanten geprüft werden. Immer wieder passiert es dann, dass ein gemeldeter Fehler nicht reproduzierbar ist. Kommt dies häufiger bei einem Kunden vor, so ist der Supporter, der solche Fehlermeldungen entgegennimmt, recht bald geneigt, eine neue Meldung seitens des Kunden sofort als unberechtigt einzusortieren – und das womöglich auch noch mit entsprechender emotionaler Beteiligung („... na klar, das kommt von dem..., der versteht das System sowieso nicht!"). Aufgrund dessen führen die aus dieser Einstellung abgeleiteten Handlungen im Fall eines berechtigt gemeldeten Fehlers grundsätzlich zunächst nicht zum gewünschten Ergebnis, und der Zyklus wird mit allen Facetten der Änderung von Sichtweisen (etwa in den Stufen von „dummer User" über „technische Fehlkonfiguration beim Kunden" bis hin zum „bug im Software-System") zeitraubend durchgegangen.

Das von Westermayer benannte Prinzip der Abduktion, also diejenige Form von Argumentation bei überraschenden Erfahrungen oder Tatsachen, erscheint mir hier sehr hilfreich:

> Die Abduktion hilft, sich selbst über solche bereits in der Wahrnehmung vorhandenen Annahmen bewusst zu werden, oder anders ausgedrückt, das sich neugierig Fragen, mit welchen Annahmen man ein Phänomen erklären kann, was man im Moment nicht versteht, nennt man Abduktion. (Westermayer 2009, S. 97)

Neugieriges Fragen als Methode? Sicherlich gehören Fragen und entsprechende Fragestile zu den Grundtechniken im Coaching (Schreyögg 2012; Grant 2012). Bevor ich mich aber den Prinzipien und dem Vorgehen des Projektcoachings zuwende, möchte ich noch einmal auf die stukturellen Bedingungen einer professionellen Projektabwicklung kommen.

## 9.3 Strukturelle Aspekte der Projektabwicklung

Projektarbeit und speziell das Projektmanagement sind bereits seit vielen Jahren Gegenstand der Diskussion über geeignete/passende Verfahren, die vom Projektmanagement anzuwenden sind im Sinne einer optimalen Zielerreichung im Projekt. Bereits in den 60er Jahren wurden in Nordamerika und in Europa Vorgehensmodelle der Projektabwicklung diskutiert. Erste Ansätze zu einem standardisierten Vorgehen wurden mit der Gründung der International Project Management Association (IPMA) 1965 in Europa sowie des Project Management Instituts (PMI) in den USA 1969 institutionalisiert. Heute bietet eine Fülle von Projektmanagement-Instituten weltweit Ausbildungen und Zertifizierungen zum Thema an. Mit PRINCE2, CMMI, PMBoK und anderen Standards liegen inzwischen sehr viele Strukturierungsansätze zur Projektabwicklung vor.

### 9.3.1 Ablauforganisation von Projekten

Generell einig sind sich alle Ansätze zur Projektabwicklung in der groben Ablaufstruktur, die (mindestens) eine Initialisierungsphase, eine Planungsphase, eine Ausführungsphase, ein begleitendes Monitoring und Controlling sowie eine Abschlussphase vorsieht. Diese Phasenabläufe werden oft auch als zyklisch konzipiert. Auch herrscht Einigkeit darüber, dass die Ausführungsphase entsprechend der Aufgabenkomplexität in weitere Sub-Phasen untergliedert werden kann, wobei jede Subphase eine sich wiederholende Standardabfolge von den bereits genannten formalen Projektschritten beinhalten kann.

Einen Ansatz zu Ablaufstrukturen in Projekten, den ich im Folgenden aufgreifen möchte, liefert das PMI mit dem Project Management Body of Knowledge (PMBoK, PMI 2013). Nicht zuletzt wegen der flexiblen und durchaus auch rekursiv definierten Vorgehensweise ist dieser Ansatz gerade in der Projektpraxis sehr gut anwendbar. Es werden neun verschiedene Wissensbereiche (*knowledge areas*) beschrieben, die in fünf Standardprozessbereichen zur Anwendung gelangen. Tab. 9.1 zeigt diese Struktur im Überblick.

Wenn aus psychologischer Sicht Projektarbeit das gerichtete, strategisch orientierte Handeln hin auf ein komplexes Ziel ist, dies mit dem typischen Zyklus von

Wahrnehmung → Awareness (über die sich ergebende(n) Aufgabe(n)) → Ausführung → Einschätzung des (Zwischen-)Ergebnisses → Wahrnehmung (Ableitung weiterer Aufgaben) →…,

so spiegelt die strukturelle (Ablauf-)Sicht auf das, was ein Projekt ist, genau diesen Zyklus wieder. Ein Projektmanager sowie auch das Projektteam sind so gut, wie sie es gemeinsam schaffen, kompatible Wahrnehmungen sowie Awareness über die Projektaufgaben und den Projektverlauf zu bilden. Die Komplexität von Projekten nötigt die Beteiligten, die Wahrnehmungsprozesse (und in der Folge auch die Handlungsprozesse) zu systematisieren. Die meisten Projekte scheitern nicht an der Projektplanung, sondern an der fehlenden gemeinsamen Awareness über die im Ablauf zu leistenden Tätigkeiten.

Der eigentliche Wert von Standardverfahren in der Projektabwicklung ist der Folgende: Professionell angewendet und von den Beteiligten akzeptiert, können die Beteiligten sich darauf verlassen, dass wichtige Bedingungen, die Einfluss auf den Projektverlauf haben, systematisch erfasst werden und daraus zielführende Handlungsfolgen abgeleitet werden. Und immer noch gilt: Die rein mechanische Ausführung von Arbeitsschritten in einem Projekt ohne Blick auf die Wahrneh-

**Tab. 9.1** PMBoK Wissensgebiete und Prozessbereiche (nach PMI, 2013, S. 423)

| Project management wissensgebiete | Initialisierungsprozesse | Planungsprozesse | Ausführungs-prozesse | Monitoring & Controlling-Prozesse | Abschluss-prozesse |
|---|---|---|---|---|---|
| Projekt-Integrationsmanagement | Projekt-Steckbrief entwickeln | Projekt-Mgmt.-Plan entwickeln | Leiten und Managen der Projektdurchführung | überwachen und kontrollieren der Projektarbeit; Änderungskontrolle | Projekt/Phase schließen |
| Projekt-Umfangsmanagement | | Anforderungen ermitteln; Projektumfang definieren; WBS erstellen | | Projektrahmen verifizieren und kontrollieren | |
| Projekt-Zeitmanagement | | definieren und sequentialisieren von Aktivitäten; abschätzen von Ressourcen und Zeiten; Plan entwickeln | | Projektplan kontrollieren | |
| Projekt-Kostenmanagement | | Kosten abschätzen; Budget festlegen | | Kosten kontrollieren | |
| Projekt- Qualitätsmanagement | | Qualität planen | Qualitätssicherung durchführen | Qualitätskontrolle durchführen | |
| Projekt-Personalmanagement | | HR Plan entwickeln | Projektteam aufstellen; Projektteam entwickeln; Projektteam managen | | |
| Projekt-Kommunikationsmanagement | Stakeholder identifizieren | Kommunikation planen | Informationen verteilen; Stakeholder-Erwartungen managen | Performance berichten | |
| Projekt-Risikomanagement | | Risiko-Mgmt planen; Risiken identifizieren; Qualitative & Quantitative Risikoanalyse; Risikobewältigung planen | | Risiken überwachen und kontrollieren | |
| Projekt-Beschaffungsmanagement | | Beschaffungsplanung | Beschaffungen durchführen | Beschaffungen verwalten | Beschaffungen abschließen |

mungen der einzelnen Projektbeteiligten kann nicht zum Erfolg führen. Immer wieder müssen die Beteiligten (und damit sind alle Stakeholder gemeint) gemeinsam ausgerichtet werden. Nur wenn bei allen Stakeholdern auf Dauer, also über den gesamten Projektzeitraum hinweg, kompatible Sichten auf die Projektaufgaben, den Projektverlauf und die Projektziele herrschen, wird das Projekt erfolgreich abgeschlossen werden können. Auf dem Weg dahin ist es immer wieder nötig, diese Kompatibilität der Sichten herzustellen, bzw. sich dessen gegenseitig zu versichern. Das ist sicher eine der Hauptaufgaben des Projektmanagers, aber stets auch die Aufgabe eines jeden Projektbeteiligten. Dieser kontinuierliche Prozess kann sehr gut durch Coaching unterstützt werden.

**Beispiele**

1. Wenn in einem Konstruktionsprojekt im Zuge der Herstellung eines mechanischen Teils Toleranzmaße angesetzt werden, so werden sie oft aufgrund statistischer Messungen festgelegt worden sein. Da aber statistische Messungen immer Streuungen aufweisen, kann das festgelegte Toleranzmaß nur als Übereinkunft zwischen den einschlägigen Experten gesehen werden – und sich im Projektverlauf ggf. sogar als nicht brauchbar erweisen.
2. Ob ein Software-System, das Anwender in ihrer Aufgabenerledigung unterstützen soll, akzeptable Antwortzeiten aufweist, ist, je komplexer die Anwendung wird, umso mehr ein Aushandlungsprozess zwischen den beteiligten Entwicklern und den Anwendern. Würde etwa eine starre 3-s-Regel in den Antwortzeiten stets ohne Rücksicht auf den Anwendungszusammenhang gefordert werden, würden sicherlich sehr viele Anwendungssysteme abgeschaltet werden müssen, auch wenn sie den Anwendern sehr nützlich und hilfreich sind. Auch hier muss die gemeinsame Sicht auf das zu verfolgende Projektziel immer wieder aktualisiert werden.

Es gilt, die gemeinsame Sicht über festgelegte Qualitätskriterien immer wieder zu erneuern. Dies ist eine wesentliche Aufgabe des Qualitätsmanagements in einem Projekt und wird üblicherweise als Qualitätssicherung bezeichnet. Oft genug ist hier ein Konfliktpotential verborgen, das im Coachingprozess entschärft werden kann.

Seit 2001 hat sich die Einsicht etabliert, dass der Erfolg von Projektgeschehen weniger von formal-organisatorisch festgelegten Rahmenbedingungen abhängt, sondern viel mehr von der Möglichkeit zur breit angelegten Kooperation und dem gemeinsamen Verständnis über die zu leistenden Aufgaben aller Projektbeteiligten anhand des methodischen Rahmens einer Agilen Projektvorgehensweise (s. dazu das Agile Manifesto; Beck et al. 2001; Anderson 2010; Cohn 2009). Agiles Projektvorgehen hebt sich deutlich vom klassischen Vorgehen ab: Die immer noch in vielen Modellen und Standards propagierte phasenorientierte Abwicklung mit der charakteristischen (und allzu oft zu starren) Abfolge von Zieldefinition, Planung, Design, Umsetzung und Fertigstellung ist einer iterativen, in kleinen Entwicklungsschritten fortschreitenden Vorgehensweise gewichen. Die Projektteams werden im Agilen Vorgehen als autonome, selbststrukturierende Gruppen aufgestellt mit einer möglichst geringen formalen Hierarchie. Die Rolle des Projektmanagers wird in einigen Agilen Ansätzen explizit als Moderator und Unterstützer definiert. Projektentscheidungen sollen möglichst als Teamentscheidungen getroffen werden. Projektziele werden bei Projektaufnahme nur grob definiert und dann in den Iterationen sukzessiv im Projektverlauf verfeinert. Jede Iteration wird beschränkt auf einen überschaubaren Zeitraum von üblicherweise zwei bis vier Wochen und soll ein vorzeigbares (Zwischen-)Ergebnis erzeugen. Jede neue Iteration beginnt mit der Teamentscheidung darüber, welche Projektteilziele als nächstes angegangen werden.

### 9.3.2 Aufbauorganisation von Projekten

Neben der Frage nach einer geeigneten Ablaufstruktur von Projekten ist sicher auch die Frage nach einer geeigneten formalen Aufbaustruktur relevant. Unstrittig ist heute, dass für Projektarbeit eine strikt funktionale, hierarchische Struktur („Linienorganisation") nicht die beste Voraussetzung darstellt (vgl. Schreyögg 2008; Dillerup und Stoi 2013; PMI 2013), bleiben doch hier die Projektmitglieder voll in das operative Standardgeschäft eingebunden. Der Projektleiter hat in dieser Organisationsform faktisch kaum die Möglichkeit, eigenverantwortlich Planungen durchzuführen und Entscheidungen zu treffen, und ist eher als „Erfüllungsgehilfe" seines Vorgesetzten zu sehen. Immer muss das Projekt damit rechnen, dass bei Engpässen im Standardgeschäft die Projektaufgaben hintangestellt werden und damit der Projektfortschritt schwer kalkulierbar wird. Demgegenüber erscheint die Matrix-Organisation die bessere Variante für eine Projektabwicklung, da hier die Mitarbeiter anforderungsbezogen flexibel in das Projektgeschäft eingebunden werden können.

Während die Matrixorganisation heute als Organisationsform zur Projektabwicklung weiter verbreitet sein mag, ist die projektierte Organisation sicher die günstigere, wenn auch anspruchsvollste Organisationsvariante für Projekte, da nur hier die notwendige Unabhängigkeit des Projektteams und der Projektleitung von anderen Bereichen weitestgehend gewährleistet werden kann. Budget-, Planungs-, Entscheidungs- sowie auch Ergebnisverantwortung liegen hier beim Projektmanager. Er benötigt hier dann auch üblicherweise entsprechende Vollzeitprojektkapazitäten, die die administrativen Aufgaben übernehmen. Damit erhält ein Projekt die Qualität eines sehr weitgehend autonomen Betriebs, der dann auch entsprechenden übergeordneten Kontrollmechanismen unterliegen muss. Das für das Projekt eingerichtete Steuerungskomitee („Lenkungsausschuss") wirkt dann ähnlich wie eine Gesellschafterversammlung oder ein Aufsichtsrat.

Aus psychologischer und gruppendynamischer Perspektive bringen alle genannten Organisationsformen je eigene coaching-relevante Aspekte ein: Bei der Linien-Organisation wird ein Coaching-Bedarf am ehesten auf individueller Ebene, genauer: des Projektleiters, bestehen. Der Fachvorgesetzte des Projektleiters (der „Hierarch“) agiert üblicherweise außerhalb des Projektteams und gibt Direktiven, die manchmal Kriterien folgen, die nicht projektförderlich sind. Den „Untergebenen“ bleibt ein entsprechend geringer Handlungs- und Entscheidungsspielraum. Daher wird das Coaching darauf konzentriert sein, mit dem Coachee, dem Projektleiter, individuelle Strategien zu entwickeln, um vorhandene Einschränkungen zu verarbeiten und dabei handlungsfähig zu bleiben. Teams werden hier immer nur Funktionsteams sein. Die Gruppendynamik wird hier sehr stark bestimmt werden von der Führungsperson und den formalen Rahmenbedingungen. Da der Projektleiter in dieser Konstellation zumeist eine Pufferfunktion nach oben wie nach unten übernimmt, ist vielfach auch Konfliktbearbeitung ein Coachingthema.

Bei der Matrix-Organisation wie auch bei der projektierten Organisation kann sich ein Coachingbedarf auf mehreren Ebenen entwickeln: Durch die erhöhte Autonomie werden Prozesse der Selbstorganisation des Projektteams ein wichtiger Bestandteil der Projektabwicklung. Die Funktion von Coaching ist hier einerseits auf die spezifische Gruppendynamik ausgerichtet: Es gilt, die Potenziale der Gruppe sowie das kooperative Miteinander zu fördern. Ein weiterer Schwerpunkt wird auf das Entdecken und Nutzen individueller Potenziale der einzelnen Projektmitglieder (einschließlich anderer, z. T. nur mittelbar einflussnehmender Stakeholder) liegen. Beide Themenbereiche bilden wesentliche Erfolgsfaktoren für das Gelingen eines Projekts. Coachingthemen ergeben sich unter dieser organisatorischen Rahmenbedingung in den Bereichen Führung, Teamdynamik, Konflikte sowie persönliche Entwicklung und Potenzialentfaltung. Da mit Fortschreiten eines Projekts das Thema Zeit stets kritischer wird, findet sich immer wieder auch das Thema „Work-Life-Balance“. Interessanterweise werden in der Praxis mit steigendem Projektzeitdruck auch vermehrt Karrierethemen adressiert. Unter dem „handwerklichen“ Gesichtspunkt ergeben sich für das Projektmanagement regelmäßig auch verfahrensbezogene Coachings.

## 9.4 Coaching als Profession

Coaching ist anerkannterweise eine Beratungsformat, um Entwicklungsprozesse bei Personen zu unterstützen. Durch Coaching werden Lern- und Rückkopplungsprozesse individuell oder auch in Gruppen unterstützt und gefördert, ja sogar oft erst möglich gemacht. Deswegen ist es durchaus sinnvoll, zu fragen, in welcher

Form Coaching in Projekten unterstützen kann, dort nämlich, wo die reguläre Projektarbeit und das Projektmanagement oft an die Grenzen ihrer Möglichkeiten kommen: bei dem Versuch, zu verstehen und Kompatibilität in den Sichten der Beteiligten zu erlangen.

In der Literatur werden unter dem Label „Coaching“ sehr unterschiedliche Verfahrensangebote gemacht. Verfahren sind abhängig von Sichten auf das Thema Coaching (s. z. B. DBVC 2012, S. 20; ICF 2015). Lern- und Leistungsprozesse, zwei wesentliche Faktoren in der Abwicklung von Projekten, werden demnach beim Coaching über die Bearbeitung der Wahrnehmungs-, Kommunikations-, Verhaltens- und Lösungsmuster des/der Coachees unterstützt. Coaching hat das Ziel, die persönliche Leistungsfähigkeit zu erhöhen, manchmal auch nur zu erhalten (insbesondere in persönlichen oder beruflichen Krisensituationen).

Die Sichten auf das, was Coaching ist, gleichen sich an. War in der Vergangenheit Coaching ein reines Personalentwicklungsinstrument, so wird es heute weiter gefasst: Coaching ist Beratung, die Unterstützung bieten soll in allen Aspekten persönlicher Entwicklung, sei es beruflich oder auch privat. Letzteres spiegelt sich dann auch in den Begriffen „Life-Coaching“ oder „Work-Life-Balance“ wider. Wir finden uns derzeit in einer Entwicklungsphase der Coachingdisziplin, die sich um Spezialisierung in den verschiedensten Bereichen bemüht.

*Projekt-Coaching ist dann das Spezialgebiet im Coaching, das Projekt-Schaffende in ihrer fachlichen und persönlichen Entwicklung unter dem Eindruck eines gegebenen Projekts unterstützt. Fachlich prozessuales Wissen über Projektverläufe seitens des Coachs ist unabdingbarer Bestandteil des Coachingprozesses.*

Das Normenwerk des Project Management Instituts (PMI 2013), als ANSI-Standard inzwischen weltweit etabliert, stellt im Rahmen der Kernprozesse zum Personalmanagement heraus, dass es eine von drei wichtigen Aufgaben des Projektmanagers sei, die Entwicklung der Projektmitglieder zu fördern. Es wird jedoch im Rahmen des Standards nicht thematisiert, ob der Projektmanager gefördert werden soll und wer dies gegebenenfalls durchführt.

Im angloamerikanischen Raum herrscht eine Sicht auf Coaching, die eng mit den zwei weiteren Konzepten Counseling und Mentoring zusammenhängt: Coaching ist die Auswahl und das Trainieren der richtigen Mitarbeiter; Counseling ist das Beraten von problematischen Mitarbeitern; Mentoring ist das Fördern der „best performers“ (Stone 2007). Coaching ist dann oft gleichgesetzt mit Vorgesetzten-Coaching. Internem Coaching wird Vorrang gegeben vor einem externen, d. h. durch einen organisationsfremden Coach durchgeführten Coaching (zur Diskussion internes vs. externes Coaching in Deutschland siehe Schreyögg 2012; Rauen 2005). Das interne Coaching ist, wie auch das Vorgesetzten-Coaching, nach meinen Erfahrungen ein sehr wichtiges und auch wirkungsvolles Instrument zur erfolgreichen Personal- und Geschäftsentwicklung. Schreyögg und Rauen betonen mit Blick auf den externen Coach, dass diesem ein Vertrauensvorschuss gewährt wird, den der interne Coach meist nicht hat. Dieser Vertrauensvorschuss erschöpft sich aber in den Beziehungsthematiken und gilt oft weniger für die fachlichen Aspekte der Coachingthematiken, die zweifellos im Coaching und insbesondere im Projektcoaching regelmäßig eine wichtige Rolle spielen. Hier ist es für den Coachee wesentlich, eine gemeinsame Wissensbasis mit seinem Gegenüber unterstellen zu können. Um einen entsprechenden fachlichen Vertrauensvorschuss zu erhalten, muss der externe Coach mehrfach in der Vergangenheit von der Organisation engagiert worden sein. Das gilt natürlich auch unter interkulturellen Bedingungen, vor allem dann, wenn dem internen Coach vom Coachee ein größerer Erfahrungsschatz in dem problematisierten Arbeitsumfeld zugebilligt werden kann.

Vor einigen Jahren führte ich ein Bündel von aufeinander bezugnehmenden Software-Entwicklungsprojekten als Programm-Manager in Kanada mit mehreren multinationalen Teams durch. Einmal abgesehen von den kanadischen Teammitgliedern des Auftraggebers, die es gewohnt waren, als multinationale Gemeinschaft zu arbeiten, hatten auch wir von der deutschen Auftragnehmerseite ein multinationales Team engagiert, wobei Teammitglieder von Deutschland aus und andere Teammitglieder in Kanada arbeiteten. Ich selbst bin im monatlichen Turnus zwischen den Projektstandorten gereist. Beide Teams arbeiteten an der Abwicklung der Projekte sehr eng zusammen. Sowohl bei meinen Besuchen in Deutschland als auch an den kanadischen Standorten wurden regelmäßig die Formen der Zusammenarbeit mit den jeweiligen Partnern am anderen Standort thematisiert.

Ein Entwickler in Deutschland beklagte sich einmal bei mir, dass er Anforderungsbeschreibungen von einem der Teammitglieder in Kanada stets in einer Form erhielt, die für ihn als Techniker inakzeptabel waren, da sie immer zu viel Interpretationsspielraum über das zu erwartende Ergebnis zulassen würden. Erst als wir mit ihm in einer gemeinsamen Sitzung herausarbeiten konnten, dass die gelieferten Beschreibungen absichtlich Interpretationsspielraum zuließen, weil nämlich das Teammitglied in Kanada dem Entwicklungsbereich bewusst Gestaltungsspielräume offen lassen wollte, um das optimale technische Ergebnis zu erreichen, entspannte sich die Problematik und führte zu einem neuen, gemeinsam abgestimmten Vorgehen der Kollegen, innerhalb dessen sie sich regelmäßig über Anforderungsbeschreibungen abstimmten. Mehr noch, es wurde verabredet, im Verlauf des Entwicklungsprozesses regelmäßige gemeinsame Sitzungen abzuhalten, in denen der Entwicklungsfortschritt präsentiert und von den kanadischen Anwendern evaluiert wurde.

War meine Intervention als Programmmanager in diesem Fall Coaching? Kann ein Projektmanager sein Team coachen? Hackman und Wageman (2005) beispielsweise vertreten die Ansicht, dass Teamcoaching eine zentrale Funktion der Führungskraft ist. Dies gilt aber sicher nicht unabhängig von den herrschenden organisatorischen Rahmenbedingungen, in denen beide, Vorgesetzter und Mitarbeiter, agieren. In stark formalen bzw. taylorisierten Organisationen (vgl. z. B. Schreyögg 2008; Dillerup und Stoi 2013) ist ein Coaching seitens der Leitungsfunktionen (Projektmanager oder Programmmanager) kaum möglich. Hier ist, wie weiter oben bereits festgestellt, das organisatorische Rahmenmodell so ausgelegt, dass die Trennung von Planung und Ausführung kaum Entwicklungsspielräume für den Mitarbeiter zulässt. Da hier das regelgerechte Funktionieren des Mitarbeiters im Vordergrund dieser Organisationen steht, oft einhergehend mit strikten Handlungsanweisungen für den Einzelnen, wird meist auch gar nicht erst die Frage gestellt, ob es sinnvoll sein kann, den Mitarbeiter zu coachen.

Immer mehr Organisationen entwickeln sich aber zu vernetzten Systemen von Handlungseinheiten, in denen Verantwortlichkeit und Handlungsautonomie deutlich stärker an den Einzelnen delegiert werden. Dies, so meine ich, ist heute sogar der Normalfall einer Projektorganisation. Eine Folge ist, dass der Vorgesetzte (der Projektmanager) nicht mehr nur Autorität für den Mitarbeiter ist. Er ist auch daran interessiert, seinen Mitarbeitern optimale Voraussetzungen zur Identifikation und zur Erreichung der Aufgabenziele zu schaffen. In vielen Projektthemen und -situationen ist der Projektmanager nicht mehr der Führende, sondern der Geführte. Damit einher geht die notwendige Nebenbedingung, dass sich jeder Mitarbeiter in seinem Aufgabenbereich weiterentwickeln kann – und das nicht nur aus fachlicher Sicht.

In dem Ausmaß, in dem sich der Vorgesetzte darüber bewusst ist, dass er gegenüber seinem Mitarbeiter immer auch einen Entwicklungsauftrag hat, diesen also in der Entfaltung seiner Potenziale zur Erreichung der Aufgabenziele unterstützen soll, soll der Vorgesetzte auch als Coach wirken (Dörr et al. 2014). Für Whitmore (2009) kann der Coachingprozess zwischen Vorgesetztem und Mitarbeiter auch informell ablaufen und wird, richtig angewendet, zur effektivsten Methode des Managements (Whitmore 2009, S. 53 f.).

Aber kann ein Vorgesetzter wirklich die Funktion des Coachs einnehmen? Gewiss soll er die Entwicklung seiner Mitarbeiter unterstützen. Auf der anderen Seite soll er strategisch und ergebnisorientiert führen. Damit ist die Sicht eines Vorgesetzten auf die Entwicklungsrichtung eines Mitarbeiters regelmäßig nicht in erster Linie an dessen Potenzialen orientiert, sondern vielmehr an den strategischen Zielen des Führenden und den zu erreichenden Ergebnissen. Es geht also in der Interaktion zwischen Vorgesetztem bzw. Projektmanager und Mitarbeiter um personale Einflussnahme und weniger um personenzentrierte Entwicklungsarbeit. Die in der Literatur inzwischen gängige Sicht vom Vorgesetzten als Coach ist in der Praxis nicht einzulösen.

Im Agilen Projektvorgehen tritt die Vorgesetztenrolle des Projektmanagers wie auch des Projektsponsors, verglichen mit dem traditionellen Vorgehen, stark in den Hintergrund. Beide sind Teil des Projektteams mit dedizierten Aufgabenbereichen, die beim Sponsor inhaltlich definiert sind, indem er die Projektziele bestimmt.

Die Aufgabenbereiche des Projektmanagers indessen sind koordinierend und unterstützend, indem er moderiert und dafür sorgt, dass Probleme und Schwierigkeiten jedweder Art beseitigt werden. Das Team entscheidet gemeinsam über den einzuschlagenden Weg und die spezifische Aufgabenverteilung, um die vom Projektsponsor priorisierten Projektziele zu erreichen. Professionelles Coaching kann nicht aus dem Projekt heraus durch das Kernteam erfolgen. Weder der Projektmanager noch ein anderes Teammitglied kann dauerhaft die Coachingfunktion übernehmen. Im Sinne eines „coach the coach"-Ansatzes liegt es dann nur nahe, den Projektmanager eines agilen Projekts regelmäßig projektbegleitend zu coachen. Teamcoaching und individuelles Coaching sind dann die weiteren Bausteine eines begleitenden Coachings.

## 9.5 Anlässe für Projektcoaching

Es ist ganz offensichtlich, dass Projektcoaching im Agilen Vorgehen ein zentrales Hilfsmittel ist. Mit der Aufnahme eines neuen Projekts werden gruppendynamische Prozesse ablaufen, die durch Coaching ausgerichtet werden können. Für den Projektmanager, im Ansatz der Agilen Methode „Scrum" auch „Scrum Master" genannt (Schwaber 2007), wird gerade in den ersten Phasen eines Projekts ein individuelles Coaching hilfreich sein können. Projektgruppen arbeiten stets unter starkem Zeit- und Erfolgsdruck. Hier können drei Themenbereiche im gesamten Verlauf eines Projektes im Coaching relevant werden:

3. Die fachlich-handwerklichen Grundlagen der Projektabwicklung. Kernthema ist hier regelmäßig die Frage nach den geeigneten Projektmethoden und Hilfsmitteln für die gegebene Projektsituation.
4. Die individuellen Dispositionen und Potenziale in der Projektabwicklung. Hier ist ein angemessenes Zeit- und Aufgabenmanagement oft ein wichtiges Thema für die Projektteilnehmer, individuell sowie auch in der Gruppe.
5. Konfliktthemen. Hier werden sowohl Sachkonflikte als auch personale Konflikte zu bearbeitende Inhalte. Seltener werden klassische Coachingthemen wie Karriereentwicklung oder Work-Life-Balance aktiv von den Coachees im Rahmen des Projektcoachings aufgegriffen.

Generell wird Projektcoaching umso mehr ein wichtiger Erfolgsfaktor für das Gelingen von Projekten werden, je weniger hierarchisch die Projektorganisation ist. Das gilt auch für Projektorganisationen, die nicht agil aufgestellt sind.

## 9.6 Ziele, Rahmenbedingungen und Verläufe im Projektcoaching

Die Zielhorizonte im Projektcoaching können vielfältig sein: Durch die gemeinsame Projektaufgabe sind zuerst die klassischen Projektziele Teil der Zielvereinbarung im Coaching: Schaffen eines qualitativ hochwertigen Ergebnisses (meistens gemessen an dem Grad der Zufriedenheit des Projektabnehmers); Effizienz und Effektivität (meistens gemessen am verbrauchten Projektbudget und dem benötigten Zeitaufwand). Als weitere Ziele können soziale Prozesse innerhalb des Projektteams definiert werden: Rollenfindungen und die Verbesserung von Kooperationsfähigkeit und Teamkohärenz sowie die Selbstorganisationsfähigkeit des Teams. Schließlich können individuelle Entwicklungsziele einzelner Projektteilnehmer Teil der Zielvereinbarung im Coaching werden.

Die Anwendungsmöglichkeiten von Methoden und Hilfsmitteln im Projektcoaching unterscheiden sich nicht vom klassischen Coaching. Unter den bekannten Methoden und Hilfsmittel (Rauen 2008, 2009) gibt es sicherlich wenig Einschränkungen. Die Art der angewendeten Methoden wird lediglich durch den Kenntnisstand, die Praxiserfahrung und die Vorlieben des Coachs beschränkt. Eine systematische Untersuchung der Wirksamkeit unterschiedlicher Methoden in Projektzusammenhängen wäre sicher wünschenswert, ist aber eine bis heute offene Fragestellung. Die Rahmenbedingungen für die Coachingsituation sollten derart gestaltet sein, dass sowohl formal als auch räumlich ein Unterschied besteht zur täglichen Projektsituation des Coachees bzw. des Projektteams. Im Tagesgeschäft eines Projekts ist es von Vorteil, wenn die räumlichen Bedingungen es zulassen, dass man schnell zusammen kommen kann. Einzelcoachings müssen natürlich unter Umgebungsbedingungen geführt werden, die Privatheit erlauben. Auch Gruppencoachings müssen in einer Umgebung stattfinden, in denen sich die Gruppenmitglieder für die Zeit des Coachings von ihrer gewohnten Arbeitsumgebung absetzen können.

Eine mögliche Standardstruktur im Projektcoaching berücksichtigt fünf Phasen:

1. *Vorbesprechung zum Coachingauftrag*: Die Vorbesprechung sollte mit dem Auftraggeber und – soweit zu diesem Zeitpunkt bereits benannt – mit dem Projektmanager stattfinden. Vertragspartner ist üblicherweise der Projektbesitzer und nicht der Projektmanager. Folgende Fragestellungen werden besprochen: Was sind die Projektziele? Welche Akteure können bereits benannt werden? Was sind die Coachingziele in diesem Projekt? Wie soll das Coaching (bezogen auf organisatorische Einbettung und zeitliche Struktur) in dem Projekt veran-

kert werden? Der nachfolgend aufzusetzende formale Coachingauftrag orientiert sich an den Antworten zu diesen Fragen.

2. *Kennenlernen*: Sinnvoll ist eine Erstsitzung mit dem Projektteam/dem Projektmanager. Während die Information über die Coachingbegleitung des Projekts bereits im Kick-off stattfinden sollte, ist diese Sitzung den Erwartungen und den Coachingzielen im Team, den anvisierten Rahmenbedingungen (Setting) sowie dem abgestimmten begleitenden Vorgehen gewidmet.
3. *Planarbeit*: Hier geht es um die Analyse des Projektablaufs sowie um kritische Risikofaktoren der Aufgabe und der Beteiligten (Stakeholder Analyse: Projektmanager, ausgewählte Teammitglieder, Gesamtteam, mittelbar Beteiligte). Die Analyse ist bezogen auf die laufenden Projektplanungsprozesse in der Projektabwicklung, allerdings mit Fokus auf die sogenannten Softfacts individueller und gruppenorientierter Themen, die im klassischen Risikomanagement meist nur eine untergeordnete Rolle spielen und in der Stakeholder-Analyse zumeist nur als formales Stakeholder-Management (Art des Einbezugs von Stakeholdern und Berichtswesen) stattfinden.
4. *Begleitendes Coaching des Projektteams*: Dies ist die Kernphase im Coachingprozess. In regelmäßigen Einzelcoachings des Projektmanagers sowie bedarfsweisen Einzelcoachings ausgewählter Teammitglieder wird der Projektfortschritt begleitet. Ebenfalls bedarfsweise werden Teamcoachings durchgeführt.
5. *Evaluation des Coachingprozesses*: Die Wirksamkeit des Coachings sollte in Projekten nicht erst zum Projektabschluss evaluiert werden, sondern mehrfach projektbegleitend, etwa nach Abschluss einer inhaltlichen Projektphase, beim Erreichen eines Projektmeilensteins bzw. beim Abschluss einer Projektiteration. Die abschließende Erfolgsbewertung zum Coaching ordnet sich ein in die Projektphase des Projektabschlusses.

## 9.7 Fazit

Das Arbeiten in Projekten wird in unserer globalisierten Wirtschaft in den kommenden Jahren stetig zunehmen. Formale Methoden und Hilfsmittel zur Unterstützung einer erfolgreichen Projektabwicklung sind inzwischen hinreichend bekannt und standardisiert. Dennoch scheitern heute immer noch viele Projekte. Die formale Strukturiertheit ist nicht Garant für den Projekterfolg. Jeder Projekterfolg ist von den Menschen abhängig, die gemeinsam an einem Projekt arbeiten. Die Psychologie der Projektarbeit ist damit ein wichtiger Faktor für den Projekterfolg. Das Ausrichten der Projektbeteiligten an einem gemeinsam identifizierten Ziel sowie das Berücksichtigen der Individualität jedes Beteiligten sind wesentliche Erfolgsfaktoren für ein Projekt. Ein professionelles Projektcoaching, das sich um die psychologischen Faktoren der Projektarbeit zentriert, wird entsprechend vermehrt zum Erfolg in Projekten beitragen. Die Art und Weise, wie ein begleitendes Coaching zum Projekterfolg beitragen kann, ist heute noch wenig systematisiert. Aufgabe eines professionellen Projektcoachings ist es, die methodischen Vorgehensweisen in einem Projekt mit den Fertigkeiten, Fähigkeiten und Potenzialen der Projektbeteiligten in Einklang zu bringen.

## Literatur

Anderson, D. J. (2010). *Kanban. Successful evolutionary change for your technology business*. Washington: Blue Hole Press.

Beck, K. et al. (2001). Manifesto for Agile Software Development. http://agilemanifesto.org/. Zugegriffen: 10. Apr. 2015.

Cohn, M. (2009). *Succeeding with agile. Software development using scrum*. Boston: Pearson.

DBVC – Deutscher Bundesverband Coaching. (Hrsg.). (2012). *Leitlinien und Empfehlungen für die Entwicklung von Coaching als Profession* (4., erw. Aufl.). Osnabrück: DBVC-Geschäftsstelle.

Dillerup, R., & Stoi, R. (2013). *Unternehmensführung* (4. Aufl.). München: Vahlen.

Dörr, S., Schmidt-Huber, M., & Maier, G. W. (2014). Wirksam führen. Motive, Fähigkeiten und vertrauensvolle Beziehungen. *Wirtschaftspsychologie aktuell, 21*(1), 21–26.

Grant, A. M. (2012). Making positive change: A randomized study comparing solution-focused vs. problem-focused coaching questions. *Journal of Systemic Therapies, 31*(2), 21–35.

Hackman, J. R., & Wageman, R. (2005). A theory of team coaching. *Academy of Management Review, 30*(2), 269–287.

ICF – International Coaching Federation. (2015). What is Coaching? http://foundation.coachfederation.org/AboutCoaching.aspx. Zugegriffen: 10. Apr. 2015.

Kerzner, H. (2009). *Project management. A systems approach to planning, scheduling, and controlling*. New York: Wiley.

Maslow, A. (1981). *Motivation und Persönlichkeit*. Reinbek: Rowohlt.

Miller, G. A., Galanter, E., & Pribram, K. A. (1960). *Plans and the structure of behavior*. New York: Holt, Rhinehart & Winston.

Navis, E. C. (1987). *Organizational consulting. A gestalt approach*. Cleveland: Gestalt Institute of Cleveland Press.

PMI – Project Management Insititute. (2013). *A guide to the project management body of knowledge* (5. Aufl.). Newtown Square: PMI.

Rauen, C. (2005). Varianten des Coaching im Personalentwicklungsbereich. In C. Rauen (Hrsg.), *Handbuch Coaching* (S. 111–136). Göttingen: Hogrefe.

Rauen, C. (2008). *Coaching-Tools* (6. Aufl.). Bonn: Managerseminare.

Rauen, C. (2009). *Coaching-Tools II* (2. Aufl.). Bonn: Managerseminare.

Schreyögg, A. (2012). *Coaching. Eine Einführung für Praxis und Ausbildung* (7., überarb. u. erw. Aufl.). Frankfurt a. M.: Campus.

Schreyögg, G. (2008). *Organisation. Grundlagen moderner Organisationsgestaltung* (5. Aufl.). Wiesbaden: Gabler.

Schwaber, K. (2007). *Agiles Projektmanagement mit Scrum*. Unterschleißheim: Microsoft Press.

Stone, F. M. (2007). *Coaching, counseling & mentoring*. New York: Amacom.

Volpert, W. (1975). Die Lohnarbeitswissenschaft und die Psychologie der Arbeitstätigkeit. In P. Groskurth & W. Volpert (Hrsg.), *Lohnarbeitspsychologie*. Frankfurt a. M.: Urban & Schwarzenberg.

Wastian, M., Braumandl, I., & v. Rosenstiel, L. (Hrsg.). (2009). *Angewandte Psychologie für Projektmanager. Ein Praxisbuch für die erfolgreiche Projektleitung*. Heidelberg: Springer.

Westermayer, G. (2009). Freude! Oder wie man die Götterfunken auch im Betrieb durch die betriebliche Gesundheitsförderung (BGF) und in der Politik durch Town Meetings zum fliegen bringen kann. In P. Schulthess & H. Anger (Hrsg.), *Gestalt und Politik* (S. 71–100). Bergisch Gladbach: EHP.

Whitmore, J. (2009). *Coaching for performance. GROWing human potential and purpose* (4. Aufl.). London: Nicolas Brealey.

**Prof. Dr. rer. nat. Ulrich Schüler Dipl.-Psych., Dipl.-Inform.,** Professur für Wirtschaftsinformatik an der Hochschule für Oekonomie und Management (FOM), Hamburg. Managing Partner der pmsp – projektmanagement dr. schueler & partner. Schwerpunkt: Projektberatung und -coaching in IT-Projekten.

# Coaching als philosophische Beratung Selbsterkenntnis und Selbstsorge 10

Thomas Stölzel

## 10.1 Zwei Dimensionen des Philosophierens

Philosophie, besser das Philosophieren hat (vereinfacht gesprochen) zwei Seiten, von denen viele Menschen nur die eine wahrnehmen und diese eine bereits für das Ganze halten. Dabei zeigt sich – historisch betrachtet[1] – diese Seite nicht nur als die spätere, sondern auch als die unwichtigere, vor allem was das Potenzial des Philosophierens für das persönliche wie berufliche Leben angeht. Insbesondere für das Antwortfinden auf die Frage nach einem guten Leben, das für viele mit einem sinnvollen, sinnerfüllten zusammenfällt. Was sind nun diese beiden Seiten, in die ich (aus Gründen der Vereinfachung) das Philosophieren hier unterscheide? Dieser Unterschied lässt sich folgendermaßen pointieren (vgl. Tab. 10.1):

Wenn ich hier diese beiden Seiten oder Dimensionen des Philosophierens einander kontrastiv gegenüberstelle, so sollen damit nicht Übergängigkeiten und Mischformen verwischt, sondern der Blick für ein häufig eigens nicht reflektiertes Phänomen geschärft werden: den vermeintlichen Gegensatz von *Theorie* und *Praxis*. Dieser tief eingebürgerte Gegensatz wird nicht selten durch Arroganz und Ignoranz sowie durch entsprechende Berührungsängste erzeugt. So fühlt sich die eine Seite der anderen überlegen, während die andere über diese bloß den Kopf

[1] Vgl. hierzu Achenbach 1984, 2009; Flasch 1986; Foucault 1989; Hadot 1991; Horn 1998; Achouri 2002; Schmid 2004, 2005; Stölzel 2012.

T. Stölzel (✉)
Cranachstr. 21, 12157 Berlin, Deutschland
E-Mail: info@metaloge.de



A. Schreyögg, C. Schmidt-Lellek (Hrsg.), *Die Professionalisierung von Coaching*, Coaching und Supervision, DOI 10.1007/978-3-658-08172-0_10

**Tab. 10.1** Zwei Dimensionen des Philosophierens

| Die theoretische Seite | Die praktische Seite |
|---|---|
| *Ancilla theologiae* (Magd der Theologie), Rollenzuweisung im Mittelalter | Lebensdienliche Exerzitien, Entwicklung einer stabilen Gelassenheit |
| Reduktion auf eine bloße Text- und Kommentarwissenschaft | Entfaltung geistig-seelischer Mündigkeit, Erforschung des eigenen Bewusstseins |
| Starke Denkbetonung | Methodische Entwicklung eigener Potenziale |
| Hinterherdenken | Selbstdenken |
| Lebensferne Terminologien | Reflektieren des eigenen Weltbildes |
| Abstrakte Betrachtung | Selbstfundamentierung |
| Fremde Gedankenwelten | Persönliche Ideenbildung |
| Lebensfern | Lebensnah |

schütteln kann. Doch führe man sich einmal deutlich vor Augen, was denn etwas „rein" Theoretisches oder „rein" Praktisches sein soll (es geht hier ja nicht um etwas so sinnlich Konkretes wie einen Tisch oder Stuhl). Die beiden in unserer Sprache sehr gebräuchlich gewordenen Begriffe *Theorie* und *Praxis* beschreiben in ihrer Ausgangssprache einerseits das Anschauen, Betrachten, Untersuchen, Zuschauer sein (griech. *theoría*) und andererseits das Handeln, Tun, Ausüben, Wirkung hervorrufen (griech. *prâxis*). Gibt es ein Handeln, dem nicht ein Betrachten vorausgeht oder stets begleitend mit zugegen ist? Oder ein Anschauen und Untersuchen, das nicht auf ein Tun und Hervorbringen von Wirkung ausgerichtet ist? Demnach wäre jeder vermeintliche Theoretiker unausweichlich auf Praktisches bezogen und jeder vermeintliche Praktiker von Theorien abhängig und von ihnen erfüllt. Überdies ist vielen sogenannten Praktikern anscheinend unklar, dass es sich bereits bei ihrer Selbstbeschreibung: „Ich bin ein Praktiker" um eine theoretische Äußerung handelt, die häufig einen wichtigen Bestandteil ihrer jeweiligen Selbst-Theorie darstellt, wie auch sehr abgehobene Theorien (wenn auch aus großem Abstand) auf Praktisches bezogen bleiben und praktische Beispiele den Nährboden für Theorien abgeben.

Obgleich man also stets von einer (mehr oder weniger bewussten) Doppelgestalt von Theorie *und* Praxis ausgehen kann, so gibt es doch unterschiedliche Akzentsetzungen. Wenn zum Beispiel im Folgenden Aspekte des philosophischen Coachings aus meiner Sicht skizziert werden, so versteht sich dies als ein Beratungsformat, in dem vornehmlich die *praktische* Dimension des Philosophierens zum Ausdruck kommt bzw. für die Themen von Einzelnen wie von Organisationen genutzt wird. Um den vielbezüglichen Begriff[2] des Philosophierens bzw. der Philosophie etwas deutlicher und anschaulicher zu machen, möchte ich zunächst einen kurzen Blick auf die Wortgeschichte werfen, das bedeutet, eine frühe illustrative Beschreibung vorstellen sowie mein Begriffsverständnis erläutern.

Dem Vernehmen nach war es die schillernde Gestalt des Pythagoras (im 5. Jahrhundert vor unserer Zeitrechnung), die den später so folgenreichen Begriff – ein paneuropäisches Fremdwort – prägte. Wenig später ist dieser dann bei dem Vorsokratiker Heraklit sowie bei dem Begründer der historischen Wissenschaft, Herodot nachweisbar. Ab dem 4. Jahrhundert vor unserer Zeitrechnung beginnt er allmählich fester Bestandteil des anthropologischen Begriffsschatzes und bis heute allgemein gebräuchlich zu werden.

Pythagoras – als mutmaßlicher Erfinder dieses Begriffs wie auch anderer, ähnlich nachwirkender Wortprägungen wie „Kosmos" – soll (so überliefert es Cicero in seinen tusculanischen Gesprächen) sich selbst so bezeichnet bzw. charakterisiert haben. Auf die Frage eines Gesprächspartners, was denn ein Philosoph tue und worin dieser sich von anderen Menschen unterscheide, habe Pythagoras, erzählt Cicero, mit einem Bild geantwortet (einer Anspielung auf die Olympischen Spiele, die vierjährig seit 776 vor unserer Zeitrechnung durchgeführt wurden): Das „Leben der Menschen scheine ihm [Pythagoras] jenem Markt ähnlich, der aus Anlass der glänzendsten Spiele unter festlicher Beteiligung ganz Griechenlands abgehalten werde. Denn wie dort die einen mit ihren trainierten Körpern nach Ruhm und Ehre des Siegeskranzes strebten, andere durch die Aussicht auf profitable Kauf- und Verkaufsgeschäfte angezogen würden, es aber einen Typus von Menschen gebe […], die weder Applaus noch Profit suchten, sondern um des Schauens willen kämen und wissbegierig sich genau umsähen, was sich zutrage und auf welche Weise. […] Diese nenne er ‚auf Weisheit Bedachte' (das heißt nämlich ‚Philo-sophen')" (Cicero, zit. nach Riedweg 2002). Folgen wir, probeweise, dieser ersten Etymologie, so wären Philosophen wie auch philosophisch Interessierte oder Inspirierte demnach als solche beschreibbar, die zumindest weniger von narzisstischen oder monetären Motiven angetrieben würden, sondern (vor allem) erkenntnisorientierten Strebungen folgten; die ein Thema, eine Frage, ein Problem grundlegend betrachten wollen.

[2] Der für viele Begriffsverwender geradezu ein Reizwort darstellt (Stölzel 2012). Vgl. hierzu außerdem Lübbe (1978), Salamun (2001), Hügli und Chiesa 2007 und Sandkühler 2008. Auf zwei differenzierte Darstellungen (eine typologische und eine etymologische) dieses Begriffs verdient eigens hingewiesen zu werden, da sie das eigene Begriffsverständnis anregen können: Hinske 1986 und Vonessen 1971. Gemäß einem Einteilungsvorschlag von Gernot Böhme 1994 realisiert sich Philosophie als Weltweisheit, Lebensform und Wissenschaft.

In dem Wort Philosophie ist ein Begriff enthalten, der ein Potenzial bezeichnet, das für den Menschen konstitutiv sein soll: die Weisheit (*sophía* bzw. lat. *sapientia*). So wird der Mensch seiner biologischen Klassifikation nach als *homo sapiens sapiens*, also als eine Art Metawesen gekennzeichnet, das um seine eigene Weisheit weiß (und diese entfalten lernen kann). Dass es sich hierbei nicht nur um ein komplexes, sondern auch bedenkliches Vermögen handelt, war bereits lange vor der griechischen Wortbildung bekannt. „Haltet euch nicht für weise!" Diese Warnung soll bereits der ägyptische Schriftgelehrte Ptahhotep (ca. 2300 Jahre vor unserer Zeitrechnung) ausgesprochen haben. Indem man sich – gerade auch im philosophischen Coaching – mit diesem zugleich genuinen wie bedenklichen Potenzial auseinandersetzt, aktiviert man eine anthropologische Ressource, die Personen wie Organisationen besondere Handlungsmöglichkeiten eröffnen kann.

In meinem Begriffsverständnis schattiere ich die Begriffe Philosophie bzw. Philosophieren als die Bereitschaft: *sich um die eigenen Weisheitsmöglichkeiten zu kümmern*. Es geht dabei um eine produktive Selbstbeziehung, in welcher das eigene Potenzial ernstgenommen und verantwortungsbewusst für sich wie für andere entwickelt und ausgestaltet wird. Wie auch immer man den Begriff Weisheit für sich verstehen oder definieren mag: ob man Weisheit für unerreichbar, aber das Streben nach ihr für eine wichtige Aufgabe ansieht (wie dies z. B. innerhalb des platonischen Denkens vertreten wird); ob man einen allgemeinen, menschheitsumfassenden, auf Weisheit als Ideal beruhenden Verhaltenskodex (in Annäherung an die Charta der Vereinten Nationen) anstrebt; oder ob man sich auf die Umsetzung einer ‚kleinen' Weisheit beschränkt, die sich so individuell ausnimmt wie der persönliche Fingerabdruck und dann so etwas wie den ‚geistigen und seelischen Fingerabdruck' einer bestimmten Person bildet – stets geht es um ein spezifisch menschliches Potenzial, das entwickelt und entfaltet werden kann. Und das Verständnis, das jemand zu diesem Potenzial hat, die Beziehung, die er dazu entwickelt, der Umgang, den er damit pflegt – all das macht seine Philosophie aus. Ein bestimmter Teil dieses Potenzials wird allein durch den Vollzug des Lebens mit seinen Überraschungen, Herausforderungen, Krisen und Wachstumsmöglichkeiten herausgebildet, und so ist wohl jeder allein durch die Lebensform, die er lebt und praktiziert, der *eigenen* Weisheit zumindest nahe gekommen. Das gilt in analoger Weise für die je eigene Weisheit eines bestimmten Unternehmens oder einer Organisation (als potenziell produktives, übersummenhaftes Zusammenwirken vieler individueller Weisheiten).

## 10.2 Philosophieren als Quellendisziplin fürs Coaching

Zu den nachwirkenden Vorzügen der antiken Philosophie gehört die Entwicklung einer diskursiven Dialogkultur. Das bezieht sich gleichermaßen auf den Austausch zweier oder mehrerer Personen wie auf das reflektierende Gespräch, das jemand mit sich selbst führt. Für das Erste können z. B. die platonischen Dialoge, für das Zweite die Selbstbesinnungen Marc Aurels stehen. Beide Formen verdanken sich der Intention, etwas genauer verstehen zu wollen, um aus diesem geprüften Verstehen heraus angemessener handeln zu können. Das gilt für individuelle Belange (die eigene Lebenssituation, Motivation etc.) wie auch für überindividuelle (Fragen der Polis, modern gesprochen der Organisation). Das griechische Verb *dialégesthai*, von dem sich unser heutiger Begriff „Dialog" herleitet und das ein fein verwendetes philosophisches Instrument bezeichnet, führt auch die Bedeutung: *Sich klären beim Reden*. Man könnte fragen: Was macht ein guter Coach oder Berater anderes, als den Prozess der Selbstklärung seines Coachees oder Klienten zu begleiten, zu moderieren und zu supervidieren? Ist Coaching und Beratung dann per se als eine philosophische Tätigkeit zu verstehen, da sie innerhalb bestimmter Kontexte das Potenzial einer dialogischen Praxis zur Anwendung bringt? Wie steht es dabei um die Ebenbürtigkeit der Beteiligten (da Ebenbürtigkeit von alters her als wichtiges Kennzeichen für einen Dialog angesehen wird)? Da sich Coaching im Unterschied zu Therapie nicht als Heilbehandlung, sondern als Beratung bei beruflichen Themen versteht, lassen sich hier Arbeits- und Lebensfragen wirklich trennen? Und angenommen, dies wäre gar nicht möglich und würde auch von ihren Coachees oder Klienten nicht gewünscht, fühlen sich Coaches und Berater für diese Herausforderung dann professionell hinlänglich gerüstet? Um diese Fragen besser untersuchen zu können und die Bedeutung des Philosophierens in Coaching- und Beratungsprozessen präziser zu bestimmen, sei an dieser Stelle ein kurzer Exkurs eingeschaltet, der eine Grundvoraussetzung genauer in den Blick nimmt.

***Exkurs*: Transitiv oder reflexiv?**

Im Unterschied zu anderen „Rede-Kuren" können philosophische Perspektiven die kommunikativen Selbstverständlichkeiten und damit die Art und Weise des Coaching- oder beraterischen Gesprächs deutlicher machen als Vorgehensweisen, bei denen der Modus des professionellen Sprechens weniger Gegenstand des kritischen Bewusstseins ist. Das berührt die Frage der Ebenbürtigkeit der Beteiligten. Das berührt auch die Zuschreibung sowie Überwertigkeit bzw. Unterwertigkeit als den beziehungsbeschreibenden Metathemen. Ich möchte dies an der Valenz[3] des

[3] Zur Valenztheorie von Verben (siehe Stölzel 2012, S. 9 f., vgl. dazu auch Ohler 2009, S. 15 ff.).

Verbums „beraten" deutlich machen. Im Deutschen ist „beraten" ein zweiwertiges Verb: Man kann 1) *jemanden beraten* (oder *von jemandem beraten werden*) und 2) *sich mit jemandem beraten.*

1. *Jemanden beraten* (im amerikanischen Therapy-Slang eine „one-up-position" einnehmen) befriedigt ein weitverbreitetes anthropologisches Bedürfnis. Es stärkt den Narzissmus des Coachs oder Beraters, dass er als jemand wahrgenommen oder eingeschätzt wird, der einem anderen „Bescheid geben kann", der die jeweils anstehende Lösung kennt oder zumindest einen exklusiven Zugang zu ihr hat. Es schwächt die Autonomie, Würde und Kraft des Gecoachten oder Beratenen, indem es dessen seelisch-geistige Unmündigkeit vergrößert, verlängert, verstärkt oder erhält. Dadurch erfährt diese Form der Unterstützung nicht selten eine *infantilisierende* oder *invalidisierende* Wirkung (vgl. Stölzel 2013, S. 138 f.). Zugespitzt gesagt, zerfiele die Menschheit somit in zwei Gruppen, nämlich in diejenigen, die es *nicht* wissen, können oder verstehen und deswegen geführt und geleitet werden müssen (eine Karikaturform dieser Spezies bilden die Analysanden, die nahezu täglich ihren Analytiker aufsuchen und sich nicht in der Lage wähnen, ohne dessen Beistand überhaupt eine Entscheidung zu treffen; der Filmemacher Woody Allen hat aus dieser Interaktion manche seiner Stoffe entwickelt), und diejenigen, die es vermeintlich wissen, können und verstehen. Dabei sollte natürlich die jeweilige therapeutische oder beraterische Kommunikationsform eigens betrachtet werden, desgleichen auch der Anlass und das Anliegen, das überhaupt zu einem Konsultationswunsch führte. Es gibt Umstände, in denen jemand zu Beginn einer Beratung oder eines Coachings *nicht* in der Lage ist (oder sich *nicht* in der Lage *fühlt*), eine Hilfe zur Selbsthilfe zu erfahren. Wie es auch über den therapeutisch-beraterischen Rahmen hinausgehend Situationen und Konstellationen gibt, in denen sich eine gute Expertise als willkommen, sinnvoll und weiterführend erweisen kann, wie z. B. bei einer Steuer-, Rechts-, Vermögens- oder einer anderen Fachberatung. Doch auch dort, wo man sich fachfremd fühlt, ist man gut beraten, der Latenz zu widerstehen, die eigene Urteilskraft und damit verbunden die eigene Verantwortung nicht am Tisch oder im Gesprächsraum des Coachs oder Beraters abzugeben. Viele Ärzte und auch manche Psychiater neigen – wohl auch aufgrund eines nicht genügend reflektierten und bearbeiteten Selbstverständnisses als Helfer – meiner Beobachtung nach dazu, ihre Patienten und Klienten über Gebühr (und nicht unbedingt zu deren Nutzen) zu kontrollieren und zu entmündigen.
2. *Sich mit jemandem beraten* akzentuiert eine Begegnung auf „existenzieller Augenhöhe" innerhalb eines geschützten dialogischen Raumes. Diese Form der Unterstützung fokussiert im Wissen um die Unterschiede, die es vom Lebensal-

ter, den Erfahrungen, Belastungen, Kompetenzen, dem Geschlecht her zwischen den Menschen gibt, auf etwas Gemeinsames oder doch sehr Ähnliches. Damit ist die anthropologische Grundsituation gemeint, der zufolge der Mensch bei all seinem wirklichen oder vermeintlichen Wissen, Können und Verstehen als ein Wesen erscheint, das um sein (grundsätzliches) Nichtwissen wissen kann (vgl. Stölzel 2012, S. 50), das sich der Herausforderung gegenüber sieht, mit sich selbst, genauer den verschiedenen Seiten von sich (vgl. Stölzel 2013, S. 55 f.) zurechtzukommen und das bei zunehmenden Lebensjahren ein wachsendes Bewusstsein von seiner Endlichkeit hat oder bekommen kann. Diese „existenzielle Augenhöhe" bildet die Grundlage, um gemeinsam den entwicklungs- und klärungsfördernden dialogischen Raum eines „Zwischen" (Martin Buber) zu erzeugen. Dieser macht es möglich, Themen und Aspekte der Selbstberatungsprozesse des Gesprächssuchenden um die Perspektiven des Sich-Beratens mit einem professionellen Gesprächspartner zu erweitern. Auf diesem Wege ist es besonders gut möglich, die Autonomie des Einzelnen zu stärken, dessen Selbstverantwortung zu fördern, ungenutzte oder noch nicht ausreichend genutzte Ressourcen sichtbar zu machen, Unerprobtes zu erproben, Kompetenzen neu oder anders freizulegen und zu stärken. *Sich mit jemandem zu beraten beugt* Abhängigkeitsverhältnissen vor und bringt (unbewusste) Bereitschaften dazu in den Blick; es setzt einen größeren wechselseitigen *Zumutungsmut* voraus als die *One-up*-strukturierten Verfahren; es begünstigt die Entwicklung einer geistig-seelischen Souveränität, da der so arbeitende professionelle Gesprächspartner zugleich gewissermaßen Bündnispartner der individuationsorientierten Seiten des anderen ist und ihm, wie es Herder über den vorkritischen Kant sagte, „aufmuntert" und „auf angenehme Weise zum Selbstdenken zwingt" (Herder 1881, S. 404).

Die fundierte Unterstützung der geistig-seelischen Autonomie des Einzelnen (die sich ja auch günstig auf dessen Arbeitssituation auswirkt) ist seit ihren Anfängen ein wesentliches Ziel der philosophischen Tätigkeit. Wenn es darum geht, die Tätigkeit von Coaches und Beratern weiter zu professionalisieren, kann das Philosophieren meiner Einschätzung nach in zweifacher Weise in Erscheinung treten:

1. als besondere Supervisionsperspektive (im Sinne eines Metaconsultings), das die Voraussetzungen und Grenzen dieser Formen der klärungsdienlichen Kommunikation betrachtet und untersucht,
2. als ein eigenes Beratungsformat, das mit den Intentionen und Aktivitäten des sogenannten Life-Coachings (Buer und Schmidt-Lellek 2008; Schmidt-Lellek und Buer 2011; Stölzel 2013) vielfach zusammenfällt.

Als eine „natürliche" Verwalterin von Mehrperspektivität (vgl. Schreyögg 2007), ohne die kein Coach oder Berater auskommt, der wirksam und verantwortungsbewusst arbeiten möchte, kann das Philosophieren u. a. folgende Aspekte in den Coaching- und Beratungsprozess einbringen:

- einen geübten (in einer zweieinhalbtausendjährigen Empirie erprobten) Umgang mit Grundlagenfragen wie der Fragekompetenz überhaupt
- ein reflektiertes Verständnis für das Zustandekommen fester Überzeugungen und persönlicher Ideologien
- ein reiches Instrumentarium für die individuelle und organisationelle Klärung von Sinngebungen als Grundlage tragfähiger, krisenstabiler Motivation
- eine erhöhte Bewusstheit und ein verstärktes Achtsamwerden für die Eigenart von Wahrnehmungsvorgängen (vgl. Kap. 13 zur Phänomenologie)
- eine nachhaltige Sensibilisierung für die subtilen Fallstricke eines Hauptarbeitsinstruments von Coaching und Beratung: der Sprache
- ein erhöhtes und durch Sprachphilosophie geschärftes, kritisch-analytisches Bewusstsein für Worte und Begriffe (z. B. für die häufig unbemerkte Wirkung von Sprachbildern und Metaphern innerhalb der beraterischen Kommunikation)
- belebende metamethodische Vorbehalte (gerade bei der Praxis erfolgreicher Methoden, die ihre Anwender dadurch leicht anästhesieren können)
- ein fundiertes hermeneutisches Potenzial als wichtige Voraussetzung für die Verbesserung von Verstehensprozessen (vgl. Kap. 12)
- einen überprüfbaren Zugang zum wissenden Nichtwissen (im Umgang mit eigenen und fremden Gewissheitsbedürfnissen)
- ein deutlicheres Bewusstsein für die Gefahren eines „Wissenschaftsaberglaubens" (Karl Jaspers) sowie eine Beschäftigung mit selbstreferentiellen Fragen der Art: Wie *wissenschaftlich* ist und agiert die sogenannte Wissenschaft?
- ein entwickeltes und differenziertes Metabewusstsein für die Auswirkungen der Konstruktionen, Klassifikationen und Interventionen des Coachs oder Beraters.

## 10.3 Existenzielle Impulse

Die Gründe und Ziele, die Menschen dazu motivieren, Beratung in Anspruch zu nehmen, sind vermutlich ziemlich unterschiedlich. Bei aller Unterschiedlichkeit lassen sich jedoch (nach meiner Beobachtung) zwei Impulse identifizieren, die mehr oder weniger deutlich oder bewusst bei jeder Konsultation vorhanden sind und wohl nicht selten den Anstoß dazu gegeben haben: zum einen der Wunsch, im geschützten Austausch mit einem professionellen Gegenüber[4] mehr über die eigene Person und damit über die eigenen Möglichkeiten erfahren zu wollen, und zum anderen Ideen und Strategien zu erhalten oder im Austausch mit dem Coach oder Berater zu erarbeiten, die es ermöglichen, die eigene Arbeits- und Lebenssituation zu verbessern und dadurch eine größere Krisenstabilität zu erreichen. Übersetzt man diese Motive und Ziele in die Sprache einer lebensdienlichen praktischen Philosophie, geht es um *Selbsterkenntnis* und *Selbstsorge*. Diese beiden existenziellen Impulse sind seit antiker Zeit wichtige Ausrichtungen geblieben. Sie eröffnen einen erlebnisnahen und zugleich reflektierten Zugang zu den Wachstumsmöglichkeiten und damit zu Potenzialen der eigenen Person und bilden eine wichtige Navigationshilfe bei allen Formen beruflicher Herausforderungen.

## 10.4 Selbsterkenntnis im Coaching

In der kurzen formelhaften Aufforderung *gnôthi sautón* (erkenne dich selbst)[5], die an einer Säule des Apollontempels zu Delphi angebracht war und die auf Apollon selbst oder die sogenannten Sieben Weisen zurückgeführt wird, finden sich philosophische und psychologische Aspekte zu einem Motiv verdichtet. Der Imperativ *erkenne!*, mit dem dieser durch die Jahrhunderte hallende anthropologische Appell einsetzt, ist (nicht allein durch die Erkenntnistheorie) seit jeher ein wesentlicher Teil des Philosophierens; und die beiden Pronomina *dich selbst* stehen nicht nur bei der sogenannten Ich-Psychologie, sondern bei aller seelenkundlichen Beschäftigung mit im Mittelpunkt. Diese antike Sentenz scheint aufzuzeigen: Will man eine vertiefte, nuancierte Aufklärung und ein möglichst genaues Verständnis für die eigene Existenz gewinnen, ist das Eine (Philosophie) ohne das Andere (Psychologie) schwerlich zu erreichen. Da sich in der gegenwärtigen Wissenssituation diese epistemischen Disziplinen z. T. antagonistisch gegeneinander ausdifferenziert haben, erhebt sich die Frage, ob hier auf unterschiedlichen Wegen und Weisen Ähnliches gewollt und betrieben wird und welche Auswirkungen dies für diejenigen hat, die sich an sie wenden. Wenn auch beide „dem" Menschen als situativem Wesen Aufklärung und Unterstützung anbieten, um sich selbst besser und genauer zu verstehen und den Belastungen und Herausforderungen des Lebens souveräner und reflektierter begegnen zu können, so vermögen philosophische Vorgehensweisen

[4] Zu Potenzial und Perspektive einer „Begegnung der dritten Art" vgl. Stölzel 2009.

[5] Vgl. hierzu Gregory Batesons systemtheoretisch gestellte Frage: „Wo ist meine Hand?" sowie seinen Vorschlag, Selbsterkenntnis als Selbstbeziehungs-Relation zu bestimmen (Bateson 1987, S. 168 ff.).

das umfassender und voraussetzungsbewusster als therapeutisch-beraterische, die zumeist einem bestimmten anthropologischen Modell folgen, während skeptisch-philosophische Positionen eher von Meta-Modellen ausgehen. Andererseits verfügen therapeutisch-beraterische Verfahren über ein erprobteres Handlungswissen.

Da es sich beim Coaching, pointiert gesagt, um eine „Therapie für Gesunde" handelt, kommt der elementaren Frage nach der persönlichen Selbsterkenntnis eine zentrale Bedeutung zu, auch wenn sie eigens so nicht formuliert wird. Direkt damit verbunden ist die Frage, inwieweit Selbsterkenntnis einlösbar ist und es sich nicht bei den Versuchen, diese zu erreichen oder die bisherige zumindest zu vergrößern, um Selbsttäuschungen handelt. Unabhängig davon wird der Coachee oder Klient mit seinen (oft unbewussten) anthropologischen Vorannahmen konfrontiert. Diese Konfrontation kann sich als sehr heilsam und aufschlussreich erweisen. Selbstverständliches, vermeintlich ganz sicheres Wissen darüber, wie „der" Mensch, wie Kollegen und Mitarbeiter „funktionieren", wird produktiv irritiert. Andere Vorstellungen können deutlich gemacht, neue Zugänge erschlossen werden. Diese Erweiterung des eigenen Selbstverständnisses wirkt sich auch reziprok auf das Verständnis für andere Menschen aus und etabliert zudem mehr Reflexionsbereitschaft innerhalb von beruflichen Kontexten. Diese Form praxisrelevanter Theoriebildung verbindet Handeln und Betrachten in einer Weise, welche das auf Soforteffekte ausgerichtete, stark werkzeughafte Vorgehen mancher Coaches und Berater übersteigt und zugleich anders fundiert. Das begünstigt individuelle und organisationelle Entwicklungen und sorgt für ein gedeihliches Wachstum.

Selbsterkenntnis, die ihren Namen verdient, ist keine einmalige Instant-Methode (wenngleich blitzlichthaftes Selbsterfassen in ihr durchaus vorkommen kann), sondern ein lebenslanger, von Verunsicherungen begleiteter Prozess (welcher damit auch alle Stationen einer Berufsbiographie umfasst). Darin können das Verstehen und Verändern der eigenen Person von ihren existenziellen Voraussetzungen her initiiert werden. Herauszufinden, mit wem man es zu tun hat, wenn man von sich selbst spricht, hat unmittelbare Auswirkungen auf die Einschätzung der eigenen Person wie auf das persönliche Handeln. Selbsterkenntnis und Selbstverantwortung erscheinen wie zwei Seiten derselben Person. Innerhalb des philosophischen Coachings erfährt der Coachee oder Klient das „Zusammenspiel" von Erkennen und Verantworten. Dies zu erfahren, ist für alle Mitglieder oder Mitarbeiter einer Organisation oder eines Unternehmens aufschlussreich, unabhängig von ihrer jeweiligen Position.

Für die Professionalisierung des Coachings ist eine reflektierte Beschäftigung mit Selbsterkenntnis-Prozessen in methodischer Hinsicht von Belang. Die Klärung der Frage: Wie überprüft sind die Werkzeuge, mit denen die Coaches und Berater agieren, und wie groß ist ihre Bereitschaft, diese zu überprüfen?, gewinnt hierbei an Bedeutung, auch im Hinblick darauf, was durch ein Coaching (unabhängig von der jeweiligen Ausrichtung) überhaupt erreicht werden kann. Es ist ja stets ein bestimmtes „Selbst", das sich hier mit jemandem berät (vgl. Exkurs oben) und damit die eigene Selbstbeziehung verändert, in dem Maße, wie sich der Dialog mit dem Coach oder Berater auf das eigene Selbstgespräch auswirkt. Die reflektierte Selbsterkenntnis bringt eine Grundgegebenheit der menschlichen Existenz in entwicklungsfördernder Weise genauer in den Blick: die Beziehung, die jemand zu sich selbst hat bzw. unterhält.

## 10.5 Selbstsorge[6] im Coaching

Der Begriff der Selbstsorge geht auf die frühe griechische Philosophie zurück. Durch ihn wie seinen Gebrauch wird deutlich, dass während der Antike Philosophie und Philosophieren als etwas durchaus Praktisches, Lebensnahes, ja, Lebensdienliches angesehen wurde. Das sokratisch-mäeutische Philosophieren etwa war zu einem wesentlichen Teil Seelsorge. So überliefert z. B. Platon in dem Dialog „Alkibiades" (Platon 2004) eine Beratungssituation dieses jungen gleichnamigen Atheners, der sich mit Sokrates über seine persönliche und berufliche Entwicklung austauscht. Sokrates ist hierbei als eine Art „philosophischer Berater" tätig. Alkibiades strebt ein Führungsamt in der Polis an, d. h. er möchte sich um die anderen kümmern. Sokrates konfrontiert ihn mit der Frage, *ob er sich, da er sich um die anderen kümmern wolle, auch bereits in ausreichender Weise um sich selbst gekümmert habe*. Alkibiades verneint dies. Seine Antwort wirkt bewusstseinsbildend, jedoch nicht nur für ihn selbst, sondern auch für die antiken wie für die heutigen Leser dieses Dialogs. Denn es erhebt sich die Frage, was denn das eigentlich heiße und bedeute, sich um sich selbst zu kümmern, in angemessener Weise für sich selbst zu sorgen.

In dieser Situation deutet sich zudem gewissermaßen paradigmatisch auch das Verhältnis zwischen guter Fremdsorge und einer entwickelten Selbstsorge an. Dabei wird rasch deutlich, dass Selbstsorge mehr ist, als sich z. B. in ausreichender Weise zu kleiden, zu ernähren, für Ruhe, Schlaf, Entspannung, Ausgleich etc. zu sorgen, also den Impulsen der Selbsterhaltung nachzugehen. Allerdings ist bereits auch diese Praxis der Selbsterhaltung – wie dies Forschungen zum sogenannten Burnout überdeutlich zeigen – durchaus nicht so selbstverständlich, wie man vielleicht meinen sollte. Um als philosophischer Coach gut und verantwortungsbewusst mit dem Instrumentarium einer entwickelbaren Selbstsorge arbeiten zu können, möchte ich hier eine knappe Begriffsbeschreibung geben und drei elementare Anwendungsformen aufzeigen.

[6] Eine ausführlichere Darstellung zum Potenzial einer entwickelbaren Selbstsorge findet sich in: Stölzel 2013, S. 102 ff.; vgl. hierzu auch Buer und Schmidt-Lellek 2008, S. 205 ff.

Der aus der antiken philosophischen Lebenspraxis stammende Begriff *Selbstsorge* (griech. *epiméleia heautoû*) bezeichnet die entwickelbare und lebensdienliche Fähigkeit, sich in angemessener Weise sich selbst zuwenden zu können, um das je eigene Potenzial im dynamischen Spannungsverhältnis von eigenen und fremden Bedürfnissen allmählich zu entfalten. Durch diese Form einer bewussten und reflektierten *Aufmerksamkeit für sich selbst* kann die eigene *Selbstbeziehung* und damit auch eine angemessene *Achtsamkeit für andere* sowie für die *Fremdsorge* überhaupt verfeinert und verbessert werden. Damit bildet eine *entwickelte Selbstsorge* eine wesentliche Grundlage für die Praxis der persönlichen Lebensführung, die dann unmittelbar in alle beruflichen Tätigkeitsfelder einfließt.

Um das besondere Potenzial der Selbstsorge für professionelles wie persönliches Handeln zu einer guten und praxisnahen Entfaltung zu bringen, erscheint es mir wichtig, drei grundlegende Anwendungsformen zu entwickeln und zu praktizieren:

1. Selbstsorge als Haltung (Aspekte der Selbstwahrnehmung)
2. Selbstsorge als spezifische Aufmerksamkeit (Aspekte der Selbstbeziehung)
3. Selbstsorge als Übung (Aspekte der Selbstpraxis).

Mit Hilfe dieser konkreten Anwendungsformen können neue und bislang noch ungenutzte Zugänge zur persönlichen *Selbstorientierung* eröffnet werden. Auf dieser Basis lässt sich die herausforderungsreiche Arbeit, der sich eine Führungskraft gegenüber sieht, besser bewältigen; das gilt sowohl für die jeweilige *Selbst-* wie auch *Fremdverantwortung.*

Die Selbstsorge erweist sich nicht allein für Führungskräfte als eine lohnende und die Lebensqualitäten bis zur Klärung von Sinnfragen entscheidend verbessernde Aktivität. Nimmt man die Idee und Erfahrung ernst, die der Teilearbeit (vgl. Fritzsche 2013) und der philosophischen Intravision (vgl. Stölzel 2013) zugrunde liegt, so ist jeder zumindest der „Bewusstseinspräsident" der eigenen „inneren Gesellschaft". Dabei stellt sich allerdings die starke Beanspruchung durch eine intensive Fremdsorge, wie sie sich z. B. Ärzte, Therapeuten, Berater und diejenigen, die im psychosozialen Feld tätig sind, häufig gegenübersehen, anders dar als für diejenigen, die in weniger fremdsorge-orientierten Berufen arbeiten.

Wenn sich die Praxis der Selbstsorge zumindest für alle lohnt, die an einem bewussten und selbstverantwortlichen Leben interessiert sind, so erscheint sie für Führungskräfte doch besonders angezeigt. Denn Führung zeigt sich auch als eine bidirektionale Tätigkeit, das bedeutet, sie vollzieht sich zugleich in zweierlei Richtungen: zu mir selbst hin (Selbstführung), also nach innen, wie in gleicher Weise zu den anderen hin (Fremdführung), also nach außen. Damit ist Führung ein inneres und äußeres Tun. Was die Dynamik zwischen Fremdsorge und Selbstsorge betrifft, so handelt es sich hierbei gewissermaßen um die „Dynamik von siamesischen Zwillingen", also ein Voraussetzungsverhältnis, bei dem das Eine nicht ohne das Andere zu haben ist. Dieses Voraussetzungsverhältnis lässt sich kurz so umreißen: *um andere gut führen zu können*, ist es nötig, die Führungskraft immer wieder in die Lage zu bringen bzw. daran zu arbeiten, *gerade auch sich selbst führen zu können*. Auf diesem Wege kann die philosophische Selbstsorge, mit Hilfe entsprechender Übungen und Rhythmen (vgl. Starobinski 1989), zu einer nachhaltigen und krisenfesten Führung anleiten. Das Instrumentarium einer entwickelbaren Selbstsorge eröffnet für Coaches, die mit stark Burnout-gefährdeten Personen in Leitungsfunktionen arbeiten, neue und wirksame Handlungsoptionen und Interventionsmöglichkeiten.

Eine Führungskraft, die sich übend um die Verbesserung der eigenen Selbstsorge bemüht, kann dadurch ihre atmosphärische Ausstrahlung und Vorbildfunktion verbessern. Das „Ansteckende" von tätiger Selbstsorge für die anderen, das heißt also diejenigen, die von der Führungskraft geleitet werden, macht sich u. a. in Komponenten wie *Achtsamkeit, Nachdenklichkeit, Klarheit* und *Beweglichkeit* bemerkbar; Komponenten, die sich allesamt auf das Klima der Organisation günstig auswirken und dadurch die produktiven Wechselwirkungsprozesse zwischen Führungskräften und Mitarbeitern zu stärken vermögen. Die Arbeit an sich selbst, die durch die Praxis der Selbstsorge angeleitet und verbessert wird, kann so von allen Mitgliedern der Organisation als eine lohnende und lebensbegleitende Tätigkeit erfahren werden. Der feinen Differenzierung zufolge, die Astrid Schreyögg vornimmt, verbinden sich Elemente der „Personalentwicklung" mit denen der „Personen-Entwicklung" (vgl. Kap. 6) zu einem integrativen Entwicklungsangebot. Im günstigsten Falle wird dadurch eine krisenstabile „Seelenruhe" erreicht, jene *tranquillitas animi*, von der Seneca spricht, die sich gerade heutzutage, da Herausforderungen und Verunsicherungen ständig zunehmen, als hilfreicher Stabilitätsgeber erweisen kann.

## 10.6 Konsequenzen für die Professionalisierung

Philosophische Aspekte können für die Professionalisierung des Beratungsformats[7] Coaching in mehrfacher Hinsicht bedeutsam sein. Das beschränkt sich nicht allein auf hermeneutische, phänomenologische oder linguistische Zugänge, die hilfreiche Methoden für die Beratungspraxis und die fachliche Weiterbildung bereitstellen.

[7] Aufgrund der von unterschiedlichen Vorannahmen getragenen Ausdifferenzierung der Anwendungsfelder müßte man eigentlich von Beratungsformaten sprechen.

Für das grundsätzliche (Selbst)Verständnis von *Coaching als Profession* (DBVC 2012) können z. B. bei einer begleitenden Überprüfung des sogenannten Ethik-Kodexes Erkenntnisse der philosophischen Anthropologie sinnvoll zur Anwendung kommen. Wie jedes methodische Vorgehen ist auch das professionelle Coaching nicht vor einer „Selbstübertreibungstendenz" (Stölzel 2012) gefeit. Das betrifft vor allem jene Bereiche, in denen es sich erfolgreich bewährt und eine kritische Selbstreflexion schleichend anästhetisiert wird. Verfahrensskeptische Perspektiven einer kritischen Epistemologie vermögen hier für einen Ausgleich zu sorgen und zu gewährleisten, dass den stets vorhandenen Dogmatisierungs- und Erstarrungstendenzen entgegengewirkt werden kann. Da sich Coaching erklärtermaßen als „prinzipiell theorie- und methodenplural" versteht (DBVC 2012, S. 33 ff.), ist auf dieser Grundlage ein differenziertes methodologisches Bewusstsein integrierbar, das als eine Art „Metacoaching" die produktive Weiterentwicklung des Coachings reflexiv begleitet. Die auf den verschiedenen Ebenen zum Einsatz kommenden philosophischen Aspekte ermöglichen eine tiefer gehende Klärung im Sinne einer methodischen Selbsterkenntnis sowie eine sorgfältige Pflege der eigenen Vorgehensweisen im Sinne einer methodischen Selbstsorge.

## Literatur

Achenbach, G. B. (1982). *Philosophische Praxis*. Köln: Jürgen Dinter.

Achenbach, G. B. (2010). *Zur Einführung der Philosophischen Praxis*. Vorträge, Aufsätze, Gespräche und Essays, mit denen sich die Philosophische Praxis in den Jahren 1981 bis 2009 vorstellte. Eine Dokumentation. Köln: Jürgen Dinter.

Achouri, C. (2002). Personal- und Organisationsentwickler – ein Beruf für Philosophen. *Information Philosophie, 5*, 30–32.

Bateson, G. (1987). *Geist und Natur. Eine notwendige Einheit*. Frankfurt a. M.: Suhrkamp.

Böhme, G. (1994). *Einführung in die Philosophie. Weltweisheit. Lebensform. Wissenschaft*. Frankfurt a. M.: Suhrkamp.

Buer, F., & Schmidt-Lellek, C. (2008). *Life-Coaching. Über Sinn, Glück und Verantwortung in der Arbeit*. Göttingen: Vandenhoeck & Ruprecht.

DBVC. (Hrsg.). (2012). *Leitlinien und Empfehlungen für die Entwicklung von Coaching als Profession. Kompendium mit den Professionsstandards des DBVC* (4., erw. Aufl.). Osnabrück: DBVC Geschäftsstelle.

Flasch, K. (1986). *Philosophisches Denken im Mittelalter*. Stuttgart: Reclam.

Foucault, M. (1989). *Die Sorge um sich. Sexualität und Wahrheit* (*dritter Band*). Frankfurt a. M.: Suhrkamp.

Fritzsche, K. (2013). *Praxis der Ego-State-Therapie*. Heidelberg: Carl Auer.

Hadot, P. (1991). *Philosophie als Lebensform. Antike und moderne Exerzitien der Weisheit*. Berlin: Mathias Gatza.

Herder, J. G. (1881). *Sämtliche Werke* (Bd. XVII). Berlin: Weidmannsche Buchhandlung.

Hinske, N. (1986). Die Geliebte mit den vielen Gesichtern. Zum Zusammenhang von Selbstdefinition und Funktionsbestimmung von Philosophie. In N. Hinske (Hrsg.), *Lebenserfahrung und Philosophie* (S. 186–217). Stuttgart: Frohmann-Holzboog.

Horn, C. (1998). *Antike Lebenskunst, Glück und Moral von Sokrates bis zu den Neuplatonikern*. München: C.H. Beck.

Hügli, A., & Chiesa, C. (2007). *Was ist Philosophie? Qu'est-ce que la philosophie?* Basel: Schwabe.

Lübbe, H. (Hrsg.). (1978). *Wozu Philosophie?* Berlin: de Gruyter.

Ohler, M. (2009). Philosophieren – Eine sprachkritische Skizze. In T. Gutknecht, T. Polednitschek, & T. Stölzel (Hrsg.), *Philosophische Lehrjahre. Beiträge zum kritischen Selbstverständnis Philosophischer Praxis* (S. 11–26). Münster: LIT.

Platon. (2004). *Sämtliche Werke, Band III*. In O. Apelt (übers. und Hrsg.), *Euthymos. Hippias. Ion. Alkibiades. Gastmahl. Charmides. Lysis. Menexenos*. Hamburg: Felix Meiner.

Riedweg, C. (2002). *Pythagoras. Leben. Lehre. Nachwirkung*. München: C.H. Beck.

Salamun, K. (Hrsg.). (2001). *Was ist Philosophie?* Tübingen: Mohr Siebeck.

Sandkühler, H.-J. (Hrsg.). (2008). *Philosophie, wozu?* Frankfurt a. M.: Suhrkamp.

Schmid, W. (2004). *Mit sich selbst befreundet sein. Von der Lebenskunst im Umgang mit sich selbst*. Frankfurt a. M.: Suhrkamp.

Schmid, W. (Hrsg.). (2005). *Leben und Lebenskunst am Beginn des 21. Jahrhunderts*. München: Wilhelm Fink.

Schmidt-Lellek, C., & Buer, F. (Hrsg.). (2011). *Life-Coaching in der Praxis. Wie Coaches umfassend beraten*. Göttingen: Vandenhoeck & Ruprecht.

Schreyögg, A. (2007). Wieviele „Brillen" verwenden Berater? Zur Bedeutung von Mehrperspektivität in Supervision, Organisationsberatung und Coaching. In A. Schreyögg & C. Schmidt-Lellek (Hrsg.), *Konzepte des Coaching* (S. 91–116). Wiesbaden: VS Verlag für Sozialwissenschaften.

Starobinski, J. (1989). Die Tages-Ordnung. In R. Wendorff (Hrsg.), *Im Netz der Zeit. Menschliches Zeiterleben interdisziplinär* (S. 27–47). Stuttgart: S. Hirzel.

Stölzel, T. (2009). 29 Vorannahmen zur Philosophischen Praxis. In T. Gutknecht, T. Polednitschek, & T. Stölzel (Hrsg.), *Philosophische Lehrjahre. Beiträge zum kritischen Selbstverständnis Philosophischer Praxis* (S. 85–112). Münster: LIT.

Stölzel, T. (2012). *Staunen, Humor, Mut und Skepsis. Philosophische Kompetenzen für Therapie, Beratung und Organisationsentwicklung*. Göttingen: Vandenhoeck & Ruprecht.

Stölzel, T. (2013). *Fragen – Lösen – Fragen. Philosophische Potenziale für Therapie, Beratung und Organisationsentwicklung*. Göttingen: Vandenhoeck & Ruprecht.

Vonessen, F. (1971). Philo-sophia. Zur Selbstaussage des Wortes Philosophie. In *Aufrisse. Almanach des Ernst Klett Verlages 1946–1971*. Stuttgart: Ernst Klett.

**Dr. phil. Thomas Stölzel** Systemischer Therapeut und Berater (SG), Philosophischer Praktiker (IGPP), Coach (DBVC), ist als Dozent an Fachhochschulen, Akademien, Weiterbildungsinstituten, in klinischen Einrichtungen und Organisationen sowie in der Einzelberatung und supervisorischen Kontexten tätig. Zahlreiche Veröffentlichungen, insbesondere zur Philosophischen Beratung, Coaching und Organisationsentwicklung.

# Teil III

# Wissen und Kompetenzen im Coaching

# 11 Erfahrung – Wissenschaft – Philosophie: Drei Wissenssorten zur Konzipierung von Beratung

Ferdinand Buer

Welches Wissen benötigen wir, um Beratungskonzepte zu entwerfen, die zum einen die Erfordernisse und Gegebenheiten der Praxis aufnehmen, zum anderen aber auch möglicherweise kontrafaktisch Maßstäbe setzen und Zielhorizonte eröffnen, die mit guten Gründen angestrebt werden sollten? Hierzu benötigen wir drei ganz unterschiedliche Wissenssorten, die gleichberechtigt nebeneinander stehen: das Erfahrungswissen der Praktiker/innen, das Wissen der Wissenschaftler/innen und das Reflexionswissen der Philosophie. In den meisten Publikationen treten diese drei Wissenssorten immer nur vereinzelt oder bis zur Unkenntlichkeit durchmischt auf. Ich meine aber, dass wir mehr davon haben, wenn wir sie zunächst klar trennen und erst dann aufeinander beziehen. Dann relativieren sie sich nämlich und bieten nach diesem gegenseitigen Relativierungsprozess gültigeres Wissen als zuvor. Meine Überlegungen konzentrieren sich dabei auf die Beratungsformate Supervision und Coaching.

Ich werde im Folgenden zunächst die Vor- und Nachteile dieser drei Wissenssorten darstellen. Danach werde ich im Geist des Pragmatismus skizzieren, wie diese drei Sorten sinnvoll aufeinander bezogen werden können.[1]

[1] Dieser Text basiert auf Buer (2008).

F. Buer (✉)
Alte Schanze 46, 48159 Münster, Deutschland
E-Mail: info@ferdinandbuer.de



A. Schreyögg, C. Schmidt-Lellek (Hrsg.), *Die Professionalisierung von Coaching,*
Coaching und Supervision, DOI 10.1007/978-3-658-08172-0_11

## 11.1 Die drei Wissenssorten

### 11.1.1 Durchdachte Erfahrung – der Beitrag der Praktiker/innen

Der Vorteil der Praktiker/innen liegt sicher darin, dass sie wirklich dabei gewesen sind. Sie haben Erfahrung, auf jeden Fall mit den Jahren. Zu ihrem Geschäft gehört es, dass sie das, was sie getan haben, kontinuierlich reflektieren und das, was sie zu tun gedenken, immer wieder für jeden Prozess neu konzipieren. Sicher kann man dieses Geschäft auch vernachlässigen und die damit verbundenen Defizite durch suggestive Inszenierungen zu kompensieren suchen. Und das kann durchaus bei den Klient/innen Gefallen finden. Auch können die veröffentlichten Erfahrungsberichte geschönt sein. Und es kann sein, dass der Selbsterkenntnisprozess trotz trainierter Selbstexplorationskompetenz – zumindest zeitweise – vernebelt oder gar systematisch kanalisiert ist.

Wenn diese Beschränkungen dann in Kontrollsupervisionsprozessen zumindest stellenweise aufgehoben werden, tauchen hier sicher Erkenntnisse auf, die tatsächlich „nahe dran" sind. Deshalb bietet sich hier ein großes Feld der Wissensgenerierung über Coaching bzw. Supervision, das viel mehr als bisher systematisch genutzt werden sollte.

Trotz dieser Einschränkungen sind aber diese durchdachten Erfahrungen der Praktiker/innen die wichtigste Wissensquelle, über die wir verfügen. Und wenn wir die Publikationen – vor allem in den einschlägigen Fachzeitschriften – genauer anschauen, haben wir hier viele Erfahrungsberichte vor uns: Sie zeigen meistens, wie und warum ein bestimmtes Handlungskonzept funktioniert hat. Und viele Praktiker/innen lesen diese Berichte, um sich in ihrer eigenen Praxis bestätigt zu fühlen oder um sich neue Anregungen für ihre Praxis zu holen. Wenn es dann in diesen Texten – oft nur zu Legitimationszwecken – wissenschaftlich wird, schaltet der Leser eh häufig ab.

Dieses Erfahrungswissen ist sicher auch von wissenschaftlich gewonnenem Wissen tangiert, schon weil die Praktiker/innen eine einschlägige Wissenschaftssozialisation mitgemacht haben. Nach den Jahren jedoch bilden sich originäre Kategorien heraus, mit deren Hilfe die eigene Praxis eigenständig zurechtgelegt wird. Das wird in den Publikationen nicht so sichtbar, wie es sich aber tatsächlich in den Gesprächen unter Kolleg/innen zeigt. Das hängt leider mit einer gewissen Wissenschaftsgläubigkeit vieler Praktiker/innen zusammen. Sie haben sich – meist von Wissenschaftler/innen – einreden lassen, Professionalität zeige sich vor allem in der Verwissenschaftlichung ihrer Praxis. Aus diesem Geist stammt auch die Rede von der „Supervision als angewandter Sozialwissenschaft" (z. B. bei Schreyögg

2004) oder vom „Coaching als angewandter Psychologie" (z. B. bei Lippmann 2006). Damit wird aber den Wissenschaften eine Vorherrschaft eingeräumt, die durch nichts gerechtfertigt ist.

Und so gibt es leider eine – oft unbewusste – Kollusion zwischen wissenschaftsgläubigen Praktiker/innen und an Vorherrschaft interessierten Wissenschaftler/innen: Viele Praktiker/innen sind froh, wenn sie die Verantwortung für die Seriosität des Formats, das sie verkaufen, der Wissenschaft übergeben können. Und viele Wissenschaftler/innen sind froh, wenn ihnen hier ein dankbares Feld der Forschung und Theoriebildung überlassen wird. Wenn das aber nur so läuft, dürfen sich Praktiker/innen nicht wundern, wenn die Ergebnisse dieser Art von Wissenschaft oft wenig praxistauglich sind.

### 11.1.2 Elaborierte Forschung – der Beitrag der Wissenschaftler/innen

Für Supervision wie für Coaching gibt es keine per se zuständigen Wissenschaften. Umfangreichere Forschungs- bzw. Theoriebildungsprozesse finden oft als Qualifizierungsmaßnahmen an Universitäten statt. Und die müssen sich nun mal auf die Wissenschaften konzentrieren, in deren Kontext man promoviert oder habilitiert wird. Hier spielen Psychologie und Pädagogik die Hauptrolle. Die betreuenden und begutachtenden Wissenschaftler/innen sind nun aber oft keine Supervisions- bzw. Coaching-Expert/innen. Und die Promovend/innen haben zudem oft keine Ausbildung in dem zu untersuchenden Format absolviert und verfügen erst recht nur selten über eigene längere Praxiserfahrung. Daher gehen die Fragestellungen wie die Herangehensweisen dieser Arbeiten allzu oft an den interessanten Themen vorbei.

Wenn es überhaupt an Fachhochschulen oder Universitäten Professorenstellen speziell für Supervision bzw. Coaching gibt, dann müssen diese Wissenschaftler/innen auch Praktiker/innen sein, sie müssen schließlich in diesen Formaten dann auch ausbilden. Aus dieser Gruppe gibt es sicher die meisten Publikationen, vor allem längerer Art. Wenn wir aber genau hinsehen, handelt es sich auch hier meistens um Konzepte (so z. B. auch Buer 1999, 2004a) oder erste Ansätze zur Bildung einer kritischen Theorie (so z. B. bei Buer 2004b), sehr selten um Forschungsprojekte im strengen Sinn (z. B. in Bezug auf Supervision: Giesecke und Rappe-Giesecke 1997; Berker und Buer 1998; Gaertner 1999; Möller 2001; Petzold et al. 2003; Siller 2004; Siller 2008; DGSv 2006; z. B. in Bezug auf Coaching: Feldmann und Lankau 2005; Künzli 2009; Greif et al. 2012). Das Problem ist, dass Forschung in diesem Feld bisher jedenfalls äußerst selten durch Forschungsgesellschaften oder

Stiftungen gefördert wird, fast alles muss mit Bordmitteln gemacht werden. Und ich sehe nicht, dass sich dies ändert.

Der Vorteil wissenschaftlich elaborierter Forschung wäre also, dass sie differenzierteren Fragestellungen mit größerem Aufwand nachgehen könnte. Hier können Aspekte aufgedeckt werden, die Praktiker/innen gern übersehen. Und es kann umfangreiches Wissen aufgearbeitet, bewertet und zur Verfügung gestellt werden. Diese Forschung orientiert sich jedoch meist einseitig am Paradigma nur einer Disziplin, wo sie doch multidisziplinär sein müsste.

Übertragen Praktiker/innen die Sicherung ihres Wissens an Hochschulwissenschaftler/innen, dann müssen sie hinnehmen, dass diese auch ausbilden (Kersting 2004). Die Identität dieser Wissenschaftler/innen wird aber primär durch ihre Disziplin gestützt und nicht durch ein Format wie bei den Praktiker/innen. Um ihren Zuständigkeitsbereich auszudehnen, neigen sie dazu, in ihren Ausbildungen mehrere Formate zusammenzufassen: etwas Supervision, Coaching und Organisationsberatung. Zuständig ist dann eine „Beratungswissenschaft" (Möller und Hausinger 2009). Damit werden die in der Praxis entstandenen und hier verankerten professionellen Formate tendenziell aufgelöst und damit die Identitäten von Supervisor/innen oder Coaches in Frage gestellt. Verwissenschaftlichung bedeutet also: Formierung des Wissens durch nur eine Disziplin, Relativierung des spezifischen Formatswissens und Entwertung des praxisnahen Wissens zugunsten abstrakten Wissens.

Wer also seine Hoffnung einzig und allein auf die Wissenschaft setzt, um haltbares und praxisrelevantes Wissen generiert zu bekommen, das allgemein Anerkennung findet, hat aufs falsche Pferd gesetzt.

### 11.1.3 Begründete Orientierung – der Beitrag der Philosophie

Wenn nun auch das Wissenschaftswissen über Supervision und Coaching gegenwärtig nicht sonderlich ausdifferenziert ist, wenn nun auch das Praxiswissen nicht sonderlich selbstkritisch in der Fachöffentlichkeit erscheint, so kann man doch sagen: Wir verfügen immerhin über so viel Wissen, dass verantwortungsvolle Praxis betrieben werden kann. Was aber weitgehend fehlt, sind fundiert begründete Maßstäbe für eine „gute Praxis". Diese Gütekriterien ergeben sich nämlich nicht einfach aus Feststellungen, was ist. Wenn etwa aus dem, was ist, geschlossen wird, was sein soll, so handelt es sich dabei um den berühmten „naturalistischen Fehlschluss". Der taucht z. B. bei Möller auf, wenn sie aus der Untersuchung dreier Supervisionsverläufe „Merkmale exzellenter Supervision im stationären Setting" ableitet (Möller 2001, S. 290 ff.). Wissenschaft liefert durch Forschung *Deskrip-*

*tionen*, Philosophie kann dagegen *Präskriptionen* entwerfen und begründen. Und Konzepte bieten Entwürfe, wie etwas gemacht werden sollte. Sie basieren auf Werten und enthalten Normen, deren Sinnhaftigkeit erst einmal plausibel gemacht werden muss.

Praktiker/innen machen zwar in ihrer Praxis Erfahrungen, was gut funktioniert. Sie bemühen sich sicher, aus diesen Erfahrungen für die künftige Praxis die richtigen Konsequenzen zu ziehen. Aber ist das, was funktioniert, tatsächlich auch das Beste? Auch können Wissenschaftler/innen feststellen, was als „best practice" nicht nur von Klient/innen, sondern auch von Fachleuten angesehen wird. Aber sind diese Qualitätskriterien tatsächlich begründet? Es geht ja nicht nur darum, was fachlich als „state of the art" angesehen wird. Da sich Supervision wie Coaching mit Menschen befassen, die als Fach- und Führungskräfte verantwortungsvolle Tätigkeiten durchführen, die sich auf Arbeit und Leben vieler Mitmenschen – teilweise erheblich – auswirken (Buer und Schmidt-Lellek 2008), müssen diese Maßstäbe nicht nur fachlich, sie müssen auch ethisch und gesellschaftspolitisch begründet sein.

Bei einer ethischen Begründung geht es nicht nur darum, wie Beratungsprozesse gestaltet sein müssen, damit sie nicht nur nicht schaden, sondern vor allem hervorragend nützen. Die Adressaten müssen auch für ihre eigene Praxis Maßstäbe und Orientierungen an die Hand bekommen, nach denen sie ihr eigenes Tun begründet bewerten können. Und in diese Bewertungen müssen nicht nur die berechtigten Interessen dieser Adressaten, deren Auftraggeber, Mitarbeiter/innen und Kund/innen eingehen. Es muss auch bedacht werden, wie sich diese Praxis auf die Entwicklung der Gesellschaft auswirkt, in der all diese Menschen leben. Es geht also auch um eine soziale oder politische Ethik, die Vorstellungen enthält, wie eine gute Gesellschaft aussehen könnte, zumindest was unbedingt zu verhindern wäre.

Diese philosophische Reflexion wird entweder vermieden mit dem Hinweis: Das sei unwissenschaftlich und führe nur zu schädlicher Moralisierung oder gar Politisierung. Oder sie wird nur indirekt betrieben: Manche affektiv vorgebrachte Kritik lässt auf unterschiedliche politische Gesellschaftsentwürfe schließen (z. B. bei Gaertner 2004; oder bei Gröning 2004). Es wäre schön, wenn diese sozialethischen und gesellschaftspolitischen Debatten häufiger explizit geführt würden. Das setzte aber voraus, dass hier in einem vernünftig geführten Diskurs Argumente ausgetauscht werden, und wenn das nicht weiterführt, auf faire Weise Abgrenzungen vollzogen werden (wie etwa gegenüber der „Hellingerschaft"). Diese Debatten können aber auch Annäherungen bringen, die immerhin Bündnisse in bestimmten Angelegenheiten ermöglichen würden.

Die akademischen Philosophen beschäftigen sich nun aber nicht mit Supervision und Coaching, von Ausnahmen einmal abgesehen. Daher müssen Praktiker/

innen wie Wissenschaftler/innen aus diesem Feld eben selbst philosophieren. Allein dadurch können Maßstäbe für gute Praxis in einem insgesamt gelingenden Leben gewonnen werden (Buer 2011).

### 11.1.4 Die drei Wissensorten der Beratung im Überblick

Diese drei Wissensorten lassen sich so darstellen (Schmidt-Lellek und Buer 2011, S. 20) (Tab. 11.1):

Das *Orientierungswissen* bietet Antworten auf die Frage: Was soll ich tun? Es speist sich aus den Reflexionen der Philosophie, bei manchen aber auch aus dem Glauben einer Religion. Beide Wissenssorten werden von verschiedenen *communities* entwickelt und weitergetragen. Dieses Wissen zeigt sich in Überzeugungen und führt zu charakteristischen Haltungen dem Leben gegenüber (z. B. als Lebensbejahung oder Lebensverneigung).

Das *Erklärungswissen* bietet Antworten auf die Frage: Wie erkläre ich, was mir begegnet? Es speist sich aus den Forschungsergebnissen der relevanten Wissenschaften und wird von den entsprechenden *scientific communities* generiert und

**Tab. 11.1** Die drei Wissensorten der Beratung

| | Frage | Wissensformen | Wissensquellen | Wissensgemeinschaften |
|---|---|---|---|---|
| *Orientierungswissen* Überzeugungen (beliefs) führen zu Haltungen | Was soll ich tun? | Philosophien, insbes. Ethik | Reflexion | Scientific communities |
| | | Religionen | Glaube (faith) | Religionsgemeinschaften |
| *Erklärungswissen* Interpretationsfolien führen zu Wissen | Wie erkläre ich, was mir begegnet? | Wissenschaften | Forschung | Scientific communities |
| Verfügungswissen Praxeologische Handlungsmodelle führen zu Können | Wie kann ich mit dem Erkannten umgehen? | *Formate* Welchen Arbeitsrahmen muss ich setzen? | Erfahrung | Professional communities: Berufsverbände |
| | | *Verfahren* Wie gehe ich in diesem Rahmen vor (Know How)? | Erfahrung | Professional communities: Fachverbände |

gesichert. Dieses Wissen zeigt sich in Interpretationsfolien (Theorien, mentalen Modellen, Deutungsmustern, Konstruktionen ...), die helfen, Weltzusammenhänge zu verstehen bzw. zu erklären.

Das *Verfügungswissen* bietet Antworten auf die Frage: Wie kann ich mit dem Erkannten umgehen? Es speist sich aus der Erfahrung der Praktiker/innen, die sie in der Anwendung von Verfahren (wie z. B. Psychodrama) in bestimmten Formaten (wie Supervision oder Coaching) machen (Buer 2007a). Das Formatswissen wird in Berufsverbänden (z. B. Deutscher Bundesverband Coaching) gespeichert und gesellschaftlich präsentiert. Das Verfahrenswissen wird in Fachverbänden (z. B. Deutscher Fachverband Psychodrama) gesichert. Dieses Wissen zeigt sich in praxeologischen Handlungsmodellen, die das Können mehr oder weniger steuern.

In dieser Dreiteilung des Wissens spiegelt sich eine lange abendländische Tradition, die in der Antike grundgelegt wurde. So unterschieden die alten Griechen zwischen

- *philosophía*: das engagierte Bemühen um Weisheit,
- *epistéme*, die wissenschaftlich gesicherten Erkenntnisse,
- *téchne,* die Kunst des praktischen Erschaffens.

Diese drei Wissensorten werden auch heute noch unterschiedlich gewonnen, in unterschiedlichen Gemeinschaften gesichert und weisen eine unterschiedliche Logik auf. Sie sind eigenständig und sollten keiner Hierarchie unterworfen werden. Auf makrosozialer Ebene bedarf es zur Konnektierung kooperativer Dialoge zwischen den drei Diskursgruppen. Auf mikrosozialer Ebene muss jeder Coach diese drei Wissenssorten in eigener Verantwortung nach bestem Wissen und Gewissen verbinden.

Damit dies gelingt, bedarf es jedoch einer Metaperspektive. Vermutlich gibt es zu diesem Zweck verschiedene Möglichkeiten. Ich will hier nur die vorstellen, die mir selbst schon länger weitergeholfen hat (Buer 2007b; Buer 2010 109 ff.; Buer und Schmidt-Lellek 2008, 176 ff.).

## 11.2 Der Pragmatismus – ein Modell der Verbindung der drei Wissenssorten

Diese Denkrichtung wurde in den 70er Jahren des 19. Jahrhunderts in den USA von Charles Peirce, William James, John Dewey und Georg H. Mead begründet (Nagl 1998; Schubert et al. 2010). Sie hatte in den USA rasch Auswirkungen auf die Psychologie, die Soziologie, die Pädagogik, die Philosophie und die Politikwissenschaft. In Deutschland wurde sie zunächst sehr zurückhaltend aufgenommen, wohl weil ihre Rezeption von zahlreichen Missverständnissen geprägt war. Heute jedoch spielt sie nicht nur in der Pädagogik (Bohnsack 2005), sondern auch in der Philosophie wieder eine prominente Rolle (Fellmann 1991; Craig 1993; Rorty 1994; Joas 2000). Nun vertreten die einzelnen Autoren durchaus unterschiedliche Positionen. Allen gemeinsam ist aber:

- *Pragmatisches Denken ist antifundamentalistisch.* Es bestreitet, dass es „Letztbegründungen", feststehende Aprioris, invariant gültige „Absoluta" geben kann. Damit wendet sich der Pragmatismus gegen transzendentalphilosophische, metaphysische oder szientistische Positionen.
- *Pragmatisches Denken kritisiert jede Universalisierung deterministischer Erklärungsmuster.* Jede soziale Entwicklung ist das Resultat historischer Handlungszusammenhänge, die so oder auch anders hätten verlaufen können. Aus Erfahrungen können keine Gesetze abgeleitet werden, nur Handlungsmaximen.
- *Pragmatisches Denken ist pluralistisch.* Es wendet sich gegen die Reduktion unterschiedlichster Wissensformen und Wissenschaftsdisziplinen auf nur ein Wissensideal, das dann leicht zur Orthodoxie gerinnt. Vielmehr kann in jedem Wissen zutreffende Erkenntnis stecken.
- *Pragmatisches Denken will Praxis anleiten.* Es geht nicht um Wissensanhäufung oder die Errichtung eines dauerhaften, umfassenden Theoriegebäudes, sondern um das, was hier und jetzt nützlich ist, um mutig und angemessen die nächsten Schritte tun zu können: um ein Handlungskonzept.

Daher zeigt der Pragmatismus eine große Verwandtschaft mit dem Dekonstruktivismus, der postmodernen Philosophie und dem Sozialen Konstruktivismus (vgl. Neubert 1998). In unserem Zusammenhang sind vor allem die folgenden drei Aspekte bedeutsam:

### 11.2.1 „Experience" – die Basis allen Wissens

Seit der Antike beherrschen die Dualismen von Theorie und Praxis und von Kultur und Natur das abendländische Denken. Theorie und Kultur werden als das jeweils Höherwertige angesehen und werden somit zum zentralen Gegenstand der traditionellen Philosophie. Der Pragmatismus dagegen – hier vor allem John Dewey (1998) – sieht Praxis und Natur als das Primäre an, aus dem sich alles Weitere evolutionär entwickelt (Engler 1992; Neubert 1998; Jörke 2003). Das, was die Menschen als Naturwesen in ihren alltäglichen Lebensvollzügen tatsächlich machen, sind Erfahrungen. Diese primären Erfahrungen sind emergente Produkte der Natur, wir können auch sagen, der Körperlichkeit des Menschen (Shusterman 2000). Erfahrungen sind das, was wir wirklich haben, und das sind Erfahrungen des In-der-Welt-Seins. Diese primäre Erfahrung wird als Ganzheit erlebt, als Wechselspiel von Aktivität und Passivität in der konkreten Situation. Erst wenn in der unmittelbaren Erfahrung eine Irritation auftritt, sodass die Anpassung an die Umwelt nicht mehr nach gewohnten Mustern erfolgen kann, setzt beim Menschen Denken ein. Erst in diesem reflexiven Problemlöseprozess wird die zunächst unmittelbare Einheit der Erfahrung getrennt. Subjekt und Objekt treten zu analytischen Zwecken so lange auseinander, bis die Reflexion beendet wird und das direkte Erleben wieder hergestellt ist.

Die Qualität der menschlichen Erfahrung ist aber von den gesellschaftlichen Verhältnissen tangiert, in denen die Menschen ihre Erfahrungen machen. So sind die Erfahrungen in der modernen Welt zumeist in sich zerrissen, inkohärent, unabgeschlossen. Wenn dann durch Handeln etwas verändert wird, werden neue Möglichkeiten und Sinnhorizonte eröffnet. Die Folge davon ist Wachstum der menschlichen Erfahrung. Findet dann wieder ein Ausgleich von Aktivität und Passivität, oder genauer zwischen Routine und Kreativität statt, wird diese sekundäre Erfahrung als neue Einheit erlebt, als in sich vollendet und ausgeglichen. Dadurch hat sie einen ästhetischen Charakter gewonnen (Dewey 1988). Es geht Dewey also nicht um mehr Wissen von, sondern um ein Wachstum qualitativer Erfahrung.

Werden Praxisprobleme nicht einfach durch Routine oder bloßes Ausprobieren, sondern durch innovative Kreationen gelöst, spricht Dewey von intelligentem Handeln. Der lebendige Zweifel führt zum Denken, welches, wenn es erfolgreich ist, den Zweifel beseitigt und eine neue Verhaltensgewohnheit („habit“) etabliert. Denken oder Erkennen ist also selbst eine Form des Handelns, und zwar die Interaktion, durch die andere natürliche Interaktionen der Steuerung unterworfen werden. Die Erkenntnis hat also eine „instrumentelle“ Funktion: Sie soll die Handlung so kontrollieren, dass sie zu einer Bereicherung unmittelbarer Erfahrung führt. Die sekundäre Erfahrung wird wieder zu einer primären. Wir können auch sagen: Eine sekundäre Erfahrung ist nur dann wahr, wenn sie die primäre Erfahrung qualitativ bereichert. William James (Diaz-Bone und Schubert 1996) drückt diesen Gedanken so aus:

Wahrheit ist „etwas, das wesentlich mit der Art und Weise verbunden ist, in der uns ein bestimmtes Moment unserer Erfahrung zu anderen Momenten führen kann, die zu erreichen der Mühe wert ist. (…) Wenn irgendein Moment unserer Erfahrung uns zu einem wahren Gedanken anregt, so bedeutet dies, dass wir früher oder später, von diesem Gedanken geleitet, wieder in die Besonderheiten der Erfahrung eintauchen und vorteilhafte Verbindungen mit ihnen aufnehmen“ (James 2001, S. 134 f.). D. h.: „Wahrheit *passiert* einer Vorstellung. Sie *wird* wahr, sie wird durch ein Ereignis wahr gemacht. Ihre Wahrheit ist tatsächlich ein Ereignis, ein Prozess: der Prozess nämlich, in dem sie sich selbst wahr macht, ihre Veri-

*fikation*. Die Gültigkeit einer Vorstellung ist nichts anderes als eben dieser Prozess des Sich-geltend-Machens oder der Validierung“ (a. a. O., S. 133).

Was bedeutet das alles für unsere Fragestellung? Die praktisch tätigen Supervisor/innen und Coaches sollen gute Erfahrungen machen. Die sind aber an solche Praxen gebunden, die auch ihre Klient/innen gute Erfahrungen machen lassen. Machen sie jedoch schlechte Erfahrungen, müssen sie über ihre Praxis nachdenken. Finden sie für diese Praxisprobleme kreative Lösungen, dann zeigt sich ihr Wahrheitswert darin, dass sie tatsächlich die Klient/innen bessere Erfahrungen in deren Praxiszusammenhängen machen lassen. Es geht also um einen zirkulären Prozess zwischen Theorie und Praxis, dessen Wert an einer verbesserten Praxis der Klient/innen zu messen ist.

Wenn der einzelne Coach diesen Prozess reibungslos in Gang halten kann (evtl. mit supervisorischer Unterstützung), dann ist alles gut: Ein Wachstum an qualitativer Erfahrung seiner Klient/innen ist ja garantiert. Erst wenn diese Prozesse auf breiter Front von den Klient/innen, aber auch von den Coaches selbst als unbefriedigend angesehen werden, dann ist eine kollektive Veranstaltung von Nöten. Hier könnte kollektive Fremdhilfe der individualistischen Selbsthilfe aufhelfen. Hier könnte sekundäres Forschen der primären Forschung weiterhelfen.

Festzuhalten ist: Erfahrung ist nicht nur der Ausgangspunkt jeglicher Erkenntnisbemühungen. Er ist auch der Zielpunkt. Es geht nicht darum, immer mehr Wissen über Supervision oder Coaching anzuhäufen. Es geht darum, die Adressaten dieser Formate bessere Erfahrungen durch verbesserte Praxis machen zu lassen. Das ist das Kriterium.

### 11.2.2 Forschung als „inquiry“ auf allen Ebenen

Gute Supervisor/innen bzw. Coaches sind also als die primären Forscher/innen anzusehen: Sie machen mit ihren Klient/innen im gemeinsamen Prozess Erfahrungen, die die mitgebrachten Erfahrungen der Klient/innen verändern sollen. Diese haben nämlich ihre eigenen Erfahrungen in Zweifel gezogen. Sie haben über ihre schlechten Erfahrungen nachgedacht, aber keine Lösung gefunden, die sich in ihrer Praxis „bewährt“ oder „bewahrheitet“ hat, also wieder in primäre Erfahrung übergehen konnte. Deshalb haben sie sich an jemanden gewandt, der sie professionell in diesem Untersuchungsprozess begleiten kann. Zwar setzen die Supervisor/innen und Coaches in dieser professionellen Untersuchung verschiedene Verfahren ein. Doch lässt sich dieser Prozess durchaus als ein Forschungsprozess beschreiben (vgl. Niemeyer 1987; Fuhr 1992; Krall et al. 2008), der nach Deweys (2002) Modell fünf Phasen umfasst (Krüger 2000):

1. *Die unbestimmte Situation*: Das Wechselverhältnis von Organismus und Umwelt ist in einer bestimmten Situation in einen Zustand des Ungleichgewichts geraten.
2. *Die Problembestimmung*: Es muss unterschieden werden: Was kann noch als sicher gelten, was ist dann problematisch? Nur darauf müssen sich die Untersuchungsfragen richten.
3. *Die Bestimmung der Problemlösung*: Zunächst gilt es, einen Hintergrund von haltbaren Überzeugungen festzuhalten, die für die Lösung offener Fragen genutzt werden können Die Suche nach Lösungen richtet sich dann auf Antizipationen möglicher Konsequenzen von ersten Mutmaßungen. Diese werden zu klaren Ideen durch den Abgleich von begrifflichem Denken und empirischen Beobachtungen.
4. *Logisches Denken und rationaler Diskurs*: Die Lösungsidee wird dann mit dem bereits vorhandenen Wissen abgeglichen und so operationalisiert, dass sie experimentell überprüft werden kann, ihre möglichen Konsequenzen sichtbar werden.
5. *Die Wiederherstellung der unproblematischen Situation.*

Diesen Forschungsprozess nennt Dewey eben nicht *research*, sondern *inquiry*, also Untersuchung, Ermittlung. Dabei ist der Erkenntnisprozess immer auch als Lernprozess angelegt: Die Erkenntnisse sollen in Denk- und Verhaltensgewohnheiten übergehen, die automatisch in vergleichbaren Situationen Berücksichtigung finden.

Ein jeglicher Erkenntnisprozess lässt sich auf dieses Modell beziehen, vom alltäglichen Denkprozess, der allein oder im Dialog mit Nahestehenden vollzogen wird, über einen Untersuchungsprozess, den Professionelle der Beziehungsarbeit anleiten, bis hin zu elaborierten Forschungsprojekten von Wissenschaftler/innen. Die Unterschiede zwischen diesen drei Ebenen sind in diesem Modell nicht prinzipiell gesetzt, sondern ergeben sich graduell. So bewegen sich die Untersuchungsprozesse in der Supervision zwischen alltäglichen Denkprozessen und wissenschaftlicher Forschung. Zentraler Untersuchungsmodus ist die „Abduktion" im Gegensatz zur Induktion und zur Deduktion, wie sie Peirce herausgearbeitet hat (Nagl 1992, S. 107 ff.). In Deweys Modell bewegt sich die Abduktion auf der 3. Stufe des Forschungsprozesses:

Der Klient kommt mit seinen bisherigen Lösungsmodellen nicht weiter. Es muss ein neues gefunden werden. Und eben dieser Vorgang ist ein kreativer, er lässt sich logisch nicht beschreiben und eben deshalb auch nicht planen. Peirce nennt diesen Vorgang schließlich etwas hilflos „Raten". Da das Finden einer neuen Lösung also nicht als Schlussfolgerung nach einer festgelegten Logik durchgeführt werden kann, kann man sich nur durch eine bestimmte Haltung für die Emergenz einer neuen Idee öffnen. Der Sozialforscher Reichertz (2003, S. 66) beschreibt diese Haltung so:

> Der abduktive Schlussfolgerer ist neugierig, er beobachtet viel und intensiv, stets bereit, sich überraschen zu lassen. Stößt er auf etwas Ungewöhnliches, seine Erwartung Enttäuschendes, dann macht er sich *nicht* schnell seinen Reim darauf. Er macht genau das Gegenteil: er beobachtet weiter, spricht mit sich und anderen, kramt in der Erinnerung nach ähnlichen Erfahrungen, lässt sein ganzes Wissen ‚floatieren' und wartet darauf, dass sich irgendwann eine mögliche einheitliche Deutung aller oder zumindest vieler überraschender Details einstellen wird.

Ist das nicht eine wunderbare Beschreibung für die professionelle Arbeit in der Supervision bzw. im Coaching? Der Erkenntnisprozess ist hier allerdings nicht solipsistisch, sondern dialogisch-kommunikativ angelegt: Der Professionelle wie der Klient begeben sich gemeinsam in diesen Untersuchungsprozess. Beide überprüfen zunächst, ob nicht traditionelle Denkmuster (Deutungsmuster, mentale Modelle, Interpretationsfolien) auf diesen Fall angewandt und durch Induktion oder Deduktion Lösungen generiert werden können. Erst wenn das nicht gelingt, ist Abduktion gefragt. Und hier hat der Professionelle für ein entsprechend kreatives Lernfeld zu sorgen, in dem bei ihm wie bei seinem Klienten neue Lösungsideen aufsteigen können. Und da die Garantierung eines solchen Feldes eben das Schwierigste einer professionellen Tätigkeit ist, benötigt der Professionelle ein ihm passendes Verfahren: Es soll ihn selbst kreativ machen, sodass seine kreative Gestimmtheit auf den Klienten übergeht, dessen verfestigte Denk-, Gefühls- und Handlungsmuster auflockert und neue Ideen aufsteigen lässt.

Dieser Untersuchungsprozess lässt sich als Aktionsforschung oder Handlungsforschung begreifen (vgl. Moser 1995): Die Arbeitszusammenhänge der Klient/innen werden quasi „natürlich" im Prozess umfassend nacherlebt, um kooperativ konkrete Vorgänge in konkreten Situationen zu untersuchen und Vorstellungen und Kompetenzen zu einer besseren Gestaltung in der Zukunft zu entwickeln.

Supervision bzw. Coaching geschieht also zunächst zur Untersuchung und Verbesserung fremder Erfahrungen. Zugleich muss aber immer dieser Prozess selbst beobachtet und mitreflektiert werden. Aus der Resonanz der Klient/innen bzw. seinen eigenen Beobachtungen kann der Supervisor bzw. Coach auf die Wirksamkeit seiner Bemühungen schließen. Und aus diesen Erfahrungen kann er erkennen, was weiterhilft und was nicht. Wenn dies methodisch angeleitet geschieht, kann man mit Fug und Recht von Forschung sprechen. Insofern sind professionelle Beziehungsarbeiter/innen die primären Forscher/innen in diesem Feld. Forschung von Wissenschaftler/innen ist demgegenüber immer sekundär. Sie kann diesen primären Forschungsprozess genauer und ausführlicher dokumentieren, als das üblicherweise den Praktiker/innen möglich ist, um ihn dann differenzierter zu analysieren (z. B. Möller 2001). Und sie kann die vielen Berichte von Praktiker/innen einer Sekundäranalyse unterziehen (z. B. Petzold et al. 2003). Je näher sie somit an den Erfahrungen der Praktiker/innen dran bleibt, desto praxistauglicher werden die Ergebnisse sein.

Wissenschaftliche Untersuchungen dienen aber oft weniger der Praxisverbesserung, sie haben eher eine Legitimationsfunktion: Es soll gezeigt werden, dass die korrekte Anwendung eines Formats tatsächlich zielführend ist, eine Investition sich also lohnt (vgl. Künzli 2006). Aus der Wirkungs-Forschung dieser Art lässt sich aber nun mal nicht schließen, dass das Coaching, das Frau X Herrn Y anbietet, genau so korrekt verläuft und somit kausal vorhersehbare Ergebnisse erzielen wird. Die Skepsis der Auftraggeber bzw. Nachfrager kann also nicht durch Hinweis auf Forschungsergebnisse dieser Art aufgelöst werden.

Ich halte also das Lamentieren, dass Supervision oder Coaching noch zu wenig erforscht seien, beide Formate sich also noch in einem vorprofessionellen Stadium befänden, für völlig unangemessen. Es bedarf nicht nur weiterer sekundärer Forschung durch die *scientific community*, sondern vor allem einer Ermutigung der *professional community*, ihre primäre Forschung ernster zu nehmen und sie differenzierter zu dokumentieren. Und zu diesem Zweck wäre Kooperation beider Forschergruppen angezeigt.

### 11.2.3 Zielbestimmung als demokratischer Prozess

Was aber *sollen* Supervision bzw. Coaching leisten? Der Pragmatismus gibt eine einfache Antwort: Diese Formate sollen mit ihren Mitteln und in ihrem Rahmen dazu beitragen, dass ihre Klient/innen in Zukunft bessere Erfahrungen machen. Und das soll dadurch geschehen, dass sie Erkenntnisprozesse auslösen, in denen Praxismöglichkeiten aufscheinen, deren Umsetzung wahrscheinlich auch die davon Betroffenen gute Erfahrungen machen lassen. Und für diese Verifikation sollen sie kompetent gemacht und ermutigt werden. Sie sollten also etwas gelernt haben.

Was nun eine bessere Praxis ist und was gute Erfahrungen sind, das muss in der Supervision bzw. im Coaching antizipiert werden. Und das geht am besten durch einen Rollentausch mit den Betroffenen. Aus diesem Prozess ergeben sich konkrete Vorhaben, für deren Umsetzung der Klient die Verantwortung übernehmen muss. Da aber nicht alle Reaktionen vorhersehbar sind, auch immer vieles dazwischen kommen kann, müssen die dann gemachten Erfahrungen wiederum ausgewertet werden, sodass daraus korrigierende Konsequenzen für die weitere Praxis gezogen werden können.

In diesem Prozess ist der Professionelle zum einen an die Interessen seiner Auftraggeber/innen bzw. Adressaten gebunden. Er ist aber auch seiner Fachlichkeit und seinem Berufsethos verpflichtet. Er muss also einen Weg finden, den er sich selbst bzw. seiner Profession gegenüber verantworten kann Damit sind Grenzen gesetzt. Innerhalb dieser Grenzen ist aber der Erkenntnisprozess offen. Jenseits von Status und Position kann sich jeder Teilnehmer an einem Supervisions- bzw. Coachingprozess gleichberechtigt einbringen. Was als gute Praxis angesehen wird, muss zwar letztlich der Falleinbringer entscheiden. Er muss sich aber den Bewertungen der anderen stellen.

Auch in der Arbeitswelt selbst müssen im Prinzip alle an dieser neuen Praxis Beteiligten und von ihr Betroffenen für eine Evaluation einbezogen werden. Sinnvoll wären Lösungen, die demokratisch entschieden würden bei vertraglich zugesicherter Akzeptanz der vorgegebenen Primäraufgabe der jeweiligen Arbeitsorganisation.

Insofern werden in Supervision wie im Coaching demokratische Aushandlungsprozesse angestoßen, weil nur sie menschenwürdige und dauerhafte Lösungen bieten können. Supervision und Coaching sind somit Formate, durch die ein Demokratisierungsprozess auch in der Arbeitswelt vorangetrieben wird. Dieser weite und fundamentale Demokratiebegriff ist vor allem von Dewey propagiert worden (vgl. Jörke 2003; Hartmann 2003).

## 11.3 Die Verantwortung der Praktiker/innen für gute Konzepte

Aus all diesen Überlegungen folgt: Was letztlich zählt, sind gute Erfahrungen. Und die sollen primär die Adressaten der Supervisions- bzw. Coachingprozesse machen; aber auch die, die von deren Praxis betroffen sind. Darauf haben die Praktiker/innen zu achten. Dann machen auch sie gute Erfahrungen. Sie sind also die primären Forscher/innen. Die Wissenschaftler/innen haben sie dabei sekundär zu unterstützen. Da dieses Wissen aber unterschiedlich gewonnen wird und unterschiedlichen Filterprozessen ausgesetzt ist, wäre ein systematischer kontinuierlicher Austausch dieser beiden Wissenssorten wichtig. Es sollte in Zukunft also nicht nur Wissenschaftlerkongresse oder Praktikertagungen geben. Es sollten vermehrt auch Veranstaltungen durchgeführt werden, auf denen beide Gruppen ihr je eigenständiges Wissen gegenüberstellen. Professionalisierung einer beruflichen Tätigkeit ist eben nicht identisch mit deren Verwissenschaftlichung (Buer 2012).

Ziel wäre die Verbesserung der Praxis von Supervision bzw. Coaching. Und dazu bedarf es primär Konzepte, die auf erfahrungsgesättigtem Wissen beruhen, aber auch wertgebundene Orientierungen eröffnen. Und diese Orientierungen lassen sich eben nicht aus dem, was ist, ableiten. Hier bedarf es einer philosophischen Reflexion. Hier sehe ich gegenwärtig das größte Defizit, und das nicht nur bei den Praktiker/innen, sondern auch bei den Wissenschaftler/innen. Hinzugezogen werden sollten also vermehrt Philosophen, die bereit sind, ihre Reflexionen auch auf praxisrelevante Fragen der Beratung zu richten. Coaches und Supervisor/innen mit philosophischem bzw. theologischem Hintergrund gibt es ja durchaus. Sie sollten dieses Wissen nicht verstecken, sondern explizit zur Verfügung stellen. Erst in einem Dialog zwischen diesen drei Gruppierungen wäre eine gegenseitige kritische Prüfung der jeweiligen Wissenssorte auf gleicher Augenhöhe möglich.

Da gute Konzepte entscheidend sind für gute Praxis, tragen vor allem die Praktiker/innen die größte Verantwortung, dazu das nötige Wissen zusammen zu bekommen. Sie dürfen diese Verantwortung nicht an die Wissenschaft abschieben. Sicher dürfen sie die Wissenschaftler/innen in die Pflicht nehmen, ihren Beitrag dazu zu liefern. Wichtiger aber ist es, den eigenen Forschungsprozess angemessen auszugestalten. Und sie dürfen sich die Maßstäbe und Zielhorizonte nicht einfach allein von ihren Auftraggebern und Adressaten vorgeben lassen. Sie müssen selbstständig und eigenverantwortlich festlegen, auf welche Weise immer wieder neu Verbesserungen der Praxis bestimmt werden können, Verbesserungen, die ein Wachstum qualitativer Erfahrungen für möglichst viele gewährleisten. Ein solches Konzept aber ist ein Versprechen, das nach Einlösung verlangt.

## Literatur

Berker, P., & Buer, F. (Hrsg.). (1998). *Praxisnahe Supervisionsforschung*. Münster: Votum.

Bohnsack, F. (2005). *John Dewey. Ein pädagogisches Porträt*. Weinheim: Beltz.

Buer, F. (1999). *Lehrbuch der Supervision. Der pragmatisch-psychodramatische Weg zur Qualitätsverbesserung professionellen Handelns*. Münster: Votum.

Buer, F. (Hrsg.). (2004a). *Praxis der Psychodramatischen Supervision. Ein Handbuch* (2. Aufl.). Wiesbaden: VS Verlag für Sozialwissenschaften.

Buer, F. (2004b). Über die professionelle Kompetenz, Professionalität kompetent darzustellen. Und welche Rolle die Supervision heute dabei spielt. In F. Buer & G. Siller (Hrsg.), *Die flexible Supervision* (S. 161–201). Wiesbaden: VS Verlag für Sozialwissenschaften.

Buer, F. (2007a). Zehn Jahre Format und Verfahren in der Beziehungsarbeit. Zur Rezeption einer bedeutsamen Unterscheidung. *OSC 14*(3), 283–300.

Buer, F. (2007b). Unsicherheiten im Beratungsdiskurs. Wozu Berater und Beraterinnen Philosophie brauchen – Pragmatismus zum Beispiel. In A. Schreyögg & C. Schmidt-Lellek

(Hrsg.), *Konzepte des Coaching* (S. 163–188). Wiesbaden: VS Verlag für Sozialwissenschaften.

Buer, F. (2008). Erfahrung – Wissenschaft – Philosophie. Drei Wissenssorten zur Konzipierung von Supervision und Coaching. In H. Krall, E. Mikula, & W. Jansche (Hrsg.), *Supervision und Coaching* (S. 223–238). Wiesbaden: VS Verlag für Sozialwissenschaften.

Buer, F. (2010). *Psychodrama und Gesellschaft. Wege zur sozialen Erneuerung von unten.* Wiesbaden: VS Verlag für Sozialwissenschaften.

Buer, F. (2011). Life-Coaching als Ort der Besinnung: Was Fach- und Führungskräfte dazu bewegen kann, gute Arbeit zu leisten. In C. Schmidt-Lellek & F. Buer (Hrsg.), *Life-Coaching in der Praxis* (S. 51–83). Göttingen: Vandenhoeck & Ruprecht.

Buer, F. (2012). Rezension. *OSC 19*(3), 359–366.

Buer, F., & Schmidt-Lellek, C. (2008). *Life-Coaching. Über Sinn, Glück und Verantwortung in der Arbeit.* Göttingen: Vandenhoek & Ruprecht.

Craig, E. (1993). *Was wir wissen können. Pragmatische Untersuchungen zum Wissensbegriff.* Frankfurt a. M.: Suhrkamp.

Deutsche Gesellschaft für Supervision. (Hrsg.). (2006). *Der Nutzen von Supervision – Verzeichnis wissenschaftlicher Arbeiten.* Köln: Eigenverlag.

Dewey, J. (1934/1988). *Kunst als Erfahrung.* Frankfurt a. M.: Suhrkamp.

Dewey, J. (1929/1998). *Die Suche nach Gewißheit.* Frankfurt a. M: Suhrkamp.

Dewey, J. (1938/2002). *Logik. Die Theorie der Forschung.* Frankfurt a. M.: Suhrkamp.

Diaz-Bone, R., & Schubert, K. (1996). *William James zur Einführung.* Hamburg: Junius.

Engler, U. (1992). *Kritik der Erfahrung: Die Bedeutung der ästhetischen Erfahrung in der Philosophie John Deweys.* Würzburg: Königshausen u. Neumann.

Feldman, D. C., & Lankau, M. J. (2005). Executive coaching: A review and agenda for future research. *Journal of Management, 31*, 829–848.

Fellmann, F. (1991). *Symbolischer Pragmatismus. Hermeneutik nach Dilthey.* Reinbek: Rowohlt.

Fuhr, R. (1992). Plädoyer für alltägliches Forschen. *Gestalttherapie*, Sonderheft Forschung, S. 84–95.

Gaertner, A. (1999). *Gruppensupervision. Theoriegeschichtliche und fallanalytische Untersuchungen.* Tübingen: edition diskord.

Gaertner, A. (2004). Supervision in der Krise – Expansionismus, Unschärfeprofil und die Ausblendung der Selbstreflexion. In F. Buer & G. Siller (Hrsg.), *Die flexible Supervision* (S. 79–100). Wiesbaden: VS Verlag für Sozialwissenschaften.

Giesecke, M., & Rappe-Giesecke, K. (1997). *Supervision als Medium kommunikativer Sozialforschung. Die Integration von Selbsterfahrung und distanzierter Betrachtung in Beratung und Wissenschaft.* Frankfurt a. M.: Suhrkamp.

Greif, S., Schmidt, F., & Thamm, A. (2012). Warum und wodurch Coaching wirkt. Ein Überblick zum Stand der Theorieentwicklung und Forschung über Wirkfaktoren. *OSC 19*(4), 375–390.

Gröning, K. (2004). Institutionelle Modernisierung und die flexible Supervision. In F. Buer & G. Siller (Hrsg.), *Die flexible Supervision* (S. 63–76). Wiesbaden: VS Verlag für Sozialwissenschaften.

Hartmann, M. (2003). *Die Kreativität der Gewohnheit. Grundzüge einer pragmatistischen Demokratietheorie.* Frankfurt a. M.: Campus.

James, W. (2001). *Pragmatismus. Ein neuer Name für einige alte Denkweisen.* Darmstadt: Wiss. Buchgesellschaft.

Joas, H. (Hrsg.). (2000). *Philosophie der Demokratie. Beiträge zum Werk von John Dewey.* Frankfurt a. M.: Suhrkamp.

Jörke, D. (2003). *Demokratie als Erfahrung. John Dewey und die politische Philosophie der Gegenwart.* Opladen: Leske & Budrich.

Kersting, H. J. (2004). Masterstudiengänge Supervision an Hochschulen. Chancen und Probleme. In F. Buer & G. Siller (Hrsg.), *Die flexible Supervision* (S. 203–216). Wiesbaden: VS Verlag für Sozialwissenschaften.

Krall, H., Mikula, E., & Jansche, W. (Hrsg.). (2008). *Supervision und Coaching. Praxisforschung und Beratung im Sozial- und Bildungsbereich.* Wiesbaden: VS Verlag für Sozialwissenschaften.

Krüger, H.-P. (2000). Prozesse der öffentlichen Untersuchung. Zum Potential einer zweiten Modernisierung in John Deweys „Logic. The Theory of Inquiry" (1938). In H. Joas (Hrsg.), *Philosophie der Demokratie* (S. 194–234). Frankfurt a. M.: Suhrkamp.

Künzli, H. (2006). Wirksamkeitsforschung im Führungskräftecoaching. In E. Lippmann (Hrsg.), *Coaching. Angewandte Psychologie für die Beratungspraxis* (S. 280–294). Heidelberg: Springer.

Künzli, H. (2009). Wirksamkeitsforschung im Führungskräfte-Coaching. *OSC, 16*(1), 1–15.

Lippmann, E. (Hrsg.). (2006). *Coaching. Angewandte Psychologie für die Beratungspraxis.* Heidelberg: Springer.

Möller, H. (2001). *Was ist gute Supervision? Grundlagen – Merkmale – Methoden.* Stuttgart: Klett-Cotta.

Möller, H., & Hausinger, B. (Hrsg.). (2009). *Quo vadis Beratungswissenschaft?* Wiesbaden: VS Verlag für Sozialwissenschaften.

Moser, H. (1995). *Grundlagen der Aktionsforschung.* Freiburg: Lambertus.

Nagl, L. (1992). *Charles Sanders Peirce.* Frankfurt a. M.: Campus.

Nagl, L. (1998). *Pragmatismus.* Frankfurt a. M.: Campus.

Neubert, S. (1998). *Erkenntnis, Verhalten und Kommunikation. John Deweys Philosophie des „experience" in interaktionistisch-konstruktivistischer Interpretation.* Münster: Waxmann.

Niemeyer, C. (1987). Der Praktiker als Forscher. Psychoanalyse als Erkenntnistheorie und als Metatheorie psychologischen und pädagogischen Erkennens und Handelns? *Psyche, 41,* 193–237.

Petzold, H., Schigl, B., Fischer, M., & Höfner, C. (2003). *Supervision auf dem Prüfstand.* Opladen: Leske & Budrich.

Reichertz, J. (2003). *Die Abduktion in der qualitativen Sozialforschung.* Opladen: Leske & Budrich.

Rorty, R. (1994). *Hoffnung statt Erkenntnis. Eine Einführung in die pragmatische Philosophie.* Wien: Passagen.

Schmidt-Lellek, C., & Buer, F. (2011). Einführung . In C. Schmidt-Lellek & F. Buer (Hrsg.), *Life-Coaching in der Praxis. Wie Coaches umfassend beraten* (S. 13–24). Göttingen: Vandenhoeck & Ruprecht.

Schreyögg, A. (2004). *Supervision. Ein integratives Modell. Lehrbuch zu Theorie und Praxis* (4., überarb. u. erw. Aufl.). Wiesbaden: VS Verlag für Sozialwissenschaften.

Schubert, H.-J., et al. (Hrsg.). (2010) *Pragmatismus zur Einführung.* Hamburg: Junius.

Shusterman, R. (2000). Dewey über Erfahrung: Fundamentalphilosophie oder Rekonstruktion? In H. Joas (Hrsg.), *Philosophie der Demokratie* (S. 35–62). Frankfurt a. M.: Westdt.

Siller, G. (2004). Ökonomisierungsprozesse im Sozial- und Gesundheitswesen und ihre Folgen für die Supervision aus individueller Perspektive – Empirische Forschungsergebnisse. In F. Buer & G. Siller (Hrsg.), *Die flexible Supervision* (S. 35–62). Wiesbaden: VS Verlag für Sozialwissenschaften.

Siller, G. (2008). *Professionalisierung durch Supervision. Perspektiven im Wandlungsprozess sozialer Organisationen*. Wiesbaden: VS Verlag für Sozialwissenschaften.

**Prof. Dr. Ferdinand Buer** war tätig als Sozial- und Erziehungswissenschaftler an den Universitäten Göttingen und Münster, als Ausbildungsdozent in Supervision, Coaching, Psychodrama und Aufstellungsarbeit an verschiedenen privaten und öffentlichen Instituten in Deutschland und Österreich sowie als Supervisor, Coach und Trainer in eigener Praxis.

# Hermeneutik für das Coaching 12

Christoph Schmidt-Lellek

## 12.1 Einführung

Ein wesentliches Merkmal der professionellen Interaktion im Coaching besteht darin, dass Verstehensprozesse eröffnet werden, um angestrebte Veränderungen in Wahrnehmen, Denken, Fühlen und Handeln zu ermöglichen. Dabei geht es um ein Verstehen der jeweils zu erörternden Situation mit ihren Kontexten, um ein Verstehen seiner selbst mit den biographisch erworbenen Mustern, um ein Verstehen von anzustrebenden Zielen und den methodischen Wegen dorthin und nicht zuletzt um ein intersubjektives Verstehen zwischen den beteiligten Personen, die sich im Coaching aufeinander einzustimmen haben. Wie in allen Professionen hat der Coach dabei die Aufgabe einer „Übersetzungsarbeit", „indem das allgemeine Wissen auf den konkreten Fall mit seinen jeweiligen Besonderheiten angewandt werden muss" (Deutscher Bundesverband Coaching 2012, S. 13). Das heißt, das jeweils erworbene Fachwissen aus den verschiedenen Disziplinen lässt sich nicht unmittelbar anwenden, sondern muss an die jeweilige konkrete Situation angepasst werden – und vor allem von dem Coachingklienten verstanden werden, damit er es in seinen Alltag transferieren kann.

Überarbeiteter Nachdruck aus: C. Schmidt-Lellek & A. Schreyögg(Hrsg.) (2011). Philosophie, Ethik und Ideologie in Coaching und Supervision (OSC Sonderheft4). Wiesbaden: VS Verlag, S. 47–57.

C. Schmidt-Lellek (✉)
Taunusstr. 126, 61440 Oberursel, Deutschland
E-Mail: Kontakt@Schmidt-Lellek.de



A. Schreyögg, C. Schmidt-Lellek (Hrsg.), *Die Professionalisierung von Coaching*, Coaching und Supervision, DOI 10.1007/978-3-658-08172-0_12

Für dies alles kann die philosophische Disziplin der Hermeneutik (Verstehenslehre, Interpretationskunst) wertvolle Dienste leisten. Die Frage: Was heißt Verstehen? ist seit alters her ein zentrales Thema der Philosophie, das in neuerer Zeit (seit dem 17. Jahrhundert und insbesondere seit Schleiermacher vor ca. 200 Jahren) unter dem Begriff „Hermeneutik" verhandelt wird. So lohnt es sich für Coaches, die reichen philosophischen Quellen heranzuziehen, um in der Reflexion des eigenen professionellen Handelns sich über Strukturen, Methoden und auch Gefährdungen von Verstehensprozessen klar zu werden.

In dieser kurzen Darstellung der Hermeneutik orientiere ich mich zunächst an einem Buch des kanadischen Philosophen Jean Grondin (2009), der einen kurz gefassten Überblick über die Entwicklungen der philosophischen Hermeneutik bietet. Mit dessen Hilfe sollen einige Grundthemen der Hermeneutik nachgezeichnet werden, die mir für den professionellen Praktiker als besonders relevant erscheinen. Grondin nimmt zwar auf die Anwendungsbereiche der Hermeneutik in professionellen Interaktionen keinen direkten Bezug. Bei der Lektüre dieses Buches zeigen sich aber vielfältige Hinweise, mit denen sich manche Probleme und Paradoxien der professionellen Praxis besser erfassen und handhaben lassen. Dieser Thematik soll der zweite Abschnitt dieses Beitrags gewidmet sein.

## 12.2 Begriff und Geschichte der Hermeneutik

Hermeneutik ist der philosophische Terminus für „Verstehenslehre", der Disziplin, die sich mit den Möglichkeiten, Formen und Prozessen des Verstehens befasst. Der Begriff „Hermeneutik" stammt aus dem Griechischen: *hermeneúein* heißt „zum Verstehen bringen, auslegen, übersetzen, interpretieren" (lat. *interpretes* = Übersetzer). Etymologisch leitet sich das Wort (vermutlich) ab von „Hermes", dem Götterboten, der das geheime Wissen der Götter den Menschen übermittelt. Bei Platon findet sich eine erste Erwähnung des Begriffs: die Übersetzungs-, Interpretationskunst (*hermeneutikè téchne;* Epinomis, St. 975 C, Platon 1967, Bd. 3, S. 670). Platon betont, dass die Hermeneutik nichts über den Wahrheitsgehalt des Interpretierten aussagt, denn dies sei Sache der reinen Wesensschau (der Metaphysik), die sich auf die „Ideen" bezieht im Gegensatz zu den „Phänomenen", den jeweiligen konkreten „Erscheinungen".

Seit dem 17. Jahrhundert wurde der Begriff in Deutschland zunächst in der evangelischen Theologie aufgegriffen (in der katholischen wesentlich später): Im Unterschied zur „Exegese", die stärker an der Wortbedeutung und der grammatischen Struktur orientiert ist, bemüht sich die Hermeneutik um die Bedeutung eines Bibeltextes für die jeweilige Gegenwart, d. h. um die Übertragung in den gegenwärtigen kulturellen und sozialen Kontext. Hermeneutik war gleichzeitig auch für andere antike Texte von Bedeutung.

Friedrich Schleiermacher (1768–1834) definierte die Hermeneutik als „Kunst des Verstehens“ (er unterschied zwischen Hermeneutik und Kritik). Er hat als erster eine systematische allgemeine Hermeneutik entwickelt, die sich als wissenschaftliche Methode auch auf nicht-antike Texte bezieht: eine „Kunstlehre des Verstehens“, die „von der einfachen Tatsache des Verstehens ausgehend aus der Natur der Sprache und aus den Grundbedingungen des Verhältnisses zwischen dem Redenden und dem Vernehmenden ihre Regeln in geschlossenem Zusammenhang entwickelt“ (Schleiermacher 1838/1977). Der Interpret eines Textes muss die Bedingungen kennen, unter denen der Autor schrieb, und die Gründe, die sein Schreiben veranlassten; er muss sich damit in den Autor „hineinversetzen“ können. Entsprechend dem Ineinander von allgemeinen Faktoren (Sprache) und individuellen Faktoren (Denken) in jeder Rede sind im Verstehen die beiden Momente grammatischer und psychologischer Interpretation zu unterscheiden. Das Verstehen ist die Umkehrung des Aktes geistiger Produktion. Da dieses z. T. unbewusst geschieht, gilt es, „die Rede zuerst ebenso gut und dann besser zu verstehen als ihr Urheber“ (ebd., S. 94).

Wilhelm Dilthey (1833–1911) setzte sich in der zweiten Hälfte des 19. Jahrhunderts mit einer neuen Situation auseinander, da nun für die Geisteswissenschaften das Problem einer methodologischen Rechtfertigung gegenüber den sich rasant entwickelnden Naturwissenschaften entstand. Dazu verwendete Dilthey die Unterscheidung zwischen „Erklären“ und „Verstehen“: Die Naturwissenschaften suchen Phänomene ursächlich zu *erklären* und von allgemeinen Gesetzen abzuleiten, während die Geisteswissenschaften die historische Individualität in den Phänomenen *verstehen* wollen (vgl. Grondin 2009, S. 26). Dementsprechend wandte Dilthey sich gegen die Auffassung der zeitgenössischen Psychologie, dass auch die psychischen Zusammenhänge wie die Kausalzusammenhänge der Natur erklärbar seien. Da das Psychische vielmehr in seiner Ganzheit zu betrachten sei, sei das Verstehen die eigentliche Methode der Psychologie.

Dilthey definierte die Hermeneutik in Anlehnung an Schleiermacher als „Kunstlehre des Verstehens schriftlich fixierter Lebensäußerungen“ (Dilthey 1883/1990). Die Interpretation eines Textes hat zum Ziel, das „Singuläre“ zu verstehen, das sein Autor darin zum Ausdruck bringt. Verstehen heißt demnach, „in sich das Erleben des Autors neu zu schaffen“ (Grondin 2009, S. 27). Während also ein Autor sein Erleben in einen schriftlich fixierten sprachlichen Ausdruck zu bringen sucht, versucht der deutende Leser, über diesen Ausdruck zum Erleben zurückzugelangen. Dilthey sah in der Hermeneutik mit dieser „Trias von Erleben, Ausdruck und Verstehen“ (ebd.) die methodologische Grundlegung von Geisteswissenschaften überhaupt, da diese immer von Sprache ausgehen.

In der Folge wurde die Hermeneutik insbesondere durch Martin Heidegger (1889–1976) in seiner Existenzphilosophie ausgeweitet, indem es nicht nur um das Verstehen von Texten, sondern der menschlichen Existenz selbst ging. Hermeneutik heißt hier vor allem das Verstehen seiner selbst, d. h. der Existenz in ihrer Zeitlichkeit und Endlichkeit. Hermeneutik zielt darauf ab, „die menschliche Existenz aus der Selbstvergessenheit, in der sie sich so gern verbirgt, herauszuholen" (Grondin, S. 127). Heideggers Abkehr von der Metaphysiktradition hat den Grund darin, dass die metaphysischen Daseinskonzeptionen die Augen vor der existenziellen „Faktizität" verschließen, insbesondere vor der Endlichkeit der Existenz, was Heidegger als „Selbstvergessenheit" beschreibt.

Durch diese „existenziale Wende" wurden nun alle weiteren Diskussionen der Hermeneutik geprägt, am grundlegendsten ausgeführt von Hans-Georg Gadamer (1900–2002), dem bekanntesten Repräsentanten einer philosophischen Hermeneutik im 20. Jahrhundert. Die Erörterung seines Hauptwerks „Wahrheit und Methode" (1960) nimmt in der Darstellung Grondins auch den größten Raum ein.

Gadamer beschreibt das Verstehen nicht als eine unter vielen Verhaltensweisen des Menschen, sondern als zentrale, maßgebliche Aktivität menschlicher Existenz. Wenn Hermeneutik sich z. B. um das Verstehen von Geschichte bemüht, dann kann dies nur gelingen, indem sie ihre eigene Geschichtlichkeit mitdenkt (Gadamer 1990, S. 305): Verstehen ist nicht nur ein Nachvollzug des jeweiligen subjektiven Sinns eines historischen oder eines literarischen Textes, sondern es bedeutet, sich in ein Überlieferungsgeschehen hineinzubegeben, in welchem sich Vergangenheit und Gegenwart vermitteln (ebd., S. 300).

Gadamer hat insbesondere den „hermeneutischen Zirkel" herausgestellt, der darin besteht, dass in Verstehensprozesse immer das eigene Vorverständnis bzw. „Vorurteil" in seiner jeweiligen Geschichtlichkeit mit hineinwirkt. Daraus ist nun aber nicht zu folgern, dass man solches Vorverständnis – nach dem aus der Aufklärung stammenden Ideal – eliminieren müsse, um zu einem richtigen, vorurteilslosen Verstehen dessen, was einem begegnet, gelangen zu können. Vielmehr gibt es nun die Herausforderung, sich seine geschichtlich bzw. biographisch entstandenen Vorurteilsstrukturen bewusst zu machen, also sich selbst zu verstehen, durch welche „Brillen" man die Welt zu betrachten und zu verstehen versucht. Jetzt stellt sich aber die Frage, ob es nichts anderes als diese „Brillen" gibt, wie es ein radikaler Konstruktivismus nahelegt („alle Erkenntnis ist Konstrukt", oder mit Nietzsche: „Tatsachen gibt es nicht, nur Interpretationen"), oder ob es jenseits der „Brillen", Konstrukte, Perspektiven auch eine Berührung mit den Tatsachen gibt, – klassisch ausgedrückt, eine Angemessenheit (*adaequatio*) zwischen Erkenntnissubjekt und Erkenntnisobjekt. Gadamer spricht hier von einer „Horizontverschmelzung", die darauf hinausläuft, dass ein wahrhaftiges Verstehen des Anderen immer auch eine

Rückwirkung auf einen selbst hat, insofern man sein jeweiliges Vorverständnis zu erkennen und zu hinterfragen lernt.

Das Verstehen hat also eine *dialogische Struktur,* indem der Interpret durch einen fremden Text veranlasst wird, sich mit seinem eigenen Vorverständnis, das er in den Text hineinträgt, auseinanderzusetzen. Dieser „hermeneutische Zirkel" ist nicht hintergehbar:

> Wer einen Text verstehen will, ist (...) bereit, sich von ihm etwas sagen zu lassen. Daher muss ein hermeneutisch geschultes Bewusstsein für die Andersheit des Textes von vornherein empfänglich sein. Solche Empfänglichkeit setzt aber weder sachliche ‚Neutralität' noch gar Selbstauslöschung voraus, sondern schließt die abhebende Aneignung der eigenen Vormeinungen und Vorurteile ein. (Gadamer 1990, S. 273 f.)

Wenn man in diesem Zitat das Wort „Text" durch „Mensch" ersetzt, lässt sich dieser Satz direkt auf die Begegnung mit der Andersheit eines anderen Menschen übertragen und somit auf die professionelle Interaktion im Coaching wie in anderen Beratungsformaten.

Wichtig für den Praktiker erscheint mir dann insbesondere die Debatte zwischen Gadamer und Jacques Derrida im April 1981 in Paris, die ein grundlegendes Problem verdeutlicht und die Grondin ausführlich darstellt. Ein zentraler Satz Gadamers lautet: „Sein, das verstanden werden kann, ist Sprache." Das heißt, „alles, was verstanden werden kann, ist ein Sein, das sich in Sprache kundtut. (...) Es ist die Sprache, die das Sein der Welt zuallererst zutage treten lässt, denn sie ermöglicht es, die Sprache der Dinge selbst zu entfalten" (Grondin, S. 66 f.). Hermeneutik ist danach mehr als eine Methode der Geisteswissenschaften, sie wird vielmehr „zu einer universellen philosophischen Reflexion über den sprachlichen Charakter unserer Welterfahrung und der Welt selbst" (ebd.). Damit wendet Gadamer sich gegen eine nominalistische Auffassung, wonach Sprache und Welt letztlich getrennt bleiben und die Sprache nur ein Werkzeug in den Händen des Subjekts darstellt, welches den Dingen bzw. den anderen Menschen zu Leibe rücke, um sie zu beherrschen.

Ebendies scheint nun Derrida der Hermeneutik zu unterstellen, wenn er in dem Verstehen-Wollen mit Hilfe von Sprache samt ihren Systemen und Strukturen einen Herrschaftswillen diagnostiziert. Dies steht im Zusammenhang mit seiner „Dekonstruktion" der abendländischen Metaphysik und ihrer „totalisierenden Erklärung des Seins" (ebd., S. 97), einem zentralen Anliegen der Philosophie der „Postmoderne". Für Derrida ist Verstehen eine „Form von Gewalt, die dem anderen gegenüber ausgeübt wird". Und seine Anfrage an Gadamer lautet: „Zwingt der Wille zu verstehen nicht den anderen, sich zu beugen, sich den Gedankenkonstruktionen anzupassen, die ich ihm auferlege und die – dadurch – an seiner Spezifität vorbeigehen?" Kurz: „Verstehe ich den *anderen*, wenn *ich* ihn verstehe?" (S. 107).

Gadamer hat, wie Grondin im Weiteren darlegt, in Reaktion auf Derridas Kritik seine eigene Position teils präzisiert und teils revidiert. So zeigt er sich später „aufmerksamer gegenüber der Gefahr eines Verstehens, das, indem es sich das andere aneignet, vielleicht seinem Anderssein Gewalt antut" (Grondin, S. 110; vgl. Gadamer 1990, S. 305, Anm. 230 in der erweiterten Neuauflage). Die Hermeneutik intendiert nach Gadamer aber vor allem eine „Öffnung hin zum Anderssein des anderen", und so muss man, wie Gadamer nun hervorhebt, angesichts der grundsätzlichen Sprachlichkeit des Verstehens auch die Grenzen der Sprache anerkennen, „dass wir nie das ganz sagen können, was wir sagen möchten" (Gadamer 1995, S. 274). Und so resümiert Grondin: „Der Sinn ist immer der Sinn der Dinge selbst, dessen, was sie sagen und besagen, ein Sinn, der mit Sicherheit über unsere erbärmlichen Interpretationsversuche und den begrenzten Horizont unserer jeweiligen Sprachmöglichkeiten hinausgeht" (S. 131).

Eine Anmerkung zum Verhältnis zwischen Hermeneutik und *Phänomenologie*, in der die Strukturen der Wahrnehmung der Phänomene untersucht werden (vgl. Kap. 13 in diesem Buch): Die Phänomenologie steht ebenso wie die Hermeneutik im Gegensatz zur klassischen Ontologie, d. h. der metaphysischen Wesenslehre und Wesensbestimmung. Beides sind Ansätze der neuzeitlichen Philosophie, die den alten Anspruch der Metaphysik aufgibt, eine objektive Wesensschau zu betreiben und absolute, allgemeingültige Aussagen zu machen, welche prinzipiell nicht der Geschichtlichkeit unterliegen würden. Die Phänomenologie versucht, die Vielheit des Seins in seiner Geschichtlichkeit zu beschreiben und dabei die Prozesse des wahrnehmenden Bewusstseins zu analysieren. Die Hermeneutik versucht, diese Phänomene aus ihrem jeweiligen (geschichtlichen, kulturellen, sozialen) Kontext heraus zu verstehen und durch eine „Übersetzungsarbeit" ihre Bedeutung für die gegenwärtige Lebenspraxis herauszustellen. Beiden Verfahren gemeinsam ist also eine *dialogische Grundhaltung*; sie sind gekennzeichnet durch das Bemühen, sich für das jeweilige Gegenüber und das jeweilige Geschehen zu öffnen und damit etwas Neues entstehen zu lassen.

## 12.3 Relevanz für die Praxis der Beratung

Welche Relevanz haben nun diese Darlegungen für einen professionellen Coach in seiner Praxis? Zunächst ist die Trias *Erleben – Ausdruck – Verstehen* grundlegend: Das Erleben eines Menschen bzw. eines Klienten drängt nach einem Ausdruck, durch den er das Erleben selbst verarbeiten und einem interessierten Zuhörer bzw. Berater mitteilen kann – es handelt sich also um einen Übersetzungsvorgang vom Erleben in einen Ausdruck davon, mit welchem Medium auch immer (s. u.). Indem der Zuhörer einen solchen Ausdruck deutend aufnimmt, kann er an dem Erleben des Klienten teilhaben und es damit in sich neu schaffen – der wahrgenommene Ausdruck wird also zurückübersetzt in Erleben und dabei mit eigenen Erlebensmustern in Verbindung gebracht. Das Verstehen ist also mehr als nur ein passives Aufnehmen, nämlich darüber hinaus ein kreativer Akt, weil es neben dem Sich-Öffnen für das Erleben des Klienten immer zugleich eine deutende innere Resonanz darstellt. Wird diese Resonanz ihrerseits wieder zum Ausdruck gebracht, kann sie beim Klienten eine Veränderung im eigenen Verstehen seines Erlebens eröffnen. Denn dies ist ja das übergreifende Ziel in jeglicher Beratung wie auch in der Psychotherapie, dass ein Klient zu einem veränderten, intensiveren, klareren Verstehen seiner selbst gelangt. Mit diesen kurzen Worten lässt sich die „dialogische Struktur" von Verstehensprozessen zwischen Menschen umreißen.

Für professionelle Interaktionen ist die Hermeneutik gegenüber den oben dargelegten philosophischen Perspektiven allerdings insoweit auszuweiten, als es in der beraterischen und der therapeutischen Arbeit nicht *nur* um Sprache geht. Ein Verstehen soll vielmehr alle Formen menschlichen Erlebens und Sich-Ausdrückens einbeziehen: Das leibliche und sinnenhafte Erleben und das nonverbale Ausdrücken geben den verbalen Anteilen der Kommunikation erst die umfassende Bedeutung, die vom jeweiligen Gegenüber entsprechend verstanden werden muss (vgl. Schulz von Thun 1981). Denn in der Interaktion zwischen zwei Menschen und speziell zwischen einem Rat und Hilfe Suchenden und einem professionellen Berater geht es nicht nur um das Verstehen eines *gesprochenen Textes*, sondern um das Verstehen des *Sprechers* und seiner Lebenssituation mit allen Erlebnisdimensionen.

Diese Ausweitung des Horizonts der Hermeneutik wurde auch in philosophischen Debatten aufgegriffen, wofür einige Beispiele genannt seien:

- Susanne Langer (1942/1984) trifft die Unterscheidung zwischen einer „diskursiven", sprachbezogenen Symbolisierung (bzw. Form des Ausdrucks) und einer „präsentativen", bildbezogenen Symbolisierung; beide verlangen spezifische Zugänge des Verstehens, da sprachliche Äußerungen immer dem zeitlichen Fließen unterliegen, während ein Bild eine ruhende, ganzheitliche Wahrnehmung ermöglicht.
- Maurice Merleau-Ponty (1945/1976) geht in seiner Sprach- und Dialogtheorie vom leiblichen Ausdruck aus, denn „der Leib ist unser allgemeines Medium einer Welthabe", d. h. des Lebens in der Welt und des Welterlebens (Merleau-Ponty 1976, S. 176).

- Georg Picht durchbricht mit seiner Betrachtung der modernen Kunst in seinem Werk „Kunst und Mythos“ die Trennung zwischen Denken, sinnlicher Wahrnehmung und Affekten, denn „die Sinne denken“ (Picht 1986, S. 336); er spricht von einer „Hermeneutik der Affekte“, die „von der gesamten neueren Philosophie vernachlässigt wurde“ (ebd., S. 257), und er untersucht alle künstlerischen Ausdrucksformen als „Darstellung“ von etwas, das sonst für die Wahrnehmung und das Verstehen verborgen bliebe (ebd., S. 393).
- Hermann Schmitz (1989, S. 28 ff.) spricht im Hinblick auf das Gelingen einer Psychotherapie von der „leiblichen Kommunikation“ als einem Begriff, der sprachliche und sinnlich-emotionale Ausdrucksformen umfassen soll.

Für die therapeutische Praxis fordert Hilarion Petzold (1992) eine „mehrperspektivische Hermeneutik“, um nicht nur durch die Sprache einen Zugang zur Wirklichkeit zu finden, sondern auch durch Bilder, Zeichen, Bewegungen, Haltungen, Gefühle, Gerüche, Geräusche usw. Auch hier gilt es jedoch zu berücksichtigen, dass unser Verstehen immer in Gesprächs- und Interpretationsgemeinschaften stattfindet und dass es als kontext- und situationsbezogen immer nur vorläufig sein kann. Deswegen ist auch dieser *Kontext* in das hermeneutische Konzept mit einzubeziehen, wie es z. B. Hermann Argelander mit seinem Begriff des „szenischen Verstehens“ versucht hat: Neben den „objektiven Informationen“, also den biografischen Fakten, und den „subjektiven Informationen“, also den persönlichen Bedeutungsgebungen, sind die „szenischen Informationen“ zum Verstehen eines Menschen notwendig. Dieses betrifft „das Erlebnis der Situation mit all seinen Gefühlsregungen und Vorstellungsabläufen“ (Argelander 1970, S. 14).

Beim Erkennen und Verstehen von psychischen, kommunikativen, institutionellen oder organisationellen Phänomenen geht es also nicht nur um die Wahrnehmung und Deutung von gesprochenen Worten und von Texten, sondern auch von vielfältigen anderen Äußerungsweisen, in denen sich Lebensprozesse artikulieren. Dies verlangt aber für die beraterische Praxis entsprechende *methodische Zugänge*. Dafür seien einige Beispiele genannt:

*Körpersprache* Eine direkte Kommunikation zwischen Menschen enthält neben den verbalen auch nonverbale Anteile, die „Körpersprache“, also Mimik, Gestik, Vokalisierung, Sprechtempo, Körperhaltung, Körperkontakt, autonome Körperreaktionen (wie z. B. Erröten, Erbleichen, Schweißausbruch usw.); diese können die verbalen Äußerungen kommentieren, intensivieren oder auch konterkarieren. Sie haben in der Regel eine unwillkürliche und unmittelbare Wirkung auf den Gesprächspartner, der zumeist auch unwillkürlich darauf reagiert. Kommunikation in professionellen Kontexten verlangt von einem Berater oder Psychotherapeuten, dass er diese nonverbalen „Botschaften" bewusst wahrnehmen und darauf auch bewusst reagieren kann, um die Komplexität des Selbstausdrucks erfassen und dem Gegenüber mit einem möglichst breiten Verstehen gerecht werden zu können (vgl. Argyle 1979; Schulz von Thun 1981). Diese Kompetenz hat nicht nur diagnostische Relevanz, sondern kann auch die Intensität und die Authentizität der kommunikativen Abläufe in allen helfenden und beratenden Tätigkeiten bestärken.

*Traumsprache* Die Sprache von Träumen ist eine Hauptquelle von Informationen über die unbewussten Anteile einer Persönlichkeit. Die Traumsprache verwendet oft verschlüsselte, gelegentlich auch drastische, erschreckende Symbole und ist doch eine bedeutsame Äußerungsweise der Persönlichkeit. Sie erscheint für viele Menschen zunächst verschlossen, eine „Fremdsprache", die einer „Übersetzungsarbeit" („Hermeneutik"), also der Traumdeutung bedarf. Dass diese seit alters her als besondere Kunst und als Weisheit angesehen wurde, zeigen Erzählungen wie z. B. die Josephsgeschichte im Alten Testament (Gen. 40–41). Neben modernen (z. B. hirnphysiologischen) Forschungen sind im Kontext der Psychotherapie ganz unterschiedliche Ansätze zur Traumdeutung entwickelt worden: Für S. Freud (1900) stellen Träume meistens eine fiktive Erfüllung von verdrängten oder zensierten Triebregungen dar; durch die Methode der „freien Assoziation" sollen sie einer Deutung zugänglich gemacht werden. Nach C.G. Jung ermöglichen Träume einen Zugang nicht nur zum individuellen, sondern auch zum kollektiven Unbewussten, wie z. B. den „Archetypen", also zu allgemeinmenschlichen Strukturmustern, die sich in Symbolen artikulieren; ein methodischer Zugang dazu verlangt eine gute Kenntnis der Symbole in Mythologie, Kulturgeschichte, Religion und Kunst (Jung 1968). In der Gestalttherapie nach F. Perls werden Träume als existenzielle Botschaften, als eine Darstellung der inneren Wirklichkeit der Person betrachtet, in der auch sich anbahnende, vom Bewusstsein noch nicht realisierte Möglichkeiten sich zeigen können; ein erlebnismäßiger Zugang zum Verstehen erfolgt z. B. durch eine szenische Darstellung des Traums sowie durch Dialoge mit den einzelnen Traumteilen, um diese als enteignete Teile von sich erkennen und sie ins Bewusstsein integrieren zu können. Speziell für das Coaching hat Bernd Schmid einen eher spielerisch-assoziativen Zugang zu einer Arbeit mit Träumen vorgestellt, die einem doppelten Erkenntnisinteresse folgt, indem zu einem „verstehend-verarbeitenden Aspekt" ein „wirklichkeitsgestaltender Aspekt" hinzukommt (Schmid 2005, S. 384).

*Signalwert von Krankheiten* Auch Krankheiten können für das Bewusstsein zunächst verborgene Äußerungen der Persönlichkeit in ihrer leib-seelischen Einheit darstellen, wenn man sie zu deuten weiß. So hat z. B. Viktor von Weizsäcker

(1886–1957), einer der Begründer der psychosomatischen Medizin, die These vertreten, dass im Prinzip jede Krankheit als Ausdruck eines Existenzkonflikts des Menschen zu verstehen sei, denn Krankheiten sind ein ganzheitliches, „psychosomatisches" Geschehen (von Weizsäcker 1973). Durch vielfältige Forschungen konnten für etliche psychosomatische Krankheiten Zusammenhänge mit bestimmten typischen Konfliktdynamiken herausgestellt werden (von Uexküll 1979). So gesehen ist es für einen Arzt bzw. Therapeuten ebenso wie für den Betroffenen selbst eine hermeneutische Aufgabe, den Signalwert einer Krankheit zu verstehen, um damit nicht nur das Krankheitssymptom zu überwinden, sondern auch den dahinter liegenden Existenzkonflikt zu erfassen und zu einer Lösung zu bringen. Methodisch verlangt dies über die übliche fachliche Diagnostik hinaus das intensive Gespräch mit dem Patienten, um über seine subjektiven Sinnzusammenhänge zu einem möglichst breiten Verstehen seiner existenziellen Situation zu gelangen (Jaspers 1965, S. 687). Ein Coaching ist natürlich nicht der Ort für psychosomatische Anamnesen und Behandlungen, die in ärztliche oder psychotherapeutische Hände gehören. Wohl aber können Coaches sich für solche Zusammenhänge sensibilisieren und Klienten darauf aufmerksam machen, etwa wenn es um Grenzen der Belastbarkeit oder um Burnout-Themen geht. Das Ziel wäre hier die Bereitschaft und die Fähigkeit, gesundheitliche Störfaktoren als Resonanz auf äußere Störfaktoren oder auf Konflikte in der eigenen Lebenspraxis zu begreifen und entsprechende Veränderungen anzustreben.

*Organisationskultur* Institutionen und Unternehmen funktionieren nicht nur aufgrund der rational geplanten formalen Aspekte der Organisation, sondern werden auch durch ihre jeweilige Organisationskultur geprägt, die nicht-formale und meistens nicht reflektierte Systemphänomene beinhaltet. Sie sind deswegen den Organisationsmitgliedern in der Regel nicht vollständig bewusst, liegen aber ihrem Handeln wie selbstverständlich zugrunde. Sie dienen damit als kollektive Orientierungsmuster, wie z. B. Probleme zu begreifen und zu beschreiben sind, wie die Organisationsmitglieder miteinander umgehen usw. Wenn aber in Veränderungsprozessen oder bei Firmenfusionen gewohnte Kulturmuster konflikthaft oder dysfunktional geworden sind, müssen sie bewusst gemacht und damit einer Auseinandersetzung zugänglich gemacht werden. Es geht dann also um „Systemdiagnosen", um zu einem „Kulturverstehen" zu gelangen (Schreyögg 1995, S. 29). Ed Schein (1995, S. 142 ff.) beschreibt dazu ein Verfahren, wie ein Berater oder Forscher insbesondere durch Gespräche mit den Organisationsmitgliedern zu einer „Enthüllung gemeinschaftlicher Grundprämissen" (S. 142) gelangen kann, um sie dann auch verändern zu können.

Die Bemühungen des Verstehens können sich also auch auf derartige, meistens nicht bewusst intendierte Ausdrucksweisen beziehen. Mit deren Hilfe können ganz unterschiedliche Phänomene in Erscheinung treten, die ansonsten einer bewussten Wahrnehmung und Bearbeitung nicht zugänglich wären. In der Regel werden diese nicht-sprachlichen Ausdrucksweisen zunächst versprachlicht, um mit ihnen umgehen und sie ggf. verändern zu können. In beraterischen und therapeutischen Settings gibt es jedoch auch nicht-sprachliche oder vor-sprachliche methodische Zugänge des Verstehens: So kann ein empathisches Verstehen einer anderen Person und deren Problematik durch ein Rollenspiel aktiviert werden. In aktionistischen Verfahren wie dem Psychodrama nach J.L. Moreno können komplexe Problemkonstellationen und -entwicklungen mit mehreren Rollenspielern in Szene gesetzt werden, sodass die erlebten Szenen eines Protagonisten von Rollenspielern nachgespielt und damit einem verstehenden Nacherleben zugänglich gemacht und korrigierende Szenen erarbeitet werden (vgl. Buer 1989). Oder im Rahmen der Familientherapie wurde die Methode der „Familienskulptur" entwickelt, wobei mit Rollenspielern die Konstellation eines Familiensystems dargestellt und deren Auswirkungen auf die Mitglieder dieses Systems erlebbar gemacht werden.

Wenn wir die oben genannte Trias „Erleben – Ausdruck – Verstehen" wieder heranziehen, besteht die Methode des Verstehens bei diesen Ansätzen darin, dass ein Feedback-Geber (ein Gruppenmitglied oder der Berater) die Position des distanzierten Betrachters eines Ausdrucks verlässt und sich in die Ausdrucksweise selbst hineinbegibt, um in der Identifikation mit einer Rolle oder mit einer Familienposition dem Erleben des Klienten näherzukommen und um ihm dann sein eigenes Erleben in dieser Position spiegeln und deuten zu können. Der Klient (bzw. der Protagonist) hat damit die Möglichkeit, seine Erlebensweise aus der Distanz zu betrachten und so zu anderen Bedeutungen zu gelangen. Oder er begibt sich mit der Methode des Rollenwechsels in eine andere Position in einem Familiensystem oder einem Konfliktgeschehen, um sich in der Identifikation mit einem anderen Ausdruck von seinem ursprünglichen Erleben zu distanzieren und es anders verstehen zu lernen. Ein solches Miterleben bedarf anschließend allerdings wiederum einer Versprachlichung, um übergreifende strukturelle Zusammenhänge zu erfassen, und nicht zuletzt, um sich von einer manchmal machtvoll wirksamen Rollenidentifikation wieder zu lösen und zur Position des Betrachters zurückzufinden. Das Ziel solcher methodischen Zugänge ist eine Klärung und eine Veränderung von Verstehensmustern und damit auch von Handlungsmustern eines Klienten.

Eine noch subtilere Form des verstehenden Miterlebens bietet das „Container-Modell" des englischen Gruppenanalytikers Wilfried R. Bion (1990). Danach suchen sich die Gedanken oder Emotionen des Klienten – mittels Projektion bzw. „projektiver Identifikation" – einen „Nistplatz" im mentalen Leben eines „Wirtes" (d. h. eines Beraters, Therapeuten, Supervisors usw.), in dem sie verarbeitet bzw. „verdaut" werden können, damit sie dann an den Klienten „zurückgefüttert" (engl. *feedback*) werden können. Der „Wirt" muss also die Fähigkeit besitzen, die projizierten Gedanken oder Gefühle in sich aufzunehmen, ohne sie zu beurteilen oder zu erklären, sowie „das Ungewisse, das Mysteriöse und das Zweifelhafte zu tolerieren" ohne ein „irritiertes Greifen nach Tatsachen und Begründungen" (Lazar 1994, S. 381). „Wenn also das aufnehmende Objekt (die Psyche des Containers) das Aufgenommene (das Hineinprojizierte, Unverstandene, Schmerzhafte, Bedürftige, Nicht-haltbare, Nicht-denkbare) vom Subjekt in sich aufnimmt, muss es in der Lage sein, diesen metabolisierenden, entwirrenden Vorgang zuerst in sich und für sich nachzuvollziehen, um es dann dem Subjekt dosiert zurückzufüttern, sodass es verdaut werden kann und nicht gleich wieder ausgespuckt werden muss" (ebd.).

Während Bion mit diesem Modell hauptsächlich das intime Geschehen zwischen Patient und Psychotherapeut im Blick hatte, so verwendet Ross A. Lazar es auch für die Situation in der Supervision. Diese verlangt gleichfalls einen sicheren, geschützten, intimen Rahmen, „damit die Einmaligkeit erlebt und wahrgenommen werden kann und nicht durch Angst, Neid, Konkurrenz oder Hass zerstört wird" (ebd., S. 382). Der Supervisor kann mit den Erzählungen des Supervisanden ähnlich umgehen wie der Therapeut mit denen des Patienten: „Ich versuche mit dem Material, das mir der Supervisand berichtet, so umzugehen, als ob ich selbst in der gegebenen Situation darauf reagieren müsste. Das heißt, ich versuche mich mit dem Geschilderten so intensiv introjektiv zu identifizieren, als ob ich selbst auf der Bühne der geschilderten Situation stünde, teils in der Rolle des Supervisanden, teils in der des Patienten" (ebd., S. 383). Dies lässt sich auch auf die Situation im Coaching übertragen.

## 12.4 Schlussfolgerung

Bei allen Bemühungen um ein Verstehen anderer Menschen und ihrer Äußerungen mit allen oben aufgeführten Ansätzen und Methoden ist nun allerdings Derridas Einwand gegenüber der philosophischen Hermeneutik zu beherzigen: Das jeweilige Verstehen eines Professionellen soll dem Klienten bzw. dem Kunden nicht wie eine neue Fremdbestimmung übergestülpt werden, denn damit könnte das professionelle Verstehen nicht zu einem neuen authentischen und autonomen Selbstverstehen des Klienten führen. In der Praxis ist diese Gefahr aber häufig gegeben: Ein Klient bekommt eine Verstehensfolie bzw. eine Diagnose verpasst, fühlt sich damit aber nicht wahrgenommen oder nicht ernst genommen. Selbst wenn ein Klient an die professionelle Kompetenz und die Autorität eines Psychotherapeuten, Supervisors oder Coachs glaubt, können deren Verstehensfolien für ihn nicht wirklich wirksam werden, solange er sie nicht mit eigenen Verstehensfolien und Kompetenzen in Verbindung bringen kann. Ein Verstehensmuster ist nur dann hilfreich für ihn, wenn es einen Horizont von Fragen und neuen Verstehensmöglichkeiten eröffnen kann, die dann auch zu neuen Denk- und Verhaltensmustern führen können. Dies gilt nicht nur für Einzelpersonen, sondern auch für organisationale Systeme und deren Repräsentanten, mit denen es Coaches, Supervisoren oder Organisationsberater zu tun haben.

Als Schlussfolgerung lässt sich festhalten, dass Verstehen eine dialogische Struktur hat, wie es von Gadamer deutlich herausgestellt wird: Indem der Interpret durch einen fremden „Text" (welcher Art auch immer) veranlasst wird, sich mit seinem eigenen Vorverständnis auseinanderzusetzen, kann auch diese Auseinandersetzung in den dialogischen Verstehensprozess mit einfließen und zu einem intersubjektiven Verstehen beitragen. Insbesondere wenn es um das Verstehen eines anderen Menschen geht, ist es notwendig, die eigenen Verstehensmuster gut zu kennen, sie nicht absolut zu setzen und in der Begegnung mit dem anderen auch zu hinterfragen. Dieser Herausforderung kann man z. B. mit einer Reflexion von Übertragungs- und Gegenübertragungsdynamiken gerecht zu werden suchen. Dies alles geschieht im Kontext einer professionellen Beziehung mit ihren spannungsreichen Paradoxien oder Polaritäten (Schmidt-Lellek 2006, S. 278 ff.; vgl. Kap. 4 in diesem Buch). Auf diese Weise kann der hermeneutische Prozess für alle Beteiligten eine Bereicherung darstellen.

## Literatur

Argelander, H. (1970). *Das Erstinterview in der Psychotherapie*. Darmstadt: Wissenschaftliche Buchgesellschaft.

Argyle, M. (1979). *Körpersprache und Kommunikation*. Paderborn: Junfermann.

Bion, W. R. (1990). *Lernen durch Erfahrung*. Frankfurt a. M.: Suhrkamp (Orig. 1962).

Buer, F. (1989). Die Philosophie des J.L. Moreno – Die Grundlage des Psychodrama. *Integrative Therapie, 15*(2), 121–140.

Deutscher Bundesverband Coaching e. V. (Hrsg.). (2012). *Leitlinien und Empfehlungen für die Entwicklung von Coaching als Profession. Kompendium mit den Professionsstandards des DBVC* (4., erw. Aufl.). Osnabrück: DBVC Geschäftsstelle.

Dilthey, W. (1883). *Einleitung in die Geisteswissenschaften. Versuch einer Grundlegung für das Studium der Gesellschaft und der Geschichte* (Ges. Schriften, Bd. 1, 9. Aufl. 1990). Göttingen: Vandenhoeck & Ruprecht.

Freud, S. (1900). *Die Traumdeutung* (Studienausgabe Bd. II). Frankfurt a. M.: Fischer (1982).

Gadamer, H.-G. (1990). *Wahrheit und Methode. Grundzüge einer philosophischen Hermeneutik* (6., durchges. u. erw. Aufl.; Ges.W., Bd. 1). Tübingen: Mohr.

Gadamer, H.-G. (1995). *Hermeneutik und Rückblick* (Ges.W., Bd. 10). Tübingen: Mohr.
Grondin, J. (2009). *Hermeneutik*. Göttingen: Vandenhoeck & Ruprecht, UTB.
Jaspers, K. (1965). *Allgemeine Psychopathologie* (8. Aufl.). Berlin: Springer.
Jung, C. G. (1968). Zugang zum Unbewussten. In C. G. Jung, et al. (Hrsg.), *Der Mensch und seine Symbole* (S. 18–103). Olten: Walter-Verlag.
Langer, S. K. (1984). *Philosophie auf neuem Wege. Das Symbol im Denken, im Ritus und in der Kunst*. Frankfurt a. M.: Fischer (Orig. 1942).
Lazar, R. A. (1994). W.R. Bions Modell „Container-Contained" als eine psychoanalytische Leitidee in der Supervision. In H. Pühl (Hrsg.), *Handbuch der Supervision 2* (S. 380–402). Berlin: Edition Marhold.
Merleau-Ponty, M. (1976). *Phänomenologie der Wahrnehmung*. Berlin: de Gruyter (Orig. 1945).
Petzold, H. (1992). Konzepte zu einer mehrperspektivischen Hermeneutik leiblicher Erfahrung und nicht-sprachlichen Ausdrucks in der Integrativen Therapie. In R. Kühn & H. Petzold (Hrsg.), *Psychotherapie & Philosophie – Philosophie als Psychotherapie?* (S. 475–549). Paderborn: Junfermann.
Platon (1967). *Sämtliche Werke* (Bd. 3., 5. Aufl.). Köln: Jakob Hegner.
Picht, G. (1986). *Kunst und Mythos*. Stuttgart: Klett-Cotta.
Schein, E. H. (1995). *Unternehmenskultur. Ein Handbuch für Führungskräfte*. Frankfurt a. M.: Campus.
Schleiermacher, F. (1838/1977). *Hermeneutik und Kritik. Mit einem Anhang sprachphilosophischer Texte Schleiermachers*. Frankfurt a. M.: Suhrkamp, 1977.
Schmid, B. (2005). Träume im Coaching. Ein Beispiel und ein Leitfaden für kollegiale Traumdialoge. *OSC, 12*(4), 383–396.
Schmidt-Lellek, C. (2006). *Ressourcen der helfenden Beziehung. Modelle dialogischer Praxis und ihre Deformationen*. Bergisch Gladbach: EHP.
Schmitz, H. (1989). *Leib und Gefühl. Materialien zu einer philosophischen Therapeutik*. Paderborn: Junfermann.
Schreyögg, A. (1995). Organisationskulturen von Human Service Organizations. Begriff, Charakteristika, Einflussvariablen, Implikationen für die Organisationsberatung. *OSC, 2*(1), 15–34.
Schulz von Thun, F. (1981). *Miteinander reden. Störungen und Klärungen. Allgemeine Psychologie der Kommunikation*. Reinbek: Rowohlt.
von Uexküll, Th. (Hrsg.). (1979). *Lehrbuch der Psychosomatischen Medizin*. München: Urban & Schwarzenberg.
von Weizsäcker, V. (1973). *Der Gestaltkreis. Theorie der Einheit von Wahrnehmung und Bewegung*. Frankfurt a. M.: Suhrkamp.

**Dr. phil. Christoph Schmidt-Lellek** Studium der ev. Theologie, Philosophie und Erziehungswissenschaften, Promotion zu den Ressourcen der Beziehung in helfenden Berufen, freiberufliche Praxis für Coaching (DBVC), Psychotherapie (HPG) und Supervision (DGSv) in Frankfurt/M., Veröffentlichungen im Bereich Psychotherapie und Coaching, Mitherausgeber und Redakteur der Zeitschrift „Organisationsberatung, Supervision, Coaching" (OSC).

# Was sich zeigt – Phänomenologie als reflektiertes Wahrnehmungswissen für Coaches und Berater

# 13

Thomas Stölzel

## 13.1 Das Wahrnehmen wahrnehmen

Es gibt in unserem Leben kaum etwas, das so grundlegend ist wie die Wahrnehmung.[1] Sie – genauer das wahrnehmende Bewusstsein – setzt in der Tat alles voraus. Durch ein Bewusstsein, das mit der besonderen Fähigkeit begabt ist, wahrnehmen zu können, steht und fällt unser gesamtes Welterleben. Ohne es wäre eine Welt, wie wir sie erleben (können), nicht denkbar; ja, schlechterdings gar nicht möglich, zumindest nicht in dieser Form. Und die philosophische Disziplin, genauer Methode, die sich mit dem Wahrnehmungsakt, den Wahrnehmungsmöglichkeiten und der Person des Wahrnehmenden sowie den ihnen zugrunde liegenden Bewusstseinsprozessen beschäftigt, die (in Kantscher Diktion gesagt) die Bedingungen der Möglichkeit von Wahrnehmung überhaupt erforscht, trägt seit Edmund Husserl den Namen „Phänomenologie". Das Bandwurmwort Phänomenologie, dessen korrekte Aussprache für manche Begriffsverwender eine unfreiwillige logopädische Übung darstellt, ist seit dem 18. Jahrhundert im Gebrauch. Es wurde von verschiedenen Denkern, wie Lambert, Kant, Herder, Fichte, Hegel, Brentano oder Hartmann, zum Teil unterschiedlich verwandt, bevor es Husserl zum Leitbegriff der von ihm entwickelten Methode machte. Das Grundlagenbuch, mit

[1] Vgl. hierzu das Kapitel Was heißt „wahrnehmen"? in: Stölzel 2012, S. 131 ff.

T. Stölzel (✉)
Cranachstr. 21, 12157 Berlin, Deutschland
E-Mail: info@metaloge.de



A. Schreyögg, C. Schmidt-Lellek (Hrsg.), *Die Professionalisierung von Coaching,*
Coaching und Supervision, DOI 10.1007/978-3-658-08172-0_13

dem Husserl seine phänomenologische Perspektive erstmals vorstellte, erschien 1900/1901 in zwei Bänden (Husserl 1992).

Der Begriff „Phänomenologie“ ist ein frühneuzeitlicher Neologismus (ein Wort bestehend aus griechischen Wortteilen); er leitet sich von dem griechischen Wort φαινόμενον (*phainómenon*) her, was das Erscheinende bezeichnet. „Phänomenologie“ wäre demnach die Lehre von den Erscheinungen, den Phänomenen, also von demjenigen, das Martin Heidegger in seiner speziellen Tonart das *Sich-von-sich-her-Zeigende* nennt. Die phänomenologische Methode beschrieb Maurice Merleau-Ponty (1966) als den Versuch, die unmittelbare, gelebte Welterfahrung des Menschen zu verstehen, und diese vollzieht sich als ein fortwährendes Wahrnehmen. Ständig nehmen wir – bewusst, nebenbei, zufällig oder unbewusst[2] – etwas wahr. Dieser Umstand erscheint so selbstverständlich und grundlegend, dass er selten die Beachtung erfährt, die er verdient. Die Phänomenologen richteten nun ihre Aufmerksamkeit auf dieses Selbstverständliche und Grundlegende. Sie gelangten hierbei zu zwei wichtigen Beobachtungen (vgl. Zahavi 2007), die sich – gerade auch für die therapeutische und beraterische Kommunikation – als höchst relevant erweisen (können):

1. Bei jedem Wahrnehmungsakt nehmen wir *mehr* wahr als nur den gegenständlichen Aspekt der Welt; wir nehmen auch etwas von der Seinsweise des uns Begegnenden wahr sowie die Struktur der Wahrnehmung selbst; denn ein Phänomen (sei es nun ein Lebewesen, ein Gegenstand, eine Situation) stellt durch sein Erscheinen stets *etwas für jemanden* dar.
2. Wir können ein Phänomen nicht in seiner Ganzheit, seinem Totum wahrnehmen; ein Gegenstand, eine Person, eine Situation erscheinen uns stets in „perspektivischer Abschattung“ (Husserl 1986, S. 55). Das bedeutet, wir können keinen Gegenstand, keine Person, keine Situation vollständig, also von allen Seiten zugleich wahrnehmen. Von vorne betrachtet, sehen wir den Rücken des Anderen nicht; und so auch nicht, wie Lichtenberg sagt, „seine moralische backside“. Was wir wahrnehmen können, erscheint uns stets perspektivisch, d. h. in Relation zu der Position, in der wir uns gerade dazu befinden, es zeigt sich uns als Vorderseite, Rückseite, Unterseite, Seitenansicht, Oberseite, Innenseite. Was uns erscheint, erscheint uns:
   – in einer bestimmten *Gestalt*
   – in einer bestimmten *Beleuchtung*
   – vor einem bestimmten *Hintergrund*,

[2] Die Frage nach dem sogenannten Unbewussten ist ein weites und umstrittenes Feld. Und damit auch die Frage nach dem unbewussten Wahrnehmen.

– in einem bestimmten *Kontext*
– mit einer bestimmten *Bedeutung*.

Was wir wahrnehmen, ist:

– imprägniert von *früheren Erfahrungen*
– gefärbt von *jetzigen Interessen*
– begleitet von *zukünftigen Hoffnungen*.

Hinzu kommt der Umstand, dass die Gegenstände, Personen, Situationen nicht nur wahrgenommen, sondern auch vorgestellt, erfahren, empfunden, beurteilt, beargwöhnt, bewertet, geschätzt, verstanden, erinnert etc. werden können.

Beachten und berücksichtigen wir zunächst nur diese beiden Beobachtungen, dann vergrößern wir nicht allein unser Wahrnehmungsvermögen und unsere Wahrnehmungsbewusstheit. Wir können der Welt, so wie sie sich uns zeigt, auch anders begegnen. Das hat unmittelbare und tiefgreifende Folgen. Das kann unsere Handlungspotenziale deutlich vergrößern und unsere Reaktionsweisen auf das, was wir zu sehen, zu hören, zu fühlen usw. bekommen, spürbar verbessern. Dieser Zuwachs an Möglichkeiten hat eine Vorbedingung, eine Voraussetzung, mit der sich zum Beispiel Menschen, die sich in dem beruhigenden Schlummer einer politischen Ideologie oder einer religiösen Weltanschauung wiegen oder gerne möglichst reflexionslos und unbewusst dahinleben, nur ungern beschäftigen. Diese Voraussetzung bedeutet in den Worten von Husserl das Aufgeben, Ausschalten, außer-Geltung-Setzen „der natürlichen Einstellung". Husserl hat, was er „natürliche Einstellung" nennt, so umschrieben:

> Ich bin mir einer Welt bewusst, endlos ausgebreitet im Raum, endlos werdend und geworden in der Zeit. Ich bin mir ihrer bewusst, das sagt vor allem: ich finde sie unmittelbar anschaulich vor, ich erfahre sie. Durch Sehen, Tasten, Hören usw., in den verschiedenen Weisen der sinnlichen Wahrnehmung sind körperliche Dinge in irgendeiner räumlichen Verteilung *für mich einfach da*, im wörtlichen oder bildlichen Sinne *vorhanden*, ob ich auf sie besonders achtsam und mit ihnen betrachtend, denkend, fühlend, wollend beschäftigt bin oder nicht. Auch animalische Wesen, etwa Menschen, sind unmittelbar für mich da; ich blicke auf, ich sehe sie, ich höre ihr Herankommen, ich fasse sie bei der Hand, mit ihnen sprechend, verstehe ich unmittelbar, was sie sich vorstellen und denken, was für Gefühle sich in ihnen regen, was sie wünschen oder wollen. Auch sie sind in meinem Anschauungsfeld als Wirklichkeiten vorhanden, selbst wenn ich nicht auf sie achte. (Husserl 1985, S. 131)

Die Welt, meine Welt ist „einfach" da. Dieser natürliche Bezug wird so lange als unproblematisch erlebt, wie es gelingt, meine inneren Vorstellungen mit der äußeren Umgebung einigermaßen abzugleichen oder dem Wahrgenommenen die von mir zugedachte Bedeutung zu geben. Gelingt dies nicht mehr so ohne Weiteres, „blickt jemand nicht mehr durch", kann es „einfach nicht begreifen", fühlt sich getäuscht und sieht sich folglich enttäuscht, weiß nicht, wie er „es einordnen" soll, dann wird der Bezug zur „natürlichen Einstellung" brüchig und die Welt, so wie sie bislang *erschien*, unsicher und trügerisch. Das kann sich zu dem Eindruck verschärfen, dass sie vielleicht gar nicht so sicher war, wie sie mir bis jetzt vorkam. Denn unabhängig davon, was sich innerhalb (und auch außerhalb) von Therapien, Beratungen, Coaching- oder Organisationsentwicklungs-Prozessen *zeigt*, wie die jeweiligen Probleme, Fragen, Themen, Klärungswünsche im Einzelnen aussehen mögen, so haben sie wesentlich mit Wahrnehmungen und unserem Verhältnis, unseren Erwartungen zu ihnen zu tun.

## 13.2 Ein Thema phänomenologisch erkunden

Der beste Weg, sich mit der phänomenologischen Sichtweise vertraut zu machen und sie sich für die eigenen beruflichen und/oder persönlichen Belange zu erschließen, besteht in der konkreten phänomenologischen Praxis. Hierfür zur ersten Einstimmung folgende Übung:

Wählen Sie sich einen bestimmten Gegenstand aus. Das kann etwas sein, das Ihnen vertraut ist, mit dem Sie täglich umgehen, das eine Bedeutung für Sie besitzt. Das kann etwas sein, auf das Ihr Blick gerade wie zufällig fällt, das Sie spontan anspricht oder Ihr Interesse erweckt. Nehmen Sie sich etwas Zeit (wenigstens fünf Minuten). Bringen Sie sich in eine bestimmte Raumposition zu diesem Gegenstand. Probieren Sie verschiedene Abstände und Blickwinkel aus, bis Sie einen passenden gefunden haben. Betrachten Sie ihn ruhig und genau. Nehmen Sie sorgfältig wahr, was an Assoziationen und Regungen in Ihnen aufsteigt, sich meldet. Klammern Sie alles, was sich an Assoziationen und Regungen zeigt und für Sie in diesem Moment mit dem von Ihnen ausgewählten Gegenstand verbunden ist, gewissermaßen ein.[3]

Dieser Teil der Übung ist nicht so einfach. Doch besteht ein wesentlicher Erkenntniswert gerade darin, eine andere Weise des Anschauens von etwas zu vollziehen. Es geht dabei nicht darum (vor allem am Anfang nicht), sofort und restlos alles einzuklammern (wobei immer wieder die Frage gestellt wurde, ob dies überhaupt möglich sei). Es geht darum, etwas von der (Außen-)Welt anders zu betrachten und mit diesem Anders-Betrachten Erfahrungen zu sammeln. Das kann bedeuten, dass Sie zu Beginn der Übung andere mit dem Gegenstand verbundene Assoziationen und Regungen einklammern als in der Folge, sodass Sie – sozusagen Schicht für Schicht – all das abzutragen beginnen, was für Sie diesen bestimmten Gegenstand wie eine feinstoffliche Hülle umgibt. Sie können während der Übung die Raum-

[3] Das Sprachbild des „Einklammerns" verdankt sich wohl Husserls mathematischen Vorlieben. Es ist durchaus möglich, auch ein Gefäß, einen Sack, eine Truhe oder dergleichen zu *imaginieren*, sollte dies für Sie stimmiger sein.

position und damit die Betrachtungsperspektive verändern (also etwa einen kleinen Gegenstand in die Hand nehmen oder einen größeren von einer anderen Seite betrachten usw.). Sie können während der Übung oder kurz danach ein phänomenologisches Protokoll erstellen; dies vergrößert den Erkenntnisgewinn und vertieft die gemachte Wahrnehmungserfahrung.

Entscheidend ist, ruhig und genau wahrzunehmen, was sich für Sie an diesem Gegenstand zeigt, und das, was sich zeigt, was *mit*wahrgenommen wird, einzuklammern, um sich am Ende der Übung fragen zu können: Was tritt mir (nachdem ich zumindest Einiges eingeklammert habe) jetzt vor Augen? Wie sieht das aus? Wie mutet mich das an? Was ist verändert worden? Blicke ich nun etwas „Anderes" an? Womöglich den „Kern" von etwas?

Um diese Übung gut für sich nutzen zu können, ist es sinnvoll, sie häufig zu wiederholen. Dafür sind vor allem unerwünschte Wartezeiten gut geeignet, in denen man sich zu nichts Bestimmtem aufgelegt findet. Und von Gegenständen verschiedenster Art ist man ja stets umgeben. Diese phänomenologische Übung ermöglicht Ihnen, die vertrauten und scheinbar bekannten Dinge anders wahrzunehmen und sich als Wahrnehmenden anders zu erfahren.

Das, was Sie (mehr oder minder intensiv, mehr oder minder vollständig) gerade getan haben, geht in die Richtung dessen, was seit Husserl als *phänomenologische Reduktion* beschrieben wird. Eng damit verwandt ist der Begriff (bzw. die philosophische Verhaltensweise) der sogenannten *Epoché*. Nach Husserls Meinung haben Sie, indem Sie den mit dieser Übung verbundenen Haltungswandel vollzogen haben, das Eingangstor zur Philosophie (Husserl 1962, S. 260) durchschritten; und zwar sozusagen von der phänomenologischen Seite her. Den Begriff der *Epoché* hat Husserl aus der antiken Skepsis entlehnt. Er erscheint bei einem für den Methodentransfer der Skepsis so wichtigen Autor wie Michel de Montaigne (vgl. Stölzel 2012, S. 253, 260), und zwar in der Formulierung: „επεχω, das heißt: Ich enthalte mich, ich lasse mich zu keinem Urteil bewegen" (Montaigne 1998, S. 250). Für die Coachingpraxis bedeutet dies: Die Coaches oder Berater enthalten sich der üblichen Zuschreibungen, durch die sie sonst auf Dinge, Personen und Situationen reagieren, sie damit in ihrem Sinne bewerten und einschätzen; sie geradezu mit ihren Zuschreibungen „behängen" und sie dadurch kaum je an sich zu sehen bekommen.

In der *Epoché* können sich Coaches und Berater – zumindest zeit- und teilweise – von ihrem Dogmatismus befreien und eine philosophische Mündigkeit einüben, die sich in der Praxis des Coachings unmittelbar bewährt und die Ergebnisse des klärenden Gesprächs nachhaltig verändern und verbessern kann. Diese Mündigkeit ergibt sich gerade dadurch, dass das scheinbar Natürlichste – das Wahrnehmen der Welt um uns – zum Thema gemacht und damit eine Distanz dazu geschaffen wird. Ein phänomenologisch geschärftes Bewusstsein entsteht durch diese von der *Epoché* getragene Haltung; durch sie wird ein Mensch zu einem Meta-Wesen, das sich und sein Betrachten betrachtet. Indem das bis zur Unbewusstheit Selbstverständliche, eben jene „natürliche Haltung", von der bereits die Rede war, aufgegeben wird, kann unsere normale und gewohnte Erfahrungssphäre erheblich erweitert und vertieft werden. Das setzt in methodischer Weise ein, wenn während der *Reduktion* all das, was man (häufig ohne es zu bemerken) von sich aus an die Gegenstände, Personen und Situationen „hinzugibt" und sie damit einfärbt, eingeklammert und außer Geltung gesetzt wird. Es ist ein wenig so, als nähme man zumindest einige der mit dem eigenen Bewusstsein verwachsenen „Brillen" ab, durch die man sonst die Welt betrachtet.

Die Methode der phänomenologischen *Reduktion* thematisiert das oftmals unhinterfragte Verhältnis zwischen einem Wahrnehmenden und seiner Art des Wahrnehmens, indem sie das Wahrgenommene – in erkenntnisstiftender Weise – zu dem Wahrnehmenden zurückführt (im Sinne des lateinischen *re-ducere*). Durch dieses Zurückführen und Zurücknehmen kann der Einzelne erfahren und erleben, was er beim scheinbar bloßen Wahrnehmen den Dingen, Personen und Situationen von sich aus „überstülpt", was er auf sie projiziert oder in sie hineinlegt. Husserl hat betont, dass man die Phänomenologie nicht wirklich verstanden habe, solange man sich nicht um die *Epoché* und die *Reduktion* bemühe. Dies ist wahrlich nicht einfach, dabei aber enorm aufschlussreich und nicht selten sehr erleichternd (wie ich während phänomenologischer Seminare und Beratungen erfahren habe). Der „Helm" vermeintlicher Gewissheiten, der die unmittelbare wie die korrigierende Erfahrung behindert, kann abgelegt werden, sodass ein unverstellter Kontakt mit der Welt möglich wird.

Das Zusammenwirken von *Epoché* und *Reduktion* zeigt dem Einzelnen auf, was er durch die Art seines Wahrnehmens mit der Welt anfängt, was er aus ihr macht (vgl. Stölzel 2012, S. 133 f.). Die Macht der (jeweiligen) Perspektive ist dabei keinesfalls zu unterschätzen. Da gibt es im Wortsinne handgreifliche Möglichkeiten. Sebastian Haffner hat das in einem eindrücklichen Vergleich anschaulich gemacht. Er spricht von „einer Hand", die „dicht vors Auge gehalten, ein ganzes Gebirge verdecken kann" (Haffner 2001, S. 35), – eine Ausblendungsleistung, welche die (jeweilige) Welt dann ganz anders aussehen lässt. Der englische Philologe und Publizist Edwin A. Abbott hat in seinem amüsanten, mehrdimensionalen Roman *Flächenland* (Abbott 1982) nicht nur die Heimatwelt eines „alten Quadrats", sondern auch dessen perspektivische Reisen ins „Linienland" und in die Welt der „Kugel" beschrieben und all denen ein erkenntnisträchtiges Lesevergnügen bereitet, die sich aus beruflichen Gründen mit der Macht und dem Zusammentreffen unterschiedlicher Perspektiven beschäftigen (müssen).

In der Weise, in der man einen *Gegenstand phänomenologisch betrachten* kann, kann man auch mit dem Thema umgehen, das der Klient oder Coachee einbringt. Dabei ist es sinnvoll und sehr erkenntnisträchtig, dies auch auf die Interaktion mit dem Klienten oder Coachee auszuweiten (vgl. Dynamik des Dialogischen).

Bei seiner phänomenologischen Grundlagenarbeit gewann Husserl zunehmend größere Klarheit über eine wesentliche Struktur des (menschlichen) Bewusstseins. Er konnte anhand zahlloser, immer wieder neu überprüfter Beobachtungen herausfinden, dass die grundlegende Tätigkeit dieses besonderen „Organs" in seinem *Ausgerichtetsein auf etwas* besteht. Bewusstsein ist, Husserl zufolge, intentional und bleibt uns in seiner „reinen" Form unzugänglich. Das bedeutet, über es können wir nicht mehr sagen, als dass wir es als etwas Intentionales vorfinden. Weiter können wir sinnvollerweise nicht zurückgehen. Diese Grundstruktur bildet die heuristische Grenze, den Anfang und Ausgangspunkt allen phänomenologischen Forschens. Bewusstsein ist, so verstanden, nichts Abgeschlossenes, Singuläres, sondern ein *existenzielles Bezugsorgan*; es erscheint stets in Bezug auf das, worauf es ausgerichtet ist. Und die mentale Tätigkeit, durch die es in Beziehung tritt, ist das Wahrnehmen(können). Will man etwas über die „äußere" Welt wie die eigene „Innenwelt" in Erfahrung bringen, so ist es unabdingbar, sich mit dieser alles voraussetzenden Handlungsweise genauer zu beschäftigen; vor allem durch persönliche Wahrnehmungsforschung. Das macht die phänomenologische Zugangsweise zu einer beständigen berufsbegleitenden Selbst-Fortbildung. Denn die Wahrnehmungs-Beobachtungen anderer nützen einem nur wenig. Das Entscheidende zeigt sich hier im Selbstvollzug; daher ist das phänomenologische Arbeiten unmittelbar durch die persönliche Praxis bestimmt.

Die Phänomenologie entfaltete in der ersten Hälfte des 20. Jahrhunderts eine ähnliche Breitenwirkung wie die zeitgleich entstandene Psychoanalyse. Nicht allein viele Philosophen, die das europäische Denken seitdem wesentlich mitbestimmt haben, sind bei Husserl „in die Schule" gegangen, auch wenn sie nicht, wie u. a. Max Scheler, Martin Heidegger, Edith Stein, Werner Kraft, Karl Löwith, Hans-Georg Gadamer, Günther Anders, Hans Jonas, Eugen Fink, Emmanuel Lévinas, Hannah Arendt oder Helmuth Plessner, persönlich bei ihm studiert haben. Namentlich französische Philosophen wie Jean-Paul Sartre und Maurice Merleau-Ponty haben durch Husserl entscheidende Anregungen empfangen und seinen Forschungsansatz in eigenen Ausprägungen weiterentwickelt. Philosophisch inspirierte Psychiater von Ludwig Binswanger über Wolfgang Blankenburg bis zu Thomas Fuchs haben phänomenologische Perspektiven konstruktiv in die klinische Arbeit eingebracht und damit die medizinische Anthropologie erweitert. Verschiedene Verfahren innerhalb der Humanistischen Psychologie, wie zum Beispiel die Gestalt-Therapie, die Personenzentrierte Therapie nach Rogers, ferner die aus der Logotherapie entwickelte Personale Existenzanalyse, konnten von phänomenologischen Methoden zum Teil erheblich profitieren. In ähnlicher Weise könnten auch die entwicklungsorientierten und reflektierten Formen des Coachings von

Entwicklung der phänomenologischen Methoden

- **Bewusst**-Sein (Edmund Husserl)
- **Wert**-Sein (Max Scheler)
- **Leib**-Sein (Maurice Merleau-Ponty)
- **Mit**-Sein (Jean-Paul Sartre, Emmanuel Lévinas)
- **Bei sich**-Sein (Hermann Schmitz)[4]
- **Da**-Sein (Martin Heidegger)[5]

**Abb. 13.1** Verschiedene Akzentsetzungen phänomenologischer Praxis

praxisrelevanten Aspekten der phänomenologischen Methode profitieren. Gerade im Zuge einer fortschreitenden Professionalisierung könnte das Angebot einer phänomenologischen Wahrnehmungsschulung den Wirkungsgrad des Coachings wie das Handlungsbewusstsein des Coachs spürbar verbessern.

Was die existenzielle Ausrichtung betrifft, so lassen sich innerhalb des phänomenologischen Forschens sechs grundlegende Akzentsetzungen unterscheiden; wobei es sich hier nur um Hauptströmungen handelt, die sich auf bestimmte Begründerfiguren berufen können (Abb. 13.1):

Diese grundlegenden Akzentsetzungen wären durch den Akzent des **Tätig-Seins** in beruflichen Kontexten erweiterbar, in welchen professionelle Perspektiven stärker mit einbezogen werden könnten. Das müsste sich nicht allein auf das „Life-Coaching" (vgl. Buer und Schmidt-Lellek 2008, 2011) beschränken, das die Bedeutung des ganzen Lebens für die Themen der Berufslebens reflektiert, sondern könnte in den jeweiligen Arbeitskontext unmittelbar mit einbezogen werden, in der Weise, dass dem (selbstverständlichen und alles voraussetzenden) Thema des Wahrnehmens eine eigene Aufmerksamkeit zukommt. Wie dies im Einzelnen geschehen könnte, wäre mit supervisions- und/oder fortbildungsbereiten Coaches abzustimmen. Klar jedoch ist: Die *wahrnehmende Wahrnehmung* des Anderen – des Coachees oder Klienten – verändert die bisherigen Wahrnehmungserfahrungen mit dem Anderen. Das Aufgeben der „natürlichen Haltung" zum Anderen verändert auch die professionelle Interaktion mit ihm.

## 13.3 Sich anmuten lassen – Phänomenologie im Umgang mit dem Anderen

Sein ist Wahrgenommen-Werden.
George Berkeley

Zu einer phänomenologischen Praxis, die ihren Namen verdient, braucht es einigen Mut, besonders wenn die sogenannte Außenwelt einem in Gestalt eines Anderen gegenübertritt und man diesen Anderen – mit geschärftem phänomenologischem

Bewusstsein – anders wahr- und ernst zu nehmen beginnt. Die phänomenologische Wahrnehmungspraxis macht dann gewissermaßen einen Sprung aus einem erweiterten Sebstbezug heraus, wenn sie von der Erkundung eines Gegenstands zur Erkundung eines anderen (Menschen) übergeht, wenn mein „Körperleib" sich im „Wahrnehmungsfeld" des Anderen befindet und er mich als seinen „Anderen erfährt, wie ich ihn als meinen Anderen erfahre" (Husserl 1987, S. 133). Das sind alltägliche und geradezu selbstverständliche Erfahrungen. In einer gemeinsamen phänomenologisch gestalteten Begegnung kann sich dies jedoch zu einer ebenso aufschlussreichen wie überraschenden Erfahrung verdichten.

In einem Workshop, bei dem es um konkrete Anwendungsmöglichkeiten phänomenologischer Perspektiven ging, kam es zunächst zu einer als verstörend empfundenen, für die Beteiligten in der Folge jedoch sehr produktiven Erkenntnis. Nach einer kurzen Einführung hatte ich die Teilnehmer gebeten, sich je zu zweit für eine gemeinsame Wahrnehmungsübung zusammenzufinden. Die Aufgabe der Übung – *sich betrachten lassen* – lautete, gemeinsam eine Raumposition zu finden und sich dann gegenseitig intensiv wahrzunehmen, ohne miteinander zu sprechen. Die Ausstrahlung, die „Atmosphäre" des anderen sollte mit allen Sinnesorganen aufgenommen und erspürt werden, jedoch ohne den anderen dabei konkret zu berühren. Den Teilnehmern war freigestellt, welchen Abstand sie zueinander einnehmen wollten, ob sie gegenüber stehend, sitzend, allmählich aufeinander zukommend, umeinander herumgehend etc. begegnen wollten. Entscheidend war es, den anderen (Menschen) die ganze Aufmerksamkeit zu schenken und alle eigenen Assoziationen und Bewertungen *einzuklammern*, d. h. für die Dauer der Übung *außer Geltung zu setzen,* und danach wahrzunehmen, wie einem der jeweils andere ohne den „Überzug" der außer Geltung gesetzten Assoziationen, spontanen Empfindungen, Einfälle usw. anmutet; was man dann von ihm zu sehen bekommt – und so wechselseitig *Zuschreibungs-Schicht* für *Zuschreibungs-Schicht* abzutragen. Im zweiten Teil der Übung sollten die Teilnehmer dann gemeinsam ein phänomenologisches Protokoll erstellen, in dem sie die gemeinsam gemachten Erfahrungen dialogisch aufzeichnen und sich damit in einen Abstand zum jüngst Erlebten bringen.

Die acht „Paare" waren neugierig, Phänomenologie konkret an sich zu erproben, und machten für sich wichtige und (wie ich aus einer späteren Resonanzrunde erfuhr) weiterwirkende Erfahrungen. Ein Teilnehmer sagte: „Ich habe noch nie so direkt mitbekommen, wie ich das mache, wenn ich projiziere." Für ein „Paar" (eine Frau und einen Mann mittleren Alters) war die Übung jedoch „nicht auszuhalten gewesen". Sie „mussten das nach ein paar Minuten abbrechen". Es habe sie „sehr aufgeregt, einander so intensiv wahrzunehmen, ohne wie sonst miteinander sprechen zu können." Sie hätten dann die Übung „für sich modifiziert" und während des intensiven Wahrnehmens „leise miteinander geredet". Doch auch das hätten sie „abgebrochen, weil *zuviel* in ihnen passiert ist". Im Nachgespräch hätten sie sich dann „gemeinsam wieder beruhigt", obwohl sie den Umstand, einen anderen länger und intensiver zu betrachten, „als viel intimer empfunden hätten als so manche intime Begegnung mit ihrem Partner". Und sie überlegten jetzt, ob die phänomenologische Herangehensweise überhaupt etwas für sie wäre.

Nach längerer Zeit meldeten sich die beiden (unabhängig voneinander) bei mir und berichteten von für sie erstaunlichen und letztlich erfreulichen Entwicklungen. Die Frau habe sich „endlich“ von ihrem Partner trennen können. Sie sei ihm (ohne es selbst recht zu merken) „wohl phänomenologischer begegnet“ und habe dabei ganz deutlich wahrnehmen können, „dass er mich gar nicht richtig sieht und das auch nicht will“. Der Mann konnte sich aus einer ihn belastenden Arbeitsbeziehung lösen. Er habe „endlich“ den Mut aufgebracht, wahrzunehmen, dass „ich meinen Chef gar nicht richtig ins Gesicht sehen kann – und er mir auch nicht!“ Beide berichteten von Veränderungen in ihren Bekanntenkreisen. Ihnen sei rückgemeldet worden, sie würden „irgendwie anders schauen“. Daraufhin hätten sich manche von ihnen zurückgezogen, während es mit denen, die „dabeigeblieben“ seien, jetzt schönere und erfüllendere Begegnungen gäbe. Sie hätten beide Lust bekommen, mehr mit dem „phänomenologischen Wahrnehmen“ zu experimentieren.

Innerhalb der „phänomenologischen Bewegung“ haben sich (wie bereits angedeutet) vor allem Jean-Paul Sartre und Emmanuel Lévinas mit der Wahrnehmung des Anderen beschäftigt. Während Husserl sich vornehmlich mit der Erforschung des *Bewusstseins*, Merleau-Ponty mit dem des *Leibseins* befasst haben, richteten Sartre und Lévinas ihre Aufmerksamkeit auf die Erkundung des *Mitseins* aus. Dabei bekommt das Gesicht und vor allem die Augenpartie des Menschen eine besondere Bedeutung. In seiner „Phänomenologie des Antlitzes“ geht Lévinas davon aus, dass eine intensive, vorbehaltlose (in seinen Worten „ethische“) Zuwendung, „die beste Art, dem *Anderen* zu begegnen“, in dem Umstand erkennbar werde, „nicht einmal seine Augenfarbe zu bemerken“ (Lévinas 1996, S. 63). „Die Spur des Anderen“ aufzunehmen, pointiert Lévinas in der Bemerkung: „Einem Menschen begegnen heißt, von einem Rätsel wachgehalten zu werden“ (Lévinas 1983, S. 209 ff.). Sartre hat sich in seiner Begegnungs-Phänomenologie genauer mit „dem Blick“, dem Sehen des Anderen und dem Gesehenwerden von dem Anderen, beschäftigt. Seine Anthropologie differenziert sich in zwei Leibweisen (Sartre 1980, S. 543 ff., 598 ff.):

1. für-sich-Sein (*le corps comme être-pour-soi*)
2. der Körper-für-Andere (*le corps pour autrui*)

Die Blick-Zentrierung verdankt sich wohl auch der persönlichen Lebenssituation bzw. Körpererfahrung: Sartres Blick war der eines „Einäugigen“, da er mit seinem anderen Auge so stark schielte, dass es geradezu „wegkippte“ (und sich dem Blick des Anderen zu entziehen schien). Solche Beeinträchtigungen sind bei Methodenbegründern nicht selten. In den von ihnen entwickelten Methoden versuchen sie, etwas an sich auszugleichen und zu bearbeiten (vgl. Stölzel 2012, S. 86). Habermas’ umfangreiche „Theorie des kommunikativen Handelns“ etwa verdankt sich wohl nicht zuletzt dem Umstand, dass er aufgrund seiner Gaumenspalte so schwer zu verstehen war, dass die (normale) kommunikative Verständigung für ihn eine dauernde Herausforderung bedeutete.

In dem mit „Der Blick“ überschriebenen Kapitel seines Buches „Das Sein und das Nichts“ wendet Sartre seine Begegnungs-Phänomenologie ins Anthropologische, das auf der Ebene des jeweiligen Menschenbilds einer Person oder Organisation von Belang ist (vgl. Stölzel 2013, S. 48 ff.). Sie dient ihm als Klärungshilfe bei der Frage: Was macht einen Menschen aus? Wie kann ich ihn als einen solchen (überhaupt) erkennen? Er geht dabei von einer alltäglichen Situation aus:

> Ich befinde mich in einem öffentlichen Park. Nicht weit von mir sehe ich einen Rasen und am Rande des Rasens Stühle. Ein Mensch geht an den Stühlen vorbei. Ich sehe diesen Menschen, ich erfasse ihn als Objekt, gleichzeitig auch als Menschen. Was bedeutet das? Was will ich damit sagen, wenn ich von diesem Objekt behaupte, dass es ein Mensch ist?
> Wenn ich denken müsste, dass es weiter nichts als eine Puppe ist, würde ich ihm jene Kategorien beilegen, die mir gewöhnlich dazu dienen, die raum-zeitlichen „Dinge“ zu gruppieren. Das heißt, ich würde ihn als etwas auffassen, das „neben“ den Stühlen ist, 2,20 m vom Rasen weg einen gewissen Druck auf den Erdboden ausübt usw. Seine Beziehung zu den anderen Objekten würde von einem rein additiven Typus sein; das bedeutet, dass ich ihn verschwinden lassen könnte, ohne dass die gegenseitigen Beziehungen der anderen Objekte dadurch merklich geändert würden. (Sartre 1980, S. 339)

Ab dem Moment, genauer ab der Entfernung, in der ich das Gesicht des Anderen, seinen Blick sehen, erfahren kann, ist dieser Andere nicht mehr bloß Teil einer mich umgebenden Szenerie; er ist kein (bewegliches) Objekt unter Objekten mehr. Der Andere wird zum Anderen, indem ich ihn als Blickenden, als Mich-Anblickenden gewahre. Der Andere, so sieht es Sartre, ist grundsätzlich derjenige, der mich anblickt. Solange ich einfach auf die Dinge, die beweglichen und die unbeweglichen Objekte blicke, bin ich anders bei mir als durch die Erfahrung des Angeblickt-Werdens durch einen Anderen. Diese Erfahrung wirft mich anders auf mich selbst zurück. Ich kann mich (zumindest ansatzweise) mit den Augen des Anderen sehen. Das Angeblickt-Werden bedeutet für viele ein Beurteilt-Werden. Daher gibt es auch immer wieder Blickerfahrungen, wie ich sie am Beispiel des erwähnten Workshops dargestellt habe. Doch sind das zumeist anfängliche Erfahrungen, die, auch wenn sie abgebrochen werden, nachwirken. Es geht darum, auch im Coaching den Anderen (Coachee oder Klienten) in offener, phänomenologisch-erkundender Weise „im Auge zu behalten“.

Das Bemerkt-, Angeschaut-, Betrachtet-Werden durch einen Anderen (durch ein Fremdbewusstsein, wie manche Phänomenologen sagen) bringt denjenigen, dem der Blick gilt, nicht nur in verstärkter Weise mit sich selbst in Kontakt, sondern auch mit der Ausstrahlung des Anderen, der ihn anblickt. Erwünscht oder nicht, melden sich Regungen, die sich zu Gefühlen ausbilden (können). Diese eröffnen oder blockieren die durch den Blick entstandene oder neu entstehende Beziehung. Max Scheler hat in seiner phänomenologischen Betrachtung „Wesen und Formen der Sympathie" in feinsinniger Weise zwischen „Miteinanderfühlen"; „Mitgefühl", „Gefühlsansteckung" oder „Einsfühlung" unterschieden (Scheler 1973, S. 19 ff.), wobei er betont, dass vermeintliches „Mitgefühl" häufig mit „bloßer *Gefühlsansteckung*" verwechselt werde. Diese mehr oder weniger empathischen Emotionen sind von der jeweiligen Gefühlsanmutung einander nah benachbart. So ist es gerade innerhalb eines Coachingprozesses wichtig, zu unterscheiden, ob es sich um ein Empfinden handelt, bei dem sich beide auf einen Auslöser beziehen („Miteinanderfühlen"), mit dem Anderen mitempfinden („Mitgefühl"), sich von den Empfindungen des Anderen in invasiver Weise beeinflussen lassen („Gefühlsansteckung") oder mit einem Anderen (oder einem bestimmten Thema oder Bereich) geradezu verschmelzen wollen („Einsfühlung"). Schelers Befund ist für die beraterische Kommunikation von Belang, da auch bei sachlich-strategischen Themen Emotionen ins Spiel kommen und *bewegend* wirken. Schelers Begriff der *Gefühlsansteckung* kann als Prüfinstrument im Coaching verwendet werden, um z. B. herauszufinden:

- Was mache ich mit den Gefühlen der Anderen?
- Was machen die Gefühle der Anderen mit mir?

Ich möchte die skizzenhafte Darstellung des phänomenologischen Potenzials im professionellen Umgang mit dem Anderen anhand einer elementaren Dynamik verdeutlichen. Was hierbei aufgezeigt wird, gilt für alle Formen (menschlicher) Kommunikation, insbesondere jedoch für die therapeutisch-beraterische Kommunikation, wo bestimmte wechselseitige Erwartungen und Rollenzuschreibungen den Kontakt maßgeblich prägen.

## 13.4 Dynamik des Dialogischen

Jede Gesprächs- oder Begegnungssituation wird durch einen rhythmischen Wechsel von *Ausdruck* und *Eindruck* strukturiert. Jemand – Patient, Klient, Kunde, Besucher oder ein anderer Mensch – *hat*, wenn die Begegnungssituation eröffnet wird (dieser z. B. zur Tür hereinkommt), einen bestimmten *Ausdruck*, der auf einen anderen (Therapeut, Berater, Coach, Organisationsentwickler) einen bestimmten *Eindruck macht*. Dieser *Eindruck erzeugt* seinerseits bei dem anderen (Therapeut, Berater, Coach, Organisationsentwickler) einen *Ausdruck*, der wiederum auf den ersten (Patient, Klient, Kunde etc.) einen bestimmten *Eindruck hinterlässt*, was diesen wiederum *einlädt,* seinerseits einen bestimmten *Ausdruck* zu *zeigen*, was wiederum beim anderen einen *Eindruck hervorruft*, der… usw. usw. usw.

Zumeist vollzieht sich diese Wechselfolge von dem *Ausdruck*, den jemand *hat*, und dem *Eindruck*, den er dadurch auf jemanden anderen *macht,* so rasch, dass er den Beteiligten als dynamischer Ping-Pong-Prozess nicht eigens zu Bewusstsein kommt. Häufig werden sozusagen in dem ersten „Lauf" dieser Wechselfolge die gesprächseröffnenden Informationen bereits ausgetauscht und bereits zu diesem Zeitpunkt der Rahmen dafür abgesteckt, was in dieser Begegnung möglich ist oder ansteht. Das dritte Element in dieser Begegnungsdynamik bilden die *Theorien* der Beteiligten. Diese enthalten die jeweiligen Selbsttheorien (dasjenige, was jeder von sich denkt, glaubt etc.), professionelle Vorstellungen (dasjenige, was jeder über seine Rolle, Aufgabe, Intention etc. denkt, glaubt usw.) sowie die Konsequenzen, welche die Beteiligten aus ihren bisherigen Gesprächs- und Begegnungserfahrungen gezogen haben und die wesentlich ihre Vorannahmen darüber ausmachen, was in dieser Situation möglich und anstrebenswert ist. An dieser Stelle setzt die konkrete phänomenologische Arbeit ein. Diese besteht (wie gesagt) im *Einklammern* und *Außer-Geltung-Setzen* all dessen, was als vermeintlich sicheres Wissen über mich, den Anderen, die gemeinsame Situation richtig und wichtig zu sein scheint, – also alles therapeutisch-beraterische Erfahrungswissen. Dieses wird im *Einklammern* und *Außer-Geltung-Setzen* nicht verworfen oder abgewertet, sondern wie „herausgenommen", damit etwas Anderes, Neues, Nicht-schon-Gesehenes oder Gemachtes sich zeigen kann. So kann etwas Weiterführendes aus dem Nicht-schon-Wissen entstehen. Und auf wirksame Weise kann dafür Sorge getragen werden, dass nicht bestimmte „Verstehensfolien" oder Diagnosen entstehen, durch die sich jemand „nicht wahrgenommen oder nicht ernst genommen fühlt" (Schmidt-Lellek, Kap. 12 in diesem Buch).

Die metatheoretische Aufmerksamkeit auf den *Ausdruck* des Patienten/Klienten/Kunden ist eine Anwendung des Philosophierens im Gespräch. So verstanden, ist phänomenologisches Philosophieren die Bereitschaft, mit dem *Eindruck* zu arbeiten, *ohne* sich in fixe Theorien zu flüchten, welche der *Ausdruck* des Anderen hervorgerufen hat, und daran auch den Aspekt der Begegnung philosophisch zu bewähren. Die Bewegung vom offenen Erleben des *Eindrucks*, den der *Ausdruck macht,* ist als eine dialogische Erfahrung beschreibbar.

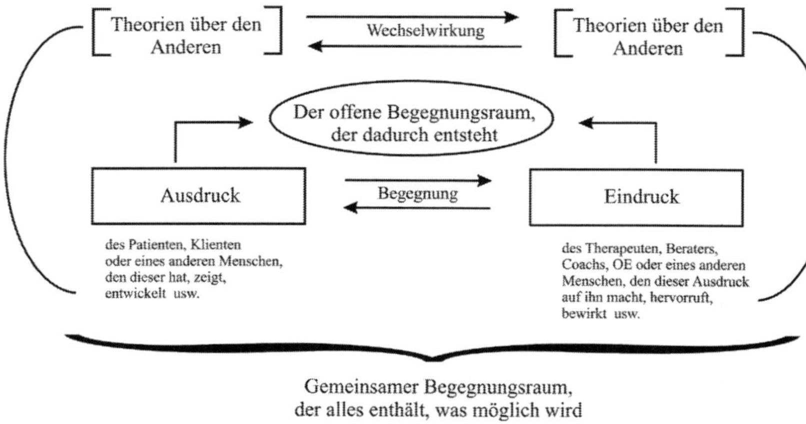


**Abb. 13.2** Zur Struktur einer phänomenologisch gestalteten Begegnung

Um diese durchaus komplexe Struktur professioneller wie auch alltäglicher Begegnungen anschaulicher zu machen, sei diese kurz graphisch vergegenwärtigt (Abb. 13.2):

Nicht allein im therapeutisch-beraterischen Kontext, sondern auch bei unschuldigen Alltagswahrnehmungen erweist sich eine phänomenologische Haltung als „Augen öffnend". Das kann bedeuten, dass so manch einer phänomenologischer unterwegs ist, als er es von sich selbst sagen würde. Ähnlich wie Monsieur Jourdain in Molières Komödie *Le Bourgeois Gentilhomme*, der erfährt, er habe schon 40 Jahre Prosa gesprochen, ohne es zu bemerken (zur therapeutischen Analogie vgl. Watzlawick 1977, S. 7).

Als „wichtigste Grundlage" für das Gelingen einer therapeutisch-beraterischen Kommunikation sieht eine phänomenologisch geschulte Psychiaterin wie Andrea Moldzio eine „*philosophische Haltung*" an. Sie erläutert das so: „Als eine philosophische Haltung bezeichne ich eine die therapeutische Haltung übersteigende Einstellung einer generellen Achtsamkeit gegenüber dem Anderen" (Moldzio 2004, S. 153). Moldzio möchte dies durch eine Praxis der „drei W's: Wundern, Wahrnehmen, Würdigen" einlösen. Dadurch, dass die phänomenologische Praxis das Wahrnehmen zum Thema macht und diesem vollkommen selbstverständlichen Tun eine andere Bewusstheit gibt, fördert sie einen achtsamen Umgang zwischen den Menschen (nicht allein in professionellen Beziehungen). Sie bewährt sich in einer vergrößerten Aufmerksamkeit und Achtsamkeit gegenüber dem Anderen, dem hier nicht als etwas fraglos Selbstverständlichem begegnet wird. Das muss nicht auf die menschliche Kommunikation beschränkt bleiben. Montaigne, zum

Beispiel, fragt sich in einem seiner Essays: Betrachte ich nun meine Katze oder meine Katze mich? Das öffnet für die auch im Coachingprozess relevante Frage, wer wie wen wodurch betrachtet.

*Vice Versa*

Ein Hase sitzt auf einer Wiese,
des Glaubens, niemand sähe diese.
Doch, im Besitze eines Zeißes,
betrachtet voll gehaltnen Fleißes
vom vis-à-vis gelegenen Berg
ein Mensch den kleinen Löffelzwerg.
Ihn aber blickt hinwiederum
Ein Gott von fern an, mild und stumm.
(Morgenstern 2003, S. 125 f.)

## Literatur


Abbott, E. A. (1982). *Flächenland* (aus dem Englischen von J. Kalka). Stuttgart: Klett-Cotta.

Becker, H. (2013). *Zugang zu Menschen. Angewandte Philosophie in zehn Berufsfeldern.* Freiburg: Karl Alber.

Buer, F., & Schmit-Lellek, C. (2008). *Life-Coaching. Über Sinn, Glück und Verantwortung in der Arbeit.* Göttingen: Vandenhoeck & Ruprecht.

Haffner, S. (2001). *Winston Churchill. Eine Biographie.* Berlin: Kindler.

Heidegger, M. (2007). Mein Weg in die Phänomenologie. In: *Zur Sache des Denkens, Gesamtausgabe* (Bd. 14). Frankfurt a. M.: Vittorio Klostermann.

Husserl, E. (1985). *Die phänomenologische Methode, mit einer Einleitung.* Stuttgart: Reclam.

Husserl, E. (1986). *Phänomenologie der Lebenswelt.* Stuttgart: Reclam.

Husserl, E. (1987). *Cartesianische Meditationen. Eine Einleitung in die Phänomenologie.* Hamburg: Felix Meiner.

Husserl, E. (1992). Gesammelte Schriften in acht. In V. Mayer (Hrsg.), *BändenLogische Untersuchungen.* Hamburg: Felix Meiner.

Lévinas, E. (1983). *Die Spur des Anderen. Untersuchungen zur Phänomenologie und Sozialphilosophie* (aus dem Französischen von W. N. Krewani). Freiburg: Karl Alber.

Lévinas, E. (2008). *Ethik und Unendliches* (aus dem Französischen von D. Schmidt). Wien: Passagen.

Merleau-Ponty, M. (1966). *Phänomenologie der Wahrnehmung* (aus dem Französischen von R. Boehm). Berlin: Walter de Gruyter.

Moldzio, A. (2004). *Schizophrenie – eine philosophische Erkrankung.* Würzburg: Königshausen & Neumann.

de Montaigne, M. (1998). *Essais. (Erste moderne Gesamtübersetzung aus dem Französischen von H. Stilett).* Frankfurt a. M.: Eichborn.

Morgenstern, C. (2003). *Gedichte in einem Band.* Frankfurt a. M.: Insel.

Sartre, J.-P. (1980). *Das Sein und das Nichts* (aus dem Französischen von T. König). Reinbek: Rowohlt.

Scheler, M. (1973). *Wesen und Formen der Sympathie*. Bern: Francke.

Schmidt-Lellek, C., & Buer, F. (Hrsg.). (2011). *Life-Coaching in der Praxis. Wie Coaches umfassend beraten*. Göttingen: Vandenhoeck & Ruprecht.

Stölzel, T. (2010). So bleibt alles durchwebt von Vermutungen. Anregungen und Positionen aus der Philosophischen Praxis. In Deutsche Gesellschaft für Systemaufstellungen (Hrsg.), *praxis der systemaufstellung*. Beiträge zu Lösungen in Familien und Organisationen 1/2010.

Stölzel, T. (2012). *Staunen, Humor, Mut und Skepsis. Philosophische Kompetenzen für Therapie, Beratung und Organisationsentwicklung*. Göttingen: Vandenhoeck & Ruprecht.

Stölzel, T. (2013). *Fragen – Lösen – Fragen. Philosophische Potenziale für Therapie, Beratung und Organisationsentwicklung*. Göttingen: Vandenhoeck & Ruprecht.

Watzlawick, P. (1977). *Die Möglichkeit des Andersseins. Zur Technik der therapeutischen Kommunikation*. Bern: Hans Huber.

Werhahn, H. (Hrsg.). (2011). *Neue Phänomenologie. Hermann Schmitz im Gespräch*. Freiburg: Karl Alber.

Zahavi, D. (2007). *Phänomenologie für Einsteiger*. Paderborn: Wilhelm Fink (UTB).

**Dr. phil. Thomas Stölzel** Systemischer Therapeut und Berater (SG), Philosophischer Praktiker (IGPP), Coach (DBVC), ist als Dozent an Fachhochschulen, Akademien, Weiterbildungsinstituten, in klinischen Einrichtungen und Organisationen sowie in der Einzelberatung und supervisorischen Kontexten tätig. Zahlreiche Veröffentlichungen, insbesondere zur Philosophischen Beratung, Coaching und Organisationsentwicklung.

# Selbstkenntnis und Metatheorie. Anmerkungen zu den essentiellen Voraussetzungen für einen professionellen Einsatz von Tools im Coaching

14

Klaus Eidenschink

*Du scheinst nicht zu wissen, daß ein jeder, welcher im Gespräch ins Umfeld von Sokrates kommt und sich mit ihm in einen Dialog begibt, genötigt ist, selbst wenn er damit beginnt, sich über etwas Beliebiges zu unterhalten, von diesem unaufhörlich in seinem Reden hin- und hergewendet zu werden, bis er schließlich nicht anders kann, als über sich selbst Rechenschaft abzulegen, auf welche Weise er bis heute lebt und auf welche Weise er sein bisheriges Leben gelebt hat.*
*(Lysimachos im Dialog „Laches" von Platon)*

## 14.1 Warum sind Tools im Coaching so beliebt?

Es ist im Grunde recht offensichtlich, dass es kein Geschäft für Künstlerbedarf gibt, in dem man einen Pinsel kaufen kann, der es anschließend ermöglicht, wie Picasso zu malen, – es sei denn, man heißt Picasso oder hat vergleichbare Fähigkeiten. Im Kontext der Weiterbildung von Coaches oder auch der Anpreisungen von Coaching selbst kann man immer wieder den Eindruck bekommen, dass es ein bestimmtes Vorgehen, eine Methode oder eine Interventionsstrategie geben könnte, die in sich wirksam ist und verlässliche Ergebnisse liefert. In einer solchen

K. Eidenschink (✉)
HEPHAISTOS Coaching-Zentrum München, Lärchenstr. 24, 82152 Krailling, Deutschland
E-Mail: Klaus.Eidenschink@Hephaistos.org





A. Schreyögg, C. Schmidt-Lellek (Hrsg.), *Die Professionalisierung von Coaching*, Coaching und Supervision, DOI 10.1007/978-3-658-08172-0_14

Sachlage nutzt es nun nicht so viel, sich darüber zu beklagen, sondern auch dieses Phänomen gilt es theoretisch einzuordnen und zu verstehen. Tools sollen hier verstanden werden als spezifische Vorgehensweisen in Beratungssituationen, welche ein spezielles Anliegen, ein benanntes Problem, eine bestimmte Absicht oder ein definiertes Ziel mit einer bestimmten Absicht bearbeiten: also etwa eine Lösung zu finden, die Selbstreflexion zu verbessern, Ziele zu erkennen, Entscheidungen zu finden, Konflikte zu lösen o. ä.

Zunächst geht es mir darum, zu erläutern, warum sich essentielle Frage- und Problemstellungen von Coachingklienten dafür eignen, Coachingtools und -techniken fälschlicherweise für eine Lösung zu halten. Coaching ist mehr als andere Beratungsformate – so die These – einer Erwartungshaltung auf Seiten des Kunden ausgesetzt, welche es schwerer und schwieriger macht, die eigentliche Dienstleistung zu erbringen bzw. die Bedingungen aufrechtzuerhalten, die für eine gelingende Beratung hilfreich sind.

1. *Das Problem der Machbarkeit:* Wirtschaftsorganisationen und Führungskräfte sind es gewohnt, mit Problemstellungen zu tun zu haben, die mit Handeln bearbeitet werden können. „Was kann ich tun? Was kann ich anders machen?“ Fast jeder Coachee äußert zu Beginn solche Fragen. Das darin verborgene Implikat, dass es etwas zu *tun* gäbe, wird nicht als solches erkannt und in seiner höchst problematischen Engführung als relevant angesehen. Hier wäre nun eigentlich der Coach gefragt, der untersucht, ob etwas getan oder eher entdeckt, wahrgenommen, gespürt, gelassen, losgelassen, abgetrauert u.v.a.m. werden müsste. Ist man als Coach selbst unreflektiert handlungsfixiert oder ist auf schnelle Kundenzufriedenheit aus, dann ist die Verführung erheblich, Tools zu benutzen, die klare Impulse auf der Handlungsebene versprechen und auf verändertes Verhalten setzen.
2. *Das Problem der Planbarkeit:* Wie komme ich von A nach B? Auch diese Frage kennzeichnet den Bezugsrahmen der meisten Coachingklienten. Die Aufmerksamkeit richtet sich auf das Delta zwischen dem Ist- und dem Sollzustand. Die Aufgabe besteht darin, von hier nach dort zu kommen. Für wirtschaftliche, technische und auch organisationelle Themen ist das bisweilen – aber wahrlich nicht immer – eine sinnvolle Strategie. Für Probleme der Selbststeuerung, für kommunikative Probleme, für Fragen der Führung und Zusammenarbeit ist die Vorstellung, dass sich Veränderung planen und gezielt ansteuern lässt, eher dysfunktional. Trotzdem haken an dieser Stelle sehr viele Tools ein: Wie werde ich erfolgreicher, sicherer, konfliktfähiger, motivierender, empathischer oder durchsetzungsstärker? Zu jedem Ziel finden sich unzählige explizite Vorgehensweisen, an denen sich der Coach orientieren kann und aus denen er seine

Sicherheit beziehen kann. Das ist attraktiv. Fragwürdig ist das deshalb, weil damit die vielleicht entscheidenderen Fragen – wie ein Klient sich an seinem Erfolg (unbewusst) hindert, wie er sich innerlich verunsichert, wie er sich innerlich bestraft und zugunsten von selbstwerterhaltenden Zielvorstellungen sich in die Überforderung zwingt oder wie er seine Selbstwahrnehmung einschränkt – erst gar nicht in den Blick geraten.

3. *Das Problem der Zielbestimmung:* Klienten aus der Wirtschaft sind es gewohnt, zu sagen, wo sie hin wollen. Sie wissen meistens, was sie wollen, manchmal aber nicht, wie sie dorthin kommen (siehe oben). Zum Coach kommen sie, damit er sie unterstützt, ihr Ziel zu erreichen. Das ist für Manager vollkommen selbstverständlich und ist dem Begriff „Coach", so wie er im Sport benutzt wird, inhärent: Ich will besser Tennisspielen und suche mir dafür einen Coach. Das Ziel ist klar, der Weg ist Sache des Coachs. Wenn es nun aber darum ginge, zu prüfen, inwieweit die Ziele des Kunden für ihn selbst überhaupt gut und passend sind? Diese Frage ist hier nicht ethisch gemeint, sondern psychologisch. Sehr viele Menschen irren sich darin, was für sie gut ist. Das fängt bei Äußerlichkeiten wie Nahrung, Schlaf, Bewegung, Hobbies und Konsumverhalten an und endet bei Karrierezielen und Machtausübung. Jetzt kann man mit Tools versuchen, zu besseren Ernährungsgewohnheiten, mehr Work-Life-Balance etc. zu kommen. Die Flut von Ratgebern und die daraus resultierenden Vorsätze sprechen eine eigene Sprache, – die oftmalige Wirkungsarmut dieses Vorgehens aber eben auch. In vielen Fällen ist es im ersten Schritt unabdingbar, (hermeneutisch) zu untersuchen, welche Funktion das jeweilige Ziel für den Klienten – bewusst und unbewusst – hat. Das Ziel ist das Problem! Hier helfen aber keine Tools, sondern nur die Wahrnehmungsfähigkeit des Coachs selbst. Zudem ist es für jemanden, der Erfolg hat und noch mehr davon haben will, begreiflicherweise nicht die angenehmste Frage, ob es denn sein könnte, dass uneingestandene innere Ängste ihn abhängig vom Erfolgreich-sein machen. Da erwartet man vom Coach eigentlich was anderes. Trotzdem sind derartige Fragen nötig, wenn der Coach nicht den selbstschädigenden inneren Prozess des Klienten unbemerkt noch fördern will.
4. *Das Problem der Verkaufbarkeit:* Welches Leistungsversprechen macht ein Coach? Diese Frage muss jeder beantworten, der von dieser Dienstleistung leben will. Genau das aber birgt eigene Probleme. Nicht umsonst hatten Ärzte lange Zeit in Deutschland ein Werbeverbot, da immer die Gefahr besteht, dass jemand sagt: „Ich mache Sie gesund!" Diese Aussage ist immer falsch, da kein Arzt darüber ausreichend Macht hat und daher die Verantwortung dafür übernehmen könnte. Ein Coach hat ebenso wenig Macht über das, was er beim Klienten bewirkt. Daher kann und darf er nicht Wirkungen versprechen! Was

bleibt dann? Eine der naheliegenden Möglichkeiten ist, sich als Experte in der Ausübung einer bestimmten Vorgehensweise zu positionieren, von der man weiß, dass sie anerkannt ist, als seriös gilt und erprobt ist. Labels wie systemisch oder NLP, Produkt-Tools wie etwa MBTI oder DISG, Vorgehensweisen wie z. B. Aufstellungen oder lösungsorientiertes Kurzzeitcoaching, eigene Kreationen wie „Mindfuck-Coaching" etc. sind verkaufbar und lösen damit ein wichtiges Problem für den Coach. Ob es allerdings so sinnvoll ist, dass der Kunde sich an kaufbaren „Produkten" orientiert, muss bezweifelt werden. Im Grunde verspricht sich der Kunde von einem bestimmten „Produkt" ja etwas. Es dient bestenfalls als Mittel zum Zweck. Und je einfacher, je billiger, je weniger Aufwand für den Klienten, desto attraktiver für ihn. Dass damit nun überhaupt nicht sichergestellt ist, dass ihm so geholfen wird, ist eigentlich klar. Aber die Versuchung für den Coach, darüber für den Kunden attraktiv zu sein, ist groß. Und wie unwahrscheinlich es ist, dass ein Coach einem Klienten, der mit einem Auftrag kommt, sagt, dass das eigene Produkt kein passendes Mittel für den angestrebten Zweck ist, braucht nicht weiter erläutert zu werden. Darum sind in der Coaching-Branche Anbieter, die sich nicht scheuen, mit Tools und Vorgehensweisen Wirkungen zu versprechen, mit einem nicht unerheblichen Marketingvorteil versehen.

5. *Das Problem der Kundenzufriedenheit:* Nicht zuletzt entscheidet über den Erfolg eines Coachs, ob er von Kunden empfohlen wird. Die Kundenzufriedenheit ist demnach ein Faktor, der von entscheidender Bedeutung für den Coach ist. Um wieder den Vergleich zum ärztlichen Metier zu ziehen: Ärzte, die schnell Tabletten verschreiben oder Spritzen gegen die Schmerzen setzen, machen viele Patienten sehr zufrieden. Das Symptom ist erstmal weg. So wird man auch schnell empfohlen. Ärzte, welche viel Eigeninitiative vom Patienten einfordern und der Heilung des Körpers auch ihre Zeit lassen wollen, sind da oft im Nachteil, weil die Patienten keine Zeit haben oder sich diese nicht nehmen wollen. Das kann sich auf die Empfehlungsrate auch negativ auswirken. Zumindest sorgen sich viele Ärzte darum. So ist es bei vielen Coaches auch. Sie haben Sorge, dass die Klienten wegbleiben, wenn sie nicht schnell vorankommen und „unzufrieden" sind mit der Beratung, weil sie nicht direkt nur an Verhaltensänderungen und Lösungen arbeiten. Also besteht auch hier für den Coach der leichte Ausweg, lieber auf schnelle Zufriedenheit zu setzen, als den kunstvolleren und schwierigeren Weg zu gehen, mit dem Klienten ein Commitment zu schaffen, welches die Bereitschaft eröffnet, an unangenehmen Themen zu arbeiten, nachhaltige Effekte zu verfolgen und dafür Krisen, Verunsicherung und Mühsal in Kauf zu nehmen.

## 14.2 Was sind notwendige persönliche Voraussetzungen beim Coach für den Gebrauch von Tools?

Es gilt als selbstverständlich, dass ein Coach sich mit der eigenen Person beschäftigen muss, um seriös als Coach arbeiten zu können. Was ist damit gemeint? Denn oft ist nämlich gar nicht geklärt oder transparent, was es denn bedeutet, an der eigenen Persönlichkeit zu arbeiten. Bisweilen scheint man damit nur zu meinen, dass der Coach die Tools und Instrumente, die er anwenden möchte, an sich selbst ausprobiert haben müsse. Ich möchte hier daher mein Verständnis davon skizzieren, um was es bei der Persönlichkeitsentwicklung von Coaches geht. Im Kern gilt es, besonders drei Foki intensiv zu bearbeiten:

Erstens braucht ein Coach emotionale Unabhängigkeit vom Klienten, bzw. er muss merken, wenn er diese zu verlieren droht. Klienten drücken ihre wichtigsten Themen meistens nicht über das aus, was sie in den Coachingstunden erzählen, sondern wie sie den Kontakt und die Beziehung zum Coach (unbewusst und unbemerkt) gestalten. Hier liegt für ein effektives Coaching ein zentrales Aufmerksamkeits-, Diagnose- und Interventionsfeld. Voraussetzung dafür ist, dass der Coach seinerseits nicht unbemerkt und unbewusst auf die manipulativen Signale seiner Klienten einsteigt. Er muss merken, wenn er in Versuchung kommt, dem Klienten nach dem Mund zu reden, ihn zu schonen oder attackieren zu wollen, vorsichtig zu werden, übertrieben freundlich oder distanziert, lobend oder kritisch zu kommentieren u.v.a.m. Ebenso gilt es, die inneren Prozesse zu studieren: Ängste, Langeweile, Empörung, Ungenügend-fühlen, Konkurrenzgefühle, starke Besorgnis – um nur einige zu nennen – sind wichtige Signale für das Arbeiten im Coaching. Um diese nutzen zu können, braucht es – neben vielem anderen – die innere Freiheit, die eigenen Wahrnehmungen sehr ernst zu nehmen und sich so dem Klienten „zuzumuten"! Wer als Coach anfängt, innere Impulse zurückhalten zu müssen, aus Angst, dem Klienten weh zu tun, ihn zu verlieren oder in Konflikte zu kommen, der wird an entscheidenden Stellen den Klienten im Stich lassen und zugunsten eigener Abwehrstrategien vorsichtig oder angepasst sein.

Zweitens ist es unabdingbar, dass er emotional auf die Nöte des Klienten antworten, in Resonanz gehen und dem Klienten Feinfühligkeit zur Verfügung stellen kann. Die Fülle der Belege in der Literatur und Forschungen zu diesem Thema sind kaum mehr zu überblicken (Dornes 1998; Brisch 2013; von Kanitz 2012; Schmidt-Lellek 2006; Staemmler 2009). Einigkeit besteht aber durchwegs darüber, dass der Präsenz und der Präzision, mit der der Berater auf kleinste Signale des Klienten reagieren kann, wie er sie aufgreifen und nonverbal und verbal angemessen darauf antworten kann, entscheidende Bedeutung für den Prozess zukommt. Diese Achtsamkeit für das eigene Innenleben und die Fähigkeit, sich auszudrücken, gilt es als

Coach zu erwerben und zu kultivieren. Dass dies nicht durch die Selbstanwendung von Tools geschehen kann, erschließt sich von selbst. Dazu braucht es eine längere – meist psychotherapeutische – Begleitung, in der man die eigene Person und seine Wahrnehmungsdefizite gründlich erforschen kann.

Drittens muss der Coach weitgehend dagegen gefeit sein, eigene Scham-, Schuld-, Angst- oder Wutgefühle interventionsleitend werden zu lassen. Besonders unangenehme Folgen hat es für Klienten, wenn der Coach in seinen Interventionen und Vorgehensweisen unbewusst mehr mit sich als mit dem Klienten beschäftigt ist. In Beratungsbeziehungen ist es eher die Regel als die Ausnahme, dass der Klient im Coach auch unangenehme Affekte weckt. Diese professionell zu nutzen, ist Teil einer entwickelten Coachingkompetenz. Wenn jedoch ein Coach mit eigenen unerwünschten Gefühlen abwehrend umgeht, dann wird er das Beratungsgeschehen verflachen lassen, den Fokus verlieren oder wechseln, den Klienten affektiv im Stich lassen oder gar abwertend auf bestimmte Seiten im Klienten reagieren. Deshalb müssen sich Klienten darauf verlassen können, dass der Coach nicht unbewusst manipulierend mit Tools vorgeht, was immer eine besonders naheliegende und einfache Möglichkeit ist, eigene Unsicherheit wieder in Scheinsicherheit und Kontrolle über die Situation zu verwandeln. Diese Kompetenz basiert im Coach durch und durch darauf, nicht zwischen erwünschten und unerwünschten Gefühlen auf eine Weise zu unterscheiden, dass man die „guten" Gefühle haben möchte und die „schlechten" Gefühle meiden will. Sonst wird man als Coach bei allen Gefühlen wie Angst, Scham etc., die dem Klienten wie einem selbst unangenehm sind, ein Vorgehen wählen, welches darauf abzielt, diese Ängste etc. zu „überwinden" und sie zu „bekämpfen".

## 14.3 Was sind notwendige metatheoretische Voraussetzungen für den Gebrauch von Tools?

Wie oben ausgeführt, sind viele Coachingausbildungen und Coaches interventions- und toolorientiert. Man definiert sich über Vorgehensweisen. So wird dann das Konzept und nicht das Anliegen des Kunden zum Handlungsprinzip. Das liegt auf einer theoriehistorischen Ebene daran, dass Coaching das Kind vieler Eltern ist. Zum einen kommt es aus der Beratungsarbeit, die ihrerseits eine Mischung aus Pädagogik, Erwachsenenbildung und Psychologie ist. Zum anderen ist es beeinflusst von Betriebswirtschaft, Management- und Führungstheorie und Organisationswissenschaften. Jede dieser Wurzeln ist in sich nicht kohärent und voller Widersprüche. Die Menschenbilder, die erkenntnistheoretischen Annahmen, die Veränderungskonzepte und die Zielvorstellungen sind zum Teil völlig inkompatibel und gegensätzlich. Ohne eine Metatheorie, welche den Erkenntnis- und Handlungsrahmen liefert, lassen sich die ungezählten Tools und Vorgehensweisen, die sich am Markt etabliert haben, nicht gezielt und fundiert einsetzen.

Eine solche anerkannte Metatheorie, welche die Prinzipien angibt, aus der sich alle anderen psychologischen Beratungstheorien ergeben, gibt es derzeit noch nicht. Das erlaubt der Branche ein schiedlich-friedliches Nebeneinander und ideologische Engführungen, oder man einigt sich auf den kleinsten gemeinsamen Nenner. Man mag das bedauern oder begrüßen, Fakt ist, dass dadurch der Dialog unter den Fachleuten mühsam und herausfordernd wird. Diese professionelle Sachlage lässt es dann eben auch leicht zu, dass man auf eine Metatheorie der eigenen Methodik und der dazugehörenden Techniken glaubt verzichten zu können, solange man genügend Hinweise hat, dass man „Wirkung“ erzielt. Man übernimmt den medizinischen Grundsatz „Wer heilt, hat recht!“ Dass dieses eigentlich so naheliegende Prinzip im Bereich von Coaching sehr irreführend sein kann, weil eben nicht so klar ist, wann nun „Heilung“ vorliegt, habe ich ja schon ausgeführt. Evidenzbasierte Wissenschaft ist also nicht wirklich ein Ausweg. Dazu kommt, dass für Theoriebildungen immer noch ein veraltetes und irreführendes Wissenschaftsverständnis zugrunde gelegt wird (vgl. Eidenschink 2011; Fuchs 2012).

Versucht man nun, trotz oder in dieser schwierigen Lage eine Orientierung zu finden, dann scheint es zumindest nicht ganz ungeschickt zu sein, sich damit zu befassen, welche veränderungswirksamen Faktoren in all den diversen Beratungsansätzen explizit oder implizit berücksichtigt und im Vorgehen adressiert werden. Meines Erachtens lassen sich hier acht besonders prominente Faktoren finden. Der Vorschlag, auf den die nun folgende Argumentation hinausläuft, ist in der Konsequenz, dass jeder Coach sein Tun daraufhin prüfen kann, welche dieser Veränderungsfaktoren er in seiner Arbeit theoretisch wie praktisch berücksichtigt bzw. aus welchen Gründen er sie glaubt vernachlässigen zu können. Damit hätte man – wenn schon keine anerkannte und durchdeklinierte Metatheorie – zumindest eine Art Heuristik, die den Dialog und die Auseinandersetzung, aber auch die Weiterentwicklung der Profession erleichtern könnte[1].

Setzt man nun bei der Frage an: „Was bewirkt in psychologisch orientierten Beratungsgesprächen Veränderung?“, lassen sich folgende acht Faktoren finden, von denen mindestens einer in allen etablierten Beratungsrichtungen vorkommt.

1. Faktor: *Selbstverantwortung* für die Situation
2. Faktor: Prägnanter Zugang zu einem ganzheitlichen *Erleben*

[1] Dieser Ansatz bezieht sich auf eine Forschungsrichtung, die mit dem Namen Klaus Grawe verbunden ist. Dessen Hauptwerke „Psychologische Therapie“ (2000) und „Neuropsychotherapie“ (2004) bilden einen wichtigen Hintergrund für viele der hier entfalteten Gedankengänge.

3. Faktor: *Zulassen* aller spontan aufkommenden Impulse
4. Faktor: Erarbeiten einer von *Akzeptanz* geprägten Beziehung
5. Faktor: Arbeiten mit der *Überdeterminierung* jeder Problematik
6. Faktor: Fokus auf unbewusste und schlecht regulierte *Bedürfnisse*
7. Faktor: *Achtsamkeit* für das Selbsterleben
8. Faktor: Verständnis über die *Plausibilität* des Problems

Im Kontext dieses Beitrags sind weder eine ausführliche Herleitung dieser Liste noch eine gründliche Erläuterung dieser Faktoren möglich. Die folgenden Hinweise ermöglichen es jedoch vielleicht, zu verstehen, warum ein prinzipielles Verständnis von Wirkfaktoren unerlässlich für den Einsatz von Beratungstechniken ist und warum über Wirkfaktoren leichter eine integrative Metatheorie vorübergehend kompensiert werden kann. Auch der Dialog unter Fachleuten und Coaches unterschiedlicher Schulen und Herkünfte könnte so mehr in Gang kommen.

1. *Faktor: Selbstverantwortung für die Situation:* Sobald ein Klient erkennen kann, dass die unbefriedigende Situation, in der er sich befindet, entweder von ihm unbewusst so hergestellt worden ist oder er unbewusst an ihr festhält oder in ihr verweilt, ist in jeder Beratung ein entscheidender Schritt gelungen. Solange sich Menschen als Opfer von Verhältnissen fühlen, können sie kaum fruchtbare Lösungen finden. Auch das innere Festhalten an schlimmen Erlebnissen gehört dazu. Diese Selbstverantwortung herauszuarbeiten, ist unabdingbar. Darum sind Coachingansätze, die an einer effektiveren Manipulation (der Mitarbeiter oder von Vorgesetzten des Klienten) arbeiten, für den Klienten selbst schädlich, da sie ja weiter suggerieren, dass sich die Umwelt ändern müsste, damit es dem Klienten besser geht.
2. *Faktor: Prägnanter Zugang zu einem ganzheitlichen Erleben:* „Prozessuale Aktivierung" lautet der Begriff, mit dem Klaus Grawe diesen Faktor benannt hat. Mit einem bloßen Reden über Themen wird sich kein Klient verändern können. Gefühle und körperliche Wahrnehmungen zuzulassen, zu intensivieren und einordnen zu können, ist notwendig, damit sich auch im Hirn die dort etablierten neuronalen Strukturen ändern können[2]. Daher braucht jeder Coach

[2] „Alle Inhalte des impliziten Gedächtnisses und damit die Grundlagen des Großteils unbewusster Prozesse können also nur prozessual aktiviert und reaktiviert werden, aber nicht über inhaltliche Thematisierung. Dieser Sachverhalt erscheint mir für die Psychotherapie von allerhöchster Relevanz. Für die Reaktivierung ist die Herstellung einer möglichst ähnlichen Reizsituation wie der, unter denen diese Gedächtnisinhalte ursprünglich erworben wurden, erforderlich. Darüber reden gibt keinen Zugriff auf diese Prozesse" (Grawe 2000, S. 240). „Gespräche über Erleben und Verhalten, ohne dass dieses gerade prozessual stattfindet, können nützlich sein, um… Veränderungen vorzubereiten, aber die Veränderung realisiert sich

theoretische wie praktische Kompetenzen, wann und wie man mit dem Erleben des Klienten arbeitet. Die Bereitschaft, auch schmerzliche Gefühle im Klienten zu begleiten, gehört aus diesem Grund ebenfalls mit dazu.

3. *Faktor: Zulassen aller aufkommenden Impulse:* Der Mensch ist durch und durch spontan. Ständig tauchen Ideen, Impulse, Wünsche, Affekte – also irgendwelche inneren Ereignisse auf! Menschliche Schwierigkeiten gehen meistens damit einher, dass ein Teil, manchmal auch ein Großteil des eigenen inneren Geschehens vom Klienten gewohnheitsmäßig unterbunden und unterdrückt werden. Daher entsteht menschliches Unglück immer auch aus dem Versuch, etwas anderes zu sein, als man ist. So gut wie alle Beratungsansätze arbeiten daher auch damit, wie sich der unterbrochene Fluss des Selbsterlebens im Klienten wieder herstellen lässt, sofern dies für die Bewältigung des gewählten Beratungsanliegens notwendig ist.
4. *Faktor: Erarbeiten einer von Akzeptanz geprägten Beziehung:* Mit am meisten Einigkeit herrscht mittlerweile über die Bedeutung der Beratungsbeziehung (vgl. Kap. 4 in diesem Buch). Ein Aspekt ist hier besonders wichtig: Der Coach muss auf jegliches Erleben und Verhalten des Klienten eine akzeptierende, nicht-urteilende Antwort finden. Das Vertrauen in eine beschämungs- und angstfreie Beziehung bereitet meistens überhaupt erst den Boden für die Bearbeitung der entscheidenden Themen im Klienten. Speziell im Coaching, wo ja nicht so viel Zeit ist wie in anderen Formaten, gilt es daher, auf diesen Faktor ganz besonders zu achten.
5. *Faktor: Arbeiten mit der Überdeterminierung jeder Problematik:* Ein Kurzschluss mancher psychologischer Ansätze ist, dass man nicht sehen möchte, wie viele Faktoren, zirkuläre Kausalitäten, ineinandergreifende Abhängigkeiten und wechselseitig sich stabilisierende Kommunikationsmuster im Alltag des Klienten für die Stabilität ungünstiger Berufs- und Lebenssituationen verantwortlich sind. Hat man einen gefunden (Kindheit! Ausbeutung in der Firma!), glaubt man, alles erkannt zu haben. Ein umfassender systemischer Blickwinkel, der mit einer rätselhaften, vieldeutigen und bedeutungsoffenen Welt kalkuliert, muss heute Teil einer metatheoretischen Orientierung sein.
6. *Faktor: Was sind die relevanten unbewussten oder schlecht regulierten Bedürfnisse?* Alles, was lebt, steht in einem Austausch mit der Umwelt. Die Interaktionen sind durch Bedürfnisse (etwa Nähe, Distanz, Freiheit, Sicherheit, Einzigartigkeit und Zugehörigkeit) motiviert und gesteuert. Daher kommt dem Wahrnehmen, Ausdrücken und Befriedigen von Bedürfnissen ein beson-

im Moment des aktuellen Erlebens. Diese Annahme wird durch viele Forschungsergebnisse erhärtet.... In der experimentellen Wirksamkeitsforschung haben solche Vorgehensweisen besonders gut abgeschnitten, bei denen ausdrücklich das unmittelbare Erleben der behandelten Probleme gefördert wird" (S. 94).

derer Stellenwert für geglücktes Leben, Leistungsfähigkeit und Motivation zu. Bedürfnisse wahrzunehmen bzw. deren Regulation zu verbessern, ist deshalb ein veränderungswirksamer Faktor, weil viele Probleme der Klienten mit Ersatzbedürfnissen einhergehen und in der Vernachlässigung von Bedürfnissen begründet sind. Die Rolle Führungskraft bringt es mit sich, dass hier Einseitigkeiten und Stressfaktoren zum Tragen kommen, die bei schlechten Selbstregulationsfähigkeiten schnell zu sozialen und persönlichen Problemen führen.

7. *Faktor: Achtsamkeit für das Selbsterleben:* Wie kommt man dem auf die Spur, was man nicht weiß? Wie erleuchtet man den blinden Fleck? Diese paradoxe Aufgabe gilt es für jeden Klienten zu lösen. Der entscheidende Faktor an dieser Stelle ist Achtsamkeit. Für die Seite des Klienten hat gerade dieser Aspekt in den letzten Jahren viel Beachtung erfahren (Weiss et al. 2010, 2012; Kabat-Zinn 2013; Baer 2006; Anderssen-Reuster 2011). Die Entwicklung innerer Achtsamkeit, das Wahrnehmen kleiner innerer Signale, die Fähigkeit, diesen spürend unabgelenkt zu folgen, wird zur Schlüsselkompetenz für das Bearbeiten von seelischen Themen[3]. Der Seite des Coachs sollte aber mindestens genauso hohe Bedeutung gegeben werden. Die oben angeführte Fähigkeit zur Resonanz hängt an der Achtsamkeitskompetenz, welche sich der Coach in seiner Ausbildung erworben hat.
8. *Faktor: Verstehen des Klienten*: Die tiefe Sehnsucht jedes Menschen ist es, verständlich zu sein und Hoffnung auf Besserung von schlechten Lebensaspekten in sich zu haben. Zum einen braucht also der Coach die Fähigkeit, die „unerhörte" Geschichte des Klienten zu rekonstruieren und die Plausibilität seines Verhaltens zu dechiffrieren (vgl. Kap. 12 zur Hermeneutik in diesem Buch). Oft ist der Entlastungseffekt hoch, wenn ein Klient einfach sagen kann: „Endlich verstehe ich mich!" Zum anderen braucht es das, was in der Psychologie „Besserungserwartung" genannt wird. Der Coach hat die Aufgabe, die Hoffnung auf Besserung im Spiel zu halten. Wer als Coach den Sinn des Klientenverhaltens entschlüsseln kann, Zusammenhänge herstellt und daraus die verborgenen Wünsche und Sehnsüchte der Klienten abzuleiten und ins Spiel zu bringen vermag, fördert enorm die Selbstunterstützungsfähigkeiten seiner Klienten.

[3] Hierzu Grawe (2004): „Emotionen sind enger mit dem impliziten-analogen-nonverbalen Funktionsmodus verbunden als mit dem konzeptuell-verbal- analytischen. … Im Gespräch sind beide Funktionsweisen aktiviert, aber die Aufmerksamkeit der Gesprächspartner liegt meist auf dem Gesprächsinhalt, ist also durch den konzeptuell-verbalen Funktionsmodus gebunden. Für die herbeizuführenden Veränderungen ist aber der andere, der implizit-nonverbal-analoge Funktionsmodus wegen seiner engen Assoziation mit den Emotionen der relevantere. Ein Therapeut (*und ein Coach! K.E.*) muss also vor allem lernen, seine Aufmerksamkeit auf diejenigen Prozesse zu richten, die in diesem implizit-nonverbal-analogen Funktionsmodus ablaufen" (S. 308).

Wer sich an diesen genannten acht Faktoren orientiert, der wird seine Tool- und Interventionsbox ganz anders einsetzen können, da er sich als Coach ständig die Frage stellen kann, auf welchen oder welche der Faktoren das gewählte Vorgehen oder die gewählte Intervention fokussiert. In der Reflexion der eigenen Arbeit lässt sich anschließend auswerten, welche Faktoren man nicht adressiert und welche Folgen für den Beratungsprozess dies möglicherweise hat.

Dadurch werden Beratungstechniken weniger beliebig, weniger starr und weniger auf sich selbst bezogen. Es wird dadurch leichter möglich, variantenreich, kreativ und mit einem persönlichen Stil zu arbeiten. Der Coach ist so kein Schüler einer Beratungsrichtung, sondern er wird mehr und mehr selbst zur Intervention. Er wird zudem zum Modell dafür, dass geglücktes Leben eminent darauf fußt, dass man seine Orientierung in sich und nicht im Außen, also in Konzepten und Manualen, sucht und findet. Auch die Integration unterschiedlicher Fort- und Weiterbildungen lässt sich so leichter bewerkstelligen, statt nur additiv die Vorgehensweisen neben- oder nacheinander zu nutzen. In jedem Fall achtet man im Coaching weniger auf die Frage: „Was mache ich als Nächstes?“, sondern ist mit seiner Aufmerksamkeit mehr bei dem, was man wahrnimmt – bei sich und beim Klienten.

Hält man diese Überlegungen für zutreffend, wäre Coaching eine Profession, welche in ihren Anforderungen an die Person des Coachs, an die fachlichen Kenntnisse sowie an die Notwendigkeit, unter Supervision praktisch zu üben, höchstes Niveau benötigt. Sie wäre im Hinblick auf Kompetenzanforderungen auf einer Stufe mit medizinischen oder psychotherapeutischen Studiengängen und Abschlüssen. Gleichzeitig wird auch deutlich, wie viel Forschung und denkerische Arbeit noch erforderlich ist, um umfassend zu verstehen, wodurch Coachees am besten beraten werden können: Sie brauchen Unterstützung, berufliche Rollen so auszufüllen, dass sie selbst, die Mitarbeiter und Kollegen wie die Organisation zufrieden sein können und die unumgänglichen Konflikte angemessen bearbeitet werden können. All dies braucht eine umfassende Selbststeuerungskompetenz, welche nicht leicht und vor allem nicht von selbst zu haben ist. Darum ist Coaching, wie hier skizziert, so bedeutend geworden.

## Literatur

Anderssen-Reuster, U. (2011). *Achtsamkeit in Psychotherapie und Psychosomatik: Haltung und Methode*. Stuttgart: Schattauer.

Baer, R. (2006). Mindfulness training as a clinical intercention: A concepional an empirical review. *Clincal Psychology: Sience and Practice, 10*(2), 125–143.

Brisch, K. H. (2013). *Bindungsstörungen: Von der Bindungstheorie zur Therapie*. Stuttgart: Klett-Cotta.

Dornes, M., et al. (1998). Bindungsforschung: Bindungstheorie und Psychoanalyse: Konvergenzen und Divergenzen; Metakognition und Bindungsfähigkeit des Kindes; Zur Anwendung der Bindungstheorie in der psychoanalytischen Praxis. *Psyche. Zeitschrift für Psychoanalyse und ihre Anwendungen, 52*(4), 299–348.
Eidenschink, K. (2011). Jenseits von eindeutig, wahr und gut. In C. Schmidt-Lellek & A. Schreyögg (Hrsg.), *Philosophie, Ethik und Ideologie in Coaching und Supervision*. Wiesbaden: VS Verlag für Sozialwissenschaften.
Fuchs, P. (2012). *Verwaltung der vagen Dinge*. Heidelberg: Carl-Auer.
Grawe, K. (2000). *Psychologische Therapie*. Göttingen: Hogrefe.
Grawe, K. (2004). *Neuropsychotherapie*. Göttingen: Hogrefe.
Kabat-Zinn, J. (2013). *Achtsamkeit für Anfänger*. Freiburg: Arbor.
von Kanitz, A. (2012). *Emotionale Intelligenz*. Freiburg: Haufe-Lexware.
Schmidt-Lellek, C. (2006). *Ressourcen der helfenden Beziehung: Modelle dialogischer Praxis und ihre Deformationen*. Bergisch Gladbach: Edition Humanistische Psychologie.
Staemmler, F.-M. (2009). *Das Geheimnis des Anderen – Empathie in der Psychotherapie*. Stuttgart: Klett-Cotta.
Weiss, H., et al. (2010). Achtsamkeit in der Psychotherapie. Verändern durch „Nicht-Verändern-Wollen" – ein Paradigmenwechsel. *Psychotherapeutenjournal, 1,* 14–24.
Weiss, H., et al. (2012). *Das Achtsamkeits-Buch*. Stuttgart: Klett-Cotta.

**Klaus Eidenschink Dipl.-theol.** Studium der Theologie, Philosophie und Psychologie; Senior-Coach (DBVC), Organisationsberater, Coachingausbilder; langjährige Erfahrung in humanistischen Psychotherapieverfahren, Systemtheorie, Gruppendynamik und Organisationspsychologie. Tätigkeitsschwerpunkte: Beratung und Coaching des Top-Managements, Vorträge zu Themen wie Umgang mit Komplexität, Entscheidungen, Change Management und Konfliktbewältigung, Arbeit an einer differenztheoretischen Veränderungstheorie.

# Die potenzielle Rollenvielfalt des Coachs

# 15

Astrid Schreyögg

## 15.1 Einführung

In der Debatte ums Coaching von Fach- und Führungskräften besteht weitgehende Übereinstimmung, dass der Coach für seine Klienten als Dialogpartner fungieren soll (z. B. Birgmeier 2009; Lippmann 2005; Rauen 2005). Was heißt das aber nun genau? In welcher Rolle soll der Coach seinen Klienten begegnen? Welches Beratungsmodell ist dabei maßgeblich? Manche Coaches, wie etwa Sonja Radatz (2000), warnen den Coach eingehend vor der Rolle des „Besserwissers", bzw. vor Ratschlägen und womöglich vor jeder Expertenberatung. Clinton Enoch (2011, S. 376) meint allerdings dazu: „Die systemischen und lösungsorientierten Beratungsansätze", auf die sich Radatz bezieht, „postulieren geradezu absichtliche Dekontextualisierung und Wissenslosigkeit zu Beginn des beraterischen Prozesses". Im Gegensatz dazu kann der Autor nachweisen, dass genau das, nämlich das Einbringen eines für den Klienten passenden Wissens von Seiten des Coachs, die Beratung überhaupt erst erfolgreich macht.

Im Milieu von Psychotherapeuten, vor allem seit Rogers (1973), galt die Maxime, Berater sollten sich überhaupt möglichst jeder eigenen Meinung und vielleicht sogar jeder eigenen Initiative enthalten. Der Klient wüsste selbst am besten, was für ihn das Richtige ist. Der Berater sei nur als „Hebamme" oder struktureller Begleiter relevant. Wie gelangte aber dieses Credo in berufliche Beratungsformen

A. Schreyögg (✉)
Breisgauer Str. 29, 14129 Berlin, Deutschland
E-Mail: info@schreyoegg.de



A. Schreyögg, C. Schmidt-Lellek (Hrsg.), *Die Professionalisierung von Coaching*, Coaching und Supervision, DOI 10.1007/978-3-658-08172-0_15

wie Organisationsberatung, Supervision, Coaching, und wie kann es dort überhaupt umgesetzt werden? Denn die Fragestellungen dieser Formate sind im Vergleich zur Psychotherapie doch augenscheinlich näher am fachlichen Expertentum angesiedelt. So wird beispielsweise ein Ingenieur, der sich nach der Fusion seiner Firma mit einer anderen stark irritiert fühlt, ein ausschließliches „Hm, Hm" und freundliches Nicken seines Coachs wenig hilfreich finden. Diese und viele andere Fach- und Führungskräfte, die einen Coach beanspruchen, wünschen sich doch meistens einen Dialogpartner, der ihnen zwar eingehend zuhört, der aber hier und da seine Eindrücke mitteilt, der Anregungen gibt, wie die fraglichen Ereignisse noch anders zu betrachten oder zu beurteilen sind, der alternative Handlungsmuster benennen und fördern kann – und der bei Bedarf auch mal ein Rollentraining vorschlägt und vielleicht sogar einen Ratschlag gibt.

Im vorliegenden Beitrag möchte ich zeigen, dass ein Coach idealerweise ein Beratungsmodell praktiziert, das eine hohe Rollenvielfalt und Rollenvariabilität aufweist, die er je nach dem Beratungsprozess, je nach dem Anliegen des Klienten und dessen Möglichkeiten sowie seinen eigenen Potenzialen variieren sollte. Wesentlich bleibt dabei allerdings, dass er den Subjektstatus des Klienten wahrt. (1) In einem ersten Schritt werde ich die historische Genese der „Expertenabstinenz" nach Schein mit ihrer spezifischen „Hebammenrolle" erläutern. (2) Sodann möchte ich aber zeigen, dass für qualifiziertes Coaching im Verlauf des Prozesses schon unter *pragmatischen Gesichtspunkten* der Coach seine Expertise auf unterschiedlichen Ebenen einbringen sollte. (3) Und ich möchte zeigen, dass unter *normativer Perspektive* die Intersubjektivität zwischen Coach und Klient durchaus Asymmetrien einschließen und oft sogar mit Aspekten von Expertenberatung einhergehen kann. (4) Daran anschließend versuche ich aber auch deutlich zu machen, dass die normativen Positionen unterschiedlicher Verfahren, die fürs Coaching nützlich sind, prinzipiell dem Anspruch von Intersubjektivität entsprechen müssen, auch wenn sie mit Asymmetrie einhergehen. (5) Zum Abschluss soll die hier postulierte Rollenvariabilität des Coachs an einem Beispiel demonstriert werden.

## 15.2 Die ursprüngliche konzeptionelle Basis für die Expertenabstinenz von Beratern

Viele Autoren der Coachingdebatte beziehen sich direkt oder indirekt auf Edgar Schein (2003), der sich bereits in seinen frühen Schriften zur Organisationsentwicklung (1969) ausdrücklich auf Rogers und dessen „non-direktive Therapie" bezogen hat. In seinen ersten Publikationen, die im Rahmen der US-Amerikanischen Human Ressource Bewegung entstanden, suchten er und einige seiner Kollegen wie z. B. Argyris (1975) oder Likert (1975) nach Alternativen zu traditionellen Formen der Organisationsberatung. Sie machten nämlich darauf aufmerksam, dass die bislang praktizierte Unternehmensberatung bei den Organisationsmitgliedern häufig Widerstand (*Resistance to Change*) erzeugt. Dabei gerieren sich Vertreter von namhaften Beratungsfirmen wie McKinsey oder Boston Consulting als Experten, die den Organisationsmitgliedern eine neue, nun angeblich effektivere Organisationsstruktur „verordnen". Schein setzte dagegen eine neuartige Form der Unternehmensberatung, bei der sich die Berater eben nicht als Experten definieren, sondern bei der die Organisationsmitglieder in einem komplexen sozialen Prozess maximal dialogisch als „Experten ihrer selbst" beteiligt werden. Diese nun als „Prozessberatung" praktizierte Form bildete dann die konzeptionelle Grundlage für eine neue Art der Organisationsberatung, jetzt eben „Organisationsentwicklung" genannt.

Schein, der auch Teil der frühen Gruppenbewegung war (Reddy 1997), nennt als wichtigste Gewährsleute der „Prozessberatung" und des damit verbundenen Konzepts Lewin und Rogers. Lewin und seine Mitarbeiter hatten sich unter dem Eindruck des Faschismus umfassend mit sozialen Wandlungsprozessen beschäftigt (Lewin 1947). Aus der Lewin-Schule adaptierte Schein das Postulat einer hohen Mitbeteiligung der Organisationsmitglieder. Und von Rogers, einem der prominentesten Vertreter der humanistisch-psychologischen Bewegung, übernahm Schein zusätzlich dessen normative Orientierung. Diese Bewegung richtete sich dezidiert gegen positivistische Strömungen und betonte in einem phänomenologischen Verständnis, dass jede Beratung in einer Subjekt-Subjekt-Relation zwischen Berater und Klient bestehen müsse. Außerdem müsse der Berater seine Dominanz zu Gunsten des Klienten zurücknehmen, damit dieser den Beratungsprozess maximal selbst bestimmen kann. Zeitweise propagierte Rogers sogar eine extreme Entprofessionalisierung von Psychotherapie, wonach jedes Mensch-Mensch-Gespräch mit maximaler Intersubjektivität heilsam sei (Rogers 1973). Von Rogers übernahm Schein auch dessen spezifische Form der Gesprächsführung, die allerdings nur begrenzt als „Führung" von Gesprächen zu bezeichnen ist. Deren wesentliche methodische Maßnahmen sind:

- passives Zuhören,
- aktives Zuhören mit Verbalisieren (= der Coach fasst die Aussagen des Klienten zusammen) und Paraphrasieren (= der Coach fasst die Aussagen des Klienten mit leichter Eigendeutung zusammen) sowie
- gezielte Fragen stellen.

Bezeichnenderweise betont Schein bis heute, dass es sich bei der Prozessberatung weniger um eine Methode als um eine „Philosophie des Helfens" (Schein 2003, S. 13) handelt, die für unterschiedliche Beratungsbelange Geltung beansprucht. Damit fordert er für die Beratungsbeziehung eine Position der praktischen Philosophie/Ethik, die in einer Subjekt-Subjekt-Relation besteht.

Zwar wurde Schein und seinen Nachfolgern bis dato viel Zustimmung zuteil, im Bereich der Unternehmensberatung dominiert aber bis heute die traditionelle Expertenberatung. Die Organisationsentwicklung à la Schein findet sich dagegen kaum noch. Sie floss im Wesentlichen in die sogenannte Systemberatung ein, d. h. in eine Form der Organisationsentwicklung, die durch Systemkonzepte angereichert wurde (Kühl und Moldaschl 2010). Ein anderer großer Teil von Organisationsentwicklern praktiziert heute lieber Coaching als personenorientierte Beratung. Auf diesem Pfad konnte sich auch das Beratungsmodell der Prozessbegleitung im Coaching gut verankern und in der so genannten lösungsorientierten Beratung sogar noch weitergehend im Sinne einer Steuerungs- bzw. Expertenabstinenz extremisieren.

## 15.3 Die Bedeutung von Expertenberatung im Coaching

Nun meinte allerdings schon Schein einschränkend, dass Expertenberatung trotzdem angebracht ist, wenn der Klient irgendeine Information oder Expertenleistung benötigt, die er selbst nicht erbringen kann. Und dieses Faktum spielt im Coaching eine weitaus größere Rolle, als von den meisten Protagonisten lösungsorientierter Ansätze vermutet wird. Das gilt schon anfangs für die Zielbestimmung, und das gilt auch im weiteren Verlauf für die Auseinandersetzung mit neuen Deutungs- und Handlungsmustern des Klienten.

1. In vielen Fällen handelt es sich nämlich schon bei der Zielbestimmung im Coaching, also bei der Frage, worüber sich der Klient im Einzelnen auseinandersetzen möchte, um einen Punkt im Beratungsprozess, der einer besonderen Expertise seitens des Coachs bedarf. Wir müssen uns nämlich deutlich machen, dass Klienten durch ihre tagtäglichen Interaktionen spezielle Sinnsysteme entfalten, auf deren Folie sie auch bestimmte Fragestellungen oder bestimmte Problemkonstellationen beurteilen. Sie treten dann auch mit genau diesen Mustern in den Beratungsprozess ein. Und wie schon Bourdieu (1973) beschrieben hat, weisen diese Muster eine erhebliche Beharrungstendenz auf. Für die jeweiligen Menschen werden sie aber oft untauglich, wenn sie mit neuen Situationen konfrontiert sind oder wenn sie neue Problemkonstellationen erleben. So neigen

beispielsweise Psychotherapeuten, die es gewohnt sind, in ihrer Arbeit Probleme einzelner Menschen zu behandeln, bei Schwierigkeiten in ihrer eigenen Arbeit dazu, diese auch zu individualisieren. Deshalb ist es eine grundlegende Aufgabe des Coachs, die vom Klienten geschilderten Fragestellungen zuerst umfassend zu *rekonstruieren*. Vielfach lassen sich nämlich erst aus solchen Rekonstruktionen treffsichere Problemformulierungen gewinnen (Schreyögg 2007). Und für solche Rekonstruktionen benötigt der Coach selbstverständlich vielfältige Strukturierungsmuster, die es ihm und dem Klienten erlauben, eine Fragestellung mehrperspektivisch und multiparadigmatisch zu untersuchen. So erweist es sich etwa bei Konflikten als sehr bedeutsam, dass eine geschilderte Problematik auf Initiative des Coachs nicht nur als individuelles, sondern auch als interaktives und als systemisches Phänomen rekonstruiert wird.

2. Seine fachliche Expertise muss der Coach aber auch im weiteren Verlauf des Coachingprozesses einbringen. Wie bei der Problemformulierung zeigt es sich auch bei der weiteren Auseinandersetzung über eine Fragestellung, dass Menschen an ursprünglich gebildeten Deutungs- und Handlungsmustern verharren. Dann ist es ebenfalls die Aufgabe des Coachs, eine Erweiterung oder Umstrukturierung dieser Muster anzuregen. Dafür eignen sich beispielsweise erlebnis- und handlungsorientierte Arbeitsformen aus entsprechenden Verfahren wie etwa dem Psychodrama und der Gestalttherapie in Verbindung mit einer speziellen Fachexpertise des Coachs.

## 15.4 Zum Verhältnis von Intersubjektivität und Symmetrie versus Asymmetrie im Coaching

Im Milieu von Beratern besteht vielfach die Neigung, Gesprächs-Sequenzen, in denen Berater, Supervisoren oder Coaches ihre fachliche Expertise Klienten gegenüber zum Ausdruck bringen, als ethisch indiskutable Objektivierung von Klienten zu werten. Dabei besteht die (zumeist) implizite Annahme, dass Dominanz etwa im Sinne einer psycho-edukativen Haltung mit der Objektivierung von Klienten einhergeht. In solchen Sequenzen übernimmt ja der Coach tatsächlich die Führung gegenüber dem Klienten und agiert nicht mehr auf der viel beschworenen „Augenhöhe".

Gegen die Vorstellung, wonach Dominanz mit Objektivierung gleichzusetzen ist, lassen sich zwei Argumentationsstränge der praktischen Philosophie/Ethik heranziehen:

Wie Habermas 1981 am Beispiel der Psychoanalyse gezeigt hat, handelt es sich bei professionellen Interaktionen wie der Psychotherapie und verwandten Formaten (zu denen fraglos auch Coaching gehört) um Sonderformen von Kommunikation. Der Klient tritt z. B. in der Psychotherapie als psychisch Kranker, also in einer deutlichen Unterlegenheitsposition, in die Interaktion mit dem Therapeuten ein und soll durch die Begegnung mit diesem erstarken. Am Ende der Therapie besteht dann zwischen beiden idealerweise Symmetrie. So verhält es sich auch im Coaching: Klienten beginnen aus irgendeinem, zumeist als defizitär begriffenem Anlass ein Coaching in der Hoffnung, durch die Interaktion mit dem Coach ihr Defizit beseitigen zu können. Und auch hier ist es Aufgabe des Coachs, dem Klienten zu einer Reduzierung oder Beseitigung des Defizits zu verhelfen. So muss auch er anfangs auf Asymmetrie eingehen, um dem Klienten am Ende mehr Symmetrie in der Interaktion zu ermöglichen.

Der Phänomenologe Strasser (1962) hat schon darauf aufmerksam gemacht, dass aus der Asymmetrie zwischen Menschen keineswegs notwendigerweise Objektivierung resultiert. So können auch Kinder von ihren „überlegenen" Eltern oder Erziehern durchaus als Subjekte in ihrem jeweiligen Entwicklungsstadium ernst genommen werden. Davon zeugen beispielsweise die Berichte von berühmten Kindertherapeuten wie etwa von Bettelheim (1977). Auch „verwirrte" schizophrene Patienten sind in ihrem Handeln und Sprechen von Psychotherapeuten idealerweise als Subjekte mit eigenen Intentionen zu begreifen (Laing 1974). Das gilt heute auch für eine qualifizierte Arbeit mit dementen Menschen in Alten- oder Altenpflegeheimen. Bei allen Personen, deren Selbststrukturierung aufgrund ihres jungen Alters noch nicht oder aufgrund von Krankheit nicht mehr ausreichend funktioniert, hat der professionelle Helfer als erwachsener Mensch die mangelnde Selbstregulation zu kompensieren bzw. für deren Fortentwicklung zu sorgen. Dabei geht es immer um die Übernahme von Verantwortung für einen Menschen, dessen Subjekthaftigkeit aber trotzdem zu wahren ist (vgl. Schreyögg 2010).

## 15.5 Welches Rollenverständnis sollte für einen Coach maßgeblich sein?

Der Coach hat von Anbeginn eine hohe Rollenvariabilität zu vollziehen. Er muss mit dem Klienten in einen *Dialog* eintreten, der aber prinzipiell durch *Intersubjektivität* charakterisiert ist. Je nach dem Prozessschritt praktiziert er aber unterschiedliche Formen von *Symmetrie versus Asymmetrie*, die durch *Aktion* und *Reaktion* seinerseits gekennzeichnet sind.

- In einem ersten Schritt ist der Coach eher passiv und lässt sich vom Klienten innerlich berühren, der Klient übernimmt hier letztlich die inhaltliche Führung.
- Der Coach lässt den Klienten und dessen Reaktionen jetzt nur auf sich wirken.

- Dann antizipiert er auch seine eigene Wirkung auf den Klienten, d. h. deren sprachliche und nicht-sprachliche Aspekte.
- In den ersten Sequenzen der Begegnung muss der Coach auch eine Vielzahl von Fragen stellen, also aktiv sein, um Anschluss zu finden an die Anliegen des Klienten. Hierbei besteht aber immer eine inhaltliche Dominanz auf Seiten des Klienten.
- Im Verlauf dieser Frage-Antwort-Sequenzen sucht der Coach möglichst rasch eine flüssige Einsteuerung zum Klienten zu entwickeln und während er mit ihm interagiert, lässt er sich auf unterschiedlichen Ebenen seiner Bewusstheit auf den Klienten ein.
- Im weiteren Verlauf, wenn der Klient seine Fragestellung präzisiert hat, schlägt der Coach je nach seiner Diagnose eine geeignete methodische Maßnahme vor. Auf diese kann der Klient dann eingehen oder nicht, d. h. jede Intervention ist nur ein Angebot an den Klienten.
- Bei der Durchführung der Intervention, etwa einem Rollentraining, übernimmt der Coach die strukturelle Führung der Interaktion, die inhaltliche Gestaltung bleibt aber beim Klienten.
- Nach beendigter Intervention bittet der Coach den Klienten zu reflektieren, welche Effekte oder welche Bedeutung das soeben Erfahrene für ihn hat. Auch hier bleibt der Klient Herr seiner Perspektiven, Einsichten usw. Der Coach übernimmt auch hierbei nur eine strukturelle Steuerung.

Der Prozess, in dem der Professionelle den Klienten umfassend auf sich wirken lässt, wurde von Bion (1990) als „Containment" bezeichnet (vgl. Kap. 12.3 in diesem Buch). Mead (1973) beschreibt darüber hinaus in seiner Rollentheorie die bewusste wie unbewusste gegenseitige Einsteuerung zweier spontan interagierender Personen. Und doch hat der Coach im Sinne der strukturellen Rollentheorie von Parsons (1951, zit. nach Dreitzel 1979) auch eine formale Rolle als professioneller Berater mit allen Ansprüchen, die aus seiner Ausbildung, Vorbildung, seinen professionellen Überzeugungen und seinen professionellen Standards resultieren, in sehr bewusster Weise zu berücksichtigen. Dabei wird er je nach der Fragestellung und seiner Diagnose sinnvollerweise unterschiedliche methodische Maßnahmen aus unterschiedlichen Verfahren zum Wohle des Klienten kombinieren. Die normative Basis muss aber immer der Erhalt des Subjekt-Status' des Klienten sein, d. h. er darf vom Coach nie objektiviert werden.

Der Coach hat also eine sensible Balance zu halten zwischen verschiedenen Rollenansprüchen:

- Da sind zunächst formale Rollenanforderungen, die sein planmäßiges Handeln als professioneller Coach steuern mit den jeweiligen professionellen Deutungs- und Handlungsmustern.
- Er muss sich aber auch als Mensch öffnen im Sinne von Containment, um den Klienten möglichst mit allen seinen Sinnen auf unterschiedlichen Ebenen seiner Bewusstheit zu erfassen.
- Er muss sich darüber hinaus auch als ganzer Mensch einbringen in die Interaktion mit dem Klienten, um im Sinne Meads eine authentische Beziehung einzusteuern.
- Zu all dem hat er sich als professioneller Akteur immer wieder in eine exzentrische Position (Plessner 1966) zur Gesamtsituation zu begeben, um die Interaktion zwischen sich und dem Klienten im jeweiligen Kontext zu erfassen und professionell zu steuern.

## 15.6 Ein Beispiel

Am nachfolgenden Beispiel möchte ich die potenzielle Rollenvielfalt des Coachs demonstrieren und daran anschließend die in Klammern gesetzten Nummern für die jeweiligen Rollen benennen:

Eine 35-jährige Medizinerin suchte mich auf, weil sie sich für ein „Vorsingen", d. h. die Vorstellung in einer Hochschule, vorbereiten lassen wollte. Sie war deshalb eigens für zwei Tage zu mir angereist.

1. Sie hatte folgendes Anliegen: Obwohl sie ein Fach vertrat, in dem sie mit ihrer Expertise fast konkurrenzlos war, konnte sie sich bislang nicht durchsetzen. Das heißt, sie hatte bereits an zwei Hochschulen ihre Unterlagen eingereicht und vorgetragen, war aber trotz ihrer außergewöhnlich vielen und qualifizierten Publikationen bislang nicht berufen worden. „Da ist irgendetwas an mir, dass ich für die Position anscheinend nicht infrage komme."
2. Wir überlegten eine Vielzahl möglicher Gründe, auch die Frage, ob sie in diesem von Männern dominierten Milieu als Frau vielleicht nicht „landen" könne. Sie berichtete daraufhin, dass sich bei jeder Berufungsverhandlung auch eine Gleichstellungsbeauftragte eingeschaltet hatte, dass sie aber trotzdem nicht den Zuschlag bekam.
3. Ich schlug der Klienten jetzt vor, dass sie mir den von ihr vorbereiteten Vortrag für die nächste Vorstellungsrunde einfach mal halten solle. Dabei ging es mir nicht um den Inhalt, von dem ich ohnedies kaum etwas verstand, sondern um den Eindruck von ihr während des Vortrags. Ich bat sie also, in meinem Arbeitszimmer eine entsprechende Vortragssituation zu imaginieren und dann loszulegen.

4. Plötzlich stand vor mir eine heftig gestikulierende junge Frau, die ihre Sätze stakkatomäßig von sich gab. Fast sofort spürte ich Magendrücken und ein Bedürfnis, sie weit von mir zu schieben.
5. „Stopp, Stopp", sagte ich, nun selbst schwer atmend, „ich fühle mich ja ganz erschlagen von ihrer Hetzjagd, was lässt Sie so atemlos agieren?" „Ja, da ist ja immer zu wenig Zeit, dass ich meine Argumente ausbreiten kann. Die sind auch für die meisten von meinem Fach so ungewöhnlich, dass ich Angst habe, die hören mir gar nicht zu." „Aber mir scheint, so geht es wirklich nicht", meinte ich.
6. Jetzt berichtete ich ihr möglichst genau, welche Sensationen ich im Verlauf ihres Vortrags hatte. „Ich wurde selbst ganz atemlos, ich fühlte mich angesteckt von Ihrer Hektik, ich spürte einen Zwang, Ihnen zuhören zu müssen, keine Gegenargumente bringen zu dürfen. Irgendwie hatte ich das Gefühl, Sie sind für keinerlei Auseinandersetzung bereit." Die Klientin hörte mir betroffen zu und meinte dann, „ja, das stimmt irgendwie, was soll ich bloß machen?"
7. „Lassen Sie uns ganz in Ruhe untersuchen, was Sie so hektisch macht, und dann probieren Sie vielleicht einmal, ganz anders vorzutragen." Nun berichtete sie über ihre Herkunft aus einem sehr kleinbürgerlichen Milieu von rumänischen Spätaussiedlern. Die Eltern und Geschwister fanden sie mit ihrem Ehrgeiz in der Schule und später in der Universität immer etwas seltsam. Wenn sie nach Hause kam, hatte sie jedes Mal den Eindruck, „die hören mir gar nicht zu, ich muss schnell reden, sonst wenden die sich ab." Sie hatte auch später bei Freunden immer wieder Sorgen, „ob die mich denn auch anhören." Diese Erfahrungen hatten dazu geführt, dass sie in ihrem Vortrag so etwas penetrant Insistierendes hatte.
8. Jetzt bat ich sie, erst einmal ganz tief in ihren Bauch zu atmen. In der nächsten Stunde zeigte ich ihr zunächst, wie sie durch Atemübungen zu mehr Ruhe und Gelassenheit kommen könnte. Im weiteren Verlauf übte ich mit ihr, in Stimme, Mimik, Gestik sowie in ihrem gesamten Sprachduktus gefälliger, einladender zu ihren Zuhörern zu sprechen.
9. Wir arrangierten dafür erneut die Vortragssituation, außerdem bat ich sie, eine Kollegin oder einen Kollegen, den sie gut kennt und der ihr gewogen ist, zu imaginieren und jetzt ihren Vortrag nur diesem als Zuhörer erneut zu halten. Jetzt wirkte sie bereits wesentlich angemessener. Ihre Stimme war tiefer, sie gestikulierte auch nicht mehr so wild herum usw. Ich bat sie außerdem, einen Rollentausch mit diesem Kollegen zu machen und ihn über ihren Vortrag sprechen zu lassen. Als dieser Kollege äußerte sie sich ziemlich anerkennend. „Au, ja, ich müsste mir wirklich viel häufiger Feedback holen für meine Arbeit", meinte sie anschließend. Die Klientin berichtete nun, dass sie demnächst einen Vortrag auf einem Kongress vor einem internationalen Publikum in englischer Sprache halten solle. „Das ist ja prima", meinte ich, „dann können sie ja schon fürs Vorsingen üben."

10. Wir vereinbarten, dass sie eine halbe Stunde vor dem Vortrag ganz in Ruhe ihre Atemübungen machen sollte und dann im Auditorium sehr bewusst ihren Vortrag zunächst vorstellungsmäßig den Personen halten sollte, die sie als liebenswürdige Kollegen schon kannte, dass sie sich also bewusst interaktiv an diese Personen wenden sollte, um dann im weiteren Verlauf auch das übrige Publikum anzusprechen.
11. Abschließend fragte ich sie noch, wie sie sich denn kleiden werde für den Vortrag, aber auch fürs Vorsingen. „Naja, normal", meinte sie erstaunt. „Was meinen Sie mit normal", entgegnete ich. „Ja, so wie jetzt". Sie war mit einem längeren dunkelgrauen Rock, einer blau-gelben Bluse und mit einem blauen Pullover mit V-Ausschnitt gekleidet. „Ja wirklich, wollen Sie so gehen?" fragte ich ungläubig. „Haben Sie in Ihrer Fakultät schon erlebt, wie sich Frauen für einen Vortrag kleiden?" „Hm, ja schon mal eine. Die war ein bisschen feierlich gekleidet." Sie erklärte mir dann umständlich, dass die Kollegin ein dunkelblaues Kostüm mit einer weißen Bluse trug und dazu schwarze Pumps." „Das war schick", meinte sie nachdenklich, „aber soll ich mir auch so etwas besorgen?" „Vielleicht", meinte ich. „Sie sollten sich auf jeden Fall so kleiden, dass Sie einen solchen Eindruck auf Ihr Auditorium machen, wie Sie es sich wünschen." Jetzt wirkte sie etwas ratlos, weil sie sich mit dieser Frage noch nicht ernstlich beschäftigt hatte.
12. Im Verlauf einer längeren Gesprächssequenz suchten wir im Internet nach Business-Kleidung bei verschiedenen Online-Versandhäusern. Sie war jetzt ganz aufgeregt und favorisierte einen schmal geschnittenen dunkelblauen Hosenanzug mit weißer Bluse mit Stehkragen. „Oja, das passt zu mir, das werde ich mir per Internet besorgen." Nach dieser Sequenz äußerte sie sich zufrieden und zuversichtlich.

Einige Wochen später teilte sie mir per Email mit, dass ihr Vortrag auf viel positive Resonanz gestoßen sei. Und ein halbes Jahr später schrieb sie mir eine Karte, dass sie eine gut dotierte Hochschulprofessur bekommen hatte.

Ad (1) der Coach als Prozessbegleiter, als passiver und aktiver Zuhörer
Ad (2) der Coach als einfühlsamer Dialogpartner, der unterschiedliche Fragen stellt
Ad (3) der Coach als achtsam und konzentriert Wahrnehmender
Ad (4) der Coach als Container
Ad (5) Der Coach als Konfrontierender
Ad (6) Der Coach als Feedback-Geber
Ad (7) Der Coach als Explorator und passiver Zuhörer
Ad (8) Der Coach als Atemtherapeut und Trainer

Ad (9) Der Coach als Psychodramaleiter
Ad (10) Der Coach als Trainer
Ad (11) Der Coach als Berater fürs Outfit
Ad (12) Der Coach als Animateur

## 15.7 Rollenvielfalt auf der Basis von Intersubjektivität trotz Methodenpluralität

Anhand dieses Beispiels sollte deutlich werden, dass die Klientin mit ihrem Anliegen prinzipiell Subjekt der Coachinginteraktion bleibt. Der Coach variiert aber sein Verhalten zwischen Direktivität und Non-Direktivität, je nach der gewählten methodischen Maßnahme. Während er eingangs die Rolle des Prozessbegleiters und letztlich die Rolle eines Containers einnimmt, bis die Klientin ihre Thematik mit allen Implikationen umfassend ausgebreitet hat, wechselt er danach in eine sehr aktive Rolle mit Support und Konfrontation, wie es in der Gestalttherapie üblich ist. Zur Vertiefung der Thematik wechselt er noch einmal in die Rolle des Prozessbegleiters, um daran anschließend wieder in einer aktiven Rolle, jetzt sogar in der des Trainers zu agieren. Außerdem übernimmt er immer wieder die Rolle eines Psychodramaleiters, indem er Imaginationen und Rollenhandeln anleitet. Zum Abschluss stößt der Coach sogar Auseinandersetzungen der Klientin über ihr Outfit an.

Für die Prozessbegleitung hatte ich eingangs postuliert, dass sie auf der Basis einer Subjekt-Subjekt-Relation zu gestalten ist. Dieses Postulat gilt aber auch für die anderen beiden angesprochenen Verfahren, die Gestalttherapie und das Psychodrama. Diese beiden dramatherapeutischen Verfahren entstammen nämlich gleichfalls dem humanistisch-psychologischen Formenkreis, für den die Subjekt-Subjekt-Beziehung eine grundlegende Basis ist (Schreyögg 2010). Im Gegensatz aber zu der ursprünglichen Intention von Rogers im Sinne von Non-Direktivität waren diese beiden Verfahren schon in ihren Ursprüngen eher direktiv konzipiert. In der weiteren Entwicklung der sogenannten Klienten-zentrierten Therapie wurde aber auch im Milieu der „Rogerianer", jetzt im Gewand des „Fokussing" (Gentlin und Wiltschko 2007), eine relativ direktive Variante entwickelt. Denn auch hier hat sich später die Überzeugung durchgesetzt, dass Intersubjektivität nicht mit Non-Direktivität gleichzusetzen ist. Außerdem tritt der Coach in dem Beispiel auch in einer Expertenrolle in Erscheinung. Das gilt nicht nur für den Dialog über Hochschulthemen, das gilt auch für die Anleitung zu einer angemessenen Atmung, für das Gespräch über das Outfit der Klientin und natürlich für die Auswahl der quasitherapeutischen Arbeitsformen im Coaching.

## Literatur


Argyris, C. (1975). Das Individuum und die Organisation: Einige Probleme gegenseitiger Anpassung. In K. Türk (Hrsg.), *Organisationstheorie*. Wiesbaden: Westdeutscher Verlag.

Bettelheim, B. (1977). *Gespräche mit Müttern*. München: Pieper.

Bion, W. R. (1990). *Lernen durch Erfahrung*. Frankfurt a. M.: Suhrkamp.

Birgmeier, B. (Hrsg.). (2009). *Coachingwissen. Denn sie wissen nicht, was sie tun?* Wiesbaden: VS Verlag für Sozialwissenschaften.

Bourdieu, P. (1973). *Die feinen Unterschiede*. Frankfurt a. M.: Suhrkamp.

Dreitzel, H. P. (1979). Rollentheorie. In A. Heigl-Evers (Hrsg.), *Lewin und die Folgen. Die Psychologie des 20. Jahrhunderts* (Bd. 7). Zürich: Kindler.

Enoch, C. (2011). Wissensvermittlung in Beratungsprozessen. *OSC, 18*(4), 369–383.

Gentlin, E. T., & Wiltschko, T. (2007). *Fokussing in der Praxis. Eine schulenübergreifende Methode für die Psychotherapie*. Stuttgart: Klett-Cotta.

Habermas, J. (1981). *Theorie kommunikativen Handelns* (2. Bd.). Frankfurt a. M.: Suhrkamp.

Kühl, S., & Moldaschl, M. (Hrsg.). (2010). *Organisation und Intervention. Ansätze für eine sozialwissenschaftliche Fundierung von Organisationsberatung*. München: Hampp.

Laing, R. D. (1974). *Das geteilte Selbst*. Erice: Editione Continua.

Lewin, K. (1947). Subjective and objective elements in the social field. Three steps procedure. *Human Relations, 1*, 5–41.

Likert, R. (1975). *Die integrierte Führungs- und Organisationsstruktur*. Frankfurt a. M.: Campus.

Lippmann, E. (Hrsg.). (2005). *Coaching. Angewandte Psychologie für die Beratungspraxis*. Heidelberg: Springer.

Mead, G.H. (1973). *Geist, Identität und Gesellschaft*. Frankfurt a. M.: Suhrkamp.

Plessner, H. (1966). Soziale Rolle und menschliche Natur. In H. Plessner (Hrsg.), *Diesseits der Utopie. Ausgewählte Beiträge zur Kultursoziologie*. Düsseldorf: Diederichs.

Radatz, S. (2000). *Beratung ohne Ratschlag: Systemisches Coaching für Führungskräfte und BeraterInnen*. Wien: Verlag systemisches Management.

Rauen, C. (Hrsg.). (2005). *Handbuch Coaching*. Göttingen: Hogrefe.

Reddy, W. B. (1997). *Prozessberatung von Kleingruppen. Wie der Berater erfolgreich interveniert*. Leonberg: Rosenberger.

Rogers, C. R. (1973). *Die klient-bezogene Gesprächstherapie*. München: Kindler.

Schein, E. H. (2003). *Prozessberatung für die Organisation der Zukunft*. Köln: EHP.

Schreyögg, A. (2007). Wie viele „Brillen“ verwenden Berater? Zur Bedeutung von Mehrperspektivität in Supervision, Organisationsberatung und Coaching. In A. Schreyögg & C. Schmidt-Lellek (Hrsg.), *Konzepte des Coaching* (OSC Sonderheft 1, S. 91–116). Wiesbaden: VS Verlag für Sozialwissenschaften.

Schreyögg, A. (2010). Ist Coaching reine Prozessberatung oder sind hier auch andere Beratungsmodelle relevant? *OSC, 17*(2), 119–133.

Strasser, S. (1962). *Phänomenologie und die Erfahrungswissenschaft vom Menschen*. Berlin: de Gruyter.


**Astrid Schreyögg, Dipl.-Psych.,** Psychotherapeutin, Supervisorin, Coach; Wiss. Leitung an der Deutschen Psychologen Akademie des BDP für Supervision und Coaching; Beratungsaufträge im In- und Ausland; Ausbilderin für Supervision und Coaching; Fachbuchautorin; Herausgeberin der Zeitschrift „Organisationsberatung, Supervision, Coaching“ (OSC).

# Kompetenzanforderungen an Coaches 16

Ingo Steinke

Wozu ist es gut, sich im Hinblick auf Coaching mit dem Thema Kompetenz zu beschäftigen? 1) Kompetenz ist zu einem zentralen Begriff in Weiterbildung und Unternehmensführung geworden, speziell in der Personalauswahl, in der Personalbeurteilung und in der Personalentwicklung, etwa wenn von Kompetenzmodellen die Rede ist. Dies hängt sicher auch damit zusammen, dass Kompetenz immer eine Aussage über die Güte mittransportiert: Im Alltagssprachgebrauch gilt jemand als kompetent, wenn er als wirklich fähig wahrgenommen wird. 2) Als Coach fragt man sich: Bin ich kompetent (für diesen Auftrag)? Dazu sollte man sich selbst die Frage beantworten können, was denn wichtige Coachingkompetenzen sind. 3) Auch ist dort, wo von Coachingqualität und Qualitätsmanagement im Coaching die Rede ist, nicht selten von bestimmten, durchaus umstrittenen Kompetenzen des Coachs die Rede, die für die Qualität des Coachings entscheidend sein sollen. 4) Dies schließt an einen weiteren wichtigen Punkt an: Coaching in Weiterbildung und Lehre. Wer ausbildet, muss sich Gedanken darüber machen, was er da ausbildet. Mit welchen Kompetenzen soll ein angehender Coach ausgestattet sein, um als kompetent durchzugehen? Ist „Kompetenz" überhaupt der richtige Begriff für das Ergebnis von Weiterbildung, oder müssen wir nicht von Anforderungen, Qualifikation und von Lehr- und Lerninhalten sprechen (vgl. Krautz 2009)? Es ist also sinnvoll, sich mit dem Kompetenzbegriff näher zu befassen.

I. Steinke (✉)
COATRAIN, coaching & personal training GmbH, Graustr. 1, 21029 Hamburg, Deutschland
E-Mail: i.steinke@coatrain.de

 
A. Schreyögg, C. Schmidt-Lellek (Hrsg.), *Die Professionalisierung von Coaching,*
Coaching und Supervision, DOI 10.1007/978-3-658-08172-0_16

## 16.1 Der Kompetenzbegriff – historische Wurzeln

Das Wort „Kompetenz" leitet sich aus dem lateinischen *competere* ab, was mehrere Bedeutungen hat: 1) zu etwas fähig sein, für etwas ausreichen, 2) zustehen, zukommen. So erklärt sich die Doppelbedeutung: Kompetenz ist einerseits gleichbedeutend mit Fähigkeit oder Fertigkeit („Der Projektleiter ist kompetent genug, diese Aufgabe zu übernehmen.") und andererseits mit Zuständigkeit, Befugnis („Der Projektleiter hat nicht die Kompetenz, dies zu entscheiden").

Die Entwicklung des Kompetenzbegriffs erstreckt sich über unterschiedliche sozialwissenschaftliche Disziplinen. Nach Heckhausen (1989) sowie Oerter und Montada (1995) hat Robert White (1959) den Kompetenzbegriff in die Psychologie eingeführt: White sehe „eine primäre Motivation des Menschen darin, sich als wirksam, als Verursacher von Änderungen in seiner Umwelt zu erleben. (…) Kompetenz ist das Ergebnis eines grundlegenden Wirksamkeitsmotivs (*effectance motive*), sich unablässig um der eigenen Wirksamkeit willen mit der Umwelt auseinanderzusetzen" (Heckhausen 1989, S. 362, 457). Am Ende stehe dann das Gefühl der eigenen Tüchtigkeit (*sense of competence*) und der Selbstbestimmung (*self-determination*). Kompetenzstreben wird damit aus wesentlichen Grundmotiven heraus erklärt und sei schon bei kleinen Kindern beobachtbar. Das Gefühl von Kompetenz sei vorhanden, wenn „Menschen zielgerichtet, selektiv und persistierend auf die Umwelt einwirken, um bestimmte erwünschte Konsequenzen zu erreichen" (Oerter und Montada 1995, S. 1127 f).

Einen Meilenstein innerhalb der Pädagogik markierte Heinrich Roth, der das Kompetenzkonzept in der Pädagogik maßgeblich beeinflusste. Er führte drei Kompetenzen als Bestimmungsmerkmale für die Reife bzw. Mündigkeit eines Menschen ein: „a) Selbstkompetenz (*self competence*) als Fähigkeit, für sich selbst verantwortlich handeln zu können, b) Sachkompetenz als Fähigkeit, für Sachbereiche urteils- und handlungsfähig und damit zuständig sein zu können, und c) Sozialkompetenz als Fähigkeit, für sozial, gesellschaftlich und politisch relevante Sach- oder Sozialbereiche urteils- und handlungsfähig und also ebenfalls zuständig sein zu können" (Roth 1971, S. 180).

Als Begründer der modernen Competencies-Bewegung innerhalb der Psychologie gilt jedoch McClelland: Inspiriert durch die in den USA seit 1970 entstandene Competency Based Education-Bewegung, entwickelte er eine Methode, um jenseits von Examensnoten und (Begabungs-) Testergebnissen *die für einen Job tatsächlich erfolgsrelevanten Merkmale* zu identifizieren, die er Competency-Variablen nannte (McClelland 1973; Sarges 2001). Hieraus entstand über mehrere Schritte (v. a. Boyatzis 1982; Spencer und Spencer 1993) eine breite Bewegung in Wissenschaft und Unternehmenspraxis, passende Strukturen von Kompetenzen für unterschiedliche Zwecke, sogenannte Competency Models, zu entwickeln, die bis heute immer noch „häufig intuitiv und ohne Bezug zu gut etablierten Erkenntnissen der Organisationspsychologie generiert werden" (Krumm et al. 2012, S. 1).

Kompetenz wird heute gemeinhin definiert als *„berufs-/tätigkeitsrelevante, verhaltensnahe und messbare Charakteristik einer Person"* (Sarges 2001). Eine Kompetenz ist damit gleichzeitig persönlichkeitsnah, verhaltensnah, tätigkeitsbezogen, – und damit auch funktionsbezogen. Kompetenz ist somit von den Begriffen Wert, Motiv, Einstellung, Eigenschaft, Verhalten, Leistung nicht klar unterschieden. In Rechnung zu stellen ist dabei stets: Kompetenz ist ein Konstrukt, eine *Disposition*. Sie ist nicht direkt beobachtbar. Beobachtbar ist nur ihre Wirkung, nämlich Handlungen. Und die müssen erst zu Indikatoren für Kompetenzen gemacht werden, damit man überhaupt von Kompetenzen sprechen kann. Sozialpsychologisch betrachtet ist Kompetenz also immer auch eine Zuschreibung, eine Attribution von etwas auf jemanden. Oder anders gesagt: eine Projektion. Kompetenz sagt im Zweifel mehr über denjenigen aus, der sie sieht, als über den, der sie hat. Dies sollten unternehmensinterne Konstrukteure von Kompetenzmodellen stärker berücksichtigen.

Wer versucht, Kompetenzen zu identifizieren, dem wird deshalb auch empfohlen, zunächst *Indikatormerkmale* (Sarges 2001), in der Regel konkret nachvollziehbare Verhaltensweisen zu sammeln, heute Verhaltensanker genannt. Die Sammlung muss immer im Kreise tätigkeitserfahrener Personen erfolgen, die von dem Job, für den man Kompetenzen entwickelt, etwas verstehen. Die Indikatoren werden geclustert, und es wird ein Begriff gesucht, der den *gemeinsamen Nenner* der Sammlung wirklich trifft. Wenn man an diesen Begriff zumindest gedanklich die Worte „-fähigkeit" oder „-vermögen" (z. B. Problemlösungsfähigkeit, Urteilsvermögen) hängen kann, dann ist man nah bei einer Kompetenz gelandet. (Andere Silben sind im Deutschen „-tivität" oder „-bilität" wie bei Sensitivität oder Soziabilität.) Auf diese Weise kann man Kompetenzen sogar konzernweit entwickeln (sog. generische Kompetenzmodelle, vgl. Sarges 2001), dies tut der Qualität eines Kompetenzmodells keinen Abbruch. Vorausgesetzt natürlich, man gestattet gleichzeitig, bereichs- und funktionsspezifische Verhaltensanker zu entwickeln. Sodass dann z. B. Kundenorientierung für einen Verkäufer etwas anderes bedeutet als die Kundenorientierung eines Projektmanagers. Mittlerweile können die entstandenen Kompetenzcluster übrigens recht gut mit Hilfe von in den Sozialwissenschaften theoretisch begründeten Konstrukten fundiert, bzw. mit Hilfe psychologischer Tests oder anderer Instrumente der Kompetenzmessung abgesichert werden (einen Überblick bieten z. B. Sarges 1995; Erpenbeck und v. Rosenstiel 2007).

## 16.2 Anforderungen und Eignung statt Kompetenzen

Der im angelsächsischen Raum geläufige Competency-Begriff trifft übrigens im deutschen Sprachraum auf weniger Resonanz. Hier wird vielmehr von Qualifikationen und Anforderungen gesprochen. Während wir es in Deutschland gewohnt sind, unsere Qualifikationen in der Form von Zeugnissen nachzuweisen, gemäß dem Motto „Zeig' mir, was du hast, dann glaub' ich, dass du's kannst.", gilt in der angelsächsischen Kultur eher der Grundsatz: „Zeig mir, dass du's kannst, dann glaub' ich, dass du's bist." Allerdings war auch in der deutschen Berufspädagogik schon Mitte der 1990er Jahre beobachtbar, dass ein Wandel von der Berufsqualifikation hin zur Berufskompetenz, der Befähigung, in einem beruflichen Aufgabengebiet auch wirklich erfolgreich arbeiten zu können, vollzogen wurde (vgl. Arnold 1997). So weist auch die aktuelle Definition des Begriffs „berufliche Qualifikation" in diese Richtung: „Oberbegriff für die Gesamtheit der leistungsbezogenen Merkmale einer Person zur erfolgreichen Bewältigung der Anforderungen von Arbeitstätigkeiten. Als Hauptmerkmale werden i.d. R fachliche Kenntnisse, Handlungskompetenzen und Fähigkeiten betrachtet" (Greif 2014). Und nicht erst seit den sogenannten PISA-Studien wird andauernd die Notwendigkeit eines Wandels von der bisherigen „Input-Orientierung" auf Lehrpläne, -mittel und -maßnahmen hin zu einer „Output-Orientierung" auf Bildungsstandards gefordert, die in der Form nachprüfbarer Kompetenzen festgelegt werden sollen (Schott und Ghanbari 2008, S. 9). Lehrkräfte sollen demnach so unterrichten, dass die Teilnehmer die Chance haben, während des Unterrichts das zu lernen, was sie nach dem Unterricht können sollen. Und sie sollen kompetenzorientiert prüfen, d. h. eine Lernerfolgskontrolle durchführen, die feststellen kann, inwieweit ein Teilnehmer die im Unterricht angestrebten Kompetenzen tatsächlich erreicht hat. Sind dies Maßgaben auch für Coachingweiterbildungen? (zur Kritik dieses Ansatzes vgl. Krautz 2009).

Bei namhaften Vertretern der deutschen Arbeits- und Organisationspsychologie wird kaum von Kompetenzen, sondern von Anforderungen gesprochen: an persönliche Eigenschaften, an das Verhalten, tätigkeitsspezifische und tätigkeitsübergreifende Anforderungen, Anforderungen an Funktionen wie z. B. Führungskräfte. In der DIN-Norm 33430:2002 zu Standards bei berufsbezogenen Eignungsbeurteilungen kommt das Wort Kompetenz nicht vor. „‚Eignung' heißt im Prinzip immer ‚Eignung wofür'", postuliert denn auch Schuler (1996, S. 59–69). Und das Wofür sei „in einer Weise zu beschreiben, dass es den relevanten Merkmalen von Personen gegenübergestellt werden kann" (Schuler 1996). Dafür benötige man eine Arbeits- und Anforderungsanalyse auf der Aufgabenebene, der Verhaltensebene (auch Wichtigkeit, Häufigkeit oder Zeitdauer von Verhalten) und der Eigenschaftsebene (die z. B. durch psychologische Testverfahren erfassbar sei). Die Analyse erfolge entweder erfahrungsgeleitet-intuitiv (Beschäftigung mit dem „Material“ der Tätigkeiten), arbeitsplatzanalytisch-empirisch (z. B. formalisiert mittels Fragebogenerhebung) oder personbezogen-empirisch (z. B. mittels Tests).

Der Anforderungsbegriff stellt Mensch und Gegebenheit einander stärker gegenüber: Hier ist die Führungskraft, dort die Anforderung. „Ich versuche dann mal, die Anforderung zu erfüllen“, ist der dann häufig resultierende Reflex. Man kann sich relativ unbefangen auf den Weg machen, Anforderungen zu erfüllen, – oder sie in Frage stellen. Der Kompetenzbegriff verlagert die Anforderung stärker in die Persönlichkeit hinein und haftet sie dem Menschen quasi als Attribut an. „Der ist so und kann das“, ist hier häufig der Kurzschluss. Oder auch umgekehrt: „Der ist introvertiert, wie soll der jemals gut verkaufen können!“ Der Kompetenzbegriff ignoriert überwiegend die Kategorie der Handlungsmöglichkeit (Holzkamp 1985, S. 234–237), d. h. ob und inwieweit in (den Bedeutungen) der Profession, Organisation, Situation auch Wirkmechanismen und Handlungsmöglichkeiten gegeben sind, kompetent zu handeln. Außerdem sind Kompetenzen per se positiv konnotiert und schwieriger in Frage zu stellen als Anforderungen. Man setzt sich dann dem Verdacht aus, inkompetent zu sein, und wer will das schon. Anforderungen können hingegen richtig oder falsch sein. Die Bedeutung von Anforderungen bietet mehr Möglichkeiten, sich bewusst zu ihnen ins Verhältnis zu setzen und sie zu akzeptieren oder zurückzuweisen.

## 16.3 Kompetenz und Handlungskontext

Reischmann (2004, S. 1) schlägt deshalb vor, Kompetenz zu definieren als „reflektiertes Handlungsvermögen in einem beschreibbaren, handlungsermöglichenden Kontext, zu dem auch Zuständigkeiten und Ressourcen als äußere Faktoren gehören.“ Dies ist wichtig, um nicht unzulässig zu personalisieren bzw. zu psychologisieren, gerade dort, wo gecoacht wird. Denn Coaching vollzieht sich ja häufig in einem handlungsermöglichenden bis -verunmöglichenden Kontext. Hier Möglichkeiten von Unmöglichkeiten zu unterscheiden, die dann wieder andere Möglichkeiten bedeuten können, davon handelt ja Coaching. Diese Definition ist insofern interessant, als hier auch die Rolle ins Spiel kommt, d. h. Zuständigkeiten und Ressourcen, die man in einer Rolle hat. Kompetenz bekommt so plötzlich wieder diese Doppelbedeutung aus „fähig sein“ und „befugt sein“. Aber das würde ja bedeuten, ohne konkreten Kontext keine Kompetenz! Wie soll man denn da grundsätzlich über einen Coach urteilen, er sei kompetent? Oder ein Kompetenzmodell für die Weiterbildung von Coaches entwickeln, wenn die in so unterschiedlichen Einsatzgebieten wie Topmanagement, gewerbliches Produktionsmilieu, Psychiatrie und Kirche unterwegs sind? Haben diese Milieus insgeheim alle etwas gemeinsam?

Sarges (2001) meint, dass sich Kompetenz- und Anforderungskonzepte nicht nennenswert unterscheiden. Allerdings hält er Anforderungsanalysen für vergangenheitsorientiert, während sich in Kompetenzen auch strategisch relevante Anforderungen integrieren lassen, die sich auf den zukünftig gewünschten Zustand beziehen können und Unternehmen auf diese Weise für die Zukunft wappnen. Er gibt den Competencies den Vorzug, denn „Competencies sind oft deutlich stärker in der Sprache der Arbeitswelt formuliert als in Dispositions- oder Fähigkeitsbegriffen der Psychologie" (Sarges 2001). Competencies seien außerdem besser messbar, weil sie persönlichkeitsnäher und damit überdauerndere Merkmalskomplexe seien. Krumm et al. (2012, S. 12) plädieren auch aus Praktikersicht dafür, beide Ansätze zu integrieren: Kompetenzcluster bildeten so etwas wie eine Oberflächenstruktur, die Tiefenstruktur seien konkrete Anforderungsmerkmale und beobachtbares Verhalten. Das macht insbesondere in der Konstruktion konkreter, betrieblicher Kompetenzmodelle Sinn.

Hier knüpft eine weitere Debatte an, nämlich die betriebswirtschaftliche Debatte um „Organizational Capabilities" und neuerdings um „Dynamic Capabilities". Hiermit sind allerdings die spezifischen, einzigartigen – zumeist strategisch bedeutsamen – Kompetenzen eines Unternehmens gemeint, die es erfolgreich machen. „Unter Kompetenzen versteht man heute im strategischen Management erfolgsbewährte Muster der Ressourcenverknüpfung oder Problemlösungsarchitekturen. Es sind historisch gewachsene, in sich komplexe und schwer verstehbare Handlungsmuster, die wiederholt Erfolg ermöglicht haben" (Schreyögg und Kliesch-Eberl 2012). Hier wird einmal mehr deutlich und konsequent zu Ende gedacht, wie Kompetenzen in den „handlungsermöglichen Kontext" eingebettet sind. Für unseren Zweck können wir daraus lernen, dass „ein guter Coach" keineswegs in jedem Unternehmenskontext gut und geeignet ist, sondern sich die Kompetenz erst im konkreten (strategischen) Handlungsfeld eines je konkreten Unternehmens als brauchbar und gut erweisen muss.

## 16.4 Strukturmodelle für Coachingkompetenzen

Bei der Suche nach Strukturmodellen ist zu fragen: Was erachten wir als wesentlich, wie gliedern und strukturieren wir Coachingkompetenzen, unabhängig von konkreten Kontexten, d. h. bevor wir kontextspezifisch auswählen und akzentuieren?

### 16.4.1 Schlüsselqualifikationen und Kernkompetenzen

Wie weit die Diskussion um Kompetenzen auseinanderklafft, zeigt eine Bewegung innerhalb der Organisationspsychologie um John Erpenbeck, Volker Heyse und Lutz v. Rosenstiel, die den Kompetenzbegriff ganz im Gegensatz zu den „Organizational Capabilities" für etwas reserviert, das früher eher Schlüsselqualifikation (Mertens 1974; Lang 2000; Eilles-Matthiessen et al. 2007) hieß. Erpenbeck und v. Rosenstiel (2007) definieren Kompetenz als eine Metafähigkeit, die den Umgang mit grundlegenden Fähigkeiten und Fertigkeiten ermöglicht. Sie berufen sich dabei u. a. auf den Europäischen Qualifikationsrahmen (Kommission der Europäischen Gemeinschaften 2006). Demnach sei Kompetenz „die nachgewiesene Fähigkeit, Kenntnisse, Fertigkeiten sowie persönliche, soziale und/oder methodische Fähigkeiten in Arbeits- oder Lernsituationen und für die berufliche und/oder persönliche Entwicklung zu nutzen" (Kommission der Europäischen Gemeinschaften 2006, S. 17 f.). Sie definieren in diesem Zusammenhang (2007, S. XI): „Kompetenzen sind Selbstorganisationsdispositionen des gedanklichen und gegenständlichen Handelns." Trotz Sympathie für die Selbstorganisationsdebatte in Konstruktivismus und Systemtheorie (vgl. Probst 1987) – Selbstorganisation als zentrales Bestimmungsstück für Kompetenz reicht nicht aus. Viabilität (Glasersfeld 1996, S. 43), die „Tauglichkeit von Realitätskonstrukten" als Bezugspunkt von Handlungsfähigkeit wäre da schon besser gewesen. Das Konzept von Erpenbeck und v. Rosenstiel (2007) ist übrigens auch eine ganz andere „Flughöhe" als die Definitionen, die wir bisher diskutiert haben. Sie unterscheiden dabei so genannte Kompetenzklassen:

1. Personale Kompetenzen (Loyalität, normativ-ethische Einstellung, Glaubwürdigkeit, Eigenverantwortung),
2. Aktivitäts- und umsetzungsorientierte Handlungskompetenzen (Tatkraft, Mobilität, Ausführungsbereitschaft, Initiative),
3. sozio-kommunikative Kompetenzen (Kommunikationsfähigkeit, Kooperationsfähigkeit, Beziehungsmanagement, Anpassungsfähigkeit),
4. Fach- und Methodenkompetenzen (Fachwissen, Marktkenntnisse, Planungsverhalten, Fachübergreifende Kenntnisse).

Und darüber hinaus nennen sie 48 weitere Kompetenzen, die jeweils zwei der vorgenannten Kompetenzklassen gleichzeitig zuzuordnen sind (Glasersfeld 1996, S. 512). Sie betonen dabei, der hier verwendete Begriff von Kompetenz sei „ausdrücklich abzugrenzen von den aus der Berufspädagogik stammenden und in der Öffentlichkeit viel gebrauchten Konzepten der Sach-, Methoden-, Sozial- und Personalkompetenz" (Glasersfeld 1996, S. XIII). Was nicht ganz stimmt. Und er ähnelt stark dem Begriff von Schlüsselqualifikationen: „Schlüsselqualifikationen sind überfachliche Kompetenzen zur Gestaltung von aktuellen und zukünftigen

Arbeits- und Lebenssituationen“ (Eilles-Matthiessen et al. 2007, S. 15). Schlüsselqualifikationen werden als eine Kombination aus Persönlichkeitsmerkmalen, Fähigkeiten und Fertigkeiten gesehen, die auf arbeits- und wirtschaftsrelevante Anforderungen bezogen seien und bedingt durch gesellschaftliche Veränderungen einem dynamischen Wandel unterliegen (Eilles-Matthiessen et al. 2007, S. 18). Die genannten generellen Selbstorganisationskompetenzen bzw. Schlüsselqualifikationen enthalten interessante Elemente, reichen aber für eine prägnante Beschreibung von Coachingkompetenzen nicht aus. Wir merken hier, dass Kompetenzen offenbar nicht nur im Hinblick auf einen spezifischen organisationalen, unternehmensspezifischen Handlungskontext formuliert werden müssen, sondern auch eine gewisse Nähe zum Berufsfeld benötigen.

### 16.4.2 Anforderungen an Coachingweiterbildungen

Die Stiftung Warentest geht in ihrer Studie über Coachingweiterbildungen den Weg, ohne ein Kompetenzmodell Anforderungen zu formulieren, denen Coachingweiterbildungen und mittelbar auch qualifizierte Coaches genügen sollen. Sie nennt hier insgesamt 13 Dimensionen: (1) Berufsethische Grundsätze und Coachingprinzipien, (2) Coachingprozess, (3) Coachingsettings, (4) Rollenkompetenz, (5) Psychologie, (6) Veränderung und Karriereentwicklung, (7) Coachingtechniken, (8) Persönliche Kompetenz, (9) Positionierung im Berufsfeld, (10) Organisationskompetenz, (11) Führung und Management, (12) Krisenmanagement, (13) Konfliktmanagement (Tab. 16.1).

Diese Kriterien wirken wie ein Sammelsurium unterschiedlichster Themen und Kompetenzen. Den Machern dieser Studie sei zugutegehalten, dass sie sich intensiv mit den Curricula und Arbeitsunterlagen mehrerer Weiterbildungsinstitute beschäftigt und anschließend eine Expertenkommission einberufen haben, um das Extrakt aus diesen Konzepten zu diskutieren und zu validieren. Die Studie scheint dabei ideologiefrei, institutsübergreifend und verbandsunabhängig zu sein, was für sie spricht. Sie thematisiert drei Dinge, die in der bisherigen akademischen wie praxisorientierten Diskussion von Coaching zu wenig stattfanden:

- Coaching bzw. Coachingweiterbildungen müssen methodenplural angelegt sein. Dies gebietet allerdings schon der soziologische Professionsbegriff (Kühl 2006; vgl. Kap. 1 in diesem Buch). Philosophien oder Tools aus nur einer sozialwissenschaftlichen Schule bzw. Denkrichtung reichen nicht aus.
- Coaching benötigt nicht ausschließlich psychologische bzw. psychotherapeutische Methodenkompetenz, sondern coachingspezifisches Know-how aus der Organisations- und Managementlehre (Coaching-Expertise).
- Coaching existiert in unterschiedlichen Coachingvarianten. Wir können nicht mehr von „dem Coaching“ sprechen oder in Demonstrationen darstellen, wie

**Tab. 16.1** Kriterien für gute Coachingweiterbildungen der Stiftung Warentest

| |
|---|
| (1) *Grundlagen*: Dazu gehört eine Einführung in berufsethische Grundsätze, Werte und Haltungen, ein Überblick über Nachbardisziplinen des Coachings wie Psychotherapie oder Mediation sowie Fragen des Berufsrechts und der Vertragsgestaltung |
| (2) *Ablauf und Phasen von Coaching*: Hier sollte der Ablauf eines Coachingprozesses vom Erstkontakt über Ziel- und Auftragsklärung bis zum Abschluss und zur Evaluation Thema sein, ebenso wie die Gestaltung einer einzelnen Sitzung, Methoden der Ziel- und Auftragsklärung |
| (3) *Settings*: Zu behandeln sind die verschiedenen Konstellationen, in denen Coaching stattfinden kann wie Einzel-, Team- oder Gruppencoaching |
| (4) *Rollenkonzepte*: Jeder Coach muss sich seiner Rolle als Coach bewusst werden. Auch die verschiedenen Rollenaspekte, die im Berufsleben des Klienten relevant sind, muss er klar erkennen und in die Reflexion miteinbeziehen können. Dazu sollte er sich mit Rollenkonzepten auseinandersetzen |
| (5) *Psychologische Themen*: Coaching hat viel mit Psychologie zu tun. Daher sollten z. B. Grundlagen der Persönlichkeitsentwicklung und Verhaltensänderung sowie Potenzialanalyse und -entwicklung Thema sein. Wichtig ist auch, Coaching von Psychotherapie abzugrenzen |
| (6) *Veränderungsprozesse*: Wer sich coachen lässt, will sich meist beruflich oder persönlich verändern. Daher sollten zukünftige Coaches auch viel über berufliche Übergänge, Karriereplanung, Lebens- und Karrierewege lernen |
| (7) *Interventionstechniken und -tools*: Aus der großen Menge sollten die Teilnehmer ausreichend viele kennenlernen. Dazu gehören z. B. Methoden, wie sie eine gute Beziehung zu ihrem Klienten aufbauen, Techniken zur Ziel- und Auftragsklärung und natürlich auch Frage- und Feedbacktechniken |
| (8) *Persönliche Kompetenz*: Die Qualifizierung sollte jeden Teilnehmer dabei unterstützen, eine professionelle Haltung als Coach zu entwickeln. Dazu gehört etwa, dass er seinen Klienten unvoreingenommen und wertschätzend gegenüber tritt. Auch Selbstreflexion und -kritik und die Bereitschaft zur Weiterentwicklung sind Aspekte, für die ein Kurs sensibilisieren muss |
| (9) *Positionierung im Berufsfeld*: Wer als Coach Geld verdienen will, braucht ein Coachingkonzept, ein Netzwerk und eine Marketing-Strategie, um Klienten zu bekommen. Auch dabei sollte die Qualifizierung helfen |
| (10) *Organisationen*: Die Teilnehmer sollten verschiedene Formen von Unternehmen und Organisationen (z. B. Profit-/Non-Profit) kennenlernen sowie für unterschiedliche Unternehmenskulturen und typische Stressauslöser in Organisationen sensibilisiert werden |
| (11) *Führung und Management*: Coaches müssen verschiedene Führungsstile kennen und zudem in der Lage sein, das Führungsverständnis ihrer Klienten herauszuarbeiten und sie bei der Weiterentwicklung ihrer Führungskompetenz zu unterstützen. Zu behandeln sind auch die Unterschiede zwischen Frauen und Männern beim Führen |
| (12) *Krisen*: Konflikte können zu Krisen werden. Deshalb sollte der zukünftige Coach etwas über den Umgang mit Emotionen erfahren. Er sollte eine nicht-pathologische Krise von einer ernsten psychischen Störung unterscheiden können. Im Fall von Letzterem ist er nicht mehr zuständig. Zudem sollte er sich mit Stress und Stressmanagement auseinandergesetzt haben |
| (13) *Konflikte*: Konflikte des Klienten können Thema im Coaching sein. Angehende Coaches müssen sich deshalb mit der Diagnose und Bearbeitung von Konflikten im Einzelfall auseinandersetzen, aber auch mit Konfliktmanagement im Unternehmenskontext |

„das Coaching" funktioniert. Ein Konfliktcoaching z. B. verläuft in Vorgehensweisen, Techniken (Tools) und Haltungen anders als ein Karrierecoaching. Die Friktionen verlaufen im Coaching nicht zwischen unterschiedlichen sozialwissenschaftlichen Schulen, sondern zwischen verschiedenen Coachingvarianten, die voneinander unterschieden und gelehrt werden müssen.

Die Zusammenstellung der Anforderungen von Stiftung Warentest offenbart allerdings auch, dass eine theoretische Fundierung, eine Metatheorie des Coachings (vgl. Schreyögg 2012, S. 160 ff.) fehlt, aus der heraus begründbar wäre, warum welche Kompetenzen und Inhalte wichtig sind. Sie existiert bei den meisten Coaches und Coachingweiterbildungsanbietern implizit, ist aber kaum expliziert. Erwartbar ist, dass sich in den kommenden Jahren unterschiedliche Metatheorien einfinden – erste Gehversuche gibt es schon (vgl. Backhausen und Thommen 2006; Birgmeier 2009, S. 33 ff) –, die dann jeweilige Kompetenzverständnisse bzw. -modelle nach sich ziehen.

### 16.4.3 Kompetenz-TÜV für Coaches?

Roth (1971) hat als erster eine Art Strukturmodell mit seiner Unterscheidung in Sach-, Selbst- und Sozialkompetenz eingeführt. Hier knüpft auch Hülshoff (1996) an und definiert den Begriff *Handlungskompetenz* als a) *Fachkompetenz* (Fachliches Wissen besitzen, situationsgerecht umsetzen können und zum fachlichen Engagement bereit sein), b) *Methodenkompetenz* (Wissen, welcher Weg einzuschlagen ist, diesen Weg gehen können und bereit sein, diesen Weg zu gehen), c) *soziale Kompetenz* (Gedanken, Gefühle und Einstellungen wahrnehmen können, situations- und personengebunden sich verständigen können und zur Verständigung bereit sein) und d) *personale Kompetenz* (ein realistisches Weltbild haben, der eigenen Überzeugungen gemäß handeln können und zur sozialen Verantwortung bereit sein) (Hülshoff 1996; Steig 2000, S. 6–28).

Just auf diesem Strukturmodell für Kompetenzen baut eine DIN-Richtlinie, die sogenannte DIN SPEC (PAS 1029:2008) – Kompetenzfeld Einzel-Coaching des Deutschen Instituts für Normung auf (DIN 2008, S. 18–23): Eine sogenannte Technische Regel (PAS heißt Publicly Available Specification), die im Kern auf vier Seiten eine Aufzählung von a) Fachkompetenzen, b) Methodenkompetenzen, c) Sozialkompetenzen, d) Personalen Kompetenzen und e) Professionellen Handlungskompetenzen (Wahrnehmungskompetenz, Kommunikationskompetenz, Reflexionskompetenz) enthält. Coaches, die über die in der PAS 1029 genannten Kompetenzen verfügen, können dies durch das DIN-Verbandszeichen anzeigen, obwohl es sich bei der Richtlinie um keine Qualitätsnorm im herkömmlichen Sinne handelt, sondern lediglich um eine Liste von Kompetenzen. Akkreditierte

Stellen können auf der Grundlage dieser Richtlinie sogenannte Personzertifizierungen vornehmen, sofern sie selbst nach der internationalen ISO-Norm 17024 anerkannt sind, die Kriterien für Stellen festlegt, die Zertifizierungen von Personen durchführen (vgl. Deutsches Institut für Normung 2002). Coaches, die hier eine Überprüfung ihrer Kompetenzen durchlaufen haben, dürfen sich, für meine Begriffe irreführend, „DIN-Geprüfter Business Coach" nennen. Irreführend ist dies deshalb, weil die PAS keine DIN-Qualitätsnorm im herkömmlichen Verständnis darstellt. Coaching-Weiterbildungsinstitute werben damit, z. T. nicht weniger irreführend, ihren Teilnehmern einen Wettbewerbsvorteil am Markt zu verschaffen: „ISO macht den Unterschied – für Kunden, Partner und für Arbeitgeber. Mit ISO auf der (Karriere-) Überholspur (…) Die ISO-Zertifizierung 17024– Kompetenzzertifizierung zum Coach – ist ein Zertifizierungsprogramm für die berufliche Qualifikation Coach" (aus einem Merkblatt eines Mitglieds der Qualitätskonferenz der Coachingweiterbildungsanbieter des DBVC).

Die PAS 1029:2008 definiert verschiedene Kompetenzfelder folgendermaßen:

1. „Unter *Fachkompetenz* wird die für den Umgang mit Sachen (Methoden, Instrumente, Wissen) und zur Erledigung von Sachaufgaben notwendige Befähigung verstanden, die neben theoretischen Kenntnissen auch praktisch anwendbares Handlungswissen (Allgemeinwissen und anschlussfähiges Vorwissen) umfasst und intellektuelle und handwerkliche Fähigkeiten und Fertigkeiten erfordert.
2. Unter *Methodenkompetenz* wird das Kennen und Beherrschen verschiedener Methoden (planmäßige Verfahren) verstanden, die man zur Erledigung von gestellten Aufgaben in wechselnden Situationen im Umgang mit Sachen, Personen und Gruppen und zur Lösung von Problemen erfolgreich anwenden kann. Methodenkompetenz beinhaltet Aneignungsstrategien bzw. Lernstrategien, Metakognitionen zur Reflexion und Kontrolle sowie Organisationsstrategien (Gestaltung der Lernumgebung, Zeitmanagement, Nutzung von Informationsquellen). Sie ist erforderlich für die Gestaltung, Steuerung, Untersuchung und Absicherung von Vorgängen, Prozessen und Abläufen im Unternehmen.
3. Unter *Sozialkompetenz* versteht man die Fähigkeit, die es einer Person ermöglicht, sich bei der Annäherung an andere oder in der Interaktion mit anderen erfolgreich zu verhalten und angemessen zu reagieren. Sie beinhaltet somit die Fähigkeit, Gedanken, Gefühle und Einstellungen wahrnehmen und sich situations- und personenbezogen verständigen zu können, ebenso wie zur Verständigung bereit zu sein. Sozialkompetenz bezieht sich auf Konflikt-, Kontakt- und Teamfähigkeit.
4. *Personale Kompetenz* kann als die Fähigkeit verstanden werden, für sich selbst verantwortlich handeln zu können. Dazu zählen Aspekte wie Werthaltungen, Entwicklung von Motiven und Selbstbildern, aber auch Selbsteinschätzung,

Begabungen, Motivationen und Kreativität. Sie umfasst auch Autonomieerleben (eigener Handlungsspielraum wird positiv erlebt), Kompetenzerleben (Erleben der Selbstwirksamkeit), Anstrengung (Durchhaltevermögen, Wissensstärke, Beendigungswunsch), Motivation (Neugierde, eigene Zielsetzung, Interesse) und Aufmerksamkeit (Konzentration auf das Ziel).

5. Die *professionelle Handlungskompetenz* spezifiziert die Kompetenzen Fach-, Methoden-, Sozial- und Personale Kompetenz um speziell für einen Coach wichtige kompetenzbasierende Qualitätsaspekte:
   a. *Wahrnehmungskompetenz* betrifft die Sensibilität für aktuelle psychische Situationen und Befindlichkeiten einer Person oder die Fähigkeit zur Wahrnehmung von sprachlichen und nichtsprachlichen Signalen. Die Autoren verstehen hierunter ergänzend die Fähigkeit, Emotionen als Gesamtheit körperlicher Reaktionsmuster, Gefühle, bewertender Gedanken und Verhaltensmuster zu erkennen.
   b. *Kommunikationskompetenz* betrifft kommunikative Handlungsmuster zur Herstellung von Beziehungen zwischen Personen, Sachen und Themen in einer konkreten Situation. Sie bezieht die Fähigkeit zur Aufrecherhaltung einer Kommunikation insbesondere in schwierigen Situationen mit ein.
   c. *Reflexionskompetenz* beinhaltet die Fähigkeit zur Analyse sowie zur Überprüfung von Situationen oder wissenschaftlichen Ergebnissen mit Bezug auf ein Ziel oder bestimmte Fragestellungen. Sie meint auch die Fähigkeit zur Selbstreflexion (Evaluation)." (DIN 2008, S. 18–19)

Schaut man sich die sogenannten Minimalforderungen an, mit denen jedes Kompetenzfeld operationalisiert ist (siehe Textkasten), so fällt auf, dass hier kaum mehr Kompetenzen formuliert sind. Vielmehr handelt es sich eher um Themen und Schulungsinhalte, die ein Coach wissen und auch in der Umsetzung beherrschen soll. Die PAS entpuppt sich so eher als Curriculum für Coachingweiterbildungen, denn als Kompetenzmodell. Sie wirkt eher wie eine Normierung von Weiterbildungsinhalten, in der Institute, die „DIN-geprüfte Coaches" hervorbringen, eine Orientierung finden. Die Unterscheidung in Fach- und Methodenkompetenzen ist nicht trennscharf: Teil der Fachkompetenz sei die Befähigung im Umgang mit Methoden und Instrumenten (theoretisches Wissen und praktisch anwendbares Handlungswissen), während die Methodenkompetenz als das Kennen und Beherrschen verschiedener Methoden eingeführt wird, die man zur Erledigung von gestellten Aufgaben und zur Lösung von Problemen erfolgreich anwenden kann. Die Fachkompetenz wäre hier besser definiert als „Sachwissen aus sozialwissenschaftlichen Disziplinen" und die Methodenkompetenz als „Coachingprozesswissen", d. h. als Wissen darüber, was in welchen Phasen eines Coachingprozesses wie gemacht werden muss. Aber das reicht als Methodenkompetenz eines Coachs nicht aus. Die Wahrnehmungskompetenz und die Kommunikationskompetenz sind sehr gut beschrieben, wären aber eigentlich klar der Personalen bzw. der Sozialen Kompetenz zuzuordnen. Die Reflexionskompetenz ist unzureichend definiert, stellt sie im Coaching doch eine bedeutende, alle anderen Kompetenzfelder berührende bzw. durchdringende Kompetenz dar (siehe Tab. 16.2).

**Tab. 16.2** Minimalanforderungen der PAS 1029:2008 pro Kompetenzfeld

| |
|---|
| *Fachkompetenz* |
| Funktionen und Aufgaben im Arbeitsgebiet des Coachings verstehen und umsetzen können |
| Verschiedene Coachingansätze kennen |
| Rechtliche und formale Aspekte im Aufgabengebiet Coaching kennen und umsetzen können |
| Wesentliche in der Wissenschaft und Praxis angewandte Methoden, Verfahren und Instrumente zur Diagnostik verstehen, bewerten und auswählen können |
| Fragetechniken kennen und umsetzen können |
| Im Coaching anwendbare Interventionstechniken und ihre Grenzen kennen und umsetzen können |
| Methoden und Inhalte der Zielfindung und -bildung und Ableitung eines konkreten Umsetzungsplans kennen und umsetzen können |
| Grundlagen zu den Themen Menschenführung, Psychologie, Stress- und Konfliktmanagement sowie Organisations- und Personalentwicklung kennen und daraus klientenorientierte Lösungsansätze erarbeiten können |
| Unterschiedliche Kommunikationstechniken kennen und umsetzen können |
| *Methodenkompetenz* |
| Vor Beginn einer Coachingmaßnahme klären können, ob Coaching das richtige Instrument darstellt, der Coach für den Auftrag geeignet ist und alle erforderliche Rahmenbedingungen gegeben sind |
| Die Ausgangslage analysieren können und die Erfolgsaussichten der Coachingmaßnahme einschätzen können |
| Realistische Ziele und konkrete Erfolgs- und Messkriterien für die Evaluierung erarbeiten sowie eine realistische Erwartung bzgl. des festgelegten Ziels und eine Perspektive der möglichen Szenarien vermitteln können |
| Einen Coachingnehmer in die Lage versetzen können, eigene Lösungswege und einen konkreten Umsetzungsplan zu erarbeiten |
| Eine Dokumentation erstellen können, die die Ziele und den Umsetzungsplan umfasst |
| Den Coachingnehmer bei der Umsetzung des Plans unterstützen können |
| Im Coachingprozess eine regelmäßige Evaluierung (Soll-Ist-Abgleich) vornehmen sowie in einer abschließenden Evaluation das Ergebnis feststellen können |
| Einen Transfer der Ergebnisse in das berufliche bzw. private Lebensumfeld erreichen können |
| Änderungen im Auftragskontext erkennen und ins Coaching integrieren können |
| Sich selbst managen können |

**Tab. 16.2** (Fortsetzung)

| |
|---|
| *Sozialkompetenz* |
| Fähigkeit, die Rechte anderer Menschen uneingeschränkt anzuerkennen und sich daran zu orientieren |
| Eine respekt- und vertrauensvolle Beziehung aufbauen können |
| Verantwortungs- und selbstbewusst handeln können |
| Fähigkeit, in sozialer Einstellung kooperativ, zielstrebig und nutzbringend zusammenzuarbeiten |
| Einfühlsam gegenüber anderen sein und deren Bedürfnisse wahrnehmen, die Ansichten anderer tolerant aufnehmen und reflektieren können |
| Fähigkeit, sich verständnisvoll, partnerschaftlich und umsichtig anderen gegenüber zu verhalten |
| Lösungsorientiert arbeiten und dabei Fairness zeigen können |
| Konflikt-, Kontakt- und Teamfähigkeit besitzen und umsetzen können |
| Sprach-, berufliche und interkulturelle Kompetenzen für den Coachingnehmer nutzbringend einsetzen können |
| *Personale Kompetenz* |
| Fähigkeit, sich selbst (Person, Rolle, Organisation) wahrzunehmen und zu reflektieren |
| Für sich selbst verantwortlich handeln können |
| Eine realistische Selbsteinschätzung vornehmen und eigene Handlungen daran orientieren können |
| Eigenes Autonomieerleben, Kompetenzerleben und Anstrengungen verantwortlich regulieren können |
| Motivation und Aufmerksamkeit in das Coaching einbringen können |
| *Wahrnehmungskompetenz* |
| Über psychische Sensibilität verfügen und diese zeigen können |
| Fähigkeit, sprachliche und nichtsprachliche Signale wahrzunehmen |
| Emotionen (körperliche Reaktionsmuster, Gefühle, bewertende Gedanken, zugehörige Verhaltensmuster) erkennen, reflektieren, kommunizieren können |
| *Kommunikationskompetenz* |
| Mittels Kommunikation Beziehungen zwischen Personen, Sachen und Themen herstellen können |
| Fähigkeit, Kommunikation auch in schwierigen Situationen aufrechtzuerhalten |
| *Reflexionskompetenz* |
| Fähigkeit zur Analyse und Überprüfung von Situationen und wissenschaftlichen Ergebnissen im Hinblick auf ein Ziel oder bestimmte Fragestellungen |
| In Selbstreflexion eine Selbst-Evaluation vornehmen und Erkenntnisse darauf umsetzen können |
| Die eigene Rolle im Coachingprozess reflektieren und bewerten können |
| Die Umwelt, die Person des Coachingnehmers, dessen Rolle und Einbettung in die Organisation reflektieren können |
| Die Beziehung zum Coachingnehmer, zum Auftraggeber, den Verlauf des Coachingprozesses und die Beeinflussung durch die Umwelt einschätzen können |

### 16.4.4 Kompetenzmodell für das Coaching von Führungskräften

Eine der wenigen empirischen Untersuchungen zum Thema von Merz und Frey (2011) geht hier konsequenter als die PAS den Weg, Coachingkompetenzen zu identifizieren und zu definieren. Die Autoren haben dafür sowohl Experten befragt als auch umfassend veröffentlichte Literatur daraufhin untersucht, welche für Coaches erforderliche Kompetenzen dort genannt werden. Ihr „Empirisch fundiertes Kompetenzmodell für den Bereich des Führungskräftecoachings" (so der Titel) bezieht sich ebenfalls auf eine Unterteilung der beruflichen Handlungskompetenz in a) Fachkompetenzen, b) Methodenkompetenzen, c) Soziale Kompetenzen und d) Selbst- oder Personalkompetenzen, und sie begründen dies mit der Feststellung von Kauffeld (2006, S. 23): „Diese Unterteilung aus der Berufsbildungspraxis weist deutliche Analogien zu theoretisch fundierten Systematisierungen von Lernergebnissen bei beruflichen Trainingsmaßnahmen in der anglo-amerikanischen Literatur auf und hat sich in der Praxis weitgehend durchgesetzt." Mit Bezug auf mehrere Autoren (Bergmann 1999; Sonntag 2004; Sonntag und Schaper 2006) fassen sie die in ihrer Studie identifizierten sogenannten Kompetenzdimensionen (Merz und Frey 2011, S. 26 f) wie folgt:

1. *Berufliche Handlungskompetenz* ist „die Fähigkeit eines Mitarbeiters, die zunehmende Komplexität seiner beruflichen Umwelt einerseits zu begreifen und andererseits durch zielgerichtetes, selbstbewusstes, reflektiertes und verantwortliches Handeln zu gestalten."
2. *Fachkompetenzen* sind die „sowohl berufsübergreifenden, organisationsbezogenen als auch aufgaben- und arbeitsplatzspezifischen Kenntnisse, Fähigkeiten und Fertigkeiten; (…) die Fähigkeit, Probleme auf der Grundlage von Fachkenntnissen und fachspezifischen Fertigkeiten zu lösen, (oder allgemeiner gesagt,) alle spezifischen Kenntnisse, Fertigkeiten und Fähigkeiten, die zur Bewältigung von Aufgaben einer beruflichen Tätigkeit erforderlich sind."
3. *Methodenkompetenz* wird definiert als „situationsübergreifende, flexibel einsetzbare kognitive Fähigkeiten, die eine Person zur selbständigen Bewältigung von Aufgaben befähigen, (…) die Fähigkeit, Wege und Mittel für die Bewältigung von Aufgaben verfügbar zu machen und anzuwenden."
4. *Sozialkompetenz* bezieht sich „auf kommunikative und kooperative Verhaltensweisen oder Fähigkeiten, die das Realisieren von Zielen in sozialen Interaktionssituationen erlauben, (also) die Fähigkeit, mit anderen in sozialen Situationen erfolgreich zu interagieren."
5. *Selbst- oder Personalkompetenz* umfasst „persönlichkeitsbezogene Dispositionen, die sich in Einstellungen, Werthaltungen, Bedürfnissen und Motiven

äußern. Sie betreffen vor allem die motivationale und die emotionale Steuerung des beruflichen Handelns."

Das Konzept von Merz und Frey ist sachlich gut recherchiert, trägt es doch akribisch m. E. alle bisher verfügbaren Meinungen und Veröffentlichungen zu Coachingkompetenzen – auch aus internationalen Forschungskontexten – zusammen. Gleichzeitig fällt auf, dass die Kompetenzen nicht immer auf ein und derselben Abstraktionsebene angesiedelt sind. Wenn z. B. von „Kognitiven Fähigkeiten" oder „Emotionaler Intelligenz" die Rede ist, dann ist dies auf einer anderen Ebene angesiedelt als z. B. „Methoden der Gesprächsführung" (Fragetechniken, Aktives Zuhören) oder „Effektiver Umgang mit Widerständen". Die Arbeit von Merz und Frey stellt aber eine gute Ausgangslage dar, um etwa in den Gremien von Verbänden oder anderen Zusammenschlüssen von Coaches sowie in Unternehmen, die organisationsinternes Coaching etablieren, ein spezifisches Kompetenzmodell zu entwickeln, das heißt sowohl ein übergreifendes Strukturmodell als auch Kernkompetenzen für Coaching sowie Verhaltensanker, die die Kompetenzen definieren und operationalisieren.

Verwunderlich ist, dass Merz und Frey trotz Befragung von Experten, darunter auch Praktikern, der Feldkompetenz nur einen geringen Stellenwert beimessen, indem sie sie als einen Punkt von vielen der Fachkompetenz unterordnen. In der Supervisionsdebatte ist die Relevanz von Feldkompetenz bereits seit Mitte der 1980er Jahre etabliert: „Neben Subjektkompetenz und Beratungskompetenz wird Feldkompetenz als grundlegende Kompetenz eines Supervisors diskutiert. Ausgehend von dem Leitgedanken, dass Feldorientierung und Methodenorientierung in einer polaren Spannung zur Professionalisierung von Sozialer Arbeit beigetragen haben, wird (…) die Aufrechterhaltung der Trennung von Feld und Methode als unter dem heute notwendigen professionellen Niveau angesehen. Entsprechend wird Feldkompetenz als die Wahrnehmung, das Verstehen und die Mitgestaltung einer je spezifischen Felddynamik definiert. Felddynamik wird als ein Zusammenwirken von Klientendynamik, Professionellendynamik und Institutionsdynamik" definiert (Berker 1992). Die Feldkompetenz umfasst implizites Erfahrungswissen und Fähigkeiten im Umgang mit der spezifischen Kultur eines Berufsfeldes, einer Branche, einer Organisation oder Unternehmung. Dieses Erfahrungswissen ist nicht immer vollständig reflektiert und zugänglich. Es ermöglicht dem Coach aber, sich an ein soziales System und die dort geltenden Normen und Werte anzukoppeln, Akzeptanz für seine Person und Intervention zu erlangen und die für den Klienten relevanten Vorgänge und Kulturphänomene adäquat zu deuten und ins Coaching einzubeziehen.

## 16.5 Kompetenzanforderungen

Die Gefahr ist groß, in einen normativen Diskurs zu verfallen, wenn wir von Coachingkompetenzen sprechen. Was gilt als kompetent? Welcher Coach kann noch als kompetent durchgehen? Wir sind m. E. weit davon entfernt, dies theoretisch oder wissenschaftlich begründet tun zu können. Ich plädiere deshalb dafür, von Kompetenzanforderungen zu sprechen: Anforderungen können in kritisch-reflexiver Distanz akzeptiert oder zurückgewiesen werden. Die Kompetenzanforderungen an Coaches werden unterschiedlich sein, ob uns diese Praxis nun gefällt oder nicht: Je nach Kompetenzmodell, das ein Coach, ein Coachingweiterbildungsanbieter oder ein Unternehmen zugrundelegt, werden unterschiedliche Kompetenzen akzentuiert werden. Als allgemeiner Rahmen für eine Diskussion von Coachingkompetenzen kann die folgende Gliederung dienen:

*Coachingkompetenz* definieren wir hier als *Reflexions- und Handlungsvermögen* im Kontext der personorientierten dialogischen Beratung von Menschen in der Arbeitswelt. Wir akzentuieren damit einerseits eine Aktivitäts- bzw. Handlungsorientierung, d. h. die Fähigkeit, etwas zu praktizieren bzw. umzusetzen. Dies bedeutet auch „das Vermögen, die eigenen Emotionen, Motivationen, Fähigkeiten und Erfahrungen und alle anderen Kompetenzen (…) in die eigenen Willensantriebe zu integrieren und Handlungen erfolgreich zu realisieren" (Erpenbeck und v. Rosenstiel 2007, S. XXIV). Wir akzentuieren andererseits die (Selbst-)Reflexivität in Sozialbeziehungen und das „Bewusste-Verhalten-Zu" Bedingungen, Bedeutungen, Handlungsmöglichkeiten. Sie sind für einen Coach nicht Aktivitätsdeterminanten, er ist „in seinen Handlungen keineswegs festgelegt,… (sondern hat) immer auch die ‚Alternative', nicht oder anders zu handeln" (Holzkamp 1985, S. 235 ff). Dazu gehört auch, reflektieren zu können, wann, wie und warum ein Handeln bzw. So-Reagieren angemessen ist (vgl. Reischmann 2004, S. 6). Oft genug erschöpft sich Coaching gerade darin, die Ergebnisse dieser (Selbst-)Reflexion dem Klienten ohne besonderen Methodeneinsatz zur Verfügung zu stellen.

Diese Coachingkompetenz umfasst mehrere Komponenten: 1) Sachkompetenz, 2) Methodenkompetenz, 3) Sozial-kommunikative Kompetenz, 4) Personale Kompetenz, 5) Feld- und Funktionskompetenz (vgl. Abb. 16.1).

(1) *Sachkompetenz* ist die Fähigkeit, für Fachgebiete oder Sachbereiche reflexions- und urteilsfähig zu sein. Coaching braucht Wissensstrukturen, im Wesentlichen aus den Sozialwissenschaften. Wir müssen auswählen und festlegen, welche dies sind. Buer (Kap. 11 in diesem Buch) spricht hierbei von Erklärungswissen, d. h. Interpretationsfolien aus Wissenschaft und Forschung, sinnorientiert einordnen und bewerten zu können (vgl. Erpenbeck und v. Rosenstiel 2007, S. XXIV). Die Sachkompetenz liefert auch den Reflexions- und Deutungshintergrund eines

Error! Not a valid link.

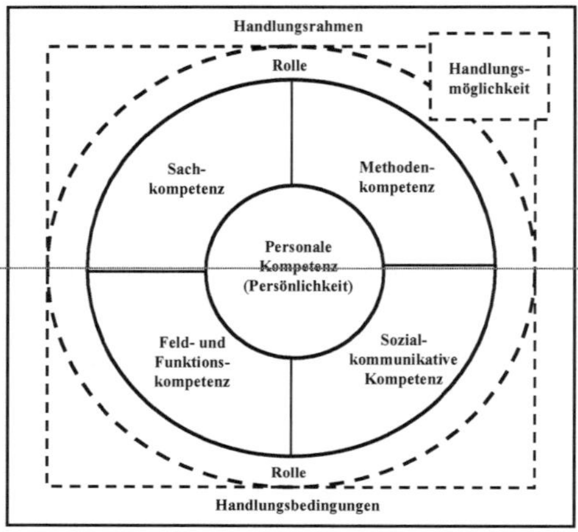


**Abb. 16.1** Komponenten der Coachingkompetenz

Coachs: Ein Coach muss das, was ihm an Erfahrungen aus (beruflichen) Rollen, sozialen Systemen und Organisationen berichtet wird, verstehen und einordnen können. Sachkompetenzen kann man in der Regel in der Form von Qualifikationen oder Zertifikaten nachweisen. Warum Sachkompetenz und nicht Fachkompetenz? Keine der auf dem Markt befindlichen Definitionen findet eine befriedigende Abgrenzung zwischen Fach- und Methodenkompetenzen. Fachkompetenzen sind in den Sozialwissenschaften in erheblichem Umfang Methodenkompetenzen. Was wir stattdessen viel besser können, ist, zwischen Wissen, Reflektieren, Bewerten einerseits und Praktizieren, Anwenden, Umsetzen andererseits zu unterscheiden. Beides ist allerdings Handeln und gleich bedeutsam für Handlungsfähigkeit.

Die Sachkompetenz eines Coachs umfasst umfangreiche Kenntnisse aus den Sozialwissenschaften, insbesondere der Psychologie, Pädagogik, den Wirtschaftswissenschaften, der Soziologie und Philosophie. Im Einzelnen sind dies Kenntnisse der Psycho- bzw. Managementdiagnostik und Evaluation, der Psychotherapie und Entwicklungspsychologie (z. B. klinischer Störungsbilder und Interventionsmethoden, s. u.), der Arbeits- und Organisationspsychologie (z. B. Methoden der Arbeitsanalyse, Eignungsbeurteilung), Kenntnisse der Sozialpsychologie (z. B. Gruppendynamik, Konfliktforschung), der Pädagogik (Didaktik) und der Neurowissenschaften. Von Bedeutung sind auch wirtschaftswissenschaftliche Denktraditionen (z. B. Smith, Keynes, Friedman), Kenntnisse der Organisations- und Managementlehre (z. B. Gestaltung von Struktur, Kultur und Prozessen der Organisation, Führungs- und Managementaktivitäten), Kenntnisse kaufmännischer Zusammenhänge (z. B. Gewinn- und Verlustrechnung, Kosten- und Leistungsrechnung, Kalkulation und Liquiditätsplanung) sowie Kenntnisse philosophischer und soziologischer Denktraditionen (z. B. Phänomenologie, Hermeneutik, Systemtheorie, Theorie des Kommunikativen Handelns), um das eigene Handeln als Coach verorten und reflektieren zu können. Zur Sachkompetenz gehört auch juristisches Allgemeinwissen (z. B. im Gesellschafts- und Vertragsrecht, Steuerrecht, Haftungsrecht, Arbeitsrecht). Und zur Sachkompetenz gehören mittlerweile umfassende Kenntnisse aus Praxis und Forschung des Coachings wie Definitionen, Ansätze und Historie des Coachings, Theorien, (Prozess-)Modelle, Vertrags- und Rahmengestaltung, Tools und Interventionsmethoden, Ethik und Geschäftsgebaren, Marktanalyse und Marketing im Coaching, Qualitätsmanagement und zum Stand der Coachingforschung. Die Sachkompetenz drückt sich im Bildungsweg und den nachweisbaren fachlichen Qualifikationen des Coachs aus, zu denen auch eine Coachingweiterbildung zählt.

(2) *Methodenkompetenz* ist die Fähigkeit, selbstständig Strategien und Vorgehensweisen einzusetzen, um in wechselnden Situationen flexibel Aufgaben zu bewältigen, Probleme zu lösen und Absichten umzusetzen sowie die Strategien und Vorgehensweisen selbst (weiter) zu entwickeln. Dies ist nichts anderes, als Tätigkeiten systematisch im Hinblick auf ein Ziel anzuordnen. Die Systematik entsteht auf der Basis von Sachkompetenz und Reflexion. Hier haben wir es mit Verfügungswissen zu tun, mit praxeologischen Handlungsmodellen: Formate (welchen Arbeitsrahmen muss ich setzen?) und Verfahren (wie gehe ich in diesem Rahmen vor?), Know-how im eigentlichen Wortsinn, das das Können ausmacht (vgl. Kap. 11 in diesem Buch).

Zur Methodenkompetenz eines Coachs gehören Methoden der Kommunikation und Gesprächsführung (inkl. Frage- und Feedbackkompetenz) sowie das Beherrschen von Interventionsmethoden aus der Tiefenpsychologie (Psychodynamik), Klientenzentrierter Beratung, Psychodrama bzw. Gestalttherapie, Hypnotherapie (ggf. NLP), Verhaltenstherapie bzw. rational-emotiver Therapie, systemischer Psychologie, Themenzentrierter Interaktion, Prozessberatung und Gruppendynamik; weiterhin die Fähigkeit zur Krisenintervention, Führungs- und Managementkompetenzen wie Planungs- und Organisationsfähigkeit, Dialogfähigkeit in Mitarbeiterführung (z. B. Delegations- und Kontrollvermögen, Motivations- und Begeisterungsfähigkeit), Zeit- und Selbstmanagementfähigkeiten, Problemlösungskompetenzen, Konfliktmanagementkompetenzen, Entspannungs- und Stressbewältigungskompetenzen, Projekt- und Changemanagementkompetenzen und die

Fähigkeit zur interkulturellen Verständigung. Dazu spezielle Coaching-Prozesskompetenzen: die Fähigkeit der eindeutigen Auftrags-, Ziel- und Anliegenklärung, der Kontraktgestaltung, die Fähigkeit zur bewussten Gestaltung des Coachingprozesses, die Fähigkeit zur Intensivierung der (Selbst-) Wahrnehmung und Achtsamkeit, der Positionierung, der Prozessberatung, die Fähigkeit zur anliegenzentrierten Themenvermittlung (Didaktik des Coachings), Verhaltenserprobung (z. B. mittels Rollenspiel) und Begleitung von Lernprozessen, sowie die Fähigkeit der Sicherung des Transfers, der Evaluation und Qualitätssicherung.

(3) *Sozial-kommunikative Kompetenz* ist die Fähigkeit, sich selbst und Andere in intersubjektiven Beziehungen wahrzunehmen, die Beziehung und Interaktion mit anderen Menschen bewusst zu gestalten und sich in der Beziehung mit anderen Menschen diskursiv und instrumentell (d. h. zweckorientiert) zu verständigen (vgl. Habermas 1981). Sozial-kommunikative Kompetenz ist Kontakt- und Kooperationsfähigkeit, auch in kontroversen zwischenmenschlichen Situationen. Dazu gehört auch, andere Menschen und soziale Situationen einschätzen zu können, sowie die Anschluss- bzw. Ankopplungsfähigkeit, d. h. die Art der Interaktion auf unterschiedliche Rollen und Kontexte (z. B. familiäre oder organisationale Kontexte) einzustellen.

Die Sozial-kommunikative Kompetenz eines Coachs umfasst seine Kommunikationskompetenz, darunter auch die Fähigkeit zur differenzierten Deutung der nonverbalen Körpersprache. Elementar ist seine Kontakt- und Beziehungsfähigkeit, d. h. zwischenmenschliche Beziehungen einzugehen, respektvoll in vertrauensvoller Beziehung zu sein, Beziehungen zu verändern und zu lösen. Die Rollenkompetenz ist – gerade für die Arbeit mit Funktionsträgern in Organisationen – von Bedeutung, d. h. verschiedene Rollen willentlich einzunehmen, auszufüllen, zu wechseln und aufzugeben (vgl. Kap. 15 in diesem Buch). Die emotionale Prozesskompetenz zeichnet einen Coach aus, hier insbesondere Sensitivität und Empathie in Verbindung mit einer ausgeprägten Selbstwahrnehmungsfähigkeit von Gefühlen, Motiven, Werten und Einstellungen sowie emotionale Reflexivität auch im Verlauf von Interaktionen. Kritik-, Konfrontationsfähigkeit (gepaart mit Ehrlichkeit und einer gewissen Schnelligkeit) und Konfliktfähigkeit, seine Fähigkeit zur Dissoziation bzw. zum Perspektivenwechsel und (mikro-) politisches Geschick, d. h. die Fähigkeit, mit Macht, Widerständen und (mikropolitischen) Taktiken umzugehen, sind wichtig. Zur Sozial-kommunikativen Kompetenz eines Coachs gehören auch seine Soziabilität und Kooperationsfähigkeit.

(4) *Personale Kompetenz* wird hier verstanden als Charakteristika der Persönlichkeit eines Menschen, die ihn zum Coaching befähigen. Dazu gehört auch die Fähigkeit, sich selbst und das eigene Handlungsvermögen realistisch einzuschätzen, Selbstbild und Fremdbild selbstreflexiv abzugleichen und das Selbstbild zu

korrigieren. Im Bereich der sozial-kommunikativen wie auch der personalen Kompetenzen können wir auf zahlreiche Konstrukte zugreifen, die z. B. in der Psychodiagnostik, insbesondere in der Konstruktion von Persönlichkeitstests, entwickelt wurden und die dadurch einer gewissen Messbarkeit zugänglich sind. Einige Ausführungen zur Sozial-kommunikativen Kompetenz und viele zur Personalen Kompetenz stammen von Merz und Frey (2011, S. 121–155), d. h. aus der Recherche von Studien und der Befragung von Experten.

Zur Personalen Kompetenz eines Coachs gehört eine ausgeprägte Selbstreflexionsfähigkeit, eine bewusste Selbstbeziehung des Coachs. Dazu Neugier und Zugewandtheit, eine rasche Auffassungsgabe und große intellektuelle Verarbeitungskapazität, Flexibilität und Lernfähigkeit, Authentizität sowie die Fähigkeit zur selektiven Offenheit, Unabhängigkeit und Integrität, Autorität und Glaubwürdigkeit, (emotionale) Belastbarkeit. Klare Prinzipien, Werte, ethische Richtlinien gehören dazu. Ausdauer, Ziel- und Lösungsorientierung, ideologische Offenheit, Toleranz, Liberalität, Streben nach Professionalität, Diskretion und Verschwiegenheit, Risikobereitschaft, Kritikfähigkeit, Kreativität, Selbstsicherheit und Durchsetzungsfähigkeit, Verantwortungsbewusstsein und Eigenverantwortlichkeit, Optimismus und Ausgeglichenheit, Humor, Ambiguitäts- und Frustrationstoleranz, Intuition, Hilfsbereitschaft, eine Natürlichkeit und gewisse Schnelligkeit in den Reaktionen.

(5) Die *Feld- und Funktionskompetenz* umfasst tiefgehende und weitreichende Erfahrungswerte und Fähigkeiten, die aus der Begegnung und intensiven Auseinandersetzung mit spezifischen Arbeitsfeldern bzw. Handlungsmilieus, deren Anforderungen und Tätigkeiten stammen. Sie entstehen aus der reflexiven Verarbeitung des Gelingens und Scheiterns der Anwendung von (potenziell) allen anderen Kompetenzen sowie von restriktiven wie emanzipativen Copingstrategien, die in Abwandlung vorhandener Kompetenzen entwickelt werden. Sie beziehen sich konkret auf spezifische Fachgebiete, Methoden, sozial-kommunikative Interaktionsformen und personale Anforderungen in spezifischen Kontexten, – in Rollen und Funktionen, (Sub-) Kulturen und sozialen Milieus, Organisationen oder anderen sozialen Systemen und gesellschaftlichen Aktionsfeldern (wie z. B. Branchen) mit ihren speziellen Eigendynamiken: Psycho-, Gruppen-, Systemdynamiken. Feld- und Funktionskompetenzen (zur Organisation) können dabei vorhandenen Sach- und Methodenkompetenzen (der Profession) oder sozial-kommunikativen und personalen Kompetenzen (der Person) widersprechen und diese gefährden oder deformieren (*déformation professionelle*).

Die Feld- und Funktionskompetenz eines Coachs erwächst zunächst aus der eigenen Berufs- und Lebenserfahrung, im weiteren Verlauf auch aus der Berührung mit den Arbeitsfeldern, Handlungsmilieus, Organisationen, Funktionen, Prozessen, Aufgaben usw. seiner Klienten. Je reflektierter und spezifischer die Felderfahrung des Coachs in Bezug auf das Anliegen und Thema des Klienten, desto umfassender kann der Coach dem Klienten in der Rolle als Ratgeber oder Sparringspartner von Beginn an orientierendes „Insiderwissen“ zur Verfügung stellen. Die Feldkompetenz eines Coachs ist maßgebend für seine Glaubwürdigkeit und Akzeptanz im Arbeitsfeld des Klienten und damit nicht selten auch für die Qualität der Ankopplung und Beziehungsgestaltung im Coaching. Und die Feldkompetenz ist der zentrale Grund dafür, organisationsinterne Coaches zu beschäftigen. Der Nachteil hier ist allerdings eine „Betriebsblindheit“, also un- oder unterreflektierte bzw. nicht zugängliche, implizite Felderfahrungen.

Die Feld- und Funktionskompetenz eines Coachs umfasst die Komponenten Kulturerfahrung, Branchenerfahrung, Geschäftserfahrung, Organisationserfahrung, divisionale Erfahrung (z. B. Vertriebs-, Produktionserfahrung), Rollenerfahrung in Führungs- bzw. Managementfunktionen, unterschieden nach Hierarchieebenen (z. B. als Teamleiter, als Vorstand) sowie in anderen sozialen Rollen (z. B. Familienvater, Vereinsvorstand), Karriere(entwicklungs)erfahrungen sowie soziale Milieuerfahrungen (z. B. als Sohn eines Vorstandsvorsitzenden oder Tochter eines Betriebsrats). Darüber hinaus benötigt ein Coach allgemeine verarbeitete und reflektierte Lebenserfahrung (z. B. reflektierte kindliche Erfahrungen, Erfahrungen mit Geschwisterpositionen, Adoleszenzerfahrungen, Erfahrungen mit Schwellensituationen im Lebenslauf, Familiengründung, Partnerschaft, Altern und Alter) und Krisenerfahrungen (z. B. Erfahrungen im Umgang mit schwerer Krankheit bzw. psychischen Krisen, Arbeitslosigkeit, Drogengebrauch, Gewalt, Verschuldung, Trennung, Verlust, Pflege bzw. Versorgung von Angehörigen, Tod). Deshalb spielt nicht selten das Alter des Coachs eine zentrale Rolle für die Einschätzung der Feld- bzw. Funktionskompetenz und der Eignung des Coachs durch das Klientensystem.

## 16.6 Schlussfolgerung

Unabhängig von unterschiedlichen, z. T. unzureichenden Konzepten zur Definition und Beschreibung von Kompetenzen, schon gar von Coachingkompetenzen, sind wir gefordert, uns aus pragmatischen Erwägungen heraus Gedanken darüber machen, welche Kompetenzen wir denn meinen, wenn wir von einem „kompetenten Coach“ sprechen oder „Coachingkompetenzen“ losgelöst von den konkreten Einsatzorten eines Coachs ausbilden wollen. Wir könnten für Letzteres einfach Lehrinhalte und damit auf konkreter Ebene Anforderungen an eine Ausbildung formulieren oder angelehnt an das Kompetenzmodell eines Unternehmens lösungsorientiert unsere Coachkompetenzen definieren. Allerdings fehlt uns dann jeweils der Begründungszusammenhang, wie wir an dem Versuch von Stiftung Warentest sehen. Warum und wozu diesen Inhalt nehmen und nicht jenen? Einen Kompetenz-TÜV kreieren, wie es die DIN-PAS versucht und auch immer mehr Verbände praktizieren, die ihr eigenes Kompetenzmodell entwickeln und dies in Gutachterleitfäden übersetzen? Dies wirkt beliebig und wissenschaftlich kaum fundiert. Zudem: „Kompetenzen sind reine Funktionsfähigkeiten, die wertunabhängig sind: Lesekompetenzen kann ich an ‚Faust' oder an der Betriebsanleitung für einen MP3-Player erwerben. Bislang waren wir davon ausgegangen, dass Betriebsanleitungen nicht den gleichen Bildungswert haben wie Goethes Schriften, weshalb letztere auf dem Lehrplan standen, erstere nicht. Wenn es allein um Fähigkeitserwerb zwecks Funktionieren geht, sind Wertfragen gleichgültig. Das Gelernte ist wert-los" (Krautz 2009).

Die Definition von Coachingkompetenzen in Anlehnung an eine quasi-wissenschaftliche Studie wie die von Merz und Frey oder an eine, die wissenschaftlichen Gütekriterien genügt, liefert uns einen konzeptionellen Rahmen. Allerdings sitzen wir hierbei stets gewissen metatheoretischen Vorannahmen auf. Die Feld- und Funktionskompetenz eines Coachs kommt dann u. U. nicht in den Untersuchungen vor, z. B. weil die Untersuchten bzw. Befragten in ihrer eigenen Kategorienbildung noch nicht soweit sind. Außerdem dürfen wir uns bei unserer Berufung auf den wissenschaftlich fundierten Rahmen nicht vormachen, dass wir damit in jedem Fall in jedem konkreten Unternehmenskontext richtig liegen und erfolgreich sein können. Schließlich bräuchte jedes Unternehmen *seine* „Organizational Coaching Capabilities": Das Geheimnis, wie dieses Unternehmen durch das gezielte Coaching der Entwicklung seiner Capabilities erfolgreicher als seine Wettbewerber sein kann.

Letztlich wird die Metatheorie eines Coachs oder Coachingweiterbildungsanbieters mitbestimmen, wie und welche Coachingkompetenzen zu akzentuieren sind, wie diese zu definieren und in ihrer Bedeutung einzuordnen sind. Dabei lassen sich aktuell drei Strömungen beobachten: 1) Interaktionistische, von Haltungen und Methoden der Psychotherapie beeinflusste Theoriekonstrukte, 2) businessorientierte, von der Organisations- und Managementlehre beeinflusste Theoriekonstrukte, 3) toolorientierte Ansätze, die Coachingtechniken als Erweiterung des Verhaltensrepertoires in tradierten Rollen (z. B. als Führungskraft, als Mentor, als Unternehmensberater) ansehen, ohne dass dabei in eine (professionelle) Coachrolle gewechselt wird. Das Problem: Die entstehenden Metatheorien können nicht einseitig an einer sozialwissenschaftlichen Schule ausgerichtet sein, weil keine dieser Schulen das Gesamtspektrum an theoretischem Fundament abdeckt, das für Coaching erforderlich ist. Nicht einmal ein Konstrukt wie die Humanistische Psychologie reicht dafür aus, weil sie die persönliche Selbstentwicklung und -verwirklichung in einen Gegensatz zu gesellschaftlichen, organisationalen, systemischen Erwartungen, Strukturen, Dynamiken setzt. Demgegenüber handelt Coaching davon, wie Menschen *in* Rollen, *in* diesen Erwartungen, Strukturen und Dynamiken handlungsfähig sein und diese dadurch transformieren können.

Wir sind aufgefordert, uns von Einseitigkeiten und den damit verbundenen Polarisierungen und Ideologien zu verabschieden. So sehr sie uns als mentale Richtschnur bisher auch Halt und Orientierung gaben. So sehr sie im öffentlichen Dialog auch Wiedererkennungs- und damit Marketingeffekten oder Journalisten als einfach strukturierte Orientierungspunkte für lesbare Artikel dienen. Coaching ist nichts Anderes als ein Begriff dafür, etwas gleichermaßen philosophisch wie sozialwissenschaftlich, methodologisch wie methodisch Integratives und Transformatives zu entwickeln, das der Vielfalt und Komplexität unserer Arbeits- und (Er-)Lebenswelten etwas Einfaches hinzufügt, das diese Komplexität enthält. Wie heißt es so schön: Für die Einfachheit vor der Komplexität gebe ich nichts, für die Einfachheit nach der Komplexität gäbe ich alles.

## Literatur

Arnold, R. (1997). Von der Weiterbildung zur Kompetenzentwicklung. In Arbeitsgemeinschaft Qualifikations-Entwicklungs-Management-Berlin (Hrsg.), *Kompetenzentwicklung 97* (S. 253–307). Münster: Waxmann.

Backhausen, W., & Thommen, J.-P. (2006). *Coaching. Durch systemisches Denken zu innovativer Personalentwicklung*. Wiesbaden: Gabler.

Bergmann, B. (1999). *Training für den Arbeitsprozess. Entwicklung und Evaluation aufgaben- und zielgruppenspezifischer Trainingsprogramme*. Zürich: vdf.

Berker, P. (1992). Felddynamik. *Supervision, 21*, 3–9.

Birgmeier, B. (Hrsg.). (2009). *Coachingwissen. Denn sie wissen nicht, was sie tun*? Wiesbaden: VS Verlag.

Boyatzis, R. E. (1982). *The Competent Manager. A model for effective performance*. New York: Wiley.

DIN Deutsches Institut für Normung (2002). *Anforderungen an Verfahren und deren Einsatz bei berufsbezogenen Eignungsbeurteilungen. DIN 33430:2002*. Berlin: Beuth.

DIN Deutsches Institut für Normung (2008). *Kompetenzfeld Einzel-Coaching. PAS 1029:2008*. Berlin: Beuth.

Eilles-Matthiessen, C., Janssen, S., Osterholz-Sauerlaender, A., El Hage, N. (2007). *Schlüsselqualifikationen kompakt. Ein Arbeitsbuch für Personalauswahl und Personalentwicklung*. Bern: Huber.

Erpenbeck, J., & v. Rosenstiel, L. (Hrsg.). (2007). *Handbuch Kompetenzmessung. Erkennen, verstehen und bewerten von Kompetenzen in der betrieblichen, pädagogischen und psychologischen Praxis*. Stuttgart: Schäffer-Poeschel.

Glasersfeld, E. v. (1996). *Der Radikale Konstruktivismus. Ideen, Ergebnisse, Probleme*. Frankfurt a. M.: Suhrkamp.

Greif, S. (2014). Qualifikation, berufliche. In M. A. Wirtz (Hrsg.), *Dorsch – Lexikon der Psychologie*. Göttingen: Hogrefe. http://www.portalhogrefe.com/dorsch/qualifikation-berufliche. Zugegriffen: 25. Feb. 2014.

Habermas, J. (1981). *Theorie des kommunikativen Handelns*. Frankfurt a. M.: Suhrkamp.

Heckhausen, H. (1989). *Motivation und Handeln* (2., überarb. u. erw. Aufl.). Berlin: Springer.

Holzkamp, K. (1985). *Grundlegung der Psychologie*. Frankfurt a. M.: Campus.

Hülshoff, T. (1996). Das Handlungskompetenzmodell. *WSB intern. Zeitschrift des Weiterbildenden Studiengangs Betriebspädagogik und der Gesellschaft für Betriebspädagogik, 2*(96), 37–45.

Kauffeld, S. (2006). *Kompetenzen messen, bewerten, entwickeln. Ein prozessanalytischer Ansatz für Gruppen*. Stuttgart: Schaeffer-Poeschel.

Kommission der Europäischen Gemeinschaften (2006). *European Qualification Framework (EQF). Europäischer Qualifikationsrahmen*. Brüssel.

Krautz, J. (2009). Bildung als Anpassung? Das Kompetenz-Konzept im Kontext einer ökonomisierten Bildung. *Fromm Forum, 13*(2009), 87–100.

Krumm, S., Mertin, I., & Dries, C. (2012). *Kompetenzmodelle*. Göttingen: Hogrefe.

Kühl, S. (2006). Die Supervision auf dem Weg zur Profession? Professionalisierung im Spannungsfeld zwischen Expansionsbestrebung und Selbstbescheidung. *Organisationsberatung, Supervision, Coaching 13*(1), S. 5–18.

Lang, R. W. (2000). *Schlüsselqualifikationen. Handlungs- und Methodenkompetenz, Personale und Soziale Kompetenz*. München: Deutscher Taschenbuch Verlag.

McClelland, D. C. (1973). Testing for competence rather than for intelligence. *American Psychologist, 28*, 66–69.

Mertens, D. (1974). Schlüsselqualifikationen. Thesen zur Schulung für eine moderne Gesellschaft. *Mitteilungen aus der Arbeitsmarkt- und Bildungsforschung, 7*, 36–41. (Stuttgart: Kohlhammer).

Mertz, C., & Frey, A. (2011). *Empirisch fundiertes Kompetenzmodell für den Bereich des Führungskräftecoachings*. Aachen: Shaker.

Oerter, R., & Montada, L. (1995). *Entwicklungspsychologie. Ein Lehrbuch*. Weinheim: Beltz.

Probst, J. B. (1987). *Selbst-Organisation. Ordnungsprozesse in sozialen Systemen aus ganzheitlicher Sicht*. Berlin: Paul Parey.

Reischmann, J. (2004). *Kompetenz lehren? Kompetenz- und Performanz-Orientierung in der Andragogik zwischen Didaktik und Organisationsentwicklung*. Bamberg: Universität Bamberg. http://www.uni-bamberg.de/andragogik/interne_links/publikationen.htm. Zugegriffen: 30. Dez. 2013.

Roth, H. (1971). *Pädagogische Anthropologie. Bd. II: Entwicklung und Erziehung*. Hannover: Hermann Schrödel.

Sarges, W. (Hrsg.) (1995). *Management-Diagnostik*. Göttingen: Hogrefe.

Sarges, W. (2001). Competencies statt Anforderungen – nur alter Wein in neuen Schläuchen? In H.-C. Riekhof (Hrsg.), *Strategien der Personalentwicklung* (S. 285–300). Wiesbaden: Gabler.

Schott, F., & Ghanbari, S. A. (2008). *Kompetenzdiagnostik, Kompetenzmodelle, kompetenzorientierter Unterricht*. Münster: Waxmann.

Schreyögg, A. (2012). *Coaching. Eine Einführung für Praxis und Lehre* (7., überarb. u. erw. Aufl.). Frankfurt a. M.: Campus.

Schreyögg, G., & Kliesch-Eberl, M. (2012). Das Kompetenzparadoxon. Wie dynamisch können organisationale Kompetenzen sein? *Revue für postheroisches Management, 3*, 6.
Schuler, H. (1996). *Psychologische Personalauswahl. Einführung in die Berufseignungsdiagnostik*. Göttingen: Verlag für angewandte Psychologie.
Sonntag, K.-H. (2004). Personalentwicklung. In H. Schuler (Hrsg.), *Enzyklopädie der Psychologie* (S. 827–893). Göttingen: Hogrefe.
Sonntag, K.-H., & Schaper, N. (2006). Förderung beruflicher Handlungskompetenz. In K.-H. Sonntag (Hrsg.), *Personalentwicklung in Organisationen* (S. 270–311). Göttingen: Hogrefe.
Spencer, L. M., & Spencer, S. (1993). *Competence at work. Models for superior performance*. New York: Wiley.
Steig, M. (2000). Handlungskompetenz: Kompetenzmodelle in der pädagogischen Praxis. Norderstedt: Libri Books on Demand.
Stiftung Warentest (2013). Coachen im beruflichen Kontext. Was eine gute Einstiegsqualifizierung bieten sollte. http://www.test.de/coaching-kriterien. Zugegriffen: 27. Sept. 2013.
White, R. W. (1959). Motivation reconsidered: The concept of competence. *Psychological Review, 66*, 297–333.

**Ingo Steinke Dipl.-Psych.,** Management-Coach (DPA), Qualitätsmanager (DIN-ISO), TQM-Assessor for Business Excellence (EFQM), Changemanager (CTU), systemische Supervision und Organisationsberatung (NIK). Tätigkeit als Unternehmensberater, Bereichsleiter Qualifizierung und seit 2000 als Geschäftsführender Gesellschafter der COATRAIN coaching & personal training GmbH., Senior Coach (DBVC).

# Coaching und Gruppendynamik **17**

Thomas Bachmann

## 17.1 Einführung

Die Gruppendynamik kann mittlerweile auf eine mehr als 70 jährige Tradition zurückblicken. Am bekanntesten sind hierzu die Ideen, Experimente und Theorien von Kurt Lewin (1890–1947), die er am MIT in seinem Research Center of Group Dynamics entwickelte. Als Väter der Gruppendynamik gelten weiterhin Jacob Levi Moreno (1889–1974), der Erfinder des Psychodrama und der Soziometrie, sowie der Österreicher Raoul Schindler (*1923) mit seinem Rangstrukturmodell für Gruppen. Gruppendynamische Erkenntnisse, Modelle und Theorien, Prinzipien, Settings, Übungen und Spiele erfreuen sich seit dem Einzug der Psychologie in die Kontexte von Lernen und Arbeit, Organisation und Führung sowie Therapie und Beratung seit Mitte des letzten Jahrhunderts großer Beliebtheit. Es würde zu weit führen, hier alle Entwicklungen und Vertreter aufzuzählen, weshalb ich mich in diesem Beitrag auf die relevanten Bezüge der Gruppendynamik zum Beratungsformat Coaching beschränke.

Der Begriff der Gruppendynamik kann aus drei verschiedenen Perspektiven betrachtet werden: 1) als die Interaktionen und deren Verläufe in einer Gruppe von Menschen, 2) als Methode und Lernsetting, um Gruppendynamik zu erzeugen und erfahrbar zu machen, und 3) als wissenschaftliche Teildisziplin z. B. in der Sozialpsychologie oder Therapieforschung, die diese Interaktionen und Ver-

T. Bachmann (✉)
ARTOP, Christburger Str. 4, 10405 Berlin, Deutschland
E-Mail: bachmann@artop.de

 
A. Schreyögg, C. Schmidt-Lellek (Hrsg.), *Die Professionalisierung von Coaching,*
Coaching und Supervision, DOI 10.1007/978-3-658-08172-0_17

läufe beschreibt und untersucht. Diese drei Perspektiven spiegeln sich auch bei der Betrachtung von Gruppendynamik und Coaching wider und unterstreichen damit gleichzeitig die Bedeutung, die gruppendynamische Erfahrungen, gruppendynamische Handlungskompetenz und theoretisches Wissen über Gruppendynamik für das Coaching haben. Im diesem Beitrag werden daher das gruppendynamische Lernsetting zur Selbsterfahrung, gruppendynamische Theorien und Modelle für die Beratung von Personen mit Führungsfunktionen für Teams und die gruppendynamische Handlungskompetenz im Rahmen von Mehrpersonensettings wie etwa im Gruppen-oder Teamcoaching betrachtet.

## 17.2 Selbsterfahrung im gruppendynamischen Lernsetting

Entgegen anderslautenden Versuchen, die z. B. darin bestehen, Coaching zu standardisieren, als abrufbare Dienstleitung zu definieren oder mit der Einnahme von Medikamenten und deren Wirkung gleichzusetzen (vgl. Schermuly et al. 2014), bleibt Coaching ein dialogischer, nicht direkt steuerbarer Beratungsprozess, der treffender als „Beziehungskunst" charakterisiert werden kann (vgl. Schmidt-Lellek und Buer 2011; Buer 2012). Eine Beratungsbeziehung aufzubauen, in der auf der Basis von Vertrauen, Akzeptanz und Wertschätzung gleichzeitig Irritation, Konfrontation und Verstörung entstehen kann, ist ein Prozess, der vom Coach viel Erfahrung und Sicherheit bezüglich der eigenen Person verlangt. Neben methodischen, prozessbezogenen und inhaltlichen Kompetenzen, wann man etwas tut oder lieber lässt und was zum Coaching dazugehört und was nicht, ist hier vor allem eine professionelle Kontaktgestaltung gefragt, die es erlaubt, in der relativ kurzen Zeit von wenigen Sitzungen eine thematische und emotionale Tiefung zu erreichen, in der für den Klienten wesentliche Fragen bearbeitet und Reflexionen, Konfrontationen oder sogar Lösungen angeboten oder erarbeitet werden können (vgl. Schein 2012).

Der Aufbau einer helfenden Beziehung, in der Kontakt entsteht und jemand bereit ist, sich auf unsicheres Gelände vorzuwagen und mit einer anderen Person Lösungen zu erkunden, erfordert vom Coach viel Erfahrung und Reflexion über das eigenen Kontaktverhalten und die eigenen inneren Baustellen, Lieblingshypothesen, Weltverbesserungssehnsüchte, Antreiber und Projektionen aller Art. Denn jenseits von Tipps und Tools ist Coaching vor allem eine dialogische Reflexionsform mit einer für das Anliegen des Klienten kompetenten, professionellen Beratungsperson, mit der keine weiteren Beziehungskontexte existieren und die somit unvoreingenommen und allparteilich bezogen auf Klienten, Anliegen, Veränderung und Lösung agieren kann. Damit wird die Person des Coachs *das* „Werkzeug" im Coachingprozess. Ihr Kontaktverhalten, ihre Emotionen und Resonanzen, die Fragen, das Feedback, die Konfrontationen, die Deutungen und Ratschläge (vgl. Dehner 2009) sind das Material, aus dem ein fruchtbarer Coachingprozess entsteht.

Und noch ein Aspekt ist wichtig, der sich auf die Person des Coachs bezieht: Im Coaching begegnen wir Personen in Grenzsituationen. Im „Normalbetrieb" wird wahrscheinlich kein Coach aufgesucht. Wenn jedoch die Konflikte eskalieren, wichtige Entscheidungen anstehen, es mit der Mitarbeiterführung nicht klappt, es schlechte Ergebnisse beim 360 Grad-Feedback gab, die eigene Rolle nicht klar ist oder sonstige Problem- bzw. Veränderungssituationen anstehen, wird vor allem in großen Organisationen Coaching angeboten bzw. selbstständig ein Coach aufgesucht. Für den Coach bedeutet das, mit all diesen Themen nicht nur inhaltlich, sondern auch emotional vertraut zu sein. Das heißt konkret, zu wissen und nacherleben zu können, wie es sich anfühlt, wenn man in einen eskalierten Konflikt verwickelt ist, wenn man negatives Feedback bekommt oder wenn man einfach nur nicht mehr weiter weiß und die anstehenden Entscheidungen einem über den Kopf wachsen. Die hierzu nötige Empathiefähigkeit kann man in keinem Seminar und auch in keiner Coachingausbildung lernen; sie entsteht vielmehr, wenn man ähnliche Situationen erlebt und mit anderen zusammen in einem professionellen Kontext ausgewertet hat. Professionelle Coaches und Berater sorgen in Super- und Intervisionsgruppen dafür, solche persönlichen Reflexionsräume entstehen zu lassen. Das gruppendynamische Lernsetting stellt darüber hinaus eine ganz besondere und ertragreiche Gelegenheit für die intensive Reflexion der eigenen Person dar (König und Schattenhofer 2012; Königswieser et al. 2013).

Klassisch ist hier das Trainingsgruppendesign, das auf Lewin zurückgeht: Ein gruppendynamisches Lernsetting erstreckt sich über etliche Tage, und dabei wird in mehreren Gruppen von etwa zehn Personen gearbeitet, die sich ab und zu im Plenum begegnen und dort den Gruppenprozess reflektieren oder Feedback geben bzw. bekommen. Der Prozess in den Gruppen wird von einem oder mehreren Trainern gestartet und passiv begleitet. Mit der „initialen Verunsicherung", dass die Teilnehmer nun auf sich selbst gestellt sind und von den Trainern keine Instruktionen kommen, beginnt das Lernen im selbstorganisiert entstehenden Gruppenprozess. Damit dies funktioniert, wird das Setting durch einen Kontrakt mit den Teilnehmern und eine räumlich-zeitliche Struktur definiert, innerhalb derer es jedoch keine Vorgaben gibt. Selbstverständlich gibt es vielfache Varianten, solche Prozesse zu gestalten, sie unterscheiden sich im Wesentlichen durch den Grad an Steuerung, Input und Konfrontation von Seiten der Trainer und inwieweit die Gruppendynamik durch den Einsatz bestimmter Übungen gelenkt oder intensiviert wird (Brosius 2009; Antons 2011).

Worin besteht nun das Lernen in einem gruppendynamischen Setting? Wenn eine Gruppe von fremden Personen zusammenkommt und über eine längere Zeit dazu angehalten ist, diesem Zusammensein Sinn zu verleihen, kann man einen interessanten Prozess beobachten: Vorsichtig entstehen die ersten Äußerungen, und die Personen, die diese in die Gruppe entsandt haben, hoffen auf Anschlusskommunikation. Steuerungsversuche werden unternommen, um dem Kommunikationsprozess eine bestimmte Richtung zu geben. Andere schicken wiederum gegenläufige Impulse in die Gruppe, versuchen andere Sinnfixierungen entstehen zu lassen (vgl. Luhmann 1984). Es gibt aktive und passive, dominante und submissive, sympathische und weniger sympathische Verhaltensweisen (vgl. Scholl 2013a), die einen versuchen, mit den anderen zu verschmelzen, die anderen grenzen sich ab, manche ziehen sich zurück, und andere projizieren Ziele in die Welt und hoffen, dass die Gruppe ihnen folgt (vgl. Bachmann in Vorb.). Nach und nach entstehen Kommunikationsmuster in der Gruppe und daran gekoppelt bestimmte Personen mit bestimmten Rollen. Der Prozess nimmt seinen Lauf, auf passive und lähmende Phasen folgen wiederum Phasen von Enthusiasmus und Energie. Konflikte entstehen, Feedback wird gegeben, man spricht über Muster, Rollen, Ängste, Wünsche, Überraschendes und Vertrautes. Schließlich entsteht eine sehr dichte und vertrauensvolle Atmosphäre, in der der Einzelne sich öffnen kann und Unterstützung und Feedback von den anderen Gruppenmitgliedern bekommt. Nicht selten äußert sich die Anspannung in dieser ungewöhnlich vertrauten sozialen Situation in erleichternden emotionalen Reaktionen. Alle Beteiligten bekommen voneinander Feedback, intensive Beziehungen werden geknüpft, schließlich wird die Gruppe nach ein paar Tagen beendet und hört auf zu existieren. Die Mitglieder nehmen, reich an Erfahrungen, Gefühlen und Erkenntnissen, Abschied voneinander. Lernen passiert dabei auf mehreren Ebenen und schöpft seine Besonderheit und Intensität aus der Tatsache, dass jeder der Beteiligten die Dynamik in der Gruppe gleichzeitig mitgestaltet und ihr „ausgeliefert" ist. Die Methode birgt jedoch auch Risiken, die von Königswieser et al. (2013) ebenfalls thematisiert werden.

Zunächst bekommt jeder einzelne sehr unmittelbar *Verhaltensrückmeldungen*, wie er sich in den Gruppenprozess einbringt und dies in einem Kontext, den es bisher nicht gab, indem man noch keine Geschichte miteinander hatte und auch der soziale Status und der individuelle Bildungshintergrund jedes einzelnen nur vermutet werden können. Im Gegensatz zu anderen Kontexten handelt man hier zunächst „ohne Rolle", denn es existieren noch keine spezifischen Konventionen in der Gruppe. Man agiert nicht wie sonst als Berater, Führungskraft, Elternteil oder Freund. Man ist „nur" als Person da und muss sich erst eine Rolle erarbeiten. Man kann sich auch nur eine Zeit lang mit den eingeübten Rollenmustern aus dem eigenen beruflichen Kontext durch die Situation retten. Spätestens nach ein paar Stunden wird man als Person gefordert, sich in den Prozess einzubringen und diesen zu gestalten. Dieses Ausgestalten und Erarbeiten einer eigenen Rolle bei gleichzeitig unmittelbarem Feedback aus der Gruppe ist ein wertvoller Lernertrag, den es so verdichtet und intensiv in kaum einem anderen Kontext gibt.

Eine weitere Lernebene betrifft das Erleben der eigenen Wirksamkeit in Bezug auf die *Beeinflussbarkeit des Gruppenprozesses*. Zu versuchen, einem sozialen System Impulse zu geben, die zu einem gewünschten Effekt führen, kann eine sehr intensive und interessante, beglückende, aber auch frustrierende Lernerfahrung sein. Was passiert mit meinen Ideen, Aufforderungen, Vorschlägen und Versuchen, die Gruppe zu beeinflussen? Was kommt an, was verrauscht, was wird abgewehrt? Wer verbündet sich mit mir, wer ist gegen mich? Wo fühle ich mich sicher? Richter (1993) hat gerade für die Anfangssituationen von Gruppenprozessen seine berühmte Frageliste entwickelt. Die Reflexion über diese Fragen zu einem geeigneten Zeitpunkt in der Gruppe stellt eine bedeutsame Erfahrung dar. Königswieser et al. (2013) beschreiben als einen wesentlichen Lerneffekt die in solchen Prozessen entstehende Erfahrung für die Gruppenmitglieder, dass zwischen der Intention und der Wirkung eines Verhaltens oft ein großer Unterschied besteht und dass es oft zu den eigenen Intentionen genau entgegenlaufenden Effekten der eigenen Aktionen kommt. Selbst- und Fremdbild können also individuell erforscht und abgeglichen werden. Das Erleben des elementaren Prozesses der Gruppenentstehung, seine Phasen, die Fortschritte und Krisen sowie die eigene Rolle in diesem Prozess und die Reflexion mit den anderen Gruppenmitgliedern darüber ermöglicht also tiefgehendes soziales Lernen.

Die dritte Lernebene ist die Ebene der *Beobachtung*. In einem gruppendynamischen Lernsetting ist man über die ganze Zeit hinweg Gestalter und Beobachter zugleich. Man erlebt sein eigenes Denken und Fühlen in diesem Prozess und gleichzeitig das Miteinander der anderen Gruppenmitglieder. Es wird möglich, Gruppenprozesse unmittelbar zu erleben und zu beobachten, und dies führt bei entsprechender theoretischer Reflexion zu einem vertieften Verständnis von Gruppen hinsichtlich der entstehenden Rollen, der Interaktionsmuster, der ablaufenden Phasen, der Strukturbildungen sowie der Entwicklung von Normen und „Gruppenkultur“ (vgl. hierzu Amann 2009).

Die Teilnahme an einem gruppendynamischen Training, wie es eben geschildert wurde, sollte daher wesentlicher Bestandteil von Coaching-, Trainer- und Beraterausbildungen sowie bei der Führungskräfteentwicklung sein (vgl. Königswieser et al. 2013). Dazu gehört weiterhin auch die regelmäßige Teilnahme an kollegialen Supervisions- bzw. Intervisionsgruppen, deren Setting zwar nicht gleiche Dichte und Intensität hinsichtlich der Gruppenerfahrung erzeugt, jedoch ebenfalls emotionales und sachbezogenes Lernen in einem Gruppenprozess ermöglicht (Schreyögg 2004).

## 17.3 Gruppendynamische Fragestellungen beim Coaching von Führungspersonen

Fast alle Personen mit Führungs- und Managementaufgaben steuern Gruppen. Dabei kann es sich um eine Gruppe von Mitarbeitern, um ein Projektteam, eine Gruppe von Führungskräften oder andere Konstellationen handeln, in denen mehrere Personen aus einem gemeinsamen Anlass heraus zusammenkommen, organisational verknüpft sind oder als Team zusammenarbeiten müssen. Solche Gruppen existieren nicht nur innerhalb von Organisationen, sondern können als Stakeholder ebenso Kunden, Aufsichtsgremien, Kunden oder Kooperationspartner von Organisationen sein. So müssen Wohnungsverwalter z. B. regelmäßig die Gruppe der Wohneigentümerversammlung steuern oder Altenpfleger die Gruppe der Angehörigen, Vorstände und Geschäftsführer müssen mit Beiräten oder Aufsichtsräten agieren usw. Gleichzeitig sind fast alle Personen mit Führungs- und Managementaufgaben auch Mitglieder von Gruppen, sind also Gestalter und Betroffene der Dynamik, die sich in jeder Gruppe entfaltet. Gruppendynamische Prozesse beeinflussen das Verhalten von Organisationsmitgliedern und den Ablauf und die Ergebnisse von Entscheidungsprozessen auf vielfältige Art und Weise. Dazu gehören Ingroup-Outgroup-Dynamiken, Groupthink-Phänomene, Statusrivalitäten, Cliquenbildung, verschiedene Arten informeller Strukturbildung und Kommunikation (vgl. Schreyögg und Koch 2007).

Grundsätzlich gilt: Es gibt keine Gruppe ohne Gruppendynamik. Ob diese jedoch beobachtbar ist, wie sie sich ausdrückt oder mit welcher Intensität sie zutage tritt, hängt jedoch von vielen verschiedenen Faktoren ab. Wimmer (1998; vgl. Königswieser et al. 2013) betont dabei vor allem den Faktor Zeit und grenzt ein kurzzeitiges oder sporadisches Zusammentreffen von Personen gegenüber einem verbindlichen und kontinuierlichen Miteinander über einen längeren Zeitraum ab. Diese Unterscheidung trifft auch Luhmann (1984), wenn er von flüchtigen Interaktionssystemen und anderen sozialen Systemen spricht. Das Phänomen Gruppe ist nach Wimmer ein Emergenzphänomen, welches im zeitlichen Verlauf des sozialen Prozesses entsteht und Merkmale entwickelt, die wir dann als typisch für eine Gruppe bezeichnen: Interaktionsmuster, Binnendifferenzierung und Grenzbildung gegenüber der Umwelt gehören beispielsweise dazu (vgl. Campbell 1958).

Neben der Tatsache, dass Personen mit Führungs- und Managementaufgaben sowohl Gruppen „steuern“ müssen als auch Mitglieder verschiedener Gruppen sind, steht eine generelle Zunahme der Bedeutsamkeit von Gruppen und Teams in der Arbeits- und Organisationswelt. Dies festzustellen ist nicht neu, bleibt aber trotzdem bedeutsam. Es sind nicht nur die klassischen Vorteile der Gruppen gegenüber der (einsamen) Einzelentscheidung einer Führungskraft, die darin bestehen, dass mehr Informationen, mehr Perspektiven und somit mehr Prämissen in eine

Entscheidung einfließen und dadurch mehr innere Komplexität im Team der externen Komplexität der Umwelt entgegengesetzt werden kann. Es ist auch hinsichtlich der Steuerbarkeit oder besser der Beeinflussbarkeit von sozialen Systemen relevant, möglichst viele ihrer Vertreter in Entscheidungsprozesse einzubinden und damit zu beteiligen (vgl. auch Scholl 2004, Kap. 6; Scholl et al. 2013). Ein weiterer wichtiger Aspekt des Potenzials von Gruppen wurde von Senge (2008) mit dem Konzept der „Lernenden Organisation" thematisiert. Darin gehört das „Teamlernen" zu den wichtigsten Faktoren, damit Lernen und Veränderung in einer Organisation stattfinden können. Organisationen brauchen die Gruppendynamik, die Beziehungsorientierung und damit den Personenbezug in den Teams, aus denen sie bestehen, um Veränderungen zu initiieren, denn die Organisation an sich ist nicht lern- und reflexionsfähig, sondern im Gegenteil, sie zwingt – vereinfacht gesagt – per Vertrag ihre Mitglieder dazu, die eingeübten Muster (Routinen, Programme, Abläufe und Strukturen) unter Androhung des Mitgliedschaftsverlustes zu reproduzieren. Die Veränderung dieser Muster, also das Lernen kann nur erfolgen, indem es den relevanten Umwelten der Organisation, also z. B. den Teams und den Führungskräften, ermöglicht wird, an Entscheidungen beteiligt zu werden, Spielräume, Freiheit und Verantwortung zu haben und sich darin sicher zu fühlen, damit Kreativität und Innovation entstehen können (Scholl 2004; 2013b). Hier kommt vor allem der Teamführung eine zentrale Rolle zu, deren Aufgabe es ist, zwischen Regelungen, Kontrolle und Autorität auf der einen Seite und Regellosigkeit, Unverbindlichkeit und Symmetrie auf der anderen situativ das jeweils richtige Maß zu finden, um die Beweglichkeit, Kreativität und Lernfähigkeit von Gruppen für die Organisation zu nutzen (Wimmer 1998).

Das Coaching von Personen mit Führungs- und Managementaufgaben ist also immer auch ein Coaching von Gruppen und Teams, nur eben vermittelt über den Coachingklienten. Viele Anliegen von Coachingklienten beziehen sich daher auch auf Fragestellungen, welche direkt oder indirekt mit gruppendynamischen Phänomenen oder Prozessen zu tun haben. Gruppendynamische Phänomene können z. B. Konflikte, Widerstände, Rivalitäten, Außenseiter, Gruppenspaltung oder -auflösung sein, welche durch subliminale gruppendynamische Prozesse hervorgerufen werden. Es ist damit häufig Aufgabe des Coachs, zusammen mit dem Klienten derartige Phänomene zu analysieren, also nützliche Beschreibungen, Erklärungen und Bewertungen zu produzieren, um Handlungsmöglichkeiten für den Klienten zu generieren. Neben Methoden und Techniken des Fragens, Strukturierens oder Rekonstruierens im Coachingprozess ist hierfür vom Coach vor allem profundes theoretisches Wissen über Gruppen, Teams und deren Dynamiken erforderlich, um bei derartigen Fragestellungen hilfreich und kompetent agieren zu können.

An dieser Stelle drängt es sich auf, den Unterschied zwischen Gruppen, Teams und Organisationen herauszuarbeiten. Im Anschluss will ich auf die wichtigsten

Modelle und Theorien zur Dynamik von Gruppen eingehen, die im Coaching relevant sein können, und damit das grundlegende Handwerkszeug für eine „Theory of the Thing“ für Coaches zusammentragen.

### 17.3.1 Gruppen und Teams als soziale Systeme

Eine *Gruppe* ist ein soziales System, welches aus mehr als drei und maximal 12 bis 14 Mitgliedern besteht. In Dyaden oder Triaden können zwar ähnliche Phänomene beobachtet werden wie in einer Gruppe, trotzdem ist es sinnvoll, sie von Gruppen abzugrenzen, weil diese Interaktionssysteme sehr spezifische Muster entwickeln und grundsätzlich andere Dynamiken entfalten können. Bezüglich der Interaktionsmuster in Triaden sei auf von Schlippe und Schweitzer (2012) verwiesen oder z. B. auf die Transaktionsanalyse und das in deren Kontext entwickelte „Drama-Dreieck“ von Karpman (vgl. Schlegel 1993). Des Weiteren können bei einer Anzahl von drei Personen nicht alle Positionen für eine zumindest kurzzeitig stabile Binnendifferenzierung einer Gruppe besetzt werden. Es ist demnach erst ab vier Personen sinnvoll, von einer Gruppe zu sprechen. Steigt die Anzahl der Mitglieder über ein gewisses Maß, fängt die Gruppe an, sich in Untergruppen zu teilen und die Prägnanz der gruppendynamischen Prozesse verschwimmt in der Vielzahl der Individuen und Interaktionen (vgl. Fengler 1986). Für das einzelne Mitglied wird es bei zu vielen Individuen immer schwieriger, zu allen anderen intensive Interaktionsbeziehungen zu gestalten und diese regelmäßig zu aktualisieren. Das gleiche gilt für Führungspersonen, deren Spanne direkter Führung ebenfalls 12 bis 14 Personen nicht überschreiten sollte. Auch in Training, Coaching und Beratung ändert sich vieles, wenn man mit größeren Gruppen arbeitet, denn man muss andere Methoden und wechselnde Sozialformen einsetzten, um beispielsweise einen gemeinsamen Lernprozess oder ein Organisationsentwicklungsprojekt effektiv zu gestalten. Für diese Anforderungen in der Arbeit mit Großgruppen haben Trainer und Berater ein reichhaltiges Methodenrepertoire entwickelt (vgl. Seliger 2011).

Kommen die Mitglieder einer Gruppe über einen Zeitraum anlassbezogen dauerhaft oder zumindest wiederholt zusammen, bilden sich aus den anfänglichen (potenziell unendlich variationsreichen) Interaktionen der Mitglieder über Prozesse der Selektion und Retention Kommunikationsmuster heraus, die für jede Gruppe einmalig sind (vgl. Simon 2004). Ein soziales System entsteht aus Mustern von Kommunikation und Anschlusskommunikation und beginnt nun, Funktionen und Strukturen auszuprägen (Luhmann 1984). Um sein Fortbestehen als System zu sichern, muss die Gruppe nun verschiedene Systemfunktionen ausbilden. Dazu gehören die Fähigkeit der Anpassung, der Zielbildung, der Integration und der Strukturerhaltung (Parsons 1978). Über die Anpassungsfunktion reguliert das System

Gruppe seine Außenbeziehungen und sorgt dafür, dass immer wieder neue Kommunikationen durch die Gruppenmitglieder zugeführt werden.

Dies bedeutet für ein System, auf der Sach-, der Sozial- und der Zeitdimension Synchronizität herzustellen, um somit bedeutsam für seine Mitglieder zu bleiben. Kurz gesagt, die gemeinsame Sinnfixierung muss die individuellen Sinnzuschreibungen bezogen auf die Gruppe widerspiegeln (Luhmann 1984). Die Zielfunktion ermöglicht der Gruppe, Ziele zu projizieren und für deren Erreichen Handlungen zu mobilisieren, um intern wiederum befriedigende Zustände herzustellen, also beispielsweise eine gemeinsame Aufgabe zu erfüllen, Spaß zu haben oder gemeinsam zu lernen.

Damit sich die Zielfunktion ausbilden kann, braucht die Gruppe eine Binnendifferenzierung insofern, dass das symmetrische Verhältnis ihrer Mitglieder zum Zwecke der Zielbildung und Entscheidungsfindung zu Gunsten eines asymmetrischen Verhältnisses zumindest temporär verändert wird. Einzelne Mitglieder geben Impulse, zeigen Richtungen auf, machen Vorschläge, gehen in Initiative, andere schließen sich an, machen mit bzw. folgen. Die Bildung von Zielen und der Wechsel von Symmetrie zu Asymmetrie und wieder zurück unter Beteiligung verschiedener Mitglieder machen einen wesentlichen Teil der Gruppendynamik aus.

Als weitere Systemfunktion sorgt die Integrationsfunktion dafür, dass alle Gruppenmitglieder entsprechend ihren Bedürfnissen im Gesamtsystem Platz finden, sie gibt der Gruppe Zusammenhalt nach außen und ermöglicht den Einschluss neuer Elemente. Dazu muss sich das System um die Belange und Bedürfnisse der Einzelnen kümmern, um möglichst alle Personen als relevante Umwelten für sich zu erhalten und auch neue einschließen zu können. Kommunikativ äußert sich diese Systemfunktion durch wechselseitige „Bestätigungskommunikation" und andere positive Resonanzen der Mitglieder auf der Sozialebene. Schließlich wird durch die Funktion der Strukturerhaltung mit der Ausprägung von gemeinsamen Gruppenwerten und -normen ein Orientierungsrahmen geschaffen, der dem System Gruppe und seinen Mitgliedern Verbindlichkeit, Orientierung und Regeln gibt und somit das Innenleben der Gruppe strukturiert und festigt. Alle Systemfunktionen agieren vermittels der System-Umweltgrenze, durch deren Aufrechterhaltung und Ausgestaltung das System Gruppe von seiner Umwelt zu unterscheiden ist (vgl. Willke 2006; Bachmann in Vorb.). Dieser Unterschied ist zugleich Voraussetzung und Ergebnis der Existenz einer Gruppe.

Im Unterschied zu einem *Team* sind in einer Gruppe all diese Prozesse der Binnendifferenzierung und Funktionsbildung informeller Natur, denn eine Gruppe ist zunächst nicht in einen Organisationszusammenhang integriert und hat keine konkrete Ziel- bzw. Aufgabenstellung. Gruppen können auch ohne Aufgaben existieren oder sich zeitweise für eine Aufgabe entscheiden und danach für eine andere. Eine Gruppe stellt zunächst nur einen andauernden, anlassbezogenen Kommunikationszusammenhang dar. Beispiele sind Lern- und Ausbildungsgruppen, Supervisionsgruppen, Selbsthilfegruppen, spontane sich selbst organisierende Arbeitsgruppen etc. Bei einem Team hingegen steht die Erfüllung einer Aufgabe im Vordergrund. Sie ist der Zweck des Teams, also sein Existenzgrund. Ein Segelboot zu fahren, ein Fußballspiel zu gewinnen, ein neues Produkt zu entwickeln, also gemeinsam Probleme zu lösen, steht im Vordergrund jeglicher Teamaktivität.

Durch diese Aufgabenorientierung verschiebt sich der Fokus von den Personen und deren Bedürfnissen auf die Funktionen, die im Team gebraucht werden. Im Team steht die funktionale Koppelung von Person und Aufgabe zur kooperativen Zielerreichung im Vordergrund. Rollen werden nicht mehr informell ausgehandelt, sondern formal zugewiesen. Auf dem Segelboot ist man eben nicht heute der Smutje und morgen der Kapitän. Vor allem die Führungsrolle ist für ein Team im Gegensatz zu einer Gruppe formal festgelegt: Es gibt eine Teamleitung, einen Kapitän oder eine Führungskraft. Ein Team ist also als eine Vorform einer Organisation anzusehen, ein Hybrid gewissermaßen, denn es hat Eigenschaften von beiden Systemqualitäten: das Informelle, Beziehungsorientierte und Dynamische einer Gruppe und das Formale, Funktionale und Zielorientierte einer Organisation.

*Organisationen* schließlich bestehen aus mehreren Teams, weisen eine (Führungs-) Struktur auf und haben ihre Abläufe formalisiert und serialisiert. Fast alles wird aufgeschrieben, formale Kommunikation überwiegt, die Rolle und die Funktion stehen im Vordergrund und damit die Aufgabe. Ausgeprägte Hierarchien und Strukturen erlauben die Koordination von sehr vielen Individuen. Begriffe wie Politik, Macht, Entscheidungen, Rationalität, Führung, Management, Strategie, Vision, Ziele, Strukturen, Prozesse, Kennzahlen, Kultur, Kontrolle, Humanressourcen, Marketing u. v. a. m. beherrschen den Organisationsalltag und vermitteln uns einen Eindruck über das Innenleben solcher Systeme.

Mit diesen Beschreibungen wird deutlich, wie wichtig die Dynamik und Personenorientierung von Gruppen für Organisationen sind und welche eklatanten Widersprüche Organisationen in sich vereinen müssen, wenn sie Teamarbeit, Teamlernen- und Kreativität fördern wollen. Folglich haben gruppendynamische Fragestellungen und die Vermittlung bzw. Erarbeitung von Handlungskompetenzen und -optionen im Coaching von Führungskräften, welche diese Widersprüche täglich neu lösen bzw. aushalten müssen, einen hohen Stellenwert.

### 17.3.2 Einige Modelle zur Beschreibung von Gruppen

Mit welchen Landkarten können gruppendynamische Prozesse nun beschrieben werden, sodass im Coaching daraus nützliche Beschreibungen und Ansätze für Lösungen entstehen? Inzwischen gibt es eine Vielzahl von Modellen und Theorien (vgl. Amann 2009). Manche muten veraltet und skurril an, wenn z. B. psychoanalytisch orientierte Vertreter von der „wilden Urhorde“ oder dem „Vatermord“ sprechen. Andere Modelle sind dauerhafter, oft inhaltlich verdünnter Bestandteil der Trainer- und Beraterfolklore geworden, wie etwa die „Team-Uhr“.

Fengler (1986) unterscheidet zur Beschreibung von Gruppen die folgenden Zugänge:

1. Rollentheorien und Funktionstheorien (zur Beschreibung von Gruppenstrukturen),
2. Typologien (nach Größe, Aufgaben, Rollenverteilung etc.),
3. Modelle zur Beschreibung von Gruppen als Systeme (Interaktionssystem, Organismus, soziales System, Produktionsmodell, Regelkreise),
4. Phasenmodelle (wellen-, stufen- oder spiralförmige Entwicklungen von Gruppen),
5. Prozessmodelle (Gruppen als Prozesse für Veränderung, Problemlösung, Beratung, Abwehr, Autorität und Intimität, Gemeinschaft).

Der theoretische Überbau des folgenden Kapitels ist die Theorie sozialer Systeme (Luhmann 1984). Zur Beschreibung gruppendynamischer Phänomene werde ich mich weiterhin auf ausgewählte Modelle zu Gruppenphasen bzw. -entwicklungen sowie zu Rollen bzw. Strukturen beschränken. Dies stellt eine sehr grobe Vereinfachung dar, denn natürlich gibt es in einer Gruppe etwas so Statisches wie eine Struktur oder eine Rolle nicht. Gruppen sind als offene, autopoietische Systeme ständig im Austausch mit ihrer Umwelt und damit permanent im Werden begriffen, ja sie existieren nur in der Zeit (vgl. Willke 2006). Könnte man die Zeit anhalten, wären zwar die Personen noch da, die Gruppe jedoch nicht existent, denn die Kommunikationsmuster können nur im Verlauf der Interaktionen entstehen und aufrechterhalten werden. Strukturmodelle sind somit als Momentaufnahmen der Gruppe zu verstehen.

Das bekannteste Modell der Gruppenentwicklung ist das Phasenmodell nach Tuckman (1965). In seinem Modell, übrigens eine Metaanalyse von zahlreichen Untersuchungen von Hunderten von Therapie- und Trainingsgruppen, postuliert Tuckman vier typische Phasen der Entwicklung einer Gruppe vom ersten Kontakt der Gruppenmitglieder bis hin zur Auflösung der Gruppe am Ende des Gruppenprozesses. Die bekannten Phasen sind „Forming“, „Storming“, „Norming“, „Performing“ und, später hinzugefügt, das „Adjourning“. Die Phasen beschreiben sehr anschaulich die Nähe-Distanz-Regulation der Gruppenmitglieder, die Bedeutung der Rolle der Gruppenleitung in den einzelnen Phasen, die unterschwellig ablaufenden Prozesse der Binnendifferenzierung und Sinnfixierung. Weiterhin lassen sich für die einzelnen Phasen Handlungsoptionen für die Gruppenleitung, also für Führungskräfte, Trainer und Berater ableiten.

Die Phase des *Forming* ist gekennzeichnet durch Unsicherheit und tastendes kommunikatives Annähern der Gruppenmitglieder. Die Beziehungen zueinander sind noch unklar. Die Gruppenmitglieder suchen nach Orientierung in Form von Regeln oder Zielen. In der Phase des *Storming* beginnt die Gruppe, sich intern zu differenzieren. Die Mitglieder gehen auf Distanz zueinander, Konflikte über Ziele, Führung und den Status des Einzelnen in der Gruppe bestimmen das Miteinander. Die Gruppe ist kaum leistungsfähig. In der Phase des *Norming* werden implizit oder explizit (mit Unterstützung der Führungskraft) Regeln ausgehandelt und Positionen geklärt. Die Gruppenmitglieder gehen wieder aufeinander zu, gemeinsame Normen und Werte entstehen. In der Phase des *Performing* ist die Gruppe dann relativ unabhängig von externen Führungsimpulsen. Kooperation und Unterstützung dominieren, die Gruppe ist arbeitsfähig. Schließlich kommt es bei manchen Gruppen zur Auflösung; die Phase des *Adjourning* beschreibt die Prozesse des Abschiednehmens, individuellen Verarbeitens und Abschließens der Gruppenmitgliedschaft.

Für Coaching und Beratung sind folgende Implikationen aus dem Modell von Tuckman (1965) relevant:

1. Mit jedem neuen Mitglied bzw. jeder neuen Aufgabenstellung durchläuft eine Gruppe erneut die Phasen der Gruppenentwicklung.
2. Die Führungskraft kann in jeder Phase einen spezifischen Beitrag leisten, um der Gruppe die erfolgreiche „Bewältigung“ der jeweiligen Phase zu erleichtern.
3. Alle Phasen müssen durchlaufen und können nicht übersprungen werden.
4. Damit eine Gruppe leistungsfähig wird oder bleibt, müssen die Phasen von Zeit zu Zeit wieder absolviert werden.
5. Gerade in der Stormingphase richten sich Angriffe, Infragestellungen und Widerstände oft gegen die Führungskraft. Hier ist Professionalität und Handlungskompetenz gefragt, um als Führungskraft nicht selbst Teil der Gruppendynamik zu werden.
6. Ständig wiederkehrende Konflikte in einer Gruppe deuten darauf hin, dass die Normingphase, also die Klärung und Kontrakterarbeitung nicht erfolgen kann. Die Gruppenmitglieder befinden sich dann dauerhaft in der Stormingphase und können ihre Position nicht finden. Damit ist die Gruppe dauerhaft in ihrer Performance beeinträchtigt.

Weiterhin zeigt das Modell gut die Nähe-Distanz-Dynamik innerhalb von Gruppen im Verlauf ihrer Entwicklung auf, denn über die einzelnen Phasen hinweg wechseln die Beziehungen der Gruppenmitglieder zwischen Nähe, Kohäsion, Zusammenhalt oder Harmonie auf der einen Seite und Distanz, Differenzierung, Unabhängigkeit und Konflikten auf der anderen Seite hin und her. Beide Pole sind für die Gruppenentwicklung von entscheidender Bedeutung: Nähe bedeutet, dass die Gruppe Zusammenhalt hat, und ermöglicht den Mitgliedern, Geborgenheit und Angenommen-Sein zu erfahren. Die Gruppe ist in diesem Zustand jedoch kaum leistungsfähig, denn um Entscheidungen zu treffen und Ziele zu bilden, muss die Harmonie durch Unterschiedlichkeit aufgelöst werden. Differenzierung und damit Distanz und Konflikte ermöglichen Entwicklung und das Bewältigen von Aufgaben. Die Leistungsfähigkeit nimmt zu. Gleichzeitig darf nicht zu viel Differenzierung entstehen, damit die Gruppe nicht zerfällt. Leistungsfähige Gruppen regulieren dieses Oszillieren zwischen Nähe und Distanz auf der Sachdimension und auf der Sozialdimension der Kommunikation gleichzeitig, d. h. Unterschiede auf der Sachdimension werden auf der Sozialdimension ausgeglichen und vice versa (vgl. das Konzept der „Full Functionally Teams" von West 1996).

Im letzten Abschnitt wurde absichtlich der Begriff Team vermieden, weil Tuckman sein Modell aus der Gruppenforschung und für Gruppen entwickelt hat. Bei einem Team sind die Personen-Aufgaben-Koppelung und damit die Rollen fest bzw. fester vorgegeben und sind damit nicht Ergebnis eines gruppendynamischen Aushandlungsprozesses. Trotzdem gibt es unterhalb dieser formalen Teamstruktur immer auch die informellen Prozesse der Binnenstrukturierung einer Gruppe bezogen vor allem auf informelle Rollen, den Status oder bestimmte – gerade relevante – Sinnfixierungen. Jedes Team ist also, auch bei noch so klarer Aufgabenteilung, auch noch eine Gruppe und durchläuft in seiner Entwicklung die genannten Gruppenphasen.

Das Modell von Tuckman (1965) ist vor allem phänomenologischer Natur. Ein tieferes Eintauchen in die inneren Prozesse einer Gruppe erlaubt das Modell des gruppendynamischen Raums (Amann 2009). Dieses Modell hat eine enge Verwandtschaft mit den Systemfunktionen von Parsons (1978) und den Ordnungsmustern aus dem Kontext von Familien-bzw. Organisationsaufstellungen (Weber 2001). Der gruppendynamische Raum beschreibt drei grundlegende Dimensionen, entlang derer sich im Verlauf ihrer Entwicklung in Gruppen typischerweise Konflikte entwickeln. Die Konfliktdimensionen sind Hierarchie, Zugehörigkeit und Intimität. Das Modell postuliert, dass alle gruppendynamischen Konflikte mindestens einer dieser drei Dimensionen zugeordnet werden können.

Die Dimension *Hierarchie* beschreibt, wenn sich Mitglieder einer Gruppe durch Initiativen, Ideen oder Vorschläge, also durch Führungsimpulse, aus einer bis dahin symmetrischen Position in eine asymmetrische Position begeben. Die entscheidenden Fragen sind hier: Wer setzt sich durch? Was wird gemacht? Wem wird gefolgt? Wer führt und repräsentiert die Gruppe? Wer prägt die gemeinsamen Normen und Werte? Wer hat einen höheren Status als andere Gruppenmitglieder? Gruppen sind bezogen auf diese Dimension gegenüber einer dauerhaften Asymmetrisierung sehr empfindlich und versuchen diese beizeiten zu re-symmetrisieren (Königswieser et al. 2013). Die Gruppenmitglieder lassen die Asymmetrisierung solange zu, wie sie meinen, dass diese der Gruppe nutzt. Die Dimension Hierarchie korrespondiert mit der Systemfunktion der Zielbildung von Parsons und im Kontext von Systemaufstellungen mit dem Ordnungsprinzip „Vorrang von Leitung, Innovation und Leistung" (vgl. Weber 2001). Konflikte in Gruppen über Richtungsentscheidungen, Ziele, Wahrheit, Vorgehensweisen, Bewertungen eines Sachverhalts etc. sind daher oft Ausdruck eines inneren Prozesses der Hierarchiebildung, bei dem sich entscheiden muss, wer – zumindest für eine Zeit lang – sagt, wo es lang geht und wer folgt.

Die zweite Dimension bezieht sich auf die *Zugehörigkeit*. Hier kommt es zu Konflikten, wenn die Systemgrenze nicht klar definiert ist. Wer gehört dazu und wer nicht? Wer ist mit welchen Zielen dabei? Machen alle mit oder sind Trittbrettfahrer dabei? Wer ist noch in anderen konkurrierenden Gruppen Mitglied? Diese Dimension korrespondiert mit Parsons' (1978) Integrationsfunktion und im Kontext von Aufstellungen mit dem „Recht auf Zugehörigkeit" (Weber 2001). Viele Teams in Organisationen haben auf dieser Dimension mit Konflikten zu tun, weil gerade im Kontext moderner Organisationen und vielfältigen Strukturen nicht immer ganz klar ist, wer wohin gehört. Damit eine Gruppe jedoch gut agieren kann, ist eine klare Systemgrenze wichtig, damit sich intern Qualitäten wie Nähe, Verbindlichkeit, Kontakt, Zusammengehörigkeit und schließlich gemeinsame Werte entwickeln können.

Die dritte Dimension wird als *Intimität* bezeichnet. Konflikte auf dieser Dimension adressieren vor allem die Nähe- und Distanzregulation der Gruppenmitglieder zueinander. Hier wird z. B. die Frage gestellt, ob sich alle gleich intensiv in den Gruppenprozess einbringen, ob sich alle als Person – vor allem bzgl. ihrer Gefühle – dem Gruppenanlass angemessen öffnen und ob alle Gruppenmitglieder eine ähnlich intensive Nähe zueinander aufgebaut haben. Unterschiede, wenn z. B. zwei Gruppenmitglieder sehr nah miteinander sind und zu den anderen Mitgliedern Distanz halten, führen unweigerlich zu Irritationen in der Gruppe, weil sofort ein zusätzlicher Beziehungskontext unterstellt wird. Die Dimension Intimität korrespondiert mit Parsons' (1978) Strukturerhaltungsfunktion und mit dem Prinzip des „Ausgleichs von Geben und Nehmen" im Aufstellungskontext (vgl. Weber 2001).

Der gruppendynamische Raum ist ein fruchtbares und wirksames Modell, um die Konflikte in Gruppen zuordnen zu können und Interventionen abzuleiten. Beim Coaching von Führungskräften können gruppendynamische Probleme damit treffend beschrieben und Erklärungen entwickelt werden, weil sich dieses Modell auf die elementaren Themen eines sozialen Systems bezieht. Es wird für jeden schnell einsichtig, dass man von einem Team keine Höchstleistungen erwarten kann, wenn dieses all seine Energie darauf verwendet, seine elementaren Systemfunktionen aufrechtzuerhalten.

Die vorgestellten Modelle beschreiben Prozesse, wie sie im Kontext von Gruppendynamik ablaufen. Die folgenden Modelle vermitteln Vorstellungen darüber, wie sich Gruppen im Verlauf ihrer Entwicklung strukturieren und welche Rollen die Gruppenmitglieder dabei einnehmen können. Wegweisend ist hier das Modell von Kantor und Lehr (1977), der als Familientherapeut in einem Forschungsprojekt Hunderte Familien in ihrem häuslichen Kommunikationsverhalten untersuchte. Seine Ergebnisse verallgemeinerte er daraufhin auch auf Gruppen und Teams und wurden in dem bekannten Kantor-Modell zusammengefasst: Wenn die Interaktion in einer Gruppe beginnt, also z. B. eine Aufgabe gelöst werden soll, wird die Person, die den ersten Impuls gibt, also den ersten Vorschlag macht, als *Mover* bezeichnet. Dieser Vorschlag bekommt relativ kurzzeitig danach den ersten Gegenvorschlag. Die Person, die den Gegenvorschlag macht, wird als *Opposer* bezeichnet. Im weiteren Verlauf spielt sich die wesentliche Dynamik zwischen diesen beiden Positionen ab und wird von den anderen beteiligten Personen verfolgt, indem sie die eine oder andere Position unterstützen. Diese Personen nennt Kantor (1977) die *Follower*. Sie warten ab, wie sich die Mover-Opposer-Interaktion entwickelt, und unterstützen dann die Position, die sich durchgesetzt hat. Eine vierte Position sind die sogenannten *By-Stander*. Sie halten sich aus dem Prozess heraus und geben aus der Distanz Kommentare dazu, ohne sich wirklich zu beteiligen. Sie lassen sich erst involvieren, wenn die Richtungsentscheidung gefällt wurde. Die Kommentare der By-Stander können jedoch als wichtige Reflexionen bezüglich der Prozessqualität verstanden werden.

Mit dem Kantor-Modell können typische Interaktionsmuster in Gruppen schnell identifiziert werden. Dabei sind für die Arbeit mit Gruppen und beim Coaching von Führungskräften mehrere Fragen interessant:

1. Sind in meinem Team die Positionen immer durch die gleichen Personen besetzt oder wechseln diese?
2. Welche Personen bevorzugen welche Positionen?
3. Können Follower und By-Stander ermutigt werden, auch andere Positionen zu besetzen?
4. Welche Position habe ich selbst in Gruppen oft inne?

Die Annahmen dieses Modells führen, wenn man sie weiterdenkt, zu einer inneren Rangordnung, die sich durch die von Kantor beschriebenen Interaktionsprozesse in der Gruppe herausbildet. Damit können wir uns quasi ohne Übergang dem rangdynamischen Positionsmodell nach Schindler (1957), einem weiteren Klassiker der Gruppendynamik, zuwenden. Schindler geht davon aus, dass eine Gruppe, um eine Aufgabe zu erfüllen oder eine Bedrohung abzuwehren, intern eine funktionale Struktur entwickeln muss, die es ermöglicht, dass Ziele verfolgt werden, Handlungen entstehen und möglichst alle Gruppenmitglieder die gleiche Sicht auf die Aufgabe (welche er das „*Gegenüber*“ nennt) haben. Dazu werden von den Gruppenmitgliedern bestimmte Positionen besetzt. Der Begriff der Positionen ist wichtig, denn er bedeutet, dass man sie wie eine Stelle auf einem Spielfeld auch wieder verlassen kann. Es handelt sich hier also nicht um Rollen oder Persönlichkeitseigenschaften, die durch dieses Modell beschrieben werden, sondern um Funktionen, die eine Gruppe intern ausprägt.

Die erste und ranghöchste Position ist *Alpha*. Die Person, die diese Position einnimmt bzw. zugeschrieben bekommt, übernimmt die Aufgabe, die Gruppe zum Ziel zu führen und die Auseinandersetzung oder Bewältigung mit dem Gegenüber zu führen. Dabei agiert Alpha außenorientiert und ist darauf angewiesen, dass die Gruppenmitglieder folgen. Zusätzlich definiert Alpha das Bild auf das Gegenüber. Die Gruppe sieht das Gegenüber gleichermaßen durch Alpha, d. h. die Wirklichkeitskonstruktion des Systems Gruppe ist stark durch die Alpha-Position geprägt.

Die *Beta-Position* wird durch den Experten besetzt, der Alpha unterstützt und mehr nach innen wirkt. Hier liegt meist ein ambivalentes Verhältnis vor: Alpha braucht Beta, um zu führen, und Beta braucht Alpha, um an der Macht zu partizipieren. Hier gibt es also Potenzial, Alpha zu stürzen und selbst die Macht zu übernehmen.

Die eigentliche Arbeit wird durch die Gruppenmitglieder auf den *Gamma*-Positionen verrichtet, die sich mit Alpha identifizieren und die Sicht auf das Gegenüber mit der Alphaposition teilen.

Die vierte und sehr interessante Position ist die *Omega*-Position. Hier ist es wichtig, diese nicht mit der Bezeichnung aus der Biologie zu verwechseln, in der mit Omega das rangniedrigste Individuum beschrieben wird. Omega ist vielmehr die Gegenposition zu Alpha und damit eine wesentlich andere Sicht auf das Gegenüber, die Aufgabe bzw. das Ziel. Dies erleben die Gamma-Positionen als Bedrohung, weil es deren Identifikation mit Alpha stört. Gleichzeitig wird Omega von Alpha und Beta als Bedrohung wahrgenommen, weil es deren Führungsposition in Frage stellt. Omega wird daher oft als Störfaktor stigmatisiert, und nicht selten wird versucht, es auszuschließen, weil, um mit Luhmann (1984) zu sprechen, es durch *re-entry* die etablierten Kommunikationsmuster stört. Im Verhalten der Omega-Position und im Umgang damit in der Gruppe zeigt sich die Reflexionsfähigkeit einer Gruppe bezogen auf Probleme bei der Zielerreichung, auf den Umgang mit unterschiedlichen Sichtweisen, den Zusammenhalt oder die Machtkonzentration in der Gruppe. Omega ist somit als Korrektiv zu Alpha anzusehen und gleichzeitig ein Indikator für den Zustand des Gesamtsystems. Solche Positionen werden in der systemischen Familientherapie als „Indexpatient“ oder „Symptomträger“ bezeichnet (vgl. von Schlippe und Schweitzer 2012). Die Arbeitsfähigkeit und Entwicklung einer Gruppe hängt ganz wesentlich davon ab, wie konstruktiv der Konflikt zwischen Alpha und Omega gestaltet wird. Wird Omega zu stark, läuft Alpha Gefahr, die Position zu verlieren, dominiert Alpha zu stark, gibt es kein Korrektiv mehr in der Gruppe, und Stagnation droht.

Im Coaching ist es für Führungskräfte interessant, gemeinsam mit dem Coach die Positionen im Mitarbeiterteam der Mitarbeitergruppe zu analysieren, um Konflikte und andere Muster besser zu verstehen: 1) Wer hat die informelle Alpha-Position inne? 2) Was ist dann das Gegenüber? Ich, die Teamleitung oder die Bedrohung, die der aktuelle Veränderungsprozess im Team auslöst? 3) Wer teilt mit wem welche Ansichten im Team? Wer unterstützt Alpha? 4) Wie kann ich die Zusammenarbeit mit Alpha verbessern und somit einen besseren Zugang zum Team bekommen? 5) Welche Themen adressiert die Omega-Position? Werden hier vielleicht unklare Strukturen, ungeklärte Aufgabenzuschnitte oder Zielkonflikte thematisiert, um die ich mich als Führungskraft kümmern müsste? Diese und viele andere Fragen, lassen sich im Coaching mit dem rangdynamischen Modell von Schindler thematisieren und beantworten.

Wimmer (1998) beschreibt Gruppen noch auf einer weiteren wichtigen Dimension (vgl. auch Amann 2009), nämlich danach, was in der Gruppe besprechbar ist und was nicht. Das Kommunikationsmuster einer Gruppe sorgt dafür, welche Kommunikation in der Gruppe eine Anschlusskommunikation erhält und – welche nicht. Durch die Musterbildung im Verlauf der Gruppenentwicklung verschwinden nach und nach zahlreiche Themen in der „Unbesprechbarkeit“. Aus der Kontingenz werden Konventionen, worüber man miteinander sprechen kann. Schwer oder kaum besprechbar sind dabei typischerweise Themen, wie Kritik an der Gruppenleistung, Ungleichheit, Unterschiedlichkeit, Hierarchie, Nähebedürfnisse, Ängste oder Schwächen von Gruppenmitgliedern, um nur einige zu nennen. Bei der Arbeit mit Gruppen bzw. bei der Intervention in Gruppen ist die Unterscheidung zwischen Besprechbarem und Nicht-Besprechbarem eine wichtige Leitdifferenz. Gerade in Veränderungssituationen, bei Konflikten in der Gruppe oder anderen schwierigen Phasen nimmt die Menge an besprechbaren Themen rapide ab. Die Gruppe sucht vor allem in external gerichteten Wahrnehmungen nach Erklärungen für ihre Situation, daher sollte es Ziel sorgfältiger, professioneller Arbeit mit Gruppen in Veränderungsprozessen sein, einen Kontext zu schaffen, indem wieder mehr (internale) Themen besprechbar werden.

Im letzten Abschnitt wurden einige Theorien und Modelle zum Verständnis von gruppendynamischen Prozessen vorgestellt, wie sie im Coaching mit Führungskräften zum Einsatz kommen können. Zur Beschreibung von Gruppen und Teams gibt es natürlich noch eine große Anzahl weiterer Zugänge. Im Kontext von Teamarbeit sei hier auf den Ansatz von West (1996) oder das Modell von Belbin (1996) verwiesen. Es würde den Rahmen dieses Textes sprengen, hier noch weitere Modelle vorzustellen. Als Fazit lässt sich festhalten: Die Beschäftigung mit gruppendynamischen Theorien und Modellen lohnt sich, auch wenn man als Coach nur mit einzelnen Personen arbeitet. Viele Fragestellungen im Coaching beziehen sich auf Gruppen und deren Dynamik und können unter Zuhilfenahme geeigneten Wissens Lösungen zugeführt werden.

## 17.4 Steuerung von Gruppenprozessen im Mehrpersonensetting

Viele Coachingaufträge finden in Mehrpersonensettings statt. Streng genommen wird hier die Grenze in die Nachbargärten, nämlich die der Organisationsberatung und/oder des Trainings überschritten, da sich die Arbeit mit mehreren Personen hinsichtlich des Themas, der Prozessgestaltung und des Methodeneinsatzes grundsätzlich von der Arbeit mit Einzelpersonen unterscheidet. Leider wird diesem Zusammenhang durch Begriffe wie Organisations-Coaching oder Team-Coaching suggeriert, dass alles irgendwie Coaching ist (vgl. Bachmann 2012; Kap. 5 in diesem Buch). Der anhaltende Coachingboom assimiliert angrenzende Konzepte, leider nicht zum Vorteil der Beratungsbranche insgesamt.

Die Arbeit mit Gruppen erfordert profunde Kenntnisse und Kompetenzen in der Steuerung eines sozialen Systems. Sind die Gruppen Teil einer Organisation, also ein Team oder eine Führungscrew, ist für eine professionelle Begleitung zusätzlich elaboriertes Organisationswissen und Organisationserfahrung nötig. Es würde zu weit führen, an dieser Stelle den gesamten Handwerkskasten erfahrener Trainer vorzustellen, daher beschränke ich mich auf einige wesentliche Aspekte. Die Gestaltung, d. h. die Konzeption und Durchführung von Gruppenveranstaltungen kann durch Interventionen auf mehreren Ebenen erfolgen: 1) der Kontext, 2) die Struktur, 3) der Prozess, 4) die Inhalte, 5) die Interaktionen und 6) die Personen. Selbstverständlich hat eine Interventionen auf einer Ebene immer auch Effekte auf den anderen Ebenen.

### 17.4.1 Kontext

Interventionen bezogen auf den *Kontext* der Gruppenveranstaltung betreffen vor allem deren Einbettung in organisationale (Veränderungs-)Prozesse, den Auftrag und das Ziel der Veranstaltung, Erwartungen des Auftraggebers und mögliche

„verdeckte Erwartungen“, Freiwilligkeit der Teilnahme usw. All diese Kontextfaktoren sind im Vorfeld zu klären und im Sinne einer professionellen Beziehungsgestaltung, Rollenklarheit und Auftragserfüllung zu beeinflussen (siehe Kap. 4 oder Kap. 15 in diesem Buch).

### 17.4.2 Struktur

Die *Strukturebene* umfasst alle raum-zeitlichen Merkmale der Veranstaltung sowie die Zusammensetzung des Teilnehmersystems und des Beratersystems, zu verwendende Medien, Honorar, Vertrag, Unterlagen etc. Erfahrene Trainer, Berater und Coachs gestalten das Setting ihrer Veranstaltungen so, dass für sie selbst und die Teilnehmenden optimale Bedingungen der Systembeeinflussung vorherrschen.

### 17.4.3 Prozess

Die *Prozessebene* in einer Gruppenveranstaltung meint das, was landläufig als „Dramaturgie“ oder „roter Faden“ bezeichnet wird. Vom Beginn des Zusammentreffens, also z. B. der Vorstellungsrunde, bis zum abschließenden Feedback durch die Teilnehmer gilt es, Interventionen in Form von Techniken oder Methoden mit Hinsicht auf das Thema, die Gruppe und jeden Einzelnen so einzusetzen, das ein optimaler Gruppenprozess entsteht. Hierzu hat die Themenzentrierte Interaktion (vgl. Cohn 1997) einen guten Orientierungsrahmen und Handlungsmöglichkeiten ausgearbeitet. Interventionen auf der Prozessebene können zunächst einmal kommunikativer Art sein, indem der Coach Fragen stellt, konfrontiert, spiegelt, eigenes Erleben schildert, Muster beschreibt, Feedback gibt, Metakommunikation betreibt, Gefühle verbalisiert, irritiert, instruiert, anerkennt, unterstützt, mitfühlt usw.

Das ganze Repertoire beraterischer Kommunikationsfähigkeiten kann hier, je nachdem welcher Punkt im Gruppenprozess gerade erreicht wurde, eingesetzt werden. Anders als bei der Arbeit mit Einzelpersonen reagiert hier immer ein System mit seinem Muster, was sich in oft unterschiedlichen und von außen nicht immer nachvollziehbaren Reaktionen der Einzelpersonen auf eine Intervention hin äußern kann. So werden negativ konnotierte Interventionen oft von vielen abgelehnt und nur stillschweigend geteilt, hingegen positiv konnotierte Interventionen bei positiver Beziehungsgrundlage meist von der ganzen Gruppe positiv beantwortet. Positive Interventionen können aber auch mit Skepsis aufgenommen werden. Dies ist der Fall, wenn verdeckte Aufträge von den Teilnehmern vermutet werden oder die Veranstaltung nicht freiwillig besucht wird. Für die Arbeit mit Gruppen ist es somit von Bedeutung, das oder die Muster der Gruppen zu erkennen, getreu dem

Satz, der Kurt Lewin zugesprochen wird: „Man kann ein System nur verstehen, wenn man versucht, es zu verändern."

Intervenieren auf der Prozessebene bedeutet also, Muster zu erkennen und das Kommunikationssystem der Gruppe im Sinne der Ziele der Veranstaltung zu beeinflussen. Dies geschieht vor allem dadurch, dass neue Kommunikation in das System eingeschleust wird, welche auf Basis der Anschlussfähigkeit durch den Kontrakt zwischen Coach und Gruppe neue Perspektiven, neue Sichtweisen und Positionierungen ermöglicht. Dabei ist die zentrale Herausforderung, dass die Gruppe sich selbst zum Reflexionsgegenstand macht, denn Systemlernen passiert nur, indem die Kommunikation des Systems das „Neue" in sich aufnimmt und verarbeitet und zu sich selbst in Bezug setzt. Eine Gruppe oder ein Team lernt nicht, indem einzelne beteiligte Personen Wissen aufnehmen oder Erfahrungen machen, sondern indem sich das soziale System selbst thematisiert und die Lerninhalte oder Erfahrungen der Personen kommunikativ verarbeitet. Das Wissen oder die Erfahrungen einzelner Personen fließen natürlich in den Kommunikationsprozess ein und beeinflussen diese auch; eine gezielte Veränderung von Kommunikationsmustern, die alle Mitglieder betrifft, ist dadurch jedoch nicht möglich. Dies wird sehr schön in Andersens Märchen „Des Kaisers neue Kleider" deutlich. Auch wenn alle Höflinge hinter vorgehaltener Hand tuscheln und sich gegenseitig darüber austauschen, was sie sehen, mit dem eigentlichen Muster passiert dadurch nichts. Der Kaiser wird weiterhin für seine schönen Kleider bewundert. Erst als das Kind auftritt und die Kommunikation „Aber der Kaiser ist doch nackt!" in das System einführt, fallen allen die Schuppen von den Augen, und nichts ist mehr wie vorher. Systemisch gesprochen, passiert hier das schon angesprochene *re-entry*, die sprachliche Wiedereinführung des System-Umwelt-Unterschieds in das System. Die Beeinflussung von Gruppendynamik im professionellen Kontext (also jenseits der Manipulation) von Coaching und Beratung bedeutet daher immer, es der Gruppe zu ermöglichen, über sich selbst zu reflektieren und damit die eigenen internen Strukturen und Prozesse unter die Lupe zu nehmen. Geschieht dies in einem geschützten, wertschätzenden und wohlwollenden Rahmen, können sich Veränderungen in den Kommunikationsmustern ausbreiten.

Alle Methoden und Übungen aus dem Handwerkskoffer von Trainern und Beratern, welche entweder Strukturen sichtbar machen, Prozessmuster aufdecken oder die Gruppen oder Teamkultur beschreiben, haben demnach das Ziel, dem sozialen System neue Beschreibungen zur Verfügung zu stellen und diese durch einen gemeinsamen Prozess des Erklärens und Bewertens in die Kommunikationsmuster der Gruppe zu integrieren. Typische Methoden und Übungen sind: Das Soziogramm (vgl. Höhn und Schick 1976) in all seinen Varianten und Spielarten, Kooperations- und Entscheidungsübungen (vgl. Antons 2011) sowie eine Vielzahl kreativer und projektiver Verfahren (Stehgreif-Spiel, kreative Gruppenbilder, Skulpturen etc.). Weiterhin gehören dazu Methoden, in denen reflektierende Positionen zu Wort kommen und der Gruppe gezielt bestimmte Beschreibungen zur Verfügung stellen. Dazu gehören Metadialoge oder Reflexionen des Trainers, Coachs bzw. Beraters, die Fishbowl, bei der ein kleiner Innenkreis über die Gruppe insgesamt oder bestimmte Positionen, wie die Narren, die Weisen etc. reflektiert. Das Risiko beim Einsatz von Übungen besteht immer in der systemisch-bedingten „Nicht-Instruierbarkeit". Dies bedeutet, dass nicht jede Methode immer den gewünschten Effekt erzielt, dass also nicht nach dem Rezeptbuch gearbeitet werden kann. Es erfordert Erfahrung, Fingerspitzengefühl und einen guten Kontakt zur Gruppe sowie Steuerungskompetenz auf der Mikroebene, also bezüglich der verbalen und non-verbalen Interventionen, um an der „richtigen" Stelle im Gruppenprozess aktiv zu werden und fruchtbare Impulse zu setzen.

### 17.4.4 Inhalt

Die Beeinflussung auf der Ebene des *Inhalts* besteht in einer sorgfältigen Erwartungsklärung im Vorfeld des Auftrags sowie einer methodisch-didaktisch angemessenen Aufbereitung, Vermittlung und Reflexion von Inhalten im Gruppenprozess. Die Inhaltsebene wird von Luhmann (1984) als die Sachdimension eines Kommunikationssystems beschrieben. Hier synchronisiert sich ein System dahingehend, was jetzt das Thema ist und was nicht. Da einem sozialen System zur Aufrechterhaltung seiner Autopoiese immer wieder Kommunikation zugeführt werden muss, entscheidet sich auf der Sachdimension, ob das Interesse der beteiligten Personen, weiterhin an der Gruppe mitzuwirken, aufrechterhalten wird oder ob sie sich abwenden oder ein anderes Thema in die Kommunikation einbringen. Gute inhaltliche Vorbereitung, Erwartungsklärung und Einbeziehung aller Gruppenmitglieder und Zwischenfeedback sind wesentliche Säulen eines Gruppenprozesses, die verhindern, dass sich durch unerfüllte Erwartungen oder nicht anschlussfähige Inhalte eine negative Gruppendynamik entfaltet und den Prozess stört oder behindert.

### 17.4.5 Interaktionen

Schließlich kann eine Gruppe auf der Ebene der *Interaktionen*, also der einzelnen Beziehungen zwischen den Mitgliedern, in ihrer Dynamik beeinflusst werden. Über die Beziehungen erleben die Gruppenmitglieder die Sozialdimension der Kommunikation, d. h. die Übereinstimmung zwischen „Ego" und „Alter" (Luhmann 1984). Störungen der Beziehung zwischen Gruppenmitgliedern im Prozess gruppendynamischer Entwicklungen, durch Konflikte, unterschiedliche Bedürfnisse nach Nähe etc. sind oft Ausdruck zugrundeliegender gruppendynamischer Prozesse, wie sie im vorangegangenen Abschnitt skizziert wurden.

Das Spektrum der Interventionsmöglichkeiten auf der Ebene der Interaktionen ist ebenfalls sehr breit. Aus systemisch-konstruktivistischer Sicht geht es dabei im Wesentlichen darum, die Erwartungs-Erwartungen innerhalb der Interaktionsbeziehungen der Gruppenmitglieder zu thematisieren und dementsprechend zu kalibrieren. Erwartungs-Erwartungen können definiert werden als die Wirklichkeitskonstruktionen, von denen ich annehme, dass ein anderer sie über mich hat (wie glaube ich, denkst du über mich? Oder: was denke ich, was du von mir erwartest?). Erwartungs-Erwartungen sind demnach soziale Konstrukte, welche die Mitglieder eines sozialen Systems bezogen aufeinander haben. Sie regulieren das Miteinander, machen soziale Beziehungen berechenbar und halten soziale System zusammen (von Schlippe und Schweitzer 2012). Wenn für die Erwartungsmuster vertraute und gesellschaftlich etablierte oder tradierte Kontexte vorliegen, stimmen die Erwartungs-Erwartungen oft unausgesprochen überein, etwa beim Restaurantbesuch, beim Frisör oder einer Taxifahrt. Der Taxifahrer denkt über den Fahrgast, dass dieser erwartet, dass ihm der Fahrer am Fahrtziel den Preis sagt. Und tatsächlich, der Fahrgast ist über die Preisansage auch nicht überrascht. In weniger klaren Kontexten, wie es in einer Gruppe oder einem Team der Fall ist, müssen die Erwartungs-Erwartungen hin und wieder ausgesprochen werden, um Störungen auf der „Beziehungsebene" zu vermeiden bzw. zu klären.

Methoden der Wahl zur Klärung sind verschiedene Formen des Feedbackgebens und -bekommens in der Gruppe. Dies kann zwischen zwei oder mehr Personen, zwischen Teilgruppen oder innerhalb der Gesamtgruppe erfolgen. Eine sehr wirksame Intervention bei festgefahrener Gruppendynamik zur Unterstützung in der Norming-Phase ist eine Methode, bei der sich alle Gruppenmitglieder gleichzeitig jeweils paarweise ein kurzes, wertschätzendes Feedback geben bzw. ihre Erwartungs-Erwartungen einander mitteilen, danach wechseln, bis jedes Gruppenmitglied von jedem anderen eine Rückmeldung bekommen hat. Im Ergebnis zeigt sich eine deutlich positive Veränderung der Gruppensituation, weil alle Beziehungen wieder aktiviert und mit positiver Kommunikation auf der Sozialdimension versorgt wurden. Die einzelnen Gruppenmitglieder fühlen sich wieder sicherer in der Gruppe, die Erwartungen aneinander sind klarer.

### 17.4.6 Personen

Interventionen im Kontext der Dynamik von Gruppen können sich auch an eine oder mehrere *Personen* und auf deren Verhalten in der Gruppe richten. Dazu gehört, einzelne Personen aufzufordern, sich mehr einzubringen, andere zu bitten, sich mehr zurückzuhalten, Störer in die Schranken zu weisen, positive Beiträge wertzuschätzen, dafür zu sorgen, dass sich alle beteiligen (können) usw. Die Arbeit mit mehreren Personen bedeutet daher neben der Steuerung eines sozialen Systems auf der Kontext-, Struktur- und Prozessebene vor allem auch die Gestaltung der Beziehung zu jedem einzelnen Gruppenmitglied. Auch hier gibt es zahllose Interventionsmöglichkeiten, beginnend beim Wertschätzen, Unterstützen und Ermutigen von Einzelpersonen im Gruppenprozess bis hin zum Klärungs- oder Konfliktgespräch im Anschluss an einen problematisch verlaufenen Workshop.

Die Interventionen auf der Personenebene haben also u. a. die Funktion, die Akzeptanz und Autorität des Coachs und damit seine Wirksamkeit zu befördern, aufrechtzuerhalten und zu sichern. Beziehungsstörungen zwischen einzelnen Gruppenmitgliedern und dem Coach können dabei ebenfalls Ausdruck der Gruppendynamik sein und ein Indiz dafür, dass man als Coach nicht mehr die Gruppendynamik steuert, sondern bereits Teil von ihr geworden ist.

## 17.5 Zusammenfassung

Ein Coaching von Personen mit Führungs- und Managementaufgaben von Coaches, die nicht über elaborierte gruppendynamische Erfahrungen, Theorien und Kompetenzen verfügen, ist undenkbar. Dies betrifft im Einzelnen die Reflexion und Reifung der eigenen Beratungspersönlichkeit im sozialen Raum einer Gruppe, die theoriegeleitete Beratung von Personen mit gruppendynamischen Fragestellungen im Coaching und die Entwicklung von Handlungskompetenzen zur Steuerung von Gruppenprozessen in Mehrpersonensettings. Diese drei Anwendungsperspektiven sollten sowohl bei der Ausbildung von Coaches im Rahmen von Coachingweiterbildungen als auch bei der persönlichen Entwicklung und Weiterbildung von Coaches Inhalt und Gegenstand von Lernen, Üben und Reflexion sein. Dabei muss es nicht darum gehen, sich möglichst viele ausgetüftelte Ansätze und Theorien anzueignen, sondern auf Basis nützlicher Beschreibungen das Thema des Klienten oder das eigene Handeln zu beobachten und somit Kompetenzen beim Klienten und sich selbst als Coach aufzubauen bzw. zu stärken. Vor allem die Steuerung von Gruppen und die Intervention in gruppendynamische Prozesse erfordert viel Erfahrung sowie Autorität und Präsenz in der Rolle der Gruppenleitung. Diese wirksamen Qualitäten entstehen auf der Basis von Wissen, Methoden- und Prozesssicherheit sowie Klarheit, Reflexion, Fokussierung, also Rollenklarheit, und das sind genau die drei Zutaten, die auch Seliger (2010) als die Komponenten beschreibt, aus denen sich Professionalität entwickelt.

## Literatur

Amann, A. (2009). Der Prozess des Diagnostizierens – Wie untersuche ich eine Gruppe? In C. Edding & K. Schattenhofer (Hrsg.), *Handbuch Alles über Gruppen. Theorie, Anwendung, Praxis*. Weinheim: Beltz.

Antons, K. (2011). *Praxis der Gruppendynamik: Übungen und Techniken*. Göttingen: Hogrefe.

Bachmann, T. (2012). Coaching? Training? Organisationsentwicklung? *Wirtschaft und Weiterbildung, 3,* 38–40.

Bachmann, T. (in Vorb.). *System und Kontakt – Ideen für eine Theorie des Kontakts*.

Belbin, R. M. (1996). *Managementteams. Erfolg und Misserfolg*. Wörrstadt: Bergander.

Brosius, K. (2009). Soziales Lernen in Gruppen. In C. Edding & K. Schattenhofer (Hrsg.), *Handbuch Alles über Gruppen. Theorie, Anwendung, Praxis*. Weinheim: Beltz.

Buer, F. (2012). Die Supervision und das Glück. In W. Weigand (Hrsg.), *Philosophie und Handwerk der Supervision* (S. 237–245). Gießen: Psychosozial-Verlag.

Campbell, D. T. (1958). Common fate, similarity, and other indices of the status of aggregates of persons as social entities. *Behavioral Science, 3,* 14–25.

Cohn, R. C. (1997). *Von der Psychoanalyse zur themenzentrierten Interaktion*. Stuttgart: Klett-Cotta.

Dehner, U. (2009). Beratung mit Ratschlag. *ManagerSeminare, 131*(2), 46–49.

Fengler, J. (1986). Soziologische und sozialpsychologische Gruppenmodelle. In H. Petzold & R. Frühmann (Hrsg.), *Modelle der Gruppe in Psychotherapie und psychosozialer Arbeit* (Bd. 1, S. 33–108). Paderborn: Junfermann.

Höhn, E., & Schick, C. P. (1976). *Das Soziogramm*. Göttingen: Hogrefe.

Kantor, D., & Lehr, W. (1977). *Inside the family*. San Francisco: Jossey-Bass.

König, O., & Schattenhofer, K. (2012). *Einführung in die Gruppendynamik*. Heidelberg: Carl-Auer.

Königswieser, R., Wimmer, R., & Simon, F. B. (2013). Back to the Roots – Die neue Aktualität der („systemischen“) Gruppendynamik. *Organisationsentwicklung, 1,* 65–73.

Luhmann, N. (1984). *Soziale Systeme*. Frankfurt a. M.: Suhrkamp Verlag.

Parsons, T. (1978). *Action theory and the human condition*. New York: The Free Press.

Richter, H. E. (1993). *Lernziel Solidarität*. Reinbek: Rowohlt.

Schein, E. H. (2012). *Prozess und Philosophie des Helfens*. Bergisch Gladbach: EHP.

Schermuly, C. C., Schermuly-Haupt, M.-L., Schölmerich, F., & Rauterberg, H. (2014). Zu Risiken und Nebenwirkungen lesen Sie… Negative Effekte von Coaching. *Zeitschrift für Arbeits- und Organisationspsychologie, 58,* 17–33.

Schindler, R. (1957). Grundprinzipien der Psychodynamik in der Gruppe. *Psyche, 11,* 308–314.

Schlegel, L. (1993). *Handwörterbuch der Transaktionsanalyse*. Freiburg: Herder.

von Schlippe, A., & Schweitzer, J. (2012). *Lehrbuch der systemischen Therapie und Beratung*. Göttingen: Vandenhoeck & Ruprecht.

Schmidt-Lellek, C., & Buer, F. (Hrsg.) (2011). *Life-Coaching in der Praxis. Wie Coaches umfassend beraten*. Göttingen: Vandenhoeck & Ruprecht.

Scholl, W. (2004). *Innovation und Information. Wie in Unternehmen neues Wissen produziert wird* (unter Mitarbeit von L. Hoffmann und H.-C. Gierschner). Göttingen: Hogrefe.

Scholl, W. (2013a). The socio-emotional basis of human interaction and communication. How we construct our social world. *Social Science Information, 52,* 3–33.

Scholl, W. (2013b). Vertrauenskultur und Innovationsfähigkeit. In G. Becke, W. Scholl, S. Klinke, C. Funken, & M. K. W. Schweer (Hrsg.), *Innovationsfähigkeit durch Vertrauensgestaltung?: Befunde und Instrumente zur nachhaltigen Organisations- und Netzwerkentwicklung* (S. 23–42). Frankfurt a. M.: Peter Lang.

Scholl, W., Breitling, K., Janetzke, H., & Shajek, A. (2013). *Innovationserfolg durch aktive Mitbestimmung. Die Auswirkungen von Betriebsratsbeteiligung, Vertrauen und Arbeitnehmerpartizipation auf Prozessinnovationen*. Berlin: Sigma.

Schreyögg, A. (2004). *Supervision. Ein integratives Modell* (4., überarb. u. erw. Aufl.). Wiesbaden: VS Verlag für Sozialwissenschaften.

Schreyögg, G., & Koch, K. (2007). *Grundlagen des Managements. Basiswissen für Studium und Praxis*. Wiesbaden: Gabler.

Seliger, R. (2010). *Dschungelbuch der Führung*. Heidelberg: Carl-Auer.

Seliger, R. (2011). *Einführung in die Großgruppenmethoden*. Heidelberg: Carl-Auer.

Senge, P. M. (2008). *Die fünfte Disziplin*. Stuttgart: Schäffer-Poeschel.

Simon, F. B. (2004). *Gemeinsam sind wir blöd!? Die Intelligenz von Unternehmen, Managern und Märkten*. Heidelberg: Carl-Auer.

Tuckman, B. W. (1965). Developmental sequence in small groups, *Psychological Bulletin, 63,* 384–399.

Weber, G. (2001). Organisationsaufstellungen: Basics und Besonderes. In G. Weber (Hrsg.), *Praxis der Organisationsaufstellungen*. Heidelberg: Carl-Auer.

West, M. A. (1996). Reflexivity and workgroup effectiveness: A conceptual integration. In M. A. West (Hrsg.), *Handbook of work group psychology* (S. 555–579). Chichester: Wiley.

Willke, H. (2006). *Systemtheorie I: Grundlagen*. Stuttgart: Lucius & Lucius.

Wimmer, R. (1998). Das Team als besonderer Leistungsträger in komplexen Situationen. In H. W. Ahlemeyer & R. Königswieser (Hrsg.), *Komplexität managen*. Wiesbaden: Gabler.

**Dr. Thomas Bachmann Dipl.-Psych.** Gründungsmitglied und Seniorpartner der artop GmbH, dem Beratungs-, Ausbildung- und Forschungsinstitut an der Humboldt-Universität zu Berlin, Berater und Coach für Organisationen, Führungskräfte und Teams. SeniorCoach beim DBVC und Mitglied weiterer Institutionen und Verbände und Lehrbeauftragter an der Humboldt-Universität zu Berlin.

# Der einäugige Riese: „Lösungsorientiertes Coaching". Vom Unsinn einer problematischen Fokussierung

# 18

Klaus Eidenschink

## 18.1 Vorurteile und Einseitigkeiten prägen die Beratungsszene

Dieser Text beginnt mit einem Geständnis: Seit 20 Jahren versuche ich vergeblich zu verstehen, wieso ich in einer so undurchsichtigen Welt wie Therapie, Beratung und Coaching so viele Menschen und Konzepte kennenlerne, in der es so klare Antworten auf alles gibt. Schon Freud versuchte, alles mit Lebens- und Todestrieb zu erklären. Als Wilhelm Reich den Körper als veränderungswirksam entdeckte, wollte er von der Seele nichts mehr wissen. Als Fritz Perls die Macht der Emotion und des Erlebens entdeckte, war alles Denken nur noch „Mind-Fucking". Als Palazzoli und Minuchin die Familie entdeckten, war das Individuum gestorben. Als de Shazer die Lösung erfand, war das Problem beerdigt. Aus den Zuspitzungen und Einseitigkeiten der Väter und Mütter machen die Kinder Schulen und Glaubenszirkel, die sich wechselseitig abwerten oder ignorieren. Aber gerade in der Ablehnung von etwas bleibt man unbewusst an das Abgelehnte gebunden, da man die Struktursetzung, in unserem Fall die Unterscheidung zwischen Lösung und Problem, übernimmt. Wer gegen etwas ist, wird zur anderen Seite der Medaille und

Überarbeiteter Nachdruck aus: Organisationsberatung, Supervision, Coaching 13 (2), 2006, S. 153-164.

K. Eidenschink (✉)
HEPHAISTOS Coaching-Zentrum München, Lärchenstr. 24, 82152 Krailling, Deutschland
E-Mail: Klaus.Eidenschink@Hephaistos.org



A. Schreyögg, C. Schmidt-Lellek (Hrsg.), *Die Professionalisierung von Coaching*,
Coaching und Supervision, DOI 10.1007/978-3-658-08172-0_18

begeht damit in aller Regel den abgelehnten Fehler spiegelbildlich. Man bleibt als Gegenteil meist Teil des Teils.

Die einseitige Orientierung auf seelische und kommunikative „Probleme“ prägte die Psychologie über alle therapeutischen Schulen hinweg viele Jahrzehnte. Dieser Fokus wurde von de Shazer (1989) und anderen erkannt und mit der Gegenseite gekontert. „Lösungsorientierung“ und „Ressource“ haben seitdem einen nicht für möglich gehaltenen Erfolg erlebt. Allein 35.000 deutschsprachige Webseiten werden bei Google angezeigt, wenn man den Begriff „Lösungsorientierung“ eingibt, 11.800, wenn man Coaching und Lösungsorientierung zusammen eingibt. Der Begriff ist erwünscht, ganz besonders natürlich im Kontext von Organisationen und Unternehmen (vgl. Mussmann und Zbinden 2003), suggeriert er doch, dass man keiner von den Psychos ist, die in den Problemen kramen, sondern outet sich als jemand, der verstanden hat, worauf es in der Wirtschaft ankommt. Gleichzeitig wird die Unterscheidung von Problem und Lösung dazu benutzt, eine weitere Unterscheidung zu treffen. Man kann mittlerweile sehr häufig hören und lesen, dass die Arbeit am Problem etwas für die Psychotherapie sei, die Arbeit mit der Lösung Kern von Beratungsarbeit. Ähnlich wird das Argument verwendet, dass Coaching und Beratung lösungsorientiert sein sollen, weil man hier ja mit den Gesunden am Erfolg und den Ergebnissen arbeitet, während die Problemorientierung für die Kranken ist, die geheilt werden wollen. So sind dann die Fronten klar. Man weiß, mit wem man wie reden muss und welche Argumente man getrost vernachlässigen darf.

Ich war letztes Jahr auf dem Vortrag eines Israeli, der in der Konfliktmoderation zwischen den verfeindeten Lagern im Nahen Osten tätig ist. Dieser sagte, er leide sehr darunter, kein Fest mit all seinen Freunden machen zu können: Da er Freunde unter Israelis wie unter Palästinensern habe, würde es sonst regelmäßig zu endlosen Streitigkeiten kommen. Ich konnte ihn sehr verstehen, da ich selbst Freunde unter Psychoanalytikern wie unter lösungsorientierten Kurzzeittherapeuten habe. Auch diese haben meist kein Verständnis füreinander und interessieren sich nicht dafür, dass andere die eigenen blinden Flecken vielleicht doch klarer sehen könnten. Stattdessen ist jeder zufrieden, wenn man eloquent das andere Lager analysiert.

Die gängigen Vorurteile der beiden Lager übereinander lassen sich pointiert und kurz so beschreiben: Während die Lösungsorientierten denken, dass die Problemorientierten nur endlos in Warum-Fragen wühlen, kraftlose Interpretationen absetzen, die Leute von sich abhängig machen, und sich selbst in ihrem Expertenstatus gefallen, sehen die Problemorientierten in den Lösungsorientierten nur Symptomkurierer, welche die Klienten gesund reden und die eigentlichen Schwierigkeiten unbearbeitet lassen.

All diese Vorurteile haben auf beiden Seiten viel Wahrheit für sich. Aber statt dass dies zu einem fruchtbaren Dialog führt, führt man furchtbare Auseinandersetzungen oder ignoriert einander einfach. Vor diesem Hintergrund geht dieser Artikel dem Sinn und dem Unsinn der Unterscheidung von Problem und Lösung nach. Ich halte diese Unterscheidung für irreführend, für theoretisch falsch und der Sache des Coachings und der Beratung auf Dauer für sehr abträglich. Dies soll im Weiteren belegt werden, indem ich von der Lösungsorientierung ausgehe und sowohl deren Nutzen als auch deren Unzulänglichkeit darstelle.

## 18.2 Der wertvolle Beitrag der Lösungsorientierung

Die Veränderung, die die Psychologie durch die Orientierung an Lösung und Ressource erfahren hat, ist ein unschätzbarer Gewinn. Ich sehe diesen Gewinn im Wesentlichen darin, dass drei Hauptschwächen der aus der psychoanalytischen Tradition kommenden Beratungsansätze behoben wurden:

Die erste Schwäche ist die, welche sich im Spruch: „Gut, dass wir darüber gesprochen haben!" ausdrückt. Die psychoanalytische Rede-Kur konnte und kann vielen Klienten nicht helfen und viele Anliegen nicht angemessen bearbeiten, da durch den Fokus auf Sprache implizite Phänomene nicht bearbeitet wurden und eine Arbeit im Hier-und-Jetzt und mit den Gefühlen des Klienten nicht stattfand. Auch aufgrund neurowissenschaftlicher Erkenntnisse weiß man inzwischen, dass Veränderung nur möglich ist, wenn man mit dem bewussten Erleben der Klienten und Kunden arbeitet. Klaus Grawe (1998) nennt dies „prozessuale Aktivierung". Man muss als Berater dafür sorgen, dass die Klienten etwas spüren, sich etwas vorstellen und etwas tun. Auch wenn die lösungsorientierten Ansätze das Arbeiten mit der Bewusstheit nicht allein erfunden haben, haben sie großen Anteil daran, dass es sich durchgesetzt hat, dass man mit Wahrnehmen, Spüren, bewussten Prozessen arbeiten muss, wenn man wirklich nachhaltig etwas verändern will.

Die zweite Schwäche der Problemorientierung ist, dass sie die Bedeutung von Wünschen, Bedürfnissen und Zielen falsch einschätzt. Die hirnphysiologischen Systeme, welche Vermeidungs- und Annäherungsziele steuern, sind sehr unterschiedlich. „Gas geben" und „Bremsen" werden im Hirn in sehr unterschiedlichen Bereichen mit sehr unterschiedlichen Neurotransmitterausschüttungen gesteuert (vgl. Hüther 2001; Grawe 2005). Jedenfalls dachte man lange, dass eine Veränderung eintrete, wenn man nur die Vermeidungskräfte (oder die Problemseite) im Klienten bearbeite. Das geschieht aber in ganz vielen Fällen nicht. Wer von der Bremse geht, fährt noch nicht automatisch. Als de Shazer und viele andere dies erkannten, rückten die Zielorientierung und die Ressourcenseite in den Vordergrund. Dass die Aktivierung sogenannter Annäherungsziele in jeglicher Beratung absolut wesentlich ist, ist m. E. ein ganz entscheidendes Verdienst von de Shazer und seinem Forscherteam. Die Wunderfrage (de Shazer 2003; vgl. Sparrer 2001) ist gleichsam der Inbegriff dieser Orientierung am Gasgeben. Aber – wer Gas gibt und auf der Bremse steht, fährt eben auch nicht wirklich gut. Dazu gleich mehr.

Die dritte Schwäche der Problemorientierung besteht darin, wie der Klient gesehen wird: Er gilt als inkompetent, als widerständlerisch und als hilflos. Man traut ihm nichts zu und hat ein Defizitmodell im Kopf. Die Wertschätzung und das Zutrauen, welches durch die lösungsorientierten Ansätze nochmals verstärkt in die Beraterhaltung eingeflossen ist, ist ein unschätzbares Verdienst. Den Klienten und Kunden als kompetent, selbstständig und autonom zu sehen, hat die Beratungsbeziehung in den letzten 20 Jahren massiv zum Positiven hin verändert (vgl. Bamberger 2001; DeJong und Berg 2003).

Wer durch solche Erfolge ermutigt wird, droht die Misserfolge zu übersehen und die eigene Wirksamkeit zu generalisieren. Auf diese Weise wird man genauso einseitig, wie die Ansätze einseitig waren, von denen man sich ursprünglich abgesetzt hat. Meine These ist, dass der lösungsorientierte Ansatz an allen Punkten, welche die eigenen Stärken charakterisieren, über das Ziel hinausgeschossen ist und die eigenen blinden Flecke nicht wahrhaben möchte. Dies möchte ich nun genauer erläutern.

## 18.3 Kritik der Lösungsorientierung

### 18.3.1 Falsche Ziele – oder: Lösungsorientierung als Perfektionierung unbewusster Überzeugungen

Dass der Klient in seiner Selbstkompetenz und in seiner Verantwortung für die Lösung seiner Probleme ernst genommen werden muss, ist unstrittig. Aber was bedeutet das? Dass Menschen sich nicht in den Annahmen darüber irren können, was gut für sie ist? Eine der lösungsorientierten Grundregeln lautet: „Nichts reparieren, was nicht kaputt ist: Wir greifen nur Anliegen auf, die die Klientin vorbringt, und stellen keine Vermutungen über dahinter liegende ‚echte' Probleme an".

Lassen Sie mich kurz polemisch sein: Wenn ich einem Mafiaboss die Wunderfrage stelle, bekomme ich vermutlich die Antwort, dass er dann Boss aller neapolitanischen Clans ist, dass er das daran erkennen werde, dass seine Kollegen ausnahmslos einen schönen Grabstein über sich haben und er den Preis für das kolumbianische und afghanische Kokain diktieren kann. Kein Mensch würde sagen, ihm oder gar der Umwelt sei geholfen, wenn man ihn unterstützt, sein Ziel zu verwirklichen. Denn der Bock als Gärtner pflanzt bekanntlich nur Salat. Dummes Beispiel? Hier eins aus der Wirtschaftswelt:

Ein bekannter Vorstand sieht sein Ziel darin, seine Bereichsleiter dahin zu bekommen, das umzusetzen, was er vorgibt. Der von ihm ausgesuchte Coach – eine Größe unter den lösungsorientierten Coaches, der sich geschmeichelt fühlt, beauftragt zu werden – verbündet sich psychologisch mit ihm und bestätigt ihm, dass er in seiner Rolle die Aufgabe hat, Vorgaben zu machen, während die anderen diese

Ideen umzusetzen hätten. Dies führt dazu, dass der Vorstand sich noch selbstüberzeugter benimmt, Nachfragen nicht mehr zulässt, Kritiker als Zauderer ansieht und den Bezug zur Realität immer mehr verliert. Seine Bereichsleiter werden noch angepasster, als sie es sowieso schon waren. Der Vorstand selbst ist mit der Arbeit des Coachs hochzufrieden, da die anderen tatsächlich mehr kuschen.

Dieser Vorstand wird ohne Hilfe, also Konfrontation durch den Coach, nie wahrnehmen können, was hier „kaputt" ist, und er wird ohne Unterstützung durch den Coach seine abfällige und selbstherrliche Art auch nie im Coaching zum Anliegen machen. Hier ist es sehr wohl notwendig, Vermutungen über dahinterliegende „echte" Probleme anzustellen und dem Klienten zur Verfügung zu stellen. Beim Studium zahlreicher Praxisbeispiele von lösungsorientierten Beratungen und Therapiesitzungen habe ich elaborierte und wunderbare Tools gefunden, um Ziele prägnant, erlebbar, konkret, herausfordernd usw. werden zu lassen. Ich habe immer wieder gelesen, wie entscheidend es ist, die Beratung mit Zielen und nicht mit Problembeschreibungen zu verbringen: *Solution talk, no problem talk*. Wunderbar, aber – ich habe nirgends explizite Reflexionen und Überlegungen gefunden, welchen Stellenwert die geäußerten Ziele und Wünsche innerhalb der Psychodynamik der betreffenden Personen haben.

Das halte ich für einen großen Mangel. Denn es gibt einen Unterschied in der Problemstellung, den ich für entscheidend erachte. Man muss klären, ob der Klient ein Zielerreichungsproblem oder ein Zielirrtumsproblem hat (Grawe 1998). Im ersteren Fall weiß er nicht nur, was er möchte, sondern er weiß auch, was ihm gut tut; er weiß aber nicht, wie er dahin kommt oder ob man da hinkommen kann. Im zweiten Fall weiß er meist auch, wo er hin möchte, aber irrt sich sehr darin, dass es ihm gut tun würde, das Ziel zu erreichen. Ein Coach, der hilft, falsche Ziele zu erreichen, wird zum Perfektionierer seelischer Beschaffungskriminalität. Der Klient ist mit einem solchen Coaching meist hochzufrieden. Klar – feiert die Neurose doch ihren Etappensieg. Viele lösungsorientierte Theoretiker entziehen sich dieser Problemstellung, indem sie es von vornherein als einen Fehler des Beraters/Coachs/Therapeuten ansehen, sich in die Ziele des Klienten einzumischen, schließlich ist der Klient der alleinige Experte für sein Leben. Ich halte das offen gestanden für eine Haltung, die den Klienten mit den eigentlichen und schwierigeren Problemen vollständig alleine lässt. Denn die fehlende Kompetenz des Klienten kann eben in einer falschen Zielbestimmung liegen. Und das ist durchaus häufig der Fall.

Ziele, die formuliert werden können, sind immer Teil des expliziten Bewusstseins. Das heißt, ich kann nur dahin wollen, wo ich von meinem bewussten Standpunkt aus hinsehen kann. Viele Manager beispielsweise haben enormen Stress mit ihren Mitarbeitern, weil sie abschätzig und unehrlich kommunizieren. Und genau mit diesem Kommunikationsverhalten fühlen sie sich wohl und denken im Traum nicht daran, dies selbst zu problematisieren und dafür Lösungen zu suchen.

Wenn ich mich in meinem Arbeiten als Coach also abhängig davon mache, was der Coachee zum Thema macht, dann muss ich in einer Vielzahl der Fälle damit rechnen, dass die wichtigsten Themen, nämlich solche, die in ihrer Existenz oder in ihrer Bedeutung geleugnet werden, im Coaching nicht zur Sprache kommen. Wer einseitig auf Veränderung setzt, kann die Beratungsarbeit, die darin besteht, Themen ins Licht der Wahrnehmung zu bringen, nicht leisten. Aber die Leugnung von Schwierigkeiten verursacht einen nicht unerheblichen Teil des menschlichen Leids.

Das heißt, dass man in der lösungs- und ressourcenorientierten Beratung von dem einen Extrem, den Klienten zu entmündigen, zum gegenteiligen Extrem gependelt ist: Man sieht nun den Klienten als Experten für sich, der in seiner Expertise gar nicht mehr in Frage gestellt werden darf. Der Coach und Berater steht sozusagen auf einer Stufe der Kompetenz (vgl. Radatz 2003). Damit verwechselt man zum einen die Ebenen der Ebenbürtigkeit: Gleichwertig ist man als Person, aber nicht in der Expertise, was man braucht, um sich als Person zu verändern. Zum anderen kann man nichts mehr konfrontieren, was sich außerhalb des vom Klienten gewählten Bezugsrahmens befindet. Man bleibt dann als Berater für alle Themen, die im impliziten Bewertungssystem des Klienten angesiedelt sind, wirkungslos. Das Unbewusste ist nicht nur eine Ressource, sondern eben auch eine Ansammlung unangenehmer Empfindungen und Erwartungen, die tief im Körpergedächtnis eingespeichert sind.

Insbesondere dienen die im Coaching eingebrachten Ziele häufig dazu, unangenehme Selbstwahrnehmungen besser ausschließen und verdrängen zu können. Ein wesentliches Indiz dafür ist, wenn die avisierten Ziele sich als „Selbstverbesserungsideen" zeigen. Das Ziel „Ich möchte sicher werden" kann bedeuten, mit der eigenen Unsicherheit nichts zu tun haben zu wollen. „Ich möchte Erfolg haben" kann heißen, die eigene Minderwertigkeit durch sozialen Erfolg kaschieren zu wollen. „Ich möchte mich durchsetzen können" kann heißen, ich möchte meine Kontaktschwierigkeiten durch vermehrte Aggression beheben. Es kann aber auch einfach heißen, dass man einem Bedürfnis nachgeht. An dem Ziel selbst kann niemand erkennen, welchen Stellenwert und welche Funktion es im innerpsychischen System des Klienten hat. Um diese Unterscheidung treffen zu können, braucht der Coach phänomenologische (vgl. Kap. 13 in diesem Buch), hermeneutische (vgl. Kap. 12 in diesem Buch), dialogische (vgl. Kap. 4 in diesem Buch), existenzielle und systemische Kompetenzen. Reine Interventionstechniken helfen hier nicht, weil ja die Technik nicht weiß, ob nun ein organismisches Bedürfnis unterstützt wird oder ein verdecktes Vermeidungsziel perfektioniert wird (vgl. Kap. 14 in diesem Buch).

Viele Menschen entwickeln Stärken, um Nöte zu verbergen oder zu verdrängen. „Die Stärken stärken" – ein Motto, das man mittlerweile hundertfach auf Websites lesen kann – heißt häufig, die Not-Lösung zu vollenden. Schwächen werden in dieser Terminologie völlig undifferenziert als getarnte Stärken gesehen und z. B. eben nicht als verborgene Nöte oder Persönlichkeitsanteile, die unerhört sind und auf eine Antwort warten. Wiederum habe ich in der lösungsorientierten Literatur nirgends eine Reflexion über den psychodynamischen Stellenwert von sogenannten Stärken und sogenannten Schwächen gefunden. Man ist zufrieden damit, Schwächen zu Stärken umzudeuten. Es wird versucht, alles in eine Ressource zu verwandeln. Das ist oft eine wunderbare Strategie. Aber eben oft und nicht immer und sehr abhängig davon, welche psychodynamische Struktur bedient wird.

In Managementteams werden schlechte Entscheidungen nicht deshalb getroffen, weil die Manager zu wenig Stärken und Ressourcen hätten, sondern weil sie mit ihren Defiziten und Schwächen nichts zu tun haben wollen. Dadurch sind sie ständig gefährdet, aus verleugneter Unsicherheit heraus übersichere, vorschnelle und pseudorationale Lösungen zu finden. Die Begegnungs- und Beziehungsqualität wird drastisch schlechter, weil Kontakt auf der Bereitschaft beruht, die Außenwelt an der Innenwelt, so wie sie ist, teilhaben zu lassen. Menschen finden selten nur über ihre Schokoladenseiten zueinander. Ich bin in so vielen Teams gewesen, die aufgeputscht, euphorisiert und mit Pseudofreundschaften aus ressourcenorientierten Trainings kamen und jegliche Sensibilität gegenüber der Tatsache, dass nicht alles möglich ist, verloren hatten. Lösungsorientierung wird so zum Rauschmittel. Der Kater – oft erst am übernächsten Morgen – ist garantiert, spätestens dann, wenn man vom anderen sich enttäuscht sieht und das Vertrauen auf die Probe gestellt wird.

### 18.3.2 Falsche Autonomie – oder: Bindungsphobiker der Welt versammelt euch beim Lösungscoaching!

Ich liste im Folgenden eine kleine Auswahl von Formulierungen und Marketingsprüchen auf, die von lösungsorientierten Coaches auf deren Websites verwendet werden. Ich bitte die Leserin, den Leser, während der Lektüre zu überlegen und zu spüren, welche Ängste und Lebenserfahrungen man haben muss, um solche Aussagen und Versprechungen besonders attraktiv zu finden:

- „Die gewünschten Resultate erreichen wir auf einfache Art, in *kurzer* Zeit (meist 3 – 5 Sitzungen zu 1 – 2 h) und mit hoher Wirksamkeit."
- „Grundlegendes Ziel des Coachings ist es, den Klienten *erfolgreich* zu machen."
- „Möchten Sie Ihre Zukunft selber planen? Haben Sie Wünsche, die Sie sich erfüllen wollen? Gibt es ein Ziel, dass Sie *unbedingt* erreichen wollen?"

- „Sie sollten mit einer *klaren* Zielvorstellung in das Coaching gehen. Ich begleite Sie bis zum Erfolg, der dann eintreten wird, wenn Sie diszipliniert und motiviert Ihren Klärungsprozess gestalten."
- „Der gesamte Prozess bleibt zu jeder Zeit in der *ausschließlichen* Kontrolle des Klienten und wird von ihm bestimmt."
- „Das *alleinige* Ziel heißt: Eigenständigkeit und Eigenverantwortung."
- „Der Erfolg des Klienten steht im Mittelpunkt. Dabei ist es *allein* der Klient, der seine beruflichen und persönlichen Ziele definiert."

All diese Formulierungen sind für Menschen ganz besonders interessant, die sehr früh und im Übermaß gelernt haben, dass man stark sein muss, für sich selber sorgen und keine Wertschätzung erwarten darf, wenn man sich schwach, hilflos und ohnmächtig fühlt; dies sind Menschen mit einer Lebensgeschichte, die davon geprägt ist, früher als angemessen erwachsen sein zu müssen. Die Psychologie entdeckt die Bedeutung der frühen Bindungserfahrungen in dem gegenwärtigen Boom um den Psychologen Bowlby gerade neu (Strauß et al. 2002). Über Langzeitstudien von 30 Jahren hat sich bestätigt, dass die Beständigkeit des früh erworbenen Bindungsstils enorm ist. Wer unsichere Bindungserfahrungen gemacht hat, der ist mit hoher Wahrscheinlichkeit auch noch nach 30 Jahren unsicher gebunden. Für Menschen mit Bindungsängsten ist es aber nun der Traum, Glück zu finden, ohne dafür andere zu brauchen. Noch nicht einmal im Coaching muss man andere brauchen, da man auch im Coaching letztlich alles alleine macht! Man ist der Experte, man wird nicht entmündigt, man braucht sich nicht mit Defiziten und Problemen zu beschäftigen, die einen möglicherweise spüren lassen würden, wie bedürftig, anhänglich, angewiesen, klein oder verletzlich man sich im Grunde der Seele fühlt. Da ist die Botschaft: „ein Lob der Starken, Unabhängigen und Selbstbestimmten" doch ein gern gehörtes Lied.

Meines Erachtens findet aber genau dadurch eine Reinszenierung der eigentlichen Not und der eigentlichen Schwierigkeiten, die solche Menschen auch in beruflichen Rollen haben, statt: Sie werden wiederum auf sich selbst verwiesen und zurückgeworfen und finden sich erneut in einer Beziehung wieder, in der von ihnen erwartet wird, dass sie ihre Lösungen selbst finden. Solche Reinszenierungen sind immer von der Logik des Unbewussten geprägt. D. h. solche Menschen reagieren intensiv auf solche Angebote, wie sie oben aufgelistet sind. Das beruhigt ihre latenten Ängste, sich einzulassen. Menschen mit Angst vor Bindung finden Machtpositionen – in denen eher andere Menschen von ihnen als sie von anderen abhängig sind – höchst attraktiv. Daher finden sich unter Coachingklienten viele dieser Menschen. Diese finden wiederum Coachingangebote klasse, die ihre Ängste und Vorbehalte gegenüber allem, was abhängig machen könnte, unangetastet lassen. Und die Not stiftende Überzeugung von der Bedeutung von Erfolg, Funktionierenmüssen, Schnelligkeit, Unabhängigkeit und Bewältigungskompetenz wird durch die Lösungsorientierung unterstützt. So findet sich der Topf zum Deckelchen. Es muss niemanden überraschen, dass solche Angebote wirtschaftlich erfolgreich sind. Ob sie so den Menschen helfen, wage ich sehr in Zweifel zu ziehen, auch und gerade wenn die Kunden selbst mehr als zufrieden sind. Kundenzufriedenheit ist daher allein kein ausreichendes Kriterium für gute Beratungsarbeit.

Diese mangelnde Reflexion darüber, mit welchen Dienstleistungsbotschaften welche Art von Menschen angelockt werden, welche Folgen dies hat, wie man darauf reagieren könnte usw., ist eine unmittelbare Folge der Aufspaltung in Beratungs- und Therapieschulen. So kann jeder Coach „seine" Klientel bedienen. Dadurch „droht" aber jeder Klient das zu bekommen, was er will, aber keiner das, was er braucht.

### 18.3.3 Falsche Parteilichkeit – oder: Die Vermeidung schlägt zurück

Es gibt – wie oben kurz angedeutet – zwei grundverschiedene menschliche Motivationssysteme. Das eine ist, dass man versucht, etwas zu erreichen, also Ziele zu verfolgen, das andere ist, dass man versucht, etwas zu vermeiden, also Unerwünschtes zu verhindern. Je mehr die Menschen damit beschäftigt sind, Unerwünschtes zu verhindern, also beispielsweise ihr Leben darauf ausrichten, dass sie nicht verletzt, blamiert, enttäuscht, verlassen, gekränkt, beschuldigt, herabgesetzt werden, desto eingeschränkter sind sie, ihre Bedürfnisse und Ziele zu verfolgen. Darum ist die Ressourcenaktivierung und Zielfokussierung ein solch erstaunlich wirksames Vorgehen im Coaching, hilft es doch den Klienten, einen inneren Orientierungswechsel vorzunehmen. In diesem Sinn stimmt auch de Shazers Satz, dass man Lösungen finden könne, ohne das Problem zu verstehen. Das ist tatsächlich voneinander ziemlich unabhängig.

Der Zusammenhang zwischen beiden Systemen ist jedoch ein anderer. Auch wenn ich nicht in Details gehen kann, möchte ich kurz die neurowissenschaftlichen Hintergründe hier darstellen. Die Aktivierung und die Hemmung von synaptischen Feldern im Gehirn erfolgt durch zwei getrennte Systeme, die normalerweise aufeinander abgestimmt funktionieren. Diese Abstimmung sorgt dafür, dass Befürchtungen und Ängste zugunsten anderer Motive zurückgestellt werden oder eine Priorisierung bei Motivkonflikten getroffen wird. Dieses auf Emotionen basierte Bewertungssystem (Damasio 1997, 2005) kann jedoch gestört sein. Auf der körperlichen Ebene kennt man eine analoge Beeinträchtigung bei Spastikern. Hier werden die Protagonisten und die Antagonisten der Muskulatur gleichzeitig aktiviert, was zu unkontrollierten Bewegungen führt. Seelisch gibt es dieses Phänomen genauso, wenn zwei unterschiedliche Systeme, das Bedürfnissystem und das Vermeidungssystem, gleichzeitig aktiviert werden. Der neurophysiologische Zusammenhang ist, dass neuronale Bahnen, die gleichzeitig aktiviert werden, gewissermaßen zusammenwachsen. D. h. beispielsweise, dass immer dann, wenn ein bestimmtes Bedürfnis, z. B. nach Nähe, aktiviert wird, im selben Moment eine Angst oder ein Schmerz aktiviert wird (vgl. Deneke 2001; Schiepek 2003).

Solche Menschen kommen zwangsläufig in eine Verfassung, in der sie einen bestimmten Wunsch nicht mehr spüren können, ohne dass eine korrespondierende Angst gleichzeitig aktualisiert und wahrnehmbar wird. Man möchte etwas und hat Angst davor. Dieses Problem lösen nun viele Menschen durch eine Hemmung oder eine Aufgabe des Wunsches. Sofern dies gelingt, verschwindet logischerweise auch die Angst. In der Regel verschwinden dann beide Regulationssysteme ins implizite Bewusstsein. Das bedeutet, dass man weder den Wunsch noch die Angst vor dem Wunsch spürt. Wenn man nun im Coaching jemandem hilft, seine Ziele wieder zu spüren und zu entdecken, dann befördert man das Zielsystem wieder ins explizite Bewusstsein. Damit hat man viel geleistet. Das Problem dabei ist, dass man durch die Aktivierung des verschütteten Zielerreichungssystems nicht das Vermeidungssystem verändert hat. Man hat die halbe Arbeit getan. Entlässt man den Klienten nun so, ist die Wahrscheinlichkeit sehr hoch, dass die bestehenden Vermeidungssysteme – bewusst oder unbewusst – nach einer gewissen Zeit ebenfalls hoch aktiv werden. In fast allen Beratungsschulen ist dieses Phänomen beschrieben, dass nach sehr guten Sitzungen sogenannte Rückfälle und Rückschritte fast planmäßig auftreten (siehe etwa Schmidt 2004, S. 76; Grawe 1998). Letztlich sind dies aber keine Rückfälle, sondern der Prozess schreitet voran: Nach dem Bewusstwerden des Wunsches wird nun die Angst vor dem Wunsch wieder wahrnehmbar. Mit diesem Phänomen kann man unterschiedlich umgehen:

1. Man kann die Beratung so kurz halten, dass man den Rückfall gar nicht mehr mitbekommt. Ich hatte als Therapeut Klienten, die zu mir kamen, weil ein lösungsorientierter Therapeut nach 10 Sitzungen die Therapie beendet hatte und sie angeblich geheilt waren, – und ich hatte welche sitzen, die nach 8 Jahren Psychoanalyse immer noch nicht wussten, was sie wollten und wohin sie wollten.
2. Die zweite Möglichkeit ist, alle Tricks und Kniffe, die man mittlerweile kennt, zu nutzen, um den Klienten in seinem Ressourcenzustand zu verankern. Auch das hilft nur solange, wie die Stimulation der Vermeidungsseite durch die neuen Erfahrungen im Klienten nicht zu stark wird.
3. Die dritte Möglichkeit ist, die Vermeidungsimpulse wiederum zu Lösungen zu reframen. Beispielsweise lernt jemand im Coaching, dass er auf sich achten möchte und sich für die eigenen Anliegen einsetzt. Dabei entdeckt er, dass er

Angst bekommt, dass die anderen ihn nicht mehr mögen, wenn er ihre Bedürfnisse nicht mehr so erfüllt. Nun kann man dies als Wunsch nach guten Beziehungen usw. reframen. Solche Beispiele finden Sie in der Literatur in Mengen (siehe etwa Schmidt 2004, S. 80). Damit wird der eigentliche Konflikt im Klienten, nämlich der zwischen Wunscherfüllung und „Wunscherfüllungsnebenfolgeängsten", nicht bearbeitet.
Jede dieser drei – aus meiner Sicht ungünstigen – Möglichkeiten wird von lösungsorientierten Kurzzeitberatern genutzt.

4. Schließlich kann man viertens den innerseelischen Konflikt zwischen Wunsch und Angst bearbeiten. Konzepte und Vorgehensweisen dazu, wie diese Art der Beratung und Therapie aussehen muss, liegen bislang nur vereinzelt vor (Staemmler und Bock 1991).

## 18.4 Bedürfnis und Vermeidung

Als Zwischenfazit lässt sich sagen, dass weder eine Beschäftigung mit Problemen schlecht noch ein Finden von Lösungen per se gut sind. Man muss wissen, wer, wann, unter welchen Umständen im Hinblick auf welche Rahmenbedingungen welche Unterstützung braucht. Um diese Komplexität zu meistern, hilft die Unterscheidung zwischen Problem und Lösung überhaupt nicht, sondern führt gedanklich und praktisch in eine für den Klienten potenziell schädliche Trivialisierung. Die Folgen sind Pseudolösungen, Skript-verstärkende Interventionen und Reinszenierungen dysfunktionaler Muster im Klienten. Sogenannte Lösungen können dazu dienen, tiefgreifende Nöte und Bedürfnisse nicht wahrzunehmen. Die Beschäftigung mit Problemen kann eine Vermeidung von möglichen Lösungen sein oder zum Selbstzweck mutieren. Offenbar werden diese Folgen kaum wahrgenommen, schaut doch jede Denkschule gern auf die eigenen Erfolge, weniger auf die Misserfolge. Doch was könnte eine Alternative sein? Ich möchte eine viel versprechende Denkfigur hier kurz einführen und dann im Wesentlichen an Hand eines Beispiels erläutern.

Wie oben schon dargestellt, wird die Psyche durch zwei unterschiedliche Motivationssysteme reguliert. Zum einen sind Menschen daran orientiert, grundlegende Bedürfnisse wahrzunehmen und zu befriedigen, andererseits versuchen sie, unangenehme Empfindungen wie Schmerz, Angst, Scham, Inkonsistenz oder Schuld zu vermeiden. Man kann also das tun, was man möchte, oder kann das verhindern, was man fürchtet. Es spricht vieles dafür, dass seelisches Wohlbefinden eher mit einer Orientierung an Bedürfnissen gekoppelt ist und psychisches Leiden, Beziehungsschwierigkeiten und Einschränkungen der Leistungsfähigkeit eher darauf basieren, dass Menschen versuchen, unangenehme Gefühle zu vermeiden. Je mehr

Bedürfnisse an unangenehme Empfindungen (z. B. „Wenn ich zeige, was ich kann, ziehe ich Kritik auf mich!“) gekoppelt sind, desto schwieriger wird es für Menschen, ihre Bedürfnisse zu spüren und ihnen nachzugehen.

Bedürfnis und Vermeidung sind demnach beides gegebene seelische Phänomene und damit beides Teil der menschlichen Existenz. Sie müssen als Ganzes begriffen werden und als aufeinander bezogene Faktoren verstanden werden. Bei allem, was Menschen tun oder lassen, ist die Frage, welches Bedürfnis im Spiel ist und was vermieden wird, relevant. Es macht also keinen Sinn, diese beiden Begriffe wie Problem und Lösung oder Defizit und Ressource gegeneinander auszuspielen. Wer Ziele nicht verfolgt, der hat dafür Gründe. Wenn man ihm nur hilft, die Ziele zu verfolgen, hat man die Gründe, die dagegen stehen, nicht bearbeitet. Nur wer den Wunsch und die Angst vor der Erfüllung des Wunsches als Einheit begreift, wird im Coaching eine Unterstützung anbieten können, die dem Klienten in seiner ganzen Person gerecht wird.

Dies soll nun an einem Beispiel illustriert und erläutert werden: Der CTO (Vorstand mit Zuständigkeitsbereich Technik) eines großen Finanzdienstleistungsunternehmens kommt ins Coaching, weil er seit geraumer Zeit die Entscheidung vor sich herschiebt, ob er den IT-Bereich ausgliedern soll. Er hat alle Expertisen – interne wie externe – anfertigen lassen, er hat mit den Kollegen alles für und wider besprochen, nur – er kann sich nicht entscheiden. Der Coach sagt ihm, dass er den Eindruck hat, dass zwei Seelenteile aktiv sind, nämlich eine Seite, die sich entscheiden möchte, und eine andere, die sich nicht entscheidet. Diese Unterscheidung erscheint zunächst fast trivial. So gesehen könnte man meinen, der entscheidungswillige Teil ist die Ressource und der entscheidungsunwillige Teil ist das Problem. Um dies zu prüfen, bietet der Coach ein Rollenspiel an, in dem diese beiden inneren Teile in einen Dialog miteinander treten. Als der Coachee den inneren Dialog dieser beiden Selbstrepräsentanzen nun offen macht, kommt es zu folgender Dynamik:

Zunächst erklärt die Seite, die sich entscheiden möchte (= Repräsentanz A), ausführlich, dass doch nun alle Informationen vorliegen würden und es nun doch nicht mehr so schwer sein könne, sich zu entscheiden. Je länger er aus dieser Perspektive spricht, desto wütender wird er. Schließlich gipfelt es in dem Satz: „Jetzt entscheide dich endlich!!!“, der laut und hart heraus geschrieen wird. Auf der anderen Seite (= Repräsentanz B) wirkt er von allen Argumenten und der Heftigkeit ausgesprochen unbeeindruckt. Der Coachee sitzt aus dieser Warte heraus lässig im Stuhl und hebt gegenüber der Repräsentanz A nur den Mittelfinder. Dadurch wird dem Coachee aber auch allmählich bewusst, dass dieser innere Dialog endlos währen kann. Er beginnt zu verstehen, warum er sich nicht entscheiden kann.

Der Coach macht ihn nun darauf aufmerksam, dass er es als eher ungewöhnlich ansieht, dass er sich von der Heftigkeit, mit der er von sich eine Entscheidung abfordert, nicht erschreckt. Der Coachee antwortet, dass er Angst nicht kenne. Im Erforschen dieser Aussage beginnt er eine Trauer in sich wahrzunehmen, wie gefühllos er sich gemacht hat. Mit dem Spüren dieser Trauer kommt dann auch die Angst wieder ins Bewusstsein. Heulend wird ihm klar, wie verletzt und herabgesetzt er sich von dem anderen Seelenteil fühlt. Dadurch wird es möglich, eine innere Grenze zu spüren. Er erkennt, dass der Satz „Entscheide dich!" letztlich die Bedeutung hat „Übergehe dich und lass dich nichts spüren!" Was nach Ressource und Bedürfnis ausgesehen hat, erweist sich nun als Ausdruck eines destruktiven Umgangs mit sich selbst. Hätte man ihn also zu Beginn unterstützt, sich zu entscheiden, wäre der destruktive Selbstumgang massiv verstärkt worden.

Es bedarf also immer – nicht nur hier – einer sorgfältigen Arbeit, um die Bedeutung der Impulse und Anliegen zu Beginn einer Coachingstunde innerhalb der jeweiligen Psychodynamik zu begreifen. Wer hier annimmt, der Klient könne seine eigene Dynamik einschätzen und in der Wahl seiner Ziele und Anliegen berücksichtigen, verschließt sich m. E. einer wesentlichen psychologischen Ebene. Meiner Kenntnis nach fehlen Begründungen für diesen Verzicht von de Shazer und seinen Schülern.

Wie ging der Fall nun weiter? Dem Coachee wird nach und nach das Bedürfnis, sich selbst treu zu sein und seiner eigenen Orientierung zu vertrauen, innerlich zugänglich. Er spürt, dass all die Informationen und Expertisen letztlich immer von der Hoffnung genährt waren, so eindeutig zu einem Ergebnis zu kommen, dass er sich eben nicht aus eigenen, inneren Erwägungen entscheiden muss. Die Sehnsucht, sich auf sich zu verlassen, wird deutlich spürbar. Zu seinem großen Erstaunen wird ihm dabei nun jedoch auch eine Angst bewusst, sich irren zu können. Er erlebt, wie ängstlich er auf mögliche Kritik reagiert. So stehen sich statt zwei schlechten Alternativen zu Beginn der Coachingstunde jetzt zwei fruchtbare Alternativen gegenüber: das Bedürfnis, sich treu zu sein, und die Vermeidung aus der Angst heraus, Ablehnung und Kritik auf sich zu ziehen. Diese Klarheit ermöglicht ihm nun einerseits, zu spüren, dass er letztlich entschieden ist! Er möchte die IT behalten. Gleichzeitig ist er fähig, in seiner Rede auf der Betriebsversammlung sich mit seinen Befürchtungen zu zeigen und mitzuteilen. Dadurch wirkt er auf die Belegschaft sehr glaubwürdig, und er bekommt große Resonanz. Es überrascht alle, einen Vorstand zu erleben, der auch selbst Ängste hat und nicht pseudoheroisch und übersicher so tut, als ob es nur eine richtige Entscheidung geben könnte und er irrtumsfrei wäre. Nachdenklich und froh kommt er zur nächsten Sitzung. Er erzählt, dass er viele Beobachtungen gemacht hat, wo er in Gefahr war, sich hinter „Fakten" zu verstecken, um seine Angst, wirkliche Entscheidung zu treffen, klein zu halten. Das Bedürfnis, zu eigenen Überzeugungen zu stehen und diese im Dialog mit anderen zu erproben, empfindet er als enorme Bereicherung seiner beruflichen Möglichkeiten. Es geht nun weniger um Rechthaben, sondern mehr um gemeinsame Suchbewegungen mit anderen. Aus psychologischer Sicht ist hier bedeutsam, dass, auch wenn der innere Konflikt nicht durchgearbeitet ist, allein die Wahrnehmung des Bedürfnisses und der Vermeidungsseite dem Coachee ein authentisches Verhalten und die Erweiterung seiner Handlungsoptionen erlaubt.

Denkt man in der Polarität von Bedürfnis und Vermeidung, dann lassen sich die wertvollen Erkenntnisse von Psychoanalyse und humanistischer Psychologie genauso nutzen und integrieren wie die effektiven Möglichkeiten, die wir durch die systemischen, hypnotherapeutischen und lösungsorientierten Verfahren zur Verfügung haben. Man braucht im Coaching beides: sowohl eine Kenntnis der Vielfalt und der Raffinesse psychodynamischer Prozesse als auch ein Wissen darüber, wie ich Menschen helfen kann, ihre Wünsche und Bedürfnisse zu spüren und diese ohne Leugnung der gekoppelten Ängste in das berufliche Leben zu integrieren. Das Begriffspaar Bedürfnis und Vermeidung erscheint mir daher aus der Entweder-oder-Logik von Problem vs. Lösung oder Defizit vs. Ressource herauszuführen.

Ich kann nur von mir sagen, dass mir nichts, aber auch überhaupt nichts fehlt, seitdem ich aufgehört habe, in Therapie-, Beratungs- und Coachingschulen zu denken. Die einseitige Orientierung an Tools, Vorgehensweisen, Techniken und Interventionsszenarien, die derzeit am Markt und am Ausbildungsmarkt herrscht (vgl. Kap. 14 in diesem Buch), sollte zu Ende gehen. Es braucht keine psychodynamischen, keine systemischen, keine lösungsorientierten Coaches. Es braucht Coaches, die ein integratives Verständnis von veränderungswirksamen Faktoren haben und alle Möglichkeiten des Intervenierens situationsgerecht und gemäß ihrem individuellen Stil einsetzen können. Die Theorie und die Praxis eines solchen Coachings zu erarbeiten, sollte eine gemeinsame Anstrengung aller Schulrichtungen wert sein.

## Literatur


Bamberger, G. (2001). *Lösungsorientierte Beratung*. Weinheim: Beltz.

Damasio, A. (1997). *Descartes Irrtum*. München: List.

Damasio, A. (2005). *Der Spinoza-Effekt*. München: List.

DeJong, P., & Berg, I. K. (2003). *Lösungen (er-)finden*. Dortmund: Verlag modernes Lernen.

Deneke, F.-W. (2001). *Psychische Struktur und Gehirn*. Stuttgart: Schattauer.

Grawe, K. (1998). *Psychologische Psychotherapie*. Göttingen: Hogrefe.

Grawe, K. (2005). *Neuropsychotherapie*. Göttingen: Hogrefe.

Hüther, G. (2001). *Bedienungsanleitung für ein menschliches Gehirn*. Göttingen: Vandenhoeck & Ruprecht.

Mussmann, C., & Zbinden, R. (2003). *Lösungsorientiert Führen und Beraten*. Zürich: Kaufmännischer Verband Zürich.

Radatz, S. (2003). *Beratung ohne Ratschlag*. Wien: Verlag für systemisches Management.
Schiepek, G. (2003). *Neurobiologie der Psychotherapie*. Stuttgart: Schattauer.
Schmidt, G. (2004). *Liebesaffären zwischen Problem und Lösung*. Heidelberg: Carl-Auer.
de Shazer, S. (1989). *Der Dreh. Überraschende Wendungen und Lösungen in der Kurzzeittherapie*. Heidelberg: Carl-Auer.
de Shazer, S. (2003). *Wege der erfolgreichen Kurztherapie*. Stuttgart: Klett-Cotta.
Sparrer, I. (2001). *Wunder, Lösung und System*. Heidelberg: Carl-Auer.
Staemmler, F., & Bock, W. (1991). *Ganzheitliche Veränderung in der Gestalttherapie*. München: Pfeiffer.
Strauß, B., Buchheim, A., & Kächele H. (2002). *Klinische Bindungsforschung*. Stuttgart: Schattauer.

**Klaus Eidenschink Dipl.-theol.** Studium der Theologie, Philosophie und Psychologie; Senior-Coach (DBVC), Organisationsberater, Coachingausbilder; langjährige Erfahrung in humanistischen Psychotherapieverfahren, Systemtheorie, Gruppendynamik und Organisationspsychologie. Tätigkeitsschwerpunkte: Beratung und Coaching des Top-Managements, Vorträge zu Themen wie Umgang mit Komplexität, Entscheidungen, Change Management und Konfliktbewältigung, Arbeit an einer differenztheoretischen Veränderungstheorie.

# Emotionen im Kontext von Coaching 19

Beate West-Leuer

## 19.1 Einführung

Wie wir mit Gefühlen wie Ärger, Angst oder Freude umgehen, prägt ganz wesentlich unsere sozialen Kompetenzen, nicht nur im privaten, sondern auch im beruflichen Bereich. Wenn im Coaching der Umgang eines Klienten mit eigenen und fremden Emotionen verbessert werden soll, benötigt der Coach Wissen über die Entwicklung von Affekten, Gefühl und Mitgefühl. Und er benötigt Interventionsmethoden, die dem Klienten helfen können, affektive Signale zu entschlüsseln, seine Emotionen zur eigenen Person und zu anderen zu klären und situativ angemessen zu modulieren. Die Anlässe für ein solches Coaching können sehr unterschiedlich sein. Wird ein Coaching von Seiten der Firma empfohlen, so nennt die Personalabteilung, die für den Klienten einen Coach sucht, so unterschiedliche Themen wie „Persönlichkeitsentwicklung", „Verbesserung der Selbstreflexionsfähigkeit", „mangelnde Kommunikationsfähigkeit", „Disziplinprobleme" oder „Emotionsregulierung" (vgl. Grimmer und Neukom 2009).

Aus der neurobiologischen Bindungsforschung wissen wir, dass die Herausbildung unserer Affektsysteme im Säuglingsalter erfolgt. Im lebendigen spiegelnden Austausch mit dem Gesicht der frühen Bezugspersonen und den dort ablesbaren Gefühlsreaktionen wird das soziale Erleben aktiviert, so dass sich die neuronalen Verschaltungen sozialer Kompetenzen im Gehirn entwickeln können. Diese frühe emotionale Verbundenheit hat gravierende Auswirkungen auf unsere Selbstma-

B. West-Leuer (✉)
Psychodynamische Organisationsentwicklung + Personalmanagement e.V.,
Wehler Dorfstr. 37, D-41472 Neuss, Deutschland
E-Mail: West-Leuer@t-online.de



A. Schreyögg, C. Schmidt-Lellek (Hrsg.), *Die Professionalisierung von Coaching*,
Coaching und Supervision, DOI 10.1007/978-3-658-08172-0_19

nagementfähigkeiten. Diese zeigen sich situationsabhängig im Umgang mit Anderen, Mitarbeitern, Kollegen und Vorgesetzten auf einer Spannbreite von gut bis wenig integriert. Hier setzen die Interventionen der interaktionell-psychoanalytischen Methode an. Im Coaching zielen sie darauf ab, die Affektsysteme des Klienten zu stabilisieren und ihn bei Schwierigkeiten in seinem Selbstmanagement zu unterstützen. In einem selektiv authentischen Affektaustausch spiegelt der Coach dem Klienten, wie sich dieser in Beziehung verhält, wie er mit seinen Affekten umgeht und wie sich dieser Umgang möglicherweise auf sein Gegenüber auswirkt. Die Coaching-Beziehung wiederholt und festigt so, was Neurobiologie und Bindungsforschung für eine gelingende Affektregulierung fordern.

Im Folgenden soll dieser psychodynamische Prozess anhand von Fällen aus der Coaching-Praxis der Autorin dargestellt werden. Die Fallbeispiele sind eingebettet in eine Darstellung der theoretischen Grundannahmen der interaktionell-psychoanalytischen Methode und ihrer Anwendungsmöglichkeiten in der Beratungspraxis. Eine Übersicht über grundlegende Erkenntnisse der neurobiologischen und bindungsorientierten Affektforschung dient der wissenschaftlichen Fundierung.

## 19.2 Verbesserung von Selbstmanagement und Selbststeuerung

Im Coaching hat die Führungskraft Gelegenheit, Beziehungserfahrungen aus ihrem beruflichen Kontext in einem geschützten Raum zu reinszenieren. Im Dialog mit dem Coach können freundliche und feindliche Emotionen, die nicht nur im Privatbereich, sondern auch im Arbeitsalltag entstanden sind, allmählich zugänglich werden. Dies ermöglicht es dem Klienten, Selbstmanagement und Selbststeuerung in seiner beruflichen Rolle und als Person zu verbessern und den Umgang mit seinen Vorgesetzten, Mitarbeitern, Kollegen und Kunden zu objektivieren.

Coaching setzt Selbstmanagementkompetenzen voraus, Psychotherapie baut diese auf (vgl. Kap. 7 in diesem Buch). Coaching eignet sich dann als Beratungsformat, wenn der Klient in der frühen Lebensentwicklung ausreichend gute Beziehungserfahrungen gemacht hat. Idealerweise schafft das Beratungssetting Bedingungen, in welchen der Klient seine verinnerlichten, wohlwollenden Beziehungserfahrungen aktiviert, in einen inneren Dialog mit ihnen tritt und daraus angemessene Bilder von sich als selbstbestimmte und selbstbestimmende Person zieht, die ihn dann in die Lage versetzen, kreative Handlungsstrategien für seine beruflichen Ziele und in seinen beruflichen Beziehungen zu entwickeln (Grimmer und Neukom 2009, S. 128 f.).

In der Beratungspraxis sehen sich Coaches jedoch zunehmend mit Anfragen konfrontiert, bei denen beim potenziellen Klienten aufgrund hoher Beanspruchung Selbstmanagement und Selbststeuerung beeinträchtigt sind.[1] „High Performers" reagieren mit Beschämung und dem Gefühl, versagt zu haben, wenn die Karriere einmal stagniert. Sie geraten in psychische Krisen oder entwickeln Depressionen (West-Leuer 2009, 2011; Haubl 2007). Dies gilt es, so lange wie möglich vor sich selbst und vor anderen geheim zu halten. Denn psychische Krisen können desaströse Auswirkungen auf die Karriere haben. Personal- und Coachingverantwortliche wissen dies. Daher bestehen sie zwar formal auf der Trennung von Coaching und Psychotherapie, schätzen aber paradoxerweise therapeutische Interventionen als besonders wirksam ein und gehen daher wie selbstverständlich von ihrer Verwendung im Coaching aus (Grimmer und Neukom 2009; vgl. Kap. 7 in diesem Buch). In der Praxis können Coaching und Psychotherapie als gegensätzliche Pole einer Beratungsleistung „von Menschen für Menschen" verstanden werden, verbunden durch den Wirkfaktor „Beziehung" (vgl. Kap. 4 in diesem Buch).

## 19.3 Vom Affekt zum Gefühl und Mitgefühl[2]

Unsere Gefühle können auf die Basisaffekte Angst, Wut, Freude, Trauer, Ekel zurückgeführt werden. So organisiert *Angst* erbgenetisch die Distanzierung oder Flucht vor einem gefährlichen äußeren Objekt. *Wut* intendiert die schnelle und aggressive Zerstörung eines gefährlichen äußeren Objekts, während *Ekel* ein bereits zum Teil eingedrungenes gefährliches Objekt wieder ausstoßen soll. *Freude* organisiert Annäherung (Sicherheit, Fortpflanzung), *Trauer* den Verlust und die seelische Wiedererlangung des verlorenen Objekts. Übertragen auf die berufliche Situation kann Angst vor Mitarbeitern oder Vorgesetzten dazu führen, dass Probleme, Fehlleistungen und Konflikte nicht angesprochen werden. Unter Umständen wird ein Rückzug bis hin zur inneren Kündigung einer sachlichen oder fachlichen Auseinandersetzung vorgezogen. Wut kann zu ungesteuerten Ausbrüchen führen, die Mitarbeiter (oder Vorgesetzte) dauerhaft beeinträchtigen, gelegentlich sogar „traumatisieren". Ekel kann Mobbing zur Folge haben, etwa wenn ein Team aufgrund kollektiver Ablehnung versucht, ein Teammitglied auszustoßen. Freude hebt die Motivation und führt zur positiven Besetzung von Arbeitsprozessen und Produkten. Trauer ist elementar wichtig bei Umstrukturierungen, wenn Altvertrautes zugunsten neuer Strukturen und Prozesse aufgegeben werden muss. Eine Unter-

[1] Für ein Coaching mit psychotherapeutischen Elementen vgl. West-Leuer 2011.

[2] Vgl. Franz 2008.

bzw. Übersteuerung einzelner Basisaffekte spielt bei einer Vielzahl von Coaching-Anfragen im Hintergrund eine Rolle, weil so erhebliche Beeinträchtigungen des Sozialverhaltens im Berufsalltag entstehen können.

Den individuellen Umgang mit diesen Basisaffekten lernen wir im Gesicht unserer frühen Bezugspersonen, in der Regel im Gesicht der Mutter. Ist die Zuwendung von Empathie gesteuert und stressreguliert, bewirkt sie eine Optimierung und Reifung der stressmodulierenden neuronalen Systeme im kindlichen Gehirn. Ein Vorgang, der – von Franz (2008) technisch formuliert – als strukturschaffender Download von emotionalen Informationen in die dynamische „Hardware" der synaptisch verknüpften neuronalen Netze des kindlichen Gehirns umschrieben werden könnte. So wird ein Spannungszustand des Säuglings von einer gesunden und feinfühligen Bezugsperson praktisch „online" intuitiv verstanden. Diese enorme Leistung, sich anhand kindlicher Mikrosignale unmittelbar in dessen Erleben einfühlen zu können (*affect attunement*), ist die Voraussetzung einer angemessenen Stressregulation. Eine ausreichend feinfühlige Bezugsperson ist darüber hinaus in der Lage, den jeweiligen Affektzustand ihres Kindes in sich zu erzeugen und in Resonanz mit dem Kind dessen aktiviertes Affektsystem nachzuempfinden (*affect sharing*). Daraufhin kann sie in Sekundenschnelle ein affektexpressives Antwortsignal und damit dem Kind ein Symbol für dessen eigenes Erleben zur Verfügung stellen. Dies geschieht sehr intensiv über ihren affektadäquaten Gesichtsausdruck, der mit hoher Konzentration vom Säugling beobachtet wird.

Entscheidend ist nun, dass der emotionale Gesichtsausdruck der Bezugsperson das zum Beispiel unlustvolle Erleben des Kindes nicht einfach eins zu eins wie ein Automat spiegelt. Der mechanisch gespiegelte Affekt „Angst im Kind = echte eigene Angst im Gesicht der Bezugsperson" führt genauso zu einer tiefen Verunsicherung des Kindes wie das Schließen der Augen oder die länger andauernde Abwendung des Gesichts (Franz 2008). Durch ihre mimischen Eigenbeiträge kommentiert die Bezugsperson gewissermaßen den im Kind vorhandenen negativen Affekt, verändert oder „verdaut" ihn und stellt ihn in „entgifteter" Form auf ihrem Gesicht dar (Fonagy et al. 2004).

Gelingt dieser Prozess der *Affektmarkierung*, ist das Kind schließlich in der Lage, die Unterschiedlichkeit des Gegenübers nicht automatisch als bedrohlich zu empfinden und darauf mit narzisstischer Kontrolle oder Trennungsangst zu reagieren, sondern vielmehr das emotionale Erleben des Anderen nachzuempfinden und fürsorglich in die eigene Verhaltenssteuerung einfließen zu lassen, ohne die eigene Identität in Frage zu stellen oder zu beschädigen. Es macht die Erfahrung, dass es die Bezugsperson zur Befriedigung seiner Bedürfnisse berechenbar und umfassend manipulieren kann. Tatsächlich ist dies lediglich die Illusion einer Kontrolle, die zustande kommt, wenn die Bezugsperson die Bedürfnisse ihres Kindes angemessen befriedigt (Franz 2008).

Die Kontrolle und mentale Modellierung des Erlebens des Anderen im eigenen Ich sind zusammen mit einer sicheren Bindung wesentliche Grundlagen des Erwerbs sozial-emotionaler, kognitiver und persönlichkeitsstruktureller Kompetenzen.

- Zu den *sozial-emotionalen Kompetenzen* zählt z. B. die Möglichkeit, realistische Vorstellungen über die Verhaltensmotive anderer zu entwickeln, d. h. das Erleben des Anderen in sich selbst zu repräsentieren. Ein empathisches, konstruktives Sozialverhalten, Wechselseitigkeit in Beziehungen, Spielfähigkeit, Humor sowie ein bewusster Umgang mit Affekten bzw. der sprachliche Gefühlsausdruck sind Indikatoren derartiger sozial-emotionaler Kompetenzen.
- *Kognitive Kompetenzen* kommen unter anderen darin zum Ausdruck, dass das „magische Denken" von der Fähigkeit abgelöst wird, das Verhalten und die Wünsche anderer in sich im Als-ob-Modus probehalber zu simulieren. Auch eine sichere Wahrnehmung von Fakten, neugieriges Explorationsverhalten sowie Abstraktionsfähigkeit und der Schluss vom Besonderen auf das Allgemeine lassen auf altersgemäße Entwicklung kognitiver Kompetenzen schließen.
- *Persönlichkeitsstrukturelle Kompetenzen*, die sicher gebundene und mentalisierungsfähige Kinder und Erwachsene zeigen, sind eine wachsende Kontrolle über affektive, z. B. aggressive Impulse und führen zu einer sozial angepassten Affektregulation, einer angemessenen Angstbewältigung, einer gewachsenen Frustrationstoleranz und Stressresistenz sowie einer guten Konzentrations- und Lernfähigkeit (vgl. Franz 2008).

## 19.4 Emotional-interaktionelle Interventionsmodi

Die präzise Wahrnehmung eigener und fremder affektiver Prozesse ist eine Kernkompetenz für Führungskräfte. Sie fördert die Selbstreflexion und versetzt in die Lage, die berufliche Rolle aktiv und intersubjektiv – im Austausch mit Vorgesetzten, Mitarbeitern und Kunden – zu gestalten (vgl. Deutscher Bundesverband Coaching 2012). Ein professioneller Coach benötigt – unter anderem – Interventionsmodi, die den Klienten in seiner Wahrnehmung von Affekten und im Umgang damit unterstützen und fördern.

Psychodynamische Interventionsmodi, die sich nicht nur für therapeutische Zwecke, sondern auch für Beratungsformate eignen, stellt die interaktionell-psychoanalytische Methode bereit (Heigl-Evers und Ott 1998; Streeck 2007; vgl. Altmeyer und Thomä 2006). Die wesentlichen Interventionen sind *authentisches Antworten, Affektidentifizierung* bzw. *Affektklarifizierung* und die *Übernahme von*

*Hilfs-Ich-Funktionen.* Sie können bewirken, dass Emotionen wie Verblüffung, Staunen, Überraschung oder Betroffenheit, aber auch Ärger, Scham oder Trauer in der Beziehung zum Coach differenziert erlebt und in das Selbstbild integriert werden. So lassen sich die Beeinträchtigungen, denen sich die Führungskräfte durch eine Unter- bzw. Übersteuerung einzelner Emotionen und Affekte ausliefern, allmählich modifizieren.

Im Folgenden soll die Anwendung der interaktionell-psychoanalytischen Interventionsmodi an Fallbeispielen vorgestellt werden. Instabile Affektsysteme und Affektregulation können den Arbeitsprozess besonders stark stören, wenn z. B. Krisen und Konflikte zwischen Mitarbeitern und Vorgesetzten zu bewältigen sind, bei Umstrukturierungs- und Rationalisierungsprozessen, bei Störungen der Kommunikation wie auch bei Defiziten in sozialer Kompetenz. Gerade in „kritischen" (im Vergleich zu verbesserungswürdigen oder entspannten) Situationen (vgl. Deutscher Bundesverband Coaching 2012) benötigen die Menschen an ihrem Arbeitsplatz nicht ideale Arbeitsbedingungen, sondern authentische (Arbeits-)Beziehungen (vgl. West-Leuer 2007a).

### 19.4.1 Modus der authentischen, hinsichtlich ihrer Expression selektiven Antwort

In seiner authentischen Reaktion bringt der Coach modifiziert zur Sprache, was der Klient in ihm auslöst: „Wenn Sie sich so oder so verhalten, dann erlebe ich Sie so oder so, dann fühle ich dieses oder jenes Ihnen gegenüber." Der Coach zeigt sich als unterschiedliche Person und ist für den Klienten als ernst zu nehmendes Gegenüber deutlich spürbar. Der Klient wird mit einer von der eigenen unterschiedenen Perspektive konfrontiert. Eine authentische Antwort, die ins Zentrum der Beratungsbeziehung und des Beratungsanliegens zielt, bedeutet für den Klienten eine Chance, nicht nur den Anderen, sondern auch sich selbst von einer anderen Seite kennenzulernen.

Herr A. hat zum wiederholten Mal eine Stelle als Betriebsleiter im Maschinenbau verloren. Er kann sich nicht erklären, warum ihm nach zwei bis drei Jahren immer wieder gekündigt wird, obwohl man mit seiner Leistung völlig zufrieden ist. Als er nach einem Vorstellungsgespräch bei einem mittelständischen Unternehmen eine Absage erhält, kommt er ins Coaching. Er will verstehen, warum er den Job trotz seiner ausgezeichneten fachlichen Qualifikation nicht erhalten hat. Vom Vorstellungsgespräch berichtet er, dass er stellvertretend für den Eigentümer von dessen Tochter interviewt wurde. Dann äußert er: „Schon nach den ersten Sätzen habe ich gemerkt, dass die Tochter mit der Situation deutlich überfordert war."

Ich bin mit der Tochter des Chefs identifiziert und spüre sowohl Gefühle der Kleinheit als auch Ärger. Meine emotionale Reaktion zeigt mir, dass ich die Schilderung des Klienten auf die Coachingsituation übertrage. Ich überlege, ob mir Herr A. zu verstehen geben will, dass für einen Diplom-Ingenieur der Verfahrenstechnik eigentlich nur ein männlicher Fachkollege als Coach in Betracht kommt. Dann hätte er mich ausgesucht, um seine Entwertungsgefühle eins zu eins an mich abzugeben, und nicht, um an sich zu arbeiten.

Im Fall destruktiver Dominierungstendenzen würde ich das Coaching entweder abbrechen oder subtil dafür sorgen, dass Herr A. aussteigt. Um dies zu verhindern, erwidere ich im Modus der selektiv-authentischen Antwort: „Es kommt mir so vor, als ob Sie Ihre fachlichen Kompetenzen nicht exakt von den Kompetenzen anderer zu trennen wissen. Und dann wirkt man leicht ‚von oben herab'. Ich habe bei Ihrer Bemerkung über die Tochter des Seniorchefs Ärger gespürt und Ihren Kommentar ‚probeweise' auf unsere Beziehung übertragen. Die Folge ist, dass ich Zweifel habe, ob Sie im Coaching wirklich etwas verändern wollen oder ob es Ihnen eher darum geht, herauszufinden, wer von uns beiden ‚oben' und wer ‚unten' ist. Wenn die Tochter des Chefs ähnlich empfunden hat, wird sie von Ihrer Einstellung abgeraten haben. Ich bin gerne bereit, mit Ihnen im Coaching zusammenzuarbeiten. Das erste Ziel wäre dann, dass wir – bei ganz unterschiedlichen fachlichen Kompetenzen – menschlich achtsam und gleichwertig miteinander umgehen."

Hinter der Maske des toughen Bewerbers zeigte sich rasch ein in Beziehung ungeübter, ratloser Klient. Ich konnte für mich entscheiden, dass die Entwertungsversuche auf seinen Versagensängsten beruhten. Meine Antwort, dass Überlegenheitsgesten, selbst wenn sie fachlich fundiert sind, von Vorgesetzten in der Regel nicht akzeptiert werden, war in Ton und Mimik weder distanzierend noch klein machend, sondern erfolgte im Kontakt. Eventuelle frühe negative Überzeugungsstrukturen, dass er klein gehalten werden soll und sich deshalb ganz groß machen muss, um überleben zu können, wurden so durch das Coaching weder bestätigt noch verfestigt, sondern zum Teil aufgeweicht. In der Folge konnte er verstehen, dass eine Demonstration fachlicher Überlegenheit beim Gegenüber als Arroganz ankommen kann, was sich in einem Einstellungsgespräch natürlich ungünstig auswirkt. Als Ergebnis dieses Kurzzeitcoachings (6 Sitzungen à 60 min) konnte der Klient einen neuen Arbeitsplatz finden. Ein Feedback nach vier Jahren zeigte, dass es ihm gelungen war, seine sozialen Kompetenzen, besonders sein „Verständnis" für Vorgesetzte und Mitarbeiter, schrittweise zu erweitern.

### 19.4.2 Affektidentifizierung und Affektklarifizierung

In Coaching-Prozessen bildet sich die ganze Bandbreite unserer Emotionen ab. Beim Interventionsmodus *Affektidentifizierung und Affektklarifizierung* lässt sich der Coach vom Klienten emotional erreichen und vermittelt dies auch: „Du bist jemand, der mich gefühlsmäßig ansprechen und bewegen kann. Umgekehrt bin auch ich jemand, der bei dir Gefühle in Bewegung setzt. So kommt es während des Beratungsprozesses zwischen uns zum Austausch, zur Abstimmung, zu Anregungen und zu bewegten Abläufen teils freundlicher, teils kritischer, eventuell auch aggressiver Natur." Der Klient kann dann auf offensichtliche Hemmungen und Unterdrückung oder unkontrolliertes Agieren und Übertreibung von Affekten in der Absicht angesprochen werden, diese einer adäquateren Steuerung zu unterlegen. Zusammengefasst geht es darum,

- Affekte in ihrer Beziehung zur Situation, zur eigenen Person oder zu anderen zu klären,
- Affekttoleranz zu verändern,
- Affekte zu begrenzen und zu modulieren,
- affektive Signale zu entschlüsseln.

„Wenn die Mitarbeiter von ihrem Chef als von einem ‚sachlichen' oder ‚kühlen' Menschen sprechen und meinen, er habe keinen gefühlsmäßigen Bezug zu den Menschen, so hat er sehr wohl einen – nur eben einen schlechten!" (Bayer 1995). Tatsächlich verfügt der beschriebene Vorgesetzte nur über eine reduzierte Wahrnehmung der eigenen Affekte und kann folglich auch die Affekte seiner Mitarbeiter nicht entschlüsseln oder motivierend beantworten. Im Coaching besteht die Chance, sich vorsichtig an Affekte heranzutasten und diese Erfahrungen auf die Beziehungen am Arbeitsplatz zu übertragen. Hierzu ein Fallbeispiel aus dem Coaching im Mittelstand (vgl. Kap. 21 in diesem Buch).

Die Disponenten in einer Speditionsfirma „rasten" nach Telefonaten regelmäßig aus. Sie schimpfen laut auf die Kunden des Unternehmens. Da sie im Großraumbüro arbeiten, sind diese Äußerungen auch von den anderen Kunden am Telefon deutlich zu vernehmen. Der junge Chef hat deshalb einen Kommunikationstrainer engagiert. Als sich das Verhalten seiner Disponenten dadurch nur kurzfristig ändert, kommt er ins Coaching. Über den Umgangsstil im Unternehmen berichtet er, dass er selbst um Sachlichkeit und Freundlichkeit bemüht sei. Auch versuche er, einen demokratischen Führungsstil einzuführen. Seine Mutter habe das Unternehmen eher autoritär geführt. Sie komme täglich in die Firma und beklage sich offen über die „Unfähigkeit" der Mitarbeiter und über seinen „weichen" Führungsstil. Diese Klagen seien weithin hörbar. Dann wechselt er spontan das Thema und berichtet, dass er in einem Jahreshoroskop gelesen habe, sein Idealberuf sei Koch. Jetzt überlege er, den Beruf zu wechseln, obwohl der Betrieb in letzter Zeit kräftig expandiert sei.

In diesem Fallbeispiel schildert der Klient ein deutlich aggressives und entwertendes Vorgehen der Mutter, hat aber zunächst keine Möglichkeit, so etwas wie eigenen Ärger darüber zu aktivieren oder zu spüren. Sein Wunsch, den Beruf zu wechseln, deutet darauf hin, dass er lieber fliehen möchte, als sich einer notwendigen Auseinandersetzung zu stellen. Vermutlich wird er sich aber auch nicht trauen, das Unternehmen zu wechseln, weil das nicht mit den Plänen seiner Mutter übereinstimmt (vgl. Kap. 22 in diesem Buch). Gelegentlich kommt es dann zu einer Flucht nach innen, die Aggressionen werden gegen das eigene Selbst gerichtet und der Klient nimmt Zuflucht zu einer eher depressiven Symptomatik. Es bietet sich an, die „Harmoniesucht" des Klienten zu hinterfragen. Denn die Übersteuerung seiner Aggressionen und die Verleugnung seiner Kränkungen führen dazu, dass seine Disponenten ihre Aggressionen stellvertretend untersteuern und „ausrasten". Wird dies im Coaching thematisiert, ist damit zu rechnen, dass dieser Klient versuchen wird, es auch dem Coach recht zu machen und „Emotion" zu zeigen. Auf sein angepasstes Verhalten angesprochen, wird Trauer spürbar. Erst ein Trauerprozess erlaubt es dem Klienten, die „gute" Mutter in seinem Gefühlsleben zu stabilisieren, sich aber gegen die offensichtlichen affektiven Fehlleistungen einer Seniorchefin abzugrenzen und diese zu unterbinden. Nach den vereinbarten zehn Sitzungen beendet der Klient das Coaching. Er sieht zu dem Zeitpunkt keinen weiteren Coaching-Bedarf. Er überlegt jedoch, ob er langfristig von einer tiefenpsychologisch fundierten Psychotherapie profitieren könnte, und meldet sich nach einem halben Jahr wegen einer Psychotherapieempfehlung.

### 19.4.3 Übernahme einer Hilfs-Ich-Funktion

Im dritten Interventionsmodus übernimmt der Coach vorübergehend Ich-Funktionen, die dem Klienten nicht zur Verfügung stehen. Zu diesen Funktionen gehören:

- Wahrnehmen und Verbalisieren von Bedürfnissen und Wünschen,
- Wahrnehmen und Verändern von inneren Normen und Idealen,
- Aktivieren von Ich-Funktionen:
  - Selbstwahrnehmung und -beurteilung
  - Fremdwahrnehmung und -beurteilung
  - Realitätsprüfung
  - Nähe-Distanz-Regulierung
  - Fähigkeit zur Kompromissbildung
- Registrieren und Verändern von dysfunktionalen Widerständen.

Die Übernahme dieser Hilfs-Ich-Funktionen stellt ein Unterstützungs- und Identifizierungsangebot dar: „Wie wäre es, wenn Sie es einmal so oder ähnlich versuchen würden?“ „Ich, Ihr Coach, würde in einer solchen Situation so und so, also anders als Sie reagieren oder handeln.“ Wie im Fall von Herrn A. (s. o.) stellt der Coach fest, dass der Klient immer wieder in die gleiche Falle läuft. Er wiederholt ein bestimmtes Verhalten, ist erstaunt über die Folgen, kommt zum nächsten Treffen und sagt: „Stellen Sie sich vor, was mir passiert ist!“ Wenn der Coach ihn nun mit der Realität konfrontiert und äußert: „Dann haben Sie die Situation wohl vor sich verharmlost“, dreht der Klient den Spieß um. Er verleugnet und bagatellisiert die Angelegenheit. In solchen Fällen ist es dann Aufgabe des Coachs, die Realitätsprüfung zu übernehmen (Ott und West-Leuer 2003).

In dieser Situation hat der Coach die Aufgabe, den Klienten mittels der Hilfs-Ich-Funktion darauf aufmerksam zu machen, dass eine Alternativstrategie erforderlich ist. Besondere Aufmerksamkeit verdienen nachtragende Affekte wie Bitterkeit, Grimm, Groll, Hader oder Racheimpulse. Gelingt es dem Klienten, solche Affekte bei sich zu identifizieren, kann er lernen, diese in ihrem Entstehungszusammenhang zu verstehen und angemessen zu verarbeiten.

Der nationale Personalchef eines international aufgestellten Wirtschaftsunternehmens meldet sich unvermittelt bei mir mit den Worten, dass es ihm wieder sehr schlecht gehe. Vor einem Jahr hatte er auf Vermittlung seines Vorgesetzten in einem Intensiv-Coaching einen drohenden Burnout abwenden können. Der Coachingbedarf war entstanden, nachdem die Konzernspitze tiefe Personaleinschnitte in der HR-Abteilung beschlossen hatte. Der Klient hat diese unter erheblichem Stress organisiert und durchgeführt. Der Personalabbau in seiner Abteilung wurde in der Öffentlichkeit massiv angegriffen, interorganisational jedoch als Leuchtturmprojekt gefeiert. Auch in den anderen Bereichen des Unternehmens wurden Mitarbeiter nach dem vom Klienten entwickelten Modell entlassen. Der Konzern war auf dem Wege der Konsolidierung, so wollte es scheinen.

Nun kommt der Klient erneut ins Coaching. Er ist sichtbar bewegt und hat Tränen in den Augen. Er fragt mich, ob ich bereits wisse, dass der Standort, an dem er und die verbliebenen Mitarbeiter arbeiten, geschlossen würde. Den Mitarbeitern wird eine Umsiedlung in ein anderes Bundesland angeboten. Etwa 20 % der Personaler würden jedoch nicht weiter beschäftigt. Falls der Konzern ihn halten wolle, müsse man ihm Aufbau und Leitung eines Profitcenters mit neuen Mitarbeitern an einem anderen Standort anbieten. Sein Chef habe dies mit den Worten verweigert, er brauche ihn für den strukturellen Umbau. Er sei sehr enttäuscht von seinem Chef. Sein Arzt habe ihn daraufhin krankgeschrieben. Sein Chef musste die erneute Umstrukturierung seiner Abteilung ohne seine Anwesenheit ankündigen.

Neben Empathie verspüre ich einen Impuls, mich zu distanzieren. Das Unternehmen steht vor dem wirtschaftlichen Abstieg, und der Klient „flüchtet“ sich in Krankheit. Ich kann anknüpfen an eine gute Beratungsbeziehung und wage eine Konfrontation: „Kann es sein, dass Ihre Mitarbeiter sich von Ihnen im Stich gelassen fühlen?“ Der Klient ist sehr verblüfft über diese Annahme. Schließlich sei doch er von seinem Chef hintergangen worden. Und jetzt müsse sich dieser bei ihm melden. Ich vermute einen erpresserischen Machtkampf, was der

Klient mit kleinem Lächeln bestätigt. Dass er diesen auf dem Rücken seiner Mitarbeiter führe, leuchtet ihm nicht ein. „Ich an Ihrer Stelle würde mit meinem Chef reden. Schließlich ist Ihnen doch an dem Unternehmen und an Ihrem Arbeitsplatz dort gelegen." Der Klient ist nicht glücklich mit diesem Gesprächsverlauf und verlässt das Coaching sehr nachdenklich.

Die Flucht in die Krankheit des Klienten ist Ich-synton, in völliger Übereinstimmung mit sich selbst und wird aus einem tief greifenden Berechtigungsgefühl genährt, das der Coach teilen soll (Hartkamp und Heigl-Evers 1995). Im Interventionsmodus des Hilfs-Ich gilt es, Ich-Funktionen zu übernehmen, die dem Klienten aufgrund der Entwicklung vorübergehend nicht zur Verfügung stehen. Hier stehen dem Klienten Affekte der Trauer darüber, dass die Konsolidierung des Unternehmens bisher nicht gelungen ist, nicht zur Verfügung. Er fühlt keine Angst vor dem Verlust des Arbeitsplatzes, sondern Wut über die Zumutung, seine Abteilung aufzulösen. Wesentlich sind fehlende Realitätsprüfung und Fremdbeurteilung. Er kann nicht antizipieren, dass sein Chef sich nicht erpressbar zeigen kann, ohne an Selbstachtung, aber auch an Achtung des Klienten zu verlieren.

Häufig kommen Menschen ins Coaching, die eine vertraute, aber dysfunktionale Strategie nicht aufgeben können (vgl. West-Leuer 2007b). Wenn der Coach sie mit dieser Realität konfrontiert, leisten sie hartnäckigsten Widerstand. Diese Klienten werden einen schwelenden Konflikt immer wieder und in verschiedensten Variationen fortsetzen und eskalieren lassen, selbst wenn sie deswegen den Arbeitsplatz verlieren sollten. Der Coach wird dann die Hilfs-Ich-Position aufgeben und sich für eine authentische Antwort entscheiden: „Ich kann Sie auf Ihrem Feldzug nicht begleiten. Mache ich diesen aussichtslosen Kampf zu lange mit, kann es sein, dass Ihnen dies eher schadet als nützt. Und das ist weder mein Auftrag noch mein Wunsch."

## 19.5 Fazit: Keine Coaching ohne Emotion[3]

Die Fallbeispiele zeigen, dass Coach und Klient auf vielfältige Weise emotional verwickelt sind, ob ihnen dies nun bewusst ist oder nicht. Um diese Verwicklungen zu verstehen und sie in einem für den Klienten förderlichen Sinne zu nutzen, absolvieren Psychotherapeuten zahlreiche Schulungen mit Selbsterfahrungscharakter. Denn den interaktionellen Umgang mit Emotionen kann man sich nicht kognitiv aneignen, man kann ihn nur am eigenen Leibe erleben. Und auch dann ist es kein Leichtes, sich emotional auf den Klienten einzulassen und diesen Prozess gleichzeitig von einer kognitiven Metaebene zu beobachten. Im „Doppeldenk" (West-

[3] Kapitelüberschrift in Anlehnung an Roth (1997): Keine Kognition ohne Emotion.

Leuer 2007a) gilt es, annäherungsweise herauszufinden, welche Emotionen beim Klienten gerade virulent sind, welche bei mir, dem Coach, und was diese Emotionen mit dem Beratungsanliegen des Klienten gemein haben. Erschwerend kommt hinzu, dass Gefühle zu haben oder diese gar zu zeigen, in Unternehmen fehl am Platze ist und tabuisiert wird (Vasella 2014). Diese Illusion der Emotionslosigkeit überträgt sich häufig eins zu eins ins Coaching. Da könnten Coaches schon entmutigt abwinken und sich sagen, dass sie keine Möglichkeit sehen, emotional-interaktionelle Interventionsmethoden im Coaching zur Anwendung zu bringen.

Damit wäre jedoch eine Chance vertan. Denn erst die präzise Wahrnehmung eigener und fremder affektiver Prozesse versetzt die Führungskraft in die Lage, die berufliche Rolle aktiv und selbstbestimmt zu gestalten. Ein ausreichend feinfühliger Coach – und jeder professionelle Berater wird dies sein – ist intuitiv fähig zu „affect attunement", „affect sharing" und Affektmarkierung. Er kann sich sowohl in den Klient einfühlen als auch in die Mitarbeiter, Kunden oder Vorgesetzten des Klienten; er wird darauf vertrauen, dass die eigenen emotionalen Reaktionen auf den Klienten den Reaktionen in dessen beruflichem Umfeld nicht unähnlich sind.

Wenn das „Doppeldenk" am Anfang nicht gelingen will, kann sich der Coach nach der Sitzung fragen: Welche Emotionen habe ich beim Klienten, welche bei mir gespürt? Die Fallbeispiele zeigen, dass die Affekte von Coach und Klient nicht immer trennscharf zu unterscheiden sind. Die Kleinheitsgefühle der Beraterin im ersten Fallbeispiel, ihre Scham, vielleicht nicht zu genügen, haben ihr Zugang zu den Kleinheitsgefühlen und Versagensängsten des Klienten verschafft. Ihre Enttäuschung und Empörung über die Krankmeldung des Klienten im dritten Fallbeispiel waren wie ein Spiegel der Empörung und Enttäuschung des Klienten, der sich von seinem Chef verraten fühlte. Im zweiten Fallbeispiel war das Fehlen von Gefühlen, hier das Fehlen von Aggression, auffällig. Umso mehr Ärger zeigte sich dagegen bei den Mitarbeitern. Bei der Arbeit mit Emotionen ist ihre Wahrnehmung und Identifizierung der *erste Schritt.* Im *zweiten Schritt* gilt es, das Wahrgenommene zu überdenken, um das Problem besser zu verstehen: Die Disponenten „rasten" aus, weil sie auf die Senior Chefin und ihren aggressionsgehemmten Chef ärgerlich sind. Jedoch sind Aggressionen nur nach unten oder nach außen, nicht nach oben erlaubt (Vasella 2014). Also beschimpfen die Disponenten die Kunden. Im *dritten Schritt* kann der Coach eine Intervention formulieren, z. B. im Hilfs-Ich-Modus. Dabei wird er oder sie überlegen, welches fehlende Gefühl adressiert werden soll: der Ärger über die Senior Chefin, das Fremdschämen wegen der unbotmäßigen Einmischung der Mutter, die Trauer über die anstehende intrapsychische Trennung vom idealisierten mütterlichen Objekt.

Auch die „emotionale" Nachbereitung einer Coachingsitzung kann ein Coach üben, indem er oder sie systematisch überprüft: Gab es Affekte wie Erstaunen,

Neugier, Interesse? Solche informationsverarbeitenden Affekte bringen den Coachingprozess in der Regel konstruktiv weiter. Gab es Affekte mit Handlungsimpulsen, wie Ärger, Wut, Trauer, Freude, oder wurden sie unterdrückt, vielleicht gar verleugnet? Die Unterdrückung oder Verleugnung von Gefühlen wird vielleicht dazu beitragen, den Prozess zuverlangsamen. Selbstreflexive Affekte von Schuld oder Scham finden sich bei Coach und Klient, wenn in der frühen Sozialisation der Weg vom Affekt zu Gefühl und Mitgefühl beschritten wurde und ein empathisches Miteinander möglich ist. Werden sie bewusst, muss der Coach dem Impuls widerstehen, sie aus falsch verstandenem Mitgefühl zu bagatellisieren. Schwierig sind dagegen nachtragende Affekte, wie Groll, Empörung, Entrüstung. Denn sie sind ich-synton und lassen dem Klienten keine Handlungsoptionen. Stattdessen steht die Erwartung im Vordergrund, der Andere müsse sich ändern (vgl. Hartkamp 2013)[4].

Die interaktionelle Identifizierung von auffälligen Emotionen, die auf den ersten Blick nicht zum Kontext passen wollen, oder das scheinbare Fehlen kontextuell erwartbarer Emotionen werden vom Coach zur Hypothesenbildung über ihre Bedeutung im Rahmen des Coachinganliegens herangezogen. Diese Hypothesen können dem Klienten selektiv konfrontativ, das heißt, ohne ihn zu kränken oder zu brüskieren, zur Verfügung gestellt werden. Wenn diese Interpretationen für den Klienten stimmig sind, werden sie ein erweitertes Verständnis für seine berufliche Situation und ggfs. auch eine Verhaltensänderung bewirken. Werden die Interpretationen nicht akzeptiert oder werden sie vom Klienten korrigiert, kann die Beratungsbeziehung durch diese Intervention dennoch gestärkt werden. Denn der Klient erlebt, dass der Coach nicht „besserwisserisch“ reagiert. Der Klient bleibt immer „Herr im eigenen Haus“.

## Literatur[5]

Altmeyer, M., & Thomä, H. (Hrsg.). (2006). *Die Vernetzung der Seele. Die intersubjektive Wende in der Psychoanalyse*. Stuttgart: Klett-Cotta.

Bayer, H.-P. (1995). *Coaching-Kompetenz. Persönlichkeit und Führungspsychologie*. München: Ernst Reinhardt.

Buchholz, M., & Streeck, U. (1994). Psychotherapeutische Interaktion: Aspekte qualitativer Prozeßforschung. In M. Buchholz & U. Streeck (Hrsg.), *Heilen, Forschen, Interaktion.*

[4] Eine umfassende Liste von Emotionen in Organisationen findet sich bei Martin y Troyano 2006, S. 16 ff.

[5] Detaillierte Literaturliste für den neurobiologisch-bindungstheoretischen Teil bei der Autorin (West-Leuer@t-online.de).

*Psychotherapie und qualitative Sozialforschung* (S. 67–106). Opladen: Westdeutscher Studienverlag.

Deutscher Bundesverband Coaching e. V. (Hrsg.). (2012). *Leitlinien und Empfehlungen für die Entwicklung von Coaching als Profession. Kompendium mit den Professionsstandards des DBVC* (4., erw. Aufl.). Osnabrück: DBVC Geschäftsstelle.

Fonagy, P., Gergely, G., Jurist, E. L., & Target, M. (2004). *Affektregulierung, Mentalisierung und die Entwicklung des Selbst*. Stuttgart: Klett-Cotta.

Franz, M. (2008). Vom Affekt zum Gefühl und Mitgefühl. In M. Franz & B. West-Leuer (Hrsg.), *Bindung – Trauma – Prävention. Entwicklungschancen von Kindern und Jugendlichen als Folge ihrer Beziehungserfahrungen* (S. 15–38). Gießen: Psychosozial-Verlag.

Franz, M., & West-Leuer, B. (Hrsg.). (2008). *Bindung – Trauma – Prävention. Entwicklungschancen von Kindern und Jugendlichen als Folge ihrer Beziehungserfahrungen*. Gießen: Psychosozial-Verlag.

Grimmer, B., & Neukom, M. (2009). *Coaching und Psychotherapie. Gemeinsamkeiten und Unterschiede – Abgrenzung oder Integration?* Wiesbaden: VS Verlag.

Hartkamp, N. (2013). Affektdifferenzierung, Affektklärung und das Interventionsprinzip Antwort. Power Point Präsentation im Rahmen der Coaching-Weiterbildung am Institut Psychodynamische Organisationsentwicklung und Personalmanagement Düsseldorf e. V., 24.11.2013.

Hartkamp, N., & Heigl-Evers, A. (1995). Feinstrukturen einer analytischen Supervision. *Zeitschrift für Psychosomatische Medizin und Psychoanalyse, 41*(3), 253–267.

Haubl, R. (2007). Wenn Leistungsträger krank werden. Chronische Müdigkeit – Symptom oder Krankheit? *Psychosozial* 30(110), 25–34.

Heigl-Evers, A., & Ott, J. (Hrsg.). (1998). *Die psychoanalytisch-interaktionelle Methode. Theorie und Praxis*. Göttingen: Vandenhoeck & Ruprecht.

Kernberg, O. F. (1999). Plädoyer für eine „Drei-Personen-Psychologie". Psyche*, 53*(9/10), 878–893.

Martin y Troyano, N. (2006). *Emotionen im Kontext der Personalführung. Eine empirische Studie zur Frage, wie Führungspersonen mit den Emotionen einzelner Mitarbeiter und Mitarbeiterinnen umgehen.* http://deposit.fernuni-hagen.de/59/1/Diss_Emotionen_im_Kontext...pdf.

Ott, J., & West-Leuer, B. (2003). „Präsenz, Respekt, emotionale Akzeptanz und Authentizität": Interaktionelle Prinzipien nicht nur für das Coaching im Krisenfall. In B. West-Leuer & C. Sies (Hrsg.), *Coaching – Ein Kursbuch für die Psychodynamische Beratung* (S. 125–147). Stuttgart: Pfeiffer bei Klett-Cotta.

Roth, G. (1997). *Das Gehirn und seine Wirklichkeit. Kognitive Neurobiologie und ihre philosophischen Konsequenzen*. Frankfurt/M.: Suhrkamp.

Streeck, U. (2007). *Psychotherapie komplexer Persönlichkeitsstörungen. Grundlagen der psychoanalytisch-interaktionellen Methode*. Stuttgart: Klett-Cotta.

Vasella, D. (2014). Unter mir die Stadt. Reflexionen über Emotionen in Management und Topmanagement anhand eines Fallbeispiels im Film. Email vom 06.06.2014.

West-Leuer, B. (2007a). *Coaching an Schulen. Psychodynamische Beratung zur Stärkung professioneller Beziehungskompetenz*. Gießen: Psychosozial-Verlag.

West-Leuer, B. (2007b). „Wir sehen immer nur die Spitze des Eisbergs …" Führungskräftecoaching und Psychodynamische Beratung. In F. Lang & A. Sidler (Hrsg.), *Psychodyna-*

*mische Organisationsanalyse und Beratung. Einblicke in eine neue Disziplin* (S. 51–80). Gießen: Psychosozial-Verlag.

West-Leuer, B. (2009). Psychodynamisches Coaching – mehr Chancengerechtigkeit für Fach- und Führungskräfte? *Psychosozial* 32 (116), 65–78.

West-Leuer, B. (2011). Affekt-Coaching. Business-Coaching zur Verbesserung von Selbstmanagement und Selbststeuerung. In H. Schnoor (Hrsg.), *Psychodynamische Beratung* (S. 165–178). Göttingen: Vandenhoeck & Ruprecht.

Winnicott, D. W. (1997). *Vom Spiel zur Kreativität* (9. Aufl.). Stuttgart: Klett-Cotta.

**Dr. phil. Beate West-Leuer** Senior Coach (DBVC), Supervisorin (DGSv); Leiterin des Instituts „Psychodynamische Organisationsentwicklung + Personalmanagement e. V." (POP). Stell. Vorsitzende der Akademie für Psychoanalyse und Psychosomatik Düsseldorf e. V., Hochschulratsmitglied der Westfälischen Hochschule. Freiberufliche Beratungspraxis. Publikationsschwerpunkte: Psychodynamisches Business-Coaching. Psychoanalyse und Film. Herausgeberin der Zeitschrift „Agora. Düsseldorfer Beiträge zu Psychoanalyse und Gesellschaft".

# Teil IV
# Konzeptionelle Variationen von Coaching

# 20 Selbstgemacht – internes Coaching in Unternehmen

Gabriele Bollhöfer

## 20.1 Können Unternehmen Coaching?

Ein Coach-Professional, der als Angestellter des Unternehmens Coaching anbietet, ist schon längst kein Kuriosum mehr, und viele Unternehmen sehen es als guten Standard ihrer Personalentwicklung, über eigene qualifizierte Coaches zu verfügen. Belastbare Zahlen gibt es zu diesem Trend zwar noch nicht, aber doch klare Indizien, wie z. B. die wachsende Gruppe der Unternehmensvertreter innerhalb des DBVC, die regelmäßigen Nachfragen von Unternehmen zur Einführung von internem Coaching und die Anzahl von Diplomanden, die sich diesem Thema zuwenden.

Wie kann sich eine Coaching-Profession innerhalb einer Organisation entfalten? Coach-Profis in Unternehmen sind nur eine von vielen „Professionen", die sich moderne Unternehmen heute leisten. Es gibt zu diesem spannenden Thema des Zusammenspiels von Organisation und Profession wenig erhellende Literatur. Ein inspirierender Aufsatz zur Rolle der Professionen in Unternehmen stammt von Thomas Klatezki (2012). Er zitiert hierzu Talcott Parsons (1968): „*The involvement of high level professional personnel in most types of modern organization has been the occasion of major changes in the character of organization themselves.*" Er führt im Weiteren aus, dass die Professionen in Unternehmen die Unternehmenswirklichkeit strukturell und ideell mitbestimmen. Diese Wirklichkeit wird der

G. Bollhöfer (✉)
Heinz-Mohnen-Platz 3, 50937 Köln, Deutschland
E-Mail: gabriele.bollhoefer@o2online.de



A. Schreyögg, C. Schmidt-Lellek (Hrsg.), *Die Professionalisierung von Coaching*,
Coaching und Supervision, DOI 10.1007/978-3-658-08172-0_20

Prognose von Max Weber gegenübergestellt, *„dass die Bürokratie im Zuge des gesellschaftlichen Rationalisierungsprozesses unweigerlich zu einen stahlharten Gehäuse der Hörigkeit führe“* (Klatezki, ebd.). Dieser Diskurs ist im Hinblick auf internes Coaching von Bedeutung, da eine gewisse Unabhängigkeit von der direkt auf Gewinnmaximierung ausgerichteten Ziele des Unternehmens und die Möglichkeit, eine wissenschaftlich basierte Tätigkeit zur Behandlung von „besonderen Fällen“ (*particular cases*, Abbot 1988) auszuüben, eine Bedingung für die professionelle interne Coachingpraxis zu betrachten ist.

Wie also die sozialwissenschaftliche Forschung seit den 60er Jahren aufzeigt, entwickelte sich in Unternehmen ein vielfältiger Einfluss von Professionellen. Unternehmen kennen die Koexistenz relativ unabhängig voneinander agierender Bereiche, die nicht unmittelbar die Unternehmensziele und die ökonomische Performance einer Organisation unterstützen, oder anders ausgedrückt, die nicht unmittelbar als Teil der Wertschöpfungskette beschrieben werden können. Offensichtliche Beispiele wären Betriebsärzte, Unternehmensjuristen, Militärseelsorger. Neben den aus den klassischen Professionen abgeleiteten Tätigkeiten in Unternehmen existieren weitere Funktionsbereiche, die ebenfalls einer Eigenlogik ihres Auftrags folgen. Die Landschaft der nicht direkt auf das Kerngeschäft ausgerichteten Arbeitsaufträge in Unternehmen ist divers. Und in dieser diversen Unternehmenswirklichkeit ist es möglich, professionelles Coaching mit den notwendigen Freiheitsgraden zu betreiben.

## 20.2 Balanceakt zwischen Organisation und Profession

Es bleibt dennoch spannend, zwischen professioneller Berufsauffassung des Coachs und dem Assimilierungsdruck einer Organisation zu balancieren. Interne Coaches beziehen ihre Legitimation und ihre Standards sowohl aus der jeweiligen Organisation, in der sie tätig sind, als auch aus ihrer Professionsauffassung. Die Spannung zwischen der Eigenständigkeit der professionellen Beratungstätigkeit und der Anpassung an und in Organisationen bestimmt sowohl das Design des Coachingangebots als auch die Beratungspraxis (vgl. Klatezki und Tacke 2005).

Die internen Coaching-Konzepte setzen sich vielleicht intensiver und nachhaltiger mit den Interessen und der Programmatik der Organisation auseinander. Der interne Coach wirkt oft bei der Konzeptionierung maßgeblich mit und legt so oft die organisatorische Basis für seine interne Tätigkeit selbst, während externe Coaches häufig in diesem vordefinierten Rahmen eingesetzt werden. Doch kann es auch genau umgekehrt sein, je nachdem wie viel Gestaltungsmacht ein Externer in der Organisation erreicht oder wie eng ein angestellter Coach in einer Organisation geführt wird. Mein Fazit aus der Beobachtung dieser vielgestaltigen Praxis ist, dass der Status interner versus externer Coach nicht recht taugt, um Anhaltspunkte hinsichtlich Wirkungsgrad, Einsatzfelder oder Qualität des Coachings zu erhalten. Hier führt nur die differenzierte und aufgeklärte Beschäftigung mit einer sinnvollen Implementierung diese speziellen Beratungsangebotes in eine bestimmte Organisation weiter.

Bei der Implementierung eines Coachingprogramms mit internen Coaches müssen konkrete Regulationen gefunden werden, die zwischen den Erfordernissen der Professionsausübung und den Interessen der Organisation vermitteln. Soll Coaching in einer Organisation etabliert werden, ist es darum nicht damit getan, sich die Coachingkompetenz einzukaufen. Es bedarf zusätzlich einer organisationspsychologischen oder organisationsentwicklerischen Kompetenz, um die Schnittstellen des Coachingangebots und der Coachrolle in der Organisation und die neuen Beziehungen der Rollen in Unternehmen zu definieren, zu kommunizieren und umzusetzen. Diese Kompetenz kann durch die Organisations-/Personalentwicklungsabteilung oder durch eine Managementfunktion ausgeübt werden oder auch durch den Coach selbst.

## 20.3 Stärken des internen Coachings aus Sicht des Unternehmens

Warum wird internes Coaching so ausführlich praktiziert, obwohl es genügend externe Anbieter gibt? Macht der Aufbau eines internen Coach-Pools ökonomisch Sinn? Die Wahl eines externen Coachings könnte als das kleinere Risiko mit begrenztem Ressourceneinsatz und leichter austauschbaren Personen gesehen werden. Wo steckt also der Nutzen? Der Nutzen von internem Coaching aus der Sicht der Unternehmen und ihrer Mitarbeiter wird in den folgenden Abschnitten beschrieben. Es handelt sich um typische Anlässe und Wirkungsbereiche des internen Coachings. Die jeweilige Ausprägung von Coaching hängt davon ab, welche Aufgaben mit Hilfe von Coaching in einem bestimmten Unternehmen gelöst werden sollen. Damit ist auch gesagt, dass die Beispiele nicht endlich sind und je nach Aufgabenstellung und Kreativität von Unternehmen neue andere Coaching-Anwendungen entstehen werden.

1. *Organisationsveränderungen unterstützen*: Coaching ist häufig eine flankierende Maßnahme bei strategischen Veränderungen, z. B. bei der Implementierung neuer Führungsebenen oder neuer Organisationsbereiche. Die Organisation beantwortet mit einem dauerhaften internen Coachingprogramm

die Frage, wie die Mitglieder der Organisation bei der Umsetzung und Entwicklung neuer Kompetenzen dauerhaft unterstützt werden – ein nicht zu unterschätzender Vorteil in der Unternehmenskommunikation nach innen und nach außen. Mit internen Coaches bleiben das Know-how aus dem Change-Prozess und das Beratungsangebot auch nach dem Change-Prozess erhalten und ist ein Signal, dass das Unternehmen nachhaltig investiert.

2. *Employer Brand stärken*: Internes Coaching stützt die Arbeitgebermarke eines Unternehmens. Coaching ist attraktiv für Mitglieder des Unternehmens wie für potenzielle Bewerber. Ein eigenes Coachingprogramm mit internen Coaches vermittelt Modernität und Innovationsbereitschaft und ist ein klares Unterscheidungsmerkmal von Arbeitgebern. Eine stark auf die persönliche Entwicklung fokussierte sogenannte Generation Y spricht auf solche Programme interessiert an.
3. *Innovationen in der Personalentwicklung unterstützen*: Interne Coaches sind wertvolle Mitgestalter der Personalentwicklungs-Strategien. Die Organisation kann eine nachhaltige Unterstützung der Karriere darstellen und die Coaches in strategische Überlegungen und PE-Produktentwicklungen einbeziehen. Interne Coaches sind eine Kompetenzressource, beispielsweise für Fragen nach dem Qualifizierungsbedarf, nach den kritischen Phasen im Karriereverlauf, nach der Motivationslage und auftretenden neuen Themen und Trends. Eine breite interne Coachingexpertise kann gut hinsichtlich Beratung und Training von Führungskräften ausgewertet werden.
4. *Niederschwelligkeit*: Findet internes Coaching Akzeptanz und gelingt es, in die Organisation „einzusickern", werden Mitglieder der Organisation einen „Versuch wagen", die mit hoher Wahrscheinlichkeit kein externes Coachingangebot mit Beauftragungsprozess und Zielsetzungsgesprächen etc. angenommen hätten. Mit einem internen Coach kann man Tuchfühlung aufnehmen und sich sozusagen „off record" kennen lernen. Um dieses Potenzial auszuschöpfen sollte sich ein interner Coach auch in internen Netzwerken und Plattformen der Organisation bewegen.
5. *Know-how nachhaltig aufbauen und schützen*: Die Exklusivität und die Spezialisierung des Coachings für die Mitglieder einer Organisation sind häufig ein großer Vorteil. Besteht ein Wettbewerb innerhalb einer Branche, zählt außerdem das Argument, das Know-how in der Organisation zu halten. Insbesondere in wissensintensiven Organisationen besteht eine hohe Sensibilität, dass externe Berater Wissen hinaustragen, das dann anderen Organisationen und evtl. auch Wettbewerbern zugutekommen kann.
6. *Kontext-Wissen und Cultural Fit*: Der Leichtigkeit, mit der interne Coaches die Arbeitswirklichkeit ihrer Klientel erfassen und in Abgleich mit „typischen"

Themen und Karriereverläufen in diesem Unternehmen bringen, ist aus der Sicht der Coachingnachfrager eine Stärke. Kritische Haltungen, wie z. B. „das ist nicht anwendbar“, „der versteht unser Feld nicht“, „ich muss erst mal die Welt erklären“ etc., kommen praktisch nicht vor. Aufgrund einer sehr guten Kenntnis von typischen Hürden und Entwicklungsthemen kann ein interner Coach ein Coaching in der Regel treffsicher fokussieren.

Die Passung mit der Kultur des Unternehmens kann nach einer gewissen Einarbeitungszeit vorausgesetzt werden, und dies bedeutet zugleich, dass eine zum Teil aufwändige Auswahl und das Briefen der externen Coaches entfallen. Der „gleiche Stallgeruch“ macht für viele Coachingnachfrager den Einstieg leicht. Mit Coaches als Teil der Kultur kann das Beratungsangebot sehr niederschwellig platziert werden.

Jede der genannten Stärken hat auch eine Risikoseite; so kann es größeren Aufwand bedeuten, aus der internen Rolle heraus die nötige Distanz im Coachingprozess herzustellen oder den Versuchen einer Instrumentalisierung zu widerstehen. Dies sind jedoch ständige Herausforderungen der Regulation von Professionsausübung einerseits und Interessen eines Unternehmens andererseits, die in der internen wie der externen Rolle bearbeitet werden müssen.

## 20.4 Konzeptionelle Aspekte für interne Coaching Designs

Die Konzeption eines internen Coachings wird je nach Unternehmen und Zweck des Coachings variieren. Im Folgenden sind einige typische konzeptionelle Fragestellungen skizziert, und die Antworten darauf fallen in existierenden Coachingkonzepten sehr unterschiedlich aus. Denn die aktuelle Praxis zeigt, dass sich die Coachingdesigns stark nach den Zielen und der Kultur des Unternehmens ausrichten und daher deutlich variieren. Es geht also nicht darum, einen Leitfaden für ein „gutes“ internes Coachingkonzept zu beschreiben, sondern eher darum, typische Gestaltungsnotwendigkeiten zu benennen. Es ist sicher eine Kunst, zwischen einem Opportunismus des Coachingdesigns einerseits und einer dogmatischen Professionsauffassung andererseits zu operieren.

1. „Readyness“ der Organisation für Coaching
   - Akzeptanz in der Organisation: Ist die Organisation im Umgang mit personenbezogenen Beratungsformaten und entsprechenden sensiblen Informationen geübt? Gibt es verwandte erfolgreiche Formate an die angeknüpft werden kann?

- Gibt es Managementunterstützung für den Implementierungsprozess? Welche Meinungsführer und Sponsoren sind zu gewinnen?
- Gibt es eingeführte Prozesse z. B. der Selektion oder (Be-)Förderung, an die Coaching andocken kann und sich so strategisch verankern kann?

2. Zielsetzung
   - Welche Ziele sollen erreicht werden und welche Probleme sollen mit Hilfe von Coaching gelöst werden?
   - Welchen Beitrag soll Coaching konkret leisten für den Einzelnen und für die Organisation?
   - Soll Coaching in die Karriereentwicklung integriert werden? Wird es z. B. im Prozess einer Beförderung systematisch angeboten bzw. verpflichtend eingeführt?
   - Welcher überzeugende Nutzen kann für die verschiedenen Beteiligten argumentiert werden.
3. Zielgruppenbestimmung, Anlass und Berechtigung zum Coaching
   - Enge oder weite Zielgruppenbestimmung des organisationsinternen Coachings:
     - Wird Coaching nur Führungskräften oder nur dem Top-Management angeboten?
     - Wird Coaching nur bei bestimmten Rollenwechseln oder Problemstellungen eingesetzt.
     - Wird Coaching hierarchie- und aufgabenunabhängig angeboten?
   - Anlässe für Coaching:
     - ein Rollenwechsel,
     - eine Aufgabenänderung,
     - die Einführung anderer Arbeitsformen,
     - die Unterstützung von Change-Prozessen,
     - die Begleitung in einem Förderprogramm,
     - die Erhöhung der Produktivität oder Effektivität usw.
   - Berechtigung für Coaching:
     - Jeder darf Coaching beanspruchen ohne Absprache mit Vorgesetzten.
     - Bestimmte Gruppen dürfen mit oder ohne Absprache Coaching wahrnehmen.
     - Der Vorgesetzte muss zustimmen.
     - Der Vorgesetzte stimmt zu und gibt die Richtung vor.
     - HR/PE reguliert den Coachingzugang durch Vorgespräch, Motivationsklärung in Abstimmung mit Vorgesetzten oder nach generellen Kriterien.
4. Ökonomie und Kapazitätssteuerung
   - Welche Intensität und Durchdringung ist gewünscht?

- Für wie viele potenzielle Klienten soll der Coach tätig sein können? In welcher Intensität und in welchem Zeitrahmen können/sollen Coachings stattfinden?
- Welche Auslastung und Aufgabenentwicklung der Coaches ist zu erwarten? Sollen Coaches auch andere Aufgaben übernehmen, um eine Auslastung zu erhalten?

5. Interferenzen mit anderen Funktionen
   - Wie verhält sich Coaching zu den anderen Angeboten der Personalentwicklung, zu Weiterbildung bzw. Training und zu Fördermaßnahmen in den Organisationsbereichen? Ähnlichkeiten existieren zu internen Entwicklungsangeboten wie Mentorship, Vorgesetzten-Coaching usw. Die Beziehung dieser verschiedenen Angebote ist zu definieren, um das Coachingangebot klar zu konturieren.
   - Sind andere Organisationsbereiche mit Beratungs- und Entwicklungsthemen aktiv, und sind ggf. Schnittstellen zu organisieren?
   - Wie soll das Verhältnis zu den Führungskräften gestaltet werden? Sind sie Auftraggeber mit spezifischen Vorgaben für das Coaching, soll es Feedback geben usw.?
6. Organisatorische und hierarchische Einbindung der Coaches
   - In welcher Organisationseinheit und welcher Berichtslinie wird der Coach eingebunden?
   - Welche Verabredungen hinsichtlich Vertraulichkeit, Dokumentation und Berichtspflichten sollen getroffen werden?
   - Wird der Coach ist in einem Fachbereich oder in einer Stabsfunktion oder auch mehrfach zugeordnet (Matrix).Wie werden die professionellen Freiheitsgrade sichergestellt und Vertraulichkeit geregelt? (Umgang mit Weisungsbefugnissen, delegierten Aufgaben wie zum Beispiel Auftragscoaching; Feedback an Auftraggeber, Umgang mit Nachfragen zum Coachingerfolg)
   - Berichtswege und Inhalte der Berichte sind zu definieren.
7. Honorierung, interne Verrechnung des Coachings
   - Transferleistungen zwischen Abteilungen, wie z. B. Punktesysteme, Beratungsschecks für Klienten, können verabredet werden.
   - Coachingleistungen werden nicht ausdrücklich ökonomisch definiert und verrechnet.
8. Performance
   - Wie geschieht die Performancemessung des Coachs, wer führt die entsprechenden Miterbeitergespräche?
   - Wie wird mit Coachee-Feedback und Evaluation der Coachingprozesse umgegangen?

- Welche Karriere-/Entwicklungsmöglichkeiten sind denkbar?
- In welche Prozesse wird der Coach systematisch eingebunden (Einstellungen, Placement, Förderprogramme, Performanceanalysen etc.)?

9. Qualitätsstandard
   - Welche Standards der Ausbildung und der Qualifikation der Coaches sind festgelegt?
   - Welche externen oder internen Referenzen werden hinsichtlich der Coachingstandards angewandt? Z. B. Anlehnung an Verbandsstandards oder an Standards von Ausbildungsinstituten oder/und nach Maßgabe des Unternehmens selbst.
   - Welche Möglichkeiten wird der Coach zur Verankerung und Weiterentwicklung seiner professionellen Kompetenz nutzen?
10. Evaluation
   - Wann ist das Coaching individuell und auch institutionell als erfolgreich zu bewerten?
   - Mit welcher Methode wird die Evaluation vorgenommen?
   - Sollen ökonomische Kennzahlen Anwendung finden?

Die Sammlung dieser konzeptionellen Fragen ist nicht erschöpfend und soll keine Checkliste für ein Implementierungsprojekt „internes Coaching" darstellen. Manche Festlegungen sind vielleicht erst nach einer ersten Erfahrung zu treffen, und ein aufgeklärtes prozesshaftes Herangehen kann erfolgreicher sein als der Versuch, ein ausgefeiltes Konzept zu implementieren. Solche Art Checklisten wirken zunächst komplex, da sie aus einem Vergleich bestehender Coaching Designs stammen. In der Praxis eines konkreten Unternehmens jedoch beantworten sich viele der konzeptionellen Fragen sehr zügig, da das Coachingprogramm für bestimmte Aufgabenstellungen gestaltet wird.

## 20.5 Fünf Designvarianten des internen Coachings

Im Folgenden werden nun Varianten des organisationsinternen Coachings vorgestellt. Die Beispiele resultieren aus Gesprächen mit verantwortlichen Vertretern aus mehr als 25 Organisationen im Rahmen der Verbandsarbeit des DBVC sowie aus der Diskussion mit professionellen Anbietern, die sich mit dem Einsatz von Coaching in Executive-Programmen beschäftigen. Wie die Erfahrungen zeigen, beeinflussen die jeweilige Zielsetzung, die Ausgangslage, die Klientel, die Mentalität in der Organisation usw. die inhaltliche Ausgestaltung des organisationsinternen Coachings.

### 20.5.1 Coaching als Aufgabenerweiterung des Personalprofis

*Beschreibung* Der HR-Professional dehnt seine „natürliche", auf Personalthemen bezogene Beratungsfunktion auf eine coaching-typische Beratungsform aus. Diese fließen in seine Beratungstätigkeit ein, ohne dass diese zu Beginn explizit Coaching genannt wird. Dieses interne Coaching wird von Führungskräften der Organisation im Zusammenhang mit einem (erweiterten) Personalthema nachgefragt. Typisch wäre z. B. ein persönlicher Beratungsbedarf zu schwierigen Kritik- oder Trennungsgesprächen. Diese Vorstufe entwickelt sich manchmal zu einem expliziten Coachingangebot, welches intern profiliert und vermarktet wird, und löst sich von der Schwerpunktsetzung rund um Personalthemen.

*Nutzen* Der Vorteil für die Organisation ist, dass ein erfahrener HR-Profi eine Aufgaben- und Rollenerweiterung erfährt und eine interne Beratung ohne (offensichtliche) Zusatzkosten angeboten wird.

*Risiken* Der HR-Professional besitzt aus seinem HR-Auftrag heraus starke Eigeninteressen, die im Coaching relativiert werden müssen. Mit einem solchen initiativ begonnenen Coaching-Prozess ist zunächst in der Regel keine interne Kommunikation verbunden; diese Form ist – zumindest in der Entstehungsphase – nicht strategisch motiviert. Das Angebot wird eher als „nice to have" bzw. probleminduziert, weniger als zentraler PE-Prozess wahrgenommen. Eine Evaluation ist schwierig, da meistens nicht definiert ist, wie der Coachingprozess in Bezug auf institutionelle Wirkungen evaluiert werden soll.

### 20.5.2 Der Sparten-Coach

*Beschreibung*: Hierbei handelt es sich um Fach- und Führungskräfte, die sich auf eine bestimme Sparte oder einen Geschäftszweig konzentrieren und Mitarbeiter im Setting eines Coachingformats unterstützen. In solchen Coachingformaten fließt auch spezifisches Know-how ein. Das Coachingformat bietet aber einen breiteren Spielraum für personenorientierte Entwicklung. Sie verbessern z. B. den Verkaufserfolg in einer Vertriebsorganisation oder unterstützen bei Änderungen des Aufgaben- und Anforderungsprofils im Rahmen von Change-Prozessen. Die Sparten-Coaches rekrutieren sich typischerweise aus den Funktionsbereichen selbst. Sie empfehlen sich durch besondere Leistungsstärke und didaktisches Geschick, qualifizieren sich „on the Job" oder zusätzlich durch eine gesonderte Coachingausbildung. Diese Coaches haben ihre Berichtslinie innerhalb des Funktionsbereichs, z. B. zum Vertriebs- oder Regionalleiter. Innerhalb einer Matrix-Organisation sind sie z. B. sowohl dem Funktionsbereich (Vertrieb) als auch einer Querschnittsfunktion, wie etwa einem Trainingscenter oder dem Bereich Unternehmensentwicklung, zugeordnet. Beispiele dafür finden sich seit vielen Jahren im Finanzdienstleistungsvertrieb, im Kundenbindungs- und Beschwerdemanagement von Unternehmen. Auch im Rahmen von Transferprojekten, in denen Mitarbeiter für neue Funktionen gefittet werden, sind Sparten-Coaches im Einsatz. Das Motiv der Organisation für einen internen Coach-Pool ist der geplante dauerhafte Einsatz während und insbesondere auch nach einem Change-Prozess. Diese Coaches haben oft auch eigene operative Aufgaben oder Führungsaufgaben, Letzteres jedoch nicht gegenüber den Mitarbeitern, die von ihnen gecoacht werden.

*Nutzen* Die klare Fokussierung des Coachingzwecks im Hinblick auf Unternehmensziele hat große Überzeugungskraft und quasi automatisch Rückendeckung seitens des Managements. In dieser Coachingvariante werden auch instruktive Trainingsanteile eingesetzt. Eine Transferproblematik in die Praxis stellt sich nicht, da die Praxis selbst im Zentrum des Coachingprozesses steht. Sparten-Coaches besitzen oft eigene operative Aufgaben, die sie auf anerkannt hohem Niveau erfüllen. Sie operieren mit hoher Glaubwürdigkeit und gestalten die Qualitätsentwicklung und die Praxisstandards mit.

*Risiken* Die einstmals typische Führungsaufgabe, nämlich Veränderungen in allen Facetten umzusetzen, ist hier nun auf interne Beratungsprofessionals verlagert. Damit einher geht die Notwendigkeit, die Schnittstellen zwischen Führungs- und Beratungsrollen zu gestalten. Die Komplexität einer Organisation und gegebenenfalls auch der interne Kommunikationsaufwand erhöhen sich. Ein anderes Risiko liegt in der Nähe zum Fachtrainer; hier sind die Organisationen gefordert, nicht nur ein schickeres Label auf das gute alte Training zu kleben, sondern Coachingkompetenz und -methodik bewusst einzusetzen.

### 20.5.3 Der Coach-Pool aus Professionals und „Semiprofessionals"

*Beschreibung*: Mitarbeiter mit bestimmten persönlichen und qualifikatorischen Voraussetzungen können in den Coach-Pool aufgenommen werden und einen Teil ihrer Zeit Coaching für „Kollegen" anbieten. Die Grundidee ist, das Potenzial von Mitarbeitern aller möglichen Berufsgruppen, die eine bestimmte Coachingqualifikation besitzen, intern zu nutzen. Dabei ist manchmal durchaus eine hierarchieübergreifende Coach-Klient-Beziehung denkbar und gewünscht. Die nebenberuflichen Coaches coachen in ihrer Arbeitszeit; dieser Zeitanteil ist jeweils mit den Vorgesetzten abzustimmen und ggf. zu verrechnen (vgl. das Praxisbeispiel von Eichhorn 2011).

*Nutzen* Ein Plus für die Organisation ist eine breitere Mitarbeiterkompetenz sowie der bereichsübergreifende Transfer von Organisationserfahrungen und damit die Verstärkung der internen Vernetzung. Der Charme solcher Ansätze entfaltet sich leichter in einer großen und arbeitsteiligen Organisation. Denn hier ist das Problem der Vertraulichkeit bei einer großen Dichte und Komplexität von Informationen beim Coach allein durch die verschiedenen Jobprofile und die natürliche Distanz zwischen Coach und Klient aufgrund ihrer Zugehörigkeit zu verschiedenen Bereichen der Organisation minimiert. Die Kenntnisse aus verschiedenen Bereichen werden ausgetauscht. Einer Silobildung, die insbesondere bei großen arbeitsteiligen Organisationen zu dysfunktionalen Wirkungen führen kann, kann entgegengewirkt werden.

*Risiken* Es muss starke Motive dafür geben, dass eine Organisation Mitarbeiter teilweise freistellt, um andere nicht zum Jobprofil gehörende Aufgaben zu übernehmen. Die nicht erbrachte Leistung im originären Aufgabengebiet ist zu kompensieren, der Austausch von Leistungen zu verrechnen. Um die Akzeptanz der internen Coaches herzustellen, ist ein bestimmter Kompetenzlevel unbedingte Voraussetzung, und man muss eine Investition in Coachingausbildung und Qualitätsentwicklung einkalkulieren.

### 20.5.4 Internes psychologisches Coaching als Standardinstrument der Personal- und Organisationsentwicklung

*Beschreibung* Angestellte Coaches sind in einem psychologischen Coach-Pool (vgl. Schreyögg 2014) organisiert und aufgrund dessen mit dem Hauptauftrag Coaching in der Organisation tätig. Die Coaches sind bereichs- und hierarchieübergreifend tätig. Der psychologische Background der Coaches ist die Grundlage dafür, dass sie „hauptberuflich“ als Coach tätig sind und thematisch umfassend Coaching betreiben; d. h. ihre Tätigkeit wird z. B. nicht partiell als Aufgabenerweiterung gesehen, sie basiert nicht auf Spartenwissen, sondern auf der Grundlage ihrer Coachingkompetenz. Diese Coachingvariante wird eher in der Verbindung mit einem strategischen Ziel entstehen, denn nur dann werden Stellen mit dem Hauptzweck

Coaching geschaffen. Sie erfordert eine entsprechende Coachingnachfrage, um eine ausreichende Auslastung zu garantieren, und eine systematische Prozessbeschreibung und Kommunikation zu Zielen, Nutzen, Arbeitsweise, Anspruchsberechtigung und Evaluation. In der Praxis haben auch diese Coaches oft weitere verwandte Aufgaben. Das zentrale Merkmal dieser Variante ist die strategische Verankerung des Coachings in der Organisation.

*Nutzen* Der Vorteil dieser „Hauptprofession organisationsinterner Coach" sind die Klarheit des Auftrags im Rahmen einer HR-Strategie, die Intensität, in der dieses Angebot intern wie extern beworben und entwickelt werden kann, und die eher geringe Spannung durch etwaige konkurrierende Aufgaben des internen Coachs bzw. die klare Prioritätensetzung auf Coaching.

*Risiken* Ein solches Konzept steht in gewisser Weise unter Erfolgszwang; ein Rückzug auf andere angestammte HR-Aufgaben, wie beim initiativ gestarteten Coaching als Nebenauftrag, ist nicht ganz automatisch möglich. Die Coachrolle und die entsprechende Personalstelle werden unter Umständen obsolet. So gibt es Fälle, in denen sich die HR-Strategie änderte, das gesamte Coachingkonzept ad acta gelegt wurde und der interne Coach überflüssig wurde.

### 20.5.5 Der organisationsübergreifende Coach-Pool aus internen Coaches

*Beschreibung* Dieses Coaching-Konzept baut einen Pool über ein Netzwerk interner Coaches aus verschiedenen Organisationen auf. Dieser Coach-Pool erbringt Coaching-Leistungen für die eigene, aber auch für andere Organisationen. Grundgedanke ist die Erweiterung des Erfahrungsspektrums der internen Coaches und die Möglichkeit, den Coaching-Kunden einer Organisation spezifisches Coaching-Know-how aus einer anderen Organisation sowie alternative Personen als Coaches anbieten zu können. So kann es für einen IT-Mitarbeiter aus dem Automotive-Bereich interessant sein, mit einem Coach aus einem Softwareentwicklungs-Unternehmen zu arbeiten. Hierbei ist zu regeln, wie eine Auswahl aus dem Coach-Pool erfolgt und wie ein Kapazitätsausgleich zwischen Geber- und Empfängerorganisation herbeigeführt wird. Die Regulierung der Qualitätsstandards und der Methoden sowie die jeweilige Anschlussfähigkeit an die andere Organisation sind zu managen.

*Stärken* Dieses Konzept bedient zunächst das Interesse der internen Coaches, etwas gegen Betriebsblindheit zu tun und sich in der Auseinandersetzung mit anderen Organisationen weiterzuqualifizieren. Der Austauschgedanke erleichtert einen Marktzugang für interne Coaches, die ansonsten durch eigene Akquisition als freie Coaches Aufträge generieren müssten. Die Organisation stärkt so ein fach- und organisationsübergreifendes Wissen und fördert Netzwerke.

*Risiken* Inwieweit die Organisation Vorteile generieren kann, ist nicht einfach zu beantworten. Sie erfährt ja keine garantierte Kapazitätserweiterung durch externe Coaches, sondern durch das Austauschgeschäft zunächst erst einmal die Möglichkeit, dass ihre Coaches „besser" werden oder mit mehr Motivation aufgrund der Aufgabenerweiterung tätig sind. Die Überwachung der Coachingqualität ist aufgrund der Wechsel von Coaches und des schwachen Zugriffs auf den Coach erschwert.

## 20.6 Schlussbemerkung

Coaching ist einerseits zwar „nur" ein Beratungsformat unter vielen, das sich Unternehmen in vielfältiger Hinsicht zunutze machen und das hinsichtlich Zielsetzung, Design, Implementierung und Evaluation vergleichbar mit anderen Beratungsformaten betrachtet werden kann. Andererseits zeigt die Debatte um Coaching einen vergleichsweise hohen Anspruch der professionellen Coaches und auch eine hohe Erwartungshaltung der Nutzer. Einige Aspekte wie Unternehmen und auch die Menschen in Organisation Nutzenaus einem Coachingangebot ziehen können wurden hier beschrieben. Coaching löst darüber hinaus einige konzeptionelle Fragen aus dem Trainings-bzw. Beratungssektor, beispielsweise wie der Transfer von Lerninhalten und Veränderungsnotwendigkeiten in die individuelle Ebene geschehen kann oder wie die adäquate Bearbeitung von Widerstand aussehen kann. Zudem ist Coaching thematisch wie prozessbezogen so flexibel, dass es weniger die Frage ist warum auch internes Coaching einen anhaltenden Boom erfährt sondern viel eher wie mit der Gefahr Coaching als Allheilmittel einzusetzen umgegangen werden kann und der Nivellierung der Coachingqualität entgegengewirkt werden kann. Vor allem aus Sicht der Nutzer wäre eine Differenzierung der Coachingqualität sehr sinnvoll, indem nämlich das „Psychologische Coaching" eine herausgehobene Bedeutung erhält neben Coachingansätzen ohne eine psychologische Grundausbildung.

## Literatur

Abbott, A. (1988). *The system of professions. An essay on the division of expert labor*. Chicago: The University of Chicago Press.

Eichhorn, A. (2011). Implementierung des Internen Coach-Pools am Klinikum der J.W. Goethe-Universität Frankfurt. *Organisationsberatung, Supervision, Coaching, 18*(1), 67–79.

Klatetzki, T. (2012). „Professionelle Organisationen". In M. Aplet & V. Tacke (Hrsg.), *Handbuch Organisationstypen*. Wiesbaden: VS Verlag.

Klatetzki, T., & Tacke, V. (Hrsg.) (2005). *Organisation und Profession*. Wiesbaden: VS Verlag.

Parsons, T. (1968). Professions. *International Encyclopedia of the Social Sciences, 12*, 536–547.

Schreyögg, A. (2015). Organisationsinternes Coaching. *Gruppendynamik und Organisationsberatung, 46*(1), 63–77.

**Gabriele Bollhöfer Dipl.-Psych.** 10 Jahre selbstständige Beraterin für Personal- und Organisationsentwicklung in Zusammenarbeit mit nationalen und internationalen Unternehmensberatungen; heute verantwortlich für die strategische Personalentwicklung einer internationalen Anwaltskanzlei mit den Schwerpunkten internes ebenenübergreifendes Coaching sowie interne Weiterbildungs-Academy; daneben Tätigkeit als freie Beraterin und Coach auch im Rahmen von Business School Programmen; Veröffentlichungen und Vorträge zur Coaching-Praxis und Implementierung.

# Coaching im Mittelstand Professionelle Begleitung „von Nebenan"

21

Cornelia Seewald

Um das Thema Coaching auf den Mittelstand abzubilden, wird in diesem Aufsatz auf einige wenige, aber zentrale Perspektiven fokussiert, die auszugsweise und exemplarisch die spezifische Situation von Coaching im Mittelstand beleuchten. Zur Veranschaulichung dienen drei knapp skizzierte Praxisfälle, die in verschiedenen Aspekten als typisch für den Mittelstand gelten dürfen und entsprechend beschrieben werden. Doch zunächst zum Mittelstand selbst!

## 21.1 Hintergrund

Wenn in der globalisierten Wirtschaftswelt über den *Deutschen Mittelstand* gesprochen wird, dann schwingt mehr mit als die Vorstellung von zahlenmäßig definierten Klein- und Mittelbetrieben. Der *German Mittelstand* ist zu einem Begriff eigener Prägung geworden und beschreibt historisch, qualitativ und kulturell ein Phänomen, das seines Gleichen sucht.

Die Vielfalt an Organisationsformen, Professionalisierungsgraden, Branchen und Nischen, die Vielfalt an Finanzierungskonzepten, Eigentums- und Beteiligungsverhältnissen, Organisationsreifegraden und Traditionsgebundenheiten ist kaum zu überblicken: Start-Ups, Beratergesellschaften, Handwerksbetriebe, Dienstleistungsunternehmen, Technische Büros, Forschungsinstitute, Industrie-

C. Seewald (✉)
C.O.S.T. Concept, Sternstr. 32, 40479 Düsseldorf, Deutschland
E-Mail: seewald@costconcept.de



A. Schreyögg, C. Schmidt-Lellek (Hrsg.), *Die Professionalisierung von Coaching,*
Coaching und Supervision, DOI 10.1007/978-3-658-08172-0_21

unternehmen, Genossenschaften, Filialisten und vieles mehr. Ebenso zahlreich sind die Herausforderungen und Konfliktsituationen des Mittelstands, worauf Classen und Happich (2013, S. 253 ff.) anschaulich hingewiesen haben.

*Historisch* ist der Mittelstand geprägt durch ein frühes, individuelles Unternehmertum, das auf der Basis von Handel, Handwerk und Agrarwirtschaft beruht. Industrialisierung und Technisierung haben Meisterbetriebe und Handelsformen erweitert und neue Produkte und Dienstleitungen entwickelt. Neue Technologien wie das Internet revolutionieren herkömmliche Handelsstrukturen und ermöglichen zahlreiche innovative Produkte und Dienstleistungen. Auch im Bereich der sogenannten Freien Berufe (Ärzte, Juristen, Steuerberater etc.) sind Unternehmensformen entstanden, die erhebliche wirtschaftliche Relevanz haben. Zugleich aber beobachten wir in den letzten 20 Jahren eine zunehmend wachsende Zahl von 1-Personen-Unternehmen – die „Ich-AG" –, die grundsätzlich auch dem Mittelstand zuzurechnen sind. Amtlicherseits wird Mittelstand definiert als Unternehmensgröße von bis zu 250 Mitarbeitern und 50 Mio. € Umsatz (Institut für Mittelstandsforschung, IfM). Im allgemeinen Sprachgebrauch und in der Selbstverortung von Unternehmen aber finden sich global erfolgreiche Firmen mit um die 5000 und mehr Mitarbeitenden, die sich zum Mittelstand rechnen (Simon 1991). 92 % der deutschen Unternehmen sind eignergeführte, familiengeführte oder teilweise familiengeführte und familienkontrollierte Unternehmen, und sie sind ganz überwiegend dem Mittelstand zuzuordnen. In der Praxis kann sich die Familienbindung zum Vorteil wie zum Nachteil erweisen: Wenn es gelingt, das Unternehmenswohl dem individuellen Wohl oder persönlichen Befindlichkeiten voranzustellen und die Unternehmensführung und Unternehmensentwicklung im Konsens zu betreiben, ist ein wesentlicher Faktor für Stabilität und Wachstum des Unternehmens gegeben. Gelingt dies nicht, führen häufig langwierige Auseinandersetzungen zum Zerfall des Unternehmens, zu Verkäufen und Teilverkäufen oder in die Insolvenz. Wie groß der Wirtschaftsfaktor Familienunternehmen ist, verdeutlichen ein paar Zahlen: 50 % des deutschen Gesamtumsatzes werden von Familienunternehmen erzielt, ihre Eigenkapitalquote liegt bei 50 %; 60 % aller sozialversicherungspflichtigen Arbeitsplätze werden von Familienunternehmen verantwortet; 9 % Belegschaftswachstum im Inland in der Zeit von 2006 bis 2010, 11 % Beschäftigungswachstum bei den Top 500 seit 2006; 90 % der Familienunternehmen werden vom Eigner selbst geführt, und unter den deutschen Familienunternehmen sind ca. 1200 Weltmarktführer; nicht zuletzt erwirtschaften die 500 umsatzstärksten deutschen Familienunternehmen einen Umsatz von fast 900 Mrd. € (Stiftung Familienunternehmen 2014).

*Qualitativ* ist der deutsche Mittelstand bekannt für Solidität in der Gestaltung von Produkten und Dienstleistungen. Das Qualifikationsniveau ist in der Regel hoch. Der deutsche Geselle und Meister gilt als kenntnisreich, sorgfältig und zuverlässig. Das deutsche Handwerk steht als Marke für sich und bürgt für anspruchsvolle Ausbildung mit entsprechenden Prüfungen. Akademische und/oder technische Ausbildungen, unternehmerischer Geist, Selbstständigkeit und Risikobereitschaft sind Voraussetzungen, mit denen Mittelständler auch global erfolgreich sind. Die meisten Familienunternehmen sind nach dem 2. Weltkrieg auf der Basis von Innovationen in Technologie und Ingenieurswesen entstanden.

*Kulturell* ist der Mittelstand geprägt durch Menschen, die eine hohe Bereitschaft zeigen, Verantwortung zu übernehmen, Ideen haben und sich trauen, diese umzusetzen. Leidenschaft und Pragmatismus sind zwei Antreiber, die es ihnen ermöglichen, andere zu begeistern und mitzuziehen. In den wirtschaftlich starken, gesunden Mittelstandsunternehmen agieren Gründer und Eigner häufig als Vorbilder; sie leben, was sie predigen, in ihrer Führungspraxis sind sie stark beziehungsorientiert. Ihr Denken ist häufig generationenorientiert, und lange bevor der Begriff „Nachhaltigkeit“ populär wurde, legten sie Wert auf qualitatives Wachstum. So bestimmen traditionelle Werte noch heute häufig die Unternehmenskultur: Kontinuität in der Führung, regionale Verbundenheit, stabile Mitarbeiterschaften, Kostenbewusstsein, Markenpflege, Einsatzbereitschaft und letztendlich Fleiß – um nur die markantesten zu nennen. Viele erfolgreiche Mittelständler eignen sich Erkenntnisse und Methoden des Personalmanagements und der betriebswirtschaftlichen Steuerungskonzepte der modernen Konzerne an. Aber in Vielem unterscheiden sich mittelständische Unternehmen nachhaltig von Konzernen (Classen und Happich 2013, S. 245 ff.). Mehr und mehr sind mittelständische Unternehmen aber erst auf dem Wege zur Professionalisierung. Diese Semi-Professionalität kann eine Zeit lang kompensiert werden durch Ideenreichtum, Innovationskraft, Pragmatismus und Risikofreude; dauerhaft jedoch sind Mittelständler erfolgreich, wenn sie die Vorteile beider Welten nutzen: einerseits die Standards zeitgemäßer Führungskonzepte und unternehmerischer Flexibilität und andererseits die Vorteile kreativer Freiräume und kurzer Entscheidungswege, die für den erfolgreichen Mittelstand typisch sind.

## 21.2 Professionelle Begleitung von „Nebenan“

Kreative Freiräume und kurze Entscheidungswege kennzeichnen den Klein- und mittelständischen Betrieb, und so ist es nur plausibel, dass auch zwischen Coach und Coachee im Mittelstand häufig der „kurze Draht“ vorherrscht. Im übertragenen Sinne bedeutet dies regionale/räumliche Nähe, Kontakt über Netzwerkpartner, Nachbarschaft und befreundete Mitbewerber, persönliche Empfehlung oder Bekanntschaft aus nicht betrieblichen Lebenswelten wie Sport, Kultur, Verbänden oder Politik. Im Mittelstand kommt der Coach selten über Kaltakquisition zum Coachee. Der kurze Draht bedeutet für den Coach häufig geringe Reisezeiten und

Reisekosten, kaum Investitionskosten wie Werbung oder Ähnliches; er bedeutet in der Regel schnelle Kontaktnahme, schnelles Zusammentreffen – eben von „Nebenan". Die folgenden drei Praxisbeispiele veranschaulichen unter anderem diesen kurzen Draht, die schnelle Verfügbarkeit und pragmatische Gestaltung der Zusammenarbeit – die Nähe des „Nebenan". Die Diversität des Mittelstands wird in den Beispielen im Ansatz veranschaulicht, und deren Coaching-Spezifika werden in den Hauptmerkmalen akzentuiert. Auf eine ausführliche Darstellung der Coachingprozesse selbst wird verzichtet; denn entsprechende Kenntnisse über professionell methodisches Vorgehen im Coaching dürfen vorausgesetzt werden.

### 21.2.1 Praxisbeispiel 1: Ein kleines Architekturbüro vor dem Aus

*Ausgangslage* Ein kleines Architekturbüro hatte sich über Jahre etabliert und gelegentliche Schwankungen in der Auftragslage mit Urlaubszeiten und dem temporären Verzicht auf freie Mitarbeiter kompensieren können. Dies änderte sich, als ein langjähriger Auftraggeber seine Geschäftspolitik änderte und sich dazu entschloss, für ihn notwendige Räumlichkeiten nur noch anzumieten statt zu bauen. Das Architekturbüro befand sich in einer mitteldeutschen Kleinstadt, hatte sich auf den Bau gewerblicher Immobilien spezialisiert, aber überwiegend für diesen einen Auftraggeber gearbeitet. Es gab zwar eine Handvoll weiterer Stammkunden, die aber nur kleinere Um- und Ausbauten beauftragten. Der Leiter des Architekturbüros, der Eigner, war alleiniger Geschäftsführer und hatte insgesamt zu diesem Zeitpunkt sechs fest angestellte Mitarbeiter. Als die Kontaktnahme mit dem Coach erfolgte, hatte sich die mangelhafte Auftragslage über ein ¾ Jahr hin bedrohlich zugespitzt, ohne dass Aussicht auf Änderung bestand.

*Auftragsklärung* Die Kontaktnahme zum Coach erfolgte auf Grund einer privaten Empfehlung. Der Geschäftsführer äußerte den Wunsch nach Coaching und begründete ihn damit, dass er momentan nicht wisse, was er noch tun könne, um an neue Aufträge zu kommen und wie er das Büro weiterhin „über Wasser halten" könne. Persönlich ging es ihm schlecht, er klagte über Schlafstörungen und hatte ein paar Kilo abgenommen. Geschäftsführer und Coach vereinbarten zunächst drei Maßnahmen innerhalb der nächsten 14 Tage: Ausführliche Analyse der Akquisitionsstrategie und des Verhaltens des Geschäftsführers im Kundenkontakt, ein ½-tägiger Workshop mit allen festangestellten Mitarbeitern zur Ideenfindung und ein Einzel-Coaching mit dem Geschäftsführer.

Die Durchführung der Maßnahmen führte zu folgenden Ergebnissen: Die Verhaltensanalyse des Geschäftsführers erweiterte seine Selbstwahrnehmung in zwei Aspekten. Einerseits war sein Selbstbild das eines baustrategisch und konzeptionell ausgewiesenen Architekten, der bevorzugt mit dem obersten Management seiner Auftrag gebenden Kunden sprach. Dort sah er sich mit seiner etwas professoralen Attitude auf Augenhöhe. Ihm wurde klar, dass er mit dieser Haltung und dem impliziten Anspruch so nicht unmittelbar anschlussfähig für Auftraggeber mit einer eher „hands on"-Mentalität war. Andererseits stellte sich heraus, dass sein Verhalten im Kundenkontakt bereits zu einem frühen Zeitpunkt sehr direktiv war, ohne dass eine entsprechende gemeinsame Zielvorstellung hinreichend erörtert war. Beide Merkmale hatten sich in Zeiten der wirtschaftlichen Not noch verstärkt. Er hatte bis dahin geglaubt, so schneller ans Ziel zu kommen.

Diese Erkenntnisse ergaben sich aus der dialogischen Reflexion mit dem Coach und führten zunächst nicht zu konkreten Veränderungsimpulsen. Der Workshop mit den Mitarbeitern verlief in gedrückter Stimmung, sie schienen ratlos zu sein, und etliche Mitarbeiter befürchteten die Entlassung. Es gab kaum kreative Ideen. Ein Mitarbeiter erklärte sich bereit, bei der Akquisition neuer Projekte zu helfen. Beim Geschäftsführer löste das Angebot etwas Verwunderung aus, denn bisher hatte er sich allein diese Kompetenz zugeschrieben, stimmte aber zu. Der Coach gab den Impuls, über Kurzarbeit für alle nachzudenken, um die finanzielle Situation abzufangen und Entlassungen in nächster Zeit zu vermeiden. Das Thema wurde intensiv diskutiert, zum Schluss stimmten alle Mitarbeiter der Kurzarbeit zu. In der ersten Coachingsitzung mit dem Geschäftsführer wurden die Ergebnisse des Workshops reflektiert, wiederholt auch die Ergebnisse aus seiner Verhaltensanalyse. In der Konsequenz entschied er sich zu folgenden Maßnahmen: Besuch eines dreitägigen Seminars zum Thema Akquisitionsstrategien, kurzfristige Coachingsitzungen oder Coachingtelefonate vor und nach jedem Neukundenkontakt, Umsetzung einer dreimonatigen Kurzarbeitsphase, Aktivierung früherer zufriedener Auftraggeber mit der Bitte, das Büro weiterzuempfehlen.

*Nachhaltigkeit* Etwa sechs Monate später setzte der Geschäftsführer eine zweistündige Zusammenkunft aller Mitarbeiter an, um die Veränderungen zu besprechen und zu bewerten. Die Sitzung wurde vom Coach moderiert. Ergebnis: Es konnten zwei Neukunden gewonnen werden, die Kurzarbeitsphase hatte insgesamt vier Monate gedauert, bis die Banken wieder bereit waren, notwendige Vorfinanzierungen zu kreditieren, und der Geschäftsführer fühlte sich deutlich sicherer im Kontakt mit Neukunden. Für die Zukunft hatte er folgende Pläne: Aufbau eines zweiten Mitarbeiters mit dem Schwerpunkt Akquisition, bewusste Gestaltung eines heterogenen Kundenportfolios, Umschichtung von 1/3 fester Mitarbeiter zu freien Mitarbeitern, regionale Ausweitung der Akquisitionsbemühungen.

*Typisch Coaching im Mittelstand: Spontane Krisen-Intervention im engen zeitlichen Rahmen* Die Situationsanalyse in einem Kleinbetrieb wie diesem ist schnell und ohne großen technischen Aufwand zu leisten. Der Eigner hat Kenntnis aller relevanten Informationen, um den Coach ins Bild zu setzen, der in diesem Falle einen Vertrauensvorschuss genießt, weil er persönlich empfohlen worden war. Die Fokussierung auf das Problemfeld Auftragslage ist eindeutig und kollidiert nicht mit anderen Problemfeldern. Das ermöglicht dem Geschäftsführer ein schnelles, zielgerichtetes Handeln, das er gewohnt ist und als stark umsetzungsorientiert erlebt. Höchste Aufmerksamkeit richtet sich darauf, seine Handlungskompetenz im Kundenkontakt zu erhöhen, um zu Abschlüssen zu kommen. Die Beteiligung aller Mitarbeiter an der Problemlösung im Workshop entlastet ihn und fördert deren Motivation bis hin zur Übernahme von Akquisitionskontakten. Die fachliche Beratung zum Kostenmanagement (Kurzarbeit) seitens des Coachs entspannt die finanzielle Situation und verschafft allen Beteiligten etwas Luft.

*Fazit* Typisch für eine Mittelstandsintervention ist in diesem Praxisbeispiel der „Paketcharakter": Enge, aber unregelmäßige Taktung von individuellem Coaching begleitend für den Eigner im Arbeitsalltag, fachliche Impulse für Mitarbeiterführung und Kostenmanagement, Verkaufs- und Gesprächstraining durch den Coach sowie Teammoderation und die Veranlassung eines externen Seminars für den Coachee. Für den Coach bedeutet dies, die diversen Rollen klar zu trennen, sein entsprechendes Rollenverhalten transparent zu machen und kontinuierlich mit den Erwartungen seiner Interaktionspartner abzustimmen. Die Beratungsarchitektur ist transparent und wird in Gänze beauftragt. Hilfreiche Konzepte und Methoden in diesem Projekt entstammen der Transaktionsanalyse (Dehner und Dehner 2013), den Formaten des Change Management (Seewald 2006), der Non-direktiven Gesprächsführung (Rogers 1972), der Systemischen Organisationsentwicklung (Schmid 2014) und der Expertenberatung zum Thema Vergütungsmodelle.

### 21.2.2 Praxisbeispiel 2: Aus dem Konzern in die Freiheit: Ein Software Spinn-Off sucht seine Form

*Ausgangslage* Häufig beklagen Mitarbeiter und Führungskräfte, dass in Konzernstrukturen Kreativität erlahmt oder gar nicht erst entsteht. Symptomatisch dafür sind langsame Entwicklungsprozesse, schwierige Abstimmungsrunden, wenig Nähe zu Markt und Kunden, hohe Kosten. Ein Unternehmen der Mobilfunkindustrie hat dieses Dilemma abfangen wollen, indem es einen Teil seiner Software-Entwicklung ausgegliedert hat. Die konzerninterne Entwicklung markttauglicher Applikationen hatte dem intensiven Wettbewerb dazu im Markt nicht standgehalten. Von der Ausgliederung – dem Spinn-Off ohne lähmende Konzernstrukturen – versprach sich die Muttergesellschaft eine schnellere Produktentwicklung und eine höhere Qualität der Applikationen. Mit dieser Zielsetzung hatte der Mutterkonzern den Spinn-Off 2 Jahre vorfinanziert. Handicap für die Verselbständigung war, dass alle Mitarbeiter des Spinn Offs und auch der verantwortliche Geschäftsführer über Jahre nur Konzernerfahrung hatten, nun aber wie in einem kleinen wendigen Start-Up-Unternehmen agieren sollten. Nach einem guten Jahr wandte sich der Geschäftsführer an den Coach, den er aus einem früheren Projekt kannte, mit der Bitte, mit ihm die bisherige Entwicklung des Spinn-Off zu reflektieren. Die wirtschaftliche Lage war prekär, die Stimmung unter den 25 Mitarbeitern bedrückt, es blieben Verkaufserfolge aus, verschiedene Applikationen kamen nach wie vor zu spät auf den Markt, Mitarbeiter drohten mit Abwanderung, und zu allem Übel schien es aussichtslos, eine Anschlussfinanzierung vom Mutterkonzern zu erhalten. Eigentlich hatte sich zur Ursprungssituation im Leistungsergebnis nicht viel verändert.

*Auftragsklärung* Geschäftsführer und Coach trafen sich zu einem Sondierungsgespräch: Analyse der möglichen zugrundeliegenden Probleme, Befindlichkeit des Geschäftsführers, drohende Zukunftsszenarien. Ergebnis dieses Sondierungsgesprächs war, eine Lagebesprechung mit allen Mitarbeitern zu machen, die der Coach moderieren sollte. Dem Auftrag gemäß sollte die Lagebesprechung kurzfristig durchgeführt werden. Weitere Schritte sollten, wenn überhaupt, in sequenzieller Planung abgestimmt und beauftragt werden.

1. *Auftrag: Moderation des Gesamtteams.* Ergebnis der Lagebesprechung war im Wesentlichen, dass alle 25 Mitarbeiter die gleichen Informationen über die kritische Situation hatten; zwei Mitarbeiter gaben bekannt, dass sie das Unternehmen verlassen würden – unabhängig davon, wie es weitergehen würde. Das machte auf den Rest keinen besonderen Eindruck. Um den Blick der Beteiligten konkret nach vorne zu richten, stellte der Coach eine Frage an alle mit der Bitte, die Antwort auf eine Karte zu schreiben, um relative Anonymität zu gewährleisten. Die Frage lautete: „Wenn Ihnen dieses Unternehmen gehören würde und Sie keinen Etat mehr hätten, sondern nur die Möglichkeit, eine einzige Maßnahme zur Verbesserung umzusetzen, was würden Sie tun?“ Die Aufforderung war, Ideen zu generieren – jeder für sich, sich keinerlei Tabu aufzuerlegen, sich zu trauen, auch das Unmögliche zu denken. Die am häufigsten genannte Maßnahme war:besser zusammenzuarbeiten; die zweithäufigste war, sich zu verkleinern; die dritthäufigste war, einen Bankenkredit für die Weiterfinanzierung aufzunehmen, und auf vier Karten war vorgeschlagen, den Geschäftsführer auszuwechseln. Darüber war dieser relativ erstaunt sowie auch über die häufigen Nennungen zum Thema bessere Zusammenarbeit.

2. *Auftrag: Organisationsberatung.* In der Folge wurde der Coach beauftragt, zum Thema Verbesserung der Zusammenarbeit einen Vorschlag zu machen. Dieser bestand darin, einen Workshop durchzuführen mit dem Arbeitstitel: „Soviel Standard wie nötig – soviel Freiheit wie möglich". Inhaltliche Schwerpunkte sollten sein, Konzern- und Start-Up-Strukturen zu vergleichen, Rollenbilder daraufhin zu aktualisieren, gegenseitige Erwartungen auszutauschen und sich auf wenige definierte Prozesse und Verhaltensregeln zu einigen. Der Vorschlag wurde angenommen und durchgeführt. Für alle Themenbereiche gab der Coach Impulse. Im Ergebnis entstand bei den Teilnehmern ein deutliches Bewusstsein für ihre Situation als Start-Up-Unternehmen mit der Notwendigkeit für jeden Mitarbeiter, die eigene Rolle im Zusammenspiel neu zu definieren und Prozessverantwortlichkeiten fair zu verteilen und anzunehmen.
3. *Auftrag: Konfliktmanagement.* Zu diesem Zeitpunkt bat der Geschäftsführer den Coach um die Vermittlung im Konflikt mit zwei aus seiner Sicht schwierigen Mitarbeitern. Dieser Auftrag erfolgte in zwei Sequenzen: Zunächst führte der Coach Einzelgespräche mit allen drei Beteiligten, um Konfliktlagen und Motivationen zu klären. Dann erfolgte ein gemeinsames Konfliktklärungsgespräch, dessen Ergebnis war, dass sich einer der beiden Mitarbeiter aus dem Unternehmen verabschiedete und der andere Mitarbeiter aus der Verkaufsunterstützung wunschgemäß in den Außendienst wechselte. Der Geschäftsführer wünschte sich in der Folge davon weitere persönliche Coachingsitzungen.
4. *Auftrag: Einzelcoaching.* Es folgten vier Einzelcoachings mit dem Geschäftsführer, weil er sich in seinem Führungsstil weiterentwickeln wollte. Er sah die Notwendigkeit, weniger hierarchisch zu agieren, mehr Vertrauen in die Kompetenz der Mitarbeiter zu entwickeln und sich stärker verkaufsfördernden Aktivitäten zuzuwenden.

*Nachhaltigkeit* Ein Jahr nach dem letzten Coaching-Termin mit dem Geschäftsführer hat sich der Coach telefonisch bei diesem gemeldet und nach dem Status Quo gefragt. Der Geschäftsführer hat sich auch im Nachhinein mit den Interventionen durch den Coach sehr zufrieden gezeigt. Er berichtete, dass das Klima unter den Mitarbeitern ausgeglichen sei. Er habe zwei weitere Abgänge zu vermelden, aber auch fünf neue Mitarbeiter eingestellt. Die Prozesse der Produktentwicklung stünden beständig auf dem Prüfstand, die technische Qualität der Produkte sei gestiegen, aber noch nicht hinreichend hoch, die Verkaufszahlen gingen kontinuierlich nach oben. Er war der Ansicht, wenn die Entwicklung so weitergehe, könne sich das Unternehmen in absehbarer Zeit selbst finanzieren. Für etwaige Überschüsse sehe er dann eine angemessen gestaffelte Mitarbeiterbeteiligung vor. Das motiviere etliche Mitarbeiter, kontinuierlich am Verbesserungsprozess mitzuwirken.

*Typisch Coaching im Mittelstand: Coaching als nachgeordnete Maßnahme* In diesem Projekt kommt es auf Umwegen zum Coaching. Anlass für den Kontakt zum Coach und für die Beratung ist zunächst das eher unspezifisch verursachte Leistungs- und Organisationsproblem des Spinn-Off. Der Geschäftsführer hat keine klare Vorstellung davon, was genau er beauftragen will und ob überhaupt. Eigene Führungsschwächen sind zunächst nicht bewusst, werden zumindest nicht thematisiert. In dieser Situation beauftragt er auch keinen Beratungsprozess, sondern nur einzelne Maßnahmen. Hinzu kommen die finanziellen Engpässe, ein Budget für externe Beratung gibt es nicht. Erst als er den Nutzen von Coaching auch betriebswirtschaftlich zu verstehen lernt und sich der Coach auf die sequenzielle Beauftragung eingelassen hat, ist der Geschäftsführer bereit, einen umfangreicheren Beratungsprozess zu finanzieren und damit eine kontinuierliche Veränderung der Organisation zu ermöglichen. Im Zuge dieser Entwicklung nimmt die Reflexionsbereitschaft des Geschäftsführers zu, und er „entdeckt" für sich die Möglichkeit, individuelles Coaching in Anspruch zu nehmen.

*Fazit* Eine sequenzielle und zum Teil sehr kleinschrittige Beauftragung ermöglicht es manchem Mittelständler, trotz enger finanzieller Mittel und ohne allzu großes Risiko eine kontinuierliche organisatorische und persönliche Entwicklung zu verfolgen. Bedeutsam ist, ins Handeln zu kommen und nicht langwierige Analysen allen Interventionen voranzustellen, sondern dringliche Themen herauszugreifen und schnell erste Ergebnisse sichtbar zu machen. Tiefer und weiter gehende Themen ergeben sich dann bei wachsendem Vertrauen zum Coach und durch die Realisierung notwendiger Mittel. Für den Coach ist dabei die spontane und häufig kurzfristige Planbarkeit seiner Einsätze ein Thema. Ein klares und explizites Erwartungsmanagement ist bei der sequenziellen Prozessplanung erfolgskritisch: Was ist mit welchem Baustein leistbar und was nicht? Wie viel Reifungszeit braucht Veränderungsarbeit? Erfolg heißt, sich realistische Ziele zu setzen. Diese muss der Coach immer wieder mit dem Auftraggeber abstimmen und den Fortschritt in der Veränderungsarbeit auch kleinschrittig sicherstellen. Hilfreiche Konzepte und methodische Ansätze in diesem Praxisbeispiel entstammen der Konstruktiven Kommunikation (Motschnig und Nykl 2009), dem Adaptive Coaching (Bacon und Spear 2003), der Systemischen Beratung (Königswieser und Exner 2001), der Kommunikationspsychologie (Schulz von Thun et al. 2000), den Szenariotechniken (Seewald 2014), der Kosten-Nutzen-Relation von Coaching (Filbert 2013).

### 21.2.3 Praxisbeispiel 3: Brüder! Rollenfindung und Positionierung in der geschäftsführenden Eignerfamilie – eine Gratwanderung zwischen Rivalität und Kooperation

*Ausgangssituation* Ein in der dritten Generation geführtes mittelständisches Familienunternehmen der Bekleidungsindustrie spürte mehr und mehr die Billigkonkurrenz aus Asien und wollte eine Erfolg sichernde Perspektive für die Zukunft entwickeln. Zwei Brüder aus der fünfköpfigen Erbengemeinschaft, die gleiche Anteile hielt, leiteten gleichberechtigt das Unternehmen. Der Beirat war mit Familienmitgliedern und familienfremden Personen besetzt und nahm seine Kontrollfunktion sehr konsequent wahr. Familiär gab es erhebliche Spannungen, die wesentlich aus der Konfliktlage persönlicher Beziehungen – basierend auf der familialen Primärsozialisation – bestanden sowie aus unterschiedlichen Vorstellungen über die Weiterentwicklung des Unternehmens. Über allem herrschte nach wie vor der Geist des Gründervaters, dessen unternehmerisches Fingerspitzengefühl noch immer beschworen wurde. Diverse aktive Familienmitglieder nahmen dieses Fingerspitzengefühl auch für sich selbst in Anspruch, um damit – zumindest argumentativ – eigene mangelhafte professionelle Kompetenz zu kompensieren und ihren Anspruch auf Einfluss geltend zu machen. Um die familiäre Konfliktlage auf der Beziehungsebene zu entschärfen, hatte die Eignerfamilie ein Beraterteam beauftragt, mit ihnen mehrere Termine im Jahr in zweitägigen Familienkonferenzen durchzuführen. Im dritten Jahr dieser Beratung kam es aus verschiedenen Gründen zu einer Zuspitzung des Verhältnisses der beiden geschäftsführenden Brüder. Daraufhin entschied die Familie mit den Beratern, jedem der Brüder einen weiteren externen Coach zur Verfügung zu stellen. Ziel der Einzelcoachings war, jeweils den individuellen Konflikt aufzuarbeiten, sodass sich im Zusammenspiel der Brüder wieder ein professioneller Umgang miteinander einstellen sollte. Im Folgenden wird das Coaching mit einem der beiden Brüder beleuchtet.

*Auftragsklärung* Die individuelle Zielsetzung des Coachees bestätigte die Zielsetzung seitens der Familienkonferenz, erweiterte aber die Zielperspektive um folgende Punkte: Erstens wollte der Coachee sein Standing in der Familie stärken, denn er fühlte sich von verschiedenen Personen nicht ausreichend akzeptiert. Das Gleiche galt für zwei seiner Führungskräfte, die noch aus der Zeit seines Vorgängers stammten, älter waren als er, einen anderen Führungsstil gewohnt waren und wenig Bereitschaft zeigten, ihn als neuen Vorgesetzten anzunehmen. Drittens fielen ihm unternehmerische Entscheidungen schwer, wenn er sie in seinem Verantwortungsbereich allein treffen sollte oder musste.

*Coachingprojekt* Coach und Coachee vereinbarten einen Coachingprozess über die nächsten neun Monate, in denen der Coachee die Rangfolge seiner Themen bestimmte. Im Laufe des Prozesses gewann er mehr und schneller Entscheidungssicherheit, in der Folge trennte er sich von einer der beiden „schwierigen" Führungskräfte, in der rivalisierenden Beziehung zum Bruder legte er deutlich mehr Wert auf kollegialen Austausch und lernte, dessen Beiträge in der Unternehmensführung stärker wertzuschätzen. Die eigene Haltung, andere abzuwerten, stellte er weitgehend zu Gunsten eines dialogischen Auseinandersetzens und nachhaltigen Überzeugens seiner Gesprächs- und Geschäftspartner zurück.

*Nachhaltigkeit* Der Coachee bekundete drei Monate nach Beendigung des Coachings, sich persönlich deutlich weiterentwickelt zu haben und zu verstehen, wie familiäre Rollenskripte entstehen und modifiziert werden; er bekannte sich zu Fehlern und Versäumnissen der Vergangenheit und kommunizierte diese auch innerfamiliär. Er hatte nach eigenem Empfinden deutlich mehr Selbstvertrauen, fühlte sich in seiner Führungsrolle sicherer und wich den schwierigen Personen weniger aus. Er sagte, wesentliche Kränkungen und Verletzungen aus der Vergangenheit sehe er nun in einem anderen Licht und verstehe die Psychodynamik seiner „Gegenspieler" besser. Besonders wichtig sei für ihn geworden, professionelle und private Beziehungen unterscheiden und sich entsprechend verhalten zu können. In seinem Selbsterleben war er disziplinierter, kontrollierter, deutlich weniger impulsgesteuert.

*Typisch Coaching im Mittelstand: Mit der und in der Familie führen* In diesem Beispiel zeigt sich, dass es sinnvoll sein kann, neben der Arbeit in der kontinuierlich durchgeführten Familienkonferenz – oder einem anderen komplexen, fachlichen Beratungskontext – einen individuellen, professionell begleiteten Entwicklungsraum zu gestalten. Die Verwobenheit von Familie und Unternehmen und ihren Rollenträgern ist bereits im Forschungsfokus und wird ausführlich erörtert. Häufig ist es wichtig, dass sich einzelne Familienmitglieder als Rollenträger im Unternehmen verselbstständigen, ohne dabei die familiäre Bindung zu beschädigen oder gar aufzugeben. Die Gestaltung individueller Entwicklungsräume wie z. B. im Einzelcoaching kann den komplexeren Beratungsprozess effizient unterstützen. Dann hat der Coachee eine gute Chance, innerpsychisch Abstand zu anderen Familiemitgliedern zu finden, eine Metaperspektive einzunehmen, um die Arbeitsbeziehungen in ihrer Abhängigkeit zur Familiendynamik zu sehen, zu verstehen, Übertragungsmuster zu erkennen und Rollenkonflikte zu klären.

*Fazit* Systemisch betrachtet empfiehlt es sich zu prüfen, ob und welche Teilsysteme einer besonderen parallelen Unterstützung in ihrer Entwicklung bedürfen, um Entwicklungsprozesse zu beschleunigen. Aus dieser Sicht kann ein Einzelcoaching eine fördernde parallele Maßnahme in einem komplexeren Beratungsansatz sein. Dies gilt nicht nur für Situationen in Familienunternehmen. Jedoch kann sich hier deren Verantwortung für eine mittel- bis langfristige Unternehmenssicherung konfliktverstärkend auswirken, denn jeder will es besonders richtig und gut machen und kämpft für seine jeweilige Position. Beachtung verdient dabei die Passung der Berater und der Beratungsansätze miteinander. Betrachtet man die häufigen Probleme in Familienunternehmen, die sich aus Familienkonflikten ergeben, ist die Transparenz allgemeiner und spezifischer Maßnahmen bedeutsam. Die Beratungsarchitektur selbst taugt dann als Modell dafür, wie sich ein System mit diversen Problemen und Problemträgern konstruktiv weiterentwickeln kann. Eine solche Beratungsarchitektur hält verschiedene Entwicklungsräume für unterschiedliche Bedarfe bereit. Wesentliche methodische Grundlagen dieses Projekts waren das Beziehungsorientierte Coaching (Seewald 2012), Kommunikationspsychologie (Schulz von Thun et al. 2000), Personenaufstellung (Ruppert 2001), Emotionale Intelligenz (Goleman 1996), Familiendynamiken (Schreyögg 2005; Kap. 22 in diesem Buch; Simon 2002).

Diese drei Praxisbeispiele zum Coaching sind nur eine beliebige Auswahl aus den Konfliktlagen und Problemstellungen mittelständischer Unternehmen und sollen im Wesentlichen deren Bandbreite erahnen lassen. Nimmt man nun die Perspektive des Coachs ein, stellt sich berechtigt die Frage, welches Kompetenzprofil er braucht, um in einem so heterogenen Feld bestehen zu können, um nicht die Semi-Professionalität nur zu spiegeln oder gar zu unterlaufen. Gewiss gilt auch hier, dass jeder Coach „seinen" Kunden findet und jeder Kunde im Gegenzug auch „seinen" Coach. Dennoch sei der Versuch gewagt, typische Kompetenzmerkmale des Coachs zu beschreiben, die gerade im Mittelstand ihre Berechtigung haben.

## 21.3 Was macht den Coach im Mittelstand erfolgreich?

Als Grundvoraussetzungen für professionelles Business-Coaching dürfen die Kompetenzprofile gelten, wie sie der Deutsche Bundesverband Coaching (DBVC) für Coaches und Senior-Coaches entwickelt hat. Die besondere Passung von Coach und Coachee im Mittelstand lässt sich versuchsweise mit den folgenden Merkmalen ergänzen.

*Anschlussfähigkeit* Der Mittelstand, der strukturell und von den Mentalitäten her gesehen sehr heterogen ist, erfordert, dass der Coach in hohem Maße an seinen Kunden wie auch an das Kundensystem anschlussfähig ist. Sprache, Erfahrungshintergrund, soziale Ähnlichkeiten, Benehmen, Auftreten und Erscheinung, die in etwa der Lebenswirklichkeit des Kunden entsprechen, sind Faktoren, die den vertrauensvollen Kontakt und den Grad der Akzeptanz beim Coaching-Kunden fördern. Gelingt es dem Coach, sich emotional, empathisch beim Kunden „einzufinden", ist die Entwicklung einer hilfreichen Beziehung in ihren ersten Ansätzen gegeben. Mitschwingen zu können, unausgesprochen Verständnis signalisieren zu können, schnell einen gemeinsamen Resonanzboden schaffen zu können, sind Interaktionsqualitäten, die der Coach braucht, um für seinen Coachee möglichst von der ersten Begegnung an kompetent und verlässlich zu wirken. Beratungs- und Entscheidungsprozesse im Mittelstand sind häufig von einer schnellen Dynamik getrieben, es wird nicht viel Zeit darauf verwandt, sich aneinander zu gewöhnen. Häufig entscheidet der erste Eindruck, ob die erste Begegnung in eine Zusammenarbeit mündet. Bei der Heterogenität des Mittelstands kommt es also für den Coach darauf besonders an, „seine" Kunden zu erkennen und in der Umkehrung auch selbstkritisch wahrzunehmen, wann seine Anschlussfähigkeit nicht oder nur schwer zu realisieren ist.

*Seniorität* Die häufig vorzufindende beziehungsorientierte Kultur in der Führungspraxis des Mittelstands impliziert für den Coach, dass er im Profil ausgewiesen ist in Berufs- *und* Lebenserfahrung. Die Erwartung an den Coach ist, selbst auch etwas vorzuweisen zu haben: etwas erreicht zu haben, etwas aufgebaut zu haben, besondere Verantwortung zu tragen, als Persönlichkeit erlebbar zu sein, besondere Expertise zu haben. Der Kunde erwartet nicht nur einen Partner auf Augenhöhe, sondern in irgendeiner Weise ein „mehr an …". Er schätzt in positivstem Sinne eine fachliche und/oder menschliche Autorität. Dies muss nicht durch ein höheres Lebensalter bedingt sein, es kann aber die Seniorität unterstützen.

*Direktheit* Die mittelständische Mentalität und Kultur ist häufig – in erfolgreichen Unternehmen – geprägt von schnellen Entscheidungen, offenem Umgang und kollegialen bis freundschaftlich gefärbten Arbeitsbeziehungen. In der Regel „versteht man sich". Für den Coach bedeutet das, schnell und unvermittelt, aber dabei sehr wertschätzend zu agieren, um sich passend einzubringen. Dazu gehört, sich komplikationslos in der Alltagskultur des Kundensystems zurechtzufinden. Kenntlich macht er seine Passung durch direktes und schnelles Feedback, spontane Reaktionsbereitschaft, erkennbare persönliche Stellungnahmen, klares und zielorientiertes Informationsverhalten. Effizienz in der Kommunikation spart Zeit, und die klare Orientierung am Bedarf des Kunden sind für den Erfolg des Coachs ausschlaggebend. In der Regel gibt es wenig Zeit für Umwege oder unproduktive Scharmützel, für Selbstdarstellungsorgien oder aufgeblähte Präsentationen. Schnell auf den Punkt zu kommen und Ergebnisse zu liefern, sind Qualitäten, von denen der Mittelstand lebt.

*Rollen-Flexibilität* Coaching im Mittelstand bedeutet häufig Coaching des Eigentümers und Coaching der Geschäftsführung, ein unmittelbar Entscheider-nahes Coaching mit der Folge schneller Auftragsgestaltung. Der Check „Klappt die Umsetzung?" erfolgt genauso zügig und schnörkellos. Diese Umsetzungsnähe unterstützt die schnelle Entwicklungsdynamik, und diese wiederum fördert häufiger Sekundärbedarfe zu Tage, was dann nicht selten zur Folge hat, dass sich ergänzende Beratungs- und/oder Trainingsthemen ergeben. In dieser Hinsicht ist der Coach in diversen Rollen gefordert: Experte in Fachwissen, wie z. B. Marketing, Personalmanagement, Controlling, Stressmanagement, Pressearbeit, Beschwerde-Management, oder anderweitig als Impulsgeber. Auch Trainingsbausteine wie Mitarbeitergespräche, Rhetorik, Führungsgrundlagen oder Ähnliches können den Coachingprozess sinnvoll ergänzen. Wenn der Coach diese selbst durchführt, hat er die Chance, sich im Kundensystem konstruktiv zu vernetzen und eine fachlich breitere Kompetenz einzubringen. Trainer, Moderator, Kümmerer, Impulsgeber, Berater, Vermittler – Coach: Rollendifferenzierung und Rollenprägnanz weisen den professionellen Coach aus.

*Ökonomische Haltung* Die transparenten und häufig scharf kalkulierten Kosten-Nutzen-Relationen im Mittelstand erfordern beim Coach ein ausgeprägtes Bewusstsein auch für die eigene Ressourcen- und Preisgestaltung. Zeit und Geld ökonomisch einzusetzen, ist nicht nur im Interesse des Mittelständlers, sondern auch im Interesse seines Coachs. Dazu gehören Leistungs- und Kostentransparenz auf beiden Seiten und eine im Einvernehmen erfolgte Bewertung der Arbeitsergebnisse. Demonstrierte Umsetzungsnähe und ein sorgfältiger Umgang mit allen Ressourcen signalisiert dem Kunden, dass der Coach in seinem Interesse agiert.

*Benchmarking* Im Mittelstand überzeugt der Erfolg, Ergebnisse überzeugen mehr als Visionen, Strategien, vermutete Potenziale oder abwegige Ideen. „Was bringt's?" ist eine häufig gestellte, berechtigte Frage bei knappen Ressourcen von Zeit und Geld. Der Coach ist gut beraten, wenn er Vergleichsergebnisse relevanter Anderer kennt und diese anschaulich anbieten kann. „Not invented here" ist nicht das Problem des Mittelständlers. Die Bereitschaft zur Innovation ist im Mittelstand enorm, jedoch fehlen oft Mittel und Kontakte, um Innovationskonzepte und innovative Produkte oder Forschungsergebnisse angemessen schnell zu adaptieren. Hier kann der Coach Mittler sein, indem er z. B. Wissenschaftssprache mittelstandsspezifisch übersetzt oder den Mittelständler auf interessante Netzwerke, Organe und Medien verweist oder diese für seinen Kunden selbst erschließt.

## 21.4 Ausblick

Erfolgreiches Coaching im Mittelstand richtet sich auf die Persönlichkeits- und Kompetenzentwicklung von geschäftsführenden Eigentümern, einflussreichen Betriebsleitern und maßgebenden Führungskräften. Die vier wesentlichen Zielkategorien sind Überleben, Entlasten, Professionalisieren, Wachsen – häufig in Kombination miteinander. Dabei hat der Coach nicht nur die Person mit ihren individuellen Bedürfnissen und Bedarfen stets im Blick, sondern denkt stets auch das Unternehmen mit. Die zur Zeit aktuellen strukturellen Herausforderungen im Makrokosmos des Mittelstands sind Personalengpässe, Finanzierungen, Fernost-Konkurrenz und Innovationsdruck: Personalengpässe entstehen, weil Facharbeiter in nicht ausreichender Zahl ausgebildet werden und weil Konzerne an attraktiven Standorten für die wenigen Nachwuchstalente interessanter sind; öffentliche Finanzierungsprogramme sind häufig mit komplizierten Antragsverfahren verbunden, die kleine und mittelgroße Unternehmen vielfach überfordern; die Finanzkraft und die Lerngeschwindigkeit asiatischer Märkte, besonders Chinas, wird zunehmend bedrohlicher; der Innovationsdruck auf traditionelle Marken und Industrien erfordert höhere Investitionen in Forschung und Entwicklung, um dem Wettbewerb standzuhalten (vgl. Wirtschaftswoche vom 9.12.2013, S. 72 ff.). Der erfolgreiche Business-Coach unterstützt seinen Kunden nicht nur innerhalb des Mikrokosmos seines Unternehmens, sondern er fordert ihn, über den Tellerrand zu schauen, gesamtwirtschaftlichen Zusammenhängen nachzuspüren, Trends zu erkennen und für sein Unternehmen auszuwerten. Er ist mit seinem Kunden aktiv und reaktiv wechselseitig vernetzt und schließt darin Geschäftspartner anderer Beratungsprofessionen wie z. B. Personalvermittler, IT-Berater, Marketingexperte mit ein, um die Professionalisierung des Mittelständlers so voranzutreiben, dass eine zukunftsfähige Weiterentwicklung des Kunden selbst und des Kundenunternehmens starke Impulse erhält.

## Literatur

Bacon, T., & Spear, K. (2003). *Adaptive coaching*. Palo Alto: Davies Black Publishing.

Classen, M., & Happich, G. (2013). Coaching im Mittelstand – Wer ist der Mittelstand? *Organisationsberatung, Supervision, Coaching, 20*(3), 245–259.

Dehner, U., & Dehner, R. (2013). *Transaktionsanalyse im Coaching*. Bonn: Manager Seminare.
Deutscher Bundesverband Coaching e. V. (Hrsg.). (2012). *Leitlinien und Empfehlungen für die Entwicklung von Coaching als Profession. Kompendium mit den Professionalisierungsstandards des DBVC* (4. erw. Aufl.). Osnabrück: DBVC Geschäftsstelle.
Filbert, W. (2013). Rechnet sich Coaching im Mittelstand? *Organisationsberatung, Supervision, Coaching, 20*(3), 273–282.
Glasl, F. (1980). *Konfliktmanagement – Ein Handbuch für Führungskräfte, Berater und Beraterinnen*. Bern: Paul Haupt.
Goleman, D. (1996). *Emotionale Intelligenz*. München: Hanser.
Königswieser, R., & Exner, A. (2001). *Systemische Interventionen. Architekturen und Designs für Berater und Veränderungsmanager*. Stuttgart: Klett-Cotta.
Motschnig, R., & Nykl, L. (2009). *Konstruktive Kommunikation*. Stuttgart: Klett-Cotta.
Rogers, C. R. (1972). *Die nicht-direktive Beratung*. München: Kindler.
Ruppert, F. (2001). *Berufliche Beziehungswelten. Das Aufstellen von Arbeitsbeziehungen in Theorie und Praxis*. Heidelberg: Carl-Auer.
Schmid, B. (2014). Der isb Ansatz zur Organisationsentwicklung. In B. Schmid (Hrsg.), *Systemische Organisationsentwicklung. Change und Organisationskultur gemeinsam gestalten* (S. 7–23). Stuttgart: Schäffer-Poeschel.
Schreyögg, A. (2005). *Coaching von Doppelspitzen. Anleitung für den Coach*. Frankfurt a. M.: Campus.
Schulz von Thun, F., et al. (2000). *Miteinander Reden: Kommunikationspsychologie für Führungskräfte*. Reinbek: Rowohlt.
Seewald, C. (2006). *Sozial nachhaltiges Changemanagement*. München: Reinhardt.
Seewald, C. (2012). Im Auge des Zyklons. *Gesprächspsychotherapie und Personzentrierte Beratung, 43*(4), 203–206.
Seewald, C. (2013). Change Management – Personzentriert. In S. B. Gahleitner, et al. (Hrsg.), *Personzentriert beraten – alles Rogers?* Weinheim: Beltz Juventa.
Seewald, C. (2014). 4 Zukünfte. In B. Schmid & O. König (Hrsg.), *Train the coach* (S. 255–262). Bonn: Manager Seminare.
Simon, H. (1991). *Die heimlichen Gewinner*. Frankfurt a. M.: Campus.
Simon, F. B. (Hrsg.). (2002). *Die Familie des Familienunternehmens. Ein System zwischen Gefühl und Geschäft*. Heidelberg: Carl-Auer.
Stiftung Familienunternehmen. (2014). www.stiftungfamilienunternehmen.de.

**Dr. Cornelia Seewald** ist seit 1996 als Executive Coach und Change Management-Beraterin für namhafte Konzerne und Mittelstandsunternehmen tätig. Themenschwerpunkte: Veränderungsmanagement, Leadership, Strategie und Kommunikation. Zuvor hat sie als Wissenschaftlerin, Organisationsentwicklerin und Personalchefin in Linienfunktionen komplexer Unternehmen gearbeitet. 2006 erschien ihr Buch „Sozial nachhaltiges Change Management".

# Life-Coaching: Dynamiken der Herkunftsfamilie

# 22

Astrid Schreyögg

## 22.1 Einführung: Die Perspektive des Life-Coachings

Seit einiger Zeit wird immer häufiger gefordert, dass sich Coaching nicht zu eng und nicht zu ausschließlich auf berufliche Fragestellungen fokussiert. Unter dem Terminus „Life-Coaching" hatten schon US-amerikanische Autoren (Feldman und Lankau 2005) auf einen Sondertyp von Coaching verwiesen. Dabei sollte die „ganze Person" mit ihren „Ambivalenzen und Optionen" (Martens-Schmid 2007) in den Blick kommen. Das heißt, dass berufliche Themen immer auch im Lichte der Privatwelt zu verstehen und zu bearbeiten sind. Im Jahr 2008 erschien dann im deutschsprachigen Raum ein Buch mit dem Titel „Life-Coaching", dem die Autoren Ferdinand Buer und Christoph Schmidt-Lellek den Untertitel gaben: „Über Sinn, Glück und Verantwortung in der Arbeit". Drei Jahre später legten sie ein weiteres Buch vor mit dem Titel: „Life-Coaching in der Praxis. Wie Coaches umfassend beraten" (Schmidt-Lellek und Buer 2011).

Die Programmatik dieser Reader bezieht sich auf ein ungewöhnlich breites Verständnis von Coaching. Schon die Zielgruppen sind hier umfassender als üblicherweise gedacht. Im Gegensatz zum „Business Coaching", das ausschließlich auf Geschäftsleute gerichtet ist, werden beim Life-Coaching auch Menschen aus Behörden und sozialen Dienstleistungssystemen beraten. Und im Gegensatz zum üblichen „Coaching fürs Business" (z. B. Böning und Fritschle 2005) werden hier

A. Schreyögg (✉)
Breisgauer Str. 29, 14129 Berlin, Deutschland
E-Mail: info@schreyoegg.de



A. Schreyögg, C. Schmidt-Lellek (Hrsg.), *Die Professionalisierung von Coaching,*
Coaching und Supervision, DOI 10.1007/978-3-658-08172-0_22

auch die Rollen des berufstätigen Menschen in seiner Privatwelt einbezogen. Das heißt, Life-Coaching richtet sich auf den gesamten sozialen Lebenszusammenhang eines Menschen. Außerdem richtet sich Life-Coaching nicht nur auf seinen Verstand, sondern ebenso auf seine Gefühle und sogar auf seine Leiblichkeit. Diese Art von Coaching enthält auch eine existenzielle Dimension, indem es Fragen berührt wie: „Meine Arbeit scheint mir zunehmend sinnlos, sie macht mich unglücklich: Was kann ich tun? Ich kann die Verantwortung nicht mehr tragen: Wie kann ich mir helfen? Ich kann meine Arbeits- und Lebensweise nicht mehr durchhalten. Wie kann ich mein Leben neu gestalten?“

Somit zielt Life-Coaching keineswegs nur darauf, Menschen durch die Begegnung mit dem Coach von aktuellen Bedrängnissen zu befreien. Es will auch ermutigende Perspektiven eröffnen. Das heißt, positive Erfahrungen sollen verstärkt, negative korrigiert werden. Letztlich besteht ein zentrales Ziel von Life-Coaching in der Förderung eines glücklichen, gelingenden Lebens. Es ist an folgenden anthropologischen Prämissen orientiert: Der Mensch ist gleichermaßen Produkt und Gestalter seines Lebens. Er benötigt in allen seinen Lebensvollzügen Sinn. Er ist von Anbeginn ein soziales Wesen und lebt in Institutionen, die ihn immer gleichzeitig sichern *und* bedrängen. Der Mensch strebt prinzipiell danach, über sich selbst hinaus zu wachsen.

Damit umreißen Buer und Schmidt-Lellek ein sehr anspruchvolles Programm, das beim Coach als Dialogpartner auch umfassende Kompetenzen voraussetzt. Diese beinhalten soziologische, philosophische und psychologische Aspekte. Die Autoren betonen dann aber doch, dass ihr Konzept keine „unbegrenzte Ausweitung des Hintergrundwissens eines Coachs“ erfordert. „Es geht vielmehr darum, Koordinaten einzuführen, die hinter den eingebrachten Arbeitsthemen bedeutsame neue Dimensionen eröffnen. Dann erfolgt die Ausweitung der Coachingthemen in zwei Richtungen:

1. *Horizontale Ausweitung*: Die arbeitsbezogenen Fragestellungen werden nicht für sich allein, sondern im Kontext der ganzen Lebensumstände und der Lebensplanung des Coachingklienten betrachtet. Dazu gehören in der ‚Länge‘ die biographischen Perspektiven in der Lebensspane und die lebenslange Entwicklung der Persönlichkeit sowie in der ‚Breite‘ die verschiedenen Lebensbereiche mit ihren wechselseitigen Wirkungen.
2. *Vertikale Ausweitung*: Life-Coaching richtet sich auf den ganzen Menschen in allen seinen Dimensionen, mit Körper, Seele und Geist; das heißt, es bemüht sich nicht allein um Erfolg, Effektivität und Effizienz der Arbeit des Coachingklienten (Wirkung nach außen), sondern auch darum, wie die berufliche Arbeit emotional erlebt und verarbeitet wird (Wirkung nach innen). Man kann auch

sagen, dass im Life-Coaching *Personalentwicklung* (berufliche Funktionen innerhalb von Arbeitsorganisationen) und *Personenentwicklung* (z. B. übergreifende Lebensziele, Erfahrung von Sinn und Glück auch durch Arbeit) aufeinander bezogen und ihre jeweiligen Intentionen aufgegriffen werden. Denn Rolle und Person sind zwar zu unterscheiden, aber niemals vollends zu trennen. Mit dieser erweiterten Perspektive kann Life-Coaching jeglichem Coaching eine existenzielle Dimension geben" (Schmidt-Lellek und Buer 2011, S. 16).

Nun liegt es nahe, als bedeutungsvolle Koordinaten für das Life-Coaching im Sinne einer horizontalen wie vertikalen Ausweitung die frühere familiäre Situation von Coachingklienten zu betrachten. Dann geht es um sein Gewordensein im Kontext der Herkunftsfamilie und deren Einfluss auf seine aktuelle Berufstätigkeit. Und diesen Einfluss möchte ich nachfolgend in seiner Bedeutung fürs Coaching umreißen.

## 22.2 Die Bedeutung der Familienkonstellation aus der Herkunftsfamilie für das spätere Leben

Bei der Familienkonstellation, die ein Klient in seiner Herkunftsfamilie eingenommen hat, handelt es sich um biographisches Material, das im Coaching unschwer zu erheben ist. Besonders die Position, die jemand in der Geschwisterkonstellation seiner Herkunftsfamilie einnahm, ist leicht zu ermitteln und hat für seine spätere Rolle im Beruf eine nicht zu unterschätzende Prädiktorfunktion. Diesen Zusammenhang möchte ich anhand des Konzepts der „Familienkonstellationen" von Walter Toman (2002) darstellen und zum Coaching in Beziehung setzen.

### 22.2.1 Sozialisation in der Familie

Bei diesem Ansatz handelt es sich um ein psychoanalytisches Sozialisationskonzept. Sozialisation ist dort verstanden als lebenslanger gesellschaftlicher Integrationsprozess von Menschen (Geulen 2001). Es lässt sich aber zeigen, dass es im Verlauf des Lebens besonders sensible Phasen gibt. Das sind Entwicklungsstadien, die für die weitere Sozialisation und damit für das gesamte spätere Leben eines Menschen von besonderer Bedeutung sind.

Dies gilt vor allem für die frühe Kindheit. Die Psychoanalyse von Sigmund Freud und seinen Nachfolgern lieferte entscheidende Argumentationsfiguren, warum das früh Erfahrene so besonders durchschlagende Wirkungen hat. Hier wird postuliert, dass die Persönlichkeit des Menschen überhaupt erst in sozialen Prozessen ausgeformt wird. Der hilflose und fern jeder Sozialität auf die Welt gekommene Säugling wird von seinen Bezugspersonen zunächst nur über die Befriedigung versus Nicht-Befriedigung seiner Bedürfnisse gesteuert. Erst mit fortschreitender Reifung erfährt das Kind seine Bezugspersonen als einmalige Menschen und bindet sich, wie Spitz (1976) und Bowlby (1951) zeigen konnten, je nach ihrem emotionalen Befriedigungswert mehr oder weniger intensiv an sie.

Dieses Phänomen wurde von Anna Freud (1936) als „Soziabilisierung" beschrieben. Das bedeutet, ab diesem Stadium, mit acht bis zwölf Monaten, ist das Kind bereit, sich von seinen Betreuern sozial prägen zu lassen. Ab jetzt entwickelt es im Sinne einer „mütterlichen Identifikation" (ebd.) erste Bereitschaften zur Übernahme von Normen und Standards. Im Zuge weiterer Reifungsprozesse, wenn das Kind mit vier bis fünf Jahren Geschlechtsunterschiede wahrzunehmen lernt, beginnt es sich am gleichgeschlechtlichen Elternteil zu orientieren und diesen in besonderer Weise als Modell zu nutzen. Dabei handelt es sich um den von Sigmund Freud (1909–1913) als „Identifikation in der ödipalen Phase" beschriebenen Vorgang.

Die ab diesem Stadium übernommenen Normen und Standards beinhalten auch geschlechtsspezifische Komponenten. So konnte etwa Nancy Chodorow (zit. nach Geulen 2001) zeigen, dass schon kleine Mädchen für die Übernahme einer „bemutternden" Rolle sozialisiert werden. Durch die größere Nähe zur Mutter erhalten sie eben ein anderes „Rollentraining" als die Jungen. Die Psychoanalyse nimmt also an, dass die ersten Beziehungen das Modell für weitere Sozialisationsprozesse bilden und bis zu einem gewissen Grad auch die Vorlage für alle späteren Sozialbeziehungen darstellen.

Diese frühen Beziehungspartner sind es dann auch, an denen der Mensch sein Handeln auszurichten lernt und in deren Augen er sich als spezifisches Individuum erstmalig spiegeln kann. So wird in der Psychoanalyse prinzipiell angenommen, dass Erfahrungen aus frühen Kontexten nachhaltiger auf das weitere menschliche Leben wirken als spätere. In der klassischen Psychoanalyse nach Freud (1905), der menschliche Entwicklung stark an das infantile Triebschicksal eines Menschen gekoppelt sah, handelt es sich um die ersten fünf bis sechs Lebensjahre. Bei späteren psychoanalytischen Autoren, besonders bei Eric Erikson (1964, 1966), werden weitere sensible Phasen angenommen. So sei dann wieder die Pubertät von besonderer Bedeutung für die Identitätsentwicklung eines Menschen, also ein Stadium von zwölf bis fünfzehn Jahren.

Die Familie stellt den ersten sozialen Kontext dar, mit dem ein Kind konfrontiert ist. Und die Familienmitglieder sind die ersten Interaktionspartner, an denen das Kind sein Handeln ausrichtet und in deren Augen es sich zu erfassen lernt.

Freud und die Mehrzahl seiner Anhänger thematisierten zunächst nur die Interaktion zwischen Kindern und ihren Eltern als maßgeblich für das weitere soziale Leben. Erst Alfred Adler (1933) berichtete über die Bedeutung von Geschwisterbeziehungen. Seit den 20er Jahren befassten sich dann etliche amerikanische Autoren in empirischen Arbeiten mit Altersrangpositionen in Geschwisterreihen und ihren psychologischen Auswirkungen, wie sich etwa Erstgeborene in ihrem Verhalten von nachfolgenden Geschwistern unterscheiden. In manchen dieser Untersuchungen wurden auch die Effekte von Verlusten thematisiert, wie sich etwa der Tod des Vaters oder der Mutter auf die weitere Entwicklung eines Menschen auswirkt (vgl. Toman 2002, S. 235 f.). Alle diese Untersuchungen, so aufschlussreich sie im Einzelnen sein mochten, wiesen aber gewisse Schwächen auf, denn sie legten weder eine Systematik der Geschwisterbeziehungen zugrunde noch eine Systematik der innerfamiliären Verluste. Außerdem zielten ihre Prognosen im Wesentlichen auf Kinder und Jugendliche, in Ausnahmefällen auf Menschen mit Psychopathologien. Effekte bei „normalen" Erwachsenen wurden jedoch selten erfasst.

### 22.2.2 Grundzüge der Theorie der Familienkonstellationen

Alle diese Schwächen suchte der Wiener Psychoanalytiker und Professor für Psychologie Walter Toman in seinem zunächst in den USA erschienenen Werk „Family Constellations" (1961) zu umgehen. Dabei scheint es sich um eine relativ zeitlose diagnostische Grundlage für menschliche Interaktions- und Systemphänomene zu handeln, denn im Jahr 2002 erlebte das Werk seine siebte überarbeitete Auflage im deutschsprachigen Raum unter dem Titel „Familienkonstellationen".

Der Autor eröffnet die Debatte mit Feststellungen, dass jeder Mensch in eine mehr oder weniger intakte Familie hineingeboren wurde, dass in 9 von 10 Fällen die Familie bis zur Adoleszenz der Kinder zusammen bleibt, dass in 5 % aller Fälle die Kinder eine Trennung durch Scheidung oder Tod erleben, dass dies in 8 von 10 Fällen der Vater ist. Von 1951 bis in die 1980er Jahre hinein untersuchten er und seine Mitarbeiter mehrere tausend Familien. Obwohl der Autor immer wieder einschränkend bemerkt, dass andere Bedingungen wie etwa das Wohnumfeld oder die Peergroup stark modifizierende Wirkungen auf die Familienkonstellation haben, außerdem die statistisch gefundenen Ergebnisse für den Einzelfall nur begrenzte Aussagekraft beanspruchen können, bestand das Ziel seiner Forschungen darin, aus der jeweiligen Familienkonstellation eine *prognostische Landkarte* für das spätere private und berufliche Leben eines Menschen zu gewinnen. Seine Theorie ist in drei Bereiche unterteilt, die sich 1) mit Geschwisterkonstellationen, 2) mit Personenverlusten und 3) mit verschiedenen Beziehungstypen befassen.

#### 22.2.2.1 Geschwisterkonstellationen

Geschwisterkonstellationen differenziert *Toman* nach zwei Gesichtspunkten: nach der Rangreihe und nach dem Geschlecht. Da sich von „Geschwistern" erst ab zwei Kindern in einer Familie sprechen lässt, entstehen auf diese Weise nach den Regeln der Kombinatorik acht grundlegende Konstellationen. Das sind vier weibliche und vier männliche Typen:

s (s) die ältere Schwester einer jüngeren Schwester
(s) s die jüngere Schwester einer älteren Schwester
s (b) die ältere Schwester eines jüngeren Bruders
(b) s die jüngere Schwester eines älteren Bruders

b (b) der ältere Bruder eines jüngeren Bruders
(b) b der jüngere Bruder eines älteren Bruders
b (s) der ältere Bruder einer jüngeren Schwester
(s) b der jüngere Bruder einer älteren Schwester

Ich habe sie hier gleich in der von Toman vorgeschlagenen Schreibweise präsentiert. Danach steht die Person, von der gerade gesprochen wird, außerhalb der Klammer, und ihre Geschwister sind innerhalb der Klammer aufgeführt. Demnach ist beispielsweise der älteste Bruder von zwei Schwestern und einem noch jüngeren Bruder folgendermaßen darzustellen: b(ssb).

Zu den Grundtypen eruierte Toman regelrechte Portraits. Er versteht diese Typen ähnlich wie Horst-Eberhardt Richter (1969) als Rollen. Die Eltern, Geschwister und andere Familienmitglieder projizieren unbewusst auf die Ältesten bzw. die Jüngsten ganz bestimmte Persönlichkeitsmerkmale als Älteste oder Jüngste, denen diese dann in ihrem Verhalten unbewusst Rechnung tragen. Auf diese Weise bilden die Kinder von früh an eine Identität etwa als Älteste oder Jüngste heraus. Durch die tagtäglichen Interaktionen in der Familie üben sie dann bestimmte Handlungsmuster ein, die sie zumindest im Ansatz auch später zu realisieren suchen. Ohne hier auf besondere Details einzugehen – dazu sei auf den Originaltext verwiesen (Toman 2002) –, lassen sich aber für unseren Zusammenhang, nämlich für berufliche Kontexte, zwei basale Hypothesen formulieren:

- Älteste Geschwister, so genannte Senioren oder Seniorinnen, neigen auch später zur Dominanz, jüngere dagegen haben eher gelernt, sich unterzuordnen. So sind älteste Geschwister später eher bereit und in der Lage, Führungspositionen zu übernehmen als jüngere.
- Geschwister, die nur unter Geschlechtsgenossinnen oder -genossen aufgewachsen sind, neigen dazu, auch später Geschlechtsgenossen im Beruf zu präferieren. Das heißt aber beispielsweise umgekehrt, dass ein älterer Bruder von jün-

geren Schwestern mit der Führung von Frauen leichter zu Recht kommen wird als ein älterer Bruder von Brüdern. Dieser wird allerdings wahrscheinlich in Männermilieus erfolgreicher führen können als der Bruder von Schwestern.

Neben den oben beschriebenen Grundtypen gibt es selbstverständlich auch mittlere Geschwister, Einzelkinder und Zwillinge. Über *mittlere Geschwister* lässt sich sagen, dass sie je nach dem Altersabstand zu den anderen Geschwistern häufig eher den jeweiligen Grundkonstellationen zuzuordnen sind. So wird sich etwa die mittlere Schwester von einem älteren Bruder und einer jüngeren Schwester (b) s (s) eher als jüngere Schwester eines Bruders ausprägen, wenn der Altersabstand zum älteren Bruder nur zwei Jahre, der Abstand zur jüngeren Schwester dagegen 10 Jahre ist. Sie war dann bis zur Geburt der Schwester immerhin 10 Jahre ihres Lebens die jüngere Schwester eines Bruders. Schwieriger stellen sich gleichgeschlechtliche Konstellationen mit einem nur geringen Abstand dar wie etwa die folgende: (s)s(s). Wenn die mittlere Schwester von zwei Schwestern zur älteren und zur jüngeren jeweils nur einen Abstand von zwei Jahren hat, wird sie in ihrer Kindheit möglicherweise Mühe haben, ihre Identität zwischen der Ältesten und der Jüngsten zu wahren und zu präzisieren. Vielleicht ist sie dann auch später immer wieder auf der Hut, übergangen zu werden. Im besseren Fall ist sie besonders gut in der Lage, sich im Sinne von Dominanz versus Unterordnung in soziale Systeme zu integrieren. Gerade bei Prognosen für mittlere Geschwister ist es wichtig, die gesamte familiäre Konstellation zu rekonstruieren.

Bei *Einzelkindern* geht Toman davon aus, dass sie meistens von klein auf daran gewöhnt sind, im Mittelpunkt zu stehen und auf irgendeine Weise bedeutend zu sein. Außerdem neigen sie tendenziell dazu, die Geschwisterkonstellation des gleichgeschlechtlichen Elternteils zu übernehmen. So würde ein weibliches Einzelkind E mit einer Mutter, die die älteste Schwester einer Schwester war s(s), auch eher wie eine ältere Schwester von Schwestern in Erscheinung treten. Wenn allerdings auch die Mutter schon Einzelkind war, würde Toman annehmen, dass bei dieser Frau Merkmale des Einzelkindes besonders stark ausgeprägt sind.

Bei *Zwillingen* ist zu unterscheiden, ob es sich um ein- oder zweieiige handelt. Eineiige Zwillinge sind nicht nur zur gleichen Zeit geboren, sie haben jeweils auch den gleichen Entwicklungsstand. Deshalb sind sie meistens extrem stark aufeinander bezogen und haben es auch in späteren Jahren schwer, sich voneinander abzulösen. Bei zweieiigen Zwillingen sind die Beziehungen nicht ganz so dicht, besonders wenn es sich um einen Jungen und ein Mädchen handelt. Die Kinder neigen dann in der Regel noch deutlicher dazu, sich mit dem gleichgeschlechtlichen Elternteil zu identifizieren und damit auch Persönlichkeitsmerkmale von dessen Geschwisterkonstellation zu übernehmen.

### 22.2.2.2 Personenverluste

Nach Toman spielen Personenverluste bei der Analyse von Familienkonstellationen eine besondere Rolle. Als solche werden Verluste durch Tod, Scheidung oder andere Formen der Trennung verstanden. Der Verlustträger erlebt nämlich durch den Verlust einer emotional besetzten Person auch in der Beziehung zu anderen Personen seines Umfeldes eine gewisse Verunsicherung. Zunächst unterscheidet Toman hier, ob es sich um einen dauerhaften oder einen vorübergehenden Verlust handelt. Die psychische Bedeutsamkeit von Verlusten versucht der Autor nach einer Reihe von Kriterien zu bestimmen (Toman 2002, S. 48). Sie werden entsprechend seinen Befunden umso schwerwiegender erlebt,

a. je kürzer sie zurückliegen,
b. je früher sie im Leben einer Person eingetreten sind,
c. je älter die verlorene Person ist (im Verhältnis zum ältesten Familienmitglied),
d. je länger die Person mit der verlorenen Person zusammengelebt hat,
e. je kleiner die Familie ist,
f. je mehr das Gleichgewicht der Geschlechter in der Familie dadurch beeinträchtigt wird,
g. je länger die verbliebenen Familienmitglieder brauchen, um einen Ersatz für die verlorene Person zu beschaffen,
h. je größer die Zahl der Verluste und je schwerer die Verluste, die bereits vorher eingetreten sind.

Bis auf g. gelten alle Kriterien für dauerhafte wie auch für vorübergehende Verluste. Kriterium c. bedeutet, dass der Verlust eines Elternteils erheblich schwerer wiegt als der eines Geschwisters. Und dieser wiederum wiegt bei einem älteren schwerer als bei einem jüngeren. Das bedeutet insgesamt, je länger ein Mensch mit einem anderen zusammengelebt hat, als desto schmerzlicher wird dessen Verlust erlebt. Sehr bedeutsam ist für unseren Zusammenhang auch der Punkt f. Wenn beispielsweise in einer Familie mit drei Töchtern die jeweils im Abstand von zwei Jahren geboren wurden, der Vater kurz nach der Geburt der dritten Tochter ums Leben kommt und die Mutter keine neue Partnerbeziehung eingeht, bleibt das ein reiner Frauenhaushalt. Das bedingt für die Sozialisation der Töchter ein Defizit, dass sie nämlich zumindest im engen Familienverbund kein männliches Familienmitglied und natürlich auch keine heterosexuelle Beziehung aus nächster Nähe erleben konnten. Bei ihren späteren Interaktionen können sie dann jedenfalls nicht auf tief vertraute Muster gegenüber Männern zurückgreifen. Das kann diesen gegenüber erhöhte Ängstlichkeit oder erhöhte Distanzlosigkeit erzeugen.

Wie Toman (2002, S. 45) anmerkt, ist es ohnedies in 8 von 10 Fällen der Vater, der durch Tod, noch häufiger allerdings durch Scheidung die Familie verlässt. Im Todesfall wird der Vater meistens positiv überhöht, sodass er für seine Kinder gar nicht selten als positives Modell imaginativ überdauert. Im Vorfeld einer Scheidung und auch im weiteren familiären Verlauf wird aber der Vater häufig eher negativ attribuiert, sodass ungute Zerrbilder von ihm gebildet werden. Im Sinne der Familienkonstellations-Theorie hat dieses Faktum für die spätere Berufstätigkeit der „verlassenen Kinder" eine ganz erhebliche Bedeutung: Autoritäten ziehen, selbst wenn sie weiblichen Geschlechts sind, in den meisten Fällen Vaterübertragungen auf sich. Wenn die Vaterbeziehung der unterstellten Mitarbeiter ausgeglichen und befriedigend war, bringen sie auch ihrem Vorgesetzten gegenüber eher eine vertrauensvolle Haltung entgegen. Dieser wird dann mit größerer Wahrscheinlichkeit gleichfalls positiv reagieren. Wenn die Vaterbeziehung dagegen eine Enttäuschung war, wird auch diese Erwartung häufig als negative Übertragung an den Vorgesetzten herangetragen. Solche Beziehungen gestalten sich – meistens allerdings verdeckt – als Misstrauensbeziehungen. Umgekehrt bildet eine gelungene Vaterbeziehung häufig auch die Basis für gelingende Führungspositionen. Eine enttäuschende Vaterbeziehung ist jedenfalls vielfach die Basis dafür, dass die Übernahme einer Führungsposition misslingt oder sich als schwierig erweist.

#### 22.2.2.3 Beziehungen

Beziehungsphänomene differenziert Toman ähnlich Watzlawik et al. (1969, S. 68 f.) in „Komplementär"- und „Identifikationsbeziehungen".

*Komplementärbeziehungen* Im Sinne eines sogenannten „Duplikationstheorems" kann Toman (2002, S. 81) durch vielfältiges Datenmaterial belegen, dass neu angebahnte Beziehungen umso erfolgreicher und dauerhafter sind, je ähnlicher sie früheren und frühesten sozialen Erfahrungen der Betreffenden sind. Das bedeutet vor allem für Partnerbeziehungen, dass sie umso haltbarer sind, je mehr die jeweiligen Partner ihre frühere Geschwisterkonstellation in der neuen Beziehung wiederfinden.

So erweisen sich Partnerbeziehungen eines älteren Bruders von einer jüngeren Schwester b(s) mit einer jüngeren Schwester eines älteren Bruders (b)s als ausgesprochen haltbar, weil jeder der beiden sich schon in der Familie an das Zusammenleben mit einer Person des anderen Geschlechts gewöhnen konnte. Sie haben dann nach Toman (2002, S. 87 ff.) keinen „Geschlechtskonflikt". Außerdem übt der ältere Bruder auch später wie selbstverständlich Dominanz aus, was für die jüngere Schwester als Juniorin meistens durchaus akzeptabel ist. So haben sie also auch keinen „Rangkonflikt."

Die prognostisch ungünstigste Partnerbeziehung wäre demgegenüber eine, wo sich die Frau als älteste Schwester einer Schwester s(s) mit dem älteren Bruder eines Bruders b (b) liiert. Beide sind es durch ihre Kindheit nicht gewöhnt, mit gleichaltrigen Personen des anderen Geschlechts in einem Familienverband zu leben. Sie können sich also nicht spontan in den anderen hinein versetzen oder seine heimlichen Wünsche erfassen. So haben sie nach Toman einen „Geschlechtskonflikt". Außerdem ist jeder von beiden von früh an gewöhnt zu dominieren, weshalb sie um die Dominanz in der Beziehung rangeln werden. Sie haben nach Toman also auch einen „Rangkonflikt".

Es sei allerdings angemerkt, dass Paare, die dauerhaft in solchen Konstellationen leben, meistens eine Vielzahl gemeinsamer Interessen entwickelt haben, was sie dann jenseits ihrer Geschwisterkonstellation zusammenhält. Im ungünstigsten Fall haben sie allerdings Kinder mit schweren Störungen, für die sie dann in solidarischer Weise zu sorgen haben. Im familientherapeutischen Ansatz von Mara Selvini-Palazzoli et al. (1985) wurde sogar postuliert, dass das pathologische Symptom eines Kindes – wie etwa eine Magersucht – durch seine Funktion als partnerschaftliche Klammer für die Eltern im Sinne eines „Symptomgewinns" auch langfristig aufrechterhalten wird.

Was ich hier für Partnerbeziehungen angesprochen habe, gilt bis zu einem gewissen Grad auch für berufliche Beziehungen. So wird sich der jüngere Bruder einer Schwester (s)b wahrscheinlich eher von einer älteren Schwester eines Bruders s(b) führen lassen als von der älteren Schwester einer Schwester s(s). Die ältere Schwester des Bruders s(b) hat nämlich aller Voraussicht nach mehr Verständnis für die spezifischen Extravaganzen eines männlichen Juniors als die ältere Schwester einer Schwester s(s). Diese ist eher gewöhnt, „kleine Prinzessinnen zu hüten als kleine Prinzen."

*Identifikationsbeziehungen* Den anderen Beziehungstyp nennt Toman „Identifikationsbeziehungen". Hier geht es nicht um Ergänzung, sondern um Ähnlichkeit. Dabei handelt es sich um narzisstische Wahlen: Jeder liebt sich im anderen selbst. Diesen Typ finden wir bevorzugt bei gleichgeschlechtlichen Personen. So lässt sich beobachten, dass ältere Brüder von Brüdern b(b) als Vertrauensperson häufig auch wieder ältere Brüder von Brüdern b(b) aufsuchen. Oder jüngere Schwestern von Schwestern (s)s präferieren als Freundinnen vielfach auch wieder jüngere Schwestern von Schwestern (s)s. Toman zeigt außerdem, dass sich die Beziehungen zwischen Vater/Sohn sowie Mutter/Tochter ebenfalls nach dem Ausmaß der Identifikation positiv versus negativ gestalten. So wird ein Vater, der als jüngerer Bruder einer Schwester (s)b aufgewachsen ist, einen Sohn, der ebenfalls als jüngerer Bruder einer Schwester (s)b aufwächst, leichter akzeptieren als ein Vater, der ein älterer Bruder von mehreren Brüdern ist b(bb). Sein Sohn wird ihm möglicherweise als „verzärtelter Bubi" dauerhaft fremd bleiben.

Auch bei Arbeitsbeziehungen begegnen uns positive Identifikationsbeziehungen. So können Kooperationen zwischen zwei älteren Brüdern von Brüdern b(b) + b(b) in Pionier-, also Aufbaustadien von Organisationen außerordentlich fruchtbar sein. Jeder findet im anderen die an sich selbst realisierte Dominanz und bejaht sie im anderen. Ähnliches lässt sich auch immer wieder bei älteren Schwestern von Schwestern beobachten s(b) + s(b). In der etwas „kernigen" Dominanz respektiert sich jede der beiden in der anderen.

## 22.3 Die Verwendbarkeit der Familienkonstellationstheorie fürs Coaching

Im Coaching nutze ich den Ansatz von Toman vorrangig für zwei Anlässe: für die Rekonstruktion und Bearbeitung von Konflikten und für Prognosen bzw. für Anregungen bei der Karriereberatung.

### 22.3.1 Die Anwendung beim Konfliktcoaching

Viele Konflikte, die als „Führungsprobleme" beschrieben werden, lassen sich bei genauerer Rekonstruktion auf Komplikationen aus der familiären Sozialisation zurückführen.

#### 22.3.1.1 Unverträglichkeiten mit Eltern

Heute sind besonders häufig Führungsprobleme zu beobachten, die aus Unverträglichkeiten mit Eltern resultieren. Bei der Generation der heute 40- bis 60-Jährigen besteht ohnedies eine historisch bedingte Ambivalenz gegenüber der Übernahme von Vorgesetztenpositionen. Diese Ambivalenz verschärft sich um ein Vielfaches, wenn der eigene Vater überwiegend als fordernde und vielleicht sogar als strafende Instanz mit sadistischen Neigungen erlebt wurde. Das geschieht gar nicht selten, wenn Väter als jüngere Brüder von Brüdern (bb)b mit ihren ältesten Söhnen, falls diese ältere Brüder von Brüdern sind b(b), laufend rivalisieren. Dem Sohn wird dann im Sinne einer Geschwisterübertragung das heimgezahlt, was dem realen älteren Bruder gegenüber nie angetan werden konnte, weil der Bruder im Gegensatz zum sehr viel jüngeren Sohn vielleicht dauerhaft überlegen blieb. Und nun wird am Sohn die alte Frustration ausagiert.

Bei Führungskräften mit solchen Vaterbeziehungen besteht meistens die Idee, sie müssten in deutlichem Kontrast zum Vater ihren unterstellten Mitarbeitern prinzipiell als Freund oder Kumpel begegnen. Sie verbinden damit die Hoffnung, dass diese dann dauerhaft ihre Aufgaben optimal erfüllen. Wenn diese Strategie nicht aufgeht, was allzu oft geschieht, sind solche Vorgesetzten vollkommen hilflos. Dann ist es sinnvoll, ihnen den beschriebenen Zusammenhang erlebbar zu machen und anhand konkreter Situationen einzuüben, wie sie langsam die Rolle eines formal fordernden, aber menschlich durchaus konstruktiven Vorgesetzten realisieren können. Dies sollte in den ersten Arbeitssequenzen in kontrastierender Abgrenzung zum biologischen Vater geschehen. Im weiteren Verlauf erlebt der Coachingklient nach mehreren Rollentauschen meistens schon selbst, dass er in den Augen seiner Mitarbeiter durch das Akzentuierung seiner formalen Rolle als Vorgesetzter eher an Respekt gewinnt.

#### 22.3.1.2 Geschwisterbeziehungen

Viele andere Führungsprobleme ranken sich um Geschwisterbeziehungen. Die wahrscheinlich häufigsten Konflikte zwischen Vorgesetzten und unterstellten Mitarbeitern konstellieren sich als symmetrische Probleme, d. h. als Rivalitätskonflikte. Das geschieht häufig, wenn beide in ihren Familien Senioren waren und nun jeder die Vorrangstellung im Beruf beansprucht. Dann ist es nach einer Rekonstruktion im Coaching sinnvoll, unter Berücksichtigung der formalen Konstellation Möglichkeiten von Komplementarität zu ermitteln. Dabei kann es sinnvoll sein, dass der oder die Vorgesetzte ihre formale Vorrangstellung in der Weise nutzt, dass sie die Dominanzansprüche des Mitarbeiters kanalisiert. Sodann sollte sie die Stärken ihres Mitarbeiters genauer erkunden und ihm in speziellen Bereichen ein Spezialistentum als „Dominanzbühne" zugestehen.

Problematisch können aber auch ursprünglich komplementäre Beziehungen werden. So geschieht es gar nicht selten, dass ein älterer Vorgesetzter, der als jüngerer Bruder in einer längeren Geschwisterreiche (sbsb)b aufgewachsen ist, einen neuen Mitarbeiter anheuert, der älterer Bruder in einer Geschwisterreihe ist b(sbs). Zunächst versteht er sich mit diesem im Sinne von Komplementarität vielleicht ganz wunderbar. Nach einiger Zeit jedoch, wenn sich die Komplementarität unbemerkt vertieft, erlebt der Vorgesetzte ein zunehmendes Unbehagen. In der Rekonstruktion im Coaching stellt sich dann vielleicht heraus, dass er in der Interaktion mit dem Mitarbeiter unbemerkt in eine Juniorenrolle regrediert ist, die mit seiner formalen Position und seinem beruflichen Selbstverständnis heftig kollidiert. Dann besteht auch wieder der erste Schritt im Coaching darin, die aktuelle gefühlsmäßige Konstellation aufzudecken, und der zweite Schritt, alternative Muster einzuüben. In diesem Fall wird es sinnvoll sein, den Klienten in seinen formalen

Rollenmustern zu stärken, ohne den Mitarbeiter unnötig zu frustrieren. Hier ist es besonders sinnvoll, anhand imaginierter Interaktionssequenzen mit dem Mitarbeiter neue Sprach- und Handlungsmuster zu erproben, sodass der Vorgesetzte langsam wieder formal adäquatere Beziehungsformen einsteuert.

#### 22.3.1.3 Frühe Verluste

Manche Komplikationen im Führungsgeschehen resultieren aus frühen Verlusten. So stellte sich bei einer weiblichen Führungskraft aus der Personalabteilung einer Firma heraus, dass sie zwar laufend plante, vermehrt Aufgaben an ihre Mitarbeiter zu delegieren, dann aber doch jeweils viel zu viel selbst erledigte. Bei einer Rekonstruktion, die auch biographische Anteile enthielt, stellte sich heraus, dass sie im Alter von sieben Jahren einen drei-jährigen Bruder durch einen Unfall verloren hatte. Zwar war sie bei dem Unglück nicht direkt anwesend, in ihren Träumen quälte sie aber häufig die Frage, ob sie nicht doch etwas versäumt hatte, ob sie den Bruder, den sie oft vom Kindergarten abgeholt hatte, nicht auch dieses Mal hätte begleiten müssen. Dieses Thema war auch bestimmend für ihre Schwäche beim Delegieren. Sie hatte immer wieder die Phantasie, dass die Dinge nur durch ihre unmittelbare Beteiligung „richtig sicher“ erledigt würden. Nach dieser Rekonstruktion konnte sie wesentlich gelassener delegieren.

### 22.3.2 Die Anwendung bei der Karriereberatung

In der Karriereberatung ergeben Analysen mit Hilfe der Familienkonstellationstheorie häufig Anregungen und Ermutigungen, in welche Richtung sich der oder die Betreffende orientieren könnte.

#### 22.3.2.1 Rang in der Geschwisterreihe

Etliche dieser Fragestellungen haben mit dem Rang in der Geschwisterreihe zu tun. So fragte ein sehr erfahrener Journalist, der einen Stellenwechsel vorbereitete, welche von zwei Stellen er am besten übernehmen solle. Bei der einen Position handelte es sich um die überdurchschnittlich gut dotierte Stelle als Geschäftsführer in einem renommierten Verband. In diesem bestanden allerdings gerade heftige Flügelkämpfe, und es war zu erwarten, dass er sich in Zukunft ausgesprochen wendig verhalten müsste, ohne anzuecken oder einseitig Partei zu ergreifen. Die andere Position wäre die sehr viel schlechter bezahlte Leitung in einem Journalistenbüro mit einigen freundlichen Mitarbeitern, aber fachlich etwas einseitigen Anforderungen. Im ersten Fall, den er eigentlich präferierte, würde er aber eine extreme Wendigkeit zwischen Über- und Unterordnung benötigen, im zweiten wäre er in einer unbestrittenen, aber etwas „langweiligen“ Leitungsposition, wie er meinte.

Im Verlauf der Rekonstruktion seiner bisherigen Arbeitsgeschichte kamen auch seine Stellung in der Familie und damit seine Geschwisterreihe zur Sprache. In einem Pfarrhaushalt aufgewachsen, war er als mittlerer Bruder von zwei älteren Geschwistern, einer Schwester und einem Bruder, und drei jüngeren Geschwistern, einem Bruder und zwei Schwestern, jeweils in der Rolle eines Vermittlers zwischen den älteren und den jüngeren Geschwistern. Seine Position stellte sich folgendermaßen dar: (sb)b(sbs). Während er von seiner „Vermittlungsarbeit" in der Familie erzählte, fiel ihm plötzlich ein, dass in dem Verband ein Generationenkonflikt bestand zwischen einigen Vorständen und den meisten Mitgliedern. „Irgendwie ist mir diese Art von Konflikten vertraut", meinte er zufrieden. „Als Geschäftsführer stehe ich auch zwischen Vorstand und den Mitgliedern." Nach einigen weiteren Überlegungen entschied er sich, die Stelle in dem Verband anzunehmen. „An solchem Gerangel habe ich Spaß", meinte er, „und dass ich dabei noch gutes Geld verdienen werde, finde ich umso besser."

### 22.3.2.2 Geschlechterverhältnisse

Viele andere Fragestellungen in der Karriereberatung ranken sich um Geschlechterverhältnisse. Häufig geht es nämlich in der Karriereberatung oder -planung um Fragen, wie aussichtsreich Führungsarbeit für einen Mann in Frauenmilieus und für eine Frau in den Milieus von Männern ist. Als grobe Orientierung lässt sich sagen, dass männliche Führungskräfte, die ältere oder jüngere Schwestern hatten, in Frauenmilieus wie etwa dem Krankenpflegebereich oder der Sozialpädagogik, von ihren Mitarbeitern aller Voraussicht nach leichter akzeptiert werden, als wenn sie nur Brüder hatten. Ein Mann, der in seiner Sozialisation erlebt hat, wie Frauen Konflikte austragen oder welche Vorgänge besondere Gefühle von Kränkung bei ihnen hervorrufen, wird solchen Phänomenen in seinem Führungshandeln intuitiv Rechnung tragen.

Vergleichbares gilt für Frauen, die unter Männern aufgewachsen sind. Die ältere Schwester von Brüdern s(bb) wird aller Voraussicht nach eine Führungsposition in männlichen Milieus mit einer gewissen Selbstverständlichkeit bekleiden. Und eine jüngere Schwester von Brüdern (bb)s wird in Männermilieus möglicherweise besonders beliebt und erfolgreich sein, weil sie männlichen Belangen ganz geschmeidig Rechnung tragen kann.

So gelang es einer jungen, bislang ausgesprochen erfolgreichen Betriebswirtin mit dieser Geschwisterkonstellation, die aber durch den Konkurs ihrer Firma ein neues Betätigungsfeld suchen musste, sehr schnell, zu einer überaus geschätzten Mitarbeiterin in einer typischen Männerdomäne zu werden. Durch einen „Zufall" lernte sie einen älteren Herrn kennen, der eine Unternehmensberatung für technische Firmen leitete. Nachdem er sie bei der Abwicklung eines „schwierigen"

Kunden als sehr erfolgreich erlebt hatte, entschied er: „Immer wenn ein Beratungskunde sperrig ist, muss unsere junge Frau ran.“ Auf diese Weise erhielt sie eine Vielzahl von Beratungsaufträgen, die sie auch erwartungsgemäß erfolgreich abwickelte und an denen sie besser denn je verdiente.

## 22.4 Schlussbemerkung

Obwohl sich viele ausgesprochen einleuchtende Beispiele finden, in denen die Familienkonstellationstheorie gut „funktioniert“, sei zur Vorsicht geraten. Toman selbst gibt zu bedenken, dass seine Befunde auf statistischen Erhebungen an einer Vielzahl von Personen beruhen. Für den einzelnen Anwendungsfall haben sie deshalb nur begrenzte Gültigkeit. Wenn diese „Fährte“ weder dem Klienten noch dem Coach ausreichend evident erscheint, wird sie eben wieder verlassen. In diesem Sinn hat sich der Ansatz in einen Pool von vielfältigen Konzepten einzufügen, die der Coach im Sinne eines integrativen Coachingkonzepts (Schreyögg 2012) im Bedarfsfall bemühen kann.

## Literatur


Adler, A. (1974). *Praxis und Theorie der Individualpsychologie*. Frankfurt a. M.: Fischer (Orig.1933).

Böning, U., & Fritschle, B. (2005). *Coaching fürs Business*. Bonn: ManagerSeminare.

Bowlby, J. (1973). *Mütterliche Zuwendung und geistige Gesundheit*. München: Kindler (Orig. 1951).

Buer, F., & Schmidt-Lellek, C. (2008). *Life-Coaching. Über Sinn, Glück und Verantwortung in der Arbeit*. Göttingen: Vandenhoeck & Ruprecht.

Erikson, E. (1973). *Identität und Lebenszyklus*. Frankfurt a. M.: Suhrkamp (Orig.1966).

Erikson, E. (1992). *Einsicht und Verantwortung*. Frankfurt a. M.: Fischer (Orig. 1964).

Feldman, D. C., & Lankau, M. J. (2005). Executive coaching: A review and agenda for future research. *Journal of Management, 31*(6), 829–848.

Freud, A. (1936). *Das Ich und die Abwehrmechanismen*. Wien: Int. Psychoanal.

Freud, S. (1905). *Drei Abhandlungen zur Sexualtheorie. Studienausgabe* (Bd. 5.) Frankfurt a. M.: Fischer Taschenbuch Verlag.

Freud, S. (1909–1913). *Gesammelte Werke aus den Jahren 1909–1913*. Frankfurt a. M.: Fischer. (1969).

Geulen, D. (2001). Sozialisation. In H. Joas (Hrsg.), *Lehrbuch der Soziologie*. Frankfurt a. M.: Campus.

Martens-Schmid, K. (2007). Die „ganze Person“ im Coaching – Ambivalenzen und Optionen. *Organisationsberatung Supervision Coaching, 14*(1), 17–29.

Richter, H.-E. (1969). *Eltern, Kind, Neurose*. Reinbek: Rowohlt.

Schmidt-Lellek, C. (2011). Perspektiven des Lebensganzen. Die Lebensspanne und die Lebensbereiche im Coaching. In C. Schmidt-Lellek & F. Buer (Hrsg.), *Life-Coaching in der Praxis* (S. 27–49). Göttingen: Vandenhoeck & Ruprecht.

Schmidt-Lellek, C., & Buer, F. (Hrsg.). (2011). *Life-Coaching in der Praxis. Wie Coaches umfassend beraten*. Göttingen: Vandenhoeck & Ruprecht.

Schreyögg, A. (2012). *Coaching. Eine Einführung für Praxis und Ausbildung* (7. überarb. u. erw. Aufl.). Frankfurt a. M.: Campus.

Selvini-Palazzoli, M., Boscolo, J., Cecchin, G., & Prata, G. (1985). *Paradoxon und Gegenparadoxon* (4. Aufl.). Stuttgart: Klett-Cotta (Orig. 1975).

Spitz, R. (1976). *Vom Dialog. Studien über den Ursprung der menschlichen Kommunikation und ihre Rolle in der Persönlichkeitsbildung*. Stuttgart: Klett-Cotta.

Toman, W. (1961). *Family Constellations*. New York: Springer.

Toman, W. (2002). *Familienkonstellationen* (7. durchges. Aufl.). München: Beck.

Watzlawik, P., Beavin, J. H., & Jackson, D. D. (1969). *Menschliche Kommunikation*. Bern: Huber.

**Dr. phil. Astrid Schreyögg** Dipl.-Psych. Psychotherapeutin, Supervisorin, Coach; Wiss. Leitung an der Deutschen Psychologen Akademie des BDP für Supervision und Coaching; Beratungsaufträge im In- und Ausland; Ausbilderin für Supervision und Coaching; Fachbuchautorin; Herausgeberin der Zeitschrift „Organisationsberatung, Supervision, Coaching" (OSC). www.Schreyoegg.de.

# Gender-Coaching – eine kritische Einordnung

# 23

Gabriele Bollhöfer

## 23.1 Einführung

*Gender Diversity* steht seit Jahren bei den Zielen deutscher Unternehmen ganz oben. Es finden sich jede Menge Strategien, Prozesse und Maßnahmen, mit denen die Unterrepräsentanz von Frauen in Führungspositionen beendet werden soll. Doch trotz ernsthafter Bemühungen sind bezüglich der Gender-Diversität auf Führungsebenen in Deutschland nur geringe Fortschritte erzielt worden. Ein kurzer Blick auf die Zahlen von Frauen im Management zeigt dies deutlich: 2010 ist die Entwicklung der Frauenquote im Topmanagement von Großunternehmen im Vergleich zu 2004 von 6,8 sogar auf 5,9 % *gesunken*, im mittleren Management von Großunternehmen ist die Quote immerhin leicht von 12,6 % in 2004 auf 18,3 % in 2010 gestiegen (Hoppenstedt 2010; Fraunhofer-Gesellschaft 2012). Etwas besser sieht die Bilanz bei kleinen und mittelständischen Unternehmen aus. Doch nirgends wurden signifikante Erfolge erreicht, gemessen an der Bedeutung für die Wirtschaft und den getätigten Investments.

Dieser Aufsatz versucht keine Klärung der gesellschaftlichen Wirkungszusammenhänge, das haben andere kompetent geleistet (Mühling und Schwarze 2011; Schreyögg 2013), sondern er beschreibt einen Coachingansatz, der im Rahmen von Gender-Diversity-Initiativen, aber auch in vielen anderen Coachingprozessen eine Rolle spielt.

G. Bollhöfer (✉)
Heinz-Mohnen-Platz 3, 50937 Köln, Deutschland
E-Mail: gabriele.bollhoefer@o2online.de



A. Schreyögg, C. Schmidt-Lellek (Hrsg.), *Die Professionalisierung von Coaching,* Coaching und Supervision, DOI 10.1007/978-3-658-08172-0_23

## 23.2 Stimmungslage und Erklärungsversuche

Die beschriebene Situation erzeugt zuweilen Ratlosigkeit bei den Verantwortlichen, da sich diese vordergründig lösbare Managementaufgabe als zäher Kulturveränderungsprozess erweist. Die puren Zahlen legten ja auch die Vermutung nahe, dass eine zügige Veränderung möglich sei. Denn es gibt viele hochqualifizierte Frauen, die *sagen,* dass sie Karriere *und* Familie wollen. Bei Berufseinsteigern sieht die Verteilung von Männern und Frauen in den meisten Branchen auch vergleichsweise gut aus. Es gibt darüber hinaus das breite Commitment von Politik und Unternehmen, die Quoten von Frauen in Führungspositionen zu erhöhen. Es passiert aber dann im Laufe der Karriere von Frauen beinahe „unbemerkt", dass Entscheidungen für Ausstieg oder für Teilzeit oder für ein Hinausschieben des nächsten Karriereschritts getroffen werden. Jede individuelle Entscheidung erscheint in sich schlüssig und sinnvoll und wird daher meist nicht energisch hinterfragt oder gar präventiv aufgegriffen.

Im Ergebnis bewegt sich kaum etwas hinsichtlich der Frauenquote auf Managementebenen, und das frustriert. Eine gewisse Ratlosigkeit bei Verantwortlichen in Unternehmen ist verständlich, denn es wurden vielfältige Maßnahmen ergriffen, um die Chancengleichheit herzustellen. Dies führt in informellen Gesprächen ganz häufig zu der entlastenden Erklärung: „Die Frauen müssten auch wollen und die vielen Angebote auch annehmen." „Sie wollen halt nicht." Dies sind übrigens typische Aussagen von Frauen *und* von Männern in Führungspositionen. Die Deutungen unterscheiden nicht nach Geschlecht.

Was ist da los? Einmal ist festzustellen, dass Gender-Diversität schwer „herbei zu managen" ist. Unternehmen haben ganz objektiv die besten Absichten und arbeiten seit Jahren ernsthaft an Beförderungsprozessen und flexiblen Arbeitszeitmodellen und frauenspezifischen Förderangeboten. Es ist müßig, zu erwähnen, dass handfeste ökonomische Interessen diese Projekte befeuern. Gleichzeitig sind Führungskräfte bereit, Erschwernisse auf sich zu nehmen, zum Beispiel das Managen von Teams mit 80 % Teilzeitmitarbeitern. Dennoch, der Erfolg will sich nicht entsprechend einstellen. Darum ist die Auseinandersetzung mit diesem Thema selten nüchtern. Das gilt für die Change-Verantwortlichen genauso wie für die Frauen, die Karriere-Erwartungen an den Change haben, und für deren männliche Kollegen, die sich ggf. einem stärkeren Wettbewerbsdruck ausgesetzt fühlen.

So wichtig die organisatorischen und methodischen Rahmenbedingungen für die Entwicklung von Gender-Balance sind, so greifen die meisten dennoch nicht zuverlässig dort, wo unbewusste Präferenzen wirken: bei der Jobvergabe, der Einbeziehung in die spannendsten und prestigeträchtigen Aufgaben, beim Austausch von informellen Informationen mit „Bodies“, bei der Bewertung von Verhalten und Performance, die niemals rein objektiv sein können (s. Abschnitt 4).

## 23.3 Einordnung von Gender-Coaching

Gender-Coaching oder auch genderkompetentes Coaching (Abdul-Hussain 2012) ist ein Angebot, welches im Rahmen von Diversity-Programmen eingesetzt wird. Wie die Einleitung deutlich macht, ist die Unterrepräsentanz von Frauen in Führungspositionen auf komplexe Art mit kulturellen, institutionellen und individuellen Wirkungen verknüpft.

Alle Einordnungsversuche adressieren folgerichtig immer mehrere Wirkungs- und Erklärungsansätze. So sortiert z. B. Isabell Welpe (2014) von der LMU München die Erklärungsansätze für die Unterrepräsentanz von Frauen in Führungspositionen nach den drei folgenden Ebenen: 1) Auf der Ebene des *Individuums* wird Frauen zu wenig Selbstbewusstsein und zu wenig aktive Karriereplanung unterstellt. 2) Auf der Ebene der *Organisation* fehlen mächtige Vorbilder und der Zugang zu Netzwerken. 3) Auf der Ebene des *Systems* wirken Rollenerwartungen und mangelnde Vereinbarkeit von Familie und Beruf. Nutzen wir diese praktische Sortierung, so greift Gender-Coaching zunächst auf der Ebene des Individuums an und ist damit hinsichtlich seiner institutionellen Wirkung begrenzt. Eine größere Wirkung stellt sich im Gender-Coaching auf Führungsebenen ein, da hier organisationale Power involviert ist.

Gender-Coaching ist nun nicht zu beschreiben, ohne einen Blick auf die Ziele, Strategien und Maßnahmen zu werfen, die Unternehmen im Rahmen der Diversity-Kampagnen etablieren. Das folgende Schaubild ordnet ein, in welchem Kontext Gender-Coaching in Unternehmen üblicherweise anzusiedeln ist (Abb. 23.1). Gender-Coaching ist eine optionale Maßnahme im Rahmen von Changeprozessen, und es ist nicht anzunehmen, dass Gender-Coaching ohne eine solche Einbettung institutionelle Wirkung im Sinne von Quotenveränderungen entfaltet.

Auch gemäß der Schlussfolgerungen der Fraunhofer-Studie „Unternehmenskulturen verändern – Karrierebrüche vermeiden“ (Fraunhofer-Gesellschaft 2012) sind alle Ebenen in einem Veränderungsprozess zu bespielen. Für die Frage der institutionellen Wirksamkeit von Gender-Coaching bedeutet das, dass ein solches Coaching aufgeklärt innerhalb eines Kontextes von Changezielen und -maßnahmen eingesetzt werden sollte.

Gender-Coaching kann nun durchaus kritisch gesehen werden. Denn ein Beratungsprodukt Gender-Coaching kann Gefahr laufen, ein durch die Kultur bestimmtes Phänomen zu individualisieren, – was teilweise sicher für viele Coachingeinsät-

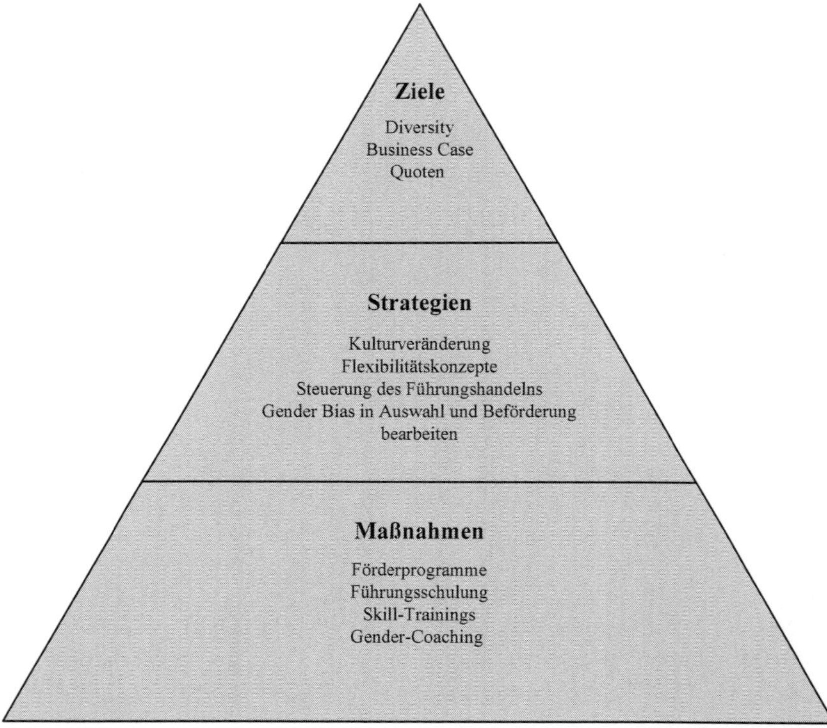


**Abb. 23.1** Die Kontexte von Gender-Coaching

ze gelten kann. Im Hinblick auf Gender-Coaching scheint jedoch der Einfluss von Kulturbedingungen, die eine Chancenungleichheit tradieren, besonders evident.

Sollen Wirkungen auf institutioneller Ebene erreicht werden, greift der individuelle Ansatz in jedem Fall zu kurz, denn es mangelt dann an Plattformen, Verabredungen und praktischen Prozessen, die die Karriere von Frauen befördern und konkrete Handlungsoptionen und Hebel bieten. Denn es geht ja darum, die Schwelle für den Aufstieg von Frauen systematisch zu senken, und nicht um das Fitten Einzelner, die individuelle Wege finden, welche einige auch immer gefunden haben.

Es ist deshalb ein Qualitätskriterium für Gender-Coaching, es kontextbezogen einzusetzen und die fördernden sowie die hemmenden Bedingungen der Kultur und der Diversity-Kampagnen zu kennen und einzubeziehen.

## 23.4 Was ist Gender-Coaching und für wen taugt es?

In einer ersten Annäherung definiere ich Gender-Coaching als einen Coachingprozess, der die Wirkungen des Geschlechts auf Führungs- und Karriereentscheidungen aller Beteiligten berücksichtigt und dies mit entsprechender Kompetenz und dem Wissen aus der Gender-Forschung in Beziehung setzt. Gender-Coaching ist daher auch *kein Beratungsangebot für Frauen*, die ihre Chancen erhöhen möchten, sondern selbstverständlich auch für *Männer*, die sich mit Wirkungen des Geschlechts auseinandersetzen. Es richtet sich an Männer und Frauen, die mit konkurrierenden Frauen zu tun haben oder in Kommunikationssituationen genderspezifische Wirkungen erfahren oder die Frauen führen. So betrachtet, erscheint der Begriff von Abdul-Hussain „*genderkompetentes Coaching*" durchaus passend, da er die Kompetenz des Coachs in Bezug auf Genderwirkungen heraushebt und so vermeidet, dass Gender-Coaching allein als Beratungsformat zur „Förderung von Frauen" verstanden wird. Im Umkehrschluss würde das bedeuten, dass der Mangel an Gleichheit im Beruf auf eine Art persönliches Defizit der Frauen zurückzuführen sei. Es muss daher verwundern, dass immer noch viele Unternehmen genau auf diese Karte setzen und die Frauen vielgestaltig „qualifizieren", als sei die Chancenungleichheit auf ein Qualifikationsdefizit zurückzuführen. Das erscheint irrsinnig vor dem Hintergrund der tendenziell besseren Abschlüsse von Frauen und ihrer häufig nachgewiesenen hohen Sozialkompetenz. Genderkompetentes Coaching sollte nun nicht genau in die gleiche Falle „*für jedes Problem ein Training/Coaching*" tappen, sondern den Kontext der Genderdebatte und die Organisationsbedingungen seriös einbeziehen.

Besonders wirkungsvoll ist Gender-Coaching mit Führungskräften – unabhängig ob Mann oder Frau –, die sich mit der Frage ihres unbewussten Gender-Bias in der Wahrnehmung und auch der Förderung ihrer Mitarbeiter beschäftigen. So betrachtet, kommen immer Aspekte von Gender-Coaching im Coaching von Führungskräften wie auch im Karrierecoaching vor. Warum dann ein neues Label? Die Antwort ist einfach: Jedes Label ermöglicht es, bei entsprechender Problemdefinition des Coaching-Nachfragers leichter anzudocken. Gleichzeitig ist klar, dass sich eine erste „Diagnose" im weiteren Coaching-Prozess wandeln kann; ob also am Ende Gender-Coaching drin ist, wo Gender-Coaching draufsteht, ist nicht sicher, aber auch nicht besonders relevant. Auch die umgekehrte Entwicklung gibt es, dass sich in einem Coaching von Führungskräften ein kräftiger Anteil genderkompetentes Coaching entfaltet. Der wichtigste Vorteil aber scheint zu sein, dass diese Differenzierung eines Beratungsprodukts den Unternehmen eine Möglichkeit bietet, den Maßnahmen-Katalog im Rahmen von Diversity-Kampagnen auch auf der individuellen Ebene attraktiv auszustatten.

## 23.5 Unconscious Bias – ein relevantes Konzept in der Beratung von Gender-Wirkungen

Seit der Psychologe Daniel Kahneman (2012) den Nobelpreis für Wirtschaft für sein Buch „Schnelles und langsames Denken" erhalten hat, ist der Gedanke, dass unser Handeln und natürlich auch das Managementhandeln sowie unsere Entscheidungen maßgeblich durch unbewusste Voreinstellungen und Stereotype bestimmt werden, salonfähig geworden. Glauben wir das? Die Wirklichkeit zeigt Anderes. In Führungskräftetrainings, die eine Aufmerksamkeit für diese Mechanismen schaffen sollen, ist eine typische Reaktion: dass es nämlich immer nur die Anderen sind, die auf die Stereotypen hereinfallen. Das muss Psychologen nicht wundern, denn nie hat jemand versprochen, dass das Bewusstmachen von unbewussten oder vorbewussten Komplexen leicht sei.

Allein die Idee, die Wirkungen von Unconscious Bias in einem Trainingsformat für Führungskräfte anzubieten, erzeugt die Erwartung, dass das Unbewusste „managable" oder wegtrainierbar sei. Dieser Gedanke zeigt sich unverblümt in dem Trainingstitel „Eliminating Unconscious Bias" – da können wir nur viel Glück wünschen!

Ohne Ironie betrachtet, ist es tatsächlich schwierig, dieses relevante Konzept, welches viel Erklärungspower für Entscheidungen im Business besitzt, angemessen in Unternehmen einzuführen und mit genügend Aufmerksamkeit zu versehen. Es verspricht zunächst keinen unmittelbaren praktischen Nutzen für die Führungsarbeit, sondern erhöht die Komplexität der Wirklichkeit. Das ist für Manger in der Regel das Gegenteil von attraktiv. Dennoch werden solche Trainings durchgeführt, und vor allem Diversity-Verantwortliche definieren solche Maßnahmen in ihren Diversity-Business-Plänen, sodass ein bestimmter Teil von Führungskräften erreicht wird. Aus der Sicht eines Coachs sind Workshops, die Aufmerksamkeit schaffen, tatsächlich hilfreich im Hinblick auf Gender-Coaching. Es erleichtert den Zugang zur Wirkung individueller Werte und Präferenzen im Führungshandeln, wenn sich die Coachees zuvor mit dem Thema der unbewussten Entscheidungstendenzen beschäftigt haben.

## 23.6 Eine Coaching-Episode

Das Gespräch mit einer Führungskraft (m) beginnt „harmlos" als Gespräch über die Entwicklung einer Mitarbeiterin, die Coaching in Absprache mit der Führungskraft in Anspruch genommen hatte und das Unternehmen inzwischen verlassen hat. Es handelte sich also zu Beginn nicht um ein Coachinggespräch, sondern um eine gemeinsame Bewertung des Prozesses, die der Coach angeregt hatte. Die Führungskraft hatte an einem Workshop zu Unconscious Bias teilgenommen.

Das Gespräch beginnt mit einer massiven Klage, dass man nicht wisse, wie man die Zielsetzung einer Frauenquote in der Führungsebene überhaupt erreichen könne. Es seien schon zu wenige Frauen in der „Pipeline“, und wie das aktuelle Beispiel zeige, gehen sie, ohne dass man als Führungskraft großen Einfluss darauf habe. Das Gespräch dreht sich eine Zeit lang um den tatsächlichen Einfluss auf die Entscheidung der Ex-Mitarbeiterin, um den Umgang mit Teilzeit und der Positionierung in Team, und es fallen Aussagen, dass es mit dem Mann im Team einfach solche Probleme nicht gäbe. Die Frau habe sich nicht nach vorne getraut, war zu wenig entschieden in ihrem Auftritt und der Darstellung der Arbeitsprodukte. Sie habe sich einfach auch zu oft rückversichert, obwohl die fachliche Kompetenz sehr gut war – besser sogar als die mancher anderer, die eher „pushy“ seien.

Der Coach fragt irgendwann nach dem Team insgesamt, in dem noch andere Frauen tätig sind, und nach der Gesamtlage an dieser Front. Zunächst wird daraufhin die Arbeitshaltung des einzigen Manns im Team positiv herausgehoben. Der Coach fragt nochmals gezielt nach den Frauen im Team. Die Führungskraft benennt eine Mitarbeiterin, die ein *sehr gutes* Selbstmarketing mache (was er durch seinen Tonfall als unangemessen und erstaunlich markiert), was bei den Kunden „extrem gut ankommt“. Auch diese Wirkung wird nicht uneingeschränkt positiv konnotiert, sondern mit sehr gemischten Gefühlen beschrieben. Zudem delegiere sie alles, was geht, und nutzt das Team sehr effektiv in ihrem Sinne. Dem Coach geht durch den Kopf, dass er alle erwünschten Führungsqualitäten beschreibt und dies in keiner Weise realisiert. Im Gegenteil, in allen Aspekten wird deutlich, dass er das Verhalten kritisch sieht.

Der Coach fragt nun nach der Erlaubnis, an dieser Stelle auf seine Werthaltung als Führungskraft eingehen zu dürfen, um eine andere Qualität des Gesprächs einzuleiten. Die Zustimmung ist gepaart mit einer gewissen Neugier, was jetzt kommen mag. Der Coach spiegelt die Aussagen und begleitenden Gefühle bezüglich der Mitarbeiterin, die gegangen ist, und der, deren offensives Verhalten er kritisch sieht, und stellt die Frage, ob er das, was an der zweiten Mitarbeiterin so kritisch gesehen wird, nicht bei der ersten vermisst habe? Es entstand ein Moment des Verwunderns, und er begann, die einzelnen Aspekte durchzudeklinieren, und stimmte zu, dass das erstaunlich stimmig sei und es ein Problem sei, wenn ein eigentlich erwünschtes Verhalten problematisch empfunden wird. Auf der Suche nach seinen Motiven thematisieren wir die eigene Karriereentwicklung und die Werte, die in einer konservativen Leistungswelt prägend waren. Er beginnt testweise ein Umwerten der negativen Assoziationen, die er mit der Mitarbeiterin erlebt, und ein Hinterfragen seiner Gefühle. Besonders irritierend erschien, dass seine rationalen Kriterien, die er an Frauen anlegt, die Karriere machen wollen, bei ihm emotional auf Abwehr stoßen. Das ist komisch und interessant zugleich, und es hatte einen entlastenden Effekt, dass er nun das Gefühl hat, er müsse sich über die offensive Kollegin nicht unbedingt nur aufregen, sondern könne das Ganze auch positiv sehen, und irgendwie gefiel ihm das. Der Coach schlägt den Bogen zum Workshop Unconscious Bias, um deutlich zu machen, dass solche Entdeckungen wertvoll sind und dass wir uns selbst kaum auf die Schliche kommen. Er schlägt vor, an diesen Themen weiter zu arbeiten.

Dieser kurze Erfahrungsbericht eines Gesprächs, welches in eine Coaching-Episode hineinrutscht, zeigt, dass Workshops, die „Awareness" für Bias-Wirkungen schaffen, nicht unbedingt auch eine individuelle Verhaltensänderung bewirken, umgekehrt aber die erreichte Awareness, die Bereitschaft und die Kompetenz, sich mit Wirkungen und Veränderungsmöglichkeiten auf der individuellen Ebene zu befassen, verstärken können.

## 23.7 Fazit

*Genderkompetentes Coaching* ist dabei, einen Platz im Reigen der Diversity-Maßnahmen zu erobern. Die organisatorischen und gesellschaftlichen Rahmenbedingungen wie auch das Wissen um Genderwirkungen und entsprechende Forschungsergebnisse sind für Coaches in diesem Feld wichtig. Nicht zufällig taucht Gender-Coaching auf Websites von spezialisierten Beratern und Coaches regelmäßig im Zusammenhang mit Beratungsangeboten im Bereich Gender-Mainstreaming und Kulturanalysen auf. Das beruhigt, denn so erscheint das Thema Gender-Coaching sinnvoll eingeordnet. Genderkompetentes Coaching ist ein Instrument für Frauen und Männer, für Führungskräfte wie für Mitarbeiter, da auf allen Hierarchieebenen Genderwirkungen auf Einstellungen, Verhalten und damit auch auf Managemententscheidungen stattfinden. Wir können erwarten, dass auch weitere Diversity-Handlungsfelder im Coaching reflektiert werden. Zu denken ist hier an den Megatrend Altersdiversität in Unternehmen oder auch an sexuelle Orientierung, an kulturelle, ethnische und religiöse Zugehörigkeit und anderes.

## Literatur

Abdul-Hussain, S. (2012). *Genderkompetenz in Supervision und Coaching.* Wiesbaden: Springer VS.

Fraunhofer-Gesellschaft. (2012). Unternehmenskulturen verändern – Karrierebrüche vermeiden. http://www.fraunhofer.de/de/presse/presseinformationen/2012/oktober/karrierebrueche-von-frauen-vermeiden.html. Zugegriffen: 15. Aug. 2014.

Hoppenstedt. (2010). Frauen in Führungspositionen. Unternehmenstypen im Vergleich. http://www.hoppenstedt.de/xist4c/web-/Frauen-im-Management_id_567_.htm. Zugegriffen: 15. Aug. 2014.

Kahneman, D. (2012). *Schnelles Denken, langsames Denken*. München: Siedler.

Mühling, T., & Schwarze, J. (Hrsg.) (2011). *Was begünstigt die berufliche Ungleichheit von Frauen und Männern in Deutschland, Schweden und Frankreich. Ein Familienpolitischer Vergleich*. Leverkusen: Barbara Budrich.

Schreyögg, A. (2013). *Familie trotz Doppelkarriere*. Wiesbaden: Springer VS.

Welpe, I. (2014). Wenn Gleiches unterschiedlich beurteilt wird. Die Wirkung unbewusster Vorurteile. Vortrag auf dem Münchner Leadership Dialog der Hochschule der Bundeswehr „Zukunft der Führung" (17.Okt.2014).

**Gabriele Bollhöfer Dipl.-Psych.** 10 Jahre selbstständige Beraterin für Personal- und Organisationsentwicklung in Zusammenarbeit mit nationalen und internationalen Unternehmensberatungen; heute verantwortlich für die strategische Personalentwicklung einer internationalen Anwaltskanzlei mit den Schwerpunkten internes ebenenübergreifendes Coaching sowie interne Weiterbildungs-Academy; daneben Tätigkeit als freie Beraterin und Coach auch im Rahmen von Business School Programmen; Veröffentlichungen und Vorträge zur Coaching-Praxis und Implementierung.

# Coaching mit modernen Medien 24

Harald Geißler und Stella Kanatouri

## 24.1 Einführung

Coaching mit modernen, d. h. elektronischen Medien (vgl. Clutterbuck und Hussain 2010; Geißler 2008; Geißler und Metz 2012; Ghods und Boyce 2013) ist die innovative Alternative zu Face-to-Face-Coaching mit traditionellen, d. h. nicht virtualisierten Medien (Schreyögg 2012, S. 315 ff.). Der stärkste Treiber dieser sich noch in ihren ersten Anfängen befindlichen *Innovation* (Geißler 2013) ist der gestiegene und weiter steigende Bedarf an Coaching-Formaten, die eine erhöhte Liefer- bzw. Nutzungsflexibilität mit einem gleichzeitig günstigen Preis-Leistungs-Verhältnis verbinden (Geißler und Stephan 2014).

Die modernen Medien können für Coaching auf zweierlei Weise genutzt werden. Die erste Möglichkeit bezieht sich auf die elektronische Vermittlung von Kommunikationsmaterial, das auf natürliche Weise generiert worden ist, wie z. B. die gesprochene Sprache, die auf natürliche Weise erzeugte Mimik und Gestik oder die physische Gegenständlichkeit eines handgeschriebenen Flipcharts oder bestimmter Materialien, die für eine Aufstellungsarbeit genutzt werden. Die elektronische Vermittlung der Hörbarkeit bzw. Sichtbarkeit derartiger Kommunikationsmaterialien wird durch Telefonie oder Videokommunikation möglich und macht Coaching zum *raumunabhängigen Distance Coaching,* das durch die zeitversetzte elektronische Verschickung von Audio- oder Videobotschaften schließlich sogar

H. Geißler (✉) · S. Kanatouri
Helmut-Schmidt-Universität, Hamburg, Holstenhofweg 85, 22043 Hamburg, Deutschland
E-Mail: Harald.Geissler@hsu-hh.de



A. Schreyögg, C. Schmidt-Lellek (Hrsg.), *Die Professionalisierung von Coaching,* Coaching und Supervision, DOI 10.1007/978-3-658-08172-0_24

*zeitunabhängig* werden kann. Die so entstehenden neuen Coachingformate sollen im Folgenden als E-Coaching bezeichnet werden, wobei allerdings anzumerken ist, dass dieser Begriff sich momentan noch nicht abschließend durchgesetzt hat, sodass parallel auch von Online-Coaching (Koch 2012), virtuellem Coaching (Clutterbuck und Hussain 2010) oder Distance Coaching (Ghods 2009) gesprochen wird.

Die zweite Möglichkeit der Nutzung moderner Medien besteht darin, auch das Kommunikationsmaterial elektronisch zu erzeugen, d. h. elektronisch Texte, Symbole bzw. Icons, Zeichnungen, Bilder, Gegenstände, Figuren oder Avatare in virtuellen Welten zu generieren. Diese zweite Nutzungsmöglichkeit der modernen Medien kann sich mit Distance Coaching verbinden. Aber es ist auch möglich, sie für Face-to-Face-Coaching zu nutzen. So ist es möglich und oft auch sinnvoll, in einer Face-to-Face-Sitzung eine Aufstellungsarbeit nicht mit physischen, sondern mit virtuellen Gegenständen durchzuführen, und zwar deshalb, weil der Klient dabei quasi sinnlich in die aufgestellten Figuren hineinschlüpfen und durch ihre „Augen“ sich ihr Umfeld ansehen kann (Grabow 2012). Diese Nutzungsmöglichkeit der modernen Medien in Face-to-Face-Coachings soll im Folgenden als *Blended Coaching* bezeichnet werden.

## 24.2 Coaching und Klientenpraxis als konstruktivistische Problemlösungsmedien

Konstruktivistisch betrachtet (z. B. Backhausen und Thommen 2003; König und Volmer 2002) sind die Probleme bzw. Herausforderungen, um die es im Coaching geht, problemgenerierende Vorstellungen, die der Klient von sich und der Welt hat und sich bearbeiten und tendenziell überwinden lassen in einer sozialen Spezialpraxis, die man Coaching nennt. In dieser Funktion ist Coaching ein Problemlösungsmedium, – wohl wissend, dass das letztliche Medium für die Lösung der Klientenprobleme nicht die *Coachingpraxis*, sondern die *Klientenwirklichkeit* ist. Diese zeichnet sich durch zweierlei aus, nämlich erstens durch die Eingebundenheit und oft auch Verstricktheit des Klienten in multiple aktuelle und historische Zusammenhänge und zweitens durch den Druck, ständig handeln bzw. entscheiden und diese Handlungen bzw. Entscheidungen verantworten zu müssen, und zwar auch dann, wenn man sich dafür entscheidet, nicht zu handeln bzw. etwas nicht zu entscheiden (vgl. Abb. 24.1).

Die Coachingpraxis als konstruktivistisches Problemlösungsmedium (Geißler 2014, S. 148 ff.) zeichnet sich durch ein *Arbeitsbündnis* aus, das Coach und Klient in Freiheit schließen und mit dessen Hilfe sie die Rahmenbedingungen und den Prozess des Coachings metakommunikativ steuern und so den Handlungs- und Entscheidungsdruck der Klientenpraxis suspendieren. Ausgehend von einem kon-

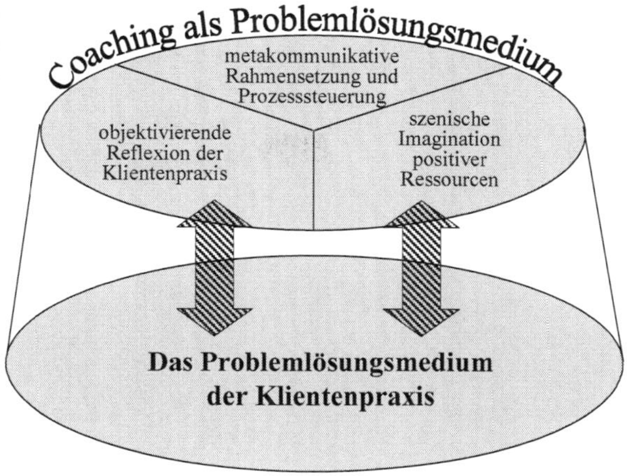


**Abb. 24.1** Die vier konstruktivistischen Problemlösungsmedien des Coachings

struktivistischen Standpunkt kann man diese *metakommunikative Gestaltung und Steuerung der Rahmenbedingungen und des Prozesses von Coaching* als ein erstes konstruktivistisches Problemlösungsmedium bezeichnen. Empirische Untersuchungen (Geißler 2015) konnten zeigen, dass es den Coachingprozess recht umfangreich bestimmt, denn fast die Hälfte aller Kommunikationsbeiträge von Coaches dienen dieser Funktion.

Auf der Grundlage dieses ersten Mediums konstituieren und entfalten sich zwei weitere konstruktivistische Problemlösungsmedien, die sich wechselseitig ergänzen, nämlich die objektivierende Reflexion und die szenische Imagination positiver Ressourcen.

Die Aufgabe und Leistungsfähigkeit der *objektivierenden Reflexion* besteht darin, dass der Klient seine gegenwärtige, vergangene und zukünftig zu erwartende Wirklichkeit in ihrer Spannung zwischen Faktizität und Potenzialität kognitiv zum Gegenstand von Analysen und gedanklichen (Re)Konstruktionen macht, um seine vorliegende Problematik angemessen zu verstehen und eine passende Lösung zu entwickeln.

Komplementär zu diesem quasi männlich anmutenden Problemlösungsmedium hat dasjenige der *szenischen Imagination positiver Ressourcen* eher einen weiblichen Charakter. Mit seiner Hilfe ist es möglich, rückblickend auf den eigenen Lebensfluss ausgewählte Erfahrungen bzw. Erfahrungssequenzen wie in einem Film noch einmal nachzuerleben, wobei die Besonderheit dieses Films darin besteht, ihn an beliebigen Stellen aus- und einschalten und ihn jederzeit verlangsamen oder schneller laufen lassen zu können. Und noch eines ist in diesem Film möglich, nämlich in der Phantasie Erlebnisse zu generieren, die es in der Vergangenheit nicht gab und die es zukünftig – im Sinne der berühmten Wunderfrage – geben soll. Mit einem solchen Vorgehen aktiviert der Klient ergänzend zur objektivierenden Reflexion die problemlösende Kraft positiver Erinnerungen, intuitiver Einsichten und kreativer Ideen.

## 24.3 Überblick über die für Coaching nutzbaren elektronischen Technologien

Die modernen Medien bieten vielfältige Möglichkeiten, die gerade aufgezeigten konstruktivistischen Problemlösungsmedien medientechnisch zu realisieren. Die sich hier anbietenden elektronischen Technologien lassen sich in drei Gruppen bündeln, nämlich 1) in Basismedien, 2) Problemlösungs-Tools und 3) multimediale Plattformen.

Die elektronischen *Basismedien* des Coachings sind Technologien, die eigenständig, d. h. ohne notwendigen Zusatz anderer Technologien die Kommunikation zwischen Coach und Klient ermöglichen, und zwar hinsichtlich des Inhalts- wie auch Beziehungsaspekts. Sie lassen sich untergliedern in 1) Telefonie, 2) Videokommunikation, 3) synchronen Text-Chat, 4) asynchrone textbasierte Kommunikation, 5) mündliche und 6) schriftliche avatarbasierte Kommunikation. Mit ihrer Hilfe lassen sich die oben beschriebenen drei konstruktivistischen Problemlösungsmedien der Coachingpraxis realisieren. Ihre große Gestaltungsoffenheit macht allerdings eine relativ intensive Kommunikationsführung durch den Coach notwendig. Weiterhin ist anzumerken, dass Basismedien in der Regel coachingunspezifisch sind wie z. B. das Telefon, eMail, SMS, Skype, Webex, Second Life oder TriCAT. Daneben gibt es allerdings auch coachingspezifische Basismedien, wie z. B. onlineCoaching.

Elektronische *Problemlösungs-Tools* sind demgegenüber nicht eigenständige elektronische Technologien, die auf einem bestimmten Basismedium aufbauend einem speziellen Coachingzweck dienen und sich dabei nur auf den kommunikationstheoretischen *Inhaltsaspekt* beziehen. Im Sinne von „Point Solutions" richtet sich ihr Zweck entweder in spezieller Weise auf die objektivierende Reflexion (wie z. B. bei CoachMaster™ und dem Virtuellen Coaching) oder auf die szenische Imagination positiver Ressourcen, wie z. B. bei CoachingSpaces oder ProReal.

Bei den gerade angeführten medientechnischen Tools handelt es sich um coachingspezifische Medien. Aber es gibt daneben auch coachingunspezifische Problemlösungs-Tools wie etwa Utube Videos, pre-/post-session follow-up (z. B. Survey-Monkey) oder Whiteboarding-Tools (IDroo, Google docs) oder Simulations-Tools wie z. B. http://forio.com. Im Gegensatz zu den coachingspezifischen Tools erfordern Letztere eine intensivere Anleitung durch den Coach.

Ein weiteres Merkmal coachingspezifischer Problemlösungs-Tools ist, dass sie die Komponente des *Selbstcoachings* betonen oder dass sie – wie z. B. The eCoach System oder das Virtuelle Selbstcoaching (Geißler et al. 2007) – sogar speziell für Selbstcoaching entwickelt worden sind. In diesem Fall sind sie natürlich nicht auf ein kommunikationstechnisches Basismedium angewiesen. Es bietet sich an, mediengestütztes Selbstcoaching für die Vor- und Nachbereitung – face-to-face oder als Distance Coaching durchgeführter – dialogischer Coachingsitzungen und vor allem in der Endphase einer Coachingmaßnahme zu nutzen, um so ihre Nachhaltigkeit zu optimieren (Geißler 2011). Unter bestimmten Umständen wie z. B. bei weniger komplexen Thematiken und/oder bei Zielgruppen mit günstigen Voraussetzungen ist es sogar möglich, dialogisches Coaching gänzlich durch virtuelles Selbstcoaching zu ersetzen oder auf dialogische Formate nur punktuell zurückzugreifen (Geißler et al. 2007).

*Mulimediale Plattformen* schließlich sind elektronische Technologien, die mehrere Problemlösungs-Tools zusammenbinden, diese gegebenenfalls zusätzlich mit bestimmten Basismedien anreichern und dabei in manchen Fällen auch ergänzenden Managementfunktionen integrieren, die in spezifischer Weise der im ersten Abschnitt erwähnten metakommunikativen Gestaltung der für Coaching konstitutiven Rahmenbedingungen dienen.

Die *technischen Merkmale* der gerade angesprochenen elektronischen Basismedien, Problemlösungs-Tools und multimedialen Plattformen lassen sich mit Bezug auf zehn Dimensionen beschreiben:

1. Bereits in der Einleitung wurde darauf hingewiesen, dass die modernen Medien für die elektronische *Vermittlung* und/oder *Generierung* von Kommunikationsmaterial genutzt werden können. Ersteres bedeutet, Kommunikationsmaterial, das auf natürlich Weise z. B. als gesprochene Sprache bzw. leibliche Kommunikation generiert worden ist, *elektronisch zu vermitteln* und damit Coaching raumunabhängig zu machen. Beispiele hierfür sind Telefonie und Videokommunikation. Die moderne Technik kann aber auch genutzt werden, um Texte, Gegenstände, Figuren, Avatare und virtuelle Kontexte *elektronisch zu erzeugen*.
2. Die zu Beginn dieses Abschnitts vorgenommene Zuordnung der für Coaching nutzbaren Technologien zu drei Gruppen orientiert sich an drei *Grundfunktionen*, auf die die Technologienausgerichtet sein können, nämlich 1) die Ermöglichung der Coach-Klient-Kommunikation, 2) die zielgerichtete Gestaltung der Kommunikationsinhalte und 3) die Anreicherung durch ergänzende Managementfunktionen wie Terminierung und Terminerinnerung, Dokumentation der Coachingergebnisse und/oder des Coachingprozesses, Raum für Notizen, Tagebucheintragungen oder persönliche Korrespondenz oder die Möglichkeit, dass der Coach vorstrukturierte Coachingmaterialien selbst generieren kann.
3. Ein nächstes Kriterium ist das der *Komplexität*. Diese ist bei Problemlösungs-Tools relativ gering, da sie sich nur auf eine einzige Spezialfunktion beziehen, also z. B. auf Aufstellungsarbeit (wie CoachingSpaces, LPScocoon® und ProReal), auf Zeichen- und Malfunktionen oder auf vorstrukturierte Coachingfragen (wie CoachMaster™ und Virtuelles Coaching). Eine demgegenüber sehr viel höhere Komplexität haben multimediale Plattformen wie z. B. Covocative, JournalEngine™, TheLearnScape, CoachingCloud®, CoachCampus, Life Coach Hub oder CAI® Coaching World.

4. Schaut man nur auf die medientechnischen Problemlösungs-Tools, können diese – wie im vierten Abschnitt dieses Beitrags im Einzelnen noch auszuführen sein wird – im Rückgriff auf neun *elektronische* und zwei *natürliche Komponenten* beschrieben bzw. komponiert werden.
5. Blickt man auf die Gesamtheit aller elektronischen Technologien, die für Coaching genutzt werden können, lassen sich *coachingspezifische* und *coachingunspezifische* Medien unterscheiden. Beispiele für Letztere sind Telefonie, Skype, Webex, eMail, SMS, Second Life, Utube Videos, Dropbox, IDroo, MS Word, Powerpoint, OneNote, Evernote oder Google Docs. Coachingspezifische Technologien hingegen sind onlineCoaching, CAI® Coaching World, CoachAccountable, CoachCampus, CoachingCloud®, CoachingSpaces, CoachMaster™, Covocative, Jigsawbox™, JournalEngine™, LPScocoon®, ProReal, The LearnScapeoderVirtuelles Coaching (VC) und verschiedene Coaching Apps wiez.B. Breeth App, Beyond Expectations App und The Coaching App™.
6. Die durch die Medien ermöglichte Datenvermittlung kann *synchron und/oder asynchron* genutzt werden. Eine *synchrone* Nutzung wird durch Telefonie, Videokommunikation (Skype, Webex), SMS oder avatarbasierte Kommunikation (ProReal, Second Life, TriCat, vComm AULA) angeboten. *Asynchrone* Coachingkommunikation wird ermöglicht durch eMails und durch Applikationen wie The eCoach System, The Coaching Tools Company, Jigsawbox™, CoachAccountable, JournalEngine™, Covocative, Life Coach Hub, TheLearnScape, The Coaching App™, Beyond Expectations App, Breeth App. Die Möglichkeit sowohl *synchroner wie auch asynchroner* Kommunikation wird angeboten von CoachMaster™, CoachCampus, Virtuelles Coaching (VC), LPScocoon®, CoachingCloud® und CAI® Coaching World.
7. Die medial vermittelte Kommunikation im Coaching kann in unterschiedlichen *Modalitäten* erscheinen, nämlich 1) als akustisches Material, d. h. als gesprochene Sprache, Musik, Geräusche u.ä., 2) als schriftliches Material, 3) als visuell-statisches Material, d. h. in Gestalt von Fotos, Symbolen/Icons, Graphiken u.ä., 4) als visuell-dynamisches Material, d. h. als Stummfilme, als synchron vermitteltes Malen und Zeichnen oder als räumliches Positionieren und Bewegung von Gegenständen, Figuren, Symbolen/Icons oder Avataren (wie es z. B. bei CAI® Coaching World, CoachingSpaces, LPScocoon®, Second Life® oder TriCat angeboten wird) und 5) als audio-visuelles Material, d. h. in Form von Filmen/Videos und Videokommunikation. Diese Modalitäten, die sich teilweise miteinander verbinden lassen, indem z. B. die dynamische Sichtbarkeit von Avataren mit Schriftlichkeit oder dem gesprochenen Wort verkoppelt wird, haben jeweils eine unterschiedliche Nähe zur Face-to-Face-Kommunikation. In diesem Sinne weist audiovisuelle Kommunikation eine besonders hohe und schriftliche Kommunikation eine extrem geringe „Medial Richness“ auf.

8. Die durch die Medien konstituierten Kommunikationsinhalte können *vorstrukturiert* und/oder *gestaltungsoffen* (usergenerated) sein. Vorstrukturierte textliche und/oder visuelle Inhalte sind zu finden bei The Coaching Tool Company, Virtuelles Coaching (VC), LPScocoon®, ProReal, The eCoach System, CoachingSpaces, Breeth App, The Coaching App™, Beyond Expectations App und Second Life®. Das Merkmal der Gestaltungsoffenheit der Kommunikationsinhalte findet sich vor allem bei textlichen Medien. Beispiele hierfür sind Jigsawbox™, CoachAccountable, JournalEngine™, Coaching-Cloud®, Life Coach Hub und CoachCampus. Beispiele für Applikationen, die sowohl mit inhaltlich vorstrukturierten wie auch gestaltungsoffenen Materialien arbeiten, sind CoachMaster™, Covocative, CAI® Coaching World und TheLearnScape.
9. Ein weiteres Kriterium ist der Grad der *Benutzerfreundlichkeit*, der sich durch die z. B. durch Firewalls eingeschränkte technische Zugänglichkeit bzw. Kompatibilität der jeweiligen Anwendung und durch das Komplexitäts- und Anspruchsniveau ihrer Bedienung bestimmt.
10. Und schließlich ist auch noch der *Individualisierungsgrad* der jeweiligen Technologie zu erwähnen. Dabei sind zwei Aspekte wichtig, nämlich zum einen wie präzise auf den individuellen Coachingbedarf des Klienten eingegangen werden kann, und zum anderen wie individuell der Klient die Anwendung nutzen kann. Der Individualisierungsgrad hängt hier z. B. davon ab, wie viele Gegenstände und Figuren dem Klienten für virtuelle Aufstellungsarbeit zur Verfügung stehen und wie weitgehend er sie hinsichtlich ihrer Größe und ihres Aussehens individuell gestalten kann.

## 24.4 Die Basismedien des Coachings

Coaching kann sich mit Hilfe von natürlichen und elektronischen Basismedien konstituieren. Die im Coaching zu nutzenden elektronischen Basismedien schließen an die Eigenschaften der natürlichen Basismedien an. Ihre gemeinsame Grundlage ist, dass sie sich durch drei Komponenten definieren, die im Folgenden erläutert werden, nämlich

- durch die Eigenschaften des Kommunikations*materials*, die die Sinnesdaten ihrer Wahrnehmbarkeit bestimmen,
- durch die Wahl des Kommunikations*kanals* für die technische Vermittlung dieser Sinnesdaten
- und durch die *sinnstiftende Bedeutung*, die der Sender des „Materials" vermitteln will und die der Empfänger rekonstruiert.

## 24.4.1 Natürliche Kommunikation

Die Frage, was das „Material" ist, aus dem Kommunikation wesensmäßig besteht und in diesem Sinne für Kommunikation konstitutiv ist, lässt sich mit dem Hinweis der systemtheoretischen Kommunikationstheorie von Watzlawick dahingehend beantworten, „dass das ‚*Material*' jeglicher Kommunikation keineswegs nur Worte sind, sondern auch alle paralinguistischen Phänomene (wie z. B. Tonfall, Schnelligkeit oder Langsamkeit der Sprache, Pausen, Lachen und Seufzen), Körperhaltung, Ausdrucksbewegungen (Körpersprache) usw. innerhalb eines bestimmen Kontextes umfasst – kurz, Verhalten jeder Art" (Watzlawick et al. 1969, S. 51; Hervor. vom Verf.).

Damit wird erstens deutlich, dass menschliche Kommunikation sich mit Hilfe von Kommunikations*materialien* konstituiert, d. h. dass man nicht ohne Kommunikationsmaterialien kommunizieren kann, und zweitens, dass sich dabei vier verschiedene „Materialien" anbieten, nämlich *linguistisches*, *paralinguistisches*, *nicht-sprachliches* und *kontextuelles* Material, wobei das linguistische Material der *Sprache* das wichtigste ist.

Berücksichtigt man weiterhin, dass jede Kommunikation einen Inhalts- und einen Beziehungsaspekt hat (ebd., S. 53 ff.), wird erkennbar, dass das linguistische Kommunikationsmaterial immer zwei Komponenten aufweist, nämlich eine inhalts- und eine beziehungskonstituierende Komponente. Im Mittelpunkt Ersterer stehen sprachliche *Propositionen* (Geißler 2009, S. 97), also Aussagen. Diese können sich mit körpergebundenen Gefühlsexpressionen z. B. des Blickkontakts, der Stimmbildung, Mimik, Gestik oder Körperhaltung verbinden, die Auskunft darüber geben, wie der Aktor den thematisierten Inhalt emotional erlebt. Zusätzlich lassen sich sprachliche Propositionen durch *deiktische* Ausdrücke anreichern. Diese können mit Hilfe von Worten wie „dieses", „jenes" oder „dort" ausgedrückt oder nicht-sprachlich vollzogen werden, und zwar durch Körperbewegungen des Zeigens oder Präsentierens kontextuellen Kommunikationsmaterials.

Auch für die *beziehungskonstituierende* Kommunikationskomponente bieten sich mehrere Möglichkeiten an. Denn diese kann sich zum einen durch *sprachlich-illokutionäre* Ausdrücke des Fragens und Antwortens, des Bittens, Widersprechens usw. konstituieren (Geißler 2009, S. 97) und zum anderen durch *nicht-sprachliche Körperexpressionen*, mit denen signalisiert wird, welche Beziehung der Aktor zu seinem Ko-Aktor hat und haben will, d. h. ob er ihn z. B. willkommen heißt oder vor ihm Angst hat.

Zusammenfassend lässt sich feststellen, dass die körpergebundenen Kommunikationsmaterialien und hier vor allem die gesprochene Sprache eine hervorgehobene Bedeutung für menschliche Kommunikation und das biographisch und sozialgeschichtlich bedingte persönliche Sinnverstehen haben, und zwar nicht zuletzt deshalb, weil das linguistische Kommunikationsmaterial der gesprochenen Sprache untrennbar verwoben ist mit dem paralinguistischen Material und dass diese Verbindung durch nicht-sprachliches und kontextuelles Material angereichert wird. Besonders zu erwähnen ist dabei, dass die nicht-sprachliche Kommunikation gattungsgeschichtlich sehr viel älter ist als die Sprache und deshalb den für Coaching nicht unwichtigen Charakter des *Archaischen* hat, wobei an dieser Stelle zunächst noch offen bleiben soll, ob bzw. unter welchen Umständen sich diese archaische Dimension für Coaching eher günstig oder ungünstig auswirkt.

### 24.4.2 Coaching mit Hilfe von Telefon, audiovisueller und textbasierter Kommunikation

Was für natürliche Basismedien des Coachings gilt, nämlich dass sie auf natürliche Weise generiert und vermittelt werden, trifft für die elektronischen Basismedien des Coachings nicht bzw. nur teilweise zu. Wie in Tab. 24.1 dargestellt, ergeben sich daraus spezifische Konsequenzen für die Vermittelbarkeit des linguistischen, des paralinguistischen, des nicht-sprachlichen und des kontextuellen Kommunikationsmaterials.

Diese Unterschiede haben Konsequenzen für die praktische Nutzungsintensität der elektronischen Basismedien für Coaching. Interessant ist dabei, dass die Nummer Eins nicht die Videokommunikation, sondern die *Telefonie* ist, und zwar vermutlich aufgrund ihrer vergleichsweise größeren Benutzerfreundlichkeit. Darüber hinaus konnten empirische Studien aber auch zeigen, dass Telefoncoaching mit Face-to-Face-Kommunikation gleichwertig (Berry 2005; Ghods 2009) oder sogar teilweise überlegen ist (McLaughlin 2013) und dass das mit Telefoncoaching verbundene Defizit, den Kommunikationspartner nicht sehen zu können, durch eine spezielle Qualifizierung des Coachs hinreichend überwunden werden kann (Charbonneau 2002; Frazee 2008).

Auf diesen letztgenannten Aspekt macht vor allem Ralf Borlinghaus (o. J.) aufmerksam mit seiner ambitionierten These, dass bei entsprechender Qualifizierung des Coachs es möglich ist, im Telefoncoaching alle Medien zu nutzen, die im Face-to-Face-Coaching eingesetzt werden. Voraussetzung dafür ist allerdings ein modifiziertes Vorgehen im Coachingprozess. So kann der Coach im Telefoncoaching sich von der Aufstellungsarbeit seines Klienten nur dann ein angemessenes Bild machen, wenn Letzterer ihm detailliert mitteilt, welche Gegenstände er gerade zur Hand nimmt und wo er sie in welcher Weise positioniert.

**Tab. 24.1** Die unterschiedliche Vermittelbarkeit der Kommunikationsmaterialien durch Videokommunikation, Telefon und textbasierte Kommunikation

| | | Natürliche Kommunikation | Audio-visuelle Kommun. | Telefonie | Text-basierte Kommun. |
|---|---|---|---|---|---|
| Linguistisches Kommunikations-material | Inhaltskonstituierendes „Material" | Propositionen der gesprochenen Sprache | Vermittelbar | Vermittelbar | Vermittelbar |
| | beziehungskonstituierendes „Material" | Illokutionen der gesprochenen Sprache | Vermittelbar | Vermittelbar | Vermittelbar |
| Paralinguistisches Kommunikationsmaterial | | Stimmlage und -anspannung, Tonfall, Schnelligkeit oder Langsamkeit der Sprache, Pausen, Lachen, Seufzen u.ä. | Vermittelbar | Vermittelbar | Nicht vermittelbar |
| Nicht-sprachliches Kommunikationsmaterial | | Nicht-sprachliche Körperexpressionen der Mimik, Gestik, Körperhaltung; Körperbewegung und raum-zeitlichen Körperpositionierung | Vermittelbar | Nicht vermittelbar | Nicht vermittelbar |
| | | Körperliche Erscheinung, Kleidung, räumliche Umgebung | Vermittelbar | Nicht vermittelbar | Nicht vermittelbar |
| Kontextuelles Kommunikationsmaterial | | Sichtbarkeit des Kontextes in Abhängigkeit von der Blickrichtung des Betrachters | Nur ansatzweise vermittelbar | Nicht erfüllt | Nicht erfüllt |

Im Gegensatz zum Telefon- und Videocoaching werden die Kommunikationsmaterialien, die *asynchronem textbasiertem* Coaching und *synchronem Text-Chat-Coaching* zugrunde liegen, nicht auf natürliche Weise, sondern ganz und gar elektronisch generiert, und zwar im Medium der Schriftsprachlichkeit. Die für die Face-to-Face-Kommunikation wichtigen Bereiche der paralinguistischen, nichtsprachlichen und kontextuellen Kommunikationsmaterialien können dabei nicht vermittelt werden. Aber auch die Videokommunikation erfüllt die Bedingungen der Face-to-Face-Kommunikation nicht gänzlich. Denn das, was auf dem Bildschirm zu sehen ist, bestimmt einzig und allein der Kommunikationspartner mit der Einstellung der Kamera (Tab. 24.2).

Für Coaching ist die Besonderheit der textbasierten Kommunikation mit dem „heilsamen" Zwang zur sorgfältigen Reflexion bzw. Selbstreflexion verbunden (Clutterbuck 2010; Koch 2012; Reindl et al. 2012). Entsprechend konnte Poepsel (2011) in seiner empirischen Studie zeigen, dass asynchron vermitteltes textbasiertes Coaching die Zielerreichungsgrade und die subjektive Zufriedenheit der von ihm untersuchten Klienten signifikant erhöhen konnte.

**Tab. 24.2** Vor- und Nachteile von asynchronem textbasiertem Coaching gegenüber Face-to-Face-Coaching. (nach Clutterbuck 2010, S. 16 f.)

| Asynchrones textbasiertes Coaching | |
|---|---|
| Vorteile | Schwächen |
| Beratungsbedarf des Klienten kann innerhalb kürzester Zeit befriedigt werden | Klienten müssen für elektronische Medien offen sein und hinreichende technische Qualifikationen haben |
| Schriftlichkeit impliziert eine „eingebaute" Reflexionsnotwendigkeit | Face-to-Face-Beziehungen erleichtern den Erstzugang zum Coach |
| Absolute räumliche und zeitliche Unabhängigkeit | Der Coach kann den Klienten nicht in seinem Verhalten beobachten, wenn er ihm bestimmte Aufgaben stellt |
| Große Flexibilität bezüglich der Länge der Sitzungen | Größere Gefahr sprachlicher Missverständnisse |
| Bessere Möglichkeiten der Netzwerkbildung | Langsamere Entwicklung der persönlichen Beziehung zwischen Coach und Klient |
| Fehlende visuelle Reize mindern die Gefahr der Stereotypisierung des Kommunikationspartners | Geringere Stereotypisierung desensibilisiert den Coach für Diversity-Probleme des Klienten |
| Geringe soziale Barrieren für den Klienten, dem Coach Feedback zu geben | Geringeres Commitment des Klienten |
| Introvertierten, schüchternen und unsicheren Personen fällt es leichter, sich zu äußern | Gefahr, mit Kommunikationsinhalten und Verabredungen weniger achtsam und verbindlich umzugehen |

Auf der anderen Seite muss aber auch in Rechnung gestellt werden, dass textbasierte Kommunikation die größte Distanz zur Face-to-Face-Kommunikation hat und dass dieses im Zusammenhang mit der Anstrengung, die eigenen Gedanken, Ideen und Überlegungen schriftlich auszudrücken, zu einer nicht unerheblichen Akzeptanzbremse werden kann. Synchrones und asynchrones textbasiertes Coaching sind deshalb in der Praxis nur relativ wenig verbreitet.

### 24.4.3 Avatarbasierte Basiskommunikation im Coaching

Unter Avataren versteht man elektronisch erzeugte Wesen, die sich in ebenfalls elektronisch erzeugten Welten bewegen können und deren Aussehen demjenigen konkreter Menschen ähnlich ist. Dabei bieten sich folgende Möglichkeiten an (Bredl et al. 2012):

- Avatare können konkreten *Menschen nachgebildet* sein, d. h. als Mann oder Frau erkennbar sein und aufgrund der Hautfarbe, des Gesichts und der Kleidung Hinweise auf das Alter, auf die Zugehörigkeit bzw. Nähe zu einer Ethnie, Kultur oder einem sozialen Milieu geben (wie z. B. bei Second Life, CAI® Coaching World oder TriCat). – Oder sie können *abstrakte Stilisierungen* von Personen sein, die kein Gesicht und keine Kleidung haben (wie zum Beispiel bei ProReal).
- Coach und Klient treten *beide* als Avatare in einer virtuellen Welt auf und agieren in ihr raumzeitlich. – Oder *nur der Klient* tritt als Avatar in einer virtuellen Welt auf und agiert in ihr raumzeitlich.
- Die virtuelle Welt ist teilweise *gestaltbar*, d. h. Klient und Coach haben z. B. die Möglichkeit, Gegenstände, Symbole, Personen oder Tiere zu kreieren und in der virtuellen Welt zu positionieren (wie z. B. bei CAI® World und ProReal) oder auch Tafeln oder Pinnwände aufzustellen und zu beschriften – Oder die virtuelle Welt ist vorgegeben und *nicht gestaltbar*, wie zum Beispiel, wenn Second Life für Coachingzwecke genutzt wird.
- Coach und Klient können schließlich miteinander *akustisch* oder *schriftlich* kommunizieren.

Je nachdem, welche dieser Alternativen wahrgenommen werden, hat avatarbasierte Kommunikation die Funktion eines *Basismediums* und/oder eines *Problemlösungs-Tools*. D. h. avatarbasierte Kommunikation ist nur dann ein Basismedium für Coaching,

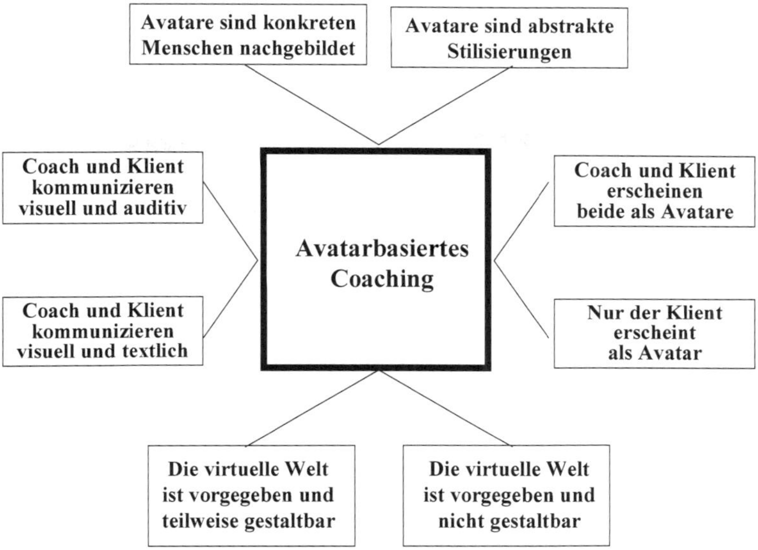


**Abb. 24.2** Variationsformen avatarbasierten Coachings

- wenn Coach und Klient beide als Avatare erscheinen.
- und wenn es möglich ist, sich mit ihnen emotional zu identifizieren, und zwar
  - aufgrund ihres äußerlichen Aussehens
  - und aufgrund der technischen Möglichkeiten, sie ohne große technische Schwierigkeiten im Raum flexibel bewegen bzw. positionieren und ihre Körperhaltungen und -bewegungen und möglichst auch ihre Mimik und Gestik realitätsgerecht steuern zu können.

Weiterhin wird deutlich, dass das elektronische Basismedium avatarbasierter Kommunikation ein *Hybrid* ist, denn es bindet die elektronisch erzeugte und vermittelte Visualität mit Telefonie oder synchronem Text-Chat zusammen (Abb. 24.2).

## 24.5 Die auf den Basismedien aufbauenden medientechnischen Problemlösungs-Tools des Coachings

Wie die Abb. 24.3 zeigt, verbinden sich die medientechnischen Problemlösungs-Tools des Coachings in spezifischer Weise mit den Basismedien. Hier bestehen sieben Möglichkeiten, nämlich die Verbindung 1) mit natürlicher Kommunikation,

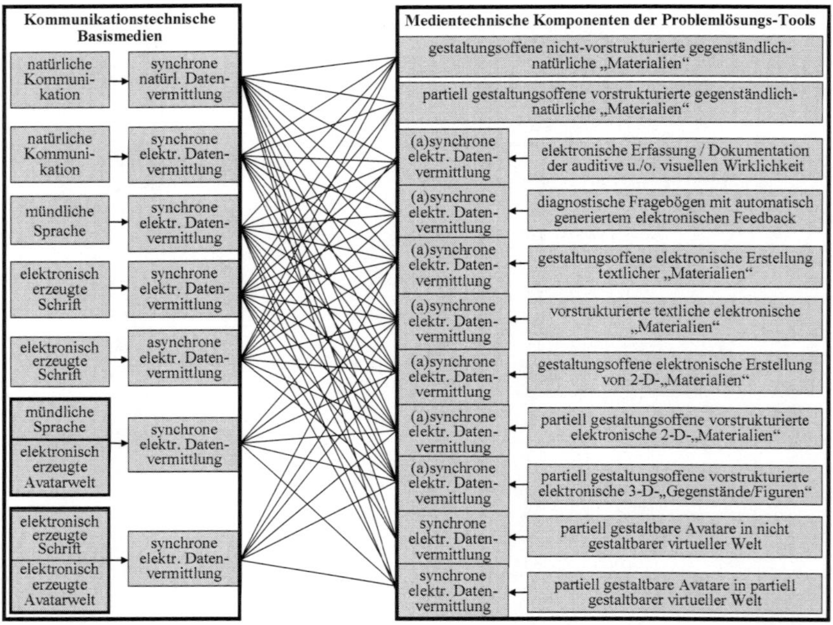


**Abb. 24.3** Basismedien und Problemlösungsmedien

deren sich auf die fünf Sinne des Menschen beziehenden Daten auf natürliche Weise vermittelt werden, 2) mit natürlicher Kommunikation, deren audio-visuelle Daten z. B. per Skype synchron elektronisch vermittelt werden, 3) mit mündlicher Sprache, deren akustische Daten synchron z. B. per Telefon vermittelt werden, weiterhin mit elektronisch erzeugter Schrift, die 4) synchron und 5) asynchron elektronisch vermittelt wird und schließlich mit elektronisch erzeugten Avatarwelten, die sich 6) mit mündlicher Sprache oder 7) mit elektronisch erzeugter Schriftlichkeit verbinden.

Die auf diese Basismedien aufbauenden medientechnischen Problemlösungs-Tools setzen sich aus elf Komponenten zusammen, die ebenso wie die Basismedien immer zwei Aspekte aufweisen, nämlich einen *Erzeugungs-* und einen *Vermittlungsaspekt*. Die ersten beiden dieser elf möglichen Komponenten zeichnen sich gegenüber den anderen dadurch aus, dass die Daten, die für ihre Wahrnehmung notwendig sind, nicht elektronisch vermittelt werden. Im Einzelnen handelt es sich um folgende Komponenten:

- Gestaltungsoffene nicht-vorstrukturierte natürliche Gegenstände wie z. B. Knetgummi oder Ton für die Darstellung von Visionen oder Gefühlen (Schreyögg 2012, S. 315 ff.), deren Visualität nicht elektronisch vermittelt wird.
- Partiell gestaltungsoffene vorstrukturierte natürliche Gegenstände wie z. B. Holzfiguren oder Steine für Aufstellungsarbeit (ebd.).
- Die elektronische Erfassung (und ggf. auch Dokumentation) und Vermittlung (z. B. Rock et al. 2011) der Klientenwirklichkeit z. B. durch Fotos oder Videos.
- Elektronisch vermittelte diagnostische Fragebögen mit vorgegebenen Antwortmöglichkeiten, die der Klient auswählen kann, um anschließend ein automatisch generiertes Feedbacks zu bekommen wie z. B. auf der Plattform Theratalk, die sich an Paare mit Beziehungsproblemen wendet (Zezula und Beer 2012).
- Die technische Möglichkeit, elektronische Texte frei generieren zu können.
- Vorstrukturierte textliche „Materialien", also z. B. Coachingfragen, die in elektronischer Fassung vorliegen wie z. B. in der CAI® Coaching World, im Virtuellen Coaching (VC) oder im CoachMaster™.
- Die gestaltungsoffene elektronische Generierung von 2-D-„Materialien" z. B. durch freies Malen oder Zeichnen, wie es z. B. CAI® Coaching World anbietet.
- Partiell gestaltungsoffene vorstrukturierte elektronische 2-D-„Materialien", wie z. B. Karteikarten, Figuren oder Symbole.
- Partiell gestaltungsoffene vorstrukturierte elektronische Gegenstände bzw. Figuren, die dreidimensional wahrnehmbar sind, wie z. B. bei CoachingSpaces oder LPScocoon.
- Avatare, deren Aussehen partiell gestaltbar ist und die sich (wie z. B. in Second Life) in einer allerdings nicht gestaltbaren virtuellen Welt bewegen können.
- Partiell gestaltbare Avatare in einer partiell gestaltbaren virtuellen Welt, wie sie z. B. von der CAI® Coaching World angeboten werden.

Diese medientechnischen Komponenten können sich auf vielfältige Weise miteinander verbinden, und zwar in der Regel so, dass eine bestimmte Komponente im Vordergrund steht und durch ein oder zwei andere angereichert wird. Eine weitere Auffälligkeit ist, dass die so komponierten Problemlösungs-Tools sich niemals mit allen, sondern immer nur mit bestimmten kommunikationstechnischen Basismedien verbinden.

Zum Beispiel mit Blick auf *ProReal* heißt das, dass die Komponente der partiell gestaltbaren Avatare in einer partiell gestaltbaren virtuellen Welt dominiert und dass diese durch zwei weitere Komponenten angereichert werden kann, nämlich erstens durch Figuren (z. B. Elefant) und Gegenstände (z. B. Brücke), die zwar vorgefertigt sind, gleichzeitig aber auch vom Klienten teilweise gestaltet und in der virtuellen Welt an passender Stelle positioniert werden können. Hinzu kommen zweitens offen gestaltbare Texte, um den Avataren einen Namen zu geben, sie etwas „sagen“ oder „denken“ zu lassen. Das so komponierte Tool verbindet sich ausschließlich mit Telefonie.

Ein teilweise etwas anderes Profil hat demgegenüber *CoachingSpaces*. Denn hier dominiert die Komponente der offenen Gestaltung vorstrukturierter elektronisch erzeugter 3-D-Gegenstände bzw. Figuren. Ganz ähnlich wie bei ProReal lässt sich diese Komponente anreichern durch eine offene Schriftlichkeit, mit deren Hilfe die Gegenstände bzw. Figuren einen Namen bekommen und ausdrücken können, was sie „sagen“ oder „denken“. Im Gegensatz zu ProReal lässt sich das so komponierte Tool nicht nur mit Telefonie, sondern auch mit Videokommunikation verbinden.

Wiederum teilweise anders komponiert ist das sich ausschließlich mit dem Basismedium der Telefonie verbindende *Virtuelle Coaching (VC)*. Es wird dominiert durch die medientechnische Komponente der vorstrukturierten textlichen, elektronisch erzeugten „Materialien“. Diese erscheinen in Gestalt von Coachingfragen, die vom Klienten schriftlich zu beantworten sind und damit eine Anbindung einer weiteren Komponente notwendig machen, nämlich diejenige der gestaltungsoffenen elektronischen Erstellung textlicher Antwortmaterialien (Geißler 2012).

## 24.6 Ausblick

Coaching mit modernen Medien, d. h. E-Coaching und Blended Coaching, befindet sich in den Anfängen seiner Entwicklung. Wie oben deutlich wurde, gilt das auch für seine empirische Erforschung. Sie bezieht sich vorwiegend auf Telefoncoaching und sehr viel weniger auch auf textbasierte Coachingkommunikation. Bis auf Ausnahmen (Geißler et al. 2012, 2013, 2014) handelt es sich dabei immer um Distance Coachings ohne zusätzliche Anreicherung durch medientechnische Problemlösungs-Tools.

Angesichts dieser Ausgangslage und nicht zuletzt auch mit Blick auf eine positive Weiterentwicklung der Praxis halten wir es für sinnvoll, das Leistungspotenzial und die Leistungsgrenzen von telefonischer, audio-visueller, synchron und asynchron textbasierter, avatarbasierter und face-to-face vollzogener Coachingkommunikation systematisch zu vergleichen, und zwar mit ihren verschiedenen Anreicherungsmöglichkeiten durch medientechnische Problemlösungs-Tools. Dabei sollten vor allem vier Aspekte besondere Beachtung finden, nämlich 1) eine sorgfältige Erfassung der *Ausgangsbedingungen* auf Seiten des Coachs und Klienten, 2) eine differenzierte Berücksichtigung des gewählten *Formatprofils*, d. h. derjeweils vorliegenden technischen Medienkomposition, 3) eine tiefgreifende Exploration ihrer

*Wirksamkeit* und 4) die Überprüfung ihrer Implikationen bzw. Konsequenzen für die *konzeptionelle Theoriebildung*. Wir gehen davon aus, dass derart ausgerichtete Untersuchungen auch erhellende Einblicke geben können in die Ursachen für die unterschiedlichen Wirksamkeits- bzw. Nutzeneinschätzungen von Face-to-Face-Coaching, E-Coaching und Blended Coaching.

Eine differenzierte Berücksichtigung der *Ausgangsbedingungen* müsste zum einen auf die *Technikaffinität der Klienten* und die *Qualifikationen* und *Einstellungen des Coachs* fokussieren und zum anderen das spezifische *Bedarfsprofil* des Klienten, d. h. die relative Ausprägungsstärke seines Aufklärungs- und Umsetzungsbedarfs sowie des Bedarfs, Unterstützung im Umgang mit psychischen Widerständen zu bekommen.

Die Notwendigkeit, auch die Unterschiedlichkeit der *Coachingformate bzw. Formatprofile* zu untersuchen, ergibt sich aus der Tatsache, dass – wie in diesem Artikel dargestellt – die modernen Medien für Coaching für sehr unterschiedliche Möglichkeiten genutzt werden können. Es macht deshalb wenig Sinn, Telefon-Video-, synchrones bzw. asynchrones textbasiertes Coaching, mündliches und schriftliches avatarbasiertes Coaching und Face-to-Face-Coaching pauschal miteinander zu vergleichen.

Auf der Grundlage eines so angelegt differenzierteren Zugriffs erscheint es lohnend, die Ursachen für systematische *Wirksamkeitsunterschiede* der verschiedenen Formatprofile des Telefon- Video- und Avatarcoachings sowie des synchronen und asynchronen textbasierten Coachings zu explorieren. Diese Exploration könnte sich unseres Erachtens vor allem an zwei *Hypothesen* orientieren: Die erste besteht darin, dass die Kommunikationspartner in der Face-to-Face-Kommunikation – nicht zuletzt aufgrund intensiv stimulierter Projektionen – auf das Hier-und-Jetzt ihres vor allem auch emotionalen Beziehungsmanagements relativ viel Aufmerksamkeit und Energie verwenden und sich damit der inhaltsbezogenen Bearbeitung der Kliententhematik entziehen. Entsprechend wäre zu klären, ob es im E-Coaching und Blended Coaching Formatprofile gibt, die ein deutlich günstigeres Aufmerksamkeits- und Energiemanagement des Klienten ermöglichen bzw. bewirken. Einen ersten Anhaltspunkt für diese Hypothese liefert eine Studie von Chen et al. (2013), die zeigt, dass gegenseitiger Blickkontakt sich negativ auswirkt, wenn man einen Kommunikationspartner dazu bewegen will, seine Meinung zu verändern. Weitere Überprüfungen und Entfaltungen dieser Hypothese könnten die von Wastian (2014) formulierte Einschätzung stützen, dass die bisher bekannten bzw. allgemein diskutierten Wirkfaktoren im Coaching zu ergänzen sind durch den Wirkfaktor der schriftlichen Ergebnisdokumentation durch den Klienten und dass dieser Wirkfaktor sich günstig in Formaten des E-Coachings entfaltet, die den Klienten auffordern, die Zwischenergebnisse des mündlichen Dialogs mit dem Coach

– für Letzteren zeitgleich sichtbar – schriftlich zu dokumentieren und im Zuge von Selbstcoaching diese Zwischenergebnisse nach der Coachingsitzung noch einmal zu lesen und zu bearbeiten (Geißler 2012).

Die zweite Hypothese, die wir für fruchtbar halten, ist, dass Coaching umso erfolgreicher ist, je besser es gelingt, beim Klienten *produktive Irritationen* auszulösen, und dass in dieser Hinsicht *mündliche avatarbasierte Kommunikation* ein außerordentlich reiches Potenzial hat, und zwar vor allem aufgrund seiner positiv-emotionalen Erlebnisintensität in Verbindung mit einer intensiven Kreativitätsstimulation und gleichzeitigen Verfremdungseffekten, die den Klienten dazu bringen, von einem neuen Betrachtungsstandpunkt aus auf seine Coachingthematik zu blicken. Um dieses reiche Potenzial, das im ersten Abschnitt dieses Beitrags dem konstruktivistischen Problemlösungsmedium der szenischen Imagination positiver Ressourcen zugeordnet wurde, möglichst reichhaltig nutzen zu können, erscheint es uns notwendig, eine Coaching-*Didaktik* zu entwickeln, die erfahrungsgestützte Hinweise und Orientierungen für erfolgversprechende Prozessgestaltungen anbietet.

Und schließlich wäre auch noch mehr zu klären, ob die verschiedenen Formatprofile des E-Coachings und des Blended Coachings konzeptionsneutral sind oder ob bestimmte Formatprofile eine besondere Nähe – und andererseits auch Distanz – zu bestimmten Coaching-Konzeptionen bzw. -Schulen haben. So liegt z. B. die Vermutung nahe, dass das Virtuelle Coaching (VC) eine besondere Nähe zu lösungsorientierten Theoriebildungen (Grant 2006)) hat und dass die besondere Leistungsfähigkeit von ProReal darin besteht, den Zugang zu tiefenpsychologisch begründetem Coaching (Diamond 2013) zu erleichtern.

Wir gehen davon aus, dass eine so ausgerichtete Forschung dazu beitragen wird, dass die momentan noch vorliegende Skepsis gegenüber Coaching mit modernen Medien, die – darauf deuten unsere Untersuchungsergebnisse hin (Geißler et al. 2013, S. 134 ff.) – vor allem auf Unkenntnis und mangelnder Erfahrung beruht, schrittweise abgebaut werden kann. Auf der anderen Seite erwarten wir dabei auch, dass eine solche Forschung diejenigen Kräfte noch weiter stärken wird, die auch bisher schon zur Entwicklung und Entfaltung von E-Coaching und Blended Coaching beigetragen haben. Wir denken dabei vor allem an den steigenden Bedarf nach innovativen Coaching-Formaten, die hohe Wirksamkeit mit großer Liefer- bzw. Nutzungsflexibilität verbinden und so ein günstiges Preis-Leistungs-Verhältnis ermöglichen und die darüber hinaus auch – z. B. durch avatarbasierte Kommunikation – geeignet sind, Zielgruppen zu erschließen, die sich Coaching wegen seiner subjektiv wahrgenommenen Nähe zur Psychotherapie bisher verweigert haben (Geißler und Stephan 2014).

## Literatur

Backhausen, W., & Thommen, J.-P. (2003). *Coaching*. Wiesbaden: Gabler.

Berry, M. R. (2005). *A comparison of face-to-face and distance coaching practices: The role of the working alliance in problem resolution*. Unpublished doctoral dissertation, Georgia State University, Atlanta, Georgia.

Borlinghaus, R. (Hrsg.). (o. J.). *Coaching 2.0*. Kreuzlingen: Bora Text.

Bredl, K., Bräutigum, B., & Herz, D. (2012). Avatarbasierte Beratung und Coaching in 3D. In H. Geißler & M. Metz (Hrsg.), *E-Coaching und Online-Beratung* (S. 121–136). Wiesbaden: Springer.

Charbonneau, A. M. (2002). *Participant self-perception about the cause of behavior change from a program of executive coaching*. Unpublished doctoral dissertation, Alliant International University, Los Angeles, CA.

Chen, F. S., Minson, J. A., Schöne, M., & Heinrichs, M. (2013). In the eye of the beholder: Eye contact increases resistance to persuasion. *Psychological Science, 24*(11), 2254–2261.

Clutterbuck, D. (2010). Welcome to the world of virtual coaching and mentoring. In D. Clutterbuck & Z. Hussain (Hrsg.), *Virtual coach, virtual mentor* (S. 31–52). Charlotte: Information Age Publishing.

Clutterbuck, D., & Hussain, Z. (Hrsg.). (2010). *Virtual coach, virtual mentor*. Charlotte: Information Age Publishing.

Diamond, M. A. (2013).Psychodynamic approach. In J. Passmore, D. B. Peterson, & T. Freire (Hrsg.), *The Wiley-Blackwell handbook of psychology of coaching and mentoring* (S. 365–384). Oxford: Wiley-Blackwell.

Frazee, V. R. (2008). *E-coaching in organizations. A study of features, practices, and determinants of use*. Unpublisheddoctoraldissertation, San Diego University, USA.

Geißler, H. (2008). *E-Coaching – eine konzeptionelle Grundlegung*. Baltmannsweiler: Schneider Hohengehren.

Geißler, H. (2009). Die inhaltsanalytische „Vermessung" von Coaching. In B. Birgmeier (Hrsg.), *Coachingwissen* (S. 93–125). Wiesbaden: VS Verlag für Sozialwissenschaften.

Geißler, H. (2011). Coaching meets Training – zur Lösung des Transferproblems durch „Virtuelles Transfercoaching (VTC)". In R. Wegener, A. Fritze, & M. Loebbert (Hrsg.), *Coaching entwickeln* (S. 123–134). Wiesbaden: Springer VS.

Geißler, H. (2012). Virtuelles Coaching – programmgeleitetes Telefoncoaching mit Internet-Support. In H. Geißler & M. Metz (Hrsg.), *E-Coaching und Online-Beratung* (S. 137–164). Wiesbaden: Springer.

Geißler, H. (2013). Produktdiversifizierung und Erschließung neuer Marktsegmente. In R. Wegener, A. Fritze, & M. Loebbert (Hrsg.), *Coaching-Praxisfelder. Forschung und Praxis im Dialog* (Online-Teil, S. 260–272). Wiesbaden: Springer VS (www.springer.com).

Geißler, H. (2014). Traditionelle und moderne Medien im Coaching. In R. Wegener, M. Loebbert, & A. Fritze (Hrsg.), *Coaching-Praxisfelder* (S. 135–158). Wiesbaden: Springer VS.

Geißler, H. (2015). *Die Grammatik des Coachens – eine empirische Rekonstruktion* (in Vorbereitung).

Geißler, H., & Metz, M. (Hrsg.). (2012). *E-Coaching und Online-Beratung*. Wiesbaden: Springer VS.

Geißler, H., & Stephan, M. (2014). Das medientechnische Innovationsdefizit von Coaching und eine Möglichkeit, es zu überwinden. In S. M. Weber, M. Göhlich, A. Schröer, & J. Schwarz (Hrsg.), *Organisation und das Neue* (S. 351–361). Wiesbaden: Springer VS.

Geißler, H., Helm, M., & Nolze, A. (2007). Virtuelles Selbstcoaching – Konzept und erste Erfahrungen. *Organisationsberatung, Supervision, Coaching, 14*(1), 81–93.

Geißler, H., Kurzmann, Ch., & Metz, M. (2012). Coaching und Beratung mit und ohne moderne Medien – ein empirischer Vergleich. In H. Geißler & M. Metz (Hrsg.), *E-Coaching und Online-Beratung* (S. 359–380). Wiesbaden: Springer VS.

Geißler, H., Hasenbein, M., & Wegener, R. (2013). E-Coaching: Prozess- und Ergebnisevaluation des „Virtuellen Zielerreichungscoachings". *Organisationsberatung, Supervision, Coaching, 20*(2), 125–142.

Geißler, H., Hasenbein, M., Kanatouri, S., & Wegener, R. (2014). E-coaching: Concept and empirical findings of a virtual coaching programme. *International Journal for Evidence Based Coaching and Mentoring, 12*(2), 165–187.

Ghods, N. (2009). *Distance coaching: The relationship between coach-client relationship, client satisfaction, and coaching outcomes*. Unpublished doctoral dissertation, San Diego University, USA.

Ghods, N., & Boyce, C. (2013).Virtual Coaching and Mentoring. In J. Passmore, D. B. Peterson, & T. Freire (Hrsg.), *The Wiley-Blackwell handbook of psychology of coaching and mentoring* (S. 501–523). Oxford: Wiley-Blackwell.

Grabow, C. (2012). Virtuelle Strategie-Simulation im Telefoncoaching mit LPScocoon. In H. Geißler & M. Metz (Hrsg.), *E-Coaching und Online-Beratung* (S. 103–120). Wiesbaden: Springer VS.

Grant, A. M. (2006). An integrated goal-focused approach to executive coaching. In R. D. Stober & A. M. Grant, (Hrsg.), *Evidence based coaching* (S. 153–192). Hoboken: Wiley.

Koch, B. (2012). ‚onlineCoaching': ein geschriebener Dialog unabhängig von Zeit und Raum. In H. Geißler & M. Metz (Hrsg.), *E-Coaching und Online-Beratung* (S. 87–102). Wiesbaden: Springer VS.

König, E., & Volmer, G., (2002). *Systemisches Coaching*. Weinheim: Beltz.

McLaughlin, M. (2013).Less is more: The executive coach's experience of working on the telephone. *International Journal of Evidence Based Coaching and Mentoring, 7,* 1–13.

Poepsel, M. (2011). *The impact of an online evidence-based coaching program on goal striving, subjective well-being, and level of hope*. Doctoral dissertation, Capella University.

Reindl, R., Hergenreider, M., & Hünninger, J. (2012).Schriftlichkeit in virtuellen Beratungssettings. In H. Geißler & M. Metz (Hrsg.), *E-Coaching und Online-Beratung* (S. 339–357). Wiesbaden: Springer VS.

Rock, L. M., Zigmond, P. N., Gregg, M., & Gable, A. R. (2011). The power of virtual coaching. *Educational Leadership, 69*(2), 42–48.

Schreyögg, A. (2012). *Coaching. Eine Einführung für Praxis und Ausbildung* (7., überarb. u. erw. Aufl.). Frankfurt a. M.: Campus.

Wastian, M. (2014). Wirkfaktoren auch im E-Coaching nutzen: Was passiert in der Blackbox des virtuellen Coaching-Prozesses? In H. Geißler & R. Wegener (Hrsg.), *Coachingprozesse bewerten. Eine erste Bilanz*. Wiesbaden: Springer VS.

Watzlawick, P., Beavin, J. H., & Jackson, D. D. (1969). *Menschliche Kommunikation*. Stuttgart: Huber.

Zezula, P., & Beer, R. (2012). Theratalk: Ein Online-Portal für Paar und Partnerschaft. In H. Geißler & M. Metz (Hrsg.), *E-Coaching und Online-Beratung* (S. 87–102). Wiesbaden: Springer VS.

**Prof. Dr. Harald Geißler** Professor an der Helmut-Schmidt-Universität Hamburg für Erziehungswissenschaft, insbesondere Berufs- und Betriebspädagogik. Er leitet dort am Management Development Center das Competence Center Coaching mit den beiden Schwerpunkten Coaching-Gutachten und Virtuelles Coaching. Forschungsschwerpunkte: Organisationslernen und Coaching.

**Stella Kanatouri** Wissenschaftliche Mitarbeiterin an der Helmut-Schmidt Universität/Universität der Bundeswehr in Hamburg (Professur für Allgemeine Pädagogik, insbesondere Berufs-, und Betriebspädagogik), Arbeitsschwerpunkt: Coaching mit modernen Medien.

13861301R00246

Printed in Poland
by Amazon Fulfillment
Poland Sp. z o.o., Wrocław